Lecture Notes in Mathematics

Edited by A. Dold and B. Eckmann

Subseries: Institut de Mathématiques, Université de Strasbourg
Adviser: P.A. Meyer

1247

Séminaire de Probabilités XXI

Edité par J. Azéma, P.A. Meyer et M. Yor

Springer-Verlag
Berlin Heidelberg New York London Paris Tokyo

Editeurs

Jacques Azéma
Marc Yor
Laboratoire de Probabilités
4, Place Jussieu, Tour 56, 75230 Paris Cedex 05, France

Paul André Meyer
Département de Mathématique
7, rue René Descartes, 67084 Strasbourg, France

Mathematics Subject Classification (1980): 60G, 60H, 60J

ISBN 3-540-17768-X Springer-Verlag Berlin Heidelberg New York
ISBN 0-387-17768-X Springer-Verlag New York Berlin Heidelberg

Printed in Germany

Printing and binding: Druckhaus Beltz, Hemsbach/Bergstr.
2146/3140-543210

SEMINAIRE DE PROBABILITES XXI

TABLE DES MATIÈRES

HOMOGENEOUS CHAOS REVISITED

Daniel W. Stroock*

Let $(\Theta, H, \mathscr{W})$ be an abstract Wiener space. That is: Θ is a separable real Banach space with norm $\|\cdot\|_\Theta$; H is a separable real Hilbert space with norm $\|\cdot\|_H$; $H \subseteq \Theta$, $\|h\|_\Theta \leq C\|h\|_H$ for some $C < \infty$ and all $h \in H$, and H is $\|\cdot\|_\Theta$ - dense in Θ; and $\mathscr{W}$ is the probability measure on $(\Theta, \mathscr{B}_\Theta)$ with the property that, for each $\ell \in \Theta^*$, $\theta \in \Theta \to \langle \ell, \theta\rangle$ under $\mathscr{W}$ is a Gaussian random variable with mean zero and variance $\|\ell\|_H^2 \equiv \sup\{\langle \ell, h\rangle^2 : h \in H \text{ with } \|h\|_H = 1\}$.
Let $\{\ell^k : k \in Z^+\} \subseteq \Theta^*$ be an orthonormal basis in H; set $\mathscr{A} = \{\alpha \in \mathscr{N}^{Z^+} : |\alpha| = \sum_{k\in Z^+} \alpha_K < \infty\}$; and for $\alpha \in \mathscr{A}$, define

$$\mathscr{H}_\alpha(\theta) = \prod_{k\in Z^+} H_{\alpha_k}(\langle \ell^k, \theta\rangle), \quad \theta \in \Theta ,$$

where

$$H_m(\xi) = (-1)^m e^{\xi^2/2} \frac{d^m}{d\xi^m} (e^{-\xi^2/2}), \quad m \in \mathscr{N} \text{ and } \xi \in R^1 .$$

Then, $\{(\alpha!)^{-1/2} \mathscr{H}_\alpha : \alpha \in \mathscr{A}\}$ is an orthonormal basis in $L^2(\mathscr{W})$. Moreover, if, for $m \in \mathscr{N}$,

$$Z^{(m)} \equiv \overline{\operatorname{span}\{\mathscr{H}_\alpha : |\alpha| = m\}}^{L^2(\mathscr{W})} ,$$

then: $Z^{(m)}$ is independent of the particular choice of the orthonormal basis $\{\ell^k : k \in Z^+\}$; $Z^{(m)} \perp Z^{(n)}$ for $m \neq n$; and $L^2(\mathscr{W}) = \bigoplus_{m=0}^{\infty} Z^{(m)}$. These facts were first proved by N. Wiener [6] and constitute the foundations on which his theory of <u>homogeneous chaos</u> is based.

The purpose of the present article is to explain how, for given $\Phi \in L^2(\mathscr{W})$, one can compute the orthogonal projection $\Pi_{Z^{(m)}}\Phi$ of Φ onto $Z^{(m)}$. In order to describe the procedure, it will be necessary to describe the elementary Sobolev theory associated with $(\Theta, H, \mathscr{W})$.

---

*During the period of this research, the author was partially supported by NSF DMS-8415211 and ARO DAAG29-84-K-0005.

To this end, let Y be a separable real Hilbert space and set $\mathcal{P}(Y) = \mathrm{span}\{\mathcal{H}_\alpha y : \alpha \in \mathcal{A} \text{ and } y \in Y\}$. Then $\mathcal{P}(Y)$ is dense in $L^2(\mathcal{W}; Y)$. Next, for $m \in \mathcal{N}$ and $\Phi \in \mathcal{P}(Y)$, define $\theta \to D^m\Phi(\theta) \in H^{\otimes^m} \otimes Y$ by

$$(D^m\Phi(\theta), h^1 \otimes \ldots \otimes h^m \otimes y)_{H^{\otimes^m} \otimes Y} = \frac{\partial^m}{\partial t_1 \ldots \partial t_m} (\Phi(\theta + \sum_{j=1}^m t_j h^j), y)_Y \Big|_{t_1=\ldots=t_m=0}$$

for $h^1, \ldots, h^m \in H$ and $y \in Y$. Then D^m maps $\mathcal{P}(Y)$ into $\mathcal{P}(H^{\otimes^m} \otimes Y)$ and $D^n = D^m \circ D^{n-m}$ for $0 \le m \le n$. Associated with the operator $D^m : \mathcal{P}(Y) \to \mathcal{P}(H^{\otimes^m} \otimes Y)$ is its adjoint operator ∂^m. Using the Cameron-Martin formula [1], one can easily prove the following lemma.

(1) Lemma: The operator ∂^m does not depend on the choice of orthonormal basis $\{\ell^k : k \in Z^+\}$, $\mathcal{P}(H^{\otimes^m} \otimes Y) \subseteq \mathrm{Dom}(\partial^m)$, and $\partial^m : \mathcal{P}(H^{\otimes^m} \otimes Y) \to \mathcal{P}(Y)$. Moreover, if $m \in Z^+$, $K = (k_1, \ldots, k_m)$ $(Z^+)^m$, and $\ell^K = \ell^{k_1} \otimes \ldots \otimes \ell^{k_m}$, then

(2) $$\partial^m \ell^K = \mathcal{H}_{\alpha(K)}$$

where $\alpha(K)$ is the element of $\mathcal{A}$ defined by

$$(\alpha(K))_k = \mathrm{card}\{1 \le j \le m : k_j = k\},\ k \in Z^+.$$

In particular, $H^{\otimes^m} \subseteq \mathrm{Dom}(\partial^m)$.

Since ∂^m is densely defined, it has a well-defined adjoint $(\partial^m)^*$. Set $W_m^2(Y) = \mathrm{Dom}((\partial^M)^*)$ and use $\|\cdot\|_{W_m^2(Y)}$ to denote the associated graph norm on $W_m^2(Y)$. The following lemma is an easy application of inequalities proved by M and P. Kree [3].

(3) Lemma: $W_m^2(H^{\otimes^m} \otimes Y) \subseteq \mathrm{Dom}(\partial^m)$, $\|\partial^m\Psi\|_{L^2(\mathcal{W};Y)} \le C_m \|\Psi\|_{W_m^2(h^{\otimes^m} \otimes Y)}$, and $\partial^m = ((\partial^m)^*)^*$. Moreover, $\mathcal{P}(Y)$ is $\|\cdot\|_{W_m^2(Y)}$-dense in $W_m^2(Y)$.

Finally, $W^2_{m+1}(Y) \subseteq W^2_m(Y)$ and $\|\cdot\|_{W^2_m(Y)} \le C_m \|\cdot\|_{W^{m+1}_2(Y)}$ for all $m \ge 0$.

<u>Warning</u>: In view of the preceding, the use of D^m to denote its own closure $(\partial^m)^*$ is only a mild abuse of notation. Because it simplifies the notation, this abuse of notation will be used throughout what follows.

Now set $\mathscr{W}^2_{-m}(Y) = \mathscr{W}^2_m(Y)^*$, $m \ge 0$, and $\mathscr{W}^2_\infty(Y) = \bigcap_{m=0}^{\infty} \mathscr{W}^2_m(Y)$. Then, when $W^2_\infty(Y)$ is given the Fréchet topology determined by $\{\|\cdot\|_{W^2_m(Y)} : m \ge 0\}$, $(W^2_\infty(Y))^*$ is $W^2_{-\infty}(Y) \equiv \bigcup_{m=0}^{\infty} W^2_{-m}(Y)$. Moreover, $L^2(\mathscr{W};Y)$ becomes a subspace of $W^2_{-\infty}(Y)$ when $\Phi \in L^2(\mathscr{W};Y)$ is identified with the linear functional $\Psi \in W^2_\infty(Y) \to E^{\mathscr{W}}[(\Phi,\Psi)_Y]$; and in this way $W^2_\infty(Y)$ becomes a dense subspace of $W^2_{-\infty}(Y)$. Finally, D^m has a unique continuous extension as a map from $W^2_{-\infty}(Y)$ into $W^2_{-\infty}(H^{\otimes^m} \otimes Y)$. In particular, for $T \in W^2_{-\infty}(R^1)$, there is a unique $D^mT(1) \in H^{\otimes^m}$ defined by:

(4) $$(D^mT(1), h)_{H^{\otimes^m}} = T(\partial^m h), \; h \in H^{\otimes^m}.$$

Note that when $\Phi \in W^2_\infty(R^1)$,

(5) $$D^m\Phi(1) = E^{\mathscr{W}}[D^m\Phi].$$

(6) <u>Theorem:</u> Let $\Phi \in L^2(\mathscr{W})$ be given. Then, for each $m \ge 0$:

(7) $$\Pi_{Z(m)}\Phi = \frac{1}{m!}\, \partial^m(D^m\Phi(1)).$$

Hence,

(8) $$\Phi = \sum_{m=0}^{\infty} \frac{1}{m!}\, \partial^m(D^m\Phi(1)) \; .$$

In particular, when $\Phi \in W^2_\infty(R^1)$:

(7') $$\Pi_{Z(m)}\Phi = \frac{1}{m!}\, \partial^m E^{\mathscr{W}}[D^m\Phi]$$

and

(8') $$\Phi = \sum_{m=0}^{\infty} \frac{1}{m!}\, \partial^m\, E^{\mathscr{W}}[D^m\Phi] \; .$$

Proof: Simply observe that, by Lemma (1):

$$\partial^m(D^m\Phi(1)) = \sum_{K\in(Z^+)^m} E^{\mathcal{W}}[\Phi\partial^m e^K]\partial^m e^K$$

$$= \sum_{|\alpha|=m} \binom{m}{\alpha} E^{\mathcal{W}}[\Phi\mathcal{H}_\alpha]\mathcal{H}_\alpha = m!\, \Pi_{Z^{(m)}}\Phi .$$

The classic abstract Wiener space is the Wiener space associated with a Brownian motion on R^1. Namely, define $H_1(R^1)$ and $\Theta(R^1)$ to be, respectively, the completion of $C_0^\infty((0,\infty);R^1)$ with respect to

$$\|\psi\|_{H_1(R^1)} \equiv \left(\int_0^\infty |\psi'(t)|^2\, dt\right)^{1/2}$$

and

$$\|\psi\|_{\Theta(R^1)} \equiv \sup_{t\geq 0} \frac{1}{1+t}|\theta(t)| .$$

Then Wiener's famous existence theorem shows that there is a probability measure on $\Theta(R^1)$ such that $(\Theta(R^1), H_1(R^1), \mathcal{W})$ is an abstract Wiener space. For $(\Theta(R^1), H_1(R^1), \mathcal{W})$, K. Itô [2] showed how to cast Wiener's theory of homogeneous chaos in a particularly appealing form. To be precise, set $\square_m = [0,\infty)^m$; and, for $f \in L^2(\square_m)$, define

$$\int_{\square_m} f\, d^m\theta = \sum_{\sigma\in\Pi_m} \int_0^\infty d\theta(t_m) \int_0^{t_{m-1}} d\theta(t_{m-2}) \cdots$$

$$\int_0^{t_2} f(t_{\sigma(1)},\ldots,t_{\sigma(m)})\,d\theta(t_1)$$

where Π_m denotes the permutation group on $\{1,\ldots,m\}$ and the $d\theta(t)$-integrals are taken in the sense of Itô. What Itô discovered is that, for given $\Phi \in L^2(\mathcal{W})$, there exists a unique symmetric $f_\Phi^{(m)} \in L^2(\square_m)$ such that

$$\Pi_{Z^{(m)}}\Phi = \frac{1}{m!}\int_{\square_m} f_\Phi^{(m)}\, d^m\theta \tag{9}$$

In order to interpret Itô's result in terms of Theorem (5), let $\{\psi^k : k \in Z^+\} \subseteq C_0^\infty((0,\infty);R^1)$ be an orthonormal basis in $L^2(\square_1)$ and define $\ell^k \in \square (R^1)^*$ by $\ell^k(dt) = (\int_0^t \psi^k(s)ds)dt$. Then $\langle \ell^k, \theta \rangle = \int_{\square_1} \psi^k d^1\theta$. Moreover, by using, on the one hand, the generating function for the Hermite polynomials and, on the other hand, the uniqueness of solutions to linear stochastic integral equations (cf. H. P. McKean [5]), one finds that for $K = (k_1, \ldots, k_m) \in (Z^+)^m$:

$$\int_{\square_m} \psi^k \, d^m\theta = \mathscr{H}_{\alpha(K)}$$

where $\psi^K = \psi^{k_1} \otimes \ldots \otimes \psi^{k_m}$ and $\alpha(K) \in \mathscr{A}$ is defined as in Lemma (1). Hence, by Lemma (1):

(10) $$\partial^m \ell^K = \int_{\square_m} \psi^K \, d^m\theta \, , \quad K \in (Z^+)^m \, .$$

Finally, for $(t_1, \ldots, t_n) \in \square_m$, define $h_{(t_1,\ldots,t_m)}(s_1 \ldots s_m) = (s_1 \wedge t_1) \ldots (s_m \wedge t_m)$. Then, for each $h \in H_1(R^1)^{\otimes^m}$, there is a unique $h' \in L^2(\square_m)$ such that $(h, h_{(t_1,\ldots,t_m)})_{H_1(R^1)^{\otimes^m}}$ $\int_0^{t_m} \ldots \int_0^{t_r} h'(s_1, \ldots, s_m) ds_1, \ldots, ds_m$ for all $(t_1, \ldots, t_m) \in \square_m$

(11) Theorem: Given $\Phi \in L^2(\mathscr{W})$ and $m \geq 1$, the $f_\Phi^{(m)}$ in (9) is $(D^m\Phi(1))'$.

Proof: By (9):

$$\partial^m(D^m\Phi(1)) = \partial^m\Big[\sum_{K \in (Z^+)^m} (D^m\Phi(1), \ell^K)_{H_1(R^1)^{\otimes^m}} \ell^K\Big]$$

$$= \sum_{K \in (Z^+)^m} ((D^m\Phi(1))', \psi^K)_{L^2(\square_m)} \int_{\square_m} \psi^K \, d^m\theta$$

$$= \int_{\square_m} (D^m\Phi(1))' \, d^m\theta \, .$$

Thus, by (7):

$$\Pi_{Z(m)} = \frac{1}{m!} \int_{\square_m} (D^m\Phi(1))' \, d^m\theta \, .$$

(12) Remark: It is intuitively clear that the $f_\Phi^{(m)}$ in (9) must be given by $f_\Phi^{(m)}(t_1, \ldots, t_m) = E^{\mathscr{W}}[\Phi\dot\theta(t_1)\ldots\dot\theta(t_m)]$, where $\dot\theta(t)$ is white noise. What Theorem (11) does is provide a rigorous meaning for this equation.

(13) Remark: Given $d \geq 2$, define $H_1(R^d)$ and $\Theta(R^d)$ by analogy with $H_1(R^1)$ and $\Theta(R^1)$. Then $(\Theta(R^d), H_1(R^d), \mathscr{W})$ becomes an abstract Wiener space when $\mathscr{W}$ is the Wiener measure associated with the Brownian motion in R^d. To provide an Itô interpretation in this case, let $\{\Psi^k : k \in Z^+\} \subset C_o^\infty((0,\infty); R^1)$ be chosen as before and set $\ell^{(k,i)} = \Psi^k e_i$, $k \in Z^+$ and $i \in \mathscr{D} \equiv \{1,\ldots,d\}$, where $\{e_1,\ldots,e_d\}$ is a standard basis for R^d. Next, for $f = \sum_{I \in \mathscr{D}^m} f_I e_I \in L^2(\square_1; (R^d)^{\otimes m})$, define

$$\int_{\square_m} f \, d^m\theta = \sum_{I \in \mathscr{D}^m} \int_{\square_m} f_I d^m \theta_I$$

where

$$\int_{\square_m} f_I d^m\theta_I =$$

$$\sum_{\sigma \in \Pi_m} \int_0^\infty d\theta_{i_m}(t_m) \int_0^{t_m} d\theta_{i_{m-1}}(t_{m-1}) \ldots \int_0^{t_2} f_I(t_{\sigma(1)},\ldots,t_{\sigma(m)}) d\theta_{i_1}(t_1)$$

for $I = (i_1,\ldots,i_m) \in \mathscr{D}^m$. One can then check that

$$\partial^m \ell^{(K,I)} = \int_{\square_m} \Psi^K d^m \theta_I .$$

Finally, after associating with each $h \in H_1(R^d)^{\otimes m}$ the unique $h' \in L^2(\square_i^m; (R^d)^{\otimes m})$ satisfying

$$h(t_1,\ldots,t_m) = \int_0^{t_m} \int_0^{t_1} h'(s_1,\ldots,s_m) ds_1 \ldots ds_m ,$$

we again arrive at the equation

$$\Pi_{Z(m)} \Phi = \int_{\square_m} (D^m \Phi(1))' d^m \theta .$$

(14) Remark: Theorem (11) is little more than an exercise in formalism unless $\Phi \in W_\infty^2(R^1)$. Fortunately, many interesting functions are in $W_\infty^2(R^1)$. For example, let $\sigma : R^1 \to R^1$ and $b : R^1 \to R^1$ be smooth functions having bounded first derivatives and slowly increasing derivatives of all orders. Define $X(\cdot,x)$, $x \in R^1$, to be the solution to

$$X(T,x) = x + \int_0^T \sigma(X(t,x))d\theta(t) + \int_0^T b(X(t,x))dt, \ T \geq 0.$$

Then, for each $(T,x) \in (0,\infty) \times R^1$, $X(T,x) \in W_\infty^2(R^1)$. In fact, $DX(\cdot,x)$ satisfies:

$$DX(T,x) = \int_0^T \sigma'(X(t,x))\, DX(t,x)\, d\theta(t) + \int_0^T b'(X(t,x))DX(t,x)dt$$
$$+ \int_0^{\dot{\ }\wedge T} \sigma(X(t,x))\, dt;$$

an equation which can be easily solved by the method of variation of parameters. Moreover, $D^m X(T,x)$, $m \geq 2$, can be found by iteration of the preceding.

(15) Remark: In many ways, the present paper should be viewed as an outgrowth of P. Malliavin's note [4]. Indeed, it was only after reading Malliavin's note that the ideas developed here occurred to the present author.

REFERENCES

[1] Cameron, R. H. and Martin, W. T., "Transformation of Wiener integrals under translations," Ann. Math. 45 (1944), pp. 386-396.

[2] Itô, K., "Multiple Wiener integral," J. Math. Soc. Japan 3(1951), pp. 157-164.

[3] Kree, M. and P., "Continuité de la divergence dans les espaces de Sobolev relatif à l'espace de Wiener," Comptes rendus, 296 série I (1983), pp. 833-836.

[4] Malliavin, P., "Calcul de variations, intégrales stochastiques et complexes de Rham sur l'espace de Wiener," Comptes rendus, 299, série I (1984), pp. 347-350.

[5] McKean, H. P., "Geometry of differential space," Ann. Prob., Vol. 1, No. 2 (1973), pp. 197-206.

[6] Wiener, N., "The Homogeneous Chaos," Am J. Math., Vol. 60 (1930), pp. 897-936.

A PROPOS DES DISTRIBUTIONS SUR L'ESPACE DE WIENER

par P.A. MEYER et J.A. YAN

I. INTRODUCTION

Nous désignons par (B_t) le mouvement brownien linéaire issu de 0, réalisé de manière canonique sur l'espace de Wiener $(\Omega,\mathcal{F},P)$, où Ω est l'espace de toutes les trajectoires continues nulles en 0 . Tout élément f de $L^2(P)$ admet un développement suivant les chaos de Wiener, noté $f=\Sigma_n f_n$; f_o est la constante $E[f]$, et pour $n>0$ f_n est une intégrale stochastique multiple

(1) $$f_n = J_n(\hat{f}_n) = \int_{s_1<\ldots<s_n} \hat{f}_n(s_1,\ldots,s_n)dB_{s_1}\ldots dB_{s_n}$$

étendue au n-èdre croissant C_n de $\mathbb{R}_+^n$. Le ^ indique que l'on réalise une sorte d'analyse harmonique de la v.a. f , et la fonction $\hat{f}_n$ sera appelée le <u>coefficient</u> de f dans le n-ième chaos. Rappelons que les chaos sont orthogonaux, et que

(2) $$\| f_n \|^2_{L^2(P)} = \| \hat{f}_n \|^2_{L^2(C_n)} .$$

Pour $n=0$, on convient que C_0 est réduit à un point, muni de son unique loi de probabilité. Nous préférerons écrire le développement sous la forme

(3) $$f_n = J_n(\hat{f}_n) = \frac{1}{n!}I_n(\hat{f}_n) = \frac{1}{n!}\int_{\mathbb{R}_+^n} \hat{f}_n(s_1,\ldots,s_n)dB_{s_1}\ldots dB_{s_n},$$

où la fonction $\hat{f}_n$ a maintenant été <u>prolongée par symétrie</u> à $\mathbb{R}_+^n$, et les diagonales sont omises dans l'intégration. Soit de même un second $g = \Sigma_n \frac{1}{n!} I_n(\hat{g}_n) \in L^2(P)$; on a

(4) $$< f,g >_\Omega = \Sigma_n \frac{1}{n!} < \hat{f}_n,\hat{g}_n >_{\mathbb{R}_+^n} .$$

Il existe plusieurs théories des distributions sur l'espace de Wiener (cf. les références aux travaux de P. Krée). La plus connue actuellement est celle de S. Watanabe, qui part de l'espace suivant de fonctions-test : ce sont premièrement des fonctions $f=\Sigma_n f_n$ pour lesquelles la suite des normes $\|f_n\|_2$ est à décroissance rapide, de sorte que pour tout k , on peut définir l'élément de $L^2(P)$

(5) $$(I+N)^k f = \Sigma_n (1+n)^k f_n \quad (k \in \mathbb{N}) .$$

Parmi ces fonctions, les fonctions-test sont celles qui satisfont aux conditions

(6) Pour tout $p<\infty$ et tout $k \in \mathbb{N}$, $\| f \|_{p,k} = \| (I+N)^{k/2} f \|_{L^p} < \infty$.

Les semi-normes $\|.\|_{p,k}$ forment une famille filtrante de semi-normes, munissant l'espace des fonctions-test d'une topologie localement convexe, et les distributions de S.Watanabe sont les formes linéaires continues sur cet espace. Toute distribution T satisfait donc à une inégalité

(7) $|\langle T,f\rangle| \leqq C\|f\|_{p,2k}$ pour un k et un p $(2 \leqq p<\infty)$.

Le point fort de cette théorie est la richesse de l'espace des fonctions-test : il contient toutes les v.a. X_t , où X est solution d'une équation différentielle stochastique à coefficients très réguliers. Le point faible est le fait que la structure de l'espace de Wiener n'est pas pleinement utilisée : si j est un isomorphisme (modulo les ensembles négligeables) de l'espace mesuré $(\Omega,\mathcal{F},P)$, qui respecte les chaos de Wiener (donc les espaces L^p et l'opérateur N), j opère sur les fonctions test et les distributions. Il est facile de définir de tels isomorphismes à partir d'isomorphismes de $(\mathbb{R}_+,dt)$ ne respectant ni l'ordre, ni la continuité.

Au cours de l'année 1985-86 à Strasbourg, nous avons étudié dans un séminaire la théorie des distributions due à T. Hida et ses associés (H.H. Kuo en particulier). Nous présentons ici cette théorie dans le langage usuel des probabilistes, assez différent de celui de Hida (qui est le langage des distributions aléatoires de Gelfand). Nous ne présentons presque aucun résultat qui ne figure déjà chez Hida, mais on pourra constater que nous avons considérablement modifié (simplifié, croyons nous) l'exposé et les démonstrations. Nous espérons ainsi faire mieux connaître une théorie qui nous a paru très intéressante.

II. QUELQUES IDEES GENERALES

1. Pour présenter la partie formelle des travaux de Hida, il est avantageux de travailler sur un espace de fonctions-test aussi petit que possible. Un tel espace est formé des sommes

(8) $$f = \Sigma_n \frac{1}{n!} I_n(\hat{f}_n)$$

ne comportant qu'un nombre fini de termes non nuls, et où $\hat{f}_n$ est une fonction <u>symétrique</u> appartenant à $\mathcal{D}_n = C_c^\infty(]0,\infty[^n)$ (nous laissons l'intervalle ouvert en 0, pour éviter le caractère singulier de ce point).

Désignons par $\mathcal{D}_{ns}$ l'espace de ces fonctions symétriques : l'espace des fonctions-test peut donc s'identifier à la somme directe $\oplus_n \mathcal{D}_{ns}$ ($\mathcal{D}_{0s}=\mathbb{R}$) ; si l'on y tient, on peut le munir de la topologie somme directe localement convexe, et il est alors nucléaire (en tant que somme directe dénombrable d'espaces nucléaires). Son dual s'identifie au produit $\prod_n \mathcal{D}'_{ns}$, qui est aussi nucléaire. Une distribution T sur l'espace de Wiener est donc une suite $(\hat{T}_n)$ de distributions symétriques sur les ouverts $]0,\infty[^n$. Nous écrirons symboliquement

(9) $$T = \Sigma_n \frac{1}{n!} I_n(\hat{T}_n)$$

la valeur de la distribution (9) sur la fonction-test (8) étant donnée par

(10) $$< T,f > = \Sigma_n \frac{1}{n!} < \hat{T}_n,\hat{f}_n > .$$

COMMENTAIRES. 1) L'idée de considérer des sommes formelles du type (9) est due à K.R. Parthasarathy [1]. C'est la lecture de cet article qui nous a amenés à nous intéresser à la théorie de Hida.

Les espaces considérés par Hida sont plus larges pour les fonctions-test, et plus restreints pour les distributions. Par exemple, dans la représentation (8), Hida permet que les $\hat{f}_n$ appartiennent aux espaces de Sobolev $H^{(n+1)/2}$, et dualement, impose aux $\hat{T}_n$ de (9) d'appartenir aux espaces $H^{-(n+1)/2}$. Le choix de ces espaces tient au lemme de plongement de Sobolev : la condition $\hat{f}_n \in H^{(n+1)/2}$ assure que $\hat{f}_n$ admet un représentant continu. Ces restrictions ne jouant qu'un rôle très accessoire, nous préférons les oublier.

2) Comme en théorie classique des distributions, on utilise la notion de distribution comme une sorte de gros sac où l'on peut tout fourrer, mais en fait étant donnée une distribution concrète T , on cherche à définir $<T,f>$ sur un espace de fonctions f aussi large que possible . Soulignons que l'on ne dispose, pour faire cette extension, que d'un seul moyen : la formule (10). Il faut que chaque $\hat{f}_n$ soit dans le domaine de la distribution $\hat{T}_n$, et que la série converge.

2. Pour toute fonction h de $L^2(\mathbb{R}_+)$, nous pouvons définir le vecteur exponentiel

(11) $$\mathcal{E}(h) = \exp(\tilde{h} - \tfrac{1}{2}<h,h>) \quad \text{où} \quad \tilde{h} = \int h_s dB_s .$$

Ces vecteurs appartiennent à tous les L^p ($p<\infty$). Le développement de $\mathcal{E}(h)$ suivant les chaos de Wiener est

(12) $$\mathcal{E}(h) = \Sigma_n \frac{1}{n!} I_n(h^{\otimes n}) .$$

En particulier, prenons $\xi \in C_c^\infty(]0,\infty[)$ - la lettre ξ sera réservée à cet usage ; pour toute distribution $T=\Sigma_n \frac{1}{n!} I_n(\hat{T}_n)$, $<\hat{T}_n,\xi^{\otimes n}>$ a un sens.

Si la série

(13) $$U_T(\xi) = \Sigma_n \frac{1}{n!} < \hat{T}_n, \xi^{\otimes n} >$$

converge pour tout ξ , nous appellerons sa somme la <u>fonction caractéristique</u> de la distribution T . Hida utilise le nom peu suggestif de << U-functional >>, rappelé par notre notation. Nous pensons que le mot de fonction caractéristique ne peut créer de confusion avec les notions élémentaires désignées d'habitude par ce terme.

Montrons que U_T caractérise T : tout d'abord, la série

$$U_T(t\xi) = \Sigma_n \frac{t^n}{n!} <\hat{T}_n, \xi^{\otimes n}>$$

convergeant pour tout t, sa somme représente une fonction entière de t. On a alors

(14) $$< \hat{T}_n, \xi^{\otimes n}> = \frac{d^n}{dt^n} U_T(t\xi)|_{t=0} \quad .$$

Par polarisation, on en déduit $<\hat{T}_n, \xi_1 \circ \ldots \circ \xi_n>$ (produit symétrique), qui vaut aussi $< \hat{T}_n, \xi_1 \otimes \ldots \otimes \xi_n >$ puisque $\hat{T}_n$ est une distribution symétrique. Il est bien connu que les valeurs de $\hat{T}_n$ sur les fonctions de ce type déterminent $\hat{T}_n$, et donc T .

La fonction caractéristique joue dans cette théorie le rôle d'une sorte de transformée de Fourier-Laplace. On pourrait songer à une sorte de transformée de Fourier, la <<τ-functional>> de Hida

$$\tau_T(\xi) = < T, e^{i\tilde{\xi}} > = \exp(\|\xi\|^2/2) U_T(i\xi) \quad (\xi \text{ réelle}).$$

En pratique, c'est la fonction caractéristique qui est la notion la plus utile.

Les distributions les plus simples sont celles qui correspondent aux fonctions g appartenant à L^2, dont la valeur sur une fonction-test f est simplement $E[gf]$, et la fonction caractéristique vaut $E[g\mathcal{E}(\xi)]$. En particulier, la fonction caractéristique associée à la distribution $T=\mathcal{E}(h)$ (vecteur exponentiel) est

(15) $$U_T(\xi) = < \mathcal{E}(h), \mathcal{E}(\xi) > = e^{<h,\xi>}$$

tandis que le coefficient $\hat{T}_n$ du développement de T suivant les chaos de Wiener est la fonction $h^{\otimes n}$.

3\. Les physiciens utilisent parfois une << multiplication >> des variables aléatoires sur l'espace de Wiener, appelée <u>produit de Wick</u>, et notée :XY: (nous préfèrerons souvent l'écrire X:Y, à la manière usuelle de l'algèbre). Le produit de Wick de deux intégrales stochastiques multiples $I_m(f_m):I_n(g_n)$ est égal à $I_{m+n}(f_m \circ g_n)$, où $f_m \circ g_n$ est le produit tensoriel symétrique de ces deux fonctions. De même, le produit de Wick $\mathcal{E}(f):\mathcal{E}(g)$ de deux vecteurs exponentiels vaut $\mathcal{E}(f+g)$

(tandis que le produit ordinaire vaut $\mathcal{E}(f+g)e^{<f,g>}$). Tout cela suggère de prendre comme expression du produit de Wick de deux distributions $R=\Sigma_n \frac{1}{n!}I_n(\hat{R}_n)$, $S=\Sigma_n \frac{1}{n!}I_n(\hat{S}_n)$ la distribution $T=\Sigma_n \frac{1}{n!}I_n(\hat{T}_n)$, où

(16) $$\hat{T}_n = \Sigma_{k+m=n} \frac{n!}{k!m!} \hat{R}_k \circ \hat{S}_m$$ (produit tensoriel symétrique de distributions) .

Il est alors facile de voir que si R et S admettent des fonctions caractéristiques, il en est de même de T :

(16') $$U_T(\xi) = U_R(\xi)U_S(\xi) \quad .$$

L'analogie entre fonction caractéristique et transformée de Fourier montre que l'on doit penser au produit de Wick comme à une sorte de convolution plutôt qu'à une multiplication. L'opération $:$ est associative et commutative.

Soient $F(z)$ une fonction entière, et T une distribution complexe. Posons $T=c+S$, où c est une constante et S a un coefficient nul dans le chaos de Wiener d'ordre 0 ; soit $G(z)=F(c+z)=\Sigma_n g_n z^n$. Comme le développement de Wiener de $S^{:n}$ ne commence qu'au n-ième chaos, la série

$$R = \Sigma_n g_n S^{:n}$$

représente une distribution, et nous poserons $R=G(:S)=F(:T)$ (la notation usuelle est $:G(S):$, $:F(T):$). Si T admet une fonction caractéristique, on a $U_R(\xi)=G\circ U_S(\xi)=F\circ U_T(\xi)$.

III. QUELQUES EXEMPLES

La plus grande partie de l'exposé va maintenant être consacrée à une liste d'exemples, empruntés à Hida pour la plupart. Pour comprendre certains d'entre eux, il est bon de rappeler qu'en théorie classique des distributions, il est fréquent qu'une distribution apparaisse comme la densité formelle d'une mesure qui n'est pas absolument continue par rapport à la mesure de Lebesgue (c'est le cas de la « fonction delta », qui est la densité formelle de la masse unité en 0 par rapport à la mesure dx). Cette situation va se présenter aussi en dimension infinie, les mesures usuelles étant très fréquemment singulières par rapport à la mesure de Wiener. Ajoutons en passant que l'idée familière qui identifie les distributions positives aux mesures positives est liée à la compacité locale, et n'a plus cours en dimension infinie.

1. <u>Distributions au sens de S. Watanabe</u>. Par définition, une telle distribution est une forme linéaire continue T sur l'espace des fonctions-test de Watanabe. Or un élément $f_n = \frac{1}{n!}I_n(\hat{f}_n)$ du n-ième chaos de Wiener est une fonction-test de Watanabe, satisfaisant pour $p\geqq 2$ à l'inégalité $\|f_n\|_p \leqq (p-1)^{n/2}\|f_n\|_2$ (th. d'hypercontractivité de Nelson).

Définissons alors une forme linéaire sur $L^2_{sym}(\mathbb{R}^n_+)$ par la formule

$$<\hat{T}_n,\hat{f}_n> = n!<T,f_n> .$$

L'inégalité $|<T,f>| \leqq C\|f\|_{p,2k}$ pour k,p assez grands ($p\geqq 2$) exprime la continuité de T ; elle entraîne

$$|<\hat{T}_n,\hat{f}_n>| = n!|<T,f_n>| \leqq n!C\|(1+n)^k f_n\|_p \leqq Cn!(1+n)^k(p-1)^{n/2}\|f_n\|_2$$
$$= C\sqrt{n!}(1+n)^k(p-1)^{n/2}\|\hat{f}_n\|_2$$

donc $\hat{T}_n$ appartient à $L^2(\mathbb{R}^n_+)$, avec une norme $\|\hat{T}_n\|_2 \leqq C\sqrt{n!}M^n$ (ou CM^n si l'on se restreint au n-èdre croissant C_n). Ces inégalités ne suffisent certainement pas à caractériser les formes linéaires $T = \Sigma_n \frac{1}{n!}I_n(\hat{T}_n)$ continues au sens de Watanabe.

On voit donc que les distributions de Watanabe se développent suivant les chaos de Wiener comme des v.a. (i.e. ont des coefficients dans L^2), mais la série de Wiener ne converge qu'en un sens faible. Les vecteurs exponentiels $\mathcal{E}(h)$ étant des fonctions-test au sens de Watanabe, et la série $\mathcal{E}(h) = \Sigma_n \frac{1}{n!}I_n(h^{\otimes n})$ convergeant pour la topologie des fonctions-test, la fonction caractéristique de la distribution de Watanabe T est égale à $U_T(\xi) = <T,\mathcal{E}(\xi)>$.

2. <u>Exemple plus spécial</u> : <u>distributions</u> $f(B_t)$.

L'un des résultats les plus remarquables de Watanabe concerne la composition d'une distribution tempérée T sur $\mathbb{R}^n$ avec un vecteur de fonctions-test, satisfaisant à une condition convenable de non-dégénérescence. Nous allons traiter ici un cas très particulier, où $n=1$ et la fonction-test appartient au premier chaos.

Nous allons poser $\tilde{h}=\int h_s dB_s$, avec $h\in L^2(\mathbb{R}_+)$. Le cas le plus important est celui où $h=I_{]0,t]}$, et $\tilde{h}=B_t$. Soit d'abord une fonction f appartenant à l'espace $\mathcal{S}$ de Schwartz. Quels sont la fonction caractéristique, le développement suivant les chaos de Wiener, de la v.a. $f\circ\tilde{h}$?

Soit $F(u) = \int e^{iux}f(x)dx$ la transformée de Fourier de f . On a

$$f\circ\tilde{h} = \frac{1}{2\pi}\int e^{-iu\tilde{h}} F(u)du = \frac{1}{2\pi}\int \mathcal{E}(-iuh)e^{-u^2<h,h>/2}F(u)du$$

Comme la fonction caractéristique de $\mathcal{E}(-iuh)$ est $e^{-iu<h,\xi>}$ et le développement suivant les chaos $\Sigma_n \frac{1}{n!}I_n((-iuh)^{\otimes n})$, on a

$$f\circ\tilde{h} = \Sigma_n \frac{a_n}{n!}I_n(h^{\otimes n}) , \quad a_n= \frac{1}{2\pi}\int(-iu)^n e^{-<h,h>u^2/2}F(u)du$$

$$U_{f\circ\tilde{h}}(\xi) = \frac{1}{2\pi}\int \exp(-iu<h,\xi>- \frac{u^2}{2}<h,h>)F(u)du$$
$$= \phi(<h,\xi>)$$

où $\phi=f*\gamma$, convolution de f avec la densité gaussienne de variance $<h,h>$.

Supposons maintenant que T soit une distribution tempérée, que nous approchons (au sens des distributions tempérées classiques) par une suite (f_n) d'éléments de $\mathcal{S}$. D'après les résultats de Watanabe, les v.a. $f_n\circ\tilde{h}$ convergent vers $T\circ\tilde{h}$ au sens des distributions de Watanabe. En particulier, les coefficients des développements suivant les chaos, et les fonctions caractéristiques, convergent aussi. Nous avons donc encore

$$T\circ\tilde{h} = \Sigma_n \frac{a_n}{n!}I_n(h^{\otimes n}),\quad a_n=\int(-iu)^n e^{-u^2<h,h>/2}F(u)\frac{du}{2\pi} = <D^nT,\gamma>$$

(17) $$U_{T\circ\tilde{h}}(\xi) = \phi(<h,\xi>),\quad \phi=T*\gamma\ ,$$

γ étant comme plus haut la densité gaussienne de variance $<h,h>$.

Les deux cas les plus intéressants sont

- D'abord le cas où $\tilde{h}=B_t$, et la distribution T vaut $\delta(x-a)$. Alors $\delta(B_t-a)$ est la <u>fonction delta de Donsker</u>, souvent citée par Hida. Formellement, le temps local L_t^a vaut $\int_0^t \delta(B_s-a)ds$, donc cette distribution sur l'espace de Wiener représente la dérivée du temps local en t. Sa fonction caractéristique est $\gamma(\int_0^t \xi_s ds -a)$, où γ est la densité gaussienne p_t de variance t . On trouve sans difficulté

(18) $$\delta(B_t-a) = p_t(a)\ :\exp(-\frac{B_t^2-2aB_t}{2t}):\ .$$

- Ensuite, le cas où la distribution T vaut v.p.$(\frac{1}{x})$ (transformée de Fourier $F(u)=\pi i\,\mathrm{sgn}\,u$). En effet, le processus $\int_0^t ds/B_s$ (dont la dérivée formelle est $1/B_t$), défini en valeur principale et étudié par Yamada et Yor, est un exemple de processus de Dirichlet à variation non bornée, mais à variation quadratique nulle, qui intervient naturellement dans beaucoup de problèmes liés à l'étude fine du m^t brownien. On voit sur la première formule (17) que les coefficients a_n associés à $F(u)=1$ et à $F(u)=\mathrm{sgn}\,u$ sont en quelque sorte complémentaires.

REMARQUE. Soit $f_n=1/2n$ sur $[a-1/n,a+1/n]$, $f_n=0$ hors de cet intervalle. La suite (f_n) converge au sens des distributions tempérées vers $\delta(x-a)$, donc $f_n\circ B_t$ converge (au sens des distributions de Watanabe) vers $\delta(B_t-a)$. $E[f_n\circ B_t]$ tend vers $p_t(a)$, et la loi de densité $f_n\circ B_t/E[f_n\circ B_t]$ converge étroitement vers la loi du pont brownien entre $(0,0)$ et (t,a). On voit donc que la distribution $\delta(B_t-a)/p_t(a)$ est la densité formelle de la loi du pont brownien par rapport à la mesure de Wiener.

3. <u>La « valeur en 0 »</u> . Cet exemple n'est pas une distribution de Watanabe, et ne figure pas non plus chez Hida.

L'espace CM des fonctions de Cameron-Martin $\tilde{h}(t) = \int_0^t h(s)ds$, h parcourant $L^2(\mathbb{R}_+)$, est de mesure nulle dans l'espace de Wiener, mais en un sens il doit être considéré comme « portant » la mesure, le gros espace de Wiener Ω étant une sorte de complétion de CM destinée à rendre complètement additive la mesure gaussienne canonique de l'espace CM (muni de la structure hilbertienne de $L^2(\mathbb{R}_+)$). Nous allons tenter de définir une masse unité $\varepsilon_{\underset{\sim}{h}}$ en tout point $\underset{\sim}{h}$ de CM , en tant que distribution sur Ω , dont nous cherchons le développement suivant les chaos de Wiener.

Une masse unité est une forme linéaire <u>multiplicative</u> pour le produit ordinaire des fonctions-test ($\varepsilon(fg)=\varepsilon(f)\varepsilon(g)$), et par conséquent satisfait à l'identité $\varepsilon(e^f)=e^{\varepsilon(f)}$. D'autre part, il est naturel de demander que $\varepsilon_{\underset{\sim}{h}}(\int \xi_s dB_s)$ soit égal à $<h,\xi>$. La distribution $T=\varepsilon_{\underset{\sim}{h}}$ doit donc avoir pour fonction caractéristique

(19) $$U_T(\xi) = < \varepsilon_{\underset{\sim}{h}},\mathcal{E}(\xi) > = \exp(<h,\xi> - \tfrac{1}{2}<\xi,\xi>) .$$

Nous allons calculer les distributions $\hat{T}_n$ correspondantes. Pour cela, nous avons besoin d'une définition. Pour tout entier $k\leq n/2$, appelons k-<u>diagonale</u> dans $\mathbb{R}_+^n$ un ensemble de la forme

$$D = \{s_{i_1}=s_{j_1},\dots,s_{i_k}=s_{j_k}\}$$

où $i_1,j_1,\dots,i_k,j_k$ sont des indices tous distincts. Nous désignerons par Δ_k l'ensemble des k-diagonales (le nombre des k diagonales est $n!/2^k k!(n-2k)!$) . Nous paramétrons la k-diagonale D ci-dessus par les coordonnées $s_{i_1},\dots,s_{i_k}$ et les n-2k coordonnées restant libres $s_{\ell_1},\dots,s_{\ell_{n-2k}}$, et munissons D de la mesure image

(20) $$d\mu(h,D) = h(s_{\ell_1})\dots h(s_{\ell_{n-2k}})ds_{i_1}..ds_{i_k}ds_{\ell_1}..ds_{\ell_{n-2k}}$$

sur $\mathbb{R}_+^n$, portée par D . Enfin, appelons $\mu_k(h)$ la somme $\Sigma_D\ \mu(h,D)$ étendue à toutes les k-diagonales, qui est une mesure symétrique sur $\mathbb{R}_+^n$. Si h=0, $\mu_k(0)$ est nul pour $k\neq n/2$.

Ces définitions étant données, calculons d'abord la distribution $R=\varepsilon_0$. Nous avons

$$\exp(-\frac{t^2}{2}<\xi,\xi>) = \Sigma_n < \hat{R}^n,\xi^{\otimes n} > \frac{t^n}{n!}$$

donc $\hat{R}_n=0$ pour n=2k+1, et pour n=2k $<\hat{R}_{2k},\xi^{\otimes 2k}> = (-1)^k \frac{(2k)!}{2^k k!}<\xi,\xi>^k$.
On en déduit

(21) $$\hat{R}_{2k} = (-1)^k\mu_k(0)$$

(le coefficient $(2k)!/2^k k!$ étant le nombre des k-diagonales de $\mathbb{R}_+^{2k}$). Comme (21) n'est pas un élément de $L^2(\mathbb{R}_+^{2k})$, on voit que ε_0 n'est pas une distribution au sens de Watanabe.

Nous passons ensuite à $T=\varepsilon_{\underset{\sim}{h}}$, qui est la translatée par $\underset{\sim}{h}$ de $R=\varepsilon_0$. On a $U_T(\xi)=\exp(<h,\xi>)U_R(\xi) = U_S(\xi)U_R(\xi)$ d'après (19), où S est la distribution $\mathcal{E}(h)$. Donc $T=S:R$, et l'on peut calculer $\hat{T}_n$ par

(16)-(16'). Le résultat est

(22) $$\hat{T}_n = \Sigma_{k\leqq n/2} (-1)^k \mu_k(h) \quad .$$

COMMENTAIRES. Cet exemple appelle d'assez nombreuses remarques (qui s'appliqueront aussi aux exemples ultérieurs).

a) Les distributions $\hat{T}_n$ n'appartiennent pas à L^2, mais sont assez peu singulières : ce sont des mesures (et plus précisément, absolument continues sur des sous-variétés de dimension $\geqq n/2$). Jusqu'à maintenant, l'analyse de Wiener n'a jamais vraiment utilisé de coefficients plus singuliers que des mesures. Mais alors, au lieu d'écrire T sous la forme $T=\Sigma_n \frac{1}{n!}I_n(\hat{T}_n)$, où $\hat{T}_n$ est une mesure symétrique, on peut revenir à la première forme (1), $T=\Sigma_n J_n(\hat{T}_n)$, où $\hat{T}_n$ est une mesure sur le n-èdre $\overline{C}_n=\{s_1\leqq\ldots\leqq s_n\}$ dans $]0,\infty[^n$, avec

$$< T,f > = \Sigma_n < \hat{T}_n,\hat{f}_n >_{\overline{C}_n} \quad .$$

Cela simplifie les problèmes combinatoires. Par exemple, dans le cas de ε_0 , $\overline{C}_{2k}$ ne contient plus qu'une seule k-diagonale, qui est $\{s_1=s_2,\ldots,s_{2k-1}=s_{2k}\}$.

b) La remarque faite plus haut, suivant laquelle translater une distribution de $\underset{\sim}{h}$ revient à faire le produit de Wick avec $\mathcal{E}(h)$, est un fait général. En effet, soit T une distribution, et soit T' sa translatée par $\underset{\sim}{h}$ ($<T',f> = <T,f(\cdot+\underset{\sim}{h})>$; attention, si T est associée à une fonction g, T' n'est pas associée à $g(\cdot-\underset{\sim}{h})$, mais à $g(\cdot-\underset{\sim}{h})\mathcal{E}(h)$) ; on a $U_{T'}(\xi) = e^{<h,\xi>}U_T(\xi) = U_{\mathcal{E}(h):T}(\xi)$.

c) Introduisons les polynômes d'Hermite $H_n(x,u)$ par leur fonction génératrice

(23) $$e^{tx-ut^2/2} = \Sigma_n \frac{t^n}{n!}H_n(x,u)$$

(les polynômes d'Hermite usuels sont $H_n(x)=H_n(x,1)$, et $H_n(x,u)$ vaut $u^{n/2}H_n(x/\sqrt{u})$). Alors la distribution $\hat{T}_n$ satisfait à

$$< \hat{T}_n, \xi^{\otimes n} > = H_n(<h,\xi>,<\xi,\xi>) \qquad \text{(cf. (19)).}$$

d) Soit γ la loi normale centrée réduite sur $\mathbb{R}$. Les polynômes d'Hermite classiques

(24) $$H_n(x) = \Sigma_{k\leqq n/2} (-1)^k x^{n-2k} \frac{n!}{2^k k!(n-2k)!}$$

forment une base orthogonale de $L^2(\gamma)$, avec $\|H_n\|^2_{L^2} = n!$. Désignons par $\tau(x)=\Sigma_n c_n H_n(x)/\sqrt{n!}$ la densité formelle de la masse unité ε_0 par rapport à γ , de sorte que si $f=\Sigma_n a_n H_n(x)/\sqrt{n!}$ est une combinaison linéaire finie de polynômes d'Hermite, on a formellement

$$<\varepsilon_0,f> = <f,\tau>_\gamma = \Sigma_n a_n c_n = f(0) = \Sigma_n a_n H_n(0)$$

d'où en utilisant (24)

$$c_{2k+1}=0 \quad , \quad c_{2k} = (-1)^k \frac{(2k)!}{2^k k!} \quad .$$

L'analogie avec (21) est claire.

e) On peut en fait définir une distribution ε_τ sur l'espace de Wiener pour <u>toute</u> distribution τ sur $]0,\infty[$ (ce qui montre qu'en un sens, et conformément aux idées de Hida, le véritable espace de trajectoires utilisé est l'espace de toutes les distributions). Il suffit de la définir par sa fonction caractéristique

$$U_T(\xi) = \exp(<\dot{\tau},\xi> - \tfrac{1}{2}<\xi,\xi>) \quad (\dot{\tau} \text{ est la dérivée de } \tau)$$

Pour $\tau=\underset{\sim}{h}$, on a $<\dot{\tau},\xi>=<h,\xi>$ comme il convient. Bien entendu, les coefficients de cette distribution n'ont plus de raison d'être des mesures.

4. <u>Mesures gaussiennes</u>. Un autre exemple de distribution donnant une densité formelle de mesure singulière par rapport à la mesure de Wiener nous est fourni par les lois gaussiennes des mouvements browniens (σB_t) , $0 \leqq \sigma < \infty$. Il est très facile de calculer la fonction caractéristique de cette distribution T

(25) $$U_T(\xi) = E[\exp(\sigma \int \xi_s dB_s - \tfrac{1}{2}<\xi,\xi>)] = \exp(-\tfrac{a}{2}<\xi,\xi>) \text{ avec } a=1-\sigma^2.$$

Pour $\sigma=0$ on retombe sur ε_0 , et pour $\sigma=1$ on trouve la constante 1 . Le développement de T suivant les chaos de Wiener ressemble beaucoup à celui de ε_0 :

(26) $$\hat{T}_{2k+1}=0 \quad , \quad \hat{T}_{2k} = (\sigma^2-1)^k \mu_k(0) \quad .$$

Ayant fait cela pour σ positif, rien ne nous empêche de définir une distribution (complexe) par cette même formule, en prenant $\sigma^2 \in \mathbb{C}$. En particulier, nous verrons un peu plus loin que le cas $\sigma^2=-i$ correspond à l'<u>intégrale de Feynman</u> (traité par Hida et Streit).

5. <u>Le bruit blanc et ses fonctionnelles</u>. Nous touchons ici à l'essentiel de la théorie de Hida, qui occupe le plus grand volume dans ses articles (ce qui les rend aussi difficiles à lire pour les probabilistes, plus familiers avec le mouvement brownien qu'avec le bruit blanc). Il s'agit de définir le bruit blanc $\dot{B}_t$, et certains polynômes "renormalisés" en $\dot{B}_t$. Nous rappelons deux résultats classiques de calcul stochastique.

1) Sur l'intervalle fermé $[0,\infty]$, soit (U_t) une semimartingale continue, nulle en 0, de variation quadratique $<U>_t$ et de partie à variation

finie A_t . Alors on a

$$\int_{s_1<s_2..<s_n} dU_{s_1}\dots dU_{s_n} = \frac{1}{n!}H_n(U_\infty, \langle U\rangle_\infty)$$

$$E[\int_{s_1<\dots<s_n} dU_{s_1}\dots dU_{s_n}] = E[\int_{s_1..<s_n} dA_{s_1}\dots dA_{s_n}]$$
$$= \frac{1}{n!}E[H_n(A_\infty, 0)] = \frac{1}{n!}E[A_\infty^n] .$$

2) Prenons $U_t = \frac{1}{\varepsilon}\int_0^t I_{[\tau,\tau+\varepsilon]}(s)dB_s$, sous la loi $\mathcal{E}(\xi)P$. Alors

$$\langle U\rangle_\infty = \frac{1}{\varepsilon} \quad , \; A_\infty = \frac{1}{\varepsilon}\int_\tau^{\tau+\varepsilon}\xi(s)ds \quad , \; U_\infty = \frac{1}{\varepsilon}(B_{\tau+\varepsilon}-B_\tau) .$$

Tout cela nous donne la fonction caractéristique

$$< H_n(\frac{1}{\varepsilon}(B_{\tau+\varepsilon}-B_\tau), \frac{1}{\varepsilon}) \; , \; \mathcal{E}(\xi) > = (\frac{1}{\varepsilon}\int_\tau^{\tau+\varepsilon}\xi(s)ds)^n$$

et il est naturel de définir une distribution $H_n(\dot{B}_\tau, \frac{1}{d\tau}) = :\dot{B}_\tau{}^n:$ par sa fonction caractéristique

$$< :\dot{B}_\tau^n: \; , \; \mathcal{E}(\xi) > = \xi(\tau)^n$$

Cette distribution appartient au n-ième chaos de Wiener, $\hat{T}_n$ étant une masse unité au point $(\tau,\dots,\tau)$ de la diagonale. Le coefficient est donc encore une mesure, mais plus singulière que celles qui ont été rencontrées plus haut. Tout naturellement, on définira une distribution $:\dot{B}_{s_1}\dots\dot{B}_{s_n}:$ par sa fonction caractéristique $\xi(s_1)\dots\xi(s_n)$, que les points $s_1,\dots,s_n$ soient distincts ou non. La distribution

$$\int_{\mathbb{R}_+^n} h(s_1)\dots h(s_n) :\dot{B}_{s_1}\dots\dot{B}_{s_n}: \; ds_1\dots ds_n$$

où h est par exemple bornée à support compact, admet comme fonction caractéristique $\langle h,\xi\rangle^n$; elle est donc égale à l'intégrale multiple $\int h(s_1)\dots h(s_n)dB_{s_1}\dots dB_{s_n}$ du type (3).

Il serait facile maintenant d'expliciter des distributions dont les coefficients ne sont pas des mesures : par exemple, la dérivée seconde $\ddot{B}_\tau$, de fonction caractéristique $\dot{\xi}(\tau)$.

6. <u>Calcul de certaines exponentielles</u>. Si f est un élément du premier chaos, e^f appartient à L^2, mais il n'en est pas nécessairement de même si f appartient au second chaos. Nous allons présenter rapidement (mais avec une démonstration presque complète) le calcul que donne Hida de la fonction caractéristique de e^f en tant que distribution.

Nous partons de la formule classique suivante, où X est une v.a. normale centrée réduite

(28) $$E[\exp(cX^2/2 + aX)] = e^{a^2/2(1-c)}/\sqrt{1-c} \qquad (\Re(c)<1) .$$

Cette intégrale peut être prolongée analytiquement au plan complexe privé de la demi-droite $[1,\infty[$ de l'axe réel.

Considérons un élément du deuxième chaos

$$f = \frac{1}{2}\int F(s,t)dB_s dB_t$$

où $F(s,t)$ est un noyau symétrique appartenant à $L^2(\mathbb{R}_+^2)$, donc définissant un opérateur de Hilbert-Schmidt. Celui-ci admet une base o.n. de vecteurs propres $e_n \in L^2(\mathbb{R}_+)$, et l'on peut écrire

$$F(s,t) = \Sigma_n\, c_n e_n(s) e_n(t) \qquad \text{avec} \quad \Sigma_n\, c_n^2 < \infty$$

et l'on a alors

$$f = \frac{1}{2}\Sigma_n\, c_n(\tilde{e}_n^2 - 1) \qquad \text{avec} \quad \tilde{e}_n = \int e_n(s)dB_s \ .$$

Les v.a. $\tilde{e}_n$ sont gaussiennes centrées réduites indépendantes. On peut affirmer que e^f appartient à L^2 si l'on a $c_n < 1/2$ pour tout n. Calculons dans ce cas la fonction caractéristique $U(\xi)=E[e^f \mathcal{E}(\xi)]$ de e^f : désignant par $a_n = <\xi, e_n>$ les coefficients du développement de ξ selon les e_n, la v.a. $e^f\mathcal{E}(\xi)$ est un produit de facteurs indépendants

$$\exp(\ \frac{1}{2}c_n(\tilde{e}_n^2 - 1) + a_n\tilde{e}_n - \frac{1}{2}a_n^2\ )$$

d'où en appliquant (28)

$$U(\xi) = \Lambda \exp(\ \frac{1}{2}\Sigma_n \frac{c_n}{1-c_n} <\xi, e_n>^2\ ) \qquad \text{avec} \quad \Lambda = \prod_n \frac{e^{-c_n/2}}{\sqrt{1-c_n}} \ . \tag{29}$$

Le produit infini Λ converge du fait que $\Sigma_n\, c_n^2 < \infty$. Quand au second facteur, c'est la fonction caractéristique de la distribution $:e^g:$, où g est l'élément du second chaos

$$g = \frac{1}{2}\int G(s,t)dB_s dB_t \quad , \quad G(s,t) = \Sigma_n \frac{c_n}{1-c_n} e_n(s)e_n(t) \ .$$

Maintenant, il est facile d'étendre la formule (29), par prolongement analytique, à des cas où e^f n'appartient plus à L^2 : il suffit en somme que F appartienne à $L^2(\mathbb{R}_+^2)$ et n'admette pas la valeur propre 1, et qu'il y ait une raison naturelle de choisir une détermination des racines $\sqrt{1-c_n}$ figurant dans Λ .

Hida aborde de cette manière la définition des intégrales de Feynman. Nous préférons l'aborder directement.

IV. L'INTEGRALE DE FEYNMAN EN TANT QUE DISTRIBUTION

1. Nous rappelons d'abord la méthode heuristique de Feynman pour construire la solution d'une équation de Schrödinger

$$U_t f = e^{-itH/\hbar} f \ , \quad H = H_0 + H_1 \ , \ H_0 = -\frac{\hbar^2}{2m}\frac{d^2}{dx^2} \ , \ H_1 = V$$

où V est un potentiel. On connaît les deux groupes unitaires $U_t^j = \exp(-itH_j/\hbar)$ pour $j=0,1$: prenant $\hbar=m=1$

$$U_t^1 f(x) = e^{-itV(x)} f(x) \quad , \quad U_t^0 f(x) = \int (-it)^{-1/2} \exp(-i(x-y)^2/2t) f(y) \,d\!\!\!/ y$$

($d\!\!\!/ y = dy/\sqrt{2\pi}$). On va utiliser une «formule de Trotter-Kato »

$$U_t f = \lim_n \, (U^1_{t/n} U^0_{t/n})^n f$$

Cette expression se calcule explicitement, et vaut

$$\int (-i\tfrac{t}{n})^{-n/2} \exp(\tfrac{-in}{2t}\Sigma(x_j - x_{j-1})^2) \exp(-i\tfrac{t}{n}\Sigma V(x_{j-1})) f(x_n) \,d\!\!\!/ x_1 \ldots d\!\!\!/ x_n$$

avec $x_0 = x$, la sommation Σ allant de 1 à n . Pour faire un passage à la limite, comme il n'y a pas de mesure plate en dimension infinie, on fait apparaître une densité gaussienne, et on écrit cela comme une espérance brownienne (on a posé $t_j = \frac{j}{n} t$, $\Delta = \frac{t}{n}$, $\Delta B_j = B_{t_j} - B_{t_{j-1}}$)

$$(30) \quad (-i)^{-n/2} \, E^x[\exp(\tfrac{1-i}{2} \tfrac{1}{\Delta}\Sigma(\Delta B_j)^2) \exp(-i\Delta \Sigma V(B_{t_{j-1}})) f(B_t)]$$

Les intégrales qui apparaissent dans ces formules ne sont pas nécessairement absolument convergentes, car pour V=0, f=1 on retrouve (28) avec c=1-i, qui est juste sur le bord du domaine de convergence absolue. Il ne faut donc pas s'étonner que les intégrales de Feynman en dimension infinie soient définies comme valeurs au bord de fonctions analytiques: c'est déjà le cas en dimension finie !

En revanche, et contrairement à ce qui est souvent affirmé, nous n'aurons à faire aucune renormalisation multiplicative : celle-ci est déjà réalisée par le changement de mesure de base en (30).

2. Nous allons nous intéresser d'abord au cas où V=0 dans la formule (30). Quitte à remplacer f par f(x+·), nous pouvons remplacer E^x par E . En fait, nous laisserons pour l'instant f de côté, et étudierons la fonction caractéristique de la distribution

$$(31) \qquad i^{n/2} \exp(\tfrac{1-i}{2} \tfrac{1}{\Delta}\Sigma(\Delta B_j)^2)$$

(nous disons distribution, et non v.a., car cette v.a. n'est pas intégrable : en tant que distribution, elle est définie par prolongement analytique). Multiplier (31) par $\mathcal{E}(\xi)$ et intégrer revient à calculer l'espérance de (31), non pas sur le mouvement brownien, mais sur le processus $B_t + \int_0^t \xi_s ds$ (th. de Cameron-Martin-Girsanov), ou encore à remplacer ΔB_j par $\Delta B_j + \lambda_j$, avec $\lambda_j = \int_{t_{j-1}}^{t_j} \xi_s ds$. Pour alléger la notation, posons 1-i=c , $\Delta B_j = X_j\sqrt{\Delta}$, où X_j est normale centrée réduite. La fonction caractéristique vaut alors

$$i^{n/2} \prod_n E[\exp(\tfrac{c}{2} X_j^2 + c\lambda_j X_j/\sqrt{\Delta} + c\lambda_j^2/2\Delta)]$$

L'espérance se calcule par (28), et vaut

$$\exp(c\lambda_j^2/2\Delta)\ \frac{e^{\frac{c^2}{2(1-c)}\frac{\lambda_j^2}{\Delta}}}{\sqrt{1-c}}$$

Remplaçant c par $1-i$, on voit apparaître au dénominateur un $i^{n/2}$ qui s'élimine avec celui qui est en tête, et il reste simplement

$$\prod_n \exp(-\tfrac{1+i}{2}\Sigma_n\ \lambda_j^2/\Delta)$$

qui tend vers $\exp(-\frac{1+i}{2}\int_0^t \xi_s^2 ds)$. Posons $\int_0^t \xi_s^2 ds = \langle\xi,\xi\rangle_t$.

DEFINITION. On appelle <u>distribution de Feynman</u> (resp. distr. de Feynman sur $[0,t]$) la distribution de fonction caractéristique

(32) $$U_F(\xi) = \exp(-\tfrac{1+i}{2}\langle\xi,\xi\rangle)\quad (\text{ resp. } \langle\xi,\xi\rangle_t\ )$$

Cette distribution est du type étudié en (25)-(26) avec $\sigma^2=-i$, d'où le développement de F suivant les chaos

(33) $$\hat{F}_{2k+1}=0\ ,\quad \hat{F}_{2k} = (-1)^k(1+i)^k\mu_k(0)\ .$$

3. Revenons à la formule (30), en y remettant la fonction f : si l'on traite le cas où $f(x)=e^{iux}$, on saura aussi (par intégration en u) traiter le cas de toutes les fonctions suffisamment régulières - par exemple, des transformées de Fourier de mesures bornées, qui forment ici une classe naturelle. Mais insérer $e^{iu(x+B_t)}$ dans l'intégrale revient à y insérer $e^{iux-tu^2/2}\mathcal{E}(iuI_{[0,t]})$, et l'on retombe sur le problème qui vient d'être étudié : la limite de l'expression (30) avec $V=0$, $f(x)=e^{iux}$, est égale à $\exp(i(ux+tu^2/2))$, qui vaut bien $e^{-itH_o}f$.

4. La mesure Brownienne permet de résoudre l'équation de la chaleur

$$f_t(x) = E^x[f\circ B_t]\quad\text{est solution de}\quad \dot{f}_t = \tfrac{1}{2}D^2 f_t$$

et la formule de Kac

(34) $$f_t(x) = E^x[e^{-\int_0^t V(B_s)ds} f\circ B_t]$$

fournit une solution de l'équation $\dot{f}_t = (\frac{1}{2}D^2-V)f_t$. De la même manière la «mesure» de Feynman permet de résoudre l'équation de Schrödinger libre

$$f_t(x) = E_F^x[f\circ B_t]\quad\text{est solution de}\quad \dot{f}_t = \tfrac{i}{2}D^2 f_t = -iH_o f_t$$

et la formule de Feynman (antérieure à la formule de Kac !)

(35) $$f_t(x) = E_F^x[e^{-i\int_0^t V(B_s)ds} f\circ B_t]$$

devrait nous permettre de résoudre l'équation $\dot{f}_t = -i(H_o+V)f_t$. Seulement, alors que la formule (34) ne pose aucun problème d'interprétation (il s'agit seulement d'examiner si une v.a. positive est intégrable par rapport à une mesure positive), la formule (35) demande que l'on calcule la valeur d'une distribution sur une fonctionnelle de Wiener <u>qui n'est pas une fonction-test</u>.

La définition des distributions nous ouvre une seule possibilité pour donner un sens à cette expression : développer en chaos de Wiener la v.a. sur l'espace de Wiener

(36) $h_t^x = e^{-i\int_0^t V(x+B_s(\omega))ds}\, f(x+B_t(\omega)) = \Sigma_n \frac{1}{n!} I_n(\hat{h}_n^x)$

Ensuite, examiner si les fonctions $\hat{h}_{2k}^x$ ont des traces sur les k-diagonales, et poser

(37) $G_t^x(z) = \Sigma_k \frac{(z-1)^k}{2^k\, k!} \int_{s_1<s_2\ldots<s_k<t} \hat{h}_{2k}^x(s_1,s_1,\ldots s_k,s_k)ds_1\ldots ds_k$

où la somme sur toutes les k-diagonales a été réduite à l'unique k-diagonale du 2k-èdre croissant C_{2k}. En principe, pour $z=\sigma^2$ cette série devrait représenter l'espérance de (36) sous la loi brownienne de paramètre σ^2 , et pour $z=-i$ l'intégrale de Feynman.

Nous ne nous proposons pas de faire ici une théorie rigoureuse de l'intégrale de Feynman : ceci a été fait par de nombreux auteurs. Nous nous proposons plutôt de traiter une question probabiliste, celle du développement de la v.a. (36) suivant les chaos de Wiener. Nous ne donnerons d'ailleurs pas une démonstration complète, mais seulement une indication de méthode. Posons

(38) $$Q_t(x,f) = E[\exp(-i\int_0^t V(x+B_s)ds)f(x+B_t)]$$

Ceci est un excellent semi-groupe de noyaux complexes de masse $\leqq 1$, pourvu seulement que l'intégrale $\int_0^t |V(x+B_s)|ds$ soit p.s. finie. Son générateur est formellement $\frac{1}{2}D^2 - iV$, et nous allons supposer que le semi-groupe est suffisamment régulier pour que la fonction $Q_t(x,f)$ soit <u>dérivable en</u> x ; cette dérivée sera notée $R_t(x,f)$.

Il sera parfois commode de travailler sur l'espace de toutes les trajectoires continues, sans la restriction $B_0=0$; alors au lieu de $x+B_t$ en (36) nous pouvons écrire B_t , en intégrant par rapport à la loi P^x du mouvement brownien issu de x . Nous poserons alors

$$M_t = \exp(-i\int_0^t V(B_s)ds) \quad , \quad H_t = M_t f(B_t) \quad .$$

Le coefficient de H_t dans le chaos d'ordre 0 est $E^x[H_t]=Q_t(x,f)$. Introduisons ensuite la martingale

$$E^x[H_t|\mathcal{F}_u] = Q_t(x,f) + \int_0^u \eta_s dB_s \qquad (u<t)$$

Par ailleurs, soit Θ_u l'opérateur de translation $(B_s\circ\Theta_u=B_{s+u})$; on a

$$H_t = M_u M_{t-u}\circ\Theta_u . f(B_{t-u}\circ\Theta_u)$$

donc $E^x[H_t|\mathcal{F}_u] = M_u . Q_{t-u}f\circ B_u$. Le côté gauche est une martingale, du côté droit (M_u) est un processus à variation finie qui ne s'annule jamais, donc $(Q_{t-u}f\circ B_u)$ est une semimartingale. Admettant que nous pouvons lui appliquer la formule d'Ito, nous avons

$$d(Q_{t-u}f\circ B_u)=(R_{t-u}f\circ B_u)dB_u + \text{termes à variation finie} .$$

et par conséquent

$$d(M_uQ_{t-u}f\circ B_u) = M_uR_{t-u}f\circ B_u\, dB_u + \text{termes à variation finie}$$

Mais en fait le côté gauche est une martingale, donc ces termes à variation finie sont nuls. On a donc sous la loi P^x

(39) $$H_t = M_tf(B_t) = Q_t(x,f) + \int_0^t M_uR_{t-u}f(B_u)dB_u$$

Lorsqu'on connaît le développement d'une v.a. en intégrale stochastique prévisible

$$H = E[H] + \int_0^\infty \eta_s dB_s$$

Le premier terme du développement en chaos de Wiener est égal à $\int_0^\infty E[\eta_s]dB_s$. Pour continuer, on développe en i.s. prévisible

$$\eta_s = E[\eta_s] + \int_0^s \eta_{us}dB_u$$

et le terme dans le second chaos est alors $\int_{u<s} E[\eta_{us}]dB_udB_s$. Pour avoir le terme dans le troisième chaos, on développe η_{us} , etc. Appliquant ici cette recette, on obtient pour les deux premiers coefficients

(40) $$\hat{h}_0^x = Q_t(x,f) \ , \qquad \hat{h}_1^x(s) = E^x[M_sR_{t-s}f\circ B_s] = Q_s(x,R_{t-s}f) .$$

Pour continuer, il faut développer en intégrale stochastique

$$M_sR_{t-s}f(B_s) = Q_s(x,R_{t-s}f) + \int_0^s \eta_{us}dB_s$$

Mais ce problème est identique à celui que nous avons traité déjà, s remplaçant t , et $R_{t-s}f$ remplaçant f . D'où le second coefficient

(41) $$\hat{h}_2^x(u,s) = Q_u(x,R_{s-u}R_{t-s}f)$$

On a des formules analogues pour tous les coefficients. Nous n'en dirons pas plus sur ce sujet.

REMARQUE. Soit P_σ la loi gaussienne du processus (σB_t). L'intégrale

$$E_\sigma^x[e^{-i\int_0^t V(B_s)ds} f(B_t)] = Q_t^\sigma(x,f)$$

existe sous des conditions très faibles sur V , et définit un semi-groupe de mesures complexes de masse ≤ 1. A quelles conditions $Q_t^\sigma(x,f)$ peut il être interprété comme la valeur de la distribution P_σ sur la fonction $\exp(-i\int_0^t V(x+B_s)ds)f(x+B_t)=h_t^x$? Ce problème est étroitement lié au problème de la définition de l'intégrale de Feynman par prolongement analytique de $Q_t^\cdot(x,f)$ hors de l'axe réel.

REMERCIEMENTS. Le second auteur remercie l'Université Louis Pasteur de Strasbourg et l'I.R.M.A. pour leur hospitalité pendant une partie de l'année universitaire 1985-86.

REFERENCES

Notre point de départ a été :

PARTHASARATHY (K.R.). A remark on the paper « une martingale d'opérateurs bornés, non représentable en intégrale stochastique ». Sém. Prob. XX, p. 317-320. Lecture Notes in M. 1204, Springer 1986.

La théorie de Hida

Le texte de base est ici le livre

HIDA (T.). Brownian motion. Springer 1980 (pour la traduction anglaise).

Voici d'autres articles de Hida ou proches du point de vue de Hida. Nous nous bornons à ceux qui sont parus dans des recueils accessibles.

HIDA (T.). Generalized multiple Wiener integrals. Proc. Japan Acad. 54, 1978, 175-188.

--- Generalized brownian functionals and stochastic integrals. Appl. Math. Optim. 12, 1984, 115-123.

--- Generalized brownian functionals. Theory and application of random fields. Lect. Notes in Control and Inf. 49, Springer 1983.

KUO (H.H.). Brownian functionals and applications. Acta Applicandae Math. 1, 1983, 175-188.

HIDA (T.) et STREIT (L.). Generalized brownian functionals and the Feynman integral. Stochastic Proc. and Appl. 16, 1983, 55-69.

POTHOFF (J.). On the connection of the white-noise and Malliavin calculi. Proc. Japan Acad. 62, 1986, 43-45.

RUSSEK (A.). Hermite expansions of generalized brownian functionals. Probability theory on vector spaces III, Lublin 1983. Lect. Notes in M . 1080, Springer 1984.

Nous avons eu connaissance tout récemment d'un effort de présentation voisin du nôtre :

CHEVET (S.). Remarques sur les fonctionnelles généralisées (prépubl. 1986 ; Univ. de Clermont-Ferrand).

Dans cet exposé, nous avons délibérément laissé de côté deux aspects de la théorie de Hida : 1) l'étude de sous-groupes remarquables du groupe unitaire de $L^2(\Omega)$; ce que Hida appelle le calcul causal, qui consiste à travailler systématiquement sur le bruit blanc $\dot{B}_t$, à dériver par rapport à $\dot{B}_t$, etc.

Théories des distributions.

La théorie la plus familière aux probabilistes est celle qui se rattache au << calcul de Malliavin >> :

WATANABE (S.). Malliavin's calculus in terms of generalized Wiener functionals. Theory and Application of Random Fields, Bangalore 1982, p. 284-290. Lect. Notes. Control Inf. 49, Springer 1983.

SUGITA (H.). Sobolev spaces of Wiener functionals and Malliavin's calculus. J. Math. Kyoto Univ. 25, 1985, 31-48.

USTUNEL (A.S.). Representation of the distributions on Wiener space and stochastic calculus of variation. A paraître. (J. Funct. Anal. ?).

D'autres articles d'Ustunel sont probablement en cours de publication, ainsi que des travaux de J. Potthoff, touchant à la fois aux deux points de vue sur les distributions.

Toutefois, la théorie des espaces de Sobolev d'indice positif ou négatif sur les espaces gaussiens, et l'espace de Wiener en particulier, est bien plus ancienne que le << calcul de Malliavin >>. Voir par ex., en ne citant encore que des publications accessibles :

KREE (P.). Solutions faibles d'équations aux dérivées fonctionnelles. Séminaire Lelong 1972/73, Lect. Notes in M. 410, p. 142-181 et Sém. Lelong 1973/74, Lect. Notes 474, p. 16-47.

KREE (M.). Propriété de trace pour des espaces de Sobolev en dimension infinie. Bull. Soc. M. France 105, 1977, 141-163

KREE (P.). Calcul d'intégrales et de dérivées en dimension infinie. J. Funct. Anal. 31, 1979, 150-186.

LASCAR (B.). Propriétés d'espaces de Sobolev en dimension infinie. Comm. Partial Diff. Equations 1, 1976, 561-584. Marcel Dekker.

LASCAR (B.). Une classe d'opérateurs elliptiques du second ordre sur un espace de Hilbert. J. Funct. Anal. 35, 1980, 316-343.

KREE (P.). Distributions, Sobolev spaces on Gaussian vector spaces and Ito's calculus. A paraître dans le volume du congrès de Silivri, Juillet 1986 (Lecture Notes ?).

Intégrale de Feynman.

Nous n'avons fait qu'aborder ce sujet, sur lequel existe une immense littérature. Notre procédé de définition, par prolongement analytique dans un disque centré en 1, est probablement très grossier : il est plus courant de travailler dans le demi-plan de droite. On obtient ainsi l'intégrale de Feynman dite << analytique >>.

A défaut d'une discussion mathématique, voici une liste de références (concernant seulement la situation élémentaire qui nous a occupés ici, non l'intégrale de F. dans les variétés, ou les problèmes relativistes).

NELSON (E.). Feynman integrals and the Schroedinger equation. J. Math. Physics 5, 1964, 332-343.

CAMERON (R.H) et STORVICK (D.A.). Some Banach algebras of analytic Feynman integrable functionals. Analytic Functions, Kozubnik 1979, p. 18-67. Lec. Notes in M. 798, Springer 1980.

--- A simple definition of the Feynman integral. Memoir AMS n°288. (cf. aussi J. Anal. Math. 38, 1980, p. 34-66).

JOHNSON (G.W.). The equivalence to two approaches to the Feynman integral. J. Math. Phys. 23, 1982, 2090-2096.

JOHNSON (G.W.) et SKOUG (D.L.). A Banach algebra of Feynman integrable functionals with application to an integral equation formally equivalent to Schroedinger's equation. J. Funct. Anal. 12, 1973, 129-152.

KALLIANPUR (G.) et BROMLEY (C.). Generalized Feynman integrals using analytic continuation in several complex variables. Stochastic An - lysis, Marcel Dekker 1984. M. Pinsky, ed..

KALLIANPUR (G.), KANNAN (D.), KARANDIKAR (R.L.). Analytic and sequential Feynman integrals on abstract Wiener spaces... Ann. IHP 21, 1985, 323-361.

ALBEVERIO (S.A.) et HØEGH-KROHN (R.). Mathematical theory of Feynman path integrals. Lect. Notes in M. 523, Springer 1976.

Il convient d'ajouter le Lecture Notes in Physics 106 (Marseille, Mars 1978), entièrement consacré aux intégrales de Feynman.

I.R.M.A.
7 rue du Gal Zimmer
67084 Strasbourg Cedex France
et
Institute of Applied Mathematics
Academia Sinica, Beijing, Chine

DEVELOPPEMENT DES DISTRIBUTIONS SUIVANT LES CHAOS DE WIENER ET APPLICATIONS A L'ANALYSE STOCHASTIQUE

par J.A. YAN

I. INTRODUCTION

Dans [1] Meyer a remarqué que toute distribution au sens de Watanabe admet un développement formel suivant les chaos de Wiener. Cette note a pour but de montrer comment on peut appliquer ce résultat à l'analyse stochastique, et surtout de donner une démonstration simplifiée d'un résultat récent d'Ustunel.

Nous désignons par $(\Omega,\mathcal{F},P)$ l'espace de Wiener. Si E est un espace de Hilbert séparable, nous désignons par $D_{p,s}(E)$ l'espace de Sobolev de distributions à valeurs dans E avec la norme

$$\|\varphi\|_{p,s} = \|(I-L)^{s/2}\varphi\|_p \qquad (1<p<\infty \ , \ s\in\mathbb{R})$$

où L est l'opérateur d'Ornstein-Uhlenbeck. On a $D_{p,s}(E)^* = D_{q,r}(E)$, où $\frac{1}{p}+\frac{1}{q}=1$, $r=-s$. Posons

$$D_\infty(E) = \cap_{1<p<\infty,s\in\mathbb{R}} D_{p,s}(E) \ , \ D_{-\infty}(E) = \cup_{1<p<\infty,s\in\mathbb{R}} D_{p,s}(E)$$

$D_\infty(E)$ s'appelle l'espace des <u>fonctions-test</u> à valeurs dans E, et $D_{-\infty}(E)$ l'espace des <u>distributions</u> à valeurs dans E. On désigne toujours par $<\ ,\ >$ la forme bilinéaire canonique sur $D_\infty(E)\times D_{-\infty}(E)$. Si $E=\mathbb{R}$ nous écrivons simplement $D_{p,s}$, D_∞ , $D_{-\infty}$. Les espaces $D_\infty(E)$, $D_{-\infty}(E)$ peuvent être munis de topologies naturelles pour lesquelles $D_\infty(E)^*=D_{-\infty}(E)$.

Nous désignons par H l'espace $L^2(\mathbb{R}_+)$ et considérons le <u>gradient</u> D comme un opérateur défini sur $D_{-\infty}(E)$ à valeurs dans $D_{-\infty}(H\otimes E)$. Il est bien connu que D est continu de $D_{p,s}(E)$ dans $D_{p,s-1}(H\otimes E)$; on peut donc définir son adjoint, l'opérateur <u>divergence</u> $\delta : D_{-\infty}(H\otimes E) \to D_{-\infty}(E)$, qui est continu de $D_{q,r}(H\otimes E)$ dans $D_{q,r-1}(E)$. On a $L=-\delta D$.

Dans cette note, $\hat{L}^2(\mathbb{R}^n_+,E)$ désigne l'espace des fonctions symétriques g sur $\mathbb{R}^n_+$ à valeurs dans E, mesurables et telles que

$$\|g\|_2^2 = \int_{\mathbb{R}^n_+} \|g(s_1,\dots,s_n)\|^2 ds_1\dots ds_n < \infty \ .$$

Si $E=\mathbb{R}$ on écrit simplement $\hat{L}^2(\mathbb{R}^n_+)$. Pour une telle fonction g , on peut définir l'intégrale stochastique multiple (qui est une v.a. à valeurs dans E)

$$I_n(g) = n! \int_{0<s_1<\dots<s_n} g(s_1,\dots,s_n)dB_{s_1}\dots dB_{s_n}$$

où (B_t) est le mouvement brownien. On a

$$\|I_n(g)\|_E^2 = n!\ \|g\|_2^2 \ .$$

Si n=0 on interprète $\hat{L}^2(\mathbb{R}_+^0,E)$ comme E et $I_0(g)$ comme g. Dans cette note on considère seulement le cas où E=H ; alors $L^2(\mathbb{R}_+^n,H)$ peut s'identifier à $L^2(\mathbb{R}_+^{n+1})$, $\hat{L}^2(\mathbb{R}_+^n,H)$ au sous-espace de $L^2(\mathbb{R}_+^{n+1})$ formé des fonctions symétriques par rapport aux n premières variables, et inversement $\hat{L}^2(\mathbb{R}_+^{n+1})$ s'identifie à un sous-espace de $L^2(\mathbb{R}_+^n,H)$.

Pour $h\in H$, on note $\tilde{h} = \int_0^\infty h_s dB_s$ et $\mathcal{E}(h) = \exp(\tilde{h}-\frac{1}{2}(h,h))$

Avec ces notations, la remarque de Meyer mentionnée au début s'énonce ainsi :

THEOREME 1.1. Soit $F\in D_{-\infty}(E)$. Pour tout $n\geq 0$ il existe $f_n\in\hat{L}^2(\mathbb{R}_+^n,E)$ unique tel que l'on ait pour tout $g_n\in\hat{L}^2(\mathbb{R}_+^n,E)$

(1.1) $$< F,I_n(g_n) > = (f_n,g_n)$$

où (,) est le produit scalaire dans $\hat{L}^2(\mathbb{R}_+^n,E)$. En outre, pour tout $h\in H$ et tout $e\in E$, on a

(1.2) $$< F,\mathcal{E}(h)e > = (f_0,e) + \Sigma_{n\geq 1}\ \frac{1}{n!}(f_n,h^{\otimes n}e)$$

où la série converge absolument.

Dans la suite, on note $F\sim(f_0,f_1,\dots)$ et on écrit formellement

(1.3) $$F = f_0 + \Sigma_{n\geq 1}\frac{1}{n!}I_n(f_n)\ .$$

On dit que (1.3) est le développement formel de la distribution F suivant les chaos de Wiener. Il est évident que $F\in D_{2,0}(E)$ si et seulement si $\Sigma_n \frac{1}{n!}(f_n,f_n)<\infty$.

II. EXPRESSION EXPLICITE DES OPERATEURS D ET δ

Soit $g_n\in\hat{L}^2(\mathbb{R}_+^n,H)$. On pose

(2.1) $$\hat{g}_n(t,s_1,\dots,s_n) = \frac{1}{n+1}[g_n(t,s_1,\dots s_n)+\sum_{j=1}^n g_n(s_j,s_1\dots s_{j-1},t,s_{j+1}\dots s_n)]$$

$\hat{g}_n$ est la symétrisation de g_n considéré comme élément de $L^2(\mathbb{R}_+^{n+1})$.

Le lemme suivant est un cas particulier d'un résultat dû à Gaveau et Trauber [2].

LEMME 2.1. Soient $f_n\in\hat{L}^2(\mathbb{R}_+^n)$ et $g_n\in\hat{L}^2(\mathbb{R}_+^n,H)$. On a

(2.2) $$DI_n(f_n) = nI_{n-1}(f_n)$$

où f_n est considéré, du côté droit, comme élément de $\hat{L}^2(\mathbb{R}_+^{n-1},H)$, et

(2.3) $$\delta I_n(g_n) = I_{n+1}(\hat{g}_n)\ .$$

Démonstration. (2.2) résulte très facilement de la définition de D .

Pour prouver (2.3) il suffit de prouver que l'on a pour tout $h \in H$ $<\delta I_n(g_n), \mathcal{E}(h)> = <I_{n+1}(\hat{g}_n), \mathcal{E}(h)>$. Or le côté gauche vaut

$$\begin{aligned} < I_n(g_n), D\mathcal{E}(h)> &= <I_n(g_n), \mathcal{E}(h)h> = (g_n, h^{\otimes n+1})_{\hat{L}^2(\mathbb{R}_+^n, H)} \\ &= (g_n, h^{\otimes n+1})_{L^2(\mathbb{R}_+^{n+1})} = (\hat{g}_n, h^{\otimes n+1})_{L^2(\mathbb{R}_+^{n+1})} \\ &= < I_{n+1}(\hat{g}_n), \mathcal{E}(h) > . \end{aligned}$$

Les deux théoremes suivants sont importants pour la suite. Ils signifient que les opérateurs D et δ commutent avec le développement formel des distributions.

THEOREME 2.1. Soit $F \in \mathbb{D}_{-\infty}$ de développement formel $F = f_0 + \Sigma_{n \geqq 1} \frac{1}{n!} I_n(f_n)$. Alors on a le développement formel

$$DF = f_1 + \Sigma_{n \geqq 1} \frac{1}{n!} I_n(f_{n+1}) \tag{2.4}$$

où f_{n+1} est considéré comme élément de $\hat{L}^2(\mathbb{R}_+^n, H)$.

Démonstration. Pour tout $g_n \in \hat{L}^2(\mathbb{R}_+^n, H)$ on a d'après la définition de l'opérateur D sur les distributions (et (2.3), (1.1)).

$$\begin{aligned} < DF, I_n(g_n)> &= <F, \delta I_n(g_n)> = <F, I_{n+1}(\hat{g}_n)> = <f_{n+1}, \hat{g}_n> = \\ &= < f_{n+1}, g_n>_{L^2(\mathbb{R}_+^{n+1})} = <f_{n+1}, g_n>_{\hat{L}^2(\mathbb{R}_+^n, H)} . \end{aligned}$$

D'où (2.4).

REMARQUE. Par définition de $D_{2,1}$, $F \in D_{2,1} \Longleftrightarrow DF \in D_{2,0}(H)$. Cela se voit aussi très clairement sur (2.4).

THEOREME 2.2. Soit $G \in \mathbb{D}_{-\infty}(H)$ de développement formel $G = g_0 + \Sigma_{n \geqq 1} \frac{1}{n!} I_n(g_n)$. Alors on a le développement formel

$$\delta G = \Sigma_{n \geqq 0} \frac{1}{n!} I_{n+1}(\hat{g}_n) . \tag{2.5}$$

Démonstration. Pour tout $f_n \in \hat{L}^2(\mathbb{R}_+^n)$ on a d'aprés (2.2) et (1.1)

$$\begin{aligned} <\delta G, I_n(f_n)> &= <G, DI_n(f_n)> = n<G, I_{n-1}(f_n)> = n(g_{n-1}, f_n)_{\hat{L}^2(\mathbb{R}_+^{n-1}, H)} \\ &= n(\hat{g}_{n-1}, f_n)_{L^2(\mathbb{R}_+^n)} \end{aligned}$$

d'où (2.5).

REMARQUE 1. D'aprés (2.5) on voit que $\delta G \in D_{2,0}$ si et seulement si $\Sigma_n \frac{(n+1)!}{(n!)^2} (\hat{g}_n, \hat{g}_n) < \infty$, ou encore $\Sigma_{n \geqq 1} \frac{1}{(n-1)!} (\hat{g}_n, \hat{g}_n) < \infty$.

REMARQUE 2. Soit F comme dans l'énoncé du théorème 2.1. D'après les théorèmes 2.1 et 2.2 on a

$$LF = -\delta DF = - \Sigma_{n \geqq 0} \frac{1}{n!} I_{n+1}(f_{n+1}) .$$

On retrouve immédiatement sur ce développement le fait que $LF \in D_{2,0} \Leftrightarrow F \in D_{2,2}$.

REMARQUE 3. D'après (2.4) et (2.5), on étend immédiatement aux distributions la relation de commutation $\delta L - L\delta = \delta$.

III. REPRESENTATION DES DISTRIBUTIONS COMME INTEGRALES D'ITO

Nous désignons par $(\mathcal{F}_t)$ la filtration naturelle du mouvement brownien (B_t), augmentée des ensembles de mesure nulle. Soit d'abord $G \in D_{2,0}(H)$: G peut aussi être considéré comme un processus mesurable défini sur Ω. Si l'on représente G sous la forme $g_0 + \Sigma \frac{1}{n!} I_n(g_n)$, il est évident que le processus correspondant est adapté si et seulement si, pour tout $n \geqq 1$, la fonction $g_n(s_1,\dots,s_n,t) \in \hat{L}^2(\mathbb{R}_+^n, H)$ admet une version satisfaisant à

(3.1) $$g_n(s_1,\dots,s_n,t)=0 \quad \text{pour } t \leq \max_{1\leqq i\leqq n} s_i \; .$$

Nous dirons qu'une <u>distribution</u> G <u>à valeurs dans</u> H est <u>adaptée</u> si son développement formel satisfait à la condition (3.1). L'espace des distributions adaptées est noté $D_{-\infty}^{ad}(H)$, et l'on définit de manière évidente les espaces $D_{p,s}^{ad}(H) = D_{p,s}(H) \cap D_{-\infty}^{ad}(H)$: pour $s \geqq 0$, $D_{p,s}^{ad}(H)$ est l'ensemble des éléments de $D_{p,s}(H)$ qui (considérés comme processus) sont adaptés au sens usuel. On montre aisément que le dual de $D_{p,s}^{ad}(H)$ est $D_{q,-s}^{ad}(H)$.

Pour $G \in D_{2,0}^{ad}(H)$, on a $\delta G = \int_0^\infty G_s dB_s$ (intégrale d'Ito : cf. Gaveau et Trauber [2]). Par extension, pour $G \in D_{-\infty}^{ad}(H)$ on dit que $\delta G \in D_{-\infty}$ est l'<u>intégrale d'Ito généralisée</u> de G (si G n'est pas adaptée, on peut appeler δG l'intégrale de Skorohod généralisée de G).

Nous allons définir maintenant la <u>projection adaptée</u> d'une distribution $G \in D_{-\infty}(H)$, que nous noterons G^{ad}.

Commençons par le cas où $G \in D_{2,0}(H)$. On écrit alors

(3.2) $$G = g_0 + \Sigma_{n\geqq 1} \frac{1}{n!} I_n(g_n) \; , \; G^{ad} = g_0 + \Sigma_{n \geqq 1} \frac{1}{n!} I_n(g_n^\Delta)$$

avec

(3.3) $$g_n^\Delta(s_1,\dots,s_n,t) = g(s_1,\dots,s_n,t) I_{\{t > \max_i s_i\}} \; .$$

Il est immédiat de vérifier que $G^{ad}(.,t) = E[G(.,t)|\mathcal{F}_t]$. Il est clair que la même formule peut être appliquée pour étendre la projection adaptée aux distributions, à condition de justifier l'appartenance de G^{ad} à $D_{-\infty}^{ad}(H)$. C'est ce qu'à démontré Ustunel : tout d'abord, l'application $G \mapsto G^{ad}$ est continue de $D_{p,0}(H)$ dans $D_{p,0}^{ad}(H)$ $(p>1)$; comme elle commute avec L , elle est continue de $D_{p,s}(H)$ dans $D_{p,s}^{ad}(H)$ pour $s \geqq 0$, et par dualité pour $s<0$ aussi. Il est alors facile de voir qu'elle applique les fonctions-test dans les fonctions-test, et les distributions dans les distributions.

La projection adaptée G^{ad} de $G\in\mathbb{D}_{-\infty}(H)$ est caractérisée par la propriété

(3.4) $$< G^{ad}, I_n(g_n)> = < G, I_n(g_n^{\Delta}) > \quad \text{pour } g_n\in L^2(\mathbb{R}_+^n,H) .$$

Le théorème de Clark [3] sur la représentation des v.a. comme intégrales d'Ito peut s'écrire dans notre langage de la manière suivante :

THEOREME 3.1. Soit $f\in\mathbb{D}_{2,0}$. Alors $(Df)^{ad}\in\mathbb{D}^{ad}_{2,0}(H)$ et l'on a

(3.5) $$f = E[f] + \int_0^{\infty} (Df)^{ad}(s)dB_s .$$

Démonstration. Nous commençons par le cas où f appartient à l'un des chaos de Wiener : le résultat est évident pour le chaos d'ordre 0, supposons donc que $f=\frac{1}{n!}I_n(f_n)$, $f_n\in\hat{L}^2(\mathbb{R}_+^n)$, $n\geq 1$. Alors on a $Df=nI_{n-1}(f_n)$, f_n étant considéré comme élément de $\hat{L}^2(\mathbb{R}_{n-1},H)$ (voir (2.2)). Donc

$$\begin{aligned} f_n^{\Delta}(s_1,\dots,s_{n-1},t) &= f_n(s_1,\dots,s_{n-1},t) \text{ si } t>\max_i s_i \\ &= 0 \text{ sinon} \end{aligned}$$

Calculer l'intégrale d'Ito de $(Df)^{ad}$ revient à lui appliquer δ ; or d'après (2.3), le résultat est $I_n(n(f_n^{\Delta})^{\wedge})$, et cela vaut $I_n(f_n)=f$.

Pour établir (3.5), il suffit de développer f suivant les chaos de Wiener, et de sommer dans L^2 les égalités relatives à chaque chaos.

Voici la forme qu'Ustunel a donnée au théorème de Clark dans le cas des distributions :

THEOREME 3.2. Soit $f\in\mathbb{D}_{-\infty}$. Alors on a

(3.6) $$f = \langle f,1\rangle + \delta((Df)^{ad}) .$$

Démonstration. Les deux membres sont des distributions. Pour vérifier qu'ils sont égaux, il suffit de montrer qu'ils prennent la même valeur sur une fonction-test de la forme $I_n(h_n)$, $h_n\in\hat{L}^2(\mathbb{R}_+^n)$. Mais alors on est ramené à un problème sur les développements formels, identique à celui que nous avons traité pour démontrer le théorème 3.1.

REMARQUES (voir [4]). 1) Soit $G\in\mathbb{D}_{-\infty}(H)$. Posons $G_1=(D\delta G)^{ad}$, $G_2=G-G_1$. Alors $G=G_1+G_2$ est l'unique décomposition de G telle que $G_1\in\mathbb{D}^{ad}_{-\infty}(H)$ et $\delta G_2=0$.

2) En fait, le noyau de l'opérateur δ est exactement formé des distributions du type $G-(D\delta G)^{ad}$, avec $G\in\mathbb{D}_{-\infty}(H)$.

IV. MARTINGALES GENERALISEES SUR L'ESPACE DE WIENER

Soit $f\in\mathbb{D}_{2,0}$, admettant le développement $f=f_0+\Sigma_{n\geq 1} I_n(f_n)$. L'espérance conditionnelle $E[f|\mathcal{F}_t]$ admet le développement

(4.1) $$E[f|\mathcal{F}_t] = f_0 + \Sigma_{n\geq 1} \frac{1}{n!}I_n(f_n^t)$$

avec $f_n^t(s_1,\dots,s_n)=f_n(s_1,\dots,s_n)$ si $t>\max_i s_i$, et 0 sinon. Comme dans le cas de la projection, mais plus simplement, l'opérateur $E[.|\mathcal{F}_t]$ est continu de $D_{p,0}$ dans lui-même et commute à L , donc applique continûment $D_{p,s}$ dans lui-même, D_∞ dans D_∞ et $D_{-\infty}$ dans $D_{-\infty}$. Il est alors immédiat que la formule (4.1), appliquée au développement formel d'une distribution f , définit la distribution $E[f|\mathcal{F}_t]$.

On appelle <u>martingale généralisée</u> sur l'espace de Wiener une famille de distributions (f_t) telle que l'on ait $f_s = E[f_t|\mathcal{F}_s]$ pour $s<t$. Cela revient à dire que si l'on pose

$$f_t = f_0(t) + \Sigma_{n>1} \frac{1}{n!} I_n(f_n(.;t)) \tag{4.2}$$

les constantes $f_0(t)$ ne dépendent pas de t, et pour $s<t$

$$f_n(.;s) = f_n^s(.;t) \quad \text{pour tout } n . \tag{4.3}$$

Enfin, cela revient à dire que pour chaque n le processus ordinaire $I_n(f_n(.;t))$ est une martingale.

Plaçons nous sur un intervalle fini $[0,T]$; la distribution f_T appartient à un espace $D_{p,s}$ pour un $p>1$ et un s que l'on peut prendre de la forme $-2n$ (n entier assez grand), de sorte que f_T est de la forme $(I-L)^n\varphi$ avec $\varphi \in L^p(\mathcal{F}_T)$. Nous allons appliquer les résultats des paragraphes précédents, mais sur l'intervalle fini $[0,T]$: H désigne donc $L^2([0,T])$ et non $L^2(\mathbb{R}_+)$, etc.. La martingale ordinaire $(E[\varphi|\mathcal{F}_t])_{t\leq T}$ peut alors être considérée comme un élément Φ de $L^p(H)$. Posons $F = ((I-L)^n \otimes I_H)\Phi$, qui appartient à $D_{-\infty}(H)$; les coefficients du développement formel de cette distribution à valeurs dans H sont les fonctions $f_n(.,t)$ de (4.2).

A partir de la représentation (3.6) des distributions en intégrales stochastiques, appliqué à la distribution f_T , on peut étendre aux martingales généralisées le théorème de représentation des martingales browniennes comme intégrales stochastiques par rapport au mouvement brownien.

REFERENCES

1. P.A.Meyer et J.A.Yan, A propos des distributions sur l'espace de Wiener. dans ce volume

2. B.Gaveau et P.Trauber, L'intégrale stochastique comme opérateur de divergence dans l'espace fonctionnel, J.Funct.Anal. Vol.46, 230-238(1982).

3. J.M.C.Clark, The Representation of Functionals of Brownian Motion by Stochastic Integrals,Ann.Math.Stat. 41(1970), p.1281-1295; 42(1971), p.1778.

4. A.S.Ustunel, Representation of the distributions on Wiener space and stochastic calculus of variation, Preprint

(Inst. of Applied Math., Academia Sinica, Beijing)

ELEMENTS DE PROBABILITES QUANTIQUES
exposés VI-VII-VIII

Ces exposés font suite à ceux du volume XX, et ne peuvent être lus indépendamment (surtout des exposés IV-V). Le premier reprend certains calculs sur les chaos de Wiener et les opérateurs donnés par des noyaux, améliorant plusieurs résultats présentés dans le volume XX. Le second est une initiation (assez sommaire) à l'important sujet des représentations des relations de commutation canoniques dites << à température positive >>. Enfin, le troisième présente des travaux tout récents de Parthasarathy-Sinha sur les temps d'arrêt sur l'espace de Fock.

Nous donnons enfin une liste d'erreurs relevées dans les exposés I-V.

Notre séminaire sur les probabilités quantiques devrait continuer en 1986/87, et nous poursuivrons la publication des exposés dans le volume suivant.

P.A. Meyer

Séminaire de Probabilités XXI

ELEMENTS DE PROBABILITES QUANTIQUES. VI
compléments aux exposés IV-V

Cet exposé reprend certains points de la théorie du calcul stochastique sur l'espace de Fock, en développant (parfois en corrigeant) ce qui a été dit dans les exposés du volume XX. Il est donc nécessairement un peu disparate. Bien que nous soyons forcés de renvoyer souvent au texte déjà rédigé, nous avons tenté d'écrire un exposé lisible, en rappelant des formules ou des motivations qui permettent de suivre les idées.

I. RAPPELS SUR LES DEVELOPPEMENTS EN CHAOS DE WIENER

1. L'idée fondamentale des exposés IV-V est la suivante : l'espace de Fock (symétrique ou antisymétrique) construit sur l'espace de Hilbert $L^2(\mathbb{R}_+)$ n'est rien d'autre que l'espace $L^2(P)$ associé à la mesure de Wiener, ou à l'une des mesures de Poisson. Pour fixer les idées, nous travaillerons dans l'interprétation brownienne.

Soit donc (X_t) un mouvement brownien réel issu de 0, réalisé canoniquement sur l'espace de Wiener $(\Omega,\mathcal{F},P)$. Une v.a. appartenant à $\Phi=L^2_{\mathbb{C}}(P)$ admet un développement en chaos de Wiener, que l'on peut écrire soit en << notation courte >> , soit en << notation longue >> .

La seconde est plus familière : soit P_n le n-èdre croissant de $\mathbb{R}^n_+$ (points $(s_1,\dots,s_n)$ avec $s_1<\dots<s_n$) muni de la mesure de Lebesgue $ds_1\dots ds_n$; pour $n=0$, P_0 a un seul élément $(\emptyset)$ et la mesure est la masse unité. On pose alors

$$(1)\qquad f = \Sigma_n J_n(\hat{f}_n) = \Sigma_n \int_{P_n} \hat{f}_n(s_1,\dots,s_n)dX_{s_1}\dots dX_{s_n}$$

et l'on a

$$(2)\qquad \|f\|^2 = \Sigma_n \int_{P_n} |\hat{f}_n(s_1,\dots,s_n)|^2 ds_1\dots ds_n \ .$$

La notation courte consiste à identifier P_n à l'ensemble des parties à n éléments de $\mathbb{R}_+$, à noter P l'ensemble de toutes les parties finies de $\mathbb{R}_+$ (la réunion des P_n) et à écrire

$$(1')\qquad f = \int_P \hat{f}(A)dX_A \quad , \quad \|f\|^2 = \int_P |\hat{f}(A)|^2 dA \ .$$

La notation $\hat{f}$ suggère une sorte d'analyse harmonique de la v.a. f (ceci est justifié par la théorie du << bébé Fock >> : exposé IV, p. IV.10, où $\mathcal{P}$ est l'ensemble des parties de $\{1,\dots,N\}$ muni de sa structure naturelle de groupe compact). Il est parfois intéressant de remplacer $L^2(\Omega)=\Phi$ par $L^2_{\mathcal{H}}(\Omega)=\mathcal{H}\otimes\Phi$, où $\mathcal{H}$ est un espace de Hilbert arbitraire. Alors les fonctions $\hat{f}_n, \hat{f}$ sont à valeurs dans $\mathcal{H}$ au lieu d'être complexes, c'est la seule différence ($\mathcal{H}$ est l'<u>espace de Hilbert initial</u> au sens de Hudson-Parthasarathy, mentionné p. V.15) .

Prenons par exemple $\mathcal{H}=L^2(\mathbb{R}_+)$. Une v.a. à valeurs dans $\mathcal{H}$ s'interprète comme une famille $F=(f_t)$ de v.a. complexes, telle que

(3) $$\|F\|^2 = \int \|f_t\|^2 dt < \infty \quad .$$

On peut considérer (f_t) comme un <u>processus</u> (non nécessairement adapté) de carré intégrable, à condition d'élargir un peu la définition usuelle : on identifie deux processus (f_t) et (g_t) tels que $f_t=g_t$ p.s. pour <u>presque</u> tout t (et non tout t comme d'habitude). Plus généralement un processus de carré intégrable à valeurs dans un Hilbert $\mathcal{K}$ s'identifie à une v.a. à valeurs dans $L^2(\mathbb{R}_+)\otimes\mathcal{K}$.

Du point de vue de la représentation en chaos, $f_t = \int_{\mathcal{P}} \hat{f}_t(A)dX_A$, le processus est <u>adapté</u> si et seulement si les noyaux $\hat{f}_t$ peuvent être choisis de telle sorte que

(4) $$\hat{f}_t(A) = 0 \text{ si } A\not\subset[0,t[\ .$$

Nous avons indiqué dans l'exposé V (note au bas de la page V.25) comment se calcule l'intégrale stochastique $g = \int f_t dX_t$ d'un processus adapté de carré intégrable : on a

(5) $$\hat{g}(A) = \hat{f}_{\vee A}(A\setminus\{\vee A\}) \text{ où } \vee A \text{ est le dernier élément de } A \ .$$

2. <u>Gradient</u>, <u>divergence</u>, <u>intégrale de Skorokhod</u>.

Le sujet présenté dans cette section n'est pas très important pour le calcul stochastique non commutatif, mais il était à la mode cette année ! La présentation rapide que nous en donnons ici résulte de discussions avec Yan Jia-An.

Rappelons que si f est une v.a., on désigne par $\nabla_u f$, pour $f\in L^2_{\mathbb{R}}(\mathbb{R}_+)$, la dérivée de f suivant la fonction de Cameron-Martin $\tilde{u} = \int_0^{\cdot} u_s ds$, et que l'on a $\nabla_u f=a^-_u f$, l'opérateur d'annihilation (cf. p.IV.18, formule (10)). Celui-ci est étendu aux fonctions u complexes, de manière antilinéaire (mais la dérivée suivant une fonction complexe n'a pas de sens).

On dit que la v.a. f admet un <u>gradient</u> si

1) $\nabla_u f$ existe pour tout $u\in L^2_{\mathbb{R}}(\mathbb{R}_+)$
2) $\nabla_u f$ peut s'écrire $\int u(s)g_s ds$, où (g_t) est un processus de carré intégrable G , appelé le gradient de f . Cela signifie encore que

l'opérateur linéaire $u \mapsto \nabla_u f$ est donné par un noyau de carré intégrable

$$\nabla_u f(\omega) = \int u(t)G(t,\omega)dt$$

autrement dit, est du type de Hilbert-Schmidt.

Nous rappelons maintenant deux formules, qui donnent explicitement les opérateurs de création et d'annihilation (p. IV.12, formules (35))

$$(6) \qquad \widehat{(a_u^- f)}(A) = \int \bar{u}(t)\hat{f}(A\cup\{t\})dt \quad , \quad (a_u^+ f)(A) = \Sigma_{t\in A}\, u(t)\hat{f}(A\setminus\{t\}) \; .$$

La première formule montre que, si le gradient $(g_t)=G$ de f existe, il est donné par la formule

$$(7) \qquad \hat{g}_t(A) = \hat{f}(A\cup\{t\}) \quad .$$

Pour transformer cette remarque en un raisonnement correct, on commence par le cas où $f=J_n(\hat{f}_n)$ appartient au n-ième chaos. Alors on vérifie sans peine que le gradient de f existe, qu'il est donné par (7) (tous les g_t appartenant au n-1-ième chaos) et que l'on a $\|G\|^2=n\|f\|^2$. Utilisant alors le fait que grad est un opérateur fermé, on peut montrer

- que le domaine du gradient est l'ensemble des $f=\Sigma_n J_n(\hat{f}_n)$ tels que $\Sigma_n n\|\hat{f}_n\|^2 < \infty$ (c'est aussi le domaine de l'opérateur $\sqrt{N}$, où N est l'opérateur nombre de particules) ;
- que $\|G\|^2 = \Sigma_n n\|\hat{f}_n\|^2$;
- que le gradient est donné par (7) sur tout son domaine.

Ceci s'étend aux v.a. à valeurs dans un Hilbert $\mathcal{H}$, le gradient étant un processus à valeurs dans $\mathcal{H}$ (ou une v.a. à valeurs dans $L^2(\mathbb{R}_+)\otimes\mathcal{H}$, ce qui permet d'itérer l'opération grad).

On appelle <u>divergence</u> l'opérateur adjoint de l'opérateur gradient. C'est donc un opérateur qui va des processus vers les v.a.. Au vu de la seconde formule (6) , un bon candidat pour la divergence d'un processus $K=(k_t)$ est la v.a. j donnée par

$$(8) \qquad \hat{j}(A) = \Sigma_{t\in A}\, \hat{k}_t(A\setminus\{t\}) \; .$$

Et en effet, si l'on prend pour (k_t) un processus dont toutes les v.a. appartiennent au n-1-ième chaos, on obtient une v.a. du n-ième chaos, et il est facile de vérifier que l'opérateur ainsi défini (les ordres des chaos restant fixés) est borné, et qu'il est bien l'adjoint de grad restreint au n-ième chaos. Il faut encore un peu de travail pour montrer que l'opérateur div défini par (7) (son domaine étant l'ensemble des processus K tels que (7) définisse une v.a. de L^2) est exactement l'adjoint de grad . J'avoue n'avoir jamais vérifié les détails !

Dans la formule (8), supposons que le processus (k_t) soit adapté. Alors la somme se réduit à son dernier terme $\hat{k}_{\vee A}(A\setminus\vee A)$, et d'après (5) j est l'intégrale stochastique du processus K . Autrement dit, (8) est une extension de l'intégrale stochastique aux processus non adaptés, et sous cette forme elle a été introduite par Skorokhod. La surprenante remarque que cette « intégrale » est en réalité un opérateur différentiel sur l'espace de Wiener est due à Gaveau et Trauber (J. Funct. Anal. 46, 1982) .

3. Formes différentielles sur l'espace de Wiener.

La considération de l'opérateur grad ci-dessus nous a montré que les processus non adaptés jouent le rôle des formes différentielles d'ordre 1 en géométrie différentielle classique. Les processus non adaptés sont les v.a. à valeurs dans $L^2(\mathbb{R}_+)$. De la même manière, les v.a. à valeurs dans la n-ième puissance extérieure de $L^2(\mathbb{R}_+)$ joueront le rôle des formes différentielles d'ordre n , et le rôle de l'algèbre de toutes les formes extérieures de tous les degrés est joué par l'espace des v.a. à valeurs dans $\oplus_n (L^2(\mathbb{R}_+))^{\wedge n}$, c'est à dire dans l'espace de Fock antisymétrique $\Phi^\wedge$.

Or celui-ci est isomorphe à l'espace L^2 d'un second mouvement brownien (Y_t). Autrement dit, une forme différentielle sur l'espace de Wiener (mélange de formes de tous les ordres) est une expression du type suivant

(9) $$\theta = \int \hat{\theta}(A,B)dX_A dY_B \quad \text{(notation courte)}$$

(9') $$\theta = \Sigma_n \int_{t_1<\ldots<t_n} (\int \hat{\theta}(A,t_1,\ldots,t_n)dX_A)dY_{t_1}\wedge\ldots\wedge dY_{t_n}$$

(9") $$\theta = \Sigma_{m,n} \frac{1}{m!n!} \int \hat{\theta}(s_1,\ldots,s_m,t_1,\ldots,t_n)dX_{s_1}\ldots dX_{s_m}dY_{t_1}\wedge\ldots\wedge dY_{t_n}$$

(notations longues)

où les symboles dX_s commutent entre eux et avec les symboles dY_t , tandis que les dY_t anticommutent. Dans la troisième écriture, la fonction $\hat{\theta}$ est symétrique en ses m premières variables, antisymétrique en les n dernières. Nous munirons l'espace de toutes les formes différentielles de la norme hilbertienne

(10) $$\|\theta\|^2 = \int_{P\times P} |\hat{\theta}(A,B)|^2 dA dB$$
$$= \Sigma_{m,n} \frac{1}{m!n!} \int_{\mathbb{R}_+^m\times\mathbb{R}_+^n} |\hat{\theta}(s_i,t_j)|^2 ds_1\ldots ds_m dt_1\ldots dt_n$$

L'expression (9) a l'air d'être une v.a. sur un espace de Wiener bidimensionnel, et non une forme différentielle ! Pour l'interpréter comme forme différentielle, indiquons sa valeur sur un n-vecteur $\underset{\sim}{u}_1\wedge\ldots\wedge\underset{\sim}{u}_n$ de fonctions de Cameron-Martin : c'est la fonction sur l'espace de Wiener

(11) $$\int_P dX_A \left(\int_{P_n} \hat{\theta}(A,ds_1,\ldots,ds_n)u_1(s_1)\ldots u_n(s_n)ds_1\ldots ds_n\right)$$

Nous allons définir ensuite la différentielle d et la codifférentielle δ. Commençons par la première : si $\Theta=f$ est de degré 0 (i.e. est une fonction) de gradient (g_t), $d\Theta$ est la forme de degré 1 $\int g_t dY_t$. D'autre part, le calcul usuel de $d(fdY_B)$ est $df\wedge dY_B = g_t dY_t \wedge dY_B$, ce qui fait apparaître un signe alternant lorsqu'on remet en ordre croissant l'ensemble $B\cup\{t\}$. Cela justifie la formule suivante : si $\Theta=\int\hat{\Theta}(A,B)dX_A dY_B$,

$$(12) \qquad d\Theta = \int_{P\times P} (\Sigma_{t\in B} (-1)^{n(t,B)}\hat{\Theta}(A\cup\{t\},B\setminus\{t\}))dX_A dY_B$$

où $n(t,B)$ est le nombre d'éléments de B strictement majorés par t. De même, la codifférentielle est donnée par

$$(13) \qquad \delta\Theta = \int_{P\times P} (\Sigma_{t\in A} (-1)^{n(t,B)}\hat{\Theta}(A\setminus\{t\},B\cup\{t\}))dX_A dY_B \ .$$

Nous allons illustrer le calcul, et le fait que ces deux opérateurs sont adjoints l'un de l'autre, par un exemple : prenons

$$\Theta = \int_{s_1<s_2,\, t_1<t_2} f(s_1,s_2;t_1,t_2)dX_{s_1}dX_{s_2}dY_{t_1}\wedge dY_{t_2}$$

$$\Omega = \int_{u,\ v_1<v_2<v_3} g(u;v_1,v_2,v_3)dX_u dY_{v_1}\wedge dY_{v_2}\wedge dY_{v_3}$$

les fonctions étant symétriques par rapports aux premiers arguments et antisymétriques par rapport aux derniers. Alors (on omet désormais les $\wedge$)

$$d\Theta = \int_{u,v_1<v_2<v_3} (f(u,v_1;v_2,v_3)-f(u,v_2;v_1,v_3)+f(u,v_3;v_1,v_2))dX_u dY_{v_1}dY_{v_2}dY_{v_3}$$

$$\delta\Omega = \int_{s_1<s_2,t_1<t_2} (g(s_1;s_2,t_1,t_2)+g(s_2;s_1,t_1,t_2))dX_{s_1}dX_{s_2}dY_{t_1}dY_{t_2}$$

(l'antisymétrie de g en ses derniers arguments a absorbé les facteurs $(-1)^{n(s_i,\{t_1,t_2\})}$). On a alors

$$<\Theta,\delta\Omega> = \int_{s_1<s_2,t_1<t_2} f(s_1,s_2;t_1,t_2)(g(s_1;s_2,t_1,t_2)+g(s_2;s_1,t_1,t_2))\, ds_1ds_2dt_1dt_2$$

$$= \int_{t_1<t_2} f(s_1,s_2;t_1,t_2)g(s_1;s_2,t_1,t_2)ds_1ds_2dt_1dt_2$$

$$= \frac{1}{2!}\int_{\mathbb{R}_+^4} f(s_1,s_2;f_1,t_2)g(s_1;s_2,t_1,t_2)ds_1ds_2dt_1dt_2 \ .$$

$$<d\Theta,\Omega> = \int_{u,v_1<v_2<v_3} (f(u,v_1;v_2,v_3)-f(..)+f(..))g(u;v_1,v_2,v_3)dudv_1dv_2dv_3$$

$$= \frac{1}{3!}\int_{\mathbb{R}_+^4} (f(u,v_1;v_2,v_3)-f(..)+f(..))f(u;v_1,v_2,v_3)dudv_1dv_2dv_3$$

$$= \frac{1}{2}\int_{\mathbb{R}_+^4} f(u,v_1;v_2,v_3)g(u;v_1,v_2,v_3)dudv_1dv_2dv_3 \ .$$

et on a bien l'égalité. Le principe général de vérification est le même.

Il est immédiat de vérifier que $dd=\delta\delta=0$.

Bien que l'idée de considérer des formes différentielles sur l'espace de Wiener ait attiré de nombreux auteurs, Shigekawa a été le premier, semble-t-il, à présenter une théorie complète. Nous allons retrouver très facilement, à partir des expressions explicites (12)-(13), le calcul du << laplacien de de Rham >> $d\delta+\delta d$ obtenu par Shigekawa (une démonstration simplifiée du résultat de Shigekawa, communiquée par P. Krée, nous a aidés à mettre au point la présentation ci-dessus).

Le coefficient de $dX_A dY_B$ dans $d\delta$ et δd a la valeur suivante (nous pouvons supposer A et B disjoints, l'éventualité contraire n'étant p.s. pas réalisée). Les notations de théorie des ensembles ont été allégées !

$$d\delta \ : \ \Sigma_{\substack{s\in B+t \\ t\in A}} (-1)^{n(t,B)+n(s,B+t)}\hat{\theta}(A-t+s,B+t-s)$$

$$\delta d \ : \ \Sigma_{\substack{s\in B \\ t\in A+s}} (-1)^{n(s,B)+n(t,B-s)}\hat{\theta}(A+s-t,B-s+t)$$

Il est facile de voir que les couples $s\in B$, $t\in A$ ont une contribution nulle dans la somme, la seule contribution non nulle provenant de $s=t\in A$ dans la première somme, $t=s\in B$ dans la seconde. Reste donc $(|A|+|B|)\hat{\theta}(A,B)$. Ou encore, si l'on a une forme de degré n

$$\theta = \int_{t_1<\ldots<t_n} f(\omega,.)dY_{t_1}\wedge\ldots\wedge dY_{t_n} ,$$

son laplacien de de Rham vaut

$$\Box\theta = \int_{t_1<\ldots<t_n} (N+nI)f(\omega,.)dY_{t_1}\wedge\ldots dY_{t_n}$$

l'opérateur nombre de particules agissant sur la variable ω .

On peut aller beaucoup plus loin dans la direction indiquée ici, qui est celle d'un mélange d'espaces de Fock symétriques et antisymétriques (voir par ex. un article récent d'Y. LeJan, intitulé << Temps local et superchamp >>).

II. SUR LES NOYAUX DE MAASSEN

1. Dans ce paragraphe, nous nous proposons de redonner quelques définitions de base, et ensuite d'augmenter notre collection d'exemples de noyaux. Quelques erreurs seront corrigées, et quelques compléments apportés à la théorie.

Un opérateur K associé à un noyau est formellement du type

(1) $$K = \int_{P\times P\times P} K(A,B,C)da^+_A da^\circ_B da^-_C \qquad \text{(notation courte)}$$

a^+,a°,a^- sont respectivement des opérateurs de création, de comptage, et d'annihilation, et $K(A,B,C)=0$ si A,B,C ne sont pas disjoints.

La notation longue est vraiment beaucoup plus longue :

$$\Sigma_{m,n,p} \int_{\substack{r_1<..<r_m \\ s_1<..<s_m \\ t_1<..<t_p}} K(r_1,\dots,r_m,s_1,\dots,s_n,t_1,\dots,t_p)da^+_{r_1}..da^+_{r_m}da^\circ_{s_1}..da^\circ_{s_m}da^-_{t_1}..da^-_{t_p}$$

L'opérateur K transforme $f=\int\hat{f}(A)dX_A$ en $g=Kf=\int\hat{g}(A)dX_A$ donnée par

(2) $$\hat{g}(A) = \int_{P} \Sigma_{U+V+W=A} K(U,V,M)\hat{f}(V\cup W\cup M)dM \quad (1)$$

Pour tout cela, voir l'exposé IV, p. 33-34 et l'exposé V, § III. Nous utiliserons parfois des notations allégées de théorie des ensembles (par exemple, $f(A+t)=f(A\cup\{t\})$ si $t\notin A$, 0 si $t\in A$, $f(A-t)=f(A\setminus\{t\})$ si $t\in A$, 0 si $t\notin A$) .

Maassen définit les fonctions-test par une majoration du type

(3) $$|\hat{f}(A)| \leqq \theta^{|A|} \text{ , } \hat{f}(A)=0 \text{ si } A\not\subset[0,t[\quad (t>0,\ \theta>0)$$

et les noyaux réguliers par une majoration du type

(4) $$|K(A,B,C)| \leqq \theta^{|A|+|B|+|C|} \text{ , } K(A,B,C)=0 \text{ si } A\cup B\cup C \not\subset \,]0,t[$$

Il montre alors (cf. p. V.21) que les noyaux réguliers transforment les fonctions-test en fonctions-test, et forment une classe d'opérateurs stable par composition et passage à l'adjoint (exposé V, p. V.23-24).

Un noyau K est s-adapté si l'on a

(5) $$K(A,B,C) = 0 \text{ pour } A\cup B\cup C \not\subset [0,s[$$

Cette définition n'est pas identique à celle de la page V.24, qui est fausse (cette erreur nous a été signalée par H. Maassen). Une famille (K_s) de noyaux est dite adaptée si K_s est s-adapté pour tout s .

En analogie complète avec la formule (5) du § I (ci-dessus), donnant l'intégrale stochastique d'un processus adapté de vecteurs (f_t), Maassen définit les intégrales stochastiques de processus adaptés de noyaux (K_t). Les noyaux des trois intégrales stochastiques $\int K_s da^+_s$, $\int K_s da^\circ_s$, $\int K_s da^-_s$, sont donnés respectivement par

(6) $$I(A,B,C) = K_{\vee A}(A-\vee A,B,C) \text{ , } K_{\vee B}(A,B-\vee B,C), K_{\vee C}(A,B,C-\vee C)$$

($A-\vee A$ pour $A\setminus\{\vee A\}$, etc.). Cf. p. V.25.

2. Une liste d'opérateurs donnés par des noyaux.

a) Opérateurs élémentaires. Les opérateurs de création, d'annihilation et de comptage sont donnés par des noyaux très simples (V.22) .

1. Dans le cas discret (<<bébé Fock>>) la sommation ne porterait que sur les M disjoints de A ; ici, cela ne change rien.

$$(7)\qquad \begin{array}{lll} \widehat{(a_u^- f)}(A) = \int \bar{u}(t)\hat{f}(A+t)dt & ;\ K(\emptyset,\emptyset,\{t\})=\bar{u}(t) & (\text{ 0 dans les autres cas })\\ \widehat{(a_u^+ f)}(A) = \Sigma_{t\in A}\, u(t)\hat{f}(A-t) & ;\ K(\{t\},\emptyset,\emptyset)=u(t) & \text{''''''''}\\ \widehat{(a_u^o f)}(A) = (\Sigma_{t\in A} u(t))\hat{f}(A) & ;\ K(\emptyset,\{t\},\emptyset)=u(t) & \text{''''''''} \end{array}$$

b) <u>Opérateurs divers de multiplication</u> (Wick, Wiener)

Nous avons étudié dans l'exposé IV (p.IV.27) la formule de multiplication des intégrales stochastiques multiples (dans l'interprétation brownienne). Soit $h=fg$ le produit de Wiener ; on a

$$(8)\qquad \hat{h}(A) = \int_{\mathcal{P}} \Sigma_{U+V=A}\ \hat{f}(U\cup M)\hat{g}(V\cup M)dM$$

Cette formule est une réécriture de la formule qui donne le produit des "éléments différentiels" eux mêmes

$$(9)\qquad dX_A dX_B = dX_{A\Delta B}d(A\cap B)$$

qui exprime simplement que dans un produit $dX_{s_1}\ldots dX_{s_m}dX_{t_1}\ldots dX_{t_n}$ (avec $s_1<\ldots<s_m$, $t_1<\ldots<t_n$) on remplace tout terme carré dX_s^2 (correspondant à l'égalité entre un s_i et un t_j) par ds . La formule (8) exprime aussi que le noyau de l'opérateur de multiplication de Wiener par f est donné par

$$(10)\qquad K(A,\emptyset,C) = \hat{f}(A\cup C) \quad (\text{ 0 si l'argument médian est } \neq\emptyset\text{ }).$$

Au lieu d'adopter la règle $dX_s^2=ds$, adoptons la règle $dX_s^2=\Theta ds$, où Θ est un nombre (si $\Theta=\sigma^2>0$, c'est la règle de multiplication correspondant au mouvement brownien de variance $\sigma^2 t$). Un cas intéressant est celui où $\Theta=0$: la multiplication est alors le <u>produit de Wick</u> .

Dans ce cas, la formule (9) est modifiée par l'apparition d'un facteur $\Theta^{|A\cap B|}$ au second membre, et la formule (8) par l'apparition d'un facteur $\Theta^{|M|}$; quant au noyau (10), il est remplacé par

$$(10')\qquad K(A,\emptyset,C) = \hat{f}(A\cup C)\Theta^{|C|}$$

En particulier, l'expression du produit de Wick $h=fg$ est

$$\hat{h}(A) = \Sigma_{U+V=A}\ \hat{f}(U)\hat{g}(V) \quad .$$

Parmi tous ces opérateurs, les opérateurs de multiplication de Wiener et de Wick ($\Theta=\pm 1$ ou 0) jouissent d'une propriété spéciale : la multiplication par un élément réel f définit un opérateur autoadjoint (ou du moins symétrique !) pour la structure hilbertienne donnée sur l'espace de Fock.

<u>Exercice</u> : En utilisant la formule (2), calculer le produit de deux vecteurs exponentiels $f=\mathcal{E}(\lambda)$, $g=\mathcal{E}(\mu)$ (autrement dit

$$\hat{f}(A) = \prod_{s\in A} \lambda(s) \text{ , et de même pour } g \text{)}$$

et retrouver le résultat $\mathcal{E}(\lambda)\mathcal{E}(\mu) = \mathcal{E}(\lambda+\mu)\exp(\Theta\int\ (r)\ (r)dr)$ connu pour les produits de Wiener et de Wick .

c) Produit de Poisson.

L'espace de Fock admet une interprétation probabiliste (IV, p. 14) dans laquelle $X_t = (N_t - ct)/\sqrt{c}$, où N_t est un processus de Poisson d'intensité c. Dans ce cas, on a la règle suivante de multiplication

$$dX_s^2 = ds + \rho dX_s \qquad \text{avec} \quad \rho = 1/\sqrt{c} \tag{11}$$

On retrouve le produit de Wiener lorsque $\rho \to 0$.

Surgailis a publié des formules de multiplication de Poisson, mais écrites sous une forme assez compliquée. En réalité, si l'on part de (11), que l'on calcule $dX_A dX'_B$ à la manière de (9), puis que l'on interprète le résultat comme provenant d'un noyau, on obtient un résultat simple : le produit de Poisson h=fg est donné par

$$\hat{h}(A) = \int \Sigma_{U+V+W=A} \hat{f}(U\cup V\cup M)\hat{g}(V\cup W\cup M)\rho^{|V|}dM \tag{12}$$

et le noyau de la multiplication de Poisson par f est

$$K(A,B,C) = \rho^{|B|}\hat{f}(A\cup B\cup C) \ . \tag{13}$$

Exercice. Calculer directement grâce à (13) le produit de Poisson $\mathcal{E}(\lambda)\mathcal{E}(\mu)$ de deux vecteurs exponentiels, qui vaut $\exp(\int\lambda(r)\mu(r)dr)\mathcal{E}(\lambda+\mu+\rho\lambda\mu)$ d'après la formule explicite de l'exponentielle de Poisson (p. IV.22).

Remarque. Si f est une fonction-test, il est clair que le noyau (13) est régulier ; donc le produit de Poisson de deux fonctions-test est une fonction-test, ce qui semble contredire la remarque page IV.35 (suivant le théorème relatif au produit de Wiener)... à vrai dire, il n'y a pas de contradiction, car le mot « fonction-test » est pris en deux sens différents aux deux endroits : le sens de la page IV.34-35 est moins intéressant que celui de Maassen.

(Incidemment, en haut de la page IV.35, lire $(p-1)^{n/2}$ au lieu de $(p-1)^n$, et ajouter que $p \geqq 2$).

d) Opérateurs de Weyl

Si f est un vecteur de $L^2(\mathbb{R}_+)$, U un opérateur unitaire sur $L^2(\mathbb{R}_+)$, l'opérateur de Weyl $W = W_{f,U}$ est défini par

$$W\mathcal{E}(h) = \exp(-\|f\|^2/2 - \langle f, Uh\rangle)\mathcal{E}(f+Uh) \tag{14}$$

Prenons en particulier pour U l'opérateur de multiplication par $e^{i\lambda}$, où $\lambda(t)$ est une fonction réelle. Le noyau de W est donné par

$$K(A,B,C) = e^{-\|f\|^2/2}\prod_{s\in A} f(s) \prod_{s\in B}(e^{i\lambda(s)}-1) \prod_{s\in C}(-e^{i\lambda(s)}\bar{f}(s)) \tag{15}$$

Nous allons donner de ce fait une démonstration plus simple que celle de la page V.22, consistant tout juste à appliquer le noyau (15) à $\mathcal{E}(h)$, et à vérifier que l'on obtient (14). Ce calcul est très proche des deux "exercices" proposés plus haut, mais nous le traiterons en détail.

Dans l'expression $K\mathcal{E}(h)^\wedge(A) = \int \Sigma_{R+S+T=A} K(R,S,M)\prod_{u\in S\cup T\cup M} h(u)$, où nous remplaçons K par sa valeur (15), nous trouvons d'abord en tête le facteur $\exp(-\|f\|^2/2)$. Ensuite, un facteur qui ne contient pas M

$$\Sigma_{R+S+T=A} \prod_{r\in R} f(r) \prod_{s\in S} (e^{i\lambda(s)}-1)h(s) \prod_{t\in T} h(t)$$
$$= \prod_{u\in A} (f(u)+(e^{i\lambda(u)}-1)h(u) + h(u))$$

et enfin, l'intégrale en facteur

$$\int dM \prod_{u\in M} (-e^{i\lambda(u)}\bar{f}(u)h(u))$$

Or remarquons que pour toute fonction g, $\int_{\mathcal{P}_n} \prod_{u\in M} g(u)\, dM$ vaut $(\int g du)^n/n!$, donc la somme sur tous les n vaut $\exp(\int g(u)du)$, et ici l'on trouve bien $\exp(-\langle f, e^{i\lambda}h\rangle)$. Il ne reste plus qu'à remarquer que le second facteur était le coefficient de A dans le développement en chaos de $\mathcal{E}(f+(e^{i\lambda}-1)h+h)=\mathcal{E}(f+e^{i\lambda}h)$.

Exercice. On laisse fixes f et λ, et on désigne par W_t l'opérateur de Weyl relatif aux fonctions $fI_{[0,t]}$ et $\lambda I_{[0,t]}$. Connaissant le noyau de W_t (15), vérifier en utilisant (6) que les noyaux W_t satisfont à l'équation différentielle stochastique

$$dW_t = W_t(f(t)da_t^+-\bar{f}(t)e^{i\lambda(t)}da_t^-+(e^{i\lambda(t)}-1)da_t^\circ- \tfrac{1}{2}\|fI_{[0,t]}\|^2dt) \tag{16}$$

Manière de procéder : Il est plus simple de rechercher l'e.d.s. satisfaite par $\exp(\frac{1}{2}\|fI_{[0,t]}\|^2)W_t$, dont le noyau K_t est de la forme

$$K_t(A,B,C) = \prod_{s\in A}u_t(s)\prod_{s\in B}v_t(s)\prod_{s\in C}w_t(s)$$

où u,v,w sont trois fonctions sur $\mathbb{R}_+$, et $u_t=uI_{[0,t]}$ par ex..On calcule alors $\int_0^\infty u_sK_sda_s^+$ par la formule (15), et l'on trouve que ce noyau vaut $K_\infty(A,B,C)I_{\{\vee(B\cup C)<\vee A\}}$. En ajoutant les deux autres noyaux analogues, on trouve K_∞.

e) Noyaux dépendant du second argument seulement. Considérons un noyau de la forme $K(\emptyset,B,\emptyset)=k(B)$, $K(A,B,C)=0$ dans les autres cas. On a alors

$$(\widehat{Kf})(A) = j(A)\hat{f}(A) \quad \text{avec} \quad j(A)=\Sigma_{B\subset A}\, k(B) \tag{17}$$

Si l'on interprète $\hat{f}(.)$ comme une sorte de transformée de Fourier de f (ce qui est exactement le cas sur le << bébé Fock >>, ces noyaux apparaissent comme des sortes de convolutions. Partant du << multiplicateur >> j, on obtient le noyau k par la formule d'inversion de Moebius

$$k(A) = \Sigma_{B\subset A}\, (-1)^{|A-B|}j(B)\ . \tag{18}$$

On peut remarquer qu'une inégalité $|j(A)|\leq M^{|A|}$ (fonctions-test de Maassen) entraîne $|k(B)|\leq (M+1)^{|B|}$ (noyau régulier), et de même en sens inverse.

L'un des plus remarquables parmi ces opérateurs est l'opérateur $(-1)^{N_t} = J_t$ introduit par Hudson-Parthasarathy, et défini à la dernière page de l'exposé V . Son noyau est

(19) $$J_t(\emptyset,B,\emptyset) = j_t(B) = (-2)^{|B|} \quad \text{si } B \subset [0,t[\text{ , 0 sinon .}$$

et l'on a

(20) $$\widehat{(J_t f)}(A) = (-1)^{|A\cap[0,t[|}\hat{f}(A)$$

Rappelons que les opérateurs $\beta_u^+ = \int u_s J_s da_s^+$, $\beta_u^- = \int \bar{u}_s J_s da_s^-$, sont des opérateurs de fermions. Leurs noyaux sont

(21) $$\beta_u^+(\{s\},B,\emptyset)=u(s)(-2)^{|B|} \quad , \quad \beta_u^-(\emptyset,B,\{s\})=\bar{u}(s)(-2)^{|B|}$$

et 0 dans les autres cas. Leur effet sur f est

(22) $$\begin{aligned} \widehat{(\beta_u^+ f)}(A) &= \Sigma_{t\in A}\ (-1)^{n(t,A)}u(t)\hat{f}(A-t) \\ \widehat{(\beta_u^- f)}(A) &= \int(-1)^{n(s,A)}\hat{f}(A+s)\bar{u}(s)ds \quad . \end{aligned}$$

f) Opérateurs de multiplication de Clifford.

Le produit de Clifford $h=f*g$ de deux v.a. f et g a été défini p. IV.30 . Il est donné par la formule

(23) $$\hat{h}(A) = \int \Sigma_{U+V=A}\ \hat{f}(M\cup U)\hat{g}(N\cup V)(-1)^{n(M\cup U,M\cup V)}dM$$

Comme pour les produits de Wiener de paramètre θ, on obtiendrait d'autres produits associatifs en insérant un facteur $\theta^{|M|}$ devant dM. Pour $\theta=0$, on obtient le produit extérieur (produit de Grassmann) $f\wedge g$

(24) $$\hat{h}(A) = \Sigma_{U+V=A}\ (-1)^{n(U,V)}\hat{f}(U)\hat{g}(V) \ .$$

Nous avons affirmé à tort p. V.26 que ces opérateurs de multiplication par f << ne semblaient pas >> être donnés par des noyaux. Nous allons ici déterminer leurs noyaux.

Nous commençons par définir, pour K,L fixés, une fonction d'ensemble $a_{K,L}(H)$ possédant la propriété suivante

(25) $$\Sigma_{A\subset H}\ a_{K,L}(A) = (-1)^{n(K\cup L,H\cup L)}$$

Ceci est toujours possible, en vertu de la formule d'inversion de Moebius (en fait, la détermination explicite du noyau reviendra au calcul de cette fonction, dont nous reparlerons plus bas). Posons alors

(26) $$K(A,B,C) = \hat{f}(A\cup C)\theta^{|C|}a_{A,C}(B)$$

et calculons la fonction $h=Kg$:

$$\hat{h}(A) = \int \Sigma_{U+V+W=A}\ \hat{f}(U\cup M)a_{U,M}(V)\hat{g}(V\cup W\cup M)\theta^{|M|}dM$$

Posons $V+W=Z$, et sommons en laissant U,M (et donc Z) fixes : V parcourt l'ensemble de toutes les parties de Z , et d'après (25) nous trouvons

$$\hat{h}(A) = \int \Sigma_{U+Z=A}\ \hat{f}(U\cup M)(-1)^{n(U\cup M,\,Z\cup M)}\hat{g}(Z\cup M)\theta^{|M|}dM$$

ce qui est précisément (23) (ou (24) si $\theta=0$; dans ce cas, il suffit de calculer $a_{K,\emptyset}(.)$).

On voit donc que le produit de Clifford est effectivement donné par un noyau à trois arguments. Nous allons maintenant préciser le calcul de celui-ci.

Nous commençons par remarquer que dans la formule (25), nous nous intéressons uniquement au cas où H,K,L sont <u>disjoints</u>. Alors nous pouvons écrire $(-1)^{n(K\cup L,H\cup L)} = (-1)^{n(K\cup L,H)}(-1)^{n(K\cup L,L)}$, et le second facteur ne dépend pas de H . Autrement dit, nous pouvons poser

(27) $\qquad a_{K,L}(H)=(-1)^{n(K\cup L,L)}\ j_{K\cup L}(H)$

où la fonction j est déterminée par

(28) $\qquad \Sigma_{A\subset H}\ j_B(A) = (-1)^{n(B,H)} \qquad$ (B,H disjoints)

C'est la même fonction qui intervient dans les produits de Clifford et de Grassmann, celui-ci n'étant pas plus simple. Elle nous est donnée par la formule d'inversion de Moebius

(29) $\qquad j_B(A) = \Sigma_{H\subset A}\ (-1)^{|A-H|}(-1)^{n(B,H)} \qquad$ (A,B disjoints)

Pour calculer cela, désignons par $t_n<t_{n-1}<\dots<t_1$ les points de B, et par $A_1,A_2,..,A_{n+1}$ les parties de A situées respectivement dans les intervalles $]t_1,\infty[$, $]t_2,t_1[,\dots]t_n,t_{n-1}[$, $]-\infty,t_n[$ (attention, les indices croissent lorsqu'on se déplace de droite à gauche). Désignons par A^- la réunion $A_1\cup A_3\cup..$ des A_i impairs ; on a

(30) $\qquad j_B(A)=0$ si $A^-\neq\emptyset$, $j_B(A)=(-2)^{|A|}$ si $A^-=\emptyset$.

La raison de cette règle bizarre apparaîtra clairement sur le cas où B admet deux éléments $t_2<t_1$:

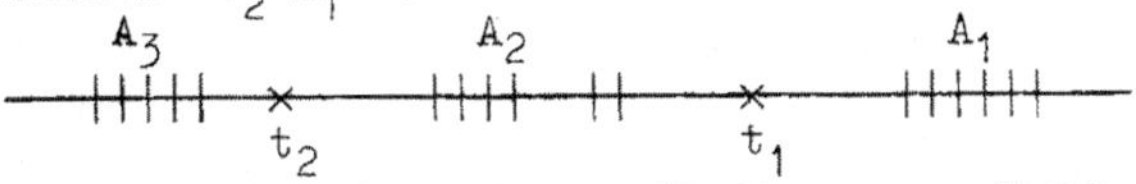

Une partie arbitraire de A s'écrit $H=\cup H_i$ avec $H_i\subset A_i$. On a alors $|A-H| = \Sigma_i\ |A_i-H_i|$, et $n(B,H) = n(t_2,H)+n(t_1,H) = |H_3|+|H_3|+|H_2|$, de sorte que $|H_3|$ s'élimine de $(-1)^{n(B,H)}$. Reste donc

$$\Sigma_{H_1\subset A_1,H_2\subset A_2,H_3\subset A_3}\ (-1)^{|A_1-H_1|}(-1)^{|A_3-H_3|}\ (-1)^{|A_2|}$$

Si $A_1\neq\emptyset$ ou $A_3\neq\emptyset$ on trouve 0 , et si ces ensembles sont vides ($A=A_2$) on trouve simplement $2^{|A_2|}(-1)^{|A_2|}$.

3. Unicité du noyau associé à un opérateur.

H. Maassen nous a fait remarquer qu'il n'est nullement évident, sur la formule (2), que le noyau associé à un opérateur donné soit unique. Nous allons esquisser ici une démonstration de ce fait.

Nous désignons donc par K un noyau qui représente l'opérateur nul, et nous prouvons que $K(A,B,C)=0$ dAdBdC-p.p.. Afin de nous épargner toutes les difficultés d'intégrabilité, nous supposerons par exemple que K est régulier, mais l'hypothèse n'est aucunement nécessaire.

a) Nous allons commencer par évaluer, en fonction du noyau K, la forme bilinéaire $< g,Kf >$ (pour simplifier, nous nous plaçons dans le cas réel). D'après (2), cette forme est égale à

$$\int \sum_{A+B+C=H} \hat{g}(H)\hat{f}(B+C+M)K(A,B,M)dM$$

Nous transformons cette expression au moyen du lemme de l'exposé V, p. V.23 : ce lemme nous dit que

$$\int \sum_{A+B+C=H} u(A,B,C)dH = \int u(A,B,C)dAdBdC$$

d'où l'on tire

$$(31) \quad \langle g,Kf \rangle = \int \hat{g}(A+B+C)\hat{f}(M+B+C)K(A,B,M)dAdBdCdM$$

$$= \int \hat{g}(A+L)\hat{f}(M+L)\sum_{B+C=L} K(A,B,L) \quad dAdBdCdM$$

$$= \int \hat{g}(A+L)\hat{f}(M+L)\phi(A,L,M)dAdLdM$$

où l'on a posé $\phi(A,L,M)=\Sigma_{B\subset L} K(A,B,M)$. D'après la formule d'inversion de Moebius, il est équivalent de montrer que $K=0$ p.p. ou que $\phi=0$ p.p..

b) Nous allons établir cela maintenant. Nous allons supposer g nulle hors du chaos d'ordre n, f nulle hors du chaos d'ordre m, et identifier une fonction $j(s_1,\dots,s_k)$ sur P_k à la restriction d'une fonction symétrique sur $\mathbb{R}_+^k$, désignée par la même lettre. Plutôt que d'utiliser des notations générales lourdes, écrivons ce que signifie la nullité de (31) dans le cas où $n=3$, $m=2$:

$$\frac{1}{3!2!}\int g(r,s,t)f(u,v)\phi(r,s,t;\emptyset;u,v)drdsdtdudv \qquad (|A|=3,|L|=0,|M|=2)$$

$$+\frac{1}{2!}\int g(r,s,t)f(t,u)\phi(r,s;t;u)drdsdtdu \qquad (|A|=2,|L|=1,|M|=1)$$

$$+\frac{1}{2!}\int g(r,s,t)f(s,t)\phi(r;s,t;\emptyset)drdsdt \qquad (|A|=1,|L|=2,|M|=0)$$

$$= 0$$

quelles soient les fonctions g (symétrique), f (symétrique). Désignons par α la mesure $\phi(r,s,t;\emptyset;u,v)drdsdtdudv$; par β la mesure image de $\phi(r,s;t;u)drdsdtdu$ par $(r,s,t,u)\longmapsto(r,s,t,t,u)$, et par β' sa symétrisée relativement aux trois premières variables, et aux deux dernières variables ; par γ la mesure image de $\phi(r;s,t;\emptyset)drdsdt$ par $(r,s,t)\mapsto(r,s,t,s,t)$ et par γ' sa symétrisée comme ci-dessus. On a $\alpha/3! + \beta' + \gamma' = 0$; or ces trois mesures sont absolument continues sur des réunions finies de variétés affines de dimensions différentes. Donc elles sont nulles toutes trois. La mesure symétrique β' est de même une somme finie de mesures absolument continues sur des variétés affines de dimension 4 dans $\mathbb{R}^{3+2}$ (chacune desquelles s'obtient en égalant l'une des trois premières coordonnées à l'une des deux dernières) ; la relation $\beta'=0$ entraîne la nullité de la restriction de β' à chacune de ces variétés affines. Or la seule permutation des trois premières variables (r,s,t) et des deux dernières variables (u,v) qui préserve la variété $\{t=u\}$ est l'échange de r et s, et $\phi(r,s;t;u)$ est symétrique en (r,s) : donc $\beta=0$, et de même $\gamma=0$.

Il semble qu'il n'y ait aucune difficulté, autre que de notation, à étendre ce raisonnement à tous les couples (n,m), et à en déduire la nullité p.p. de $\phi(A,L,M)$ pour $|A+L|=n$, $|M+L|= m$.

La formule (31) semble aussi présenter un certain intérêt propre.

III. CONSTRUCTION DE LOIS I.D.

1. Si l'on relit l'exposé III , p.III.12-15, à la lumière des exposés IV-V, on peut l'interpréter de la manière suivante : sur l'espace de Fock le plus simple (construit sur un espace de Hilbert de dimension 1), on sait construire des opérateurs autoadjoints admettant (dans l'état vide) une loi normale ou une loi de Poisson. Comme toute loi indéfiniment divisible est une somme continue de lois du type précédent, il est naturel de chercher à construire, sur un espace de Fock convenable, un opérateur autoadjoint admettant une loi i.d. donnée, par un procédé qui généralise raisonnablement celui de l'exposé III. Il n'est pas inattendu que l'espace de Fock utilisé soit construit sur $L^2(\lambda)$, où λ est la mesure de Lévy de la loi i.d..

Ce paragraphe est entièrement emprunté à l'article écrit par Parthasarathy pour l'Encyclopédie Italienne.

2. Nous commençons par quelques généralités. Soit H un espace de Hilbert complexe, et soit Φ l'espace de Fock construit sur H . On se donne un groupe à un paramètre (θ_t) (fortement continu) d'opérateurs unitaires sur H . On se propose de lui associer un groupe à un paramètre $(\tilde{\theta}_t)$ d'opérateurs unitaires de Φ . Une solution triviale consiste à prendre $\tilde{\theta}_t = W(0,\theta_t)$ (où $W(f,U)$ désigne l'opérateur de

Weyl correspondant à la translation f et à la rotation (opérateur unitaire) U : page IV.8). Nous chercherons des solutions non triviales, de la forme

(1) $$\mathfrak{S}_t = e^{ib_t} W(u_t, \theta_t)$$

où b_t est un scalaire réel, et où (u_t) est une <u>hélice</u> dans l'espace de Hilbert H (on dit aussi un <u>cocycle</u>)

(2) $$u_o = 0 \ , \ u_{t+s} = u_s + \theta_s u_t$$

Cette relation rappelle la théorie des fonctionnelles additives de Markov. Compte tenu des relations de Weyl et de (2), on voit que les opérateurs (1) forment un groupe unitaire dans Φ dès lors que

(3) $$b_{s+t} - b_s - b_t = -\mathrm{Im} \langle u_s, \theta_s u_t \rangle .$$

<u>Exemple</u> : On peut aussitôt indiquer deux types élémentaires de cocycles.
a) $u_t = tu$, où u est un vecteur de H invariant par le groupe (θ_t)
b) $u_t = (\theta_t - I)u$, où u est un vecteur arbitraire de H .
Dans le premier cas, on prendra $b_t = ct$, et dans le second cas

(4) $$b_t = \mathrm{Im}\langle u, \theta_t - I)u \rangle + ct .$$

2. Soit λ une mesure de Lévy sur $\mathbb{R}$: une mesure positive, non nécessairement bornée au voisinage de 0, telle que la fonction $x^2 \wedge 1$ soit λ-intégrable. On cherche à construire une v.a. quantique de transformée de Fourier e^{ϕ} , où l'on a posé

(5) $$\phi(y) = imy - \tfrac{1}{2}\lambda(0)y^2 + \int_{|x|>1} (e^{iyx}-1)\lambda(dx) + \int_{0<|x|\leq 1} (e^{iyx}-1-iyx)\lambda(dx) .$$

A cet effet, on prend comme espace de Hilbert H l'espace $L^2(\lambda)$, pour Φ l'espace de Fock sur H comme plus haut. On pose $\theta_t u(x) = e^{itx} f(x)$ (ce sera le groupe unitaire). On choisit une partition E_n de la droite en ensembles λ-intégrables, tels que

(6) $E_0 = \{0\}$, $E_1 = \{|x|>1\}$ (les autres E_i dans $[-1,0[\cup]0,1]$).

Pour chaque n , soit h_n une fonction de module 1 sur E_n ; une telle fonction appartient à H . Nous posons

(7) $$u_t(x) = th_0(x) + \Sigma_{n>0}(e^{itx}-1)h_n(x)$$

Cela définit un cocycle (qui n'appartient pas en général aux types élémentaires décrits ci-dessus). Nous définissons d'autre part

(8) $$b_t = mt + \mathrm{Im}\langle h_1, (e^{itx}-1)h_1\rangle_\lambda + \sum_1^\infty \mathrm{Im}\langle h_n, (e^{itx}-1-itx)h_n \rangle_\lambda$$

et avec cela la relation (3) est satisfaite. Désignant alors par $\mathbb{1}$ le vecteur vide dans l'espace de Fock, on a

$$\langle \mathbb{1},\mathfrak{S}_t\mathbb{1}\rangle = e^{ib_t}\langle \mathbb{1},W(u_t,\Theta_t)\mathbb{1}\rangle = e^{ib_t}\, e^{-\|u_t\|^2/2}\langle \mathbb{1},\mathcal{E}(u_t)\rangle$$
$$= \exp(ib_t-\|u_t\|^2/2)$$

et il est très facile de vérifier que $ib_t-\|u_t\|^2/2$ est exactement (5) (écrit avec t au lieu de y).

La méthode utilisée ici pour construire un groupe unitaire indexé par $\mathbb{R}$ s'applique à des représentations unitaires de groupes généraux.

En travaillant sur l'espace de Fock construit sur $L^2(\mathbb{R}_+)\otimes L^2(\lambda)$, on peut de manière analogue construire une famille d'opérateurs autoadjoints qui commutent, et qui dans l'état vide ont la loi d'un processus à accroissements indépendants et homogènes, de mesure de Lévy λ . Nous ne donnerons pas de détails.

Eléments de Probabilités Quantiques

VII. QUELQUES REPRESENTATIONS DES RELATIONS DE COMMUTATION, DE TYPE << NON-FOCK >>

Dans l'exposé III, nous avons indiqué à la fin du n°4 une construction simple de lois gaussiennes quantiques pour le couple canonique, qui ne sont pas d'incertitude minimale. Le but de cet exposé est de présenter une construction analogue en dimension infinie. On sait que l'espace de Fock est un objet très familier pour les probabilistes, l'espace L^2 de la mesure de Wiener. Les divers espaces << non-Fock >> que nous allons considérer ici sont toujours l'espace L^2 d'une mesure de Wiener - à deux dimensions cette fois - mais vu sous un angle assez nouveau.

Nous suivons divers articles dus à Hudson, Hudson-Lindsay, Lindsay-Maassen. Les résultats de ce dernier travail nous ont été aimablement communiqués par Hans Maassen, que nous remercions aussi pour de très utiles conversations.

I. RAPPELS SUR L'ESPACE DE FOCK ET GENERALITES SUR LES RCC

1. Soit H un espace de Hilbert complexe : il sera souvent commode de munir H d'une conjugaison $h\mapsto\overline{h}$. Un déplacement $\lambda=(u,U)$ ($u\in H$, U unitaire) opère sur $h\in H$ par $\lambda\cdot h=Uh+u$. Il sera commode aussi de noter $t\lambda$ ($t\in\mathbb{C}$) le déplacement (tu,U) . Le composé de $t\lambda$ et $t\mu$ n'est pas $t^2(\lambda\mu)$ mais $t(\lambda\mu)$! Le déplacement $\overline{\lambda}=(\overline{u},\overline{U})$ est défini par

$$\overline{\lambda}\cdot h = \overline{\lambda\cdot\overline{h}} \ .$$

Considérons un second espace de Hilbert complexe Γ . On appelle <u>représentation des</u> RCC (ou plus souvent CCR en anglais : canonical commutation relations) sur H et dans Γ , la donnée d'une famille d'<u>opérateurs de Weyl</u> $(W_h)_{h\in H}$, unitaires sur $\mathcal{E}$, possédant la propriété

$$(1) \qquad W_0=I \ , \quad W_hW_k = \exp(-i\operatorname{Im}\langle h,k\rangle)W_{h+k}$$

ainsi qu'une propriété de régularité minimale : la continuité forte de $W_{\cdot}$ restreinte à tout sous-espace de dimension finie de H , par exemple.

Il arrive fréquemment que l'on sache représenter dans Γ , non seulement le groupe des translations de H (i.e. H lui même), mais le groupe des déplacements. La forme correspondante de (1) est alors si $\lambda=(u,U)$, $\mu=(v,V)$

(2) $$W_\lambda W_\mu = \exp(-i\mathrm{Im}\langle u,Uv\rangle)W_{\lambda\mu}$$

(cf. exposé IV, n°4, formule (14)). Cependant, (2) est considérée comme moins essentielle que (1) par les physiciens, semble t'il.

La plus simple de toutes les représentations des CCR est la représentation de Fock, étudiée dans l'exposé IV. L'espace de Fock peut être caractérisé de la manière suivante : c'est un espace de Hilbert complexe Φ , muni d'une application exponentielle $h\mapsto \mathcal{E}(h)$, dont l'image engendre Φ , satisfaisant à

(3) $$\langle \mathcal{E}(f),\mathcal{E}(g)\rangle = e^{\langle f,g\rangle} .$$

Les opérateurs de Weyl sont définis par

(4) $$W_\lambda\mathcal{E}(f) = \exp(-A_\lambda(f))\mathcal{E}(\lambda\cdot f) \quad , \; A_\lambda(f) = \frac{1}{2}|u|^2+\langle u,Uf\rangle .$$

Le vecteur-vide $\mathcal{E}(0)=1$ est vecteur cyclique pour la représentation de Weyl : les $W_h 1$ engendrent un sous-espace dense dans Φ (d'une manière générale, les représentations que nous considérerons admettront toutes un tel << vecteur-vide >> cyclique, choisi une fois pour toutes). On a $\langle 1,W_h 1\rangle = \exp(-\frac{1}{2}\|h\|^2)$ ce qui signifie que le vide définit un état gaussien d'incertitude minimale (le mot << état quasi-libre >> est utilisé un peu partout, mais je ne suis jamais arrivé à savoir ce que cela veut vraiment dire : l'adjectif quasi-libre s'applique aussi à l'état vide dans les représentations non-Fock, que nous verrons plus loin).

Lorsque H est de dimension 1, la représentation de Fock s'identifie à la représentation classique de Schrödinger vue dans l'exposé III. Lorsque H est de dimension finie, le théorème de Stone-von Neumann dit que toute représentation est une somme directe de copies de la représentation de Schrödinger. En dimension infinie, il n'existe aucun modèle irréductible universel jouant le rôle du couple canonique : en un sens, Fock sert tout de même de modèle, en raison de sa simplicité, mais pour construire la C^*-algèbre des relations de commutation sur H , i.e. la C^*-algèbre dans $\mathcal{B}(\Phi)$ engendrée par les opérateurs W_h : pour toute représentation (W'_h) des RCC dans un espace de Hilbert quelconque Γ , on peut montrer qu'il existe une représentation de la C^*-algèbre des RCC dans $\mathcal{B}(\Gamma)$, qui transforme W_h en W'_h . Autrement dit, la recherche des représentations des RCC revient à la recherche des représentations d'une certaine grosse C^*-algèbre abstraite, et les C^*-algébristes se frottent les mains.

2. Voici quelques résultats sur les représentations des RCC, qui ont lieu en toute généralité et ne sont pas difficiles. On en trouvera d'autres dans le second volume du livre de Bratteli-Robinson.

Soit K un <u>sous-espace de dimension finie</u> de H, stable par la conjugaison. La restriction de la représentation $W_{.}$ à K est (en vertu de l'hypothèse de régularité minimale) une somme directe de copies de la représentation de Schrödinger. Il est donc facile d'étendre les résultats établis pour celle-ci. Ecrivant $h=q+ip$ (p et q réels appartenant à K) le générateur du groupe unitaire (W_{th}) s'écrit

(5) $$\frac{1}{i}\frac{d}{dt}W_{th}|_{t=0} = Q_p - P_q \quad , \quad Q_p = a_p^+ + a_p^- \ , \ P_q = i(a_q^+ - a_q^-)$$

où les opérateurs a.a. P_q, Q_p (p,q parcourant le sous-espace réel de K) ont un domaine commun stable dense. Les opérateurs de création a_h^+ et d'annihilation a_h^- sont alors définis de manière à être respectivement linéaires et antilinéaires en h, ils sont fermés, mutuellement adjoints, et l'on a sur le domaine commun stable

(6) $$[a_h^-, a_k^+] = \langle h,k\rangle I \quad ; \quad [P_q, Q_p] = \frac{2}{i}\langle q,p\rangle I \quad .$$

Il est commode, comme moyen mnémotechnique, de se rappeler que l'on a (formellement : l'exponentielle n'est pas bien définie)

$$W_h = \exp(a_h^+ - a_h^-)$$

soit $a_h^+ - a_h^- = \frac{d}{dt}W_{th}|_{t=0}$.

En substance, tout cela figure dans l'exposé III. Nous n'en aurons guère besoin, car nous allons nous occuper de représentations concrètes.

II. DEFINITION DE NOUVELLES REPRESENTATIONS

1. Nous avons vu dans l'exposé IV comment on vérifie la relation de commutation (2) à partir de (4) : tout revient à montrer que

(7) $$A_{\lambda\mu}(f) = A_\mu(f) + A_\lambda(\mu.f) - i\mathrm{Im}\langle u, Uv\rangle$$

Si l'on remplace A par son conjugué, on transforme le signe - en signe + dans le dernier terme. Par conséquent, on retombe sur la relation (7) en remplaçant $A_\lambda(f)$ par $A_{\alpha\lambda}(\alpha f)+\overline{A_{\beta\lambda}(\beta f)}$, à condition de supposer que $|\alpha|^2-|\beta|^2=1$, ce que nous ferons dans toute la suite. Nous poserons $|\alpha|^2=a$, $|\beta|^2=b$, $a+b=c$ (>1 si $b\neq 0$) . En fait, nous n'avons pas d'intérêt à supposer α,β complexes, nous les prendrons réels et positifs.

Les << opérateurs de Weyl >>

(8) $W_\lambda \mathcal{E}(f) = \exp(-\frac{c}{2}\|u\|^2 - a\langle u, Uf\rangle - b\langle Uf, u\rangle)\mathcal{E}(\lambda.f)$

satisfont donc à la relation de commutation (2), mais ils ne sont plus unitaires. Pour les rendre unitaires, il convient de modifier (1) en prenant

(9) $\langle \mathcal{E}(f), \mathcal{E}(g)\rangle = e^{a\langle f,g\rangle + b\langle g,f\rangle}$.

Ainsi on est ramené à la construction d'un espace de Hilbert Ψ muni d'une application exponentielle $\mathcal{E} : H \mapsto \Psi$ satisfaisant à (9). Nous verrons plus loin que c'est possible. Il est facile de voir, comme dans le cas de l'espace de Fock, que des vecteurs exponentiels distincts en nombre fini sont toujours linéairement indépendants (cf. exposé IV, §I, fin de la section 2). La formule (8) définit alors des opérateurs linéaires sur l'espace des combinaisons linéaires de vecteurs exponentiels, dont l'unitarité se vérifie comme dans le cas Fock.

L'existence peut se ramener au théorème classique suivant lequel le produit (ponctuel) de deux noyaux de type positif est encore de type positif, sachant que $e^{a\langle f,g\rangle}$ et $e^{b\langle g,f\rangle}$ sont de type positif. Nous verrons bien mieux dans un instant.

Enfin, il est clair que cet ≪ espace exponentiel ≫ au dessus de H est unique à isomorphisme près, et que l'espace de Fock correspond au cas a=1, b=0.

2. Voici une réalisation concrète de cet espace. Prenons deux copies de l'espace de Fock que nous appellerons - pour utiliser une terminologie suggestive, mais a priori sans signification physique - l'espace des particules et celui des antiparticules, et que nous affecterons des marques + et - . Nous poserons

(10) $\Psi = \Phi_+ \otimes \Phi_-$, $\mathcal{E}(f) = \mathcal{E}_+(\alpha f) \otimes \mathcal{E}_-(-\beta \bar{f})$

Alors la relation (9) est évidemment satisfaite, et nous verrons un peu plus bas que les vecteurs $\mathcal{E}(f)$ engendrent Φ . Si A est un opérateur sur Φ , nous noterons A^+ ou $A^{/+}$ l'opérateur $A \otimes I_-$ sur Ψ , et de même pour $A^- = I_+ \otimes A$[1]. Quant au signe - devant β , nous ne verrons que bien plus tard à quoi il sert. On pose $\mathcal{E}(0) = \mathbb{1} = \mathbb{1}_+ \otimes \mathbb{1}_-$.

Les opérateurs de Weyl peuvent être définis directement par

(11) $W_\lambda = W^+_{\alpha\lambda} \otimes W^-_{-\beta\bar{\lambda}}$ en particulier $W_h = W^+_{\alpha h} \otimes W^-_{-\beta \bar{h}}$

Cette formule permet de mettre en évidence un fait important : les opérateurs

(12) $\widetilde{W}_h = W^+_{-\beta\bar{h}} \otimes W^-_{\alpha h}$

constituent une autre représentation des RCC dans Ψ, qui commute aux

1. Ou $A^{/-}$ (cette notation nous servira au n°4).

W_h . Si l'on désigne par $\mathcal{G}$ l'algèbre de v.N. engendrée par les W_h , son commutant $\mathcal{G}'$ contient au moins l'algèbre de v.N. $\tilde{\mathcal{G}}$ engendrée par les $\tilde{W}_h$. Nous verrons dans un instant que $\mathbb{1}$ est cyclique pour $\mathcal{G}$, donc pour $\tilde{\mathcal{G}}$ par échange des + et - , donc a fortiori pour $\mathcal{G}'$. On montre (ce n'est pas difficile) qu'un vecteur cyclique pour le commutant de $\mathcal{G}$ est séparant pour $\mathcal{G}$ (Bratteli-Robinson, prop. 2.5.3, p. 85), autrement dit que deux opérateurs appartenant à l'algèbre $\mathcal{G}$ et qui coïncident sur le vecteur vide sont égaux. Cela peut s'étendre aux opérateurs qui nous intéressent vraiment, c'est à dire aux opérateurs non bornés " affiliés" à l'algèbre $\mathcal{G}$, comme les $Q_h, P_h, a_h^{\pm}$ et leurs produits.

Remarques. a) Cette situation n'a évidemment pas lieu pour l'espace de Fock , puisque les a_h^- tuent le vecteur $\mathbb{1}$. Elle signifie que les opérateurs de $\mathcal{G}$ peuvent être identifiés à des vecteurs de Ψ - et pourront en particulier être développés suivant les chaos de Wiener.

b) On peut montrer que le commutant de $\mathcal{G}$ est exactement $\tilde{\mathcal{G}}$: ce résultat est cité sans référence, ce qui signifie probablement qu'il est facile, mais je n'en ai pas de démonstration.

c) La présence d'un large commutant signifie, bien sûr, que la représentation (W_h) n'est pas irréductible. En revanche, elle l'est si l'on passe aux W_λ . Je ne connais pas non plus la démonstration de ce résultat.

3. Identifions chaque espace de Fock $\Phi^{\pm}$ à l'espace L^2 d'un mouvement brownien $X^{\pm}$; il est clair qu'alors Ψ s'identifie à l'espace $L^2(\Omega)$, où Ω est l'espace canonique d'un mouvement brownien à deux dimensions (X^+,X^-). On pourrait dire " un mouvement brownien complexe", mais cela n'ajouterait pas grand chose. A tout élément f de $L^2_{\mathbb{C}}(\mathbb{R}_+)$ associons la v.a.

$$\tilde{f} = \int_0^\infty (\alpha f_s dX_s^+ - \beta \overline{f}_s dX_s^-) = \alpha\tilde{f}^+ - \beta\tilde{\overline{f}}^- \tag{13}$$

Nous considérons la martingale correspondante, et son exponentielle stochastique, ce qui nous donne la v.a. $\mathcal{E}(\tilde{f})=\mathcal{E}(\alpha\tilde{f}^+)\mathcal{E}(-\beta\tilde{\overline{f}}^-)$, puisque le crochet des martingales X^+,X^- est nul. Compte tenu de l'identification des exponentielles stochastiques et des vecteurs exponentiels, faite sur l'espace de Fock, on voit sur (10) que $\mathcal{E}(f)$ est l'exponentielle stochastique $\mathcal{E}(\tilde{f})$.

Sachant cela, nous allons démontrer que l'espace vectoriel (que nous notons provisoirement G) engendré par les vecteurs $\mathcal{E}(f)$ est dense dans $L^2_{\mathbb{C}}(\Omega)$. Désignons par G_r et G_i les espaces analogues engendrés (sur $\mathbb{C}$) par les $\mathcal{E}(f)$, où f est réelle, resp. imaginaire pure , et par U^r (U^i) les mouvements browniens $\alpha X^+ - \beta X^-$ $(\alpha X^+ + \beta X^-)$, de processus croissants $(a+b)t$, et non orthogonaux, engendrant les tribus respectives $\mathcal{F}_r$ $(\mathcal{F}_i)$. L'espace G_r est dense dans $L^2_{\mathbb{C}}(\mathcal{F}_r)$, donc il existe une suite d'éléments de G_r convergeant dans L^2_α et p.p. vers $\exp(i\int_0^\infty h_s dU_s^r)$, où h est <u>réelle</u>. D'autre part $\exp(i\int_0 k_s dU_s^i)$, où k est <u>réelle</u> , appartient à G_i , et est <u>bornée</u>. Remarquons que G est une algèbre, donc le produit d'un élément de G_r par un élément de G_i appartient à G . Par multiplication (et la multiplication par une v.a. bornée respecte la convergence L^2) on construit une suite d'éléments de G approchant $\exp(i\int(h_s dU_s^r + k_s dU_s^i))$. Or il est clair que les "polynômes trigonométriques" de ce type engendrent $L^2(\Omega)$.

L'identification de la définition algébrique et de la construction probabiliste est donc achevée. L'idée de considérer la v.a. $\tilde{f}$ de (13) semble vraiment bizarre pour un probabiliste . Compte tenu de l'orthogonalité de X^+ et X^- on a

$$< \tilde{f},\tilde{g} > = a<f,g> + b<g,f>$$

l'application $\sim$ étant seulement $\mathbb{R}$-linéaire.

4. Revenons aux RCC. La représentation que nous avons construite satisfait à $<\mathbb{1},W_h\mathbb{1}> = \exp(-\frac{c}{2}\|h\|^2)$, avec $c=a+b>1$; sous l'état vide, on a donc bien construit l'analogue des états gaussiens du couple canonique qui ne sont pas d'incertitude minimale.

Nous passons au calcul des opérateurs de création et d'annihilation. Compte tenu du travail fait sur l'espace de Fock, nous disposons d'un bon domaine stable dense, constitué par les combinaisons linéaires finies de produits $u^+ \otimes v^-$, où u et v sont des fonctions-test sur les espaces de Fock correspondants (exposé V, §III). Différentiant la relation

$$W_{th} = W'^{+}_{t\alpha h} \otimes W'^{-}_{-t\beta\bar{h}}$$

(nous mettons maintenant des $'^{\pm}$ pour éviter les confusions) nous obtenons

$$a_h^+ - a_h^- = \alpha(a_h^{+/+} - a_h^{-/+}) - \beta(a_{\bar{h}}^{+/-} - a_{\bar{h}}^{-/-})$$

- ici, on a utilisé le fait que α et β sont réels, sans quoi on aurait $\bar{\alpha},\bar{\beta}$ devant $a_h^{-/+}, a_{\bar{h}}^{-/-}$. Séparant les parties linéaire et antilinéaire, on a

(14) $$a_h^+ = \alpha a_h^{+/+} + \beta a_{\bar{h}}^{-/-} \quad , \quad a_h^- = \alpha a_h^{-/+} + \beta a_{\bar{h}}^{+/-}$$

Si α,β sont positifs, on voit que l'on combine positivement la création d'une particule et l'annihilation d'une antiparticule pour définir la création, et de même de l'autre côté. Cela explique le signe mis plus haut devant β .

Les opérateurs d'annihilation <u>ne tuent plus le vecteur vide</u>. Plus précisément, (14) nous donne (en notation différentielle)

(15) $\quad da_t^+\mathbb{1} = dY_t^+ = \alpha dX_t^+ \quad , \quad da_t^-\mathbb{1} = dY_t^- = \beta dX_t^-$

Les notations $Y_t^{\pm}$ ainsi définies seront constamment utilisées dans la suite. En utilisant les notations de l'exposé V, où $\mathcal{P}$ désigne l'ensemble de toutes les parties finies de $\mathbb{R}_+$, nous écrirons

$$dY_A^+ = dY_{s_1}^+ \ldots dY_{s_n}^+ \quad , \quad dA = ds_1 \ldots ds_n \quad , \quad |A|=n$$

si $A=\{s_1,\ldots,s_n\}$, les instants $s_1,\ldots,s_n$ étant tous distincts. Dans ces conditions, la décomposition d'un élément de Ψ selon les chaos de Wiener peut s'écrire

(16) $$f = \int_{\mathcal{P}\times\mathcal{P}} \hat{f}(A,B)dY_A^+dY_B^-$$

avec

(17) $$\|f\|^2 = \int_{\mathcal{P}\times\mathcal{P}} |\hat{f}(A,B)|^2 a^{|A|} b^{|B|} dAdB \ .$$

La notation $\hat{f}$ suggère qu'il s'agit d'une sorte d'analyse harmonique du vecteur f : nous regrettons de ne pas l'avoir utilisée dès l'exposé IV ! Le calcul de l'effet d'un opérateur de création ou d'annihilation sur le vecteur f s'obtient alors par intégration à partir de la table suivante

(18) $$\begin{aligned} da_t^+(dY_A^+dY_B^-) &= dY_{A+t}^+dY_B^- + b\,dY_A^+dY_{B-t}^-dt \\ da_t^-(dY_A^+dY_B^-) &= a\,dY_{A-t}^+dY_B^-dt - dY_A^+dY_{B+t}^- \end{aligned}$$

où $dY_{H+t}^{\pm}$ désigne $dY_{H\cup\{t\}}^{\pm}$ si $t\notin H$, et 0 sinon, $dY_{H-t}^{\pm}$ désigne $dY_{U\setminus\{t\}}^{\pm}$ si $t\in H$, et 0 sinon.

Ces formules seront transformées plus tard en définitions d'opérateurs associés à des noyaux, à la manière des noyaux de Maassen de l'exposé V.

5. Pour l'instant, nous allons tenter de répondre à des questions élémentaires, suggérées par l'analogie avec l'espace de Fock.

a) Que sont les opérateurs de position $Q_h=a_h^++a_h^-$, pour h réelle ?

Il s'agit en effet d'opérateurs a.a. qui commutent, et ils doivent pouvoir s'interpréter comme des v.a. classiques. Or il est trivial que $Q_h=\alpha Q_h'^{+}+\beta Q_h'^{-}$: c'est donc l'opérateur de multiplication par l'intégrale stochastique $\int_0^\infty h_s(\alpha dX_s^++\beta dX_s^-)$, relative au mouvement brownien Y^++Y^- de processus croissant ct . Nous ne chercherons pas à décrire les opérateurs d'impulsion P_h .

b) L'analogue des opérateurs de jauge (opérateurs de comptage) a_h° sur l'espace de Fock est fourni par les opérateurs ν_h définis, pour h réelle, par la formule

$$e^{it\nu_h}\,\mathcal{E}(f) = \mathcal{E}(e^{ith}f) = \mathcal{E}^+(\alpha e^{ith}f)\otimes\mathcal{E}^-(-\beta e^{-ith}\bar{f})$$

et par conséquent $\nu_h = a_h^{\circ/+} - a_h^{\circ/-}$. En particulier pour $h=I_{[0,t]}$

(19) $$\nu_t = a_t^{\circ/+} - a_t^{\circ/-}$$

Il s'agit encore d'un opérateur à valeurs entières, mais celles-ci ne sont plus positives . D'autre part, les opérateurs $e^{it\nu_h}$ laissent fixe le vecteur-vide $\mathbb{1}$, et donc n'appartiennent plus à l'algèbre de Weyl. Cependant, les résultats probabilistes établis dans l'espace de Fock s'étendent ici : par exemple, les opérateurs $\nu_t+\lambda Q_t$ sont a.a. et commutent, et peuvent donc être interprétés comme des v.a. classiques. Il est facile de voir, en utilisant les résultats de l'exposé IV, qu'ils constituent en fait des différences de deux processus de Poisson compensés indépendants, à sauts unité : le premier d'intensité $\lambda^2 a$, le second d'intensité $\lambda^2 b$.

c) On peut appeler m-ième chaos dans l'espace Ψ le sous-espace engendré par les vecteurs de la forme

$$J_m(f) = \frac{1}{m!}D_t^m \mathcal{E}(tf)|_{t=0}$$

On a $$< J_m(f),\, J_n(g) > = \delta_{mn}\,(a<f,g>+b<g,f>)^m \; .$$

Les chaos forment une décomposition orthogonale de l'espace Ψ , et l'on peut définir un opérateur a.a. N, qui admet le n-ième chaos comme sous-espace propre pour la valeur propre n (et qui tue donc le vecteur vide, ce qui exclut qu'il soit affilié à l'algèbre de Weyl). Il n'est pas difficile de voir que $N=N^{/+}+N^{/-}$.

IV. CALCUL STOCHASTIQUE SUR Ψ

1. Nous allons d'abord passer en revue, de manière rapide, une extension du calcul stochastique de Hudson-Parthasarathy de l'exposé V. Cette extension n'est pas très intéressante, mais elle est entièrement élémentaire et permet de comprendre un certain nombre de choses.

Nous désignons par $\Psi_{t]}$ ($\Psi_{[t}$, $\Psi_{[s,t]}$) le sous-espace de Ψ engendré par les vecteurs exponentiels $\mathcal{E}(f)$, où f est nulle hors de $[0,t]$ ($[t,\infty[$, $[s,t]$). La notion de processus adapté d'opérateurs s'étend sans modification à l'espace Ψ : il s'agit toujours d'opérateurs définis sur les combinaisons linéaires finies de vecteurs exponentiels $\mathcal{E}(u)$, où u est bornée à support compact . Nous ne considérons que des processus adaptés (H_t) pour lesquels $H_t=0$ pour t grand, et l'intégrale $\int \|H_t\mathcal{E}(u)\|^2 dt$ est finie pour tout u .

Nous disposons maintenant de <u>six</u> martingales fondamentales $a_t^{\varepsilon/\pm}$, où ε prend les valeurs $-,\circ,+$, par rapport auxquelles nous pouvons intégrer le processus (H_t) , obtenant ainsi des intégrales $I^{\varepsilon/\pm}(H)$. L'extension est absolument évidente. Il serait possible de dresser un énorme formulaire, mais nous nous en abstiendrons : nous dresserons seulement la table d'Ito, dont les seuls termes non nuls sont les termes déjà connus (en particulier, tous les termes $da_t^{\varepsilon/+}da_t^{\eta/-}$ sont nuls).

$$da_t^{-/\pm}da_t^{\circ/\pm}=da_t^{-/\pm},\ da_t^{-/\pm}da_t^{+/\pm}=dt,\ da_t^{\circ/\pm}da_t^{\circ/\pm}=da_t^{\circ/\pm},\ da_t^{\circ/\pm}da_t^{+/\pm}=da_t^{+/\pm}$$

De la même manière, on peut étendre à la présente situation, sans changement autre que la lourdeur des notations, la résolution des équations différentielles stochastiques.

En particulier, d'après (14) on peut définir des i.s. et résoudre des é.d.s. par rapport aux processus da_t^+ et da_t^- : on obtient une sous-table d'Ito

(20) $$da_t^+da_t^+=da_t^-da_t^-=0\ ,\quad da_t^-da_t^+=adt\ ,\quad da_t^+da_t^-=bdt\ .$$

Il est impossible d'adjoindre un << opérateur de comptage >> a_t° , combinaison linéaire de $a_t^{\circ/+}$ et $a_t^{\circ/-}$, de manière à engendrer une sous-table de la table d'Ito distincte de la table complète.

2. Nous allons adopter dans cette section (dont les résultats sont dus à Lindsay et Maassen) un point de vue différent, proche de celui des noyaux sur l'espace de Fock (exposé V). Nous allons commencer par des calculs formels, que nous rendrons rigoureux ensuite en introduisant une classe de fonctions-test.

Nous recopions d'abord la représentation (16)

(16) $$f = \int \hat{f}(A,B)dY_A^+dY_B^-$$

Nous dirons que $\hat{f}$ est le <u>noyau</u> du vecteur f . Si $\hat{f}(.,.)$ est nul p.p. pour la mesure dAdB , il représente le vecteur nul : en particulier, on peut supposer dans la représentation (16) que $\hat{f}(A,B)=0$ si $A\cap B=\emptyset$, puisque l'ensemble des diagonales (couples d'intersection non vide) est de mesure nulle. Nous dirons dans ce cas que le noyau est <u>restreint</u>.

Nous allons d'autre part, comme sur l'espace de Fock, considérer des opérateurs (désignés par des lettres majuscules) représentés par des noyaux

(21) $$K = \int K(S,T)da_S^+da_T^-$$

Ne sachant pas encore ce que signifie cette notation, nous ignorons a priori si la contribution des diagonales est négligeable. Nous dirons que le noyau est <u>restreint</u> si $K(S,T)=0$ pour $S\cap T\neq\emptyset$.

Pour donner un sens à (21), il est naturel de chercher à calculer d'abord la << table de multiplication >>, par itération des formules (18). On a

$$(22)\qquad \underset{\text{opérateur.vecteur}}{(da^+_S da^-_T)(dY^+_A dY^-_B)} = \Sigma_{\substack{S_1+S_2=S\\ T_1+T_2=T}} dY^+_{A-T_1+S_1} dY^-_{B+T_2-S_2} a^{|T_1|} b^{|S_2|} dT_1 dS_2$$

Une notation comme dY^+_{A-T+S} représente 0 si l'on n'a pas $T\subset S$, et $S\cap(A\backslash T)=\emptyset$; si ces conditions sont satisfaites, elle représente $dY^+_{(A\backslash T)\cup S}$

Ensuite, nous essayons de calculer l'action du noyau K sur le vecteur f : désignant le vecteur Kf par $h=\int \hat{h}(U,V)dY^+_U dY^-_V$, la recherche de $h(U,V)$ nous amène à résoudre

$$A-T_1+S_1 = U \ ,\ B+T_2-S_2 = V$$

Nous poserons aussi

$$T_1=N,\ S_2=M,\ S_1=U_1,\ A-T_1=U_2 \ (\text{ de sorte que } U=U_1+U_2\ )$$

donc $A=U_2+N$, $S=U_1+M$. Supposant le noyau K restreint, nous pouvons nous borner dans (22) à considérer des couples S,T disjoints, et en particulier T_2,S_2 sont disjoints, donc $B+T_2-S_2=V$ entraîne $T_2\subset V$; posons donc $T_2=V_1$, $V-T_2=V_2$. Nous avons $T=T_1+T_2=V_1+N$, et $B=V_2+M$. Ainsi le coefficient de $Y^+_U Y^-_V$ dans Kf=h est

$$(23)\qquad \hat{h}(U,V) = \int \Sigma_{\substack{U_1+U_2=U\\ V_1+V_2=V}} K(U_1+M,V_1+N)\hat{f}(U_2+N,V_2+M)a^{|N|}b^{|M|}dMdN$$

En principe, chaque fois que les deux ensembles séparés par un + ne sont pas disjoints, le terme correspondant est remplacé par 0 - mais en fait, M et N sont presque certainement (dMdN) disjoints de l'ensemble fini $U\cup V$, donc on peut remplacer + par $\cup$ si on le désire.

Pour établir cette formule, nous avons supposé le noyau K restreint. Maintenant, prenant la formule telle quelle, mais supposant K quelconque, nous remarquons que si $U\cap V=\emptyset$, U_1+M et V_1+N sont presque certainement disjoints (dMdN), donc la contribution des termes diagonaux est nulle, et d'autre part, la contribution dans h des $\hat{h}(U,V)$ diagonaux est nulle. Donc on obtient le même vecteur en modifiant arbitrairement K sur les diagonales. De même, la contribution des termes diagonaux éventuels de $\hat{f}$ ne modifie pas h=Kf . En définitive, on peut considérer sans contradiction que les termes diagonaux sont négligeables dans la formule (21).

C'est la seule attitude cohérente, car on ne peut pas travailler sur les vecteurs et noyaux restreints, et ignorer entièrement les autres : dans la formule (23), même si $\hat{f}$ et K sont restreints, $\hat{h}$ ne l'est pas.

Un peu plus généralement, on voit que si l'on modifie le noyau K sur un ensemble de mesure nulle (dSdT), on obtient le même vecteur par la formule (23). D'autre part, si on calcule $K\mathbb{1}$ par la formule (23), on obtient simplement $\hat{h}(U,V)=K(U,V)$. Autrement dit, le noyau de l'opérateur K est simplement le noyau du vecteur $K\mathbb{1}$.

Considérons ensuite deux noyaux L,K , que pour simplifier nous pouvons prendre restreints. Définissons un nouveau noyau $L*K$ par la formule imitée de (23)

$$(24) \qquad L*K(W,Z) = \int \sum_{\substack{A_1+A_2=W \\ B_1+B_2=Z}} L(A_1+H,B_1+J)K(A_2+J,B_2+H)a^{|J|}b^{|H|}dHdJ$$

On a d'après (23) $(L*K)\mathbb{1} = Lk$, où k est le vecteur de noyau égal à $K(.,.)$. Or nous avons vu plus haut que $K\mathbb{1}=k$. Donc $L*K$ est un candidat à représenter le noyau composé LK . La vérification de la relation $L*K(f)=L(Kf)$ - qui équivaut à celle de l'associativité de l'opération $*$ - a été faite par Lindsay-Maassen de manière directe, et nous ne la reproduirons pas ici.

Comme vecteurs et opérateurs sont identifiés par leurs noyaux, (24) peut aussi être considérée comme une multiplication associative sur les vecteurs .

REMARQUE. On peut aussi calculer la composition des opérateurs au moyen de la table d'Ito. Cela amène aux formules

$$(25) \qquad \begin{aligned} da_T^- da_A^+ da_B^- &= a^{|T\cap A|} d(T\cap A)\, da^+_{A\setminus T} da^-_{B+(T\setminus A)} \\ da_S^+ da_A^+ da_B^- &= b^{|S\cap B|} d(S\cap B)\, da^+_{A+(S\setminus B)} da^-_{B\setminus S} \end{aligned}$$

et si $S\cap T=\emptyset$

$$(26) \qquad da_S^+ da_T^- da_A^+ da_B^- = a^{|T\cap A|} b^{|S\cap B|} d(T\cap A) d(S\cap B) da^+_{(A\setminus T)+(S\setminus B)} da^-_{(B\setminus S)+(T\setminus A)}$$

Cette formule est plus simple que (22), car il n'y a au second membre qu'un seul terme au lieu d'une somme. Néanmoins, si l'on se sert de (26) pour calculer le composé de deux noyaux, on retombe sur (24). Cela explique (de manière non entièrement rigoureuse) l'associativité de (24).

3. Digression : recherche d'un modèle fini. Dans le cas de l'espace de Fock, nous avions à notre disposition un modèle fini, le << bébé Fock >> , qui rendait de grands services. Nous allons tenter de faire de même ici, en partant de la table de multiplication discrète analogue à (22) : cette tentative se soldera par un échec.

Soit E un ensemble fini. Nous construisons un espace de Hilbert admettant pour base orthonormale des vecteurs $e_A^+ e_B^-$, où A,B sont des parties disjointes de E : en temps continu, cela correspond aux vecteurs restreints $dX_A^+ dX_B^- / \sqrt{dA dB}$. En chaque <<site>> i nous définissons les opérateurs $a_i^{\pm}$ par les formules

$$a_i^+(e_A^+ e_B^-) = \beta e_A^+ e_{B-i}^- \text{ si } i\in B \;,\; \alpha e_{A+i}^+ e_B^- \text{ si } i\notin B$$
$$a_i^-(e_A^+ e_B^-) = \alpha e_{A-i}^+ e_B^- \text{ si } i\in A \;,\; \beta e_A^+ e_{B+i}^- \text{ si } i\notin A$$

Les opérateurs $a_S^+ a_T^-$ sont définis par composition. Comme les divers sites sont indépendants, pour comprendre ce qui se passe, il suffit d'étudier le cas où $E=\{i\}$. Il y a alors trois vecteurs de base $e_\emptyset^+ e_\emptyset^-$, $e_\emptyset^+ e_i^-$ et $e_i^+ e_\emptyset^-$, et les matrices de a_i^+, a_i^- sont alors

$$a^+ = \begin{matrix} 0 & \beta & 0 \\ 0 & 0 & 0 \\ \alpha & 0 & 0 \end{matrix} \quad , \quad a^- = \begin{matrix} 0 & 0 & \alpha \\ \beta & 0 & 0 \\ 0 & 0 & 0 \end{matrix}$$

Il n'est pas difficile de vérifier que l'algèbre d'opérateurs engendrée par ces matrices contient tous les opérateurs. On a $a^+ = \alpha a^{+/+} + \beta a^{-/-}$ $a^- = \alpha a^{-/+} + \beta a^{+/-}$, avec

$$a^{+/+} = \begin{matrix} 0 & 0 & 0 \\ 0 & 0 & 0 \\ 1 & 0 & 0 \end{matrix} \; , \; a^{-/+} = \begin{matrix} 0 & 0 & 1 \\ 0 & 0 & 0 \\ 0 & 0 & 0 \end{matrix} \; , \; a^{+/-} = \begin{matrix} 0 & 0 & 0 \\ 1 & 0 & 0 \\ 0 & 0 & 0 \end{matrix} \; , \; a^{-/-} = \begin{matrix} 0 & 1 & 0 \\ 0 & 0 & 0 \\ 0 & 0 & 0 \end{matrix} \; .$$

Cela ressemble beaucoup à la construction donnée plus haut des représentations non-Fock à partir du produit de deux Fock, mais nous avons économisé une dimension. L'espérance d'un opérateur dans l'état vide est le coefficient diagonal supérieur de sa matrice. Pour engendrer les opérateurs d'espérance nulle (les martingales), il faut donc huit opérateurs de base : les quatre ci-dessus, encore

$$a^{\circ/+} = \begin{matrix} 0 & 0 & 0 \\ 0 & 0 & 0 \\ 0 & 0 & 1 \end{matrix} \quad \text{et} \quad a^{\circ/-} = \begin{matrix} 0 & 0 & 0 \\ 0 & 1 & 0 \\ 0 & 0 & 0 \end{matrix} \; ,$$

et deux autres qui s'évanouissent en dimension infinie,

$$(a^{+/+})^2 = \begin{matrix} 0 & 0 & 0 \\ 0 & 0 & 0 \\ 0 & 1 & 0 \end{matrix} \; , \; (a^{-/-})^2 = \begin{matrix} 0 & 0 & 0 \\ 0 & 0 & 1 \\ 0 & 0 & 0 \end{matrix} \; .$$

Ce << bébé non-Fock >> n'explique donc pas le miracle qui se produit en dimension infinie.

4. Résumé de quelques résultats supplémentaires.

Nous n'avons pas l'intention d'aller beaucoup plus loin dans l'étude des représentations des RCC du type << non Fock >> : nous renverrons le lecteur à l'article de Hudson et Lindsay Uses of non-Fock quantum brownian motion and a quantum martingale representation theorem, Quantum probability and applications II, Accardi et v. Waldenfels éd., p. 276-305, Lect. Notes in M. 1136, Springer 1985. Nous nous bornerons à quelques remarques sur la comparaison entre le cas de l'espace de Fock, que nous avons étudié de manière assez approfondie, et le cas << non Fock >>.

Dans le cas Fock, l'algèbre de von Neumann engendrée par les opérateurs de Weyl comprenait tous les opérateurs bornés ; le vecteur vide $\mathbb{1}$ était cyclique, mais non séparant ; il existait des opérateurs bornés non donnés par un noyau de Maassen, et des martingales d'opérateurs non représentables en intégrales stochastiques par rapport aux trois processus a_t^ε , $\varepsilon=-,\circ,+$.

Dans le cas ⟨⟨ non-Fock ⟩⟩, la situation est en principe beaucoup plus simple, parce que le vecteur vide $\mathbb{1}$ est cyclique et séparant pour l'algèbre de von Neumann engendrée par les opérateurs de Weyl W_h : tout opérateur A appartenant à cette algèbre de von Neumann (ou plus généralement " affilié " à celle-ci, s'il s'agit d'un opérateur non borné : cela signifie que A commute à tous les opérateurs du commutant, en un sens convenable) admet alors un noyau, qui est tout simplement celui du vecteur $A\mathbb{1}$. A partir de là, il est possible de montrer que toute martingale d'opérateurs , affiliée aussi à cette algèbre de v.N., est représentable en intégrale stochastique par rapport aux deux martingales de création et d'annihilation.

Bien entendu, ceci n'est que le principe de la démonstration : il reste à faire tout le travail précis - or dans cet exposé, nous n'avons fait que des calculs formels. Contrairement au cas de l'espace de Fock, nous n'avons même pas examiné les fonctions-test et les noyaux réguliers. Nous sommes donc bien loin d'avoir étudié les opérateurs dont le noyau est simplement dans L^2 !

Une partie du travail récemment accompli par Hudson et ses collaborateurs consiste à étendre aux représentations ⟨⟨ non-Fock ⟩⟩ du type de cet exposé, sous une forme en général plus simple, les résultats déjà connus pour la représentation de Fock. Celle-ci apparaît alors comme une sorte de cas limite dégénéré des représentations ⟨⟨ non-Fock ⟩⟩.

Eléments de Probabilités Quantiques

VIII . TEMPS D'ARRET SUR L'ESPACE DE FOCK
(d'après Parthasarathy-Sinha)

Les temps d'arrêt sont un élément essentiel de la théorie générale des processus. Il ne manque pas d'extensions de la notion de temps d'arrêt à des situations non-commutatives abstraites (filtrations d'algèbres de von Neumann), mais elles manquent un peu de motivations, et s'accordent mal avec le caractère assez élémentaire de ces notes. Fait exception un article de Hudson (J. Funct. Anal. 34, 1979) qui traite une situation concrète, celle du mouvement brownien quantique, le couple (Q_t, P_t). Cet article datant d'avant le calcul stochastique quantique de Hudson-Parthasarathy, il vient d'être repris et considérablement amplifié par un travail de Parthasarathy et Sinha, que nous présentons ici. Cet article est très riche en idées nouvelles pour les probabilités non-commutatives. Je remercie vivement les auteurs pour leur autorisation d'insérer ces notes dans le séminaire, bien que leur article ne soit pas encore paru.

I. TEMPS D'ARRET DISCRETS

1. Notations. Φ est l'espace de Fock, identifié pour fixer les idées à l'espace $L^2(\Omega,\mathcal{F},P)$ engendré par le mouvement brownien (X_t) issu de 0 . Pour toute fonction h sur $\mathbb{R}_+$, on pose $h_{s]}=hI_{[0,s]}$, $h_{[s}=hI_{[s,\infty[}$ et l'on désigne par $\Phi_{s]}$, $\Phi_{[s}$ les espaces engendrés par les vecteurs exponentiels $\mathcal{E}(h_{s]})$, $\mathcal{E}(h_{[s})$ lorsque h varie. Le] du passé sera assez souvent omis, mais bien sûr jamais le [du futur : ainsi, on désignera par E_s le projecteur orthogonal sur $\Phi_{s]}$. Dans l'interprétation brownienne on a $\Phi_s=L^2(\mathcal{F}_s)$, et E_s est l'espérance conditionnelle $E[\,.\,|\mathcal{F}_s]$.

Le vecteur vide $\mathcal{E}(0)$ est noté $\mathbb{1}$.

On note Θ_t l'isométrie de Φ sur $\Phi_{[t}$ définie par $\Theta_t\mathcal{E}(h)=\mathcal{E}(\theta_t h)$, avec $\theta_t h(s)=h(s-t)I_{\{s\geq t\}}$. On pose $\Theta_\infty=0$.

Nous utiliserons rarement la multiplication des v.a., qui fait sortir de L^2 en général, et dépend de l'identification de l'espace de Fock à l'une de ses interprétations probabilistes. Toutefois, le produit uv de deux éléments de l'espace de Fock appartenant l'un à $\Phi_{t]}$, l'autre à $\Phi_{[t}$ pour un $t\geq 0$ peut être défini sans recourir à une interprétation probabiliste, et sera très fréquemment utilisé.

Un opérateur borné H sera dit s-adapté si, pour $u\in\Phi_{s]}$, $v\in\Phi_{[s}$ on a

$H(uv)=H(u)v$, $H(u)$ appartenant encore à $\Phi_{s]}$. Notons

LEMME 1. Un opérateur s-adapté H commute à E_s.

Démonstration. Il suffit de raisonner sur les vecteurs exponentiels $x=\mathcal{E}(g)=\mathcal{E}(g_{s]})\mathcal{E}(g_{[s})$: on a $Hx=(H\mathcal{E}(g_{s]}))\mathcal{E}(g_{[s})$, $E_sHx=H\mathcal{E}(g_{s]})$, $E_sx=\mathcal{E}(g_{s]})$, $HE_sx=H\mathcal{E}(g_{s]})$.

2. Soit T une mesure spectrale étalée sur $[0,\infty]$. Nous noterons $I_{\{T\in A\}}$ le projecteur spectral associé au borélien A de $\mathbb{R}_+$. On dit que T est un temps d'arrêt si pour tout s le projecteur $I_{\{T<s\}}$ est s-adapté.

Le projecteur $I_{\{T=0\}}$ étant 0-adapté ne peut être que I ou 0. Le premier cas étant trivial, nous nous placerons toujours dans le second. Nous dirons que T est essentiellement fini (essentiellement infini) si $\langle I_{\{T=\infty\}}\mathbb{1},\mathbb{1}\rangle=0$ (resp. 1). On verra que l'état $\mathbb{1}$ joue un rôle bien particulier dans cette affaire, et on distinguera essentiellement fini de p.s. fini (qui suppose la donnée d'une loi de probabilité).

Comme en théorie des martingales ou des processus de Markov, on commence par étudier le cas des temps d'arrêt discrets, pour lesquels la mesure spectrale a un support fini (s_i) ($0\leq s_1 \ldots < s_N \leq +\infty$), puis on tente de passer du discret au continu en approchant T par une suite décroissante de t. d'a. discrets. La suite que l'on utilise est la même qu'en probabilités classiques

(1) $\quad I_{\{T_n=\infty\}}=I_{\{T\geq 2^n\}}$, $I_{\{T_n=(k+1)2^{-n}\}} = I_{\{k2^{-n}\leq T<(k+1)2^{-n}\}}$

pour $k=0,1,\ldots 2^{2n}-1$. Il est clair que T_n est un t. d'a. qui commute à T - les T_n commutant tous entre eux : ce sont des fonctions $f_n(T)$, où $f_n(x)\downarrow x$ pour $n\to\infty$.

EXEMPLE. Soit $(W,\mathcal{G},(\mathcal{G}_t))$ un espace mesurable avec une filtration. Soit Y une mesure spectrale sur Φ , étalée sur $(W,\mathcal{G})$, et telle que pour tout $A\in\mathcal{G}_s$ le projecteur spectral $I_{\{Y\in A\}}$ soit s-adapté. Soit S un t. d'a. au sens ordinaire sur W . Définissons une mesure spectrale T par

$$I_{\{T\in B\}} = I_{\{Y\in S^{-1}(B)\}} \quad (B \text{ borélien de } [0,\infty]).$$

Alors T est un t. d'a. sur l'espace de Fock. Par exemple, l'interprétation brownienne de l'espace de Fock définit une mesure spectrale étalée sur l'espace Ω des trajectoires continues, et tout t. d'a. du mouvement brownien (au sens usuel) devient un t. d'a. sur l'espace de Fock, commutant aux opérateurs Q_t .

Voici un exemple plus intéressant. Soit $(W,\mathcal{G},P,(N_t))$ la réalisation canonique d'un processus de Poisson (non compensé), nul en 0, non homogène, d'intensité h_t^2dt où $h\in L^2(\mathbb{R}_+)$ est partout >0. Soit $J(w)$

l'ensemble des sauts de la trajectoire $N_{\bullet}(w)$, p.s. fini. Soit $Q=e^{\|h\|^2}P$. Un calcul simple d'exponentielle de Doléans montre que

$$E_P[e^{-<h,f>}\prod_{s\in J}(1+\frac{f(s)}{h(s)})] = 1 \quad \text{pour} \quad f\in L^2(\mathbb{R}_+).$$

Posons alors $\quad \mathcal{E}(f) = \prod_{s\in J}\frac{f(s)}{h(s)}$ (de sorte que $\mathcal{E}(h)=1$, $\mathcal{E}(0)=I_{\{J=\emptyset\}}$).

On vérifie que $\mathcal{E}(f)\mathcal{E}(g)=\mathcal{E}(fg/h)$, et on en déduit que $<\mathcal{E}(f),\mathcal{E}(g)>_Q = \exp(<f,g>)$, d'où sans peine un isomorphisme entre l'espace de Fock et $L^2(Q)$, dans lequel les $\mathcal{E}(f)$ correspondent aux vecteurs cohérents. Les opérateurs de multiplication par X_t correspondent aux opérateurs a_t°. Enfin, le premier saut T du processus (N_t) est un t. d'a. fort intéressant, qui est <u>essentiellement infini</u>.

3. <u>Arrêt d'un processus de vecteurs</u>.

Soit T un t. d'a. discret, la mesure spectrale étant concentrée sur un ensemble fini (r_i).

Soit (y_t) une courbe dans l'espace de Fock, <u>définie aussi pour</u> $t=\infty$. Nous poserons

(2) $$Y_T = \Sigma_i\, I_{\{T=r_i\}}y_{r_i}\ .$$

Nous avons alors aussi

(3) $$I_{\{T\in A\}}y_T = \Sigma_{i\in A}\, I_{\{T=r_i\}}y_{r_i}$$

Le cas des martingales fermées $x_t=E_tx$ est particulièrement important. On pose dans ce cas $x_T=E_Tx$, et l'on a

(4) $$I_{\{T\in A\}}x_T = \Sigma_{i\in A}\, I_{\{T=r_i\}}E_{r_i}x$$

LEMME 2. <u>Les opérateurs</u> $I_{\{T=r_i\}}E_{r_i}$ <u>sont des projecteurs deux à deux orthogonaux</u>.

<u>Démonstration</u>. D'après le lemme 1, $I_{\{T=r_i\}}$ et E_{r_i} commutent. Donc leur produit est un projecteur. Pour $i\neq j$, on a $I_{\{T=r_i\}}I_{\{T=r_j\}}=0$, donc le produit est nul.

Donc l'opérateur $x\mapsto I_{\{T\in A\}}x_T$ est un projecteur (que nous désignerons plus bas par $I_{\{T\in A\}}E_T$) . Comme le produit de deux projecteurs n'est un projecteur que s'ils commutent, on voit que E_T commute à la mesure spectrale T .

Nous supposons toujours que (x_t) est une martingale fermée E_tx , et nous représentons x sous la forme $x_0+\int h_s dX_s$, où (X_t) est la <u>courbe</u> brownienne dans l'espace de Fock, et (h_t) est une courbe adaptée telle que $\int\|h_s\|^2ds<\infty$. On a alors

LEMME 3. On a

(5) $$E_T x = x_T = x_0 + \int (I_{\{T\geq s\}} h_s) dX_s$$

Démonstration. On peut supposer que $x_0=0$. Alors

$$x_T = \Sigma_j I_{\{T=r_j\}} \int_0^{r_j} h_s dX_s = \Sigma_{j,i<j} I_{\{T=r_j\}} \int_{r_i}^{r_{i+1}} h_s dX_s =$$

$$= \Sigma_i \int_{r_i}^{r_{i+1}} (I_{\{T>r_i\}} h_s) dX_s = \int (I_{\{T\geq s\}} h_s) dX_s .$$

REMARQUE. Il est clair sur la formule (5) que si S et T sont deux t. d'a. qui commutent, E_S et E_T commutent, leur produit étant $E_{S\wedge T}$ (en revanche, il n'y a aucune raison pour que $I_{\{S\in A\}}E_S$ et $I_{\{T\in B\}}E_B$ commutent : cela n'a déjà pas lieu en théorie générale des processus).

NOTATION. L'image de Φ par le projecteur E_T (resp. $I_{\{T\in A\}}E_T$) sera notée Φ_T, ou $\Phi_{T]}$ si cette précision est nécessaire (resp. $I_{\{T\in A\}}\Phi_T$). On peut remarquer que, si (y_t) est une courbe adaptée quelconque, on a

$$I_{\{T\in A\}} E_T (I_{\{T\in A\}} y_T) = \Sigma_{r_i\in A} E_{r_i} I_{\{T=r_i\}} \Sigma_{r_j\in A} I_{\{T=r_j\}} y_{r_j}$$

$$= \Sigma_{r_i\in A} I_{\{T=r_i\}} y_{r_i} = I_{\{T\in A\}} y_T$$

Autrement dit, $I_{\{T\in A\}} y_T$ appartient à $I_{\{T\in A\}}\Phi_T$ (en particulier, on obtient un élément de Φ_T en arrêtant à T une courbe adaptée quelconque, pas nécessairement une martingale). Comme en théorie générale des processus, on peut caractériser les éléments de Φ_T par

(6) $$(x\in\Phi_T) \Longleftrightarrow (\ \forall s\ I_{\{T<s\}} x \in \Phi_s\ ) .$$

Esquissons une démonstration qui s'applique aux t. d'a. non nécessairement discrets : Ecrivant x sous la forme $x_0 + \int h_r dX_r$, on a (cf. (5))

$$(x\in\Phi_T) \Longleftrightarrow (\text{ pour presque tout } r,\ h_r = I_{\{T\geq r\}} h_r\ )$$

$$(I_{\{T<s\}} x\in\Phi_s) \Longleftrightarrow (\ I_{\{T<s\}} \int_s^\infty h_r dX_r \in \Phi_s\ )$$

Or cette dernière intégrale peut aussi s'écrire $\int_s^\infty I_{\{T<s\}} h_r dX_r$, et ne peut appartenir à Φ_r que si $I_{\{T<s\}} h_r = 0$ pour presque tout $r>s$, autrement dit $I_{\{T\geq s\}} h_r = h_r$ pour presque tout $r>s$. Par Fubini, cela entraîne que pour presque tout r, $h_r = I_{\{T\geq s\}} h_r$ pour presque tout $s<r$, et $h_r = I_{\{T\geq r\}} h_r$ par passage à la limite. Nous laissons au lecteur l'implication inverse.

4. Arrêt de processus d'opérateurs.

La théorie de l'arrêt de processus d'opérateurs est peu développée dans le travail de Parthasarathy-Sinha (elle l'est davantage dans un article à paraître de D. Applebaum).

On pourrait songer par exemple à une formule analogue à (5) pour définir l'arrêt d'un processus intégrale stochastique $\int_0^t H_s da_s^\varepsilon$ (ε=-,o,+). En fait, nous n'étudierons seulement l'arrêt de certains processus d'opérateurs bornés, non nécessairement adaptés. Si (H_t) est un tel processus, défini aussi pour $t=\infty$, nous poserons à la manière de (2), toujours dans le cas discret

(7) $$H_T = \Sigma_i \, I_{\{T=r_i\}} H_{r_i}$$

Il se trouve que ceci est la forme d'arrêt la plus utile, mais dès que l'on veut passer à l'adjoint, on rencontre une autre forme, pour laquelle les indicatrices sont placées à droite :

(8) $$H_{T*} = \Sigma_i \, H_{r_i} I_{\{T=r_i\}} \, .$$

Alors l'adjoint de H_T est H^*_{T*}, ce qui n'est pas trop ridicule. Pour tout $y\in\Phi$, H_Ty est l'arrêté à T de la courbe (H_ty).

Exemple 1. Si (E_t) est le processus - non adapté - des espérances conditionnelles, projecteurs sur les $\Phi_{t]}$, les opérateurs E_T et E_{T*} coïncident avec l'opérateur noté E_T avant (4).

Exemple 2. Considérons le processus - non adapté - (Θ_t), où l'on convient de poser $\Theta_\infty=0$. Nous avons

$$< \Theta_T x, \Theta_T y > = \Sigma_{ij} < I_{\{T=r_i\}} \Theta_{r_i} x, I_{\{T=r_j\}} \Theta_{r_j} y >$$

Mais pour $r_i<\infty$ on a $\Theta_{r_i} x = \mathbb{1}\Theta_{r_i} x$, et l'adaptation de $I_{\{T=r_i\}}$ nous permet d'écrire

$$I_{\{T=r_i\}} \Theta_{r_i} x = (I_{\{T=r_i\}} \mathbb{1}) \Theta_{r_i} x \, .$$

D'autre part, la sommation ne porte que sur les couples i=j, et il nous reste

$$< \Theta_T x, \Theta_T x > = \Sigma_{r_i<\infty} \; <(I_{\{T=r_i\}} \mathbb{1}) \Theta_{r_i} x, (I_{\{T=r_i\}} \mathbb{1}) \Theta_{r_i} y >$$
$$= c<x,y> \quad \text{où} \quad c = \Sigma_{r_i<\infty} <I_{\{T=r_i\}} \mathbb{1}, \mathbb{1}> = <I_{\{T<\infty\}} \mathbb{1}, \mathbb{1} >.$$

On voit donc que si T est essentiellement fini ($c=1$), Θ_T est une isométrie. Si T n'est pas essentiellement infini, $\Theta_T/\sqrt{c}$ est une isométrie. Enfin, si T est essentiellement infini, Θ_T est l'opérateur nul.

Dans les trois cas, l'image de Θ_T est un sous-espace fermé de Φ, que l'on notera $\Phi_{[T}$.

Exemple 3 : opérateurs de Weyl. Fixons deux fonctions sur $\mathbb{R}_+$, $h\in L^2$ et ϕ réelle. Introduisons l'opérateur de Weyl

(9) $$W(h,\phi)\mathcal{E}(f) = \exp(-\tfrac{1}{2}\|h\|^2 - <h, e^{i\phi}f>)\mathcal{E}(e^{i\phi}f+h)$$

(c'est l'identité si $h=\phi=0$), et posons $W_{t]}=W_t=W(h_{t]},\phi_{t]})$, et aussi

$W_{[t}=W(h_{[t},\phi_{[t})$ - cela forme deux processus d'opérateurs unitaires, le premier adapté, le second non ; leurs arrêtés sont notés W_T et $W_{[T}$. Il est commode de poser aussi $W_{st}=W(hI_{[s,t]},\phi I_{[s,t]})$ pour $s<t$.

LEMME 4. W_T et $W_{[T}$ sont unitaires.

Démonstration. Nous traiterons seulement le premier opérateur. On a

$$W_T(W_T)^* = \Sigma_{ij}\, I_{\{T=r_j\}} W_{r_j} W^*_{r_i} I_{\{T=r_i\}} = \Sigma_{i<j} + \Sigma_{i=j} + \Sigma_{i>j} .$$

Si $i<j$, $W_{r_j}W^*_{r_i} = W_{r_ir_j}$ est dans le futur de r_i, donc commute à $I_{\{T=r_i\}}$, et le terme correspondant est nul ; de même si $i>j$. Pour $i=j$, il reste $I_{\{T=r_i\}}$, et la somme est l'identité.

Regardons ensuite $(W_T)^*W_T = \Sigma_i\, W^*_{r_i} I_{\{T=r_i\}} W_{r_i}$. Le i-ième terme peut aussi s'écrire $W^*_\infty I_{\{T=r_i\}} W_\infty$, car $W_\infty = W_{r_i]} W_{[r_i}$, son adjoint se factorise de même, et $W_{[r_i}$, $W^*_{[r_i}$ se rejoignent à travers $I_{\{T=r_i\}}$ pour se réduire à I. Il reste donc $W^*_\infty(\Sigma_i\, I_{\{T=r_i\}})W_\infty = I$.

II. TEMPS D'ARRET QUELCONQUES

1. Commençons par une remarque de probabilités classiques : nous cherchons à arrêter à un instant T une courbe (z_t) de l'espace de Fock, c'est à dire en fait une famille de classes de v.a.. Même lorsque T est un t. d'a. ordinaire, ceci n'est pas une opération bien définie : il faut choisir une version du processus (z_t) à ensemble évanescent près. Cela n'a pas de sens sur l'espace de Fock, mais Parthasarathy et Sinha tournent la difficulté en se limitant à des courbes qui admettent une représentation

(10) $\qquad z_t = x_t y_t$ où (x_t) est une martingale fermée, (y_t) est une courbe adaptée au futur et bornée en norme.

Le vecteur obtenu par arrêt se note correctement $\int I_{\{T\in ds\}} x_s y_s$, mais on peut le noter z_T ou $x_T y_T$, à condition de ne pas être trop naïf : z_T peut a priori dépendre de la représentation choisie, tandis que $x_T y_T$ peut dépendre des processus tout entiers, et non seulement de x_T et y_T.

Plus généralement, nous chercherons à définir certaines intégrales d'arrêt du type $\int W_s I_{\{T\in ds\}} x_s y_s$, ou $\int W_{[s} I_{\{T\in ds\}} x_s y_s$, les processus d'opérateurs de Weyl étant ceux de l'exemple 3 (cf. (9)). La notation suggérée par le cas discret pour une telle intégrale est $W_{T*} z_T$, ou $W_{[T*} z_T$, avec une mise en garde de plus : il serait naïf de croire sans justification que ceci représente l'opérateur W_{T*} appliqué à z_T .

Commentaire. Pour éviter au lecteur familier avec les processus de Markov une erreur commise par le rédacteur, rappelons que le futur $\Phi_{[t}$ est engendré par les accroissements du processus (X_s) après t, et ne contient pas X_t. Les processus adaptés au futur utilisés en théorie des processus de Markov (par ex. Sém. Prob. VIII p. 310-315) ne sont pas adaptés au futur au sens du travail de Parthasarathy-Sinha.

2. Nous arrivons maintenant au résultat fondamental de passage en temps continu. En première lecture, il peut être bon de prendre les opérateurs de Weyl égaux à l'identité. Nous traitons le cas des opérateurs de Weyl $W_{[t}$ plutôt que $W_{t]}$, parce que ces derniers sont traités explicitement par Parthasarathy-Sinha : nous démontrons donc quelque chose d'un peu nouveau. Toutefois, le cas des $W_{[t}$ est un peu plus simple (formellement, $I_{\{T\in ds\}}$ commute avec $W_{[s}$, mais non avec $W_{s]}$, de sorte que $W_{[T}z_T=W_{[T*}z_T$) : nous avons volontairement renoncé à utiliser ce petit avantage dans la preuve.

Première étape. Nous traitons le cas d'une martingale $x_t=\mathcal{E}(g_{t]})$, et d'un processus (y_t) adapté au futur, uniformément continu en norme sur $[0,\infty]$, ou seulement borné sur $[0,\infty]$ et continu sur $[0,\infty[$: cette petite extension est utile dans les applications. Nous allons établir la convergence forte des approximations discrètes $W_{[T_n*}z_{T_n}$.

Soient m,n deux entiers avec m<n ; nous posons $T_m=R$, $T_n=S$ (cf. (1)). Les points $i2^{-n}$ ($i\leqq 2^{2n}$ ou $i=+\infty$) sont notés s_i ; pour tout i, l'intervalle $[s_i,s_{i+1}[$ est contenu dans un intervalle de la subdivision moins fine, que nous notons $[r_i,r_{i+1}[$. Alors

$$W_{[S*}z_S = \Sigma_{s_i<\infty} W_{[s_{i+1}}I_{\{s_i\leqq T<s_{i+1}\}}z_{s_{i+1}} + W_\infty I_{\{2^{2n}\leqq T\}}z_\infty$$

$$W_{[R*}z_R = \Sigma_{s_i<\infty} W_{[r_{i+1}}I_{\{s_i\leqq T<s_{i+1}\}}z_{r_{i+1}} + W_\infty I_{\{2^{2n}\leqq T\}}z_\infty$$

Notons D_{mn} la différence : il s'agit de montrer que pour m,n assez grands, $<D_{mn},D_{mn}> = <\Sigma_i\ldots,\Sigma_j\ldots>$ est petit. Nous commençons par remarquer que les termes pour lesquels $i\neq j$ ont une contribution nulle. Pour le voir, considérons par exemple un terme

$$< W_{[s_{i+1}}I_{\{s_i\leqq T<s_{i+1}\}}a,\ W_{[t_{j+1}}I_{\{s_j\leqq T<s_{j+1}\}}b > \text{ avec } i<j$$

où t_{j+1} représente r_{j+1} ou s_{j+1} , mais en tout cas est $\geqq s_{i+1}$. Faisons passer tous les opérateurs du côté gauche, et remarquons que $W^*_{[t_{j+1}}W_{[s_{i+1}}=W_{s_{i+1}t_{j+1}}$ est adapté à $\Phi_{[s_{i+1}}$, donc commute à $I_{\{s_j\leqq T<s_{i+1}\}}$ Alors les deux projecteurs se tuent en duel, et le terme est nul.

Ne gardant que les termes avec i=j, et notant I_j le projecteur, le carré de $\|D_{mn}\|$ vaut

$$\Sigma_j \| W_{[s_{j+1}} I_j(\mathcal{E}(g_{s_{j+1}]})y_{s_{j+1}}) - W_{[r_{j+1}} I_j(\mathcal{E}(g_{r_{j+1}]})y_{r_{j+1}}) \|^2$$

Nous écrivons $W_{[s_{j+1}}$ comme $W_{[r_{j+1}} W_{s_{j+1}r_{j+1}}$: le premier unitaire figure dans les deux termes de la différence et n'affecte donc pas la norme. Le second unitaire étant adapté à $\Phi_{[s_{j+1}}$ n'affecte que le terme $y_{s_{j+1}}$, tandis que I_j adapté à $\Phi_{s_{j+1}}$ n'opère que sur $\mathcal{E}(g_{s_{j+1}]})$. A droite, nous écrivons $\mathcal{E}(g_{r_{j+1}})=\mathcal{E}(g_{s_{j+1}})\mathcal{E}(g_{s_{j+1}r_{j+1}})$, et I_j n'opère que sur le premier facteur. Reste donc

$$\Sigma_j \|I_j \mathcal{E}(g_{s_{j+1}})\|^2 \|W_{s_{j+1}r_{j+1}} y_{s_{j+1}} - \mathcal{E}(g_{s_{j+1}r_{j+1}})y_{r_{j+1}}\|^2 = \Sigma_j a_j b_j$$

Nous allons montrer que $\Sigma_j a_j$ est bornée indépendamment de m,n, tandis que $\sup_j b_j$ est petit pour m,n grands, à peu de chose près.

Introduisons la mesure bornée de fonction de répartition

$$G(t)-G(s) = \|I_{\{s<T\leqq t\}}\mathcal{E}(g)\|^2$$

Alors a_j vaut $(G(s_{j+1}-)-G(s_j-))/\|\mathcal{E}(g_{[s_{j+1}})\|^2$, et le dénominateur est borné inférieurement par $e^{-\|g\|^2}$. Cela règle le sort de $\Sigma_i a_i$.

Pour étudier b_j, on passe $W_{s_{j+1}r_{j+1}}$ de l'autre côté, en remarquant que $W^*_{s_{j+1}r_{j+1}}$ n'affecte que $\mathcal{E}(g_{s_{j+1}r_{j+1}})$. Posant $W^*_{s_{j+1}r_{j+1}} \mathcal{E}(g_{s_{j+1}r_{j+1}}) = w_j$, un calcul direct sur les transformations de Weyl montre que w_j est uniformément voisin de $\mathbb{1}$ en norme pour m et n grands. On écrit alors

$$b_j = \|y_{s_{j+1}} - w_j y_{r_{j+1}}\|^2 \leqq 2(\|y_{s_{j+1}} - y_{r_{j+1}}\|^2 + \|(1-w_j)y_{r_{j+1}}\|^2)$$

Le second terme s'écrit $\|(\mathbb{1}-w_j)\|^2\|y_{r_{j+1}}\|^2$: il est uniformément petit. Le premier terme est aussi uniformément petit si (y_t) est uniformément continue pour la structure uniforme naturelle de $[0,\infty]$. Si (y_t) est seulement continue sur $[0,\infty[$, il faut faire un peu plus attention : il faut partager les s_i entre les $s_i \leqq A$ et les $s_i > A$, où A est choisi assez grand pour que $\Sigma_{s_i>A} a_i$ soit petite. Les détails sont laissés au lecteur.

REMARQUES sur la première étape. La convergence forte établie lorsque (x_t) est une exponentielle s'étend bien sûr aux combinaisons linéaires finies d'exponentielles.

La limite sera notée $W_{[T*}z_T$, $W_{[T*}x_T y_T$ ou $\int W_{[s} I_{\{T\in ds\}} x_s y_s$.

Lorsque les opérateurs de Weyl sont égaux à I et $y_t=\mathbb{1}$, de sorte que $z_t=x_t$ a une représentation $x_0+\int_0^t h_s dX_s$, on a $z_T=x_0+\int(I_{\{T\geq s\}}h_s)dX_s$ comme dans le cas discret.

Seconde étape. Dans cette étape, nous nous affranchissons de l'hypothèse de continuité sur (y_t), nous passons des combinaisons linéaires finies de vecteurs cohérents à des martingales fermées quelconques, enfin nous établissons l'importante formule d'isométrie (11).

Rappelons que pour toute mesure spectrale H sur $[0,\infty]$ et tout couple (u,v) de vecteurs, il existe une mesure $\mu_H(u,v,ds)$ sur $[0,\infty]$ de masse au plus $\|u\|\|v\|$, définie par $\mu_H(u,v,A)=\langle I_{\{H\in A\}}u,v\rangle$.

Considérons deux courbes du type précédent, $z_t=x_ty_t$, $z'_t=x'_ty'_t$; les deux martingales sont donc pour l'instant des c.l. finies de vecteurs exponentiels, et s'écrivent $x_t=x_0+\int_0^t h_s dX_s$, $x'_t=\ldots$. On se propose de calculer $\langle W_{[T*}z_T, W_{[T*}z'_T\rangle$. Le résultat de convergence forte établi plus haut permet de commencer par le cas discret, puis de passer à la limite.

Si T est discret, prend les valeurs s_j, on pose $I_j=I_{\{T=s_j\}}$ pour simplifier. On a

$$< W_{[T*}z_T, W_{[T*}z'_T > = < \Sigma_k W_{[s_k}I_kz_{s_k}, \Sigma_j W_{[s_j}I_jz_{s_j} > .$$

Les termes avec $j\neq k$ sont nuls, par le même raisonnement que plus haut. Dans les termes avec j=k, les $W_{[s_j}$ disparaissent (unitarité), et comme $z_{s_j}=x_{s_j}y_{s_j}$ on a une factorisation

$$\Sigma_k < I_jx_{s_j}, I_jx'_{s_j} > \langle y_{s_j}, y'_{s_j} > .$$

On a d'autre part (en écrivant x au lieu de x_∞)

$$I_jx_{s_j} = I_j(x - \int_{s_j}^\infty h_s dX_s) = I_jx - \int_{s_j}^\infty I_jh_s\, dX_s$$

On a ensuite $\langle I_jx, \int_{s_j}^\infty I_jh'_s\, dX_s > = < x, \int_{s_j}^\infty I_jh'_s\, dX_s > = \int_{s_j}^\infty \langle h_s, I_jh'_s\rangle ds$.
D'où

$$< I_jx_{s_j}, I_jx'_{s_j} > = < I_jx, x'> - \int_{s_j}^\infty < I_jh_s, h'_s>ds$$

Regroupant le tout, nous obtenons une expression qui ne présente plus une allure discrète :

$$(11)\qquad \langle W_{[T*}z_T, W_{[T*}z'_T > = \int_{[0,\infty]} \mu_T(x,x',ds)\langle y_s, y'_s > - \int_0^\infty ds \int_0^s \mu_T(h_s,h'_s,dr)\langle y_r, y'_r>$$

Remarquons que la masse totale de $\mu_T(h_s,h'_s,.)$ est au plus $\|h_s\|\|h'_s\|$, et que $\int\|h_s\|\|h'_s\|ds \leq \|x\|\|x'\|$ d'après l'inégalité de Schwarz. Si les deux processus $(y_t),(y'_t)$ sont continus sur $[0,\infty]$, il n'y a aucune difficulté (par convergence étroite, puis convergence dominée) à vérifier que cette formule passe à la limite par l'approximation discrète.

Nous écrirons (11) sous la forme abrégée

$$(11')\quad < W_{[T*}z_T, W_{[T*}z'_T > = \int \langle y_r, y'_r>\nu_T(x,x',dr)$$

$$\nu_T(x,x',dr)=\mu_T(x,x',dr)-\int ds\int_0^s \mu_T(h_s,h'_s,dr).$$

Prenons $x=x'$, $y_t=y'_t=f(t)\mathbb{1}$ où f est une fonction complexe continue sur $[0,\infty]$: il vient que $\nu_T(x,x,.)$ est une <u>mesure positive</u> de masse totale au plus $\|x\|^2$. Le procédé habituel de polarisation montre alors que la masse totale de $\nu_T(x,x',.)$ est au plus $\|x\|\|x'\|$.
Prenons $x_t=\mathbb{1}$, $y_t=f(t)\mathbb{1}$, $W_t=I$; alors $W_{[T*}z_T$ vaut simplement $f(T)\mathbb{1}$, et $\nu_T(\mathbb{1},\mathbb{1},.)=\mu_T(\mathbb{1},\mathbb{1},.)$ est simplement la loi de T dans l'état vide.

<u>Première conséquence</u>. Si $\|y_t\|\leq M$, on a $\|W_{[T*}x_Ty_T\|^2\leq M^2\|x\|^2$, indépendamment du temps d'arrêt T. Soit x un vecteur quelconque, que nous approchons par une suite x^n de c.l. finies de vecteurs exponentiels. Il résulte de cette inégalité que $W_{[T*}x^n_Ty_T$ converge <u>uniformément en</u> T. Nous désignons par $W_{[T*}x_Ty_T$ la limite, et le résultat de <u>convergence forte des approximations discrètes</u> s'étend par convergence uniforme aux martingales fermées quelconques, ainsi que la formule (11)-(11').

<u>Seconde conséquence</u>. Laissant fixe x, et faisant varier (y_t), on peut prolonger $W_{[T*}x_Ty_T$ à tous les processus (y_t) mesurables bornés, ou simplement tels que $\|y_t\|^2$ soit $\nu_T(x,x,.)$-intégrable. La formule (11)-(11') est préservée dans cette extension.

Tout ce qu'on vient de dire pour $W_{[T*}x_Ty_T$ s'applique de même à $W_{T]*}x_Ty_T$ - y compris la formule (11)-(11') avec la même mesure ν_T.

3. Dans cette section, nous allons nous occuper des ambiguïtés de notation mentionnées au début.

Nous commençons par prendre $W_t=I$. Est ce que x_Ty_T ne dépend que de x_T et y_T ? Est ce que z_T ne dépend que du processus (z_t) ?

a) Si le processus (z_t) est de la forme (x_ty_t), avec (y_t) continu sur $[0,\infty[$, l'approximation discrète z_{T_n} converge en norme vers z_T, et ne dépend que du processus (z_t) lui même. Donc (z_T) peut être défini indépendamment du choix d'une représentation particulière.

b) La relation $x_T=0$ entraîne $x_Ty_T=0$ quel que soit (y_t). En effet, $x_T=0$ entraîne $\nu_T(x,x,1)=0$, et la mesure $\nu_T(x,x,.)$ est positive. On applique alors (11').

c) La relation $y_T=0$ équivaut à $\|y_t\|=0$ $\nu_T(\mathbb{1},\mathbb{1},.)$-p.p.. Donc la propriété ($y_T=0 \Rightarrow x_Ty_T=0$ pour tout x) a lieu si et seulement si toutes les mesures $\nu_T(x,x,.)$ sont absolument continues par rapport à $\nu_T(\mathbb{1},\mathbb{1},.)$. Ceci est une propriété du t. d'a. T, qui peut être ou ne pas être satisfaite.

- <u>Cas où elle est satisfaite</u>. On a $\nu_T(x,x,.)\leq\mu_T(x,x,.)$, donc il suffit que la loi de T dans tout état normalisé x soit absolument continue par rapport à la loi de T dans l'état vide $\mathbb{1}$. Par exemple, si T est un t.d'a. de la filtration du brownien (Q_t), ou des processus de Poisson $Q_t + ca_t^\circ$, ou plus généralement d'une interprétation de l'espace de Fock comme un espace $L^2(P)$, dans laquelle le vecteur vide $\mathbb{1}$ correspond à la fonction 1, on a

$$< I_{\{T\in A\}} x,x > = \int_{T\in A} x^2 dP \;,\; < I_{\{T\in A\}} \mathbb{1},\mathbb{1} > = P(A)$$

et le résultat est clair.

- <u>Cas où elle n'est pas satisfaite</u>. Au § I, 2, nous avons vu l'exemple du premier saut T du processus (a_t°). Dans l'état vide, T est p.s. infini, et la loi $\nu_T(\mathbb{1},\mathbb{1})$ est une masse unité à l'infini. D'autre part, dans tout état cohérent normalisé $\mathcal{E}(g)/e^{<g,g>/2}$, le processus (a_t°) est un processus de Poisson non homogène d'intensité $|g(t)|^2 dt$. Prenant g réelle pour simplifier, il est facile de calculer la mesure

$$\mu_T(\mathcal{E}(g),\mathcal{E}(g),dr) = \varepsilon_\infty(dr) + I_{\{r<\infty\}} g^2(r)\exp(\int_r^\infty g^2(u)du)\,dr$$

On calcule alors la mesure $\nu(\mathcal{E}(g),\mathcal{E}(g),dr) = \varepsilon_\infty(dr) + g^2(r) I_{\{r<\infty\}} dr$ et l'on peut constater qu'elle n'est pas absolument continue par rapport à $\nu(\mathbb{1},\mathbb{1},.)$.

Cet exemple peut sembler peu convaincant, du fait que T est essentiellement infini, mais cette difficulté se lève en remplaçant T par $T\wedge t$, t fini.

d) Nous nous attaquons maintenant à une autre ambiguïté de notation : définir l'opérateur $W_{[T*}$ ou W_{T*} , et examiner si $W_{T*} z_T$ est le résultat de W_{T*} appliqué à z_T . Nous préférons traiter $W_{T]*} = W_{T*}$ pour gagner un signe !

Soit $\mathcal{E}(g)$ un vecteur cohérent. Le processus constant $\mathcal{E}(g) = z_t$ admet la décomposition $x_t y_t$ avec $x_t = \mathcal{E}(g_t)$, $y_t = \mathcal{E}(g_{[t})$. Si T est un t. d'a. discret prenant les valeurs s_i, on a

$$z_T = \Sigma_i\, I_{\{T=s_i\}} z_{s_i} = (\Sigma_i\, I_{\{T=s_i\}})\mathcal{E}(g) = \mathcal{E}(g) \;.$$

Par le résultat de convergence forte établi plus haut, on a encore $z_T = \mathcal{E}(g)$ pour un t. d'a. quelconque. Nous <u>définissons</u> alors $W_{T*}\mathcal{E}(g)$ comme l'intégrale d'arrêt $\int W_s I_{\{T\in ds\}} \mathcal{E}(g_s)\mathcal{E}(g_{[s})$. L'approximation discrète montre que W_{T*} est isométrique sur les c.l. finies de vecteurs exponentiels, donc W_{T*} se prolonge en une isométrie sur l'espace de Fock, limite forte des W_{T_n*} de l'approximation discrète.

Soit alors $z_t = x_t y_t$, où (x_t) est une martingale, et (y_t) est continu sur $[0,\infty]$, adapté au futur. Nous écrivons l'égalité (immédiate)

$$W_{T_n*} z_{T_n} = (W_{T_n*})(z_{T_n})$$

Puis nous passons à la limite : z_{T_n} converge en norme vers z_T, W_{T_n*}

converge fortement vers W_{T*} , donc l'égalité passe à la limite : $W_{T*}z_T=(W_{T*})z_T$. Enfin, on fait varier (y_t) en laissant fixes T et (x_t) pour prolonger l'égalité au cas où (y_t) est seulement mesurable et borné.

e) Nous terminerons cette section en montrant que W_{T*} et $W_{[T*}$ sont unitaires. Ce résultat est connu pour les t. d'a. discrets. D'autre part les W_{T_n*} convergent fortement vers W_{T*} ; il suffit donc de vérifier la convergence forte des adjoints $W^*_{T_n*}$: la limite étant nécessairement l'adjoint de W_{T*} , les relations $W_{T_n*}W^*_{T_n*} = W^*_{T_n*}W_{T_n*}=I$ passeront à la limite.

Comme toutes les normes d'opérateurs sont bornées par 1, il suffit de montrer que $W^*_{T_n*}\mathcal{E}(g)$ converge en norme pour tout vecteur cohérent $\mathcal{E}(g)$. Mais ceci est l'intégrale d'arrêt $\int I_{\{T_n\in ds\}}W^*_s\mathcal{E}(g_s)\mathcal{E}(g_{[s})$, et le résultat fondamental de convergence en norme nous ramène à écrire le processus $z_t=W^*_t\mathcal{E}(g_t)\mathcal{E}(g_{[t})$ sous la forme d'un produit x_ty_t d'une martingale et d'un processus adapté au futur, borné et continu sur $[0,\infty]$. Or $W^*_t\mathcal{E}(g_t)$ est de la forme $c_t\mathcal{E}((e^{iq}g+p)_{t]})$, p appartenant à $L^2(\mathbb{R}_+)$, q étant réelle, et c_t étant une fonction continue de t. Il suffit donc de poser

$$x_t=\mathcal{E}((e^{iq}g+p)_{t]}) \ , \quad y_t=c_t\mathcal{E}(g_{[t}) \ .$$

4. Factorisation de l'espace de Fock à un t. d'a. T.

Nous allons maintenant récolter sans difficulté les principaux résultats de Parthasarathy-Sinha, étendant ainsi aux t. d'a. (presque) quelconques les résultats du §I, et obtenant aussi une « propriété de Markov forte » sur l'espace de Fock.

a) Opérateurs E_T et $I_{\{T\in A\}}E_T$.

Soit $x_t=E_tx$ une martingale fermée, qui s'écrit aussi $x_0+\int_0^t h_s dX_s$. Soit (T_n) l'approximation discrète de T (cf. (1)). Une première conséquence du résultat fondamental de la section précédente est la convergence forte de $E_{T_n}x$ vers une limite que nous notons E_Tx. Ce résultat est en fait immédiat à partir de la formule (5), et l'on a en toute généralité

$$E_Tx = x_0 + \int_0^t I_{\{T\geqq s\}}h_s\, dX_s \ . \tag{12}$$

L'opérateur E_T est un projecteur. Si S et T commutent on a $E_SE_T=E_{S\wedge T}$. D'autre part, E_{T_n} commute à tout opérateur de la forme $f(T_n)$, où f est borélienne bornée. Comme pour m<n T_m est une fonction de T_n, E_{T_n} commute à $f(T_m)$. Faisant tendre n vers l'infini, E_T commute à $f(T_m)$. Prenant f continue et faisant tendre m vers l'infini, E_T commute à $f(T)$.

Cela permet de définir les projecteurs $I_{\{T\in A\}}E_T$. Appliquant le résultat principal au processus $z_t=x_ty_t$ avec $y_t=f(t)\mathbb{1}$, f continue bornée, on voit sans peine que

(13) $$f(T)E_Tx = \int f(s)I_{\{T\in ds\}}x_s$$

pour f continue, puis f borélienne bornée.

On introduit alors les notations Φ_T ($\Phi_{T]}$) et $I_{\{T\in A\}}\Phi_T$, comme pour les t. d'a. discrets au paragraphe I.

b) Opérateurs Θ_T . Soit $y\in\Phi$, et soit $y_t=\Theta_ty$, processus adapté au futur, et uniformément continu sur $[0,\infty[$ ($\Theta_\varepsilon y$ converge en norme vers y lorsque $\varepsilon\downarrow 0$). Il y a deux conventions raisonnables à l'infini, mais aucune ne fait de Θ_∞ une isométrie ! Celle que nous avons prise au §I consiste à poser $\Theta_\infty y=0$; celle de Parthasarathy-Sinha consiste à poser $\Theta_\infty y=\langle\mathbb{1},y\rangle\mathbb{1}$ (justifiée par la convergence en moyenne de Cesaro, et par le fait que cet opérateur est la seconde quantification $\Phi(\theta_\infty)=\Phi(0)$). Nous conservons ici la convention simple $\Theta_\infty y=0$.

Quoi qu'il en soit, le résultat principal du n° précédent nous permet de définir $\Theta_Ty = \int I_{\{T\in ds\}}\Theta_sy$, et la formule (11') nous donne

(14) $$\langle \Theta_Ty,\Theta_Ty' \rangle = \langle y,y'\rangle\nu_T(\mathbb{1},\mathbb{1},[0,\infty[) = c\langle y,y'\rangle$$

La constante c vaut aussi $\langle I_{\{T<\infty\}}\mathbb{1},\mathbb{1}\rangle$. Ainsi, comme pour les t. d'a. discrets

- Si T est essentiellement fini, Θ_T est une isométrie,
- Si T n'est pas essentiellement infini, $\Theta_T/\sqrt{c}$ est une isométrie
- Si T est essentiellement infini, $\Theta_T=0$.

Dans les trois cas, nous noterons $\Phi_{[T}$ l'image de Θ_T : c'est un sous-espace fermé de Φ .

Dans les deux premiers cas, si l'on pose $y_t=\Theta_ty$, la relation $y_T=0$ entraîne $y=0$; on a donc $x_Ty_T=0$ pour toute martingale (x_t). La difficulté du c) de la section précédente ne se présente donc pas pour les processus homogènes.

c) Multiplication d'éléments de $\Phi_{T]}$ et $\Phi_{[T}$.

Nous supposons ici que T n'est pas essentiellement infini, mais cette hypothèse ne sera pas suffisante pour obtenir un résultat parfait (cf. la remarque à la fin de la démonstration).

Soient $u\in\Phi_T$ et $v\in\Phi_{[T}$. Par définition, il existe un $x\in\Phi$ tel que $u=E_Tx$, et un $y\in\Phi$ unique tel que $v=\Theta_Ty$. Nous poserons alors

(15) $$uv = x_Ty_T$$ où (x_t) est la martingale (E_tx) et où $(y_t) = (\Theta_ty)$

Cela ne dépend que de x_T et y_T, autrement dit de u et v. En fait on peut toujours choisir x=u, de sorte que l'approximation discrète nous donne

(16) $$uv = u\Theta_T y = \lim_n \Sigma_i (I_{\{s_i \leq T < s_{i+1}\}} E_{s_{i+1}} u)\Theta_{s_{i+1}} y$$

la sommation étant étendue aux $s_i = i2^{-n}$ avec $i < 2^{2n}$. Notre première remarque sera que, si u appartient à $I_{\{T=\infty\}}\Phi_T$, uv est toujours nul (car $E_{s_{i+1}}$ commute à $I_{\{\ \}}$, et $I_{\{\ \}}u=0$). Donc le produit n'est intéressant que si $u \in I_{\{T<\infty\}}\Phi_T$.

Soient ensuite $u,u' \in I_{\{T<\infty\}}\Phi_T$, et $y,y' \in \Phi$. Nous avons d'après (11)

$$< u\Theta_T y,\ u'\Theta_T y'> = <y,y'>\nu_T(u,u',[0,\infty[\ )$$

Remplaçons ensuite y,y' par $\mathbb{1}$. L'approximation discrète (16) montre aisément que $u\Theta_T \mathbb{1} = I_{\{T<\infty\}}u = u$. Par conséquent $\nu_T(u,u',[0,\infty[\ ) = <u,u'>$ et l'on obtient la formule

(17) $$< u\Theta_T y,\ u'\Theta_T y'> = <u,u'><y,y'> \quad \text{pour } u,u' \in I_{\{T<\infty\}}\Phi_T \ .$$

Nous allons montrer maintenant que l'espace fermé engendré par les $u\Theta_T y$ ($u \in I_{\{T<\infty\}}\Phi$, $y \in \Phi$) est exactement $I_{\{T<\infty\}}\Phi$.

Tout d'abord, posons $h_i = (I_{\{s_i \leq T < s_{i+1}\}} E_{s_{i+1}} u)\Theta_{s_{i+1}} y$ (cf. (16)) ; il est clair que $I_{\{T<s_{i+1}\}}h_i = h_i$, donc $I_{\{T<\infty\}}h_i = h_i$. Sommant sur i et passant à la limite en (16), on voit que $I_{\{T<\infty\}}(uv) = uv$.

Inversement, il nous faut montrer que les vecteurs de la forme $u\Theta_T y$ sont denses dans $I_{\{T<\infty\}}\Phi$ - et pour cela, qu'ils permettent d'approcher $I_{\{T<\infty\}}\mathcal{E}(g)$ pour tout $g \in L^2(\mathbb{R}_+)$.

Nous remarquons d'abord que Φ_T est stable par les opérateurs de la forme f(T), puisque ceux-ci commutent à E_T. Il en est de même de $I_{\{T<\infty\}}\Phi_T$. Nous écrivons alors

$$\mathcal{E}(g) = u_s v_s \ , \quad u_s = \mathcal{E}(g_{s]}),\ v_s = \mathcal{E}(g_{[s}) = \Theta_s y_s$$

avec $y_s = \mathcal{E}(g^s)$, $g^s(t) = g(s+t)$. Alors, posant $s_i = i2^{-n}$ ($i \leq 2^{2n}$), $s_{2^{2n}+1} = \infty$

$$I_{\{T<\infty\}}\mathcal{E}(g) = \int I_{\{T\in ds\}} u_s\Theta_s y_s = \Sigma_i \int_{s_i}^{s_{i+1}} I_{\{T\in ds\}} u_s\Theta_s y_s$$
$$= \lim_n \Sigma_i \int_{s_i}^{s_{i+1}} I_{\{T\in ds\}} u_s\Theta_s (y_{s_i})$$

Chacun des termes de cette somme est de la forme $I_{\{T\in A\}} u_T\Theta_T y$, $A \subset [0,\infty[$; le résultat est prouvé.

REMARQUE. Pour que $I_{\{T<\infty\}}\Phi$ soit égal à Φ, il ne suffit pas que T soit essentiellement fini, il faut que T soit fini, i.e. que le projecteur $I_{\{T=\infty\}}$ soit nul.

d) $\Phi_{[T}$ comme nouvel espace de Fock $\tilde{\Phi}$.

Nous supposons ici que T n'est pas essentiellement infini. Alors $\Theta_T/\sqrt{c}$ est une isométrie de Φ sur $\Phi_{[T}$, c étant la constante $<I_{\{T<\infty\}}1,1>$. Nous préférons que Θ_T lui-même soit une isométrie, en modifiant le produit scalaire sur $\Phi_{[T}$: si u,v sont deux éléments de $\Phi_{[T}$, nous poserons

(18) $$<u,v>_{\sim} = c<u,v> .$$

Nous poserons $\tilde{\mathcal{E}}(f)=\Theta_T\mathcal{E}(f)$: comme on a $<\tilde{\mathcal{E}}(f),\tilde{\mathcal{E}}(g)>_{\sim}=e^{<f,g>}$, ce choix de vecteurs exponentiels fait de $\Phi_{[T}$ un espace de Fock. On se propose d'expliciter les opérateurs fondamentaux de ce nouvel espace.

Remarquons que

(19) $$\tilde{\mathcal{E}}(f) = \int_0^\infty I_{\{T\in ds\}}\mathcal{E}(\theta_s f) \ , \quad \theta_s f(t)=f(t-s)I_{\{t>s\}}$$

Cela suggère que les nouveaux opérateurs de Weyl $\tilde{W}(h,\phi)$ pour le nouvel espace de Fock $\tilde{\Phi}=\Phi_{[T}$ peuvent s'écrire formellement

$$\tilde{W}(h,\phi) = \int \tilde{W}_s I_{\{T\in ds\}} = \int I_{\{T\in ds\}}\tilde{W}_s \quad , \quad \tilde{W}_s=W(\theta_s h,\theta_s\phi)$$

(dans la notation du §I, ceci vaut $\tilde{W}_T$ et $\tilde{W}_{T*}$). Pour vérifier cela, on commence par le cas discret : si T prend les valeurs s_i

(20) $$\tilde{W}_T = \Sigma_i\, I_{\{T=s_i\}}W(\theta_{s_i}h,\theta_{s_i}\phi) = \Sigma_i\, W(\theta_{s_i}h,\theta_{s_i}\phi)I_{\{T=s_i\}} = \tilde{W}_{T*}$$

$$\tilde{W}_T\tilde{\mathcal{E}}(f) = \Sigma_i\, I_{\{T=s_i\}}W(\theta_{s_i}h,\theta_{s_i}\phi)\mathcal{E}(\theta_{s_i}f) \quad (\text{ sommation sur } s_i<\infty\,)$$

$$= \Sigma_i\, I_{\{T=s_i\}}\exp(-\tfrac{1}{2}\|\theta_{s_i}h\|^2-\ldots)\mathcal{E}(\theta_{s_i}(h+e^{i\phi}f))$$

le coefficient exp( ) ne dépend pas de i, et vaut $\exp(-\frac{1}{2}\|h\|^2-<h,e^{i\phi}f>)$. La somme restante vaut $\tilde{\mathcal{E}}(h+e^{i\phi}f)$: c'est le résultat cherché.

Pour montrer la convergence forte de ces approximations discrètes $\tilde{W}_{T_n}$, il suffit de

$$\tilde{W}_s\mathcal{E}(g) = \exp(-\tfrac{1}{2}\|h\|^2-<\theta_s h,e^{i\theta_s\phi}g>)\mathcal{E}(ge^{i\theta_s\phi}+\theta_s h)$$

$$= x_s y_s \text{ où } x_s=\mathcal{E}(g_{s]})$$

$$y_s=\exp(\ )\mathcal{E}(g_{[s}e^{i\theta_s\phi}+\theta_s h)$$

D'autre part, $\tilde{W}_{T_n}\mathcal{E}(g) = \int_0^\infty I_{\{T_n\in ds\}}\tilde{W}_s\mathcal{E}(g)$: d'après le résultat principal de convergence, les intégrales étendues à $[0,\infty]$ convergent vers l'intégrale analogue relative à T . Pour avoir le même résultat pour les intégrales sur $[0,\infty[$, il suffit de regarder la convergence des intégrales à l'infini, que nous laissons au lecteur.

Ayant établi la convergence forte, soit $u\in\Phi_{T]}$: on a aussi $u\in\Phi_{T_n]}$ ($E_{T_n}u=E_{T_n}E_Tu=E_Tu=u$). Or dans le cas d'un t. d'a. discret, la formule (20) sous la seconde forme montre que $\tilde{W}_Tu=I_{\{T<\infty\}}u$ si $u\in\Phi_T$. Donc ici

$\widetilde{W}_{T_n}u=I_{\{T_n<\infty\}}u$. Par passage à la limite, on a $\widetilde{W}_T u=I_{\{T<\infty\}}u$.

En utilisant la propriété de factorisation, on voit que $\widetilde{W}_T$, <u>en tant qu'opérateur sur</u> $I_{\{T<\infty\}}\Phi$, <u>est unitaire et adapté à</u> $\Phi_{[T}$. En tant qu'opérateur sur Φ , il tue le sous-espace $I_{\{T=\infty\}}\Phi$, et il n'est donc unitaire que si T est fini.

ELEMENTS DE PROBABILITES QUANTIQUES

Corrections aux exposés I à V

Les corrections ci-dessous ont été presque toutes communiquées par les membres du Séminaire de Probabilités de Rennes, que l'auteur remercie vivement (particulièrement M.F. Allain).

Les n^{os} de pages renvoient au Séminaire XX. Pour les lecteurs qui auraient entre les mains l'édition brochée de ces notes, on a ajouté le n° de page dans chaque exposé.

Page	ligne	au lieu de	lire
193 (I.6)	-4	$L^2(\mu)$	$L^2(P)$
198 (I.11)	13	$\int e^{-ist}dJ_t$	$\int e^{-st}dJ_t$
212 (II.3)	3	$z=\cos\phi$	$z=\cos\theta$
221 (II.12)	6	$\mathcal{F}^{-1}a_k^+\mathcal{F} = ia_k^-$	$\mathcal{F}^{-1}a_k^+\mathcal{F} = -ia_k^+$
	6	$\mathcal{F}^{-1}a_k^-\mathcal{F} = a_k^+$	$\mathcal{F}^{-1}a_k^-\mathcal{F} = ia_k^-$
	7	$\mathcal{F}^{-1}q_k\mathcal{F} = p_k$	$\mathcal{F}^{-1}q_k\mathcal{F} = -p_k$
	7	$\mathcal{F}^{-1}p_k\mathcal{F} = -q_k$	$\mathcal{F}^{-1}p_k\mathcal{F} = q_k$
	-5	$I_B(j)$	$I_B(k)$
230 (III.2)	9	$\mathcal{H}=L^2(\mathcal{F}_t)$	$L^2(\mathcal{F})$
232 (III.4)	-4	$(\int\omega^2dx)(\int x\omega'^2dx)$	$(\int x\omega^2dx)(\int\omega'^2dx)$
	-2	c	σ (ce n'est pas la même constante qu'à la l.-3)
233 (III.5)	10	$-ix\langle p\rangle$	$ix\langle p\rangle$
	14	le noyau de cette "transformation de Fourier" est $(2\pi\hbar)^{-1/2}\exp(-ipq/\hbar)$	
235 (III.7)	-3	$-i\hbar(xD+2I)$	$-i\hbar(2xD+I)$
236 (III.8)	-13	$V(x)=kx^2$	$kx^2/2$
237 (III.9)	6	$\exp(-\int Vf(X_s)ds)$	$V(X_s)ds$
242 (III.14)	11	$z=t/2$	$z=2t$
	17	dans (28) : $2ux-x^2$	$2ux-u^2$
	-1	$(\lambda-1)z^2/2$	$(\lambda-1)\|z\|^2/2$
254 (IV.6)	3	$\sqrt{n}\\|h\\|$	$\sqrt{n+1}\\|h\\|$
	12	formule (4)	rajouter un facteur $\langle h,x_i\rangle$
265-266	Ces deux pages ont été interverties par l'éditeur		
273 (IV.25)	-13	$f(s_1,..,s_{m-p},u_1,..,u_k)$	$u_1,...,u_p)$
	-12	$g(u_k,..,u_1,t_1,..,t_{n-p})$	$g(u_p,..\quad)du_1...du_p$
277 (IV.29)	-10	$I_3(h\wedge k)$	$\hat{I}_3$
292 (V.7)	-1	$H_{t_i}\ (v_{t_i})$	$\varepsilon(v_{t_i})$

errata

p. 293	(V.8)	l.-1	$I_t^\circ \mathcal{E}(v)$	$I_t^\circ(H)\mathcal{E}(v)$
294	(V.9)	20	$\langle H_t \mathcal{E}(u), v_t K_t \mathcal{E}(v)\rangle$	$\langle u_t H_t \mathcal{E}(u), K_t \mathcal{E}(v)\rangle$
295	(V.10)	4	U_∞/U_t	U_∞/U_{t_i}
297	(V.12)	9	$(\int \bar{u}_s ds)(\int v_s ds+t)$	$((\int \bar{u}_s ds)(\int v_s ds)+t)$
		-1	$a_t^- N_t = \int_0^t a_s^- dN_s + N_s da_s^-$	$\int_0^t a_s^- dN_s + N_s da_s^- + a_t^-$

DENSITE EN TEMPS PETIT D'UN PROCESSUS DE SAUTS

Rémi LEANDRE
Laboratoire de Mathématiques
Faculté des Sciences et des Techniques
16, Route de Gray
25030 BESANCON - FRANCE

INTRODUCTION :

Le calcul des variations permet de montrer que certains processus de sauts possèdent une densité ([B],[L.1],[B.G.J]).

Plus précisément, appelons $x_t(x)$ un processus de sauts purs issu de x, à valeurs dans $\mathbb{R}^d$, de mesure de Lévy $g(x,z)dz$. Le fait qu'il possède une densité $p_t(x,y)$ se traduit par le fait que $\int g(x,z)dz = \infty$. Notre but est de montrer qu'en temps petit, on a, si $x \neq y$:

$$(0.1) \qquad p_t(x,y) \sim g(x,y-x)t,$$

dès que $g(x,y-x) \neq 0$.

L'hypothèse $g(x,y-x) \neq 0$ traduit le fait que le processus peut sauter en un seul saut de x à y. (0.1) signifie que la trajectoire optimale qu'utilise le processus $x_t(x)$ pour aller de x à y est de sauter en une seule fois de x à y et de ne pas bouger avant et après le temps de saut. En temps petit, le processus tend à utiliser cette trajectoire optimale. Ainsi apparaît l'aspect combinatoire qui intervient dans l'estimation de $p_t(x,y)$: si le nombre minimum de sauts nécessaires pour aller de x à y était 2, on aurait un équivalent en Ct^2... Contrairement à ce qui se passe dans la théorie des grandes déviations ([F.V]), il faudrait utiliser un autre modèle pour faire apparaître une action et une décroissance exponentielle de la densité.

I. GENERALITES :

Considérons un champ de vecteurs X_o sur $\mathbb{R}^d$, de dérivées de tous ordres bornées et une application bornée $\gamma(x,z)$ de $\mathbb{R}^d \times \mathbb{R}^p$ dans $\mathbb{R}^d$, de dérivées de tous ordres bornées. Supposons que :

$$(1.1) \qquad \gamma(x,0) = 0.$$

Introduisons un processus z_s à valeurs dans $\mathbb{R}^p$, qui soit une martingale à accroissements indépendants, de mesure de Lévy $g(z)dz$. Supposons qu'il soit la somme compensée de ses sauts ([J]).

On suppose que g vérifie les conditions rendant possible le calcul des variations stochastiques ([B],[B.G.J]) : elle est C^∞ sur $\mathbb{R}^p - (0)$, et pour $\varepsilon > 0$, on a :

$$(1.2) \qquad \int_{|z| \geq \varepsilon} \frac{|\frac{\partial g}{\partial z}(z)|^2}{g(z)} dz < \infty.$$

Enfin, on suppose qu'il existe une fonction ν C^∞ de $\mathbb{R}^p$ dans $\mathbb{R}^+$ telle que :

$$(1.3) \qquad \nu(z) \leq C|z|^2$$

$$(1.4) \qquad \int_{|z| \leq 1} |\frac{d}{dz} \nu(z) g(z)|^2 \frac{dz}{g(z)} < \infty.$$

De plus, supposons que $\nu(z) > 0$ si $g(z) > 0$ et si z est non nul.

Considérons la solution de l'équation différentielle stochastique :

$$(1.5) \qquad x_t(x) = x + \sum_{s \leq t}^{c} \gamma(x_{s^-}(x), \Delta z_s) + \int_0^t X_o(x_s(x))\,ds,$$

X_o étant un champ de vecteurs de dérivées de tout ordre bornées. (L'opérateur de somme compensée $\overset{c}{\underset{s \leq t}{S}}$ est défini dans [J]).

En général, l'application Ψ_t qui à x associe $x_t(x)$, bien que presque sûrement C^∞ n'est pas un difféomorphisme ([L.2]). Toutefois, si l'on fait la restriction suivante :

$$(1.6) \qquad \inf_{g(z) > 0,\ x \in \mathbb{R}^d} |\det (I + \frac{\partial \gamma}{\partial x}(x,z))| > 0,$$

Ψ_t est un difféomorphisme.

Notons $C\gamma$ la matrice :

$$(1.7) \qquad C\gamma = \inf_{g(z) \neq 0,\ x \in \mathbb{R}^d} \frac{\partial \gamma}{\partial z}(x,z)\ {}^t\frac{\partial \gamma}{\partial z}(x,z).$$

Rappelons le théorème suivant ([B.G.J]).

<u>Théorème I.1</u> : <u>Supposons que</u> (1.6) <u>soit vérifiée, et que</u> $C\gamma$ <u>est inversible. Pour que</u> $x_t(x)$ <u>possède une densité</u> C^∞, <u>il suffit qu'il existe un entier</u> $\alpha \in]0,2[$ <u>tel que</u> :

$$(1.8) \qquad \underline{\lim}_{\varepsilon \to 0}\ \varepsilon^\alpha \int_{|z| > \varepsilon} g(z)\,dz > 0.$$

<u>Remarque</u> : La condition "$C\gamma$ inversible" est beaucoup trop forte. Nous l'introduisons dans le but de simplifier les calculs qui suivront. Elle s'interprète de la façon suivante : appelons ε_C le plus grand réel > 0 tel que :

$$(1.9) \qquad \int_{z > \varepsilon} g(z)\,dz > 0.$$

Considérons une fonction C^∞ de $\mathbb{R}^p$ dans $[0,1]$, notée ϕ_ε, nulle sur la boule de centre 0 et de rayon $\frac{\varepsilon}{2}$ et égale à 1 en dehors de la boule de rayon ε.

Introduisons la variable aléatoire X_ε à valeurs dans $\mathbb{R}^p$ et de loi :

$$(1.10) \qquad dP(X_\varepsilon)(z) = \frac{\phi_\varepsilon(z)\,g(z)\,dz}{\int \phi_\varepsilon(z)\,g(z)\,dz}.$$

Il faut bien sûr supposer que $\varepsilon < \varepsilon_C$ dans (1.10).

Considérons la variable aléatoire $x+\gamma(x,X_\varepsilon)$ à valeurs dans $\mathbb{R}^d$. Esquissons brièvement comment le calcul des variations stochastiques et la condition "$C\gamma$ inversible" permettent de montrer que $x+\gamma(x,X_\varepsilon)$ possède une densité $g_\varepsilon(x,y)$ C^∞ en x et y, et que g_ε est bornée, γ possédant des dérivées de tout ordre bornées.

Introduisons une fonction f C^∞ de $\mathbb{R}^d$ dans $\mathbb{R}$, à support compact, X un vecteur de $\mathbb{R}^d$ et λ un réel positif. Si λ est assez petit, $z \to z+\lambda\ {}^t\frac{\partial\gamma}{\partial z}(x,z)X$ est un difféomorphisme de $\mathbb{R}^p$ noté $\Psi\lambda$, de Jacobien J_λ. On a alors la formule de quasi-invariance :

$$(1.11) \qquad \begin{aligned} &\int f(x+\gamma(x,z))\,\phi_\varepsilon(z)\,g(z)\,dz = \\ &= \int f(x+\gamma(x,\Psi\lambda(z))),\phi_\varepsilon(\Psi\lambda(z))\,g(\Psi\lambda(z))\,J_\lambda\,dz. \end{aligned}$$

En dérivant cette dernière expression en λ, on obtient une formule d'intégration par parties :

$$(1.12) \qquad \begin{aligned} &E\left[<f'(x+\gamma(x,X_\varepsilon)),\ \frac{\partial\gamma}{\partial z}(x,X_\varepsilon)\ {}^t\frac{\partial\gamma}{\partial z}(x,X_\varepsilon)X>\right] = \\ &= E[f(x+\gamma(x,X_\varepsilon))\,L_\varepsilon(\gamma)]. \end{aligned}$$

L_ε s'interprète comme l'opérateur d'Ornstein-Ühlenbeck associé à X_ε.

$\frac{\partial\gamma}{\partial z}(x,X_\varepsilon)\ {}^t\frac{\partial\gamma}{\partial z}(x,X_\varepsilon)$ s'interprète comme la matrice de Malliavin associé à γ ([B.G.J]).

Compte tenu du fait que $C\gamma$ est inversible, on peut appliquer la procédure générale de ([I.W] [St]) pour en déduire l'existence de $g_\varepsilon(x,y)$ et sa régularité.

Bien évidemment, ceci résulte aussi du théorème des fonctions implicites, mais nous avons donné cette méthode à titre pédagogique. Elle s'applique aussi pour montrer que la transformée de $g(z)dz$ par $z \to x+\gamma(x,z)$ est une mesure μ_x possédant une densité $g(x,y)$ C^∞ en x et y si $x \neq y$. De plus si K est un compact de $\mathbb{R}^d \times \mathbb{R}^d$ ne rencontrant pas la diagonale, on peut choisir ε assez petit de sorte que pour tout (x,y) de K on ait :

$$(1.13) \qquad g_\varepsilon(x,y) = \frac{g(x,y)}{\int \phi_\varepsilon(z)\,g(z)\,dz}.$$

Ceci provient du fait que $\gamma(x,0) = 0$.

Revenons au théorème I. Notons $p_t(x,y)$ la densité de $x_t(x)$: elle est C^∞ en x,y et $t > 0$.

<u>Proposition I.2</u> : <u>Considérons la boule</u> B(y,r) <u>de centre</u> y <u>et de rayon</u> r.

<u>Uniformément sur tout compact de</u> R^d , <u>on a</u> :

(1.14) $$\lim_{t\to 0} \int_{B(y,r)} p_t(x,y)\,dx = 1.$$

Preuve : Introduisons deux fonctions C^∞ $f_1(x)$ et $f_2(x)$, positives, égales à 1 sur un voisinage de l'origine. Supposons qu'elles encadrent la fonction indicatrice de $B(0,r)$. Il suffit de montrer qu'uniformément sur tout compact de $\mathbb{R}^d$:

(1.15) $$\lim_{t\to 0} \int f_1(y-x)\,p_t(x,y)\,dx = \lim_{t\to 0} \int f_2(y-x)\,p_t(x,y)\,dx.$$

Il suffit d'effectuer la démonstration pour f_1. Soit $\mu_1(t)$ la mesure sur $\mathbb{R}^d$:

(1.16) $$g \to \int E[f_1(x_t(x)-x)\,g(x_t(x))]\,dx.$$

On a évidemment :

(1.17) $$\mu_1(t)(g) = \int g(y)\,dy \int f_1(y-x)\,p_t(x,y)\,dx.$$

La fonction $y \to \int f_1(y-x)\,p_t(x,y)\,dx$ est C^∞ en y, et est la densité de $\mu_1(t)$.

De plus, $x \xrightarrow{\Psi_t} x_t(x)$ est un difféomorphisme de Jacobien $J_t^{-1}(x)$. La formule de Fubini et la formule du changement de variable impliquent que :

(1.18) $$\begin{aligned}\mu_1(t)(g) &= E[\int f_1(x_t(x)-x)\,g(x_t(x))\,dx] = \\ &= E[\int f_1(x-\Psi_t^{-1}(x))\;g(x)\,J_t^{-1}(x)\,dx].\end{aligned}$$

Si nous identifions (1.17) et (1.18), nous obtenons :

(1.19) $$\int f_1(y-x)\,p_t(x,y)\,dx = E[f_1(y-\Psi_t^{-1}(y))\,J_t^{-1}(y)].$$

Car il résulte de (1.18) que $y \to E[f_1(y-\Psi_t^{-1}(y)\,J_t^{-1}(y)]$ est une autre version C^∞ de la densité de $\mu_1(t)$. □

L'hypothèse (1.7) implique que l'application

(1.20) $$x \xrightarrow{H_z} x + \gamma(x,z)$$

est un difféomorphisme de $\mathbb{R}^d$ dans $\mathbb{R}^d$ si $g(z) \neq 0$. Notons H_z^{-1} son inverse, et posons :

(1.21) $$\tilde{\gamma}(x,z) = H_z^{-1}(x) - x.$$

(1.7) implique que $\tilde{\gamma}$ est C^∞ en x,z de dérivées de tout ordre bornées. De plus, on a $\tilde{\gamma}(x,0) = 0$ car $H_o(x) = x$.

Posons :

(1.22) $$S_\gamma \quad \sup_{x\in\mathbb{R}^d\, g(z)>0} |\tilde{\gamma}(x,z)|.$$

On a :

$$(1.23)\qquad S_\gamma = \sup_{x\in\mathbb{R}^d\, g(z)>0} |\tilde{\gamma}(H_z(x),z)| = \sup_{x\in\mathbb{R}^d\, g(z)>0} |\tilde{\gamma}(x,z)|$$

car $x \to H_z(x)$ est un difféomorphisme de $\mathbb{R}^d$.

<u>Proposition I.3</u> : <u>Pour tout entier</u> p, <u>il existe un entier</u> K <u>tel que si</u> $r > KS_\gamma$, <u>on ait</u> :

$$(1.24)\qquad \overline{\lim_{t\to 0}} \frac{1}{t^p} \sup_{y\in\mathbb{R}^d} \int_{B^c(y,r)} p_t(x,y)dx < \infty .$$

<u>Preuve</u> : Majorons la fonction indicatrice de $B^c(y,KS_\gamma)$ par une fonction $C^\infty f_1$, appliquant $\mathbb{R}^d$ dans $[0,1]$. Supposons de plus que f_1 soit nulle sur $B(y,(K-1)S_\gamma)$, K étant un entier ≥ 2.

Si l'on procède comme dans la proposition précédente, il suffit de prouver que :

$$(1.25)\qquad \overline{\lim_{t\to 0}} \sup_{y\in\mathbb{R}^d} \frac{1}{t^p} E[f_1(y-\Psi_t^{-1}(y))] < \infty$$

pour un entier K bien choisi.

Or $\Psi_t^{-1}(y)$ a même loi que la solution d'une équation différentielle stochastique. En effet, d'après l'appendice, $\Psi_t^{-1}(y)$ a même loi que la solution prise au temps t de l'équation différentielle stochastique :

$$(1.5)'\qquad \tilde{x}_s(y) = y + \sum_{u\leq s}^{c} \tilde{\gamma}(\tilde{x}_{u-}(x),\Delta\tilde{z}_u) + \int_0^s \tilde{X}_0(\tilde{x}_u(x))du,$$

$\tilde{z}_s$ étant une martingale à accroissement indépendant de mesure de Lévy g(-z)dz.

(1.25) résulte des deux propriétés suivantes :

La première affirme que :

$$(1.26)\qquad \sup_{y\in\mathbb{R}^d} E[|J_t(y)|^2] < \infty$$

et provient de la théorie des flots stochastiques ([L.2],[M]).

La seconde affirme que si l'on choisit un entier K assez grand, on a, si t est assez petit :

$$(1.27)\qquad \sup_{y\in\mathbb{R}^d} E[f_1^2(y-\Psi_t^{-1}(y))] < Ct^{2p}.$$

En effet, $\phi_t^{-1}(y)$ se décompose d'après (1.5)' en la forme d'une variable aléatoire $M_t(y)$ et d'une variable $y+\int_0^t A_s ds$. De plus A_s est bornée, ceci implique que si t est assez petit :

$$(1.28)\qquad \sup_{y\in\mathbb{R}^d} E[f_1^2(y-\Psi_t^{-1}(y))] \leq P\{\sup_{s\leq t} |M_s(y)| \geq (K-2)S_\gamma\}.$$

De plus $M_t(y)$ est la variable terminale associée à une martingale $s \to M_s(y)$ à sauts bornées par S_γ. Et l'on a d'après (1.5)'

(1.29) $$\langle M_s(y), M_s(y)\rangle = \int_0^s du \int |u(\tilde{x}_u(x),z)|^2 g(-z)dz \leq ks.$$

On peut donc appliquer la proposition suivante qui généralise au cas des processus de sauts la majoration exponentielle habituellement utilisée pour les diffusions.

<u>Proposition I.4</u> : <u>Considérons une martingale</u> M_t <u>à valeurs dans</u> $\mathbb{R}$, <u>dont les sauts sont bornés par</u> S <u>et dont le crochet oblique</u> $\langle M,M\rangle$ <u>vérifie</u> :

(1.30) $$\langle M,M\rangle_t \leq kt.$$

<u>Il existe alors une constante</u> C(k,S) <u>qui ne dépend que de</u> k <u>et de</u> S <u>tel que pour tout</u> ≤ 1, <u>on ait</u> :

(1.31) $$P\{\sup_{0\leq s\leq t} |M_s| \geq pS\} \leq C(k,S)t^p.$$

<u>Preuve</u> : L'inégalité exponentielle de [L.M] implique que :

(1.32) $$P\{\sup_{0\leq s\leq t} |M_s| \geq C\} \leq 2\exp[-\lambda C + \frac{\lambda^2}{2} S^2 kt(1+\exp[\lambda S])]$$

pour $C > 0$, $\lambda > 0$.

Il suffit de prendre $C = pS$ et $\lambda = \frac{\mathrm{Log}\,|t|}{S}$.

II. <u>MINORATION DE LA DENSITE</u> :

Considérons une fonction ϕ_ε de $\mathbb{R}^p$ dans $\mathbb{R}$ égale à 1 en dehors de la boule de xzbtre 0 et de rayon ε et égale à 0 sur la boule de centre 0 et de rayon $\frac{\varepsilon}{2}$. De plus $0 \leq \phi_\varepsilon \leq 1$.

Considérons deux martingales à accroissements indépendants, indépendantes entre elles. L'une, notée $z_t(\varepsilon)$ a pour mesure de Lévy $\phi_\varepsilon(z)g(z)dz$, et l'autre, notée $z'_t(\varepsilon)$ a pour mesure de Lévy $(1-\phi_\varepsilon(z))g(z)dz$.

z_t a même loi que $z_t(\varepsilon)+z'_t(\varepsilon)$. Grâce à cette décomposition, on va pouvoir séparer dans $p_t(x,y)$ la contribution des grands sauts de z_t et celle des petits sauts de z_t.

Comme $z_t(\varepsilon)$ possède une mesure de Lévy de masse finie, les temps de sauts de $z_s(\varepsilon)$ constituent un processus de Poisson ponctuel $N_s(\varepsilon)$ de paramètre $\int\phi_\varepsilon(z)g(z)dz$.

A une trajectoire $s \to N_s(\varepsilon)$, $s \leq t$, on associe la subdivision S_t de $[0,t]$ correspondant aux temps de sauts $s_1 < s_2, \ldots < s_k$ de $N_s(\varepsilon)$ avant t. On définit ainsi une mesure $\tilde{P}_{t,\varepsilon}$ sur l'espace de toutes les subdivisions de $[0,t]$.

Considérons une infinité de variables aléatoires $X_i(\varepsilon)$ indépendantes de même loi $\dfrac{\phi_\varepsilon(z)g(z)dz}{\int\phi_\varepsilon(z)g(z)dz}$.

Fixons une subdivision S_t finie de $[0,t]$ et considérons la solution de l'équation différentielle stochastique :

$$\begin{aligned}(2.1)\qquad x_s(\varepsilon,S_t,x) &= x + \sum_{u\leq s}^{c} \gamma(x_{u-}(\varepsilon,S_t,x),\Delta z'(\varepsilon)) + \\ &+ \sum_{s_i\in S_t\, s_i\leq s} \gamma(x_{s_{i-}}(\varepsilon,S_t,x),\Delta X_i(\varepsilon)) + \\ &+ \int_0^s X_o(x_u(\varepsilon,S_t,x))du - \int_0^s du\int\phi_\varepsilon(z)\gamma(x_u(\varepsilon,S_t,x),z)g(z)dz.\end{aligned}$$

Du fait de la condition (1.6), elle possède un flot stochastique $\Psi_s(\varepsilon,S_t,x)$, $0\leq S\leq t$.

On peut effectuer le calcul des varaitions stochastiques sur $\Psi_s(\varepsilon,S_t,x)$. Considérons donc la forme quadratique de Malliavin $K_t(\varepsilon,S_t,x)$ associée à $x_t(\varepsilon,S_t,x)$. Rappelons ([B.G.J]) que :

$$\begin{aligned}(2.2)\qquad K_t(\varepsilon,S_t,x) &= \sum_{s\leq t} \nu(\Delta z'_s(\varepsilon)(\frac{\partial\Psi_s}{\partial x}(\varepsilon,S_t,x))^{-1}\frac{\partial\gamma}{\partial z}(x_{s-}(\varepsilon,S_t,x), \\ &\Delta z'_s(\varepsilon))\gamma\ {}^t\frac{\partial\gamma}{\partial z}(x_{s-}(\varepsilon,S_t,x),\Delta z'_s(\varepsilon))^t(\frac{\partial\Psi_s}{\partial s}(\varepsilon,S_t,x))^{-1} + \\ &+ \sum_{s_i\in S_t} \nu(X_i(\varepsilon))(\frac{\partial\Psi_{s_i}}{\partial x}(\varepsilon,S_t,x))^{-1}\frac{\partial\gamma}{\partial z}(x_{s_{i-}}(\varepsilon,S_t,x)X_i(\varepsilon)), \\ &{}^t\frac{\partial\gamma}{\partial z}(x_{s_{i-}}(\varepsilon,S_t,x),X,(\varepsilon))^t({}^t\frac{\partial\Psi_{s_i}}{\partial x}(\varepsilon,S_t,x))^{-1}.\end{aligned}$$

Comme $K_t^{-1}(\varepsilon,S_t,x)$ existe et est dans tous les L^p, $x_t(\varepsilon,S_t,x)$ possède une densité $p_t(\varepsilon,S_t,x,y)$.

De plus, comme $z'_t(\varepsilon)$ et $z_t(\varepsilon)$ sont indépendants, on a :

$$(2.3)\qquad p_t(x,y) = \int p_t(\varepsilon,S_t,x,y)\,d\tilde{P}_{t,\varepsilon}(S_t).$$

On distingue trois cas :

- $z_s(\varepsilon)$ ne saute pas entre 0 et t
- $z_s(\varepsilon)$ saute une fois entre 0 et t
- $z_s(\varepsilon)$ saute au moins deux fois entre 0 et t.

On en déduit la décomposition de $p_t(x,y)$.

$$p_t(x,y) = p_t(0,\varepsilon,x,y) + p_t(1,\varepsilon,x,y) + p_t(2,\varepsilon,x,y) =$$

(2.4)
$$= \int_{\# S_t=0} p_t(\varepsilon,S_t,x,y)\,d\tilde{P}_{t,\varepsilon}(S_t) + \int_{\# S_t=1} p_t(\varepsilon,S_t,x,y)\,d\tilde{P}_{t,\varepsilon}(S_t) +$$
$$+ \int_{\# S_t \geq 2} p_t(\varepsilon,S_t,x,y)\,d\tilde{P}_{t,\varepsilon}(S_t).$$

Pour obtenir la minoration désirée de $p_t(x,y)$, nous allons utiliser l'inégalité

(2.5)
$$p_t(x,y) \geq p_t(1,\varepsilon,x,y)$$

qui découle de (2.4), toutefois il nous faudra auparavant choisir ε assez petit.

Il n'y a évidemment qu'une seule subdivision S_t de cardinal nul : notons-la $\emptyset$.

Considérons la solution de l'équation différentielle stochastique :

(2.5)
$$x_t(\varepsilon,\emptyset,x) = x + \sum_{u \leq t}^{c} \gamma(x_{u-}(\varepsilon,\emptyset,x),\Delta z'_u(\varepsilon)) +$$
$$+ \int_0^t X_o(x_u(\varepsilon,\emptyset,x)) - \int_0^t du \int \phi_\varepsilon(z)\gamma(x_u(\varepsilon,\emptyset,x),z)g(z)dz.$$

Elle aussi possède du fait de (1.4) un flot stochastique noté $\Psi_t(\varepsilon,\emptyset,x)$. $x_t(\varepsilon,\emptyset,x)$ possède la densité $p_t(\varepsilon,\emptyset,x,y)$. Supposons que $S_t = \{s\}$.

Rappelons que le processus $x_u\{\varepsilon,\{s\},x\}$ a même loi sur $[0,s[$ que le processus $x_u\{\varepsilon,\emptyset,x\}$, en s il saute de $x_{s-}(\varepsilon,\emptyset,x)$ suivant la loi $g_\varepsilon(x_{s-}(\varepsilon,\emptyset,x),z)dz$ qui a été définie en (1.11), et après suit la même loi que $x_u(\varepsilon,\emptyset,x_s(\varepsilon,\{s\}))$. Il résulte de cela que l'on a la formule :

(2.6)
$$p_t(\varepsilon,\{s\},x,y) = \int_{\mathbb{R}^d \times \mathbb{R}^d} p_s(\varepsilon,\emptyset,x,z)g_\varepsilon(z,z')p_{t-s}(\varepsilon,\emptyset,z',y)\,dz\,dz'.$$

De plus, la loi de l'unique temps de saut de $N_s(\varepsilon)$ conditionnée par le fait que $N_t(\varepsilon) = 1$ est une loi uniforme sur $[0,t]$. Donc :

(2.7)
$$p_t(1,\varepsilon,x,y) = \frac{1}{t}\int_0^t p_t(\varepsilon,\{s\},x,y)ds\; t\int \phi_\varepsilon(z)g(z)dz$$
$$\exp\left[-t\int \phi_\varepsilon(z)g(z)dz\right]$$

et donc :

(2.7)'
$$p_t(1,\varepsilon,x,y) = \int \phi_\varepsilon(z)g(z)dz \quad \exp\left[-t\int \phi_\varepsilon(z)g(z)dz\right]$$
$$\int_0^t p_t(\varepsilon,\{s\},x,y)ds.$$

Rappelons que $g(x,y)$ a été défini peu avant (1.13).

<u>Proposition II.1</u> : <u>Considérons un compact de</u> $\mathbb{R}^d \times \mathbb{R}^d$ <u>ne rencontrant pas la diagonale</u>. <u>Uniformément sur</u> K, <u>on a</u> :

(2.8) $$\varliminf_{t\to 0} \frac{p_t(x,y)}{t} \geq g(x,y)$$

si (1.8) est vérifiée et si $C\gamma$ est inversible.

Preuve :en vertu de (2.7)', il suffit de montrer que l'on peut choisir un ε assez petit pour que :

(2.9) $$\varliminf_{t\to 0} \operatorname{Inf}_{s\in[0,t]} p_t(\varepsilon,\{s\},x,y) \geq \frac{g(x,y)}{\int \phi_\varepsilon(z)g(z)dz}.$$

Il résulte de (2.6) que :

(2.10) $$p_t(\varepsilon,\{s\},x,y) \geq \int_{|x-y|\leq\eta} \int_{|y-z'|\leq\eta} g_\varepsilon(z,z')\, p_s(\varepsilon,\emptyset,x,z)p_{t-s}(\varepsilon,\emptyset,x,z)dz\,dz'.$$

Fixons $\varepsilon_o > 0$.

Choisissons ε assez petit et de η assez petit pour que :

(2.11) $$g_\varepsilon(z,z') \geq \frac{g(x,y)-\varepsilon_o}{\int \phi_\varepsilon(z)g(z)dz}$$

dès que $|z'-y|\leq\eta$, $|z-x|\leq\eta$, $(x,y)\in K$. Ceci est possible en vertu de la continuité de g en dehors de la diagonale de $\mathbb{R}^d \times \mathbb{R}^d$ et en vertu de (1.13).

(2.10) et (2.11) impliquent alors que :

(2.12) $$p_t(\varepsilon,\{s\},x,y) \geq \frac{g(x,y)-\varepsilon_o}{\int \phi_\varepsilon(z)g(z)dz} \cdot \int_{|z-x|<\eta} p_s(\varepsilon,\emptyset,x,z)dz \cdot \int_{|y-z|\leq\eta} p_{t-s}(\varepsilon,\emptyset,z,y)dz.$$

Or :

(2.13) $$\lim_{t\to 0} \operatorname{Inf}_{s\leq t,\ x\in\mathbb{R}^d} \int_{|z-x|\leq\eta} p_s(\varepsilon,\emptyset,x,z)dz = 1.$$

Car on a évidemment :

(2.14) $$\int_{|z-x|\leq\eta} p_s(\varepsilon,\emptyset,x,z)dz = P\{|x_s(\varepsilon,\emptyset,x)-x|\leq\eta\}.$$

De plus il résulte de (1.14) que :

(2.15) $$\lim_{t\to 0} \operatorname{Inf}_{s\leq t,\ (x,y)\in K} \int_{|y-z|\leq\eta} p_{t-o}(\varepsilon,\emptyset,z,y)dz = 1.$$

(2.9) découle alors de (2.12), (2.14) et (2.15).

III. MAJORATION DE LA DENSITE :

Rappelons le principe de la méthode ; on distingue 3 cas :

- $z_s(\varepsilon)$ ne saute pas entre 0 et t,
- $z_s(\varepsilon)$ saute une fois entre 0 et t,
- $z_s(\varepsilon)$ saute au moins deux fois entre 0 et t.

On en déduit la décomposition de $p_t(x,y)$ en trois densités.

(3.1) $$p_t(x,y) = p_t(0,\varepsilon,x,y) + p_t(1,\varepsilon,x,y) + p_t(2,\varepsilon,x,y).$$

Dans une première étape, nous montrerons que la contribution de $p_t(0,\varepsilon,x,y)$ et $p_t(2,\varepsilon,x,y)$ est négligeable devant t.

Première étape : Majoration de $p_t(0,\varepsilon,x,y)$

Reprenons les notations de la partie II. On a l'égalité :

(3.2) $$p_t(0,\varepsilon,x,y) \leqq p_t(\varepsilon,\emptyset,x,y).$$

Rappelons que $K_t(\varepsilon,\emptyset,x)$ est la forme quadratique définie par :

(3.3) $$K_t(\varepsilon,\emptyset,x) = \sum_{s\leqq t} \nu(\Delta z'_s(\varepsilon)) \left(\frac{\partial\Psi_s}{\partial x}(\varepsilon,\emptyset,x)\right)^{-1} \frac{\partial\gamma}{\partial z}(x_{s-}(\varepsilon,\emptyset,x),\Delta z'_s(\varepsilon))\, {}^t\frac{\partial\gamma}{\partial z}(x_{s-}(\varepsilon,\emptyset,x),\Delta z'_s(\varepsilon))\, {}^t\left(\frac{\partial\Psi_s}{\partial x}(\varepsilon,\emptyset,x)\right)^{-1}.$$

Lemme III.1 : Pour tout $p>1$, il existe un entier $n(p)$ indépendant de ε tel que pour $t \leqq 1$:

(3.4) $$\sup_{x\in\mathbb{R}^d,\ \varepsilon'>\varepsilon} E[|K_t^{-1}(\varepsilon,\emptyset,x)|^p] \leqq C(\varepsilon)t^{-n(p)}$$

dès que (1.8) est vérifiée et dès que $C\gamma$ est inversible.

Preuve : Elle est très proche de celle que Bismut donne dans [B] p.200, 210 (on peut voir aussi [L.1] sur ce point).

Aussi n'en rappellerons-nous que les grandes lignes.

Considérons un vecteur f de norme 1 et un réel p positif $\geqq 1$.

D'après [I.W], Lemme 8.4, il suffit de montrer que :

(3.5) $$\sup_{\|f\|=1,\ x\in\mathbb{R}^d,\ \varepsilon'>\varepsilon} E[|K_t(\varepsilon,\emptyset,x)(f)|^{-p}] \leqq C(\varepsilon)t^{-n'(p)}$$

pour en déduire (3.4). Posons :

$$\tilde{K}_t(\varepsilon,\emptyset,x) = \sum_{s\leq t} \nu(\Delta z'_s(\varepsilon)) \frac{(\frac{\partial\Psi_s}{\partial x}(\varepsilon,\emptyset,x))^{-1}}{|(\frac{\partial\Psi_{s-}}{\partial x}(\varepsilon,\emptyset,x)^{-1}|}$$

(3.6)
$$\frac{\partial\gamma}{\partial z}(x_{s-}(\varepsilon,\emptyset,x),\Delta z'_s(\varepsilon)) \quad {}^t\frac{\partial\gamma}{\partial z}(x_{s-}(\varepsilon,\emptyset,x),\Delta z'_s(\varepsilon))$$

$$\frac{(\frac{\partial\Psi_s}{\partial x}(\varepsilon,\emptyset,x))^{-1}}{|{}^t(\frac{\partial\Psi_{s-}}{\partial x}(\varepsilon,\emptyset,x))^{-1}|}.$$

Comme :

(3.7)
$$\operatorname*{Sup}_{x\in\mathbb{R}^d,\ \varepsilon\leq 1} E[\operatorname*{Sup}_{s\leq 1} |{}^t(\frac{\partial\Psi_s}{\partial x}(\varepsilon,\emptyset,x))^{-1}|^{-p}] < \infty,$$

il suffit pour montrer (3.5) de montrer que :

(3.5)'
$$\operatorname*{Sup}_{\|f\|=1,\ x\in\mathbb{R}^d,\ \varepsilon'>\varepsilon} E[|\tilde{K}_t(\varepsilon',\emptyset,x)(f)|^{-p}] \leq C(\varepsilon)t^{-n'(p)}.$$

Notons $\Gamma(p)$ la fonction d'Euler. On a la relation fondamentale :

(3.8)
$$E[|\tilde{K}_t(\varepsilon',\emptyset,x)(f)|^p] = \frac{1}{\Gamma(p)}\int_0^\infty r^{p-1} E[\exp[-r\tilde{K}_t(\varepsilon',\emptyset,x)(f)]]\,dr.$$

$s \to \tilde{K}_s(\varepsilon,\emptyset,x)(f)$ est un processus de sauts strictement croissant. Notons $d\tilde{\mu}(\varepsilon',\emptyset,f)(u)$ sa mesure de Lévy.

Le processus :

(3.9)
$$t \to \exp[-r\tilde{K}_t(\varepsilon',\emptyset,x)(f)_t + \int_0^t ds \int(1-\exp[1-ru])d\tilde{\mu}_s(\varepsilon',\emptyset,x,f)(u)]$$

est une martingale de carré intégrale. On a donc :

(3.10)
$$(E[|\tilde{K}_t(\varepsilon',\emptyset,x)(f)|^p] \leq \frac{1}{\Gamma(p)}$$
$$\int_0^\infty r^{p-1}[E[\exp[\int_0^t 2\,ds \int(\exp[\frac{-ru}{2}]-1)d\tilde{\mu}_s(\varepsilon',\emptyset,x,f)(u)]]]^{\frac{1}{2}}\,dr.$$

Or $\tilde{\mu}_s(\varepsilon',\emptyset,x,f)$ est la transformée de la mesure sur $\mathbb{R}^p$ $(1-\phi_\varepsilon(z))g(z)dz$ par l'application H de $\mathbb{R}^p$ dans $\mathbb{R}$ qui est donnée par :

$$z \to \nu(z)\,|{}^t\frac{\partial\gamma}{\partial z}(x_{s-}(\varepsilon',\emptyset,x),z)\ {}^t(I+\frac{\partial\gamma}{\partial x}(x_{s-}(\varepsilon',\emptyset,x),z))^{-1}$$

(3.11)
$${}^t(\frac{\partial\Psi_{s-}}{\partial x}(\varepsilon',\emptyset,x))^{-1} f\,|^2 . \frac{1}{|{}^t(\frac{\partial\Psi_{s-}}{\partial x}(\varepsilon',\emptyset,x))^{-1}|^2}.$$

Or la mesure g(z)dz vérifie (1.8). $C\gamma$ est inversible, donc il est possible de trouver un réel $\beta \in]0,2[$ tel que :

(3.12) $$\lim_{\eta\to 0} \operatorname*{Inf}_{t<0\ ,x\in\mathbb{R}^d,\ \varepsilon<\varepsilon',\ \|f\|=1} \eta^\beta \tilde{\mu}_t(\varepsilon',\emptyset,x)\{[\eta,\infty[\} > C(\varepsilon) > 0.$$

Appliquons alors le théorème taubérien de [B], p.200-210.

On peut trouver un réel $\gamma'>0$ tel que :

(3.13) $$\sup_{\|f\|=1,\ x\in\mathbb{R}^d,\ \varepsilon'>\varepsilon} E[|K_t(\varepsilon',\emptyset,x)(f)|^{-p}] \leq$$
$$\leq C_1(\varepsilon)+C_2(\varepsilon)\int_1^\infty r^{2p}\exp[-C_3(\varepsilon)tr^{\gamma'}]\,dr.$$

Il ne reste plus qu'à poser $tr^{\gamma'} = r'^{\gamma'}$ dans la dernière intégrale pour en déduire (3.7).

On a alors la proposition suivante :

<u>Proposition III.2</u> : <u>Supposons que</u> $C\gamma$ <u>est inversible et que</u> g <u>vérifie</u> (1.8).

<u>Considérons un réel</u> $p>1$ <u>et un réel</u> η. <u>Il existe un réel</u> $\varepsilon>0$ <u>tel que pour</u> $t\leq 1$ <u>et pour</u> $0<\varepsilon'<\varepsilon$

(3.14) $$\sup_{|x-y|\geq\eta} p_t(0,\varepsilon',x,y) \leq C(\eta,\varepsilon')t^p.$$

<u>Preuve</u> : Elle est très proche de celle donnée dans [K.S] pour obtenir des majorations des densités des diffusions, en n'utilisant que le calcul de Malliavin. Toutefois une difficulté apparaît ici dans la majoration exponentielle, moins simple à utiliser que celle des diffusions.

Soit f une fonction C^∞ à support compact de $\mathbb{R}^d$ dans $\mathbb{R}$, et soit un multi-indice (α). D'après le calcul de Malliavin sur les processus de sauts [B.G.J], <u>on a la formule d'intégration par parties</u> :

(3.15) $$E\left[\frac{\partial^{(\alpha)}}{\partial x^{(\alpha)}} f(x_t(\varepsilon',\emptyset,x))\right] = E[J_t^{(\alpha)}(\varepsilon',\emptyset,x)\, f(x_t(\varepsilon',\emptyset,x))],$$

$J_t^{(\alpha)}(\varepsilon',\emptyset,x)$ étant une "expression universelle" qui résulte du calcul des variations stochastiques.

De plus :

(3.16) $$J_t^{(\alpha)}(\varepsilon',\emptyset,x) = |K_t(\varepsilon',\emptyset,x)^{-1}|^{2|\alpha|}\, Q_t^{(\alpha)}(\varepsilon',\emptyset,x)$$

avec :

(3.17) $$\sup_{\varepsilon\leq 1,\ x\in\mathbb{R}^d,\ t\leq 1} E[|Q_t^{(\alpha)}(\varepsilon',\emptyset,x)|^p] < \infty.$$

Utilisons le lemme III.1. Il existe un entier N tel que pour $t \leq 1$

(3.18) $$\sup_{\varepsilon<\varepsilon'<1,\ x\in\mathbf{R}^d} E[\,|J_t^{(\alpha)}(\varepsilon',\emptyset,x)|^p\,] < \frac{C(\varepsilon)}{t^N}.$$

N ne dépend que de p et (α), et pas de ε.

Fixons η et prenons un entier N' arbitraire. D'après la majoration exponentielle de [L.M], on peut trouver un réel $\varepsilon>0$ tel que pour $t<1$:

(3.19) $$\sup_{\varepsilon'<\varepsilon,\ x\in\mathbf{R}^d} P\{\,|x_t(\varepsilon',\emptyset,x)-x\,|\geq\eta\}<Ct^{N'}.$$

Revenons à la formule d'intégration par partie (3.16) et à (3.18). Considérons une fonction C^∞ de $\mathbf{R}^d$ dans $\mathbf{R}$, à support compact, nulle en dehors de la boule de centre 0 et de rayon η. (3.19) implique alors que l'on peut choisir un ε tel qu'il existe une constante $C(\varepsilon'')$ telle que pour $0<\varepsilon'<\varepsilon$

(3.20) $$\sup_{x\in\mathbf{R}^d} E[\frac{\partial^{(\alpha)}}{\partial x^{(\alpha)}} f(x_t(\varepsilon',\emptyset,x)-x)] \leq C(\varepsilon')t^p\,\|f\|_\infty$$

si $|(\alpha)|\leq d$.

Deuxième étape : Majoration de $p_t(2,\varepsilon,x,y)$

Proposition III.3 : Supposons que $C\gamma$ est inversible et que g vérifie (1.8). Il existe un réel $\varepsilon>0$ tel que pour $t<1$, on ait :

(3.21) $$\sup_{x\in\mathbf{R}^d,\ y\in\mathbf{R}^d} p_t(2,\varepsilon',x,y) \leq C(\varepsilon')t^2$$

dès que $0<\varepsilon'<\varepsilon<1$.

Preuve : Rappelons que d'après (2.4), on a :

(3.22) $$\int_{\#S_t\geq 2} p_t(\varepsilon',S_t,x,y)\,d\tilde{P}_{t,\varepsilon'}(S_t) = p_t(2,\varepsilon,x,y).$$

Il suffit alors de montrer que l'on peut trouver $\varepsilon>0$ tel que pour $0<\varepsilon'<\varepsilon$, on ait :

(3.23) $$\sup_{\#S_t\geq 2,\ x\in\mathbf{R}^d,\ y\in\mathbf{R}^d} p_t(\varepsilon',S_t,x,y) \leq C(\varepsilon')<\infty.$$

En effet :

(3.24) $$\tilde{P}_{t,\varepsilon'}\{\#S_t\geq 2\} \leq C(\varepsilon')t^2.$$

Considérons maintenant la forme quadratique de Malliavin $K_t(\varepsilon',S_t,x)$ associée à $x_t(\varepsilon',S_t,x)$. Si $\#S_t\geq 2$,

$$K_t(\varepsilon',S_t,x) \geq \sum_{i=1}^{2} \nu(X_i(\varepsilon'))\left(\frac{\partial\Psi_{s_i}}{\partial x}(\varepsilon',S_t,x)\right)^{-1}$$

(3.25)
$$\frac{\partial\gamma}{\partial z}(x_{s_{i-}}(\varepsilon',S_t,x),X_i(\varepsilon))$$

$$^t\frac{\partial\gamma}{\partial z}(x_{s_{i-}}(\varepsilon',S_t,x),X_i(\varepsilon))\ \left({}^t\frac{\partial\Psi_{s_i}}{\partial x}(\varepsilon',S_t,x)\right)^{-1},$$

ce que nous écrirons plus simplement :

(3.26)
$$K_t(\varepsilon',S_t,x) \geq \tilde{K}_t(\varepsilon',S_t,x).$$

De plus ν est >0 et g est à support compact. Donc $\nu(X_i(\varepsilon')) > C(\varepsilon')$. Donc :

(3.27)
$$\sup_{\# S_t \geq 2,\ x\in\mathbb{R}^d,\ t\leq 1} E[\,|\tilde{K}_t^{-1}(\varepsilon',S_t,x)|^p] \leq C(\varepsilon').$$

La démonstration est alors identique à celle du théorème III.2. Soit une fonction C^∞ à support compact de $\mathbb{R}^d$ dans $\mathbb{R}$. Notons-la f. Soit un multi-indice (α).

Il existe une fonctionnelle $J_t^{(\alpha)}(\varepsilon',S_t,x)$ "universelle" telle que :

(3.15)'
$$E\left[\frac{\partial^{(\alpha)}}{\partial x^{(\alpha)}} f(x_t(\varepsilon',S_t,x))\right] + E[J_t^{(\alpha)}(\varepsilon',S_t,x)f(x_t(\varepsilon',S_t,x))] = 0.$$

De plus :

(3.16)'
$$J_t^{(\alpha)}(\varepsilon',S_t,x) = |K_t^{-1}(\varepsilon',S_t,x)|^{2|\alpha|}\ Q^{(\alpha)}(\varepsilon',S_t,x)$$

avec :

(3.17)'
$$\sup_{\# S_t \geq 2,\ \varepsilon'\leq\varepsilon,\ x\in\mathbb{R}^d,\ t\leq 1} E[\,|Q_t^{(\alpha)}(\varepsilon',S_t,x)|^p] < \infty.$$

D'après (3.26), (3.15)', (3.16)' et (3.17)' et (3.27), on a :

(3.20)'
$$\sup_{\# S_t \geq 2,\ \varepsilon'\leq 1,\ x\in\mathbb{R}^d,\ t\leq 1} E\left[\frac{\partial^{(\alpha)}}{\partial x^{(\alpha)}} f(x_t(\varepsilon',S_t,x))\right] \leq C\|f\|_\infty$$

pour tout multi-indice (α) tel que $|\alpha| \leq d$. D'où (3.23).

Troisième étape : Majoration de la densité $p_t(1,\varepsilon,x,y)$

On réutilise les résultats et les notations de la partie II. Rappelons que :

(3.28)
$$p_t(1,\varepsilon',x,y) = \int\phi_\varepsilon(z)g(z)dz\ .\ \exp[-t\int\phi_\varepsilon(z)g(z)dz]$$
$$\therefore \int_0^t p_t(\varepsilon',\{s\},x,y)ds$$

et que :

$$p_t(\varepsilon',\{s\},x,y) = \int_{\mathbf{R}^d \times \mathbf{R}^d} p_s(\varepsilon',\emptyset,x,z) g^1_\varepsilon(z,z') \quad (3.29)$$
$$p_{t-s}(\varepsilon',\emptyset,z',y)\,dz\,dz'.$$

Soit un réel $\eta > 0$.

Décomposons $\mathbf{R}^d \times \mathbf{R}^d$ en $A_1(\eta) \cup A_2(\eta) \cup A_3(\eta) \cup A_4(\eta)$ avec :

$$(3.30)\quad \begin{aligned} A_1(\eta) &= \{(z,z') \mid |x-z| \leqq \eta,\ |y-z| \leqq \eta\} \\ A_2(\eta) &= \{(z,z') \mid |x-z| \leqq \eta,\ |y-z'| > \eta\} \\ A_3(\eta) &= \{(z,z') \mid |x-z| > \eta,\ |y-z'| \leqq \eta\} \\ A_4(\eta) &= \{(z,z') \mid |x-z| > \eta,\ |y-z'| > \eta\}. \end{aligned}$$

On déduit de (3.29) 4 intégrales notées $I_{i,t,\eta}(\varepsilon',\{s\},x,y)$.

<u>Lemme III.4</u> : <u>Considérons un compact</u> K <u>de</u> $\mathbf{R}^d \times \mathbf{R}^d$ <u>ne rencontrant pas la diagonale</u>, <u>et un réel</u> $\eta > 0$. <u>Il existe un réel</u> $\varepsilon > 0$ <u>tel que pour</u> $\varepsilon' < \varepsilon$ <u>et pour</u> $t \leqq 1$, <u>on ait</u> :

$$(3.31)\quad \sup_{s \leqq t (x,y) \in K} \sum_{i=2}^{4} I_{i,t,\eta}(\varepsilon',\{s\},x,y) \leqq C(\varepsilon',\eta) t^2.$$

<u>Preuve</u> : Rappelons que $g_{\varepsilon'}(z,z')$ est borné pas $C(\varepsilon')$.

On en déduit que :

$$(3.32)\quad \begin{aligned} &I_{2,t,\eta}(\varepsilon',\{s\},x,y) + I_{4,t,\eta}(\varepsilon',\{s\},x,y) \leqq \\ &\leqq C(\varepsilon') \int_{|z-y|>\eta} p_{t-s}(\varepsilon',\emptyset,z,y)\,dz \leqq C(\varepsilon',\eta) t^2 \end{aligned}$$

si ε' est assez petit par rapport à η, d'après la proposition (I.3).

On en déduit aussi que :

$$(3.33)\quad \begin{aligned} &I_{3,t,\eta}(\varepsilon',\{s\},x,y) \leqq C(\varepsilon') P\{|x_s(\varepsilon,\emptyset,x) - x| \geqq \eta\} \\ &\int_{|z-y| \leqq \eta} p_{t-s}(\varepsilon',\emptyset,z,y)\,dy. \end{aligned}$$

Or la deuxième intégrale est bornée;d'après la majoration exponentielle,

$$(3.34)\quad P\{|x_s(\varepsilon',\emptyset,x) - x| > \eta\} \leqq C(\varepsilon',\eta) t^2$$

si ε' est assez petit par rapport à η. D'où le lemme.

On peut en déduire maintenant le résultat suivant :

<u>Proposition III.5</u> : <u>Supposons que</u> $C\gamma$ <u>est inversible et que</u> g <u>vérifie</u> (1.8).

<u>Soit un compact</u> K <u>de</u> $\mathbf{R}^d \times \mathbf{R}^d$ <u>ne rencontrant pas la diagonale</u>.

Alors :

(3.35) $$\overline{\lim_{t\to 0}} \ \operatorname*{Sup}_{s\leq t\,(x,y)\in K} p_t(\varepsilon,\{s\},x,y) \leq \frac{g(x,y)}{\int \phi_\varepsilon(z)g(z)\,dz}$$

si ε est assez petit.

Preuve : Soit $\varepsilon_o > 0$. Si on utilise le lemme précédent, il suffit de montrer que l'on peut choisir η assez petit et ε assez petit pour que uniformément sur K

(3.36) $$\overline{\lim_{t\to 0}} \ \operatorname*{Sup}_{s\leq t} p_t(\varepsilon,\{s\},x,y) \leq \frac{g(x,y)+\varepsilon_o}{\int \phi_\varepsilon(z)g(z)\,dz}.$$

C'est exactement la même preuve que (2.9).

Nous pouvons maintenant donner la conclusion de cette partie :

Proposition III.6 : Supposons que $C\gamma$ est inversible et que g vérifie (1.8).

Alors uniformément sur K, on a :

(3.37) $$\overline{\lim_{t\to 0}} \ \frac{p_t(x,y)}{t} \leq g(x,y).$$

Preuve : D'après les propositions III.2 et III.3, on a si ε est assez petit :

(3.38) $$\overline{\lim_{t\to 0}} \ \operatorname*{Sup}_{(x,y)} \frac{p_t(0,\varepsilon,x,y)+p_t(2,\varepsilon,x,y)}{t} = 0.$$

Par ailleurs il résulte de (3.35) et de (3.28) que :

(3.39) $$\overline{\lim_{t\to 0}} \ \frac{p_t(0,\varepsilon,x,y)}{t} \leq g(x,y)$$

uniformément sur K, si ε est assez petit.

APPENDICE : ETUDE DU FLOT RETOURNE

Considérons un processus à accroissements indépendants z_t à valeurs dans $\mathbb{R}^p$. Supposons qu'il soit la somme compensée de ses sauts, et, afin de simplifier, qu'il soit de carré intégrable. Notons $d\mu(z)$ sa mesure de Lévy ([J]). Supposons qu'elle soit à support compact dans $\mathbb{R}^p$.

Fixons $t_o > 0$.

Considérons le processus $z'_t = z_{t_o - t} - z_{t_o}$ défini pour $0 \leq t \leq t_o$. Puisque les trajectoires de z_t sont continues à droite et limitées à gauche, celles de z'_t sont continues à gauche et limitées à droite.

Régularisons les trajectoires de z'_t de façon à ce qu'elles soient continues à droite et limitées à gauche.

Notons $\tilde{z}_t$ le processus obtenu.

$\tilde{z}_t$ est la somme compensée de ses sauts, et est de carré intégrable. De plus sa mesure de Lévy $\tilde{\mu}$ construite à partir de sa filtration naturelle vérifie :

(A.1) $$\int f(z)d\tilde{\mu}(z) = \int f(-z)d\mu(z).$$

Introduisons une application C^∞ $\gamma(x,z)$ de source $\mathbf{R}^p \times \mathbf{R}^d$ à valeurs dans $\mathbf{R}^d$, dont les dérivées de tout ordre en $x \in \mathbf{R}^d$ et $z \in \operatorname{Supp} \mu$ sont bornées.

Notons H_z l'application de $\mathbf{R}^d$ dans $\mathbf{R}^d$

(A.2) $$x \to x + \gamma(x,z).$$

Supposons que z appartienne au support de μ.

Pour que H_z soit un difféomorphisme de $\mathbf{R}^d$ dans $\mathbf{R}^d$, il suffit que l'on ait :

(A.3) $$\operatorname*{Inf}_{z \in \operatorname{Supp}\mu,\ x \in \mathbf{R}^d} \left|\det\left[I + \frac{\partial\gamma}{\partial x}(x,z)\right]\right| > 0.$$

$H_z(x)$ et $H_z^{-1}(x)$ dépendent de façon C^∞ de z et x.

Leurs dérivées de tout ordre sont bornées. De plus $H_o(x) = x$ et

(A.4) $$\frac{\partial}{\partial z} H_o(x) - \frac{\partial}{\partial z} H_o^{-1}(x) = 0.$$

Comme μ est une mesure de Lévy à support compact, il résulte de (A.4) que le champ de vecteur $\tilde{X}_o$ défini par :

(A.5) $$\tilde{X}_o(x) = \int (H_z(x) - H_z^{-1}(x))d\mu(z) - X_o(x)$$

est C^∞, de dérivées de tout ordre bornées.

De plus, posons si z est dans le support de $\tilde{\mu}$:

(A.6) $$\tilde{\gamma}(x,z) = H_{-z}^{-1}(x) - x.$$

$\tilde{\gamma}$ dépend de façon C^∞ de $x \in \mathbf{R}^d$ et $z \in \operatorname{Supp}\tilde{\mu}$. Elle se prolonge en une application C^∞ de $\mathbf{R}^d \times \mathbf{R}^p$ dans $\mathbf{R}^p$. De plus les dérivées de tout ordre de $\tilde{\gamma}$ en $x \in \mathbf{R}^d$ et $z \in \operatorname{Supp}\tilde{\mu}$ sont bornées.

Enfin, si $\gamma(x,0) = 0$, on a aussi $\tilde{\gamma}(x,0) = 0$.

Introduisons les deux équations différentielles stochastiques :

(A.7) $$x_t(x) = x + \sum_{s \leq t}^{c} \gamma(x_{s-}(x), \Delta z_s) + \int_0^t X_o(x_s(x))ds$$

($\tilde{\text{A.7}}$) $$\tilde{x}_t(x) = x + \sum_{s \leq t}^{c} \tilde{\gamma}(\tilde{x}_{s-}(x), \Delta\tilde{z}_s) + \int_0^t \tilde{X}_o(\tilde{x}_s(x))ds.$$

Comme γ vérifie (A.3), et comme X_o et γ ont des dérivées de tout ordre bornées, $x_t(x)$ possède un flot stochastique $\Psi_t(x)$, pour $t \leq t_o$.

De plus les dérivées de tout ordre de $\tilde{\gamma}$ en $x \in \mathbf{R}^d$, $z \in \operatorname{Supp}\tilde{\mu}$ sont bornées.

(Ã3)
$$\operatorname*{Inf}_{z \in \operatorname{Supp}\tilde{\mu},\ x \in \mathbb{R}^d} \left|\det\left[I + \frac{\partial \tilde{Y}}{\partial x}(x,z)\right]\right| = \operatorname*{Inf}_{z \in \operatorname{Supp}\tilde{\mu},\ x \in \mathbb{R}^d} \left|\det\left[\frac{\partial H_z^{-1}}{\partial x}(x)\right]\right| > 0.$$

Enfin, les dérivées de tout ordre de $\tilde{X}_o$ sont bornées.

Donc (Ã7) possède un flot stochastique $\tilde{\Psi}_t(x)$ pour $t \leq 0$.

<u>Théorème A.1</u> : <u>Il existe un ensemble de probabilité 1 tel que pour tout</u> x :

(A.8)
$$\Psi_{t_o}(\tilde{\Psi}_{t_o}(x)) = \tilde{\Psi}_{t_o}(\Psi_{t_o}(x)) = x.$$

<u>Preuve</u> : Considérons un réel $\varepsilon > 0$. Introduisons le processus $z_s(\varepsilon)$ défini par :

(A.9)
$$z_s(\varepsilon) = \sum_{u \leq s}^{c} 1_{[\varepsilon,\infty[}(|\Delta z_s|)\, \Delta z_s.$$

Introduisons le processus $\tilde{z}_s(\varepsilon)$ construit à partir de $z_s(\varepsilon)$ par le procédé donné au début de l'appendice. $\tilde{X}_o$ est transformé en $\tilde{X}_o(\varepsilon)$:

(A.10)
$$\tilde{X}_o(\varepsilon) = \int_{|z| \geq \varepsilon} (H_z(x) - H_z^{-1}(x))\, d\mu(z) - X_o(x).$$

Considérons les équations (A.7)(ε) et (Ã7)(ε) correspondantes.

Elles possèdent des flots stochastiques $\Psi_t(\varepsilon,x)$ et $\tilde{\Psi}_t(\varepsilon,x)$.

De plus, il existe un ensemble de probabilité 1 tel que pour tout x, tout $t \leq t_o$, on ait :

(A.11)
$$\lim_{\varepsilon \to 0} \Psi_t(\varepsilon,x) = \Psi_t(x)$$

(A.12)
$$\lim_{\varepsilon \to 0} \tilde{\Psi}_t(\varepsilon,x) = \Psi_t(x).$$

Donc il suffit de montrer que :

(A.13)
$$\Psi_{t_o}(\varepsilon,\tilde{\Psi}_{t_o}(\varepsilon,x)) = \tilde{\Psi}_{t_o}(\varepsilon,\Psi_{t_o}(\varepsilon,x)) = x$$

pour montrer (A.8).

Or $z_s(\varepsilon)$ et $\tilde{z}_s(\varepsilon)$ ne possèdent qu'un nombre fini de sauts. On peut donc résoudre les équations (A.7)(ε) et (Ã7)(ε) trajectoires par trajectoires, pour en déduire (A.13), l'adjonction dans $\tilde{X}_o(\varepsilon)$ du terme intégré provenant des compensations.

BIBLIOGRAPHIE

[B] J.M. BISMUT : Calcul des variations stochastiques et processus de sauts. Z.W. 63 (147-235) (1983).

[B.G.J] K. BICHTELER - GRAVEREAUX - J. JACOD : Malliavin calculus for processes with jumps (à paraître).

[F.W] M.I. FREIDLIN - A.D. WENTZELL : Random perturbations of dynamical systems. Grund. Math. Wis. n°260 (1984) Berlin - Springer.

[I.W] N. IKEDA - S. WATANABE : Stochastic differential equations and diffusion processes - Amsterdam : North-Holland (1981).

[J] J. JACOD : Calcul stochastique et problème des martingales. Lecture Notes in Math. n°714 Berlin - Springer (1979).

[K.S] S. KUSUOKA - D.W. STROOCK : Applications of the Malliavin calculus, Part II (à paraître).

[L.1] R. LEANDRE : Thèse de 3ème cycle - Université de Besançon.

[L.2] R. LEANDRE : Flot d'une équation différentielle stochastique avec semi-martingale directrice discontinue. Séminaire de probabilités n° XIX (271-275), Lecture Notes in Math. n°1123 Berlin - Springer (1984).

[L.M] J.P. LEPELTIER - R. MARCHAL : Problèmes de martingales associées à un opérateur integro différentiel - Ann. I.H.P. B.12 43.103 (1976).

[M] P.A. MEYER : Flot d'une équation différentielle stochastique. Séminaire de Probabilités n° XV (103-117), Lecture Notes in Math. n°850 Berlin - Springer (1981).

[St] D.W. STROOCK : Some applications of stochastic calculus to partial differential equations in Ecole d'Eté de Saint-Flour pp. 267-382. Lecture Notes in Math. n°976 Berlin - Springer (1983).

CONSTRUCTION DE L'OPERATEUR DE MALLIAVIN SUR L'ESPACE DE POISSON

Liming WU(*)

0. INTRODUCTION :

Pour résoudre le problème de la régularité des diffusions avec sauts, Bichteler-Gravereaux - Jacod ont introduit dans [1] un opérateur de Malliavin formel sur l'espace de Poisson. Avec cet opérateur, ils ont généralisé les travaux de Bismut ([2]) qui utilisait le calcul des variations stochastique.

Rappelons que l'opérateur de Malliavin sur l'espace de Wiener est le générateur du semi-groupe d'Ornstein-Uhlenbeck. Dans cet article, nous essayons de construire l'opérateur de Malliavin sur l'espace de Poisson de la même manière :

Soit (X,μ) l'espace de Poisson sur (E,λ), soit $(T_t)_{t\geq 0}$ un semi-groupe symétrique de diffusion dans $L^2(E,\lambda)$. On définit le semi-groupe de Wiener-Poisson $(P_t)_{t\geq 0}$ associé à $(T_t)_{t\geq 0}$ par :

$$\forall\ \phi \in L^2(X,\mu),\quad \phi = \sum_{n=0}^{\infty} \tilde{p}^{(n)}(f_n) \text{ est sa décomposition}$$

suivant les chaos de Poisson, où $f_n \in L^2(E^n,\lambda^n)$ et $\sum_{n=0}^{\infty} \|f_n\|^2_{L^2(\lambda^n)} < +\infty$

$$(0.1)\qquad P_t\phi \overset{\text{déf}}{=} \sum_{n=0}^{\infty} \tilde{p}^{(n)}(T_t^{\otimes n} f_n)$$

où $T_t^{\otimes n} = \underbrace{T_t \otimes \ldots \otimes T_t}_{n \text{ fois}}$ est le produit tensoriel.

Surgaïlis a démontré dans [10], [11] que (P_t) est un semi-groupe markovien. Nous démontrons dans le *théorème 2.2.1* que (P_t) est un semi-groupe symétrique de diffusion au sens de Stroock [9]. D'après [9], ce genre de semi-groupes permet justement de faire du calcul de Malliavin. Comme cas particulier, on montre à la fin de § *2.2* que l'opérateur de Malliavin formel introduit dans [1] est précisément le générateur d'un semi-groupe de Wiener-Poisson. L'idée d'utiliser le semi-groupe de W-P pour construire le calcul de Malliavin a été proposée par J. Jacod.

Dans un deuxième article, nous établirons l'inégalité de Sobolev pour le semi-groupe de W.P, correspondant à l'inégalité de Meyer sur l'espace de Wiener.

1. PRELIMINAIRES.

1.1. *Espace de Poisson* : Nous commençons par introduire l'espace de Poisson :

(*) *UNIVERSITE PARIS VI - Laboratoire de Probabilités - 4, place Jussieu - Tour 56 Couloir 56-66 - 3ème Etage - 75252 PARIS CEDEX 05*

Soient E un espace L.C.D., $\lambda(dz)$ une mesure de Radon, chargeant tous les ouverts de E, diffuse (i.e. $\lambda\{z\}) = 0$, $\forall z \in E$), sur la tribu borélienne $\mathcal{B}(E)$. L'espace de Poisson $(X,\mathcal{Q},\mu)$ sur $(E,\lambda(dz))$ est défini par :

$$X = \{x = \sum_k \delta_{z_k} \quad \text{(somme dénombrable)}/z_k \in E$$

$$\mathcal{Q}^o = \sigma\{p(A) : \begin{array}{l} x \to x(A) \\ X \to N \cup \{+\infty\} \end{array} \Big| \ A \in \mathcal{B}(E)\}$$

et μ est une mesure de probabilité sur $(X,\mathcal{Q}^o)$ telle que

(i) $\quad \mu(p(A) = k) = e^{-\lambda(A)} \dfrac{\lambda(A)^k}{k!}$, $\quad k = 0,1,2,\ldots \quad$ où $A \in \mathcal{B}(E)$

(ii) pour tout $A,B \in \mathcal{B}(E)$ avec $A \cap B = \emptyset$, $p(A)$ et $p(B)$ sont μ-indépendantes.

Finalement, $\mathcal{Q}$ est la tribu complétée de $\mathcal{Q}^o$ par μ.

Dans la définition ci-dessus, la mesure de probabilité μ est déterminée uniquement par les propriétés (i) et (ii).

Sur l'espace de Poisson, $p(x,\cdot) = x(\cdot)$ est une mesure aléatoire de Poisson, de moyenne $\lambda(dz)$.

Nous désignons par $\tilde{p}$ la mesure aléatoire de Poisson compensée $(\tilde{p} = p-\lambda)$.

Remarque : D'après [6], on a :

$$\begin{cases} \mu(\{x \in X/x \ \text{ est une mesure de Radon}\}) = 1 \\ \mu(\{x \in X/\exists z \in E \quad \text{t.q. : } x(\{z\}) > 1\}) = 0 \end{cases}$$

1.2. *Intégrale stochastique multiple de Poisson* (*en abrégé : i.s.m.p.*) :

A chaque $f \in L^2(E^n,\lambda^n)$, on peut associer l'i.s.m.p. $\tilde{p}^{(n)}(f)$ vérifiant :

(1.2.1) $\quad \tilde{p}^{(n)}(f) = \tilde{p}^{(n)}(\text{sym } f) \in L^2(X,\mu)$

(1.2.2) $\quad \langle \tilde{p}^{(n)}(f), \tilde{p}^{(n)}(g)\rangle_{L^2(X,\mu)} = n! \langle \text{sym } f, \text{sym } g\rangle_{L^2(E^n,\lambda^n)}$

(1.2.3) $\quad \langle \tilde{p}^{(n)}(f), \tilde{p}^{(m)}(g)\rangle_\mu = 0 \quad$ si $n \neq m$

où $\text{sym } f(z_1,\ldots,z_n) = \dfrac{1}{n!} \sum_\sigma f(z_{\sigma(1)},\ldots,z_{\sigma(n)})$ est la symétrisation de f.

Convention : $L^2(E^o,\lambda^o) \triangleq \{c \in \mathbb{R}\}$ et $\tilde{p}^{(o)}(c) \triangleq c$.

Remarquons aussi que pour $f \in L^1 \cap L^2(E^n,\lambda^n)$:

(1.2.4) $\quad \tilde{p}^{(n)}(f)(x) = \displaystyle\int_{E_*^n} f(z_1,\ldots,z_n)(x-\lambda)(dz_1)\ldots(x-\lambda)dz_n)$

où $E_*^n = \{(z_1,\ldots,z_n) \in E^n / z_i \neq z_j \quad (i \neq j)\}$ et le côté droit de *(1.2.4)* est une intégrale de Stieltjes, qui est bien définie pour μ-presque tout $x \in X$.
Pour les résultats ci-dessus, on peut consulter [3], [7].
Nous définissons le $n^{\text{ième}}$ chaos C_n sur l'espace de Poisson par :

$$C_n = \{\tilde{p}^{(n)}(f)/f \in L^2(E^n,\lambda^n)\}.$$

Posons :

$$L^2_{sym}(E^n,\lambda^n) = \{f \in L^2(E^n,\lambda^n)/f = \text{sym } f\}$$

$$\|f\|_{sym} = n! \quad \|f\|_{L^2(E^n,\lambda^n)}.$$

$(L^2_{sym}(E^n,\lambda^n), \|\cdot\|_{sym})$ est un espace de Hilbert, et l'i.s.m.p $\tilde{p}^{(n)}(\cdot)$ est une isométrie de $L^2_{sym}(E^n,\lambda^n)$ sur le $n^{\text{ième}}$ chaos de Poisson C_n d'après *(1.2.2)*. C_n est donc un espace de Hilbert.

Il est bien connu (cf : [3]) que

$$(1.2.5) \qquad L^2(X,\mu) = \overset{\infty}{\underset{n=0}{+}} C_n$$

où $\oplus$ est le symbole de somme directe hilbertienne.

Par suite $L^2(X,\mu)$ est isométrique à l'espace de Fock sur $L^2(E,\lambda)$, c'est-à-dire : $\bigoplus_{n=0}^{\infty} L^2_{sym}(E^n,\lambda^n)$.

Il y a donc deux interprétations probabilistes très différentes de l'espace de Fock (qui est une notion fondamentale dans la théorie des champs quantiques) :

- une sur l'espace de Wiener (voir par exemple : [5], [8] et [ ])
- l'autre sur l'espace de Poisson (travaux de Surgaîlis [10], [11]).

Meyer [4] et Ruiz de Chavez [7], considèrent simultanément les deux interprétations.

Nous présentons maintenant un résultat qui nous servira beaucoup.

Lemme 1.2.1 :

(i) *si* $f \in \bigcap_{1\leq p<+\infty} L^p(E,\lambda)$, *alors* $\tilde{p}(f) \in \bigcap_{1\leq p<+\infty} L^p(X,\mu)$;
si $f_n \to f$ *dans* $L^p(E,\lambda)$ *pour tout* $2 \leq p < +\infty$, *alors* $\tilde{p}(f_n) \to \tilde{p}(f)$ *dans* $L^p(X,\mu)$ *pour tout* $1 \leq p < +\infty$.

(ii) *pour tout* f_i $(i = 1,\ldots,n) \in \bigcap_{1\leq p<+\infty} L^p(E,\lambda)$, *nous avons* :

(1.2.6) $\tilde{p}^{(n)}(f_1 \otimes \ldots \otimes f_n) = F(p(g_1),\ldots,p(g_n))$ μ p.s.

où F *est un polynôme, de degré* $\leq n$, *et* $g_j (j = 1,\ldots,m)$ *appartient à l'algèbre engendrée par* $\{f_1,\ldots,f_n\}$; $p(g) \triangleq \int_E g(z)\, p(dz)$.

Inversement, pour tous $g_1,\ldots,g_m \in \bigcap_{1\leq p<+\infty} L^p(E,\lambda)$ et tout polynôme F à n variables, de degré n, on a :

$$(1.2.7) \quad F(p(g_1),\ldots,p(g_m)) = \sum_{n=1}^{n} \tilde{p}^{(k)}(f_{k1} \otimes \ldots \otimes f_{kk}) + C$$

où $f_{k,\ell}$, $k = 1,\ldots,n$; $\ell = 1,\ldots,\ell$ appartiennent à l'algèbre engendrée par $\{g_1,\ldots,g_n\}$, $c \in \mathbb{R}$ est une constante.

Démonstration :

(i) Il est bien connu que

$$(1.2.8) \quad C'_p \,\|\sqrt{p(f^2)}\|_p \leq \|\tilde{p}(f)\|_p \leq C_p \,\|\sqrt{p(f^2)}\|_p, \quad \forall f \in L^2(E,\lambda)$$

où C_p, C'_p sont des constantes positives dépendant seulement de p, $1 < p < +\infty$.

On établit maintenant (i) par récurrence en p : $1 \leq p < +\infty$;

- pour $1 \leq p \leq 2$, (i) est évident d'après *(1.2.2)*
- pour $2^n \leq p \leq 2^{n+1}$, grâce à *(1.2.8)*, nous pouvons nous ramener au cas où $2^{n-1} \leq p \leq 2^n$.

(ii) Bien que l'assertion soit longue à écrire, sa preuve est simple et peut-être établie à partir de *(1.2.4)*.

Pour les détails, voir Ruiz de Chavez [7].

Remarque : Rappelons que les v.a. d'un chaos sur l'espace de Wiener appartiennent à tout L^p $(1 \leq p \leq +\infty)$; ce n'est plus vrai sur l'espace de Poisson. C'est une différence importante.

2. LE SEMI-GROUPE ET LE PROCESSUS DE WIENER-POISSON.

Pour résoudre le problème de la régularité des diffusions avec sauts, Bichteler-Gravereaux-Jacod ([1]) ont introduit un opérateur de Malliavin formel sur l'espace de Poisson. Dans cette section, nous allons démontrer que cet opérateur de Malliavin peut être considéré comme le générateur infinitésimal de notre semi-groupe de Wiener-Poisson.

2.1. Nous commençons par introduire le semi-groupe de Wiener-Poisson.

Soit $(T_t)_{t \geq 0}$ un semi-groupe symétrique markovien dans $L^2(E,\lambda)$, nous désignons par A son générateur, par $D_p(A)$ le domaine de A dans $L^p(E,\lambda)$ (ceci a un sens, parce que (T_t) est un semi-groupe de contractions dans $L^p(E,\lambda)$ pour tout $1 \leq p \leq +\infty$).

Nous faisons les hypothèses suivantes :

(i) (T_t) est fellerien et admet une réalisation canonique continue $(z^t)_{t \geq 0}$ à valeurs dans E.

(ii) il existe une algèbre $\mathcal{D} \subseteq \bigcap_{1 \leq p < +\infty} D_p(A) \cap C_b(E)$, stable par A, dense dans $D_p(A)$ muni de la norme :

$$\|f\|_{D_p(A)} = \|f\|_p + \|Af\|_p,$$

et dense également dans $C_b(E)$ muni de la topologie de la convergence uniforme sur les compacts.

Définition : Le semi-groupe de Wiener-Poisson $(P(T_t))_{t \geq 0}$ sur $L^2(X,\mu)$ est défini par :

$$P(T_t)\phi = E\phi + \sum_{n=1}^{\infty} \tilde{P}^{(n)} (T_t^{\otimes n} f_n) \qquad (2.1.1)$$

où $T_t^{\otimes n} = \underbrace{T_t \otimes \ldots \otimes T_t}_{n \text{ fois}}$

$\forall \phi \in L^2(X,\mu)$, qui se représente, d'après *(1.2.5)*, comme :

$$\phi = E\phi + \sum_{n=1}^{\infty} \tilde{P}^{(n)}(f_n)$$

avec $f_n \in L^2_{sym}(E^n,\lambda^n)$ et $\sum_{n=1}^{\infty} n! \; \|f_n\|_{L^2(E^n,\lambda^n)} < +\infty.$

Comme T_t est une contraction dans $L^2(E,\lambda)$, $T_t^{\otimes n}$ est une contraction dans $L^2(E^n,\lambda^n)$, d'après *(1.2.2)*, $P(T_t)\phi$ est bien défini par *(2.1.1)*, et $P(T_t)$ est une contraction dans $L^2(X,\mu)$.

Il est évident que $(P(T_t))_{t \geq 0}$ est un semi-groupe symétrique dans $L^2(X,\mu)$. Surgaïlis ([10]) a démontré que $P(T_t)$ est aussi markovien.

Suivant Surgaïlis [11], nous donnons ici la construction d'un processus de Markov $(X_t)_{t \geq 0}$ à valeurs dans l'espace de Poisson X, de semi-groupe $(P(T_t))_{t \geq 0}$, de loi initiale ν (une mesure de probabilité sur $(X,\mathcal{A})$) :

Sur un espace de probabilité $(W,\underline{\underline{W}}_t,P)$, est définie une famille des processus de Markov $\{(w_t(z))_{t\geq 0}, z\in E\}$, indépendants entre eux, où $(w_t(z))_{t\geq 0}$ est un processus de Markov à valeurs dans E, continu, de semi-groupe $(T_t)_{t\geq 0}$, partant de $z(\in E)$.

Posons

$$(2.1.2)\quad \begin{cases} (\Omega,\mathcal{F}_t),P_\nu) = (W,(\underline{\underline{W}}_t),P)\times(X,\mathcal{A},\nu) \text{ et } \omega=(w,x)\in\Omega : \\ X_t(\omega) \overset{\text{déf}}{=} \sum_{z\in \text{supp}(x)} \delta_{W_t(z)}. \end{cases}$$

Nous notons en particulier : $P_x \overset{\Delta}{=} P_{\delta_x}$, remarquons aussi :

$$(2.1.3)\qquad P_\nu = \int_X P_x\,\nu(dx).$$

Le processus de Markov $(X_t)_{t\geq 0}$ est appelé le processus de Wiener-Poisson, il admet μ comme mesure invariante.

Avant d'étudier le semi-groupe de W-P, nous faisons quelques remarques sur le système $(T_t,A,\mathcal{D})$ introduit au début de ce paragraphe.

Soit $(z^t)_{t\geq 0}$ la réalisation canonique continue de $(T_t)_{t\geq 0}$, pour tout $f\in\mathcal{D}$, le processus

$$(2.1.4)\qquad M_f^t \overset{\Delta}{=} f(z^t) - \int_0^t Af(z^s)ds$$

est une martingale continue.

L'opérateur carré du champ $\Gamma^A(\cdot,\cdot)$ est une forme bilinéaire sur $\mathcal{D}\times\mathcal{D}$, définie par :

$$\Gamma^A(f,g) = \frac{1}{2}\ A(f,g) - f\cdot Ag - g\cdot Af\ .$$

Une simple application de la formule d'Itô donne :

$$(.2.1.6)\qquad \langle M_f,M_g\rangle_t = 2\int_0^t \Gamma^A(f,g)(z^s)ds$$

$$(2.1.7)\qquad A\,u(f_1,\dots,f_n) = \sum_{i=1}^n u_i(f_1,\dots,f_n)\,Af_i + \sum_{i,j=1}^n u_{ij}(\ )\cdot\Gamma^A(f_i,f_j)$$

où $f,g,f_i(i=1,\dots,)\in\mathcal{D}$; u est un polynôme sans terme constant ; $u_i = \frac{\partial u}{\partial y_i}$; $u_{ij} = \frac{\partial^2 u}{\partial y_i\,\partial y_j}$; ces notations seront utilisées dans la suite sans autre indication.

2.2. Nous désignons désormais par $(P_t)_{t\geq 0}$ le semi-groupe de Wiener-Poisson $(P(T_t)_{t\geq 0}$ associé à $(T_t)_{t\geq 0}$.

Nous désignons par L le générateur du semi-groupe de W-P, par $D_p(L)$ le domaine de L dans $L^p(X,\mu)$, domaine que l'on munit de la norme

$$\|\phi\|_{D_p(L)} = \|\phi\|_{L^p(X,\mu)} + \|L\phi\|_{L^p(X,\mu)}.$$

Nous établissons maintenant le résultat principal de cet article, qui permet de faire du calcul de Malliavin sur l'espace de Poisson.

Théorème 2.2.1 : *Considérons l'ensemble des fonctions-test* $\mathcal{R}$:

$$\mathcal{R} \stackrel{\Delta}{=} \{\phi : X \to \mathbb{R} / \phi = F(p(f_1),\ldots,p(f_n)),\ \text{où } F \text{ un polynôme}$$
$$f_i \in \mathcal{D},\ i = 1,\ldots n\}.$$

Nous avons :

(i) $\mathcal{R} \subseteq \bigcap_{1\leq p<+\infty} D_p(L)$, *dense dans* $D_p(L)$ *pour tout* $1 \leq p < +\infty$ *et*

$\forall\, \phi = F(p(f_1),\ldots,p(f_n)) \in \mathcal{R}$,

$$(2.2.1)\qquad L\phi = \sum_{i=1}^{n} F_i(p(f_1),\ldots,p(f_n))p(A(f_i)) + \sum_{i,j=1}^{n} F_{ij}(p(f_1),\ldots,p(f_n))\, p(\Gamma^A(f_i,f_j))$$

(ii) $\forall \phi_1,\ldots,\phi_n \in \mathcal{R}$, *et* F *polynôme à* n *variables,*

$$(2.2.2)\qquad LF(\phi_1,\ldots,\phi_n) = \sum_{i=1}^{n} F_i(\phi_1,\ldots,\phi_n)L\phi_i + \sum_{i,j=1}^{n} F_{ij}(\phi_1,\ldots,\phi_n)\Gamma(\phi_i,\phi_j)$$

où $\Gamma(\cdot,\cdot)$ *est l'opérateur carré du champ associé à* L, *défini par :*

$$(2.2.3)\qquad \Gamma(\phi,\psi) = \frac{1}{2}\,[L(\phi,\psi) - \phi L\psi - \psi L\phi].$$

Démonstration :

(i) Remarquons tout d'abord que le *lemme 1.2.1* entraîne $\mathcal{R} \subseteq \bigcap_{1\leq p<+\infty} L^p(X,\mu)$.

Pour démontrer que $\mathcal{R} \subseteq \bigcap_{1\leq p<+\infty} D_p(L)$, nous commençons par considérer la fonction la plus simple : $\phi = p(f)$ où $f \in \mathcal{D}$.

$$\begin{aligned} t^{-1}(P_t\, p(f) - \tilde{p}(f)) &= t^{-1}(P_t\, \tilde{p}(f) - \tilde{p}(f)) \quad (P_t \text{ est markovien})\\ &= t^{-1}(\tilde{p}(T_t f) - \tilde{p}(f))\\ &= p(t^{-1}[T_t f - f]) \quad (\lambda \text{ est invariante pour } T_t)\\ &\to p(Af) \quad (t \to 0_+) \end{aligned}$$

dans $L^p(X,\mu)$ pour tout $1 \leq p \leq +\infty$, d'après le *lemme 1.2.1* ; par suite :

$$(2.2.4)\qquad p(f) \in \bigcap_{1\leq p<+\infty} D_p(L) \quad \text{et} \quad Lp(f) = p(Af).$$

La deuxième chose que nous allons établir est : pour tout $f,g \in \mathcal{D}$, on a :

$$(2.2.5)\quad \begin{cases} p(f)\ p(g) \in \bigcap_{1\leq p<+\infty} D_p(L) \quad \text{et} \\ L(p(f)\ p(g)) = p(Af)p(g) + p(g)\ p(Af) + 2p(\Gamma^A(f,g)) \quad \text{autrement dit} \\ \Gamma(p(f),p(g)) = p(\Gamma^A(f,g)). \end{cases}$$

Pour ceci, nous calculons d'abord d'après *(1.2.4)* :

$$\tilde{p}(f)\ \tilde{p}(g) = \int_{E^2} f(z_1)g(z_2)\tilde{p}(dz_1)\tilde{p}(dz_2)$$

$$(2.2.6)\quad = \int_{[z_1\neq z_2]} f(z_1)g(z_2)\tilde{p}(dz_1)\tilde{p}(dz_2) + \int_{[z_1=z_2]} f(z_1)g(z_2)\tilde{p}(dz_1)\tilde{p}(dz_2)$$

$$\underset{=}{\mu\text{-p.s.}}\ \tilde{p}^{(2)}(f\otimes g) + p(fg)$$

par suite :

$$t^{-1}[P_t(\tilde{p}(f)p(g)) - \tilde{p}(f)\cdot\tilde{p}(g)]$$

$$= t^{-1}[P_t\ \tilde{p}^{(2)}(f\otimes g) - \tilde{p}^{(2)}(f\otimes g)] + t^{-1}[P_t\ p(f\cdot g) - p(fg)]$$

$$\xrightarrow[(t\to 0)]{L^p(X,\mu)} \tilde{p}^{(2)}(Af\otimes g + f\otimes Ag) + p(A(f\cdot g))$$

pour tout $1 \leq p < +\infty$ d'après le *lemme 1.2.1.*

Finalement, *(2.2.5)* est une conséquence directe du résultat ci-dessus et de *(2.2.4)*, *(2.2.6)*.

Maintenant, nous allons démontrer :

$$(2.2.7)\quad \begin{cases} \text{pour } \mu\text{-p.s. } x \in X, \text{ le processus } M^t_{p(f)} = X_t(f) - \int_0^t X_s(Af)ds \text{ est} \\ \text{une } P_x\text{-martingale continue, où } (X_t)_{t\geq 0} \text{ est le processus de Wiener-} \\ \text{Poisson sur } (\Omega,(\mathcal{F}_t),P_x) \text{ (voir } (2.1.2)). \end{cases}$$

Pour démontrer ceci, posons :

$$N_1 = \{x \in X/\exists z \in E :\ x(\{z\}) > 1\}$$

$$N_2 = \{x \in X/\exists n \in \mathbb{N} :\ x(T_n f^2) \vee x(\int_0^n T_s(Af)^2\, ds = +\infty\}.$$

Il est facile de vérifier que $\mu(N_1 \cup N_2) = 0$.

Pour tout $x \in (N_1 \cup N_2)^c$, sous la loi P_x, nous avons d'après *(2.1.2)* :

$$M^t_{p(f)} = \sum_k [f(w_t(z_k)) - \int_0^t Af(w_s(z_k))ds].$$

Puisque $f, Af \in C_b(E)$ d'après notre hypothèse, les processus :

$$M_k^t \triangleq f(w_t(z_k)) - \int_0^t Af(w_s(z_k))ds$$

sont des P_x-martingales continues, indépendantes entre elles $(z_i \neq z_j)$.

Un calcul direct va nous donner :

$$\sum_k E^{P_x} |M_k^n|^2 < +\infty.$$

Il résulte finalement de l'inégalité de Doob que

$$M_{p(f)}^t = \sum_k M_k^t$$

est une P_x-martingale continue. *(2.2.7)* est établie.

Puisque $P_\mu = \int_X (dx) P_x$, $(M_{p(f)}^t)_{t \geq 0}$ est une P_μ-martingale continue.
D'après la formule d'Itô et *(2.2.5)* :

$$\langle M_{p(f)}, M_{p(g)} \rangle_t = 2 \int_0^t X_s(\Gamma^A(f,g))ds.$$

Tout est maintenant prêt pour établir *(2.2.5)*.

Soit $\phi = F(p(f_1), \ldots, p(f_n)) \in \mathcal{R}$, sur $(\Omega, \mathcal{F}_t), P_\mu)$, nous appliquons la formule d'Itô à

$$\phi(X_t) - \phi(X_o) = F(X_t(f), \ldots, X_t(f_n)) - F(X_o(f_1), \ldots, X_o(f_n))$$

et obtenons :

$$(2.2.8) \qquad \phi(X_t) - \phi(X_o) = \sum_{i=1}^n \int_0^t F_i(X_s(f_1), \ldots, X_s(f_n))dM_{p(f_i)}^t$$

$$+ \sum_{i=1}^n \int_0^t F_i(X_s(f_1), \ldots, X_s(Af_i)ds$$

$$+ \sum_{i,j=1}^n \int_0^t F_{ij}(X_s(f_1), \ldots, X_s(\Gamma^A(f_i, f_j))ds$$

Le premier terme du côté droit de *(2.2.8)*, noté M_ϕ^t, est une vraie martingale, puisque $\langle M_\phi, M_\phi \rangle_t \in \bigcap_{1 \leq p < +\infty} L^p(P_\mu)$.

Il résulte donc de *(2.2.8)* que :

$$t^{-1}(P_t\phi - \phi)(X_o) = E^{P_\mu}[t^{-1}(\phi(X_t) - \phi(X_o))/X_o]$$

converge dans $L^p(P_\mu)$ vers

$$\sum_{i=1}^{n} F_i(X_o(f_1),\dots,X_o(f_n))\, X_o(Af_i) + \sum_{i,j=1}^{n} F_{ij}(X_o(f_1),\dots,X_o(f_n))\cdot X_o(\Gamma^A(f_i,f_j))$$

lorsque t tend vers 0, pour tout $1 \leq p < +\infty$.

Puisque la loi de X_o est μ (sous P_μ), ceci signifie :

$$\phi \in \bigcap_{1\leq p<+\infty} D_p(L) \text{ et } L\phi \text{ est donné par } (2.2.1).$$

Il reste à démontrer que $\mathcal{R}$ est dense dans $D_p(L)$ $(1 \leq p < +\infty)$; pour cela il suffit de prouver que $\mathcal{R}$ est dense dans $D_2(L)$. Remarquons :

$$(2.2.9) \qquad \mathcal{R} = \{\sum_{k=0}^{n} \tilde{p}^{(n)}(f_{k1} \otimes \dots \otimes f_{kk})/f_{k\ell} \in \mathcal{D}\}$$

Comme $\mathcal{D}$ est dense dans $D_2(A)$, l'espace vectoriel engendré par $\{f_1 \otimes \dots \otimes f_n : f_i \in \mathcal{D}\}$ est dense dans $D_2(A_n)$, où A_n est le générateur de $(T_t^{\otimes n})_{t\geq 0}$. D'après l'égalité *(1.2.2)*, l'ensemble qui figure du côté droit de (2.2.9) est par conséquent dense dans $D_2(L)$.

(ii) La formule *(2.2.2)* est une conséquence directe de la formule *(2.2.1)*. □

Corollaire : Pour $\phi = F(p(f_1),\dots,p(f_n)) \in \mathcal{R}$, $\psi = G(p(g_1),\dots,p(g_m)) \in \mathcal{R}$:

$$(2.2.10) \qquad \Gamma(\phi,\psi) = \sum_{i=1}^{n}\sum_{j=1}^{m} F_i(p(f_1),\dots,p(f_n))G_j(p(g_1),\dots,p(g_m))\cdot p(\Gamma^A(f_i,g_j))$$

C'est une conséquence directe de *(2.2.1)*.

Remarque : Le théorème ci-dessus dit que le semi-groupe de Wiener-Poisson $(P_t)_{t\geq 0}$ est un semi-groupe symétrique de diffusion au sens de Stroock [9], où il est montré que, ce genre de semi-groupes permet de faire du calcul de Malliavin.

Nous présentons un exemple :

soit Θ un ouvert de $\mathbb{R}^d$, de frontière $\partial\Theta$ suffisamment lisse, muni de la mesure de Lebesgue dz ; soit

$$\rho : \Theta \to (0,+\infty)$$

une fonction C^∞ telle que la diffusion de générateur $\rho\Delta + \nabla\rho\cdot\nabla$ n'atteigne jamais $\partial\Theta$. Nous posons :

$$(E,\lambda) = ([0,T] \times \Theta \,,\, dt \times dz)$$

$$\mathcal{D} = \left\{ f(t,z) : [0,T]\times\Theta \to \mathbb{R} \;\middle|\; \begin{array}{l} f \in C_o([0,T]\times\Theta) \\ \forall t \in [0,T] \text{ fixé} : f(t,\cdot) \in C^\infty(\Theta) \\ D_z^r f \in C_o([0,T]\times\Theta) \end{array} \right\}$$

(T_t) le semi-groupe de la diffusion de générateur

$$(2.2.11) \qquad Af = \rho\cdot\Delta_z f + \nabla\rho\cdot\nabla_z f \qquad \forall f \in \mathcal{D}.$$

Le système $(T_t, A, \mathcal{D})$ ainsi donné vérifie les hypothèses faites dans § *2.1* Remarquons aussi que :

$$\Gamma^A(f,g) = \rho\ \nabla_z f\cdot\nabla_z g.$$

Soit $(X,\mathcal{A},\mu)$ l'espace de Poisson sur $(E,\lambda) = ([0,T]\times\Theta, dt\times dz)$, et soit $(P_t, L, \mathcal{R})$ le système associé à $(T_t, \mathcal{D}, A)$. Alors, d'après le *théorème 2.2.1*, nous avons :

$$\forall\phi = F(p(f_1),\dots,p(f_n)) \in \mathcal{R}, \qquad \psi = G(p(g_1),\dots,p(g_m)) \in \mathcal{R}$$

$$(2.2.12) \qquad \begin{aligned} L\phi = &\sum_{i=1}^{n} F_i(p(f_1),\dots,p(f_n))\cdot p(\rho\ \Delta_z f_i + \nabla_z f_i\cdot\nabla\rho) \\ &+ \sum_{i,j=1}^{n} F_{ij}(p(f_1),\dots,p(f_n))\ p(\rho\ \nabla_z f_i\cdot\nabla_z f_j) \end{aligned}$$

$$(2.2.13) \qquad \Gamma(\phi,\psi) = \sum_{i=1}^{n}\sum_{j=1}^{m} F_i(p(f_1),\dots,p(f_n))\cdot G_j(p(g_1),\dots,p(g_m))\ p(\rho\ \nabla_z f_i\cdot\nabla_z g_j).$$

$L\phi$, donné par *(2.2.12)*, est précisément l'opérateur de Malliavin formel sur l'espace de Poisson, introduit par Bichteler-Gravereaux-Jacod [1].

Nous ne présentons pas ici les applications de l'opérateur de Malliavin L aux diffusions avec sauts. Le lecteur qui s'intéresse au problème de la régularité des diffusions avec sauts peut consulter par exemple [1], [2] et les références de ces articles.

2.3. *Nous terminons cet article en présentant un résultat auxiliaire concernant les propriétés du processus de W-P* $(X_t)_{t\geq 0}$.

Proposition 2.3.1 :

(i) *Posons* $X' = \{x \ \ X/x$ *est une mesure de Radon}* ; *alors* : $N \stackrel{\Delta}{=} X \setminus X'$ *est un ensemble* μ*-polaire.*

(ii) *Pour* $\phi : X\to\mathbb{R}$, $\mathcal{A}^0$*-mesurable, bornée,* $(R_\lambda\phi(X_t))_{t\geq 0}$ *est un processus* P_ν*-p.s. continu, où* (X_t) *est le processus de Wiener-Poisson, et* γ *est une loi initiale arbitraire, et* R_λ *est la résolvante de* $(P_t)_{t\geq 0}$.

Démonstration :

(i) Soit $(K_n)_{n=1,2,\dots}$ une suite de compacts dans E telle que :

$$K_n \subseteq K_{n+1}, \qquad \bigcup_{n=1}^{\infty} K_n = E.$$

Nous posons

$N_n = \{x \in X / x(K_n) = +\infty\}$; $\tau_n = \inf\{t \geq 0 : X_t \in N_n\}$; $\tau = \inf\{t \geq 0 : X_t \in X - X'\}$

Nous avons : $N = \bigcup_{n=1}^{\infty} N_n$ $(N_n \subseteq N_{n+1})$, $\tau_n \downarrow \tau$.

Pour démontrer que N est μ-polaire, i.e. $P(\tau < +\infty) = 0$, il nous suffit de prouver : $P_\mu(\tau_n < +\infty) = 0$, $\forall n = 1,2,\dots$.

Ceci se traduit par :

(2.3.1) $P_x(\tau_n < +\infty) = 0$ pour μ-presque tout $x \in X$.

Choisissons une fonction $f \in C_o(E)$ telle que

$$f_\varepsilon \geq 0 \quad \text{et} \quad f_\varepsilon = 1+\varepsilon \quad \text{sur } K_n, \quad \text{où } \varepsilon > 0.$$

Puisque $\mathcal{D}$ est dense dans $C_b(E)$ muni de la topologie de la convergence uniforme sur les compacts, il existe une fonction $\tilde{f} \in \mathcal{D}$ telle que :

$$\sup_{z \in K_n} |\tilde{f}(z) - f_\varepsilon(z)| < \frac{\varepsilon}{2}.$$

Prenons $f = \tilde{f}^2 \in \mathcal{D}$, alors $f \geq 1_{K_n}$

Par suite, pour établir *(2.3.1)*, il nous suffit de montrer :

(2.3.2) pour μ-p.s. $\forall x \in X$: $P_x(\sup_{0 \leq t \leq T} x_t(f) < +\infty) = 1$ $(\forall T > 0)$

Remarquons : De l'égalité $x_t(f) = M^t_{p(f)} + \int_0^t x_s(Af)ds$ on déduit :

$$\sup_{0 \leq t \leq T} x_t(f) \leq \sup_{0 \leq t \leq T} |M^t_{p(f)}| + \int_0^t x_s(|Af|)ds$$

et
$$E_{P_\mu} \int_0^T x_s(|Af|)ds = T \cdot \lambda(|Af|) < +\infty.$$

D'autre part, nous avons indiqué dans la démonstration du *théorème 2.2.1* que $(M^t_{p(f)})_{t \geq 0}$ est une P_x-martingale continue pour μ-p.s. $x \in X$. Par suite, le lemme maximal entraîne :

$$P_x(\sup_{0 \leq t \leq T} |M^t_{p(f)}| < +\infty) = 1 \qquad \text{pour } \mu\text{-p.s. } x \in X.$$

(2.3.2) est établie.

(ii) Puisque $P_\nu = \int_X \nu(dx) P_x$, il nous suffit de considérer le processus de W-P $(X_t)_{t \geq 0}$ partant de $x = \sum_k \delta_{z_k} \in X$ arbitraire.

Nous considérons deux cas :

Premier cas : $x(E) = +\infty$

Soient $\bar{\Omega} = (E^{\mathbb{N}})^{\mathbb{R}_+}$, $Y_t = (z_o^t, z_1^t, \dots)$ l'application coordonnée d'indice t

sur $\bar{\Omega}$, et $P^{(z_k)_{k=0,1,2,\dots}}$ la loi unique sur $\bar{\Omega}$ telle que :

$$\begin{cases} (z_k^t)_{t \geq 0},\ k = 0,1,2,\dots \quad \text{sont indépendants.} \\ \text{pour chaque } k = 0,1,2,\dots,\ (z_k^t)_{t \geq 0} \text{ est un processus de Markov fort,} \\ \text{continu, de semi-groupe } (T_t)_{t \geq 0}, \text{ partant de } z_k. \end{cases}$$

Remarquons que $(Y_t)_{t \geq 0}$ est un processus de Markov fort, continu pour la topologie produit sur $E^{\mathbb{N}}$, semi-groupe $T_t^{\otimes \mathbb{N}}$.

Considérons l'application suivante :

$$\sigma : E^{\mathbb{N}} \to X$$

$$y = (z_0, z_1, \dots) \to \sum_k \delta_{z_k} \quad \text{qui est } \mathcal{B}(E^{\mathbb{N}})/\mathcal{A}^o\text{-mesurable.}$$

Remarquons le fait suivant :

(*) Sous la loi $P^{(z_k)}$, le processus $(\sigma(Y_t))$ est le processus de W-P partant de $x = \sum_k \delta_{z_k}$.

A chaque fonction $\mathcal{A}^o$-mesurable $\phi : X \to \mathbb{R}$, nous associons une fonction $\tilde{\phi} : E^{\mathbb{N}} \to \mathbb{R}$ définie par :

$$\tilde{\phi}(y) = \phi(\sigma(y))$$

qui est $\mathcal{B}(E^{\mathbb{N}})$-mesurable, d'après la mesurabilité de σ.

Nous désignons par $\tilde{R}_\lambda$ la résolvante de $T_t^{\otimes \mathbb{N}}$; d'après (*) ci-dessus, nous avons, pour tout $y \in E^{\mathbb{N}}$:

$$T_t^{\otimes \mathbb{N}} \tilde{\phi}(y) = P_t\, \phi(\sigma(y)) \ ; \quad R_\lambda \tilde{\phi}(y) = R_\lambda \tilde{\phi}(\ (y)).$$

D'après un résultat de [12] (p. 89), $(\tilde{R}_\lambda \tilde{\phi}(Y_t))_{t \geq 0}$ est un processus continu sous la loi $P^{(z_k)}$. Par conséquent, $\tilde{R}_\lambda \tilde{\phi}(\ (Y_t)) = R_\lambda \tilde{\phi}(Y_t)$ est continu sous la loi $P^{(z_k)}$, mais $(\sigma(y_t))_{t \geq 0}$ est le processus de W-P partant de $x = \sum_k \delta_{z_k}$, le résultat est établi.

Deuxième cas : $x(E) = n < +\infty$

C'est encore plus simple. On peut démontrer le résultat de la même manière en remplaçant $\bar{\Omega}$ par $(E^n)^{\mathbb{R}_+}$ et en remarquant que $(T_t^{\otimes n})_{t \geq 0}$ est un semi-groupe de Markov droit.

Remarque :

(i) X-X' est un ensemble μ-polaire, mais nous ne savons pas si le processus de

W-P $(X_t)_{t\geq 0}$ partant de $x \in X'$ arbitraire quitte ou non X'. Cette difficulté nous empêche de travailler dans l'espace X', qui peut-être muni de la topologie de convergence vague des mesures de Radon.

(ii) On peut démontrer de la même manière la propriété de Markov forte du processus de W-P $(X_t)_{t\geq 0}$.

REFERENCES :

[1] K. BICHTELER, J.B. GRAVEREAUX, J. JACOD : Malliavin Calculus for processes with jumps. A paraître

[2] J.M. BISMUT : Calcul des variations stochastique et processus de sauts. Z. für. Wahr. 56, 469-505, 1981.

[3] K. ITÔ : Spectral type of shifts transformations of differential process with stationary increments. Trans. Amer. Math. Soc. 81 (1956), p.

[4] P.A. MEYER : Elements de probabilités quantiques. Exposés I à V, Sém. de Proba. XX, Lecture Notes in Math. 1204, Springer 1986.

[5] E. NELSON : The free Markoff field. J. Funct. Anal. 1

[6] J. NEVEU : Processus Ponctuels. Ecole d'Eté de Saint-Flour VI-1976, Lecture Notes in Math. 598, Springer 1977.

[7] J. RUIZ de CHAVEZ : Espaces de Fock pour les processus de Wiener et de Poisson. Sém. de Proba. XIX, Lecture Notes in Math. 1123, Springer 1983/1984.

[8] B. SIMON : The $P(\phi)_2$ Euclidean Quantum Field Theory. Princeton University Press (1974).

[9] D. STROOCK : The Malliavin Calculus, a Functional Analytic Approch. J. Funct. Anal. 44, 1981, p. 212-258.

[10] D. SURGAÏLIS : On multiple Poisson stochastic integrals and associated Markov semi-groups. Probability and Math. Stat. 3, 1984, 217-239.

[11] D. SURGAÏLIS : On Poisson Multiple stochastic integrals and associated equilibrium Markov processes.
In : Theory and Appl. of Random Fields, Lect. Notes in Control and Inform. Sci. 49, 1983, 233-248 (Bangalore).

[12] P.A. MEYER : Processus de Markov. Lecture Notes in Math. 26, Springer 1967.

Ce travail, dirigé par J. Jacod, n'aurait jamais été accompli sans ses critiques et ses encouragements.

Je remercie D. Bakry, M. Emery et J.A. Jen pour les discussions que j'ai pu avoir avec eux.

INEGALITE DE SOBOLEV SUR L'ESPACE DE POISSON

Liming WU(*)

0. *INTRODUCTION*.

Sur l'espace de Wiener, l'inégalité de Meyer pour le semi-groupe d'Ornstein-Uhlenbeck est bien connue [7]. Elle constitue la base de la théorie des espaces de Sobolev sur l'espace de Wiener.

Cet article a pour but d'établir cette inégalité pour le semi-groupe de Wiener-Poisson $(P_t)_{t \geq 0}$ sur l'espace de Poisson, introduit dans l'article précédent.

Nous continuons à employer les notations du premier article, et ajoutons un symbole "I" pour référer à ses résultats, par exemple : § I.2.1, Lemme I.1.2.1, Théorème I.2.2.1, (I.2.2.5) etc.

Précisément, nous allons établir l'inégalité suivante pour le semi-groupe de Wiener-Poisson (P_t) :

$$C'_p \, \|C\phi\|_p \leq \|\sqrt{\Gamma(\phi,\phi)}\|_p \leq C_p \, \|C\phi\|_p \qquad (1 < p < +\infty) \tag{0.1}$$

où C est l'opérateur de Cauchy associé à L ; c'est-à-dire le générateur du semi-groupe de Cauchy (Q_t) associé à (P_t) ; Q_t est défini par :

$$Q_t = \int_{\mathbb{R}_+} \mu_t(ds) P_s \tag{0.2}$$

et la famille $(\mu_t)_{t \geq 0}$ est caractérisée par :

$$\mu_s * \mu_t = \mu_{s+t} \quad ; \quad \int_0^\infty \mu_t(ds) e^{-ps} = e^{-\sqrt{p}t} \tag{0.3}$$

Il est clair que (Q_t) est aussi un semi-groupe symétrique markovien dans $L^2(X,\mu)$.

Cet article est divisé en deux parties :

Dans la première partie (§ 1 et § 2), on établit l'inégalité de Sobolev *(0.1)* pour le semi-groupe de Wiener-Poisson associé au semi-groupe (T_t) du mouvement brownien dans $\mathbb{R}^d$. Pour ceci, on établit d'abord *(0.1)* pour le semi-groupe de W-P associé au mouvement brownien sur le tore (voir § 1), puis on approche $\mathbb{R}^d$ avec les tores $\mathbb{R}^d/_{2N\mathbb{Z}^d} \simeq [N\text{-}N]^d$. Cette idée a été proposée par P.A. Meyer.

(*) *UNIVERSITE PARIS VI - Laboratoire de Probabilités - 4, place Jussieu - Tour 56 3ème Etage - 75252 PARIS CEDEX 05*

Dans la deuxième partie (§ 3 et § 4), on travaille dans un cadre général. L'hypothèse essentielle faite pour $(T_t, A, \mathcal{D})$ est la suivante :

(0.4) $$\Gamma_2^A(f,f) \overset{\text{def}}{=} \frac{1}{2}\,[A\Gamma^A(f,f) - 2\Gamma^2(f,Af)] \geq 0, \quad \forall f \in \mathcal{D}.$$

Sous cette hypothèse, on établit dans la Proposition 3.1.1 :

(0.5) $$\Gamma_2(\phi,\phi) = \frac{1}{2}\,[L\Gamma(\phi,\phi) - 2\Gamma(\phi,L\phi)] \geq 0.$$

Dans son travail concernant la transformation de Riesz pour les semi-groupes symétriques, Bakry [1] a établi l'inégalité (0.1) en supposant (0.5) et plusieurs hypothèses techniques (pour appliquer les résultats de Meyer [6]) qui ne sont malheureusement pas vérifiées par notre système $(P_t, L, \mathcal{R})$.

Le paragraphe 3 est consacré à des préliminaires nécessaires à l'application de la méthode de Bakry [1], puis dans le paragraphe 4, nous établissons l'inégalité de Sobolev (0.1).

Indiquons grossièrement l'histoire de l'inégalité (0.1) :

① pour le semi-groupe du mouvement brownien dans $\mathbb{R}^d$, ou dans un groupe de Lie localement compact, (0.1) est établie par Stein ([8], 1967-1970) ;

② pour le semi-groupe de convolution dans $\mathbb{R}^d$, elle est établie par P.A. Meyer ([6], 1973) ;

③ pour le semi-groupe d'Ornstein-Uhlenbeck sur l'espace de Wiener, elle est établie par P.A. Meyer ([7], 1982) ;

④ pour le semi-groupe symétrique de diffusion vérifiant $\Gamma_2(\phi,\phi) \geq 0$, elle est établie par Bakry [1] ; et dans un travail à paraître, il a relaxé la condition précédente pour le semi-groupe du mouvement brownien sur une variété.

1. L'INEGALITE DE SOBOLEV SUR L'ESPACE DE POISSON ASSOCIE AU TORE.

1.1. Nous commençons par l'espace de Poisson sur le tore. Dans ce cas particulier, les idées sont claires, et il est facile d'établir l'inégalité (0.1) à partir des résultats connus pour le mouvement brownien sur le tore ([1], [8]).

Soient $E = \mathbb{R}^d/_{2N}\,\mathbb{Z}^d$ le d-tore (N un entier > 0, on peut considérer E comme $[-N,N]^d$), $\lambda(dz) = dz$ la mesure de Lebesgue sur le tore E. Soit (T_t) le semi-groupe markovien de générateur Δ, où Δ est l'opérateur laplacien sur le tore.

Comme $\lambda(E) = (2N)^d < +\infty$, si (X,μ) est l'espace de Poisson sur $(\mathbb{R}^d/_{2N}\,\mathbb{Z}^d, dz)$, alors :

$$\mu(\{x \in X / x(E) = +\infty\}) = 0$$

et par conséquent, nous pouvons nous placer sur $\{x \in X/x(E) < +\infty\}$, qui sera noté encore par X simplement.

Nous introduisons maintenant, un espace intermédiaire $(\hat{X},\hat{\mathcal{A}},\hat{\mu})$ défini comme suit :

. $\hat{X} \triangleq \bigcup_{n=0}^{\infty} E^n$ où $E^0 \triangleq \{\partial\}$ où $\partial \notin E$

. $\hat{\mathcal{A}}^o = \sigma(\mathcal{B}(E^n)$ la tribu borélienne$/n=0,1,2,\ldots)$

et $\hat{\mu}$ est la mesure de probabilité sur $(\hat{X},\hat{\mathcal{A}}^o)$ définie par :

$$(1.1.1) \qquad \begin{cases} \hat{\mu}(E^o) = e^{-\lambda(E)} \\ \hat{\mu}(A_1 \times\ldots\times A_n) = \dfrac{e^{-\lambda(E)}}{n!}\lambda(A_1)\ldots\lambda(A_n) \end{cases}$$

où $A_k \in \mathcal{B}(E)$.

Considérons l'application suivante $\sigma : \hat{X} \to X$:

$$\sigma(\hat{x}) = \sum_{k=1}^{n} \delta_{z_k}, \quad \text{si } \hat{x} = (z_1,\ldots,z_n)$$

qui est $\hat{\mathcal{A}}^o/\mathcal{A}^o$-mesurable et satisfait $\sigma(\hat{X}) = X$ (à cause de la convention ci-dessus). Il est facile de vérifier :

$$(1.1.2) \qquad \mu = \sigma(\hat{\mu}).$$

1.2. Nous nous restreignons dans ce paragraphe à l'espace intermédiaire $(\hat{X},\hat{\mathcal{A}},\hat{\mu})$.

Soit $(\hat{P}_t)_{t\geq 0}$ le semi-groupe de noyaux markoviens de $\hat{X}$ dans $\hat{X}$, tel que

i) E^n est une classe invariante pour $\hat{P}_t$

ii) $\hat{P}_t\big|_{E^n} = T_t^{\otimes n}$.

Evidemment, $\hat{P}_t$ est symétrique dans $L^2(\hat{X},\hat{\mu})$.

Posons : $$\hat{\mathcal{R}} = \left\{\phi : \hat{X} \to \mathbb{R} \;\middle|\; \begin{array}{l} \phi\big|_{E^n} \in C^\infty(E^n) \\ \phi,\hat{L}\phi,\hat{L}(\hat{L}\phi),\ldots \in \bigcap_{1<p<+\infty} L^p(\hat{X},\hat{\mu}) \end{array}\right\}$$

où $\hat{L}$ est le générateur de $(\hat{P}_t)_{t\geq 0}$, $\hat{L}\phi$ est défini par :

$$(\hat{L}\phi)\big|_{E^n} = \Delta_n(\phi\big|_{E^n})$$

où Δ_n est l'opérateur laplacien sur E^n (c'est aussi le générateur de $(T_n^{\otimes n})_{t\geq 0})$

Nous adoptons les notations suivantes : $\hat{\Gamma}(\cdot,\cdot),\hat{C},D_p(\hat{L})$ qui ont le même sens que $\Gamma(\cdot,\cdot),C,D_p(L)$, mais sont relatives à $(\hat{P}_t)_{t\geq 0}$.

Nous allons établir la

Proposition 1.2.1 : *(i)* $\hat{\mathcal{R}} \subseteq \bigcap_{1\leq p<+\infty} D_p(\hat{L})$, $\hat{\mathcal{R}}$ *est stable par* $\hat{L}$, *et pour* $1 < p < +\infty$, *nous avons l'inégalité de Sobolev suivante* :

$$(1.2.2) \qquad C'_p \|\hat{C}\phi\|_p \leq \|\sqrt{\hat{\Gamma}(\phi,\phi)}\|_p \leq C_p \|\hat{C}\phi\|_p, \ \forall\phi \in \hat{\mathcal{R}}$$

où C_p, C'_p *sont des constantes positives dépendant seulement de* p.

(ii) de plus, si nous définissons $\hat{\Gamma}_m(\cdot,\cdot)$ *sur* $\hat{\mathcal{R}}\times\hat{\mathcal{R}}$ *par* :

$$(1.2.3) \qquad \begin{cases} \hat{\Gamma}_1(\phi,\psi) = \hat{\Gamma}(\phi,\psi) \\ \hat{\Gamma}_{m+1}(\phi,\psi) = \frac{1}{2}(L\hat{\Gamma}_m(\phi,\psi) - \hat{\Gamma}_m(\phi,\hat{L}\psi) - \hat{\Gamma}_m(\hat{L}\phi,\psi)) \end{cases}$$

alors $\hat{\Gamma}_m(\phi,\phi) \geq 0$, $\forall\, m = 1,2,\ldots,$ $\phi \in \hat{\mathcal{R}}$ *et pour tout* $1 < p < +\infty$, *l'inégalité suivante a lieu* :

$$(1.2.4) \qquad C'_{m,p} \|\hat{C}^m\phi\|_p \leq \|\sqrt{\hat{\Gamma}_m(\phi,\phi)}\|_p \leq C_{m,p} \|\hat{C}^m\phi\|_p$$

où $C_{m,p}$ *et* $C'_{m,p}$ *sont des constantes positives dépendant seulement de* m *et* p.

Pour établir ces résultats, il nous faut rappeler l'inégalité du même type pour le semi-groupe du mouvement brownien sur le tore $E = \mathbb{R}^d/_{2N\,\mathbb{Z}^d}$:

Lemme 1.2.1 : *Soit* B *l'opérateur de Cauchy associé à* Δ ; *on a pour* $1 < p < +\infty$, $m = 1,2,\ldots$:

$$\forall f \in C^\infty(E), \quad C'_{m,p}\|B^m f\|_{L^p(E,dz)} \leq \|\sqrt{\Gamma^\Delta_m(f,f)}\|_{L^p(E,dz)} \leq C_{m,p}\|B^m f\|_{L^p(E,dz)}$$

où $C_{m,p}, C'_{m,p}$ *sont des constantes positives dépendant seulement de "p et m".*

$\Gamma^\Delta_m(\cdot,\cdot)$ *se définit de la même manière que* $\hat{\Gamma}_m(\cdot,\cdot)$ *(voir (1.2.3)).*

Remarque : Nous désignons par $\nabla = (\partial_1,\ldots,\partial_d)$ le gradient sur le tore, il n'est pas difficile de vérifier que

$$(1.2.5) \qquad \Gamma^\Delta_m(f,g) = \sum_{k_1,\ldots,k_m=1}^{d} \partial_{(k_1,\ldots,k_m)}f \cdot \partial_{(k_1,\ldots,k_m)}g$$

où $f,g \in C^\infty(E)$, $\partial_{(k_1,\ldots,k_m)}f = \partial_{k_1}(\ldots(\partial_{k_m}f)\ldots)$.

Le résultat du Lemme 1.2.1 est bien connu : lié à la transformation de Riesz il a été établi par Stein [8] (voir aussi [1]).

Démonstration de la proposition 1.2.1 :

(i) pour chaque $\phi \in \hat{\mathcal{R}}$, $\phi|_{E^n} \in C^\infty(E^n)$, si on regarde localement :

$(\hat{L}\phi)|_{E^n} = \Delta_n(\phi|_{E^n})$ où Δ_n est le laplacien sur $E^n = \mathbb{R}^{nd}/_{2N\mathbb{Z}^d}$.

Puisque $\hat{L}\phi \in \bigcap_{1\leq p<+\infty} L^p(\hat{X},\hat{\mu})$, on en déduit immédiatement :

$$\phi \in \bigcap_{1\leq p<+\infty} D_p(\hat{L}).$$

La stabilité de $\hat{\mathcal{R}}$ par $\hat{L}$ est évidente.

Ensuite, nous calculons, d'après la construction de notre espace intermédiaire $(\hat{X},\hat{\mu})$:

$$\int_{\hat{X}} \hat{\Gamma}^p(\phi,\phi)d\hat{\mu} = \sum_{i=1}^{\infty} \int_{E^n} (\hat{\Gamma}(\phi,\phi)|_{E_n} dz_1\ldots dz_n \cdot \frac{e^{-\lambda(E)}}{n!}$$

$$= \sum_{n=1}^{\infty} \int_{E^n} [\Gamma^{\Delta_n}(\phi|_{E^n},\phi|_{E^n})]^p dz_1\ldots dz_n \cdot \frac{e^{-\lambda(E)}}{n!}$$

d'autre part, puisque E^n est une classe invariante pour P_t, on a aussi :

$(\hat{C}\phi)|_{E^n} = B_n(\phi|_{E^n})$, où B_n est l'opérateur de Cauchy associé à $\Delta_n (B_n = -\sqrt{-\Delta_n})$. Le même calcul que le précédent donne :

$$\int_{\hat{X}} |\hat{C}\phi|^p d\hat{\mu} = \sum_{n=1}^{\infty} \frac{e^{-\lambda(E)}}{n!} \int_{E^n} |B_n(\phi|_{E^n})|^p dz_1\ldots dz_n.$$

Finalement, nous appliquons le lemme 1.2.1 à ces deux formules et obtenons l'inégalité *(1.2.2)*.

(ii) L'inégalité *(1.2.4)* résulte du même raisonnement.

Remarque : Dans la démonstration ci-dessus, le fait que les constantes dans l'inégalité du Lemme 1.2.1 dépendent seulement de p et m indépendant de $E^n(n = 1,2,\ldots)$) joue un rôle tout-à-fait essentiel. C'est pourquoi nous soulignons toujours que les constantes sont universelles.

1.3. Dans ce paragraphe, nous allons traduire les inégalités de Sobolev pour $(\hat{P}_t)_{t\geq 0}$ en inégalités de Sobolev pour le semi-groupe de W-P $(P_t)_{t\geq 0}$.

Nous énonçons d'abord le :

Théorème 1.3.1 : *Soit* (X,μ) *l'espace de Poisson sur le tore* $(E,\lambda) = (\mathbb{R}^d/_{2N}\mathbb{Z}^d, dz)$ $(P_t)_{t \geq 0}$ *le semi-groupe de W-P associé au semi-groupe* $(T_t)_{t \geq 0}$ *du mouvement brownien sur le tore.*

Alors, sur l'algèbre de fonctions-test :

$$\mathcal{R} = \left\{ F(x(f_1),\ldots,x(f_n)) \;\middle|\; \begin{array}{l} f_i \in C^\infty(E),\ i = 1,\ldots,n \\ F \text{ un polynôme} \end{array} \right\}$$

nous avons les inégalités de Sobolev suivantes $(1 < p < +\infty)$

(*i*) $\quad C'_p \|C\phi\|_p \leq \|\sqrt{\Gamma(\phi,\phi)}\|_p \leq C_p \|C\phi\|_p \qquad \forall\phi \in \mathcal{R}$

(*ii*) *si on choisit* $\Gamma_m(\cdot,\cdot)$ *sur* $\mathcal{R} \times \mathcal{R}$ *de la même manière que* $\hat{\Gamma}_m(\cdot,\cdot)$ ((1.2.3)), *alors :*

$$\Gamma_m(\phi,\phi) \geq 0 \quad \text{et pour tout } \phi \in \mathcal{R} :$$

$$C'_{m,p} \|C^m\phi\|_p \leq \|\sqrt{\Gamma_m(\phi,\phi)}\|_p \leq C_{m,p} \|C^m\phi\|_p, \qquad m = 1,2,\ldots$$

où $C_p, C'_p, C_{m,p}, C'_{m,p}$ *sont des constantes positives universelles.*

Démonstration : Rappelons la définition $\sigma : \hat{X} \to X$ $\left(\hat{x} = (z_1,\ldots,z_n) \to \sum_{k=1}^{n} \delta_{z_k}\right)$; si nous désignons par $(\hat{x}_t)$ le processus de Markov, de semi-groupe $(\hat{P}_t)$, alors $(\sigma(\hat{x}_t))_{t \geq 0}$ est, d'après (I.2.1.5), le processus de Wiener-Poisson.

A chaque fonction $\phi : X \to \mathbb{R}$, nous associons une fonction $\hat{\phi} : \hat{X} \to \mathbb{R}$ définie par : $\hat{\phi}(\hat{x}) = \phi(\sigma\hat{x})$. En tenant compte du fait ci-dessus, nous pouvons obtenir :

$$\forall\phi \in \mathcal{R} : \widehat{P_t\phi} = \hat{P}_t\hat{\phi} \quad \text{et} \quad \hat{\phi} \in \hat{\mathcal{R}} \text{ (d'après la définition de } \mathcal{R} \text{ et } \hat{\mathcal{R}})$$

d'où il résulte :

$$\widehat{L\phi} = \hat{L}\hat{\phi} \qquad \widehat{\Gamma(\phi,\phi)} = \hat{\Gamma}(\hat{\phi},\hat{\phi}), \quad \widehat{C\phi} = \hat{C}\hat{\phi}, \qquad \widehat{\Gamma_m(\phi,\phi)} = \hat{\Gamma}_m(\hat{\phi},\hat{\phi})$$

Finalement, le fait que $\mu = \sigma\cdot\hat{\mu}$ et la proposition 1.2.1 entraînent

$$\begin{aligned} \|\sqrt{\Gamma_m(\phi,\phi)}\|_{L^p(X,\mu)} &= \|\sqrt{\widehat{\Gamma_m(\phi,\phi)}}\|_{L^p(\hat{X},\hat{\mu})} \\ &= \|\sqrt{\hat{\Gamma}_m(\hat{\phi},\hat{\phi})}\|_{L^p(\hat{X},\hat{\mu})} \\ &\sim \|\hat{C}^m\hat{\phi}\|_{L^p(\hat{X},\hat{\mu})} = \|C^m\phi\|_{L^p(X,\mu)} \end{aligned}$$

Le théorème est démontré.

Remarque : Comme $C^\infty(E)$ est dense dans $D_p(\Delta)$ pour tout p : $1 \leq p < +\infty$, d'après le théorème I.2.2.1, $\mathcal{R}$ est dense dans $D_p(L)$ pour tout p : $1 \leq p < +\infty$. Par conséquent, les inégalités de Sobolev dans le théorème 1.3.1 sont vraies pour tout $\phi \in D_p(L)$.

2. *INEGALITE DE SOBOLEV POUR LE SEMI-GROUPE DE WIENER-POISSON ASSOCIE AU MOUVEMENT BROWNIEN DANS* $\mathbb{R}^d$.

2.1. Dans toute cette section, nous nous plaçons dans le cas où $(E,\lambda) = (\mathbb{R}^d, dz)$ (T_t) est le semi-groupe du mouvement brownien $\mathbb{R}^d$ (de générateur Δ)

$$\mathcal{D} = C_0^\infty(\mathbb{R}^d).$$

Soit $\{(X,\mu),(P_t)_{t\geq 0},L,\mathcal{R}\}$ le système associé à $\{(\mathbb{R}^d,dz),(T_t)_{t\geq 0},\Delta,\mathcal{D}\}$; nous recopions la formule (I.2.2.1) :

$$\forall\phi = F(p(f_1),\dots,p(f_n)) \in \mathcal{R}$$

$$(2.1.1) \quad L\phi = \sum_{i=1}^{n} F_i(p(f_1),\dots,x(f_n))p(\Delta f_i) + \sum_{i,j=1}^{n} F_{ij}(p(f_1),\dots,p(f_n))p(\nabla f_i\cdot\nabla f_j).$$

Nous commençons la discussion en présentant le :

Théorème 2.1.1 : Définissons $\Gamma_m(\cdot,\cdot)$ *sur* $\mathcal{R}\times\mathcal{R}$ *par :*

$$\begin{cases} \Gamma_1(\phi,\psi) = \Gamma(\phi,\psi) \\ \Gamma_{m+1}(\phi,\psi) = \frac{1}{2}\,[L\Gamma_m(\phi,\psi) - \Gamma_m(\phi,L\psi) - \Gamma_m(L\phi\ \psi)], \quad m \geq 1 \end{cases}$$

Alors, $\Gamma_m(\phi,\phi) \geq 0$ *et l'inégalité de Sobolev suivante a lieu :*

$$(2.1.2) \qquad C'_{m,p}\,\|C^m\phi\|_p \leq \|\sqrt{\Gamma_m(\phi,\phi)}\|_p \leq C_{m,p}\,\|C^m\phi\|_p, \quad m = 1,2,\dots\ ; \quad 1 < p < +\infty.$$

où $C_{m,p}, C'_{m,p}$ *sont des constantes positives universelles.*

Démonstration : L'idée essentielle consiste à approcher $\mathbb{R}^d$ par le tore $\mathbb{R}^d/_{2N\,\mathbb{Z}^d} \simeq [-N,N]^d$ $(N = 1,2,\dots)$.

Fixons $\phi = F(x(f_1),\dots,x(f_n)) \in \mathcal{R}$, choisissons un entier $N_0 > 0$, tel que pour tout $N \geq N_0$: $\bigcup_{k=1}^{n} \operatorname{supp}(f_k) \subseteq\ ]-N,N[^d$ (puisque $f_k \in C_0^\infty(\mathbb{R}^d)$).

Soit $(T_t^{(N)})$ le semi-groupe sur $\mathbb{R}^d$ tel que :

- la restriction de (T_t^N) au tore $[-N,N]^d$ est le semi-groupe du mouvement brownien sur le tore

- la restriction de T_t^N à $\mathbb{R}^d \setminus [-N,N]^d$ est l'opérateur identité.

Soit $(P_t^{(N)})_{t\geq 0}, L^{(N)}, \Gamma^{(N)}(\cdot,\cdot), C^{(N)}\}$ le système sur l'espace de Poisson $(X,\mu$ associé à $(T_t^{(N)}, B^{(N)})$ où $B^{(N)}$ est l'opérateur de Cauchy associé à $(T_t^{(N)})_{t\geq 0}$.

D'après la formule *2.1.1* (voir également (I.2.2.1)), on peut affirmer que pour ϕ ci-dessus :

$$(2.1.3) \qquad \begin{cases} L\phi = L^{(N)}\phi, \; L^m\phi = (L^{(N)})^m\phi \\ \Gamma(\phi,\phi) = \Gamma^{(N)}(\phi,\phi), \; \Gamma_m(\phi,\phi) = \Gamma_m^{(N)}(\phi,\phi). \end{cases}$$

Il est facile d'établir l'inégalité suivante, à partir de l'inégalité de Sobolev pour le semi-groupe de W-P associé au mouvement brownien sur le tore (Théorème 1.3.1) :

$$(2.1.4) \qquad C'_{m,p}\,\|(C^{(N)})^m\phi\|_p \leq \|\sqrt{\Gamma_m^{(N)}(\phi,\phi)}\|_p \leq C_{m,p}\,\|(C^{(N)})^m\phi\|_p .$$

Pour établir l'inégalité de Sobolev *2.1.2*, nous considérons deux cas :

Premier cas : m est pair.

En remarquant que $C^2 = L$. Nous avons donc dans ce cas :

$$(C^{(N)})^m\phi = (-1)^{m/2}\,(L^{(N)})^{m/2}\phi = (-1)^{m/2}\,L^{m/2}\phi = C^m\phi.$$

Par suite, *2.1.3* et *2.1.4* entraînent *2.1.2*.

Deuxième cas : $m = 2k+1$ où $k = 0,1,2,\ldots$.

Nous allons utiliser le lemme suivant dont la preuve est donnée dans le prochain paragraphe (§ 2.2).

Lemme 2.1.1 : Pour $\phi \in \mathcal{R}$ fixée on a :

$$C^{(N)}\phi \xrightarrow{(N\to+\infty)} C\phi \quad \textit{dans } L^p(X,\;) \quad \textit{pour tout } p : 1 \leq p < +\infty).$$

A partir de ce lemme, nous pouvons déduire pour tout $p : 1 \leq p < +\infty$:

$$\begin{aligned} (C^{(N)})^{2k+1}\phi &= C^{(N)}[(L^{(N)})^k\phi] && (\text{convention : } (L^{(N)})^0\phi = \phi)) \\ &= C^{(N)}(L^k\phi) && (L^k\phi \in \mathcal{R} \text{ d'après } 2.1.1) \\ &\xrightarrow[L^p(X,\mu)]{(N\to+\infty)} C(L^k\phi) = C^{2k+1}\phi \end{aligned}$$

Finalement, l'inégalité *2.1.2* est une traduction de *2.1.4* . □

2.2. Démonstration du lemme 2.1.1 : Notre démonstration est basée sur le résultat suivant, classique en analyse harmonique :

$$(2.2.1) \qquad \forall f \in C_0^\infty(\mathbb{R}^d), \qquad B^{(N)}f \xrightarrow{L^2(\mathbb{R}^d,dz)} Bf$$

où B est l'opérateur de Cauchy de Δ, i.e. $B = -\sqrt{-\Delta}$.

$B^{(N)}$ est l'opérateur de Cauchy associé à $(T_t^{(N)})$, défini dans § 2.1.

Nous avons maintenant, pour $\phi = F(x(f_1),\dots,x(f_n)) \in \mathcal{R}$, d'après le lemme I.1.2.1,

$$\phi = \sum_{k=0}^{m} \tilde{p}^{(k)}(f_k \times \dots \times f_{kk})$$

où les fonctions $f_{k\ell}$ $(k = 1,\dots m\ ;\ \ell = 1,\dots,k)$ (f_{oo} est constante) appartiennent à l'algèbre engendrée par $\{f_1,\dots,f_n\}$, et donc à $C_0^\infty(\mathbb{R}^d)$.

D'après la définition des semi-groupes de W-P $(P_t)_{t\geq 0}$ et $(P_t^{(N)})_{t\geq 0}$ (voir (I.1.3.1)), nous avons :

$$C^{(N)}\phi = \sum_{k=1}^{n} \tilde{p}^{(k)}(B_k^{(N)}[f_{k1} \otimes \dots \otimes f_{kk}])$$

(d'après (I.1.2.3) et (2.2.1)) $\xrightarrow{L^2(X,\mu)} \displaystyle\sum_{k=1}^{m} \tilde{p}^{(k)}(B_k[f_k \otimes \dots \otimes f_{kk}]) = C\phi$

où $B_k^{(N)}$ est l'opérateur de Cauchy associé à $\underbrace{T_t^{(N)} \otimes \dots \otimes T_t^{(N)}}_{k \text{ fois}}$,

B_k est l'opérateur de Cauchy associé à $\underbrace{T_t \otimes \dots \otimes T_t}_{k \text{ fois}}$.

D'autre part, il résulte de l'inégalité *2.1.4* :

$$\|C^{(N)}(\phi)\|_p \leq (C_p')^{-1} \| \sqrt{\Gamma^{(N)}(\phi,\phi)}\|_p$$

$$= (C_p')^{-1} \|\sqrt{\Gamma(\phi,\phi)}\|_p \qquad \text{pour tout } 1 \leq p < +\infty$$

où $C_p' = C_{1,p}'$ dans *2.1.4* .

Finalement, le théorème de convergence sous intégrabilité uniforme entraîne :

$$\|C^{(N)}\phi - C\phi\|_p \to 0 \qquad \text{pour tout } 1 \leq p < +\infty.$$

Le lemme 2.1.1 est établi.

Remarque : Comme $\mathcal{R}$ est dense dans $D_p(L)$ $(1 \le p < +\infty)$, d'après l'inégalité de Sobolev 2.1.2 , nous avons pour tout $\phi \in D_p(L)$:

$$C'_p \|C\phi\|_p \le \|\sqrt{\Gamma(\phi,\phi)}\|_p \le C_p \|C\phi\|_p \qquad (1 < p < +\infty)$$

3. *PRELIMINAIRES POUR LE CAS GENERAL.*

Jusqu'à la fin de cet article, nous travaillons dans le cadre général introduit dans le premier article :

- (E,λ), $(T_t)_{t\ge 0}, A, \mathcal{D}, \Gamma^A(\cdot,\cdot)$
- (X,μ), $(P_t)_{t\ge 0}, L, \mathcal{R}, \Gamma(\cdot,\cdot)$

outre les hypothèses faites dans § I.2.1 pour $(T_t, A, \mathcal{D})$, nous supposons encore :

(i) $\quad \Gamma_2^A(f,f) \triangleq \frac{1}{2}\, A\Gamma^A(f,f) - 2\Gamma^A(f,Af) \ge 0, \quad \forall f \in \mathcal{D}$

(ii) $\quad$ l'application $(u,v) \to A\Gamma^A(T_u f, T_v g)$ appartient à $C_b(\mathbb{R}_+ \times \mathbb{R}_+ \to L^p(E,\lambda))$ pour tout $1 \le p < +\infty$, $f,g \in \mathcal{D}$.

Remarque : (i) est essentielle, tandis que (ii) est une hypothèse technique.

3.1.

Proposition 3.1.1 : *Sous les hypothèses faites pour* $(T_t, \mathcal{D}, A)$, *nous avons* :

(3.1.1) $\quad \Gamma_2(\phi,\phi) \triangleq \frac{1}{2}[L\Gamma(\phi,\phi) - 2\Gamma(\phi,L\phi)] \ge 0 \quad$ *pour tout* $\phi \in \mathcal{R}$.

Remarque : La forme bilinéaire $\Gamma_2(\cdot,\cdot)$ sur $\mathcal{R} \times \mathcal{R}$ définie par :

$$\Gamma_2(\phi,\psi) = \frac{1}{2}[L\Gamma(\phi,\psi) - \Gamma(\phi,L\psi) - \Gamma(L\phi,\psi)]$$

est appelée l'opérateur carré du champ itéré dans Bakry [1].

Démonstration : Pour $\phi = F(p(f_1),\ldots,p(f_n)) \in \mathcal{R}$, nous pouvons calculer d'après le théorème I.2.2.1 :

$$L\phi = \sum_{i=1}^{n} F_i(\ )\, p(Af_i) + \sum_{i,j=1}^{n} F_{ij}(\ )\, p(\Gamma^A(f_i,f_j))$$

$$\Gamma(\phi,\phi) = \sum_{i,j=1}^{n} F_i(\ )\, F_j(\ )\, p(\Gamma^A(f_i,f_j))$$

(3.1.2) $\quad \Gamma_2(\phi,\phi) = \frac{1}{2}[L\Gamma(\phi,\phi) - 2\Gamma(\phi,L\phi)]$

$$= \sum_{i,j=1}^{n} F_i(\ )\ p(\Gamma_2^A(f_i,f_j))$$

$$+ \sum_{i,j,k,\ell=1}^{n} F_{ik}(\ )F_{j\ell}(\ )\cdot p(\Gamma^A(f_i,f_j))\ p(\Gamma^A(f_k,f_\ell))$$

$$+ \sum_{i,j,k=1}^{n} F_i(\ )\ F_{jk}(\ )\ [2p(\Gamma^A(f_k,\Gamma^A(f_i,f_j)) - p(\Gamma^A(f_i,\Gamma^A(f_j,f_k))]$$

où $F_i(\ ) = \frac{\partial F}{\partial y_i}(p(f_1),\ldots,p(f_n))$, $\quad F_{ij}(\ ) = \frac{\partial^2 F}{\partial y_i \partial y_j}(p(f_1),\ldots,p(f_n))$.

Maintenant, nous posons :

$$\underset{n\times n}{N_1} = (\Gamma_2^A(f_i,f_j))_{i,j=1,\ldots,n}$$

$$\underset{n\times n}{N_2} = (\Gamma^A(f_i,f_j))$$

N_3 est une matrice $n \quad n^2$, dont l'élément à la position $(i,j-1)n+k)$ est $\Gamma^A(f_k,\Gamma^A(f_i,f_j)) - \frac{1}{2}\Gamma^A(f_i,\Gamma^A(f_j,f_k))$ et définissons le produit tensoriel de deux matrices $\underset{m\times n}{M_1}$ et $\underset{p\times q}{M_2}$ par :

$$M_1 \otimes M_2 = \begin{pmatrix} M_1^{11}\cdot M_2,\ldots,M_1^{1,n}\cdot M_2 \\ \vdots \qquad\qquad \vdots \\ M_1^{m,1}\cdot M_2,\ldots,M_1^{m,n}\cdot M_2 \end{pmatrix}_{mp\times nq}$$

Nous pouvons réécrire la formule *3.1.2* en :

$$(3.1.3) \qquad \Gamma_2(\phi,\phi) = \nu\cdot\begin{pmatrix} p(N_1) & p(N_3) \\ p(N_3^T) & p(N_2)\otimes p(N_2) \end{pmatrix}\cdot\nu^T$$

où $\nu = (F_1(\ ),\ldots,F_n(\ )\ ;\ F_{11}(\ ),\ldots,F_{1n}(\ ),\ldots,F_{n1}(\ ),\ldots,F_{nn}(\ ))$

T indique la transposition :

$$p(M)^{ij} = p(M^{ij}).$$

Il résulte du fait suivant (classique en théorie des matrices) :

$$\underset{n\times n}{M_1} \geq 0\ , \quad \underset{n\times n}{M_2} \geq 0 \Rightarrow M_1 \otimes M_2 \geq 0$$

$$\Rightarrow (M_1 + M_2) \otimes (M_1 + M_2) \geq M_1 \otimes M_1 + M_2 \otimes M_2$$

que : $\quad p(N_2) \otimes p(N_2) \geq p(N_1 \otimes N_2)$.

Par suite,

$$\Gamma_2(\phi,\phi) \geq \nu\cdot p\begin{pmatrix} N_1 & N_3 \\ N_3^T & N_2 \otimes N_2 \end{pmatrix}\cdot \nu^T \tag{3.1.4}$$

D'autre part, pour un polynôme arbitraire G à n variables sans terme constant, nous obtenons de la même manière que ci-dessus :

$$\Gamma_2^A(G(f_1,\ldots,f_n),\ldots,G(f_1,\ldots,f_n)) = \omega\cdot\begin{pmatrix} N_1 & N_3 \\ N_3^T & N_2 \otimes N_2 \end{pmatrix}\omega^T \geq 0 \quad \text{(par hypothèse)}$$

où $\omega = (G_1(f_1,\ldots,f_n),\ldots,G_n(\ ) \ ;\ G_{11}(\ ),\ldots,G_{1n}(\ ),\ldots,G_{n1}(\ ),\ldots,G_{nn}(\ ))$.

Puisque G est arbitraire, nous déduisons :

$$\begin{pmatrix} N_1 & N_3 \\ N_3^T & N_2 \otimes N_3 \end{pmatrix} \geq 0$$

d'où il résulte :

$$p\begin{pmatrix} N_1 & N_3 \\ N_3^T & N_2 \otimes N_2 \end{pmatrix} \geq 0 \quad \text{et} \quad \Gamma_2(\phi,\phi) \geq 0 \text{ d'après 3.1.4 .} \ \square$$

Remarque : On peut conjecturer :

si $\Gamma_m^A(f,f) \geq 0$ pour tout $f \in \mathcal{D}$, $m = 1,\ldots,n$; alors

$\Gamma_m(\phi,\phi) \geq 0$ pour tout $\phi \in \mathcal{R}$ et $m = 1,\ldots,n$.

Il s'agit ici de calculs compliqués, et nous ne connaissons pas la réponse.

3.2. Les martingales fondamentales associées à notre système $(P_t,L,\mathcal{R})$.

Comme nous l'avons déjà indiqué dans l'introduction, notre travail est basé sur les travaux de Bakry ([1]). Mais on ne peut pas appliquer directement ses résultats à notre système $(P_t,L,\mathcal{R})$, parce qu'en comparaison avec les hypothèses faites dans [1], il nous manque les propriétés suivantes :

(i) les éléments de $\mathcal{R}$ ne sont pas bornés. Ce fait nous empêche d'apliquer les résultats de Meyer [6] (surtout le lemme 7, p. 156) qui sont techniquement la base du travail de Bakry [1].

(ii) μ n'est pas une mesure de référence, autrement dit, les ensembles μ-négligeables ne sont pas sûrement les ensembles de potentiel nul ; par exemple, $\{x \in X \mid x$ n'est pas une mesure de Radon$\}$ est un ensemble μ-négligeable, mais pas un ensemble de potentiel nul (ceci est clair si on regarde la construction du processus de W-P).

Pour surmontrer ces difficultés techniques, nous allons redémontrer quelques résultats de [6], convenant à notre système $(P_t, L, \mathcal{R})$.

Nous désignons par Ω l'espace $(X \times \mathbb{R})^{\mathbb{R}_+}$, par $Y_t = (X_t, B_t)$ l'application coordonnée d'indice t sur Ω, par $P^{\nu,a}$ (ν une loi sur X et $a > 0$) l'unique loi sur Ω telle que :

- $(X_t)_{t \geq 0}$ et $(B_t)_{t \geq 0}$ sont indépendants.
- $(X_t)_{t \geq 0}$ est un processus de Markov, de semi-groupe $(P_t)_{t \geq 0}$, de loi initiale ν.
- $(B_t)_{t \geq 0}$ est un mouvement brownien à valeurs dans $\mathbb{R}$, de générateur $\frac{d^2}{dt^2}$ $(\langle B,B\rangle_t = 2t)$, partant de $a \in (0,+\infty)$.

Nous désignons en particulier par P^a la loi $P^{\mu,a}$, par $P^{x,a}$ la loi $P^{\delta_x,a}$.

Soit $(\vec{P}_t)_{t \geq 0}$ le semi-groupe du mouvement brownien $(B_t)_{t \geq 0}$, nous désignons par $(\tilde{P}_t)_{t \geq 0}$ le semi-groupe produit :

(3.2.1) $$\tilde{P}_t((x,r),\cdot) = P_t(x,\cdot) \otimes \vec{P}_t(r,\cdot).$$

Nous allons établir le résultat suivant qui généralise le lemme 7 de [6] (p. 156) :

Lemme 3.2.1 : Soit $u : X \times \mathbb{R} \to \mathbb{R}$ une fonction $\mathcal{A}^0 \times \mathcal{B}(\mathbb{R})$ mesurable.

On suppose que pour $t \in \mathbb{R}$ fixé, $u(\cdot,t)$ appartient à $D_1(L)$ et l'application $t \to u(\cdot,t)$ appartient à $C_b^2(\mathbb{R} \to L^1(X,\mu))$. Soient a,b deux fonctions $\mathcal{A}^0 \times \mathcal{B}(\mathbb{R})$-mesurables de $X \times \mathbb{R}$ dans $\mathbb{R}$, vérifiant :

(3.2.2) $$\begin{cases} a(\cdot,t) \overset{\mu\text{-p.s.}}{=} L(u(\ ,t)) \\ b(\cdot,t) \overset{\mu\text{-p.s.}}{=} D_t^2(\cdot,t) \text{ (au sens de Fréchet dans } L^1(X,\mu)) \ ; \end{cases}$$

si on suppose encore que l'application $t \to a(\cdot,t)$ appartient à $C_b(\mathbb{R},L^1(X,\mu))$, alors il existe une version $\bar{u}$ de u (i.e. : $\forall r \in \mathbb{R}$, $u(\cdot,r) \overset{\mu\text{-p.s.}}{=} \bar{u}(\cdot,r)$ telle que le processus

(3.2.3) $$\bar{u}(x_t,B_t) - \int_0^t [a(x_s,B_s) + b(x_s,B_s)]dx$$

est une P^a-martingale continue.

Preuve : On considère $(\tilde{P}_t)$ comme un semi-groupe de contractions, dans $C_b(\mathbb{R} \to L^1(X,\mu))$, muni de la norme : $|||u||| = \sup_{r\in\mathbb{R}} \|u(r)\|_{L^1(X,\mu)}$.

On calcule $(u(r) \triangleq u(\cdot,r))$:

$$t^{-1}(\tilde{P}_t u(r) - u(r)) = t^{-1}[P_t(\int_{\mathbb{R}} \vec{P}_t(r,ds)\, u(s)) - u(r)] = t^{-1}[P_t u(r) - u(r)]$$

$$+ P_t[t^{-1}(\int_{\mathbb{R}} \vec{P}_t(r,ds)u(s) - u(r))] \xrightarrow[(t \to 0)]{L^1(X,\mu)} a(r) + b(r).$$

Par conséquent :

$$\tilde{P}_t u(r) = u(r) + \int_0^t \tilde{P}_s(a+b)\,(r)ds \quad \text{dans } L^1(X,\mu)$$

d'où il résulte immédiatement que le processus

$$u(x_t,B_t) - \int_0^t (a+b)(x_s,B_s)ds$$

est une P^a-martingale (non nécessairement continue).

Prenons $\bar{u} = \tilde{R}_\lambda(\lambda u-a-b)^+ - \tilde{R}_\lambda(\lambda u-a-b)^-$ (avec la convention $\infty-\infty = 0$), où $\tilde{R}_\lambda (\lambda > 0)$ est la résolvante de $(\tilde{P}_t)_{t\geq 0}$. Comme $\tilde{P}_t$ est une contraction de $C_b(\mathbb{R} \to L^1(X,\mu)$, $\bar{u} \in C_b(\mathbb{R} \to L^1(X,\mu))$ et $\bar{u} = u$ dans cet espace. Autrement dit, nous avons :

$$\bar{u}(r) = u(r) \quad \text{dans } L^1(X,\mu) \text{ pour tout } r \in \mathbb{R}$$

$\bar{u}$ est donc une version de u.

Le théorème de Fubini entraîne que les deux processus $(\bar{u}(X_t,B_t))_{t\geq 0}$ et $(u(X_t,B_t))_{t\geq 0}$ sont équivalents sous la loi P^a. Pour terminer la preuve de ce lemme, il nous reste à établir la continuité p.s. du processus $(\bar{u}(X_t,B_t))_{t\geq 0}$ sous la loi $P^a = P^{\mu,a}$.

Posons $v = (\lambda u-a-b)^+$ ou $(\lambda u-a-b)^-$, nous choisissons une suite croissante de fonctions $\mathcal{A}^0 \times \mathcal{B}(\mathbb{R})$-mesurables bornees positives $(v_n)_{n\geq 1}$, telle que $v_n \uparrow v$ partout sur $X \times \mathbb{R}$.

D'après le lemme de Fatou, $\tilde{R}_\lambda v_n \uparrow \tilde{R}_\lambda v$ partout.

Comme dans la démonstration de la proposition I.2.3.1, on peut démontrer que $(\tilde{R}_\lambda v_n(X_t,B_t))_{t\geq 0}$ est un processus p.s. continu pour tout $P^{x,a}$ $(x\in X,\ a\in (0,+\infty)$ arbitraire), donc pour la loi $P^a = P^{\mu,a}$.

D'autre part, $M_t^n \overset{\Delta}{=} e^{-\lambda t}\tilde{R}_\lambda v_n(X_t,B_t) + \int_0^t e^{-\lambda s} v_n(X_s,B_s)ds$ est une P^a-martingale continue positive. Remarquons :

$$0 \leq M_t^n \uparrow M_t \overset{\Delta}{=} e^{-\lambda t}\tilde{R}_\lambda v(X_t,B_t) + \int_0^t e^{-\lambda s} v(X_s,B_s)$$

partout sur $\Omega\times\mathbb{R}_+$ et $M_t \in L^1(P^a)$.

$\{M_t^n, t\in [0,T],\ n = 1,2,\dots\}$ est donc borné dans $L^1(P^a)$ pour tout $T > 0$, et en plus, d'après le lemme maximal pour les martingales, (M^n) est une suite de Cauchy pour la convergence uniforme sur les compacts en probabilité, donc $M^n \to M$ uniformément en probabilité sur les compacts, donc M est P^a-p.s. continu. En particulier, $(\tilde{R}_\lambda v(X_t,B_t))_{t\geq 0}$ est un processus continu. □

<u>Remarque</u> : Soit $\bar{u}$ une version de u. Nous avons, d'après le théorème de Fubini : $\bar{u}(X_\tau,B_\tau) = u(X_\tau,B_\tau)$ P^a-p.s. pour un temps d'arrêt τ du mouvement brownien $(B_t)_{t\geq 0}$. Ce fait nous servira beaucoup.

Posons :

(3.2.4) $\quad \tau_c = \inf\{t \geq 0 : B_t = c\} \quad (c\in\mathbb{R}) \qquad \tau = \tau_0.$

Nous allons démontrer :

<u>*Lemme 3.2.2*</u> : *Soit* $u : X\times\mathbb{R}_+ \to \mathbb{R}$ *l'une des fonctions suivantes* $P_t\phi$, Q_t,ϕ $\Gamma(P_t\phi,P_t\phi)$, $\Gamma(Q_t\phi,\ Q_t\phi)$ *où* $\phi\in\mathcal{R}$. *Alors il existe une version de* u, *notée encore* u *telle que :*

(3.2.5) $\quad M_u^t = u(X_{t\wedge\tau}, B_{t\wedge\tau}) - \int_0^t (Lu + D_t^2u)(X_s,B_s)ds$

soit une P^a*-martingale continue.*

<u>Preuve</u> : Choisissons une fonction $\rho : \mathbb{R}\to\mathbb{R}$ vérifiant :

$$\rho\in C^\infty(\mathbb{R}) \quad \text{avec} \quad \operatorname{supp}(\rho) \subseteq (\varepsilon/_2,+\infty) \ ; \quad \rho = 1 \quad \text{sur} \quad [\varepsilon,+\infty)$$

Il n'est pas difficile de vérifier à partir des hypothèses faites pour le système $(T_t,\mathcal{D},A)$ et des résultats du premier article que la fonction $\rho u : X\times\mathbb{R}\to\mathbb{R}$ définie sur $X\times\mathbb{R}$ par :

$$\rho u(x,t) = 0 \quad (t < 0) \; ; = \rho(t)\, u(x,t), \; t \geq 0$$

vérifie les hypothèses du Lemme 3.2.1.

Par conséquent, le Lemme 3.2.1 entraîne que :

$$M_u^{t\wedge\tau_\varepsilon} = u(X_{t\wedge\tau_\varepsilon}, B_{t\wedge\tau_\varepsilon}) - \int_0^{t\wedge\tau_\varepsilon} (Lu + D_t^2 u)(X_s, B_s)\,ds$$

est une P^a-martingale continue.

Prenons une suite $(\varepsilon_n)_{n\geq 1}$ telle que $\varepsilon_n \downarrow 0$ $(\varepsilon_n < a)$. Nous avons :

$$\tau_{\varepsilon_n} \uparrow \tau.$$

Nous vérifions d'abord la continuité de $(M_u^t)_{t\geq 0}$ (sous la loi P^a), i.e. celle de $(u(X_{t\wedge\tau}, B_{t\wedge\tau}))_{t\geq 0}$.

Il est évident que $(u(X_{t\wedge\tau}, B_{t\wedge\tau}))_{t\geq 0}$ est continu sur $[0, \tau_{\varepsilon_n}[\cup [\tau, +\infty)$; pour établir sa continuité, il nous reste à démontrer :

$$u(X_{\tau_{\varepsilon_n}}, B_{\tau_{\varepsilon_n}}) \to u(X_\tau, B_\tau) \qquad P^a\text{-p.s.}$$

(i.e.)

(3.2.6) $$u(X_{\tau_{\varepsilon_n}}, \varepsilon_n) \to u(X_\tau, 0) \qquad P^a\text{-p.s.}$$

Remarquons d'abord :

$$\|u(X_{\tau_{\varepsilon_n}}, \varepsilon_n) - u(X_\tau, 0)\|_{L^2(P^a)}$$

$$\leq \|u(X_{\tau_{\varepsilon_n}}, \varepsilon_n) - u(X_{\tau_{\varepsilon_n}}, 0)\|_{L^2(P^a)} + \|u(X_{\tau_{\varepsilon_n}}, 0) - u(X_\tau, 0)\|_{L^2(P^a)}$$

(la loi de $X_{\tau_{\varepsilon_n}}$ sous P^a est μ)

$$= \|u(\cdot, \varepsilon_n) - u(\cdot, 0)\|_{L^2(\mu)} + \|u(X_{\tau_{\varepsilon_n}}, 0) - u(X_\tau, 0)\|_{L^2(P^a)} \to 0$$

parce que $u(\cdot, 0) \in \mathcal{R}$ et $(u(X_t, 0))_{t\geq 0}$ est un processus continu.

Il reste à choisir une sous-suite de $(\varepsilon_n)_{n\geq 1}$ telle que 3.2.6 soit vraie ; ainsi, nous avons établi la continuité de $(u(X_{t\wedge\tau}, B_{t\wedge\tau}))_{t\geq 0}$ sous la loi P^a.

Fixons maintenant $t \in \mathbb{R}_+$, $M_u^{t\wedge\tau_{\varepsilon_n}} \to M_u^t$ P^a-p.s. et comme $\{M_u^{t\wedge\tau_{\varepsilon_n}}, n \geq 1\}$

$$M^{t\wedge\tau_{\varepsilon_n}} \to M_u^t \quad \text{dans} \quad L^1(P^a) \quad (n \to +\infty)$$

(M_u^t) est donc une P^a-martingale. □

Corollaire 3.2.1 : Soit $\overline{\phi}(x,t) = Q_t\phi$. Il existe une version de $\overline{\phi}$, notée encore $\overline{\phi}$, telle que le processus

$$(3.2.7) \qquad M_t(\phi) = \overline{\phi}(x_{t\wedge\tau}, B_{t\wedge\tau}) - \overline{\phi}(x_0, a)$$

soit une martingale continue (sous la loi P^a).

Nous désignons par $\vec{M}(\phi)$ la projection orthogonale de $M(\phi)$ sur le sous-espace stable engendré par (B_t), par $M^{\uparrow}(\phi)$ la projection "verticale" de $M(\phi)$ sur le sous-espace orthogonal.

Nous avons :

$$(3.2.8) \qquad \vec{M}_t(\phi) = \int_0^{t\wedge\tau} D_t\overline{\phi}\,(x_s, B_s)dB_s$$

$$(3.2.9) \qquad \langle\vec{M}(\phi), \vec{M}(\phi)\rangle_t = 2\int_0^{t\wedge\tau} (D_t\overline{\phi})^2(x_s, B_s)ds$$

$$(3.2.10) \qquad \langle M^{\uparrow}(\phi), M^{\uparrow}(\phi)\rangle_t = 2\int_0^{t\wedge\tau} \Gamma(\overline{\phi},\overline{\phi})(x_s, B_s)ds.$$

Preuve : Parce que $L\overline{\phi} + D_t^2\overline{\phi} = LQ_t\phi + Q_tC^2\phi = 0$, d'après le Lemme 3.2.2, $M(\phi)$ est une martingale continue, et la formule d'Itô entraîne :

$$(3.2.11) \qquad \langle M(\phi), M(\phi)\rangle_t = 2\int_0^{t\wedge\tau} (\Gamma(\overline{\phi},\overline{\phi}) + D_t^2\overline{\phi})(x_s, B_s)ds$$

Remarquons que 3.2.9 résulte de 3.2.8 $(\langle B,B\rangle_t = 2t)$, et que 3.2.10 résulte de 3.2.9 et 3.2.11 . Il nous suffit de montrer 3.2.8 .

Choisissons une fonction $g : \mathbb{R} \to \mathbb{R}$ telle que

- $g \in C_b^3(\mathbb{R})$
- $\mathrm{supp}(g) \subseteq [\varepsilon, +\infty[$ où ε vérifie : $0 < \varepsilon < 1/2$, $a \in [2\varepsilon, \varepsilon^{-1}]$.
- $g(t) = t$ sur $[2\varepsilon, \varepsilon^{-1}]$.

Posons $u(x,t) = g(t)\ \overline{\phi}(x,t)$. Lemme 3.2.1 entraîne que le processus

$$u(x_t, B_t) - \int_0^t (Lu + D_t^2u)(x_s, B_s)ds$$

est une martingale continue.

Mais $Lu + D_t^2 u = g(L\overline{\phi} + D_t^2\overline{\phi}) + \overline{\phi}\cdot D_t^2 g + 2\,D_t g\cdot D_t\overline{\phi}$

$$= \overline{\phi}\cdot D^2 g + 2D_t g\cdot D_t\overline{\phi}$$

par suite, pour $t \le \tau_{2\varepsilon} \wedge \tau_{\varepsilon^{-1}} < \tau$:

$$u(x_t,B_t) - \int_0^t (Lu + D_t^2 u)(x_s,B_s)ds$$

$$= \overline{\phi}(x_t,B_t)B_t - 2\int_0^t D_t\overline{\phi}(x_s,B_s)ds$$

Par conséquent, le dernier membre est une martingale jusqu'à l'instant $\tau_{2\varepsilon} \wedge \tau_{\varepsilon^{-1}}$. Il en résulte :

(3.2.12) $$<M(\phi),B>_{t\wedge\tau_{2\varepsilon}\wedge\tau_{\varepsilon^{-1}}} = 2\int_0^{t\wedge\tau_{2\varepsilon}\wedge\tau_{\varepsilon^{-1}}} D_t\overline{\phi}(x_s,B_s)ds$$

En faisant tendre ε vers 0 dans 3.2.12 , nous obtenons :

$$<M(\phi),B>_t = <M(\phi),B>_{t\wedge\tau} = 2\int_0^{t\wedge\tau} D_t\overline{\phi}(x_s,B_s)ds.$$

D'autre part, nous écrivons la représentation comme intégrale stochastique de $\vec{M}(\phi)$: $\vec{M}_t(\phi) = \int_0^t H_s\, dB_s$.

H_s est la densité de $d<M(\phi),B>_t$ par rapport à $d<B,B>_t = 2dt$, et H_s est donc égale à $(D_t\overline{\phi})(x_s,B_s)$. □

3.3. Dans ce paragraphe, nous allons établir la :

<u>*Proposition 3.3.1*</u> : *Pour toute* $\phi \in \mathcal{R}$, $1 < p < +\infty$, *nous avons l'inégalité suivante* :

(3.3.1) $$\| <\vec{M}(\phi),M(\phi)>_\infty^{1/2} \|_p \le C_p \|\phi\|_p \le C'_p(\|Q_{2a}\phi\|_p + \| <\vec{M}(\phi),\vec{M}(\phi)>_\infty^{1/2}\|_p).$$

<u>Remarque</u> : L'inégalité ci-dessus reste encore vraie quand $\vec{M}(\phi)$ est remplacée par $M^\uparrow(\phi)$ ou $M(\phi)$, d'après l'égalité 3.3.3 .

<u>Démonstration</u> : Comme P_t est symétrique et markovien dans $L^2(X,\mu)$, nous avons :

(3.3.2) $$<C\phi,C\psi>_\mu = -<\phi,L\psi>_\psi = <\Gamma(\phi,\psi),1>_\mu.$$

D'après 3.2.9 et 3.2.10, nous déduisons :

$$(3.3.3) \qquad E^a\langle\vec{M}(\phi),\vec{M}(\psi)\rangle_\infty = 2\, E^a \int_0^\tau (D_t\bar{\phi}\cdot D_t\bar{\psi})(X_s,B_s)ds$$

$$= 2\, E^a \int_0^\tau \int_X C\bar{\phi}\cdot C\bar{\psi}(\cdot,B_s)d\mu\, ds$$

$$\overset{(3.3.2)}{=} 2\, E^a \int_0^\tau \int_X \Gamma(\bar{\phi},\bar{\psi})(\cdot,B_s)d\mu\, ds$$

$$\overset{(3.3.10)}{=} E^a \langle M^\dagger(\phi),\, M^\dagger(\psi)\rangle_\infty$$

par suite :

$$= \frac{1}{2} E^a \langle M(\phi),\, M(\psi)\rangle_\infty$$

$$= \frac{1}{2} E^\infty M_\infty(\phi)\, M_\infty(\psi)$$

$$= \frac{1}{2} \left(\int_X \phi\psi\, d\mu - \int_X Q_a\phi\cdot Q_a\psi\, d\mu\right)$$

pour tout $\phi,\psi\in\mathcal{R}$, où $E^a = E^{P^a}$.

Il résulte de 3.3.3 :

$$|\langle\phi,\psi\rangle_\mu| \leq |\langle Q_a\phi,Q_a\psi\rangle_\mu| + 2|E^a\langle\vec{M}(\phi),\vec{M}(\psi)\rangle_\infty|$$

$$\leq |\langle Q_{2a}\phi,\psi\rangle_\mu| + 2\|\langle\vec{M}(\phi),\vec{M}(\phi)\rangle_\infty^{1/2}\|_{L^p(P^a)}\, \|\langle\vec{M}(\psi),\vec{M}(\psi)\rangle_\infty^{1/2}\|_{L^q(P^a)}$$

d'après l'inégalité de Kunita - Watanabe, où

$$\frac{1}{p}+\frac{1}{q}=1.$$

D'autre part, d'après l'inégalité de Burkholder, nous avons :

$$\|\langle\vec{M}(\psi),\vec{M}(\psi)\rangle_\infty^{1/2}\|_q \leq C_q \|\sup_{t\in\mathbb{R}_+} |\bar{\psi}|(X_{t\wedge\tau},B_{t\wedge\tau})\|_q$$

$$\leq C'_q \|\psi(X_\tau)\|_{L^q(P^a)} \quad \text{(l'inégalité de Doob)}$$

$$= C'_q\|\psi\|_q$$

d'où résulte l'inégalité de gauche de 3.3.1 .

Pour établir l'inégalité droite de 3.3.1 , remarquons que $\mathcal{R}$ est dense dans $L^p(X,\mu)$ pour tout $1\leq p<+\infty$, nous avons donc :

$$\|\phi\|_p = \sup_{\substack{\psi\in\mathcal{R}\\ \|\psi\|_q\leq 1}} |\langle\phi,\psi\rangle_\mu|$$

$$\leq \sup_{\|\psi\|_q\leq 1} |\langle Q_{2a}\phi,\psi\rangle_\mu + \sup_{\|\psi\|_q\leq 1} 2\| \langle \vec{M}(\phi),\vec{M}(\phi)\rangle_\infty^{1/2}\|_p \, \| \langle \vec{M}(\psi),\vec{M}(\psi)\rangle_\infty^{1/2}\|_q$$

$$\leq \|Q_{2a}\phi\|_p + C'_q \, \| \langle \vec{M}(\phi),\vec{M}(\phi)\rangle_\infty^{1/2}\|_p$$

3.3.1 est établie.

4. INEGALITES DE SOBOLEV POUR LE SEMI GROUPE DE WIENER-POISSON DANS LE CAS GENERAL.

Nous nous plaçons dans le cadre introduit dans le § 3.

4.1. Domination de C par $\sqrt{\Gamma(\cdot,\cdot)}$.

Nous commençons par présenter le résultat suivant dont la démonstration est empruntée à Bakry [1].

Théorème 4.1.1 : *Soit* $1 < p < +\infty$ *; nous avons :*

$$\|C\phi\|_p \leq C_p \, \|\sqrt{\Gamma(\cdot,\cdot)}\|_p \qquad \phi \in \mathcal{R}$$

où C_p *est une constante positive universelle.*

Démonstration : Prenons $u(\cdot,t) = \Gamma(Q_t\phi,Q_t\phi)$; nous calculons d'après le Lemme 3.2.2 :

$$D_t u = 2\Gamma(Q_t\phi,Q_tC\phi)$$

$$D_t^2 u = 2\Gamma(Q_tC\phi,Q_tC\phi) + 2\Gamma(Q_t\phi,Q_tC^2\phi)$$

$$Lu + D_t^2 u = 2\Gamma(Q_tC\phi,Q_tC\phi) + 2\Gamma_2(Q_t\phi,Q_t\phi) \geq 2\Gamma(Q_tC\phi,Q_tC\phi) \geq 0.$$

D'après la Proposition 3.2.1, le processus,

$$Z_t = u(x_{t\wedge\tau},B_{t\wedge\tau})$$

est une sous-martingale positive avec la décomposition de Doob-Meyer :

$$Z_t = M_t + A_t$$

où $A_t = \int_0^{t\wedge\tau} (Lu + D_t^2u)(x_s,B_s)ds \geq 2\int_0^{t\wedge\tau} \Gamma(Q\cdot C\phi,Q\cdot C\phi)(x_s,B_s)ds$

$$= \langle M^\dagger(C\phi),M^\dagger(C\phi)\rangle_\infty \quad \text{(d'après } \mathit{3.2.10}\text{).}$$

Il résulte de l'inégalité *3.3.1* (pour $M^\dagger(C\phi)$) que :

$$\|C\phi\|_p \leq C_p(\|Q_{2a}\phi\|_p + \| \langle M^\dagger(C\phi),M^\dagger(C\phi)\rangle_\infty^{1/2}\|_{L^2(P^a)}$$

$$= C_p \, (\|Q_{2a}C\phi\|_p + \|A_\infty^{1/2}\|_p.$$

En faisant tendre a vers $+\infty$, d'après l'inégalité *3.4.2*, nous avons :

$$\|Q_{2a}C\phi\|_p \leq C_p(2a)^{-1}\|\phi\|_p \to 0.$$

Il nous reste à estimer : $\|A_\infty^{1/2}\|_p$.

Pour deux temps d'arrêt bornés S,T : $S \leq T$, on a :

$$E(A_T - A_S) = E(Z_T - Z_S) \leq E\left[Z_1^* \, 1_{[S<T]}\right]$$

où $Z_1^* = \sup_{t\leq T} Z_t$, d'après le Lemme de Lenglart - Lépingle - Pratelli, nous déduisons :

(*4.1.1*) $\quad E\,A_\infty^q \leq C_q \, E(Z_\infty^{*q}) \qquad \forall\, 0 < q < +\infty.$

Considérons le processus $(\sqrt{Z_t})_{t\geq 0}$, qui est aussi une sous-martingale positive d'après [1]. D'après l'inégalité de Doob, nous avons :

$$E\,A_\infty^{p/2} \leq C_{p/2}\, E\,Z_\infty^{*p/2} \leq C_p\, E\,Z_\infty^{p/2} = C_p \quad \mu(\Gamma(\phi,\phi)^{p/2})$$

car la loi de X_τ est μ. □

4.2. <u>Majoration de $\sqrt{\Gamma(\cdot,\cdot)}$ par</u> C

Nous présentons dans ce paragraphe l'autre moitié de l'inégalité de Sobolev ; la démonstration est tout-à-fait identique à celle donnée en [1].

<u>*Théorème 4.2.1*</u> *: Soit $p > 2$. Pour tout $\phi \in \mathcal{R}$ vérifiant :*

(*4.2.1*) $\quad Q_a\phi \xrightarrow{L^2(X,\mu)} 0 \qquad (a \to +\infty)$

nous avons :

(*4.2.2*) $\quad \|\sqrt{\Gamma(\phi,\phi)}\|_p \leq C_p \|C\phi\|_p.$

<u>Remarque</u> : Lorsque $\phi \in L^2(X,\mu)$ vérifie *4.2.1* on dit que ϕ est sans partie invariante.

<u>*Corollaire 4.2.1*</u> *: (i) quand $\lambda(E) < +\infty$, si on suppose*

(*4.2.3*) $\quad T_t f \xrightarrow{L^2(E,\mu)} \lambda(f) \qquad (t \to +\infty) \qquad \forall f \in \mathcal{D}$

alors l'inégalité 4.2.2 est vraie pour tout $\phi \in \mathcal{R}$

(ii) quand $\lambda(E) = +\infty$, si on suppose

(*4.2.4*) $\quad T_t f \xrightarrow{L^2(E,\mu)} 0 \qquad (t \to \infty) \qquad \forall f \in \mathcal{D}$

l'inégalité 4.2.2 a lieu aussi pour tout $\phi \in \mathcal{R}$.

Preuve : (i) $\forall\phi \in \mathcal{R}$:

$$\phi = \sum_{n=1}^{m} \tilde{p}^{(n)}(f_{n,1} \otimes \dots \otimes f_{n,n}) + \mu(\phi), \quad \text{où } f_{n,k} \in \mathcal{D}$$

Posons : $$\phi_\infty = \mu(\phi) + \sum_{n=1}^{m} \tilde{p}^{(n)}(\lambda(f_{n,1}) \otimes \dots \otimes \lambda(f_{n,n})) \in \bigcap_{1 \le p < +\infty} L^p(X,\mu).$$

D'après notre hypothèse, nous avons :

$$P_t(\phi - \phi_\infty) \xrightarrow{L^2(X,\mu)} 0 \qquad (t \to +\infty)$$

$$\Rightarrow Q_t(\phi - \phi_\infty) \xrightarrow{L^2(X,\mu)} 0 \qquad (t \to +\infty) \text{ d'après la définition de } Q_t.$$

D'autre part, d'après la définition du semi-groupe de W-P $(P_t)_{t \ge 0}$, nous avons aussi : $P_t\phi_\infty = \phi_\infty$ d'où il résulte : $L\phi_\infty = C\phi_\infty = \Gamma(\phi_\infty,\phi) = 0$.

Finalement, $\forall\phi \in \mathcal{R}$, l'inégalité *4.2.2* entraîne :

$$\|\sqrt{\Gamma(\phi,\phi)}\|_p = \|\sqrt{\Gamma(\phi-\phi_\infty,\phi-\phi_\infty)}\|_p \le C_p \|C(\phi-\phi_\infty)\|_p = C_p \|C\phi\|_p$$

(ii) Dans ce cas-là, nous obtenons :

$$P_t(\phi-\mu(\phi)) \to 0 \quad \text{dans } L^2(X,\mu) \quad \text{lorsque } t \to \infty$$

ce qui implique :

$$Q_t(\phi-\mu(\phi)) \to 0 \quad \text{dans } L^2(X,\mu) \qquad (t \to \infty).$$

Une application de l'inégalité *4.2.2* à $\phi-\mu(\phi)$, nous donne le résultat.

Remarque 1 : Les conditions *4.2.3* ou *4.2.4* expriment justement l'ergodicité du semi-groupe $(T_t)_{t \ge 0}$.

Remarque 2 : En supposant l'ergodicité du semi-groupe $(T_t)_{t \ge 0}$, nous avons :

$$C'_p \|C\phi\|_p \le \|\sqrt{\Gamma(\phi,\phi)}\|_p \le C_p \|C\phi\|_p \qquad (p \ge 2)$$

pour tout $\phi \in D_p(L)$, parce que $\mathcal{R}$ est dense dans $D_p(L)$.

4.3. Nous terminons cet article en présentant une application des résultats généraux précédents.

Prenons $(E,\lambda) = (\mathbb{R}^d, e^{\rho(z)}dz)$ où $\rho \in C^\infty(\mathbb{R}^d)$ avec :

$$|\nabla\rho(z)| \le C(1 + |z|).$$

Cette condition assure que la diffusion de générateur

$$A = \Delta + \nabla\rho\cdot\nabla \text{ , dans } \mathbb{R}^d \text{ n'explose pas.}$$

Soit (T_t) le semi-groupe de la diffusion précédente, nous pouvons vérifier d'après la relation de Kolmogorov que (T_t) est symétrique dans $L^2(E,\lambda)$, par suite, $\lambda(dz) = e^{\rho(z)}dz$ est une mesure invariante pour (T_t)).

Prenons $\mathcal{D} = C_o^\infty(\mathbb{R}^d)$.

Quand ρ est concave, on peut vérifier :

$$\Gamma_2^A(f,f) \geq 0 \qquad \forall\, f \in C_o^\infty(\mathbb{R}^d) \qquad ([1])$$

D'après la théorie générale des diffusions (nous n'entrons pas dans les détails voir [9]). Nous pouvons vérifier les autres hypothèses techniques y compris l'ergodicité de (T_t)).

Finalement, l'inégalité de Sobolev pour le semi-groupe de W-P associé à (T_t) (Théorème 4.1.1 et Corollaire 4.2.1).

REFERENCES :

[1] BAKRY (D). Transformations de Riesz pour les semi-groupes symétriques I, II. Sémi. de Proba. XIX, Lect. Notes in Math. 1123, Springer (1985).

[2] BAKRY (D) et EMERY (M) : Diffusions hypercontractives. Sémi. de Proba. XIX Lect. Notes in Math. 1123, Springer (1985).

[3] DELLACHERIE (C). et MEYER (P.A) : Probabilités et Potentiels. 2ième volume Hermann (1980).

[4] GETOOR (R.K) : Markov processes : Ray processes and right processes. Lect. Notes in Math. 440, Springer (1975).

[5] MEYER (P.A) : Processus de Markov. Lect. Notes in Math. 26, Springer (1967).

[6] MEYER (P.A) : Démonstrations probabilistes de certaines inégalités de Littlewood-Paley I, II, III. Sém. de Proba. X, Lect. Notes in Math. 551, Springer (1976).

[7] MEYER (P.A) : Note sur les processus d'Ornstein-Uhlenbeck. Sém. de Proba. XVI, Lect. Notes in Math. 920, Springer (1982).

[8] STEIN (E.M) : Topics in harmonic analysis related to the Littlewood-Paley theory. Princeton University Press (1970).

[9] STROOCK (D.W) et VARADHAN (S.R.S) : Multidimensional diffusion processes. Springer (1979).

Etude des transformations de Riesz dans les variétés riemanniennes à courbure de Ricci minorée.

Dominique Bakry

Institut de Recherche Mathématique Avancée,

7, rue René Descartes, 67084 Strasbourg cedex.

0. Introduction et notations.

Dans l'espace euclidien $\mathbb{R}^n$, le laplacien Δ est un opérateur autoadjoint négatif sur $\mathbb{L}^2(dx)$, et on peut donc définir sans ambiguité l'opérateur autoadjoint $(-\Delta)^{1/2}$. Un célèbre théorème d'analyse affirme la chose suivante: pour tout p, $1<p<\infty$, il existe deux constantes c_p et C_p telles que, pour toute fonction f de classe C^∞ et à support compact,

$$c_p \|df\|_p \leq \|(-\Delta)^{1/2} f\|_p \leq C_p \|df\|_p \qquad (0.1)$$

(ici, $\| \ \|_p$ désigne la norme dans $\mathbb{L}^p(dx)$).

Une manière équivalente d'énoncer ce résultat est de dire que les transformations de Riesz $R_i f = \frac{d}{dx_i}(-\Delta)^{-1/2} f$ sont des opérateurs bornés dans $\mathbb{L}^p(dx)$.

De nombreux auteurs ont étudié des extensions de ce résultat à des situations plus générales: on peut remplacer l'espace euclidien $\mathbb{R}^n$ par une variété riemannienne E et Δ par l'opérateur de Laplace-Beltrami sur E et se poser le problème de la validité de l'inégalité 0.1 . On peut également remplacer la variété E par un espace mesuré $(E,\mathcal{E},u)$ et Δ par le générateur L d'un semi-groupe markovien symétrique: dans ce cas, il convient de remplacer $|df|^2$ par l'opérateur carré du champ de L (s'il existe), défini par $\Gamma(f, f) = \frac{1}{2}(Lf^2-2fLf)$ (il s'agit de la même chose lorsque $L = \Delta$ sur une variété riemannienne).

Dans son livre [St], Stein démontre l'inégalité 0.1 lorsque Δ est l'opérateur de Casimir d'un groupe de Lie semisimple compact: on est alors dans une situation simplifiée où il existe des champs de vecteurs $(X_1,\dots, X_n)$ tels que

$|df|^2 = \Sigma_i (X_i f)^2$, et $[\Delta, X_i] = 0$ pour tout i. Comme dans le cas de $\mathbb{R}^n$, c'est l'annulation de ce commutateur qui fait marcher la démonstration.

Dans [S], Strichartz démontre une inégalité de type 0.1 sur les espaces non compacts symétriques de rang 1, tandis que dans [M1], Meyer établit l'inégalité 0.1 pour l'opérateur d'Ornstein-Uhlenbeck, en dimension finie ou infinie: dans ce dernier cas, le laplacien Δ de $\mathbb{R}^n$ est remplacé par l'opérateur $L = \Delta - r\frac{\partial}{\partial r}$, qui est symétrique dans l'espace $\mathbb{L}^2$ de la mesure gaussienne $\exp(-\frac{1}{2}r^2)dx$. Les normes $\mathbb{L}^p$ sont alors relatives à cette mesure. La situation est alors beaucoup plus compliquée que dans le cas de Stein, car l'opérateur carré du champ $\Gamma(f,f)$ s'écrit $\Sigma_i (X_i f)^2$, avec $[L, X_i] = X_i$ pour tout i.

Dans [L], Lohoué s'intéresse à ce problème dans des variétés complètes simplement connexes, de courbure sectionnelle négative (variétés de Cartan-Hadamard), et dont la courbure, ainsi que ses deux premières dérivées covariantes, sont bornées. Dans ce cas, il obtient une inégalité du type $\|df\|_p \leq c_p(\|f\|_p + \|(-\Delta)^{1/2} f\|_p)$. Enfin, dans [B1], nous démontrons l'inégalité 0.1 pour $p>2$ pour des variétés à courbure de Ricci positive ou nulle, qui s'étend à des générateurs de semigroupes markoviens généraux (sans hypothèse de localité sur L) sous une hypothèse de type $\Gamma_2 \geq 0$, qui est une généralisation de la not on de courbure de Ricci positive ou nulle.

Dans cet article, on se place dans une variété riemannienne complète E, et on considère une fonction $\rho(x)$ partout strictement positive sur E. L'opérateur $L = \Delta + \text{grad}(\text{Log}\rho)$ est autoadjoint sur $\mathbb{L}^2(\rho(x)dx)$. On désigne par Ric le tenseur de Ricci de E et par R le tenseur symétrique $\text{Ric} - \nabla\nabla(\text{Log}\rho)$; $\| \ \|_p$ désigne la norme dans $\mathbb{L}^p(\rho(x)dx)$. L'hypothèse fondamentale est qu'il existe une constante α positive ou nulle telle que pour tout champ de vecteurs X $R(X,X) \geq -\alpha^2 |X|^2$. Notre principal résultat est le suivant: il existe pour tout p, $1<p<\infty$, deux constantes c_p et C_p telles que, pour toute fonction de classe C^∞ et à support compact dans E,

$$c_p \|(-L)^{1/2} f\|_p \leq \alpha \|f\|_p + \|df\|_p \leq C_p[\alpha \|f\|_p + \|(-L)^{1/2} f\|_p].$$

Les constantes c_p et C_p sont des constantes universelles, qui ne dépendent que de p (en particulier, elles ne dépendent ni de la dimension de E, ni de α).

Le point essentiel de la démonstration est l'introduction, parallèlement à l'opérateur L défini sur les fonctions, d'un opérateur $\vec{L}$ **autoadjoint défini** sur les 1-formes (ce sera le laplacien de deRahm lorsque L=Δ) qui satisfait à

$$\vec{L}\,df = dLf \tag{0.2}$$

et à

$$L|\omega|^2 = 2\omega.\vec{L}\omega + 2|\nabla\omega|^2 + 2R^*(\omega,\omega) \tag{0.3}$$

où R^* est la forme quadratique obtenue sur les 1-formes, par l'identification canonique des formes aux vecteurs, à partir de la forme quadratique R.

L'inégalité $R^*(\omega,\omega) \geq r_0|\omega|^2$ se traduit alors dans les semigroupes $P_t = \exp(tL)$ et $\vec{P}_t = \exp(t\vec{L})$ par $|\vec{P}_t\omega| \leq e^{-r_0t}P_t|\omega|$ et c'est cette inégalité que nous exploitons au maximum.

Après une première partie consacrée à des généralités, nous étudions dans une seconde partie différents types de prolongements harmoniques dans $E\times\mathbb{R}_+$ de fonctions et de champs de vecteurs définis sur E; dans la troisième partie, nous démontrons des inégalités de Littlewood-Paley adaptés à ce type de prolongements. Dans la quatrième partie, nous démontrons le résultat annoncé, et nous en tirons quelques conséquences; la cinquième partie est consacrée à une extension des résultats de la quatrième aux p-formes sur E, tandis que la dernière est consacrée à l'extension de ces résultats aux champs de tenseurs dans le cadre des variétés d'Einstein. Enfin, nous passons complètement sous silence les problèmes posés par les cas p=1 et p=∞ (caractérisation des espaces H^1 en termes de martingales et dualité H^1-BMO) qui feront l'objet d'un article ultérieur.

Notations

E désigne une variété riemannienne de classe C^∞, connexe et complète; C_c^∞ désigne l'espace des fonctions de classe C^∞ et à support compact sur E; lorsqu'aucune confusion ne sera à craindre, on utilisera la même notation pour l'espace des k-formes C^∞ à support compact, où pour l'espace des tenseurs C^∞ à support compact et d'ordre k. On note T_xE l'espace tangent à E au point x, et T_x^*E son dual. * désignera l'isomorphisme canonique de T_x^*E dans T_xE et $_*$ son inverse: ainsi, si ω est une 1-forme de composantes ω_i dans un système de coordonnées locales, ω^* désigne le vecteur de composantes ω^i. Si ε et ω sont deux formes sur E, leur produit scalaire dans $T^*_x E$ est noté $\omega.\varepsilon$, et $|\omega|$ désigne la longueur $(\omega.\omega)^{1/2}$.

Dans tout ce qui suit, d désigne l'opérateur de différentiation extérieure sur les k-formes, et ∇ l'opérateur de dérivation covariante; Δ $(=\nabla^i\nabla_i)$ désigne l'opérateur de Laplace-Beltrami (agissant aussi bien sur les fonctions que sur les tenseurs, y compris les formes). Le tenseur de courbure $r_{ij}{}^k{}_l$ est défini en coordonnées par $(\nabla_i\nabla_j-\nabla_j\nabla_i)X^k = r_{ij}{}^k{}_l X^l$ et le tenseur de Ricci Ric est défini en coordonnées par $\mathrm{Ric}_{ab} = r_{ia}{}^i{}_b$. Enfin, dx désigne la mesure riemannienne.

On se donne sur E une fonction $\rho(x)$, de classe C^∞, strictement positive, fixée une fois pour toutes; m(dx) désigne la mesure $\rho(x)dx$. Si la fonction ρ est dans $\mathbb{L}^1(dx)$, on supposera toujours que $m(E)=1$. L'espace $\mathbb{L}^p(m)$ est noté $\mathbb{L}^p$ $(1\leq p\leq\infty)$, et la norme dans $\mathbb{L}^p$ est notée $\|\ \|_p$. De même, si ω est une 1-forme de C^∞_c, on note $\|\omega\|_p$ la quantité $\|\,|\omega|\,\|_p$, et $\vec{\mathbb{L}}^p$ désigne le complété pour la norme $\|\ \|_p$ de l'espace des 1-formes de C^∞_c.

Pour alléger les notations, on posera $\langle f\rangle = \int f dm$ et $\langle f,g\rangle = \langle fg\rangle$ désignera le produit scalaire dans $\mathbb{L}^2$; de la même façon, on utilisera, pour des 1-formes, la notation $\langle\omega,\varepsilon\rangle = \langle\omega.\varepsilon\rangle$.

On désigne par L l'opérateur défini sur les fonctions C^∞ par $Lf = \Delta f + df.d\mathrm{Log}\rho$. Si f et g sont dans C^∞_c , on a $\langle Lf,g\rangle = \langle f,Lg\rangle$, si bien que L est un opérateur symétrique dans $\mathbb{L}^2$: on verra qu'en fait, il y est essentiellement autoadjoint. Notons immédiatement la formule du changement de variables pour L: si $f=(f^1,\dots,f^n)$ est un n-uplet de fonctions de classe C^∞ sur E, et si $\varphi:\mathbb{R}^n\to\mathbb{R}$ est une fonction de classe C^∞, de dérivées premières et secondes $D_i\varphi$ et $D_{ij}\varphi$, on a $L\varphi(f) = D_i\varphi(f)Lf^i + D_{ij}\varphi(f)df^i.df^j$.

Enfin,nous désignerons par R le tenseur symétrique $\mathrm{Ric}-\nabla\nabla\mathrm{Log}\rho$; il détermine une forme quadratique sur TE , qui s'écrit en coordonnées locales $R(X,X)= R_{ab}X^aX^b$. L'hypothèse essentielle dans tout ce travail est qu'il existe une constante, qui sera toujours notée r_o par la suite, telle que $R(X,X)\geq r_o|X|^2$.

I-Généralités.

Dans cette section, nous suivrons de près l'article de Strichartz [S]. Après avoir démontré que l'opérateur L est essentiellement autoadjoint sur $\mathbb{L}^2$, nous construisons un opérateur $\vec{L}$, autoadjoint sur $\vec{\mathbb{L}}^2$, qui satisfait à $dL = \vec{L}d$. Les semigroupes associés $P_t = \exp(tL)$ et $\vec{P}_t = \exp(t\vec{L})$ satisfont également à $dP_t = \vec{P}_t d$. Enfin, on prouve la relation fondamentale $|\vec{P}_t\omega| \leq e^{-r_o t}P_t|\omega|$.

L'opérateur L et le semigroupe P_t.

Nous commençons par un lemme, qui est une conséquence de la complétion de E, et en fait lui est équivalent:

Lemme 1.1. Il existe dans C_c^∞ une suite croissante de fonctions (h_n) comprises entre 0 et 1, convergent vers 1, et telle que $|dh_n| \leq \frac{1}{n}$.

Preuve: tout d'abord, le lemme est vrai lorsque $E = \mathbb{R}$; soit (h_n^o) une suite satisfaisant aux exigences du lemme dans ce cas. Si d'autre part E est complète, il existe sur E une fonction C^∞ h , tendant vers l'infini à l'infini, et telle que $|dh| \leq 1$ (cf par exemple Gaffney [G]). Alors, la suite $(h_n) = (h_n^o oh)$ répond aux exigences du lemme.

Une des principales conséquences de ce lemme est la proposition suivante:

Proposition 1.2. L'opérateur L, défini sur C_c^∞ , y est essentiellement autoadjoint; pour toute fonction f de classe C^∞ et pour tout g de C_c^∞ , on a

$$\langle f,Lg\rangle = \langle g,Lf\rangle = -\langle df,dg\rangle \ . \qquad (1.1)$$

Preuve: prouvons d'abord la formule (1.1), qui démontre la symétrie de L. On ne perd rien à supposer que f et g sont dans C_c^∞; on a

$\langle Lf,g\rangle = \int \rho g\Delta f dx + \int g d\rho .df\, dx$. Or, $\int g\rho\Delta f\, dx = -\int d(g\rho).df\, dx$.

Il ne reste plus qu'à écrire $d(g\rho) = \rho dg + g d\rho$ pour obtenir (1.1).

Pour démontrer que L est autoadjoint, nous recopions ce qu'écrit Strichartz dans le cas où $L = \Delta$. Désignons par L' l'adjoint de L dans $\mathbb{L}^2$. La formule (1.1) montre que $\langle Lf,f\rangle \leq 0$, pour tout élément de C_c^∞ ; dans ces conditions, nous pouvons appliquer un critère de Reed et Simon [RS, p.137]: L est essentiellement autoadjoint si et seulement si il existe un réel positif qui n'est pas valeur propre de L'. Or, nous allons voir que, si $a>0$, toute solution de $L'f = af$ est nulle. En effet, L' est un prolongement de L et L est un opérateur elliptique: f est donc solution au sens des distributions d'une équation elliptique, et par suite est de classe C^∞. Soit alors g un élément de C^∞_c : on a $0 \leq a\langle f^2,g^2\rangle = \langle L'f,g^2f\rangle = \langle f,L(g^2f)\rangle = -\langle df,d(g^2f)\rangle =$

$$= -\langle g^2,|df|^2\rangle -2\langle fg,df.dg\rangle .$$

On en déduit $\langle g^2,|df|^2\rangle \leq -2\langle fg,df.dg\rangle \leq 2\langle g^2,|df|^2\rangle^{1/2} \|f\|_2 \|dg\|_\infty$.

Par conséquent $\langle g^2,|df|^2\rangle^{1/2} \leq 2\|f\|_2 \|dg\|_\infty$.

Dans cette inégalité, remplaçons g par l'un des éléments de la suite (h_n) du lemme 1.1: on obtient $\langle h_n^2,|df|^2\rangle \leq \frac{2}{n}\|f\|_2$.

En passant à la limite, on obtient $df = 0$; par suite, f est constante, et donc $0 = Lf = L'f = af$, d'où $f = 0$.

Appelons $\mathbb{D}(L)$ le domaine de l'opérateur L' dans $\mathbb{L}^2$. La proposition précédente montre que C^∞_c est dense dans $\mathbb{D}(L)$, avec la topologie du domaine. La proposition suivante étend la formule (1.1) aux éléments de classe C^∞ de $\mathbb{D}(L)$:

<u>Proposition 1.3</u>. Soient f et g deux éléments de classe C^∞ de $\mathbb{D}(L)$; alors $Lf = L'f$ est dans $\mathbb{L}^2$, df et dg sont dans $\vec{\mathbb{L}}^2$, et l'on a

$$\langle f,Lg\rangle = -\langle df,dg\rangle .$$

En vertu de la remarque précédente, la proposition 1.3 découle immédiatement du lemme suivant:

<u>Lemme 1.4</u>.Soit f un élément de classe C^∞ du domaine et soit (f_n) une suite d'éléments de C^∞_c qui converge vers f dans $\mathbb{D}(L)$:

1- Pour tout élément g de C^∞_c, (gf_n) converge vers gf dans $\mathbb{D}(L)$.

2- (df_n) converge dans $\vec{\mathbb{L}}^2$ vers df.

Preuve: 1- L étant un opérateur fermable, il suffit de démontrer que la suite $(L(gf_n))$ est une suite de Cauchy dans $\mathbb{L}^2$; or, en vertu de la formule du changement de variables, on a $L(gf_n) = gLf_n + 2dg.df_n + f_nLg$.

Mais gLf_n converge dans $\mathbb{L}^2$ vers $gL'f$, et f_nLg converge dans $\mathbb{L}^2$ vers fLg. Il nous reste à étudier la suite $df_n.dg$; or

$$\|df_n.dg - df_m.dg\|_2 \leq \|dg\|_\infty \|d(f_n-f_m)\|_2 \quad \text{et}$$

$$\|d(f_n-f_m)\|_2^2 = -\langle f_n-f_m, L(f_n-f_m)\rangle \leq \|f_n-f_m\|_2 \|L(f_n-f_m)\|_2 .$$

Ceci montre que $df_n.dg$ est une suite de Cauchy dans $\mathbb{L}^2$.

2- La majoration précédente montre qu'en fait, pour des éléments de C_c^∞, on a $\|df\|_2 \leq \|f\|_{\mathbb{D}(L)}$. Ceci démontre 2- lorsque f est dans C_c^∞ . Dans le cas général, on sait que la suite (df_n) est de Cauchy dans $\vec{\mathbb{L}}^2$, et il ne reste qu'à identifier sa limite ω. Soit g un élément quelquonque de C_c^∞ : d'après 1-, (gf_n) converge vers gf dans $\mathbb{D}(L)$, et donc, d'après ce qui précède, $(d(gf_n))$ converge dans $\vec{\mathbb{L}}^2$ vers $d(gf)$. Or, $d(gf_n) = gdf_n + f_ndg$, qui converge vers $g\omega + fdg$; on en tire $g\omega = gdf$, et ceci pour tout g de C_c^∞, d'où $\omega = df$.

La décomposition spectrale de L s'écrit $L = -\int_0^\infty \lambda dE_\lambda$. L'espace propre E_0 associé à la valeur propre 0 est aisément caractérisable: tout vecteur propre de L étant de classe C^∞, les éléments de E_0 sont des fonctions constantes. Deux cas peuvent alors se produire:

1- $m(E) = \infty$; dans ce cas, aucune constante n'est dans $\mathbb{L}^2$, et $E_0 = \{0\}$;

2- $m(E) = 1$; dans ce cas, E_0 est l'espace des fonctions constantes.

Dans ces deux cas, nous noterons $\mathbb{L}_0^2$ l'orthogonal de E_0 dans $\mathbb{L}^2$.

Le semigroupe de la chaleur (P_t) est , par définition, le semigroupe d'opérateurs bornés sur $\mathbb{L}^2$ dont la décomposition spectrale est $P_t = \int_0^\infty e^{-t\lambda} dE_\lambda$. Lorsque t tend vers l'infini, P_tf converge, dans $\mathbb{L}^2$, vers la projection de f sur E_0, que nous noterons donc $P_\infty f$. La forme quadratique $-\langle f,Lf\rangle = \langle df,df\rangle$ étant une forme de Dirichlet (au sens du livre de Fukushima [F], par exemple), le semigroupe (P_t) est en fait sousmarkovien: il transforme les fonctions positives en fonctions positives, et $P_t 1 \leq 1$. Ici, le tenseur R étant borné inférieurement, nous savons qu'alors $P_t 1 = 1$ (cf [B2], par exemple). D'autre part, l'opérateur L est elliptique, et, pour tout élément f de $\mathbb{L}^2$, la fonction $(t,x) \longrightarrow P_t f(x)$ est solution, au sens des distributions, de l'équation parabolique $(\frac{d}{dt} - L)P_t f(x) = 0$. C'est donc une fonction de classe C^∞ sur $E\times]0,\infty[$. En fait, nous ne nous servirons de ce résultat que pour des fonctions f de C_c^∞, et c'est alors un résultat beaucoup plus élémentaire.

Au semigroupe (P_t) est associé un processus de Markov (X_t), défini sur l'espace canonique Ξ des applications continues de $[0,\infty[$ dans E: (X_t) est le processus des applications coordonnées $X_t(\xi) = \xi(t)$, et on peut définir la loi de (X_t) de la manière suivante: si $\mathbb{F}_t$ désigne la filtration naturelle du processus (X_t), il existe, pour tout point x de E, une unique probabilité P^x sur Ξ qui soit telle que, sous P^x, $X_0 = x$ (p.s.) et telle que $f(X_t) - f(x) - \int_0^\infty (Lf)(X_s)ds$ soit une martingale locale pour toute fonction f de classe C^∞ sur E. En appelant E^x l'espérance sous P^x, on a alors, pour toute fonction f borélienne bornée $P_t f(x) = E^x(f(X_t))$.

<u>L'opérateur $\vec{L}$ et le semigroupe $\vec{P}_t$.</u>

Appelons div l'opérateur de divergence ordinaire, défini pour les 1-formes et les 2-formes, c'est à dire l'adjoint de d pour la mesure de Riemann sur E, et δ l'analogue de div dans notre cadre: $\langle\delta\omega,\varepsilon\rangle = \langle\omega,d\varepsilon\rangle$. Un calcul élémentaire montre que

- pour les 1-formes $\delta\omega = \mathrm{div}\omega - \omega.d(\mathrm{Log}\rho)$;
- pour les 2-formes $\delta\omega = \mathrm{div}\omega - \omega(d(\mathrm{Log}\rho)^*,.)$.

<u>Définition</u>. L'opérateur $\vec{L}$ est défini, pour les 1-formes, par $\vec{L}\omega = -(d\delta+\delta d)\omega$.

La proposition suivante montre comment il est relié au laplacien horizontal $\Delta = \mathrm{trace}(\nabla\nabla)$, ainsi qu'au laplacien de de Rahm $\vec{\Delta} = -(d.\mathrm{div}+\mathrm{div}.d)$, tous deux également définis sur les formes d'ordre 1. Posons, pour tout couple de 1-formes (ω,ε), $\vec{\omega}(\varepsilon) = d(\omega.\varepsilon) + d\varepsilon(\omega^*,.)$ et $\omega^H(\varepsilon) = \nabla\varepsilon(\omega^*,.)$. De la même manière, pour toute forme bilinéaire T sur TE, posons $\vec{T}(\omega) = T(\omega^*,.)$. On a

<u>Proposition 1.5</u>. a) $\vec{L} = \vec{\Delta} + \vec{d}(\mathrm{Log}\rho) = \Delta + d(\mathrm{Log}\rho)^H - \vec{R}$.

b) Pour toute forme ω, $L|\omega|^2 = 2\omega.\vec{L}\omega + 2|\nabla\omega|^2 + 2R(\omega^*,\omega^*)$.

<u>Preuve</u>: a) la première égalité est une conséquence directe des formules reliant $\delta\omega$ à $\mathrm{div}\omega$. La seconde provient de la formule de Bochner-Lichnérowicz-Weitzenböök (voir par exemple le livre de Lichnérowicz [L,p.2]): $\vec{\Delta} = \Delta - \vec{\mathrm{Ric}}$. Or, rappelons que $R = \mathrm{Ric} - \nabla\nabla(\mathrm{Log}\rho)$. La seule chose à remarquer est donc que, pour toute fonction h, $\vec{dh} = dh^H + \vec{\nabla\nabla h}$. Cela provient de la formule

$$d(dh.\omega) = \nabla\omega(.,dh^*) + \nabla\nabla h(.,\omega^*) = \vec{\nabla\nabla h}(\omega) + \nabla\omega(dh^*,.) - d\omega(dh^*,.)\ .$$

b) Tout d'abord, il est classique et élémentaire que $\Delta|\omega|^2 = 2\omega.\Delta\omega + 2|\nabla\omega|^2$. Ensuite, nous avons, pour toute 1-forme ε, $\varepsilon^*(|\omega|^2) = 2\nabla\omega(\varepsilon^*,\omega^*) = 2\omega.\varepsilon^H(\omega)$. Il nous reste $(\Delta+\varepsilon^*)(|\omega|^2) = 2\omega.(\Delta+\varepsilon^H)(\omega) + 2\nabla\omega.\nabla\omega$.
Compte tenu de la seconde expression de $\vec{L}$ dans a), la formule précédente, appliquée avec $\varepsilon = d(\mathrm{Log}\rho)$, n'est autre que l'expression cherchée.

L'opérateur $\vec{L}$, défini sur les 1-formes C_c^∞, est symétrique dans $\vec{\mathbb{L}}^2$ et négatif. La formule suivante, valable pour tout couple (ε,ω) de 1-formes C_c^∞, est une conséquence directe de la définition:

$$\langle\omega,\vec{L}\varepsilon\rangle = -\langle d\omega,d\varepsilon\rangle - \langle\delta\omega,\delta\varepsilon\rangle \qquad (1.2)$$

En fait, la proposition suivante renforce cette remarque:

<u>Proposition 1.6</u>. $\vec{L}$ est un opérateur essentiellement autoadjoint sur $\vec{\mathbb{L}}^2$.

<u>Preuve</u>: la démonstration de ce résultat est très proche de celle de la proposition 1.2. Comme de plus elle ne ferait que recopier la démonstration de Strichartz [S] dans le cas où $\vec{L} = \vec{\Delta}$, nous l'odmettrons.

L'opérateur autoadjoint $\vec{L}$ admet une décomposition spectrale $\vec{L} = -\int_0^\infty \lambda d\vec{E}_\lambda$, et ceci nous permet de définir un semigroupe symétrique $\vec{P}_t$ de contractions de $\vec{\mathbb{L}}^2$ $\vec{P}_t = \int_0^\infty e^{-t\lambda} d\vec{E}_\lambda$. De même que le semigroupe (P_t),

$(\vec{\bar{P}}_t)$ admet une interprétation probabiliste que nous décrivons ci-dessous, en suivant Elworthy [E, p.567.08].

Considérons le fibré des repères orthonormés π: $O(E) \longrightarrow E$ et le relèvement horizontal H_o: $T_{\pi(o)}E \longrightarrow T_oO(E)$; on introduit des champs de vecteurs canoniques sur $O(E)$ en posant $X_i(o) = H_o(o_i)$ $(o = (o_1,\dots,o_n))$. Introduisons également le relèvement horizontal du champ $d\mathrm{Log}\rho^*$ $U(o) = H_o(d\mathrm{Log}\rho^*(\pi(o)))$. L'opérateur $L^{\#} = \Sigma_i X_i^2 + U$ est le générateur infinitésimal d'un processus de Markov (o_t) sur $O(E)$, qui est tel que, sous P^o, $(\pi(o_t))$ suit la loi $P^{\pi(o)}$. Pour tout o dans $O(E)$, on peut considérer o_t comme une isométrie de $T_{\pi(o_0)}E$ dans $T_{\pi(o_t)}E$.

D'autre part, appelons $\vec{\bar{R}}_*$ l'application de TE dans lui même définie par $\vec{\bar{R}}_*(X) = R(X,.)^*$. On définit un processus (v_t), à valeurs dans le fibré tangent, par l'équation $\frac{d}{dt}\, o_t^{-1}(v_t) = -o_t^{-1}(\vec{\bar{R}}_* v_t)$; $v_0 \in T_{\pi(o_0)}E$.

Il est à peu près immédiat sur la définition de v_t qu'on a $|v_t|^2 = |v_0|^2 - 2\int_0^t R(v_s,v_s)ds$. Par conséquent, r_o étant une borne inférieure du tenseur R,

$$|v_t| \leq \exp(-r_o t)|v_0| . \tag{1.3}$$

Notons E^v la loi de (v_t) sous la condition initiale $v_0 = v$ (v étant un point fixé de TE); on peut poser, pour toute 1-forme ω de C_c^∞, $\bar{P}_t(\omega)(v) = E^v\omega(v_t)$. D'après la formule (1.3), on a

$$|\bar{P}_t(\omega)(v)| \leq E^v|\omega|(\pi(v_t))|v_t| \leq e^{-r_o t}|v|E^{\pi(v)}|\omega|(\pi(o_t)) = e^{-r_o t}|v|.P_t|\omega| .$$

On en tire $|\bar{P}_t\omega| \leq e^{-r_o t}P_t|\omega|$. (1.4)

D'autre part, pour toute 1-forme ω à support compact, on a

$$\bar{P}_t\omega = \omega + \int_0^t \bar{P}_s \vec{\bar{L}}\omega ds$$

et, par conséquent, $\bar{P}_t$ définit un semigroupe d'opérateurs bornés sur $\vec{\mathbb{L}}^2$ qui n'est autre que $\vec{\bar{P}}_t$.

La proposition suivante résume les principales propriétés de $\vec{\bar{P}}_t$ dont nous servirons par la suite:

<u>Proposition 1.7</u>. a) $|\vec{\bar{P}}_t\omega| \leq \exp(-r_o t)P_t|\omega|$.

b) $\|\vec{\bar{P}}_t\omega\|_p \leq \exp(-r_o|1-\frac{2}{p}|t)\,\|\omega\|_p$; $1 \leq p \leq \infty$.

c) $\vec{\bar{P}}_t df = dP_t f$; $f \in C_c^\infty$.

d) Si ω est dans C_c^∞, $\vec{P}_t^>\omega$ est de classe C^∞ sur $E\times[0,\infty[$, et l'on a $\frac{d}{dt}\vec{P}_t^>\omega = \vec{L}^>\vec{P}_t^>\omega = \vec{P}_t^>\vec{L}^>\omega$.

<u>Preuve</u>: a) n'est autre que **l'inégalité** (1.4).

b). Nous avons déjà vu que $\vec{P}_t^>$ est une contraction de $\vec{\mathbb{L}}^{>2}$. Mais l'inégalité a) montre que la norme de $\vec{P}_t^>$ dans $\vec{\mathbb{L}}^{>1}$ ainsi que dans $\vec{\mathbb{L}}^{>\infty}$ est majorée par $\exp(-r_o t)$. b) s'ensuit par interpolation.

c) Cette égalité résulte immédiatement de l'égalité $\vec{L}^>df = dLf$ et du caractère autoadjoint du semigroupe $\vec{P}_t^>$.

d)C'est immédiat à partir de la construction probabiliste de $\vec{P}_t^>$; en fait, en vertu du caractère elliptique de $\vec{L}^>$, $\vec{P}_t^>\omega$ est de classe C^∞ sur $E\times]0,\infty[$ dès que ω est dans $\vec{\mathbb{L}}^{>2}$.

<u>II Différents types de prolongements harmoniques</u>.

Les démonstrations classiques des résultats sur les transformations de Riesz dans $\mathbb{R}^n$ font intervenir les prolongements harmoniques à $\mathbb{R}^n\times\mathbb{R}_+$ de fonctions définies sur $\mathbb{R}^n$, c'est à dire des solutions de $(\frac{\partial^2}{\partial t}2 + \Delta)f(x,t) = 0$. (t désigne ici la variable de $\mathbb{R}_+$ et x la variable de $\mathbb{R}^n$. Pour prendre en compte les phénomènes de courbure, nous allons nous intéresser ici à des solutions, sur $\mathbb{R}^n\times\mathbb{R}_+$, d'équations de la forme $[(\frac{\partial}{\partial t} - (s-d)I)(\frac{\partial}{\partial t} - (s+d)I) + L]f(x,t) = 0$, ainsi qu'à des solutions d'équations analogues sur les 1-formes. Ces solutions sont définies à partir de leur restriction f_o au bord $\{t=0\}$ par $f(x,t) = Q_t^{s,d}f_o(x)$, où les semigroupes $Q_t^{s,d}$ sont des semigroupes subordonnés au semigroupe P_t. Dans cette partie, après les avoir définis, ainsi que leurs analogues $\vec{Q}_t^{>s,d}$, nous en donnons les propriétés élémentaires.

Tout d'abord, nous commençons par introduire quelques nouvelles notations. Sur $\mathbb{R}_+$, D_o désignera l'opérateur $\frac{\partial}{\partial t}$ et $L_o^{s,d}$ l'opérateur $(D_o - (s-d)I)(D_o -(s+d)I) = D_o^2 - 2sD_o + (s^2-d^2)I$ $(s \in \mathbb{R}$, $d \geq 0)$. On appelle M_b l'opérateur de multiplication par $\exp(bt)$, de sorte que

$$M_b L_o^{s,d} M_{-b} = L_o^{s+b,d}. \tag{2.1}$$

Sur $E\times\mathbb{R}_+$, $L^{s,d}$ désigne l'opérateur $L_o^{s,d} + L$, et $\vec{L}^{>s,d}$ son homologue fléché $L_o^{s,d} + \vec{L}^>$. Lorsque $s = d$, nous écrirons simplement L_o^d , L^d , $\vec{L}^{>d}$.

Enfin, la notation $|\bar{d}f|^2$ désigne $|df|^2 + (D_o f)^2$, et on définit de même, pour une famille de 1-formes $\omega(x,t)$ dépendant de t les notations $|\bar{d}\omega|^2$, $|\bar{\nabla}\omega|^2$.

Pour commencer, rappelons la formule du semigroupe stable d'ordre $\frac{1}{2}$ sur $\mathbb{R}_+$:

$$m_t(du) = \pi^{-(1/2)} t u^{-(3/2)} \exp(-t^2/(4u))\, du .$$ Il satisfait à

$$\int_0^\infty \exp(-c^2 t) m_t(du) = \exp(-|c|t) \qquad \text{et} \quad m_t(\mathbb{R}_+) = 1.$$

Définition. Pour tout réel s et pour tout $d \geq 0$, **nous posons**, pour toute fonction f de $\mathbb{L}^2$ $\quad Q_t^{s,d} f = \int_0^\infty P_u f \exp(st-d^2u) m_t(du)$ et, de même, pour toute 1-forme ω de $\vec{\mathbb{L}}^{>2}$ $\quad \vec{Q}_t^{>s,d}\omega = \int_0^\infty \vec{P}_u^{>}\omega \exp(st-d^2u) m_t(du)$.

Proposition 2.1. a) $Q_t^{s,d}$ est un semigroupe **symétrique** sur $\mathbb{L}^2$, positif, de générateur infinitésimal $C^{s,d} = sI - (d^2I-L)^{1/2}$.

b) $M_b Q_t^{s,d} = Q_t^{s+b,d}$.

c) Pour tout p, $1 \leq p \leq \infty$, $\|Q_t^{s,d} f\|_p \leq \exp[t(s-d)]\, \|f\|_p$

d) $Q_t^{s,d} 1 = \exp[t(s-d)]$; en particulier, $Q_t^{d,d} = Q_t^d$ est markovien.

e) Il existe des constantes universelles $c(s,d)$ telles que, pour tout p , $1<p<\infty$, et pour toute fonction f de C_c^∞ ,

$$\|C^{s,d} f\|_p \leq c(s,d)[\, \|f\|_p + \|Lf\|_p].$$

f) Pour toute fonction f dans C_c^∞, la fonction $\bar{f}(x,t)$: $(x,t) \longrightarrow Q_t^{s,d} f(x)$ est de classe C^∞ sur $E\times]0,\infty[$, continue sur $E\times[0,\infty[$, et solution de l'équation $L^{s,d}\bar{f} = 0$.

Avant de donner la démonstration de cette proposition, énonçons tout de suite la proposition analogue relative à $\vec{Q}_t^{>s,d}$:

Proposition 2.2. a) Pour tout (s,d) de $\mathbb{R}\times\mathbb{R}_+$, $(\vec{Q}_t^{>s,d})$ est un semigroupe symétrique sur $\vec{\mathbb{L}}^{>2}$, de générateur $\vec{C}^{>s,d} = sI - (d^2I-\vec{L}^{>})^{1/2}$.

b) $M_b \vec{Q}_t^{>s,d} = \vec{Q}_t^{>s+b,d}$

c) Si $d^2 \geq -r_o$, on a, pour toute 1-forme ω,

$$|\vec{Q}_t^{>s,d}\omega| \leq Q_t^{s,(d^2+r_o)^{1/2}} |\omega|.$$

d) Si $d^2 \geq -r_o|1-\frac{2}{p}|$, $(\overline{Q}_t^{>s,d})$ est un semigroupe d'opérateurs bornés sur $\overline{\mathbb{L}}^{>p}$, de norme majorée par $\exp\{t[s-(d^2+r_o|1-\frac{2}{p}|)^{1/2}]\}$.

e) Si $d^2 \geq -r_o|1-\frac{2}{p}|$, on a, pour tout $1\leq p\leq \infty$,

$$\|\overline{C}^{>s,d}\omega\|_p \leq c(s,d)[\|\omega\|_p + \|\overline{L}^{>}\omega\|_p].$$

f) Pour toute forme ω de C_c^{∞}, la forme $\overline{\omega}(x,t) = \overline{Q}_t^{>s,d}\omega(x)$ est de classe C^{∞} sur $E\times]0,\infty[$, continue sur $E\times[o,\infty[$, et solution de l'équation $\overline{L}^{>s,d}\overline{\omega} = 0$.

Avant de donner les démonstrations de ces deux propositions, nous énonçons un lemme, dont une partie nous sera utile pour la démonstration de e), et dont le reste nous servira plus bas.

Lemme 2.3. Les fonctions suivantes, définies sur $[0,\infty[$, sont des transformées de Laplace de mesures bornées:

$$f_1(x) = \frac{(1+x)^{1/2}}{1+x^{1/2}} \; ; \qquad f_2(x) = \frac{1+x^{1/2}}{(1+x)^{1/2}} \; ; \; f_3(x) = \frac{1}{(1+x)^{1/2}} \; ; \; f_4(x) = \frac{x^{1/2}}{(1+x)} .$$

Preuve: rappelons que la transformée de Laplace de la probabilité $m_t(du)$ est $e^{-tx^{1/2}}$. La probabilité $n_t(du) = \exp(t-u)m_t(du)$ a donc comme transformée de Laplace $\exp(-t[(1+x)^{1/2}-1])$; par conséquent, la probabilité $n(du) = \int_0^{\infty} e^{-t}n_t(du)dt$ admet f_3 comme transformée de Laplace.

D'autre part, $f_2-f_3 = (1-f_3^2)^{1/2} = 1-\Sigma_1^{\infty} c_k f_3^{2k}$, avec $c_k \geq 0$ et $\Sigma c_k=1$. Par conséquent, f_2-f_3 est la transformée de Laplace de la mesure bornée $n'(du) = \varepsilon_0 - \Sigma_k c_k n^{*2k}$ (puissances de convolution de n). Ceci règle le cas de f_2, et également celui de f_4 , puisque $f_4 = f_3(f_2-f_3)$, transformée de Laplace de $n*n'$.

Il nous reste à traiter le cas de f_1. Tout d'abord, on remarque que $\int_0^{\infty} t^{-3/2}(1-e^{-tx})dt = 2(\pi x)^{1/2}$. Par conséquent, la mesure bornée $2^{-1}\pi^{-1/2}t^{-3/2}(1-e^{-t})dt$ admet comme transformée de Laplace la fonction $(1+x)^{1/2}-x^{1/2}$. D'autre part, la fonction $(1+x^{1/2})^{-1}$ est la transformée de Laplace de la probabilité $\int_0^{\infty} m_t e^{-t}dt$, et donc $\frac{x^{1/2}}{1+x^{1/2}}$ est la transformée de Laplace d'une mesure bornée. Il ne nous reste plus qu'à écrire f_1 sous la forme

$f_1(x) = [(1+x)^{1/2}-x^{1/2}]\frac{1}{1+x^{1/2}} + \frac{x^{1/2}}{1+x^{1/2}}$ pour l'obtenir comme transformée de Laplace d'une mesure bornée.

Passons à la démonstration de (2.1). On écrit en premier lieu que $\int_0^\infty \exp(-\lambda^2 u)\exp(st-d^2u)m_t(du) = \exp[s-(d^2+\lambda)^{1/2}]t$ (pour $\lambda \geq 0$). Sur la décomposition spectrale du semigroupe P_t, il est alors clair que $Q_t^{s,d} = e^{tC^{s,d}}$. Il est tout aussi clair, sur la définition, que $Q_t^{s,d}$ est un opérateur positif, d'où a).

b) est immédiat sur la définition de $Q_t^{s,d}$. c) n'est pas plus compliqué: on écrit: $\|Q_t^{s,d}f\|_p \leq \int_0^\infty \|P_u f\|_p \exp(st-d^2u)m_t(du) \leq \|f\|_p \exp(s-d)t$.

d) provient de $P_u 1 = 1$, pout tout u.

e) est une conséquence du lemme (2.3): la fonction $\frac{x^{1/2}}{1+x}$ étant la transformée de Laplace d'une mesure bornée α , La fonction $\frac{(d^2+x)^{1/2}}{1+d^2+x}$ est la transformée de Laplace de la mesure bornée $\alpha_d(du) = \exp(-d^2u)\alpha(du)$. Par conséquent, l'opérateur $(d^2-L)^{1/2}(1+d^2-L)^{-1} = \int_0^\infty P_u \alpha_d(du)$ est un opérateur borné sur $\mathbb{L}^p$, de norme majorée par $|\alpha|$. On en déduit que $\|C^{0,d}f\|_p \leq |\alpha|[(1+d^2)\|f\|_p + \|Lf\|_p]$. Il ne nous reste plus qu'à remarquer que $C^{s,d} = sI + C^{0,d}$.

f) La fonction $\overline{f}(x,t) = Q_t^{s,d}f(x)$ satisfait, dans $\mathbb{L}^2$, à $D_0\overline{f} = C^{s,d}\overline{f}$, et même, pour tout entier k, à $D_0^k\overline{f} = (C^{s,d})^k\overline{f}$. Mais $C^{s,d}$ satisfait à l'équation $(C^{s,d})^2 - 2sC^{s,d} + (s^2-d^2)I = -L$, et par conséquent $\overline{f}(s,t)$ est solution de l'équation $L^{s,d}\overline{f} = 0$, au sens $\mathbb{L}^2$, donc au sens des distributions sur $E\times]0,\infty[$. Mais l'opérateur $L^{s,d}$ est elliptique, et par conséquent $\overline{f}$ est de classe C^∞, et solution de l'équation $L^{s,d}\overline{f} = 0$ au sens ordinaire. D'autre part, la continuité en 0 provient de l'estimation $\|Q_t^{s,d}f - f\|_\infty \leq \int_0^\infty \|Q_u^{s,d}C^{s,d}f\|_\infty du \leq \|C^{s,d}f\|_\infty \int_0^\infty \exp(s-d)u\, du$.

La majoration e) nous permet alors de conclure. Remarquons au passage que la même démonstration prouve la continuité en 0 de toutes les dérivées $D_0^k\overline{f}$.

La démonstration de la proposition 2.2 est identique à la précédente, à condition de mettre des flèches partout où c'est nécessaire. Les seules différences se situent dans c) et d). Pour c) nous utilisons l'inégalité a) de la proposition 1.7 : $|\vec{P}_u^{>}\omega| \leq \exp(-r_o u)P_u|\omega|$. En l'intégrant par rapport à la mesure $\exp(st-d^2u)m_t(du)$, on obtient c). Idem pour e) , en utilisant $\|\vec{P}_u^{>}\omega\|_p \leq \exp(-r_o|1-\frac{2}{p}|u)\ \|\omega\|_p$.

Remarque. Dans certaines situations, les semigroupes $Q_t^{s,d}$ sont tout aussi naturels que le semigroupe de Cauchy usuel $Q_t^{0,0}$ associé à l'opérateur L. Ainsi, lorsque E est la sphère usuelle de $\mathbb{R}^n$ et que L est le Laplacien sphérique usuel Δ_n, le prolongement harmonique à l'intérieur de la boule d'une fonction f définie sur E est solution, en coordonnées polaires, de l'équation $(\frac{\partial^2}{\partial r^2} + \frac{n-1}{r}\frac{\partial}{\partial r} + \frac{1}{r}\Delta_n)\ \bar{f}(x,t) = 0$. En posant $r = e^{-t}$, on obtient l'équation $(D_e^2 - (n-2)D_o + \Delta_n)\ \bar{f}(x,t) = 0$, ce qui correspond au semigroupe $Q_t^{(n-2)/2}$.

On sait que, dans $\mathbb{R}^n$, le module d'une fonction harmonique, ainsi que son carré, sont des fonctions sous-harmoniques; il en va de même d'une forme harmonique. La proposition suivante étend ce résultat aux prolongements harmoniques qui nous intéressent ici.

Proposition 2.4. 1) Soit $f(x,t)$ une fonction de classe C^∞ sur $E\times]0,\infty[$, satisfaisant à $L^{s_1,d_1}f = 0$. On a:

a) $$L^{s_2,d_2}f^2 = 2|df|^2 + 2[D_of + (s_1-s_2)f]^2 + [2d_1^2-d_2^2-(s_2-2s_1)^2]f^2.$$

b) Si $d_1^2 \geq d_2^2 \geq s_1^2$, on a, pour tout $\varepsilon>0$,

$$L^{s_1,d_2}\,[(f^2+\varepsilon^2)^{1/2}-\varepsilon] \geq 0 .$$

2) Soit $\omega(x,t)$ une famille de formes sur E , C^∞ en (x,t), satisfaisant à $\vec{L}^{>s_1,d_1}\,\omega = 0$. On a:

a) $$L^{s_2,d_2}\,|\omega|^2 \geq 2|\nabla\omega|^2 + 2|D_o\omega + (s_1-s_2)\omega|^2 + [2d_1^2 - d_2^2 - (s_2-2s_1)^2 + 2r_o]|\omega|^2$$

b) Si $r_o+d_1^2 \geq d_2^2 \geq s_1^2$, on a, pour tout $\varepsilon>0$,
$L^{s_1,d_2}[(|\omega|^2+\varepsilon^2)^{1/2}-\varepsilon] \geq 0$.

<u>Preuve</u>:nous commençons par 1). Sur l'écriture explicite de $L^{s,d}$, on voit que

$$L^{s_2,d_2} - L^{s_1,d_1} = 2(s_1-s_2)D_o + (s_1^2-s_2^2+d_1^2-d_2^2)I .$$

D'autre part, la formule du changement de variables donne

$$L^{s,d}\varphi(f) = \varphi'(f)L^{s,d}f + \varphi''(f)|\nabla f|^2 +(s^2-d^2)[\varphi(f)-f\varphi'(f)].$$

Pour a), nous appliquons cette formule avec $(s,d) = (s_1,d_1)$, en utilisant l'hypothèse $L^{s_1,d_1} = 0$. On prend $\varphi(x) = x^2$, de sorte que $\varphi-x\varphi' = -x^2$. Il vient

$$L^{s_2,d_2}f^2 = 2[|\nabla f|^2+(D_of)^2] + (d_1^2-s_1^2)f^2 + 4(s_1-s_2)fD_of$$
$$+ (s_2^2-s_1^2+d_1^2-d_2^2)f^2 \quad ,$$

ce qui est la formule annoncée.

Pour b) on utilise les mêmes formules que précédemment, mais avec $s_2=s_1$, et $\varphi(x) = (x^2+\varepsilon^2)^{1/2} - \varepsilon$. On a alors $\varphi''(x) = \varepsilon^2(x^2+\varepsilon^2)^{-3/2} \geq 0$ et $\varphi(x)-x\varphi'(x) = \varepsilon[\varepsilon(x^2+\varepsilon^2)^{-1/2} - 1] \leq 0 \leq \varphi(x)$. L'inégalité cherchée est alors immédiate.

Pour 2) , commençons par rappeler la formule de la proposition 1.5 , b):

$$L|\omega|^2 = 2\omega.\vec{L}\omega + 2|\nabla\omega|^2 + 2R(\omega^*,\omega^*) .$$ On obtient alors

$$L^{s,d}|\omega|^2 = 2\omega.\vec{L}^{s,d}\omega + 2|\nabla\omega|^2 + 2R(\omega^*,\omega^*) + (d^2-s^2)|\omega|^2.$$

L'inégalité a) provient alors du même calcul que plus haut, et de l'inégalité

$$R(\omega^*,\omega^*) \geq r_o|\omega|^2 .$$

Pour b), posons $|\omega|_\varepsilon = (|\omega|^2+\varepsilon^2)^{1/2}$ et $\varphi(x) = (x+\varepsilon^2)^{1/2} - \varepsilon$ $(x\geq 0)$. On remarque que $\Psi(x) = \varphi(x)-x\varphi'(x) \leq \varphi(x)/2$. Il vient:

$$L^{s_1,d_2}\varphi(|\omega|^2) = \frac{1}{2|\omega|_\varepsilon}L^{s_1,d_2}|\omega|^2 - \frac{1}{4|\omega|_\varepsilon^3}|\nabla|\omega|^2|^2$$
$$+ (s_1^2-d_2^2)\Psi(|\omega|^2) .$$

Puisque $d_2^2 \geq s_1^2$ et que $\Psi \leq \varphi/2$, on peut écrire

$$L^{s_1,d_2}\varphi(|\omega|^2) \geq \frac{1}{|\omega|_\varepsilon^3}\left[\frac{|\omega|_\varepsilon^2}{2}L^{s_1,d_2}|\omega|^2 - \frac{1}{4}|\nabla|\omega|^2|^2\right]$$
$$+ \frac{(s_1^2-d_2^2)}{2}(|\omega|_\varepsilon-\varepsilon).$$

Mais d'après a), $L^{s_1,d_2}|\omega|^2 \geq 2|\overline{\nabla}\omega|^2 + |\omega|^2[2d_1^2-d_2^2-s_1^2+2r_o]$.

Or, $|\overline{\nabla}|\omega|^2|^2 = |\nabla|\omega|^2|^2 + |D_o|\omega|^2|^2 = 4|\nabla\omega(\omega^*,.)|^2 + 4|\omega.D_o\omega|^2$
$\leq 4|\omega|^2|\overline{\nabla}\omega|^2 \leq 4|\omega|_\varepsilon^2|\overline{\nabla}\omega|^2$.

Finalement, il nous reste

$$L^{s_1,d_2}\varphi(|\omega|^2) \geq |\omega|_\varepsilon(d_1^2+r_o-d_2^2) + \frac{\varepsilon}{2}(d_2^2-s_1^2) - \frac{\varepsilon^2}{|\omega|_\varepsilon}[d_1^2+r_o-\frac{d_2^2+s_1^2}{2}] .$$

Or, $|\omega|_\varepsilon \geq \varepsilon$ et $d_1^2+r_o \geq (1/2)(d_2^2+s_1^2)$, et il reste

$$L^{s_1,d_2}\varphi(|\omega|^2) \geq (|\omega|_\varepsilon - \varepsilon)(d_1^2+r_o-d_2^2) \geq 0 .$$

III Quelques inégalités du type Littlewood-Paley-Stein.

Donnons nous un semigroupe markovien symétrique T_t sur E. La théorie de Littlewood-Paley-Stein (telle qu'elle est exposée dans le livre de Stein [St], par exemple), a pour but de comparer, pour toute fonction f définie sur E, la norme de f dans $\mathbb{L}^p$ à la norme de $G(f)$ dans $\mathbb{L}^p$, où $G(f)^2 = \int_0^\infty (\frac{d}{dt}T_tf)^2 tdt$. Dans ce cas, la fonction $\overline{f}(x,t) = T_tf(x)$ soit est solution de l'équation de la chaleur (lorsque $T_t = P_t$) , soit est harmonique dans $E\times\mathbb{R}_+$, au sens du chapitre précédent (lorsque T_t est l'un des semigroupes $Q_t^{d,d} = Q_t^d$).

Dans ce chapitre, nous établirons des inégalités de la même forme, mais pour des fonctions f sur $E\times\mathbb{R}_+$ sous-harmoniques ($L^d f \geq 0$). Nous comparons alors la norme dans $\mathbb{L}^p$ d'une quantité du type $G(f)$ à la norme dans $\mathbb{L}^p$ de la restriction f_o de f au bord de $E\times\mathbb{R}_+$. Dans la section suivante, nous ne nous servirons en fait que du cas $d = 0$, mais comme ces inégalités ne sont pas plus compliquées à établir dans le cas général, nous les établirons pour d quelquonque.

Rappelons que, si x est un point de E, P^x désigne la loi, sur l'espace canonique, du processus de diffusion de générateur L , issu de x, que nous noterons X_t^x . Considérons d'autre part un mouvement brownien auxiliaire B_t^a, à valeurs réelles, issu de a>0, et indépendant de X_t^x. On appellera $P^{x,a}$ la loi du couple (X_t^x,B_t^a) , et on notera $E^{x,a}$ l'espérance sous $P^{x,a}$.

La mesure $\int P^{x,a}m(dx)$ sera notée P_a, et on utilisera la notation $E_a(Z) = \int ZdP_a$, bien que P_a ne soit une probabilité que si m en est une.

Puisque nous voulons établir des inégalités relatives à l'opérateur L^d, où $d \geq 0$ est un paramètre fixé, introduisons le temps d'arrêt

$$T^{a,d} = \inf\{s / B_s^a - 2ds = 0\}.$$

Appelons $Z_t^{x,a,d}$ le processus $(X^x_{t\wedge T^{a,d}}, B^a_{t\wedge T^{a,d}} - 2d(t\wedge T^{a,d}))$, qui est défini sur $E\times \mathbb{R}_+$ (x et a ne sont là que pour mémoire: quand x et a changent, c'est la loi de $Z_t^{x,a,d}$ qui change, et non le processus lui même), et soit $\mathbb{F}_t$ sa filtration naturelle. C'est un processus de diffusion sur $E\times \mathbb{R}_+$, de générateur $L^d = (D_o^2 - 2dD_o + L)$, ce qui se traduit par la proposition suivante:

<u>Proposition 3.1</u>. Soit $f(x,t)$ une fonction de classe C^∞ sur $E\times]0,\infty[$. Le processus $f(Z_t^{x,a,d}) - f(x,a) - \int_0^t (L^d f)(Z_s^{x,a,d})ds$ est une martingale locale sur $[0,T^{a,d}[$.

<u>Preuve</u>: on se ramène par arrêt au cas où f est à support compact dans $E\times]0,\infty[$, puis par convergence uniforme sur f et $L^d f$ au cas où f est combinaison linéaire de fonctions de la forme $g(x)h(t)$. Dans ce cas, la proposition est une conséquence immédiate de l'indépendance des processus X_t^x et B_t^a .

Dans la suite, **lorsque** f est une fonction sur E, de classe C_c^∞ , on posera, pour simplifier les notations , $\bar{f}^d(x,t) = Q_t^d f(x)$: c'est une solution de l'équation $L^d(\bar{f}^d)=0$. D'après la proposition précédente, $\bar{f}^d(Z_t^{x,a,d})$ est une martingale locale sur $[0,T^{a,d}[$. En fait, puisque $\bar{f}^d$ est bornée et que tout est continu en t=0 , c'est une vraie martingale, et on a donc

$$E^{x,a}[f(X_{T^{a,d}})/\mathbb{F}_s] = \bar{f}^d(Z_s^{x,a,d}). \qquad (3.1)$$

Cette formule s'étend aussitôt par classes monotones au cas où f est borélienne bornée. De même, lorsque $f(x,t)$ est une fonction bornée, de classe C^∞ sur $E\times]0,\infty[$, continue en t=0 , et satisfaisant à $L^d f \geq 0$, on a

$$E^{x,a}[f(X_{T^{a,d}},0)/\mathbb{F}_s] \geq f(Z_s^{x,a,d}) . \qquad (3.2)$$

De ces deux remarques, on peut déduire la proposition suivante:

<u>Proposition 3.2</u>. Soit $f(x,t)$ une fonction de classe C^∞ sur $E\times]0,\infty[$, continue en t=0 , et telle que $L^d f \geq 0$. On a, pour tous t et u de $\mathbb{R}_+$,

$$Q_t^d f(.,u) \geq f(.,t+u). \tag{3.3}$$

Preuve: un changement de t en $t+u$ nous ramène au cas $u = 0$. Ensuite, dans les formules (3.1) et (3.2) qui précèdent, on fait $s = 0$ et $a = t$. Cela donne (3.3).

Remarque. En changeant f en $M_{d-s}f$, on obtient une propriété analogue avec $Q_t^{s,d}$, $L^{s,d}$. L'hypothèse à faire alors est que la fonction $M_{d-s}f$ est bornée. De façon générale, ce changement de f en $M_{d-s}f$ permet d'étendre les résultats de ce chapitre aux semigroupes $Q_t^{s,d}$ et aux opérateurs $L^{s,d}$: nous n'en aurons pas besoin.

Introduisons une nouvelle notation, correspondant au potentiel de l'opérateur $D_o^2 - 2dD_o$ dans $\mathbb{R}_+$: on pose, pour (s,t) dans $\mathbb{R}_+^2$

-pour $d>0$ $\quad V_d(t,s) = \frac{1}{d}\exp\{-d[s\vee(2s-t)]\}\text{sh}\{d(t\vee s)\}$

$$= \frac{1-\exp(-2ds)}{2d} 1_{\{s<t\}} + \exp(-2ds)\left[\frac{\exp(2dt)-1}{2d}\right]1_{\{s\geq t\}}$$

-pour $d=0$ $\quad V_0(t,s) = s\wedge t$.

Le calcul suivant est la généralisation d'un calcul de Meyer [M2]:

Proposition 3.3. Soit $f(x,t)$ une fonction borélienne positive sur $E\times\mathbb{R}_+$. On a

$$E_a\left[\int_0^{T^{a,d}} f(Z_s^{a,d})ds\right] = \int_0^\infty f(.,u)V_d(a,u)du .$$

(Ici, $Z_s^{a,d}$ désigne clairement le processus $(X_{s\wedge T^{a,d}}, B^a_{s\wedge T^{a,d}} - 2d(s\wedge T^{a,d}))$ sous la loi P_a).

Preuve: tout d'abord, considérons une fonction $h(t)$, positive, de classe C^∞, à support compact dans $]0,\infty[$. On a alors

$$E\left[\int_0^{T^{a,d}} h(B_s^a - 2ds)ds\right] = \int_0^\infty h(u)V_d(a,u)du.$$

En effet, la fonction $G(a) = \int_0^\infty h(u)V_d(a,u)du$ est une fonction bornée, nulle en 0, solution de l'équation $L_0^d G = -h$. Le processus

$$G(B_s^a - 2ds) + \int_0^s h(B_u^a - 2du)du$$

est donc une martingale, bornée sur $[0,s\wedge T^{a,d}]$. On prend alors l'espérance et on passe à la limite lorsque s tend vers l'infini.

Cette formule s'étend au cas où f est borélienne positive par un argument de classes monotones. Ensuite, pour démontrer la proposition, on se ramène au cas où la fonction $f(x,t)$ est de la forme $g(x)h(t)$, auquel cas on a:

$$E_a\left(\int_0^{T^{a,d}} f(Z_s^{a,d})ds\right) = \int_0^{\infty} E(h(B_s^a - 2ds)1_{s<T^{a,d}})E_a(g(X_s))ds.$$

Mais $\qquad E_x(g(X_s)) = (P_s g)(x)$, et donc $E_a(g(X_s)) = \langle P_s g\rangle = \langle g\rangle$.

On a donc

$$E_a\left(\int_0^{T^{a,d}} h(Z_s^{a,d})ds\right) = \langle g\rangle E\left(\int_0^{T^{a,d}} h(B_s^a - 2ds)ds\right)$$

$$= \left\langle\int_0^{\infty} g(x)h(u)V_d(a,u)du\right\rangle.$$

Cette égalité se renforce d'elle même:

<u>Corollaire 3.4</u>. Sous les mêmes hypothèses,

$$E_a\left[\int_0^{T^{a,d}} h(Z_s^{a,d})ds/X_{T^{a,d}} = .\right] = \int_0^{\infty} Q_s^d h(.,s)V_d(a,s)ds.$$

<u>Preuve</u>:il s'agit de démontrer que, pour toute fonction $g(x)$ dans C_c^{∞}, on a

$$E_a\left[\int_0^{T^{a,d}} h(Z_s^{a,d})ds\, g(X_{T^{a,d}})\right] = \int_0^{\infty} \langle Q_s^d h(.,s),g\rangle V_d(a,s)ds .$$

(Ici, on utilise le fait que la loi de $X_{T^{a,d}}$ est $m(dx)$). Le second membre est égal à $\qquad \left\langle\int_0^{\infty} h(.,s)\bar{g}^d(.,s)V_d(a,s)ds\right\rangle$ (rappelons que $\bar{g}^d(.,t)=Q_t^d g(.)$).

Quant au premier membre, il vaut

$$E_a\left[\int_0^{T^{a,d}} h(Z_s^{a,d})E_a(g(X_{T^{a,d}})/\mathbb{F}_s)ds\right].$$

Mais $E_a(g(X_{T^{a,d}})/\mathbb{F}_s) = \bar{g}^d(Z_s^{a,d})$, et il ne reste plus qu'à appliquer la proposition 3.3.

Nous arrivons maintenant aux deux principaux résultats de ce chapitre. Tout d'abord, nous introduisons une nouvelle notation:

pour $d>0$, $\qquad V_d(u) = V_d(\infty,u) = \dfrac{1-\exp(-2du)}{2d}$;

pour $d=0$, $\qquad V_0(u) = V_0(\infty,u) = u.$

Les constantes $C(p)$, $1<p<\infty$, qui apparaissent dans les deux théorèmes qui suivent ne dépendent que de p: en particulier ni **de f, ni de d,** ni de l'espace E.

Théorème 3.5. Soit $f(x,t)$ une fonction positive, bornée, continue sur $E\times \mathbb{R}_+$, de classe C^∞ sur $E\times]0,\infty[$, et satisfaisant à $L^d f \geq 0$. Pour tout p, $1<p<\infty$, on a

$$\|\int_0^\infty Q_u^d(L^d f)V_d(u)du\|_p \leq C(p)\ \|f(.,0)\|_p.$$

Théorème 3.6. Soit $f(x,t)$ une fonction positive, bornée, de classe C^∞ sur $E\times]0,\infty[$, telles que f et $D_o f$ soient continues en $t=0$, et satisfaisant à $L^d f \geq 0$. Supposons qu'en outre

$$<\int_0^\infty [|L_o^d f^2| + |Lf^2| + |D_o f|^2 + |\nabla f|^2]V_d(u)du> < \infty.$$

Pout tout p, $1<p\leq 2$, on a

$$\|[\int_0^\infty L^d(f^2)V_d(u)du]^{1/2}\|_p \leq C(p)\ \|f(.,0)\|_p.$$

Preuve du théorème 3.5: d'après la proposition 3.1, pour tout (x,a) de $E\times]0,\infty[$, le processus $Y_t = f(Z_t^{x,a,d}) - f(x,a)$ est une sous martingale bornée, nulle en $t=0$. Son processus croissant associé s'écrit $A_t = \int_0^{t\wedge T^{a,d}} L^d f(Z_s^{x,a,d})ds$.

Les inégalités classiques de la théorie des martingales montrent qu'alors

$$E^{x,a}(A_{T^{a,d}})^p \leq C(p)E^{x,a}|Y_{T^{a,d}}|^p \text{ , pour tout } p,\ 1<p<\infty.$$

(Voir par exemple l'article de Lenglart-Lépingle-Pratelli [LLP], théorème 3.2.) En intégrant par rapport à $m(dx)$, on obtient $E_a(A_{T^{a,d}})^p \leq C(p)E_a|Y_{T^{a,d}}|^p$.

Or, l'opérateur d'espérance conditionnelle diminue la norme dans $\mathbb{L}^p$ (le fait que la mesure soit éventuellement infinie n'y change rien). En conditionnant par rapport à $X_{T^{a,d}} = x$, on obtient

$$E_a[E_a(A_{T^{a,d}}/X_{T^{a,d}} = .)]^p \leq C(p)E_a|Y_{T^{a,d}}|^p.$$

Mais $Y_{T^{a,d}} = f(X_{T^{a,d}},0) - f(X_0,a)$: sa norme dans $\mathbb{L}^p$ est donc majorée par $\|f(.,0)\|_p + \|f(.,a)\|_p$. Or, puisque $L^d f \geq 0$, nous savons que $f(.,a)$ **est** majorée par $Q_a^d f(.,0)$. Puisque Q_a^d est une contraction de $\mathbb{L}^p$, le second membre est majoré par $C(p)\ \|f(.,0)\|_p^p$. (Comme d'habitude, la constante $C(p)$ varie de place en place.)

Quant au premier membre, le corollaire 3.4 montre qu'il vaut

$E_a\{[\int_0^\infty Q_u^d(L^d f(.,u))V_d(a,u)du](X_T a,d)\}^p$, qui n'est autre que

$\|\int_0^\infty Q_u^d(L^d f)V_d(a,u)du\|_p^p$. Il ne nous reste plus qu'à faire tendre a vers l'infini pour obtenir le théorème 3.5.

Remarque: cette démonstration recopie mot à mot celle de Meyer [M2] dans le cas d=0.

Preuve du théorème 3.6: elle est un peu plus compliquée, et n'utilise pas de probabilités. Nous commençons par un lemme:

Lemme 3.7. Soit $f(x,s)$ (notée parfois $f_s(x)$) une fonction positive de classe C^∞ sur $E\times]0,\infty[$, telle que f et $D_0 f$ convergent en $t=0$. Supposons qu'en outre f satisfasse à

1) $<\int_0^\infty(|L_0^d f_s| + |Lf_s|)V_d(s)ds> < \infty$.

2) Pour presque tout x de E , $\int_0^\infty |D_0 f|V_d(s)ds < \infty$.

3) Pour presque tout s de $\mathbb{R}_+$, $<|\nabla f_s|> < \infty$.

Alors $<f(.,0)> \geq <\int_0^\infty L^d f_s V_d(s)ds>$.

Preuve: Tout d'abord, fixons s et approchons f_s par $h_n f_s$, où h_n est l'un des éléments de la suite du lemme 1.1. On a $<L(h_n f_s)> = 0$. Or, $<h_n,Lf_s> = -<dh_n,df_s>$: on en déduit que, pour presque tout s, $<Lf_s> = 0$. Par conséquent, $<\int_0^\infty Lf_s\ V_d(s)ds> = 0$.

Il ne reste plus qu'à montrer que $<f_0> \geq <\int_0^\infty L_0^d f_s V_d(s)ds>$. On va voir qu'en fait, il s'agit d'une inégalité ponctuelle. En effet

$$\int_0^t L_0^d(f_s)ds = f_0 - f_t + V_d(t)D_0 f_t \ .$$

Or, dans les conditions dans lesquelles nous nous sommes placés, pour presque tout x, $D_0 f(t)V_d(t)$ tend vers 0 lorsque t tend vers l'infini. Etant donnée la positivité de f, il nous reste à la limite $f_0 \geq \int_0^\infty L_0^d(f_s)V_d(s)ds$.

Nous pouvons maintenant passer à la démonstration du théorème 3.6, en recopiant une démonstration de Stein, [St, p.50-51]. Posons $q = \frac{p}{2}$, et appliquons le lemme précédent à la fonction $f_{\varepsilon,q} = (f^2+\varepsilon)^q - \varepsilon^q$, où ε est réel strictement positif fixé. On a

$$\frac{1}{q}L(f_{\varepsilon,q}) = (f^2+\varepsilon)^{q-1}L(f^2) + (q-1)(f^2+\varepsilon)^{q-2}|\nabla f^2|^2 .$$

De même
$$\frac{1}{q}L_o^d(f_{\varepsilon,q}) = (f^2+\varepsilon)^{q-1}L_o^d(f^2) + (q-1)(f^2+\varepsilon)^{q-2}(D_o f^2)^2.$$

Le lemme précédent s'applique à $f_{\varepsilon,q}$, et on obtient

$$\frac{1}{q}<f_{\varepsilon,q}(.,0)> \geq <\int_0^\infty (f^2+\varepsilon)^{q-1}[L^d f^2 + (q-1)(f^2+\varepsilon)^{-1}|\overline{\nabla} f^2|^2]V_d(s)ds>.$$

Or,
$$L^d(f^2) = 2fL^d f + 2|\overline{\nabla} f|^2 \geq 2|\overline{\nabla} f|^2 = \frac{1}{2}f^{-2}|\overline{\nabla} f^2|^2.$$

Donc,
$$L^d(f^2) \geq \frac{1}{2}(f^2+\varepsilon)^{-1}|\overline{\nabla} f^2|^2 ,$$ d'où l'on tire

$$\frac{1}{q}<f_{\varepsilon,q}(.,0)> \geq (2q-1)< \int_0^\infty (f^2+\varepsilon)^{q-1}L^d(f^2)V_d(s)ds> .$$ On peut alors passer à la limite lorsque ε tend vers 0, et l'on obtient

$$\frac{1}{q(2q-1)}<f(.,0)^p> \geq < \int_0^\infty f^{p-2}L^d(f^2)V_d(s)ds>. \tag{3.4}$$

Posons maintenant $f^* = \sup_s |f_s|$; on a

$$[\int_0^\infty L^d f_s^2 \; V_d(s)ds]^{p/2} \leq f^{*\frac{p}{2}(p-2)}[\int_0^\infty f^{p-2}L^d(f^2)V_d(s)ds]^{p/2}.$$

En utilisant l'inégalité de Holder avec exposants $\frac{2}{2-p}$ et $\frac{2}{p}$, on obtient

$$<[\int_0^\infty L^d(f_s^2)V_d(s)ds]^{p/2}> \leq \|f^*\|_p^{\frac{p}{2}(2-p)} < \int_0^\infty f^{p-2}L^d(f^2)V_d(s)ds>^{p/2}.$$

Dans le membre de droite de cette inégalité, on majore le second terme par l'inégalité (3.4) précédente, tandis que, pour le premier, on remarque que $f(x,s) \leq Q_s^d f(x,0)$, et donc que $f^* \leq \sup_s Q_s^d f(x,0)$. Il nous reste alors à utiliser l'inégalité classique sur les semigroupes markoviens symétriques, $\|\sup_s |Q_s^d f| \|_p \leq C(p) \|f\|_p$ $(1<p<\infty)$, pour obtenir notre résultat.

<u>Remarque.</u> Il est clair, d'après la démonstration du théorème 3.6, qu'on n'a pas besoin de supposer que f soit C^∞ et satisfasse $L^d f \geq 0$, pour obtenir ce résultat: il suffit que f^2 soit C^∞ (en fait C^2) et satisfasse, pour tout $\varepsilon>0$, à $L^d(f^2+\varepsilon)^{1/2} \geq 0$. Comme on l'appliquera avec $f = |\omega|$, où ω est une famille de 1-formes C^∞, cette nuance a son importance.

IV Application aux transformations de Riesz.

Rappelons que r_o désigne une borne inférieure du tenseur R. On ne perd rien à supposer que r_o est négatif où nul, et on posera $r_o = -a^2$ ($a \geq o$). Le principal résultat de ce chapitre est le théorème suivant:

Théorème 4.1. Pour tout p, $1<p<\infty$, il existe une constante C(p) telle que, pour toute fonction f de C_c^∞, on ait

$$\|df\|_p \leq C(p)[\|(-L)^{1/2}f\|_p + a\|f\|_p] .$$

Insistons sur le fait que C(p) est une constante universelle, ne dépendant ni de la constante a, ni de la dimension de E, ...

Le lemme suivant va nous permettre de nous ramener à une situation plus simple:

Lemme 4.2. Il existe deux constantes universelles c_1 et c_2, telles que, pour tout p, $1\leq p\leq\infty$, pour tout générateur L d'un semigroupe markovien symétrique, et pour pout $a\geq 0$, on ait

$$c_1[a\|f\|_p + \|(-L)^{1/2}f\|_p] \leq \|(a^2I-L)^{1/2}f\|_p \leq c_2[a\|f\|_p + \|(-L)^{1/2}f\|_p].$$

Preuve: quitte à changer L en L/a^2, on peut toujours supposer que a = 1. Or, le lemme 2.3 montre que la fonction $(1+x)^{1/2}(1+x^{1/2})^{-1}$, ainsi que son inverse, sont transformées de Laplace de mesures bornées, soient n_1 et n_2. En prenant $P_t = \exp(tL)$, on a alors $(I-L)^{1/2}(I+(-L)^{1/2})^{-1} = \int_0^\infty P_s n_1(ds)$ est un opérateur borné sur $\mathbb{L}^p$, ne norme majorée par $|n_1|$. On en déduit la seconde inégalité. Pour la première, on a de même $\|f+(-L)^{1/2}f\|_p \leq |n_2|\,\|(I-L)^{1/2}f\|_p$. Comme d'autre part $(1+x)^{-1/2}$ est également tranformée de Laplace d'une mesure bornée (toujours le lemme 2.3), on a également une inégalité $\|f\|_p \leq c\|(I-L)^{1/2}f\|_p$. On a alors l'inégalité cherchée par différence.

Preuve du théorème 4.1: d'après le lemme, il est clair qu'il suffit de démontrer que, pour tout d>a, $\|df\|_p \leq C(p)\|C^{0,d}f\|_p$, pour f dans C_c^∞. Désignons alors par q l'exposant conjugué de p: il suffit de démontrer que, pour toute

1-forme ω de C_c^∞, on a $<df,\omega> \le C(p) \|C^{0,d}f\|_p \|\omega\|_q$.

Pour simplifier les notations, nous noterons $Q_t^{0,d} = Q_t$, $\overline{Q}_t^{>0,d} = \overline{Q}_t^{>}$, $C^{0,d} = C$, etc. D'autre part, posons $b^2 = d^2 - a^2$, $\overline{f}(x,t) = \overline{f}_t(x) = Q_t f(x)$, et $\overline{\omega}(x,t) = \overline{Q}_t^{>}\omega(x) = \overline{\omega}_t(x)$.

Pour tout r, $1 \le r \le \infty$, on a, d'après les majorations des propositions 2.1 et 2.2, $\|\overline{f}_t\|_r \le e^{-dt}\|f\|_r$, $\|\overline{\omega}_t\|_r \le e^{-bt}\|\omega\|_r$, $\|d\overline{f}_t\|_r \le e^{-bt}\|f\|_r$. De même, on a des majorations de la forme

$$\|D_o^k\overline{f}_t\|_r \le e^{-dt}\|C^k f\|_r \le Ke^{-dt}\Sigma_{i=0}^{k}\|L^i f\|_r \text{ , pour tous les entiers k,}$$

et des majorations analogues avec $D_o^k d\overline{f}_t$ et $D_o^k\overline{\omega}_t$ en remplaçant d par b. Ces considérations nous permettent de justifier les calculs qui suivent: on a

$$f = \overline{f}_0 = \int_0^\infty D_o^2(\overline{f}_s)sds = 4\int_0^\infty (D_o^2\overline{f}\ )_{2s}sds \text{ . On en tire}$$

$$df = 4\int_0^\infty (D_o^2 d\overline{f})_{2s}sds \text{ , et donc } <df,\omega> = 4\int_0^\infty <(D_o^2 d\overline{f})_{2s},\omega>sds.$$

Mais $\quad (D_o^2 d\overline{f})_{2s} = dC^2 Q_{2s}f = \overline{C}^{>}\overline{Q}_s^{>}dCQ_s f$, et par suite

$$<(D_o^2 d\overline{f})_{2s},\omega> = <dCQ_s f, \overline{C}^{>}\overline{Q}_s^{>}\omega> = <dC\overline{f}_s, D_o\overline{\omega}_s> .$$

Posons $\overline{g}_s = CQ_s f = Q_s Cf$; $\overline{g}_0 = g = Cf$. On peut alors écrire

$$<df,\omega> = 4<\int_0^\infty (d\overline{g}_s . D_o\overline{\omega}_s)sds> \le 4<[\int|d\overline{g}_s|^2 sds]^{1/2},[\int|D_o\overline{\omega}_s|^2 sds]^{1/2}>$$

$$\le 4\,\|[\int|d\overline{g}_s|^2 sds]^{1/2}\|_p\,\|[\int|D_o\overline{\omega}_s|^2 sds]^{1/2}\|_q.$$

Or, la fonction $\overline{g}_t(x) = \overline{g}(x,t)$ est solution de $L^{0,d}\overline{g} = 0$. Et de même, $\overline{\omega}(x,t)$ est solution de $\overline{L}^{>0,d}\overline{\omega}(x,t) = 0$. On peut donc appliquer la proposition 2.4, et l'on obtient, en rappelant que L^0 n'est autre que $L^{0,0}$,

$$L^0(\overline{g}^2) \ge 2|d\overline{g}|^2; \tag{4.1}$$

$$L^0|\overline{\omega}|^2 \ge 2|D_o\overline{\omega}|^2. \tag{4.2}$$

Pour tout $\varepsilon > 0$, $\quad L^0[|\overline{g}|^2+\varepsilon]^{1/2} \ge 0$; (4.3)

$$L^0[|\overline{\omega}|^2+\varepsilon]^{1/2} \ge 0 \text{ .} \tag{4.4}$$

Nous allons maintenant distinguer deux cas.

a) Si p>2: on majore $2\int|D_o\overline{\omega}|^2 sds$ par $\int L^0|\overline{\omega}|^2 sds$ grâce à (4.2) , puis on applique le théorème 3.6, valable puisque $1<q\le 2$.On obtient

$$\|[\int|D_o\overline{\omega}_s|^2 sds]^{1/2}\|_q \le C(q)\ \|\omega\|_q \text{ .}$$

D'autre part, la forme $d\bar{g}_s$ est également solution de $\vec{L}^{>0,d}_{d\bar{g}} = 0$. On peut donc lui appliquer la proposition (2.4), et on obtient $L^0|d\bar{g}|^2 \geq 0$. Par conséquent,d'après la proposition (3.2), on a $|d\bar{g}_{2s}|^2 \leq Q^0_s|d\bar{g}_s|^2$. On a alors

$$\int|d\bar{g}_s|^2 sds = 4\int|d\bar{g}|^2_{2s}sds \leq 4\int Q^0_s|d\bar{g}_s|^2 sds \leq 2\int Q^0_s[L^0(\bar{g}_s)^2]sds .$$

Il ne nous reste plus qu'à appliquer 3.5 à la fonction $\bar{g}^2(x,t)$, avec l'exposant p/2, qui est strictement plus grand que 1. (Remarquons que dans ce cas précis, le théorème 3.5 peut s'appliquer avec exposant 1, si fait que notre démonstration reste valable avec p=2.)

On obtient ainsi

$$\|[\int|d\bar{g}|^2 sds]^{1/2}\|_p \leq C(p)\,\|g\|_p \text{ , et on a notre résultat.}$$

b) Si 1<p<2: on fait un raisonnement analogue, mais en inversant les rôles de $d\bar{g}$ et $\bar{\omega}$.

Tout d'abord, on remarque d'après (4.2) que $L^0|D_0\bar{\omega}|^2 \geq 0$, et donc que $|D_0\bar{\omega}_{2u}|^2 \leq Q^0_u|D_0\bar{\omega}_u|^2 \leq Q^0_u(L^0|\bar{\omega}_u|^2)$, ce qui nous permet d'appliquer le théorème 3.5 à la fonction $|\bar{\omega}|^2$, avec l'exposant q/2, pour obtenir la majoration

$$\|[\int|D_0\bar{\omega}|^2 sds]^{1/2}\|_q \leq C(q)\,\|\omega\|_q .$$

Ensuite, on majore $\|[\int|d\bar{g}_s|^2 sds]^{1/2}\|_p$ par $C(p)\,\|g\|_p$, grâce aux formules (4.1) et (4.3), en utilisant le théorème 3.6 .

Comme d'habitude, des inégalités inverses de celles du théorème 4.1 s'obtiennent comme corollaire:

<u>Corollaire 4.3</u>. Sous les mêmes hypothèses, il existe des constantes C(p) telles que $\|C^{0,a}f\|_p \leq C(p)[a\,\|f\|_p + \|df\|_p]$, pour toute fonction f de C^∞_c. (Rappelons que $-C^{0,a} = (a^2I-L)^{1/2}$)

<u>Preuve</u>: tout d'abord, le lemme 4.2 permet de se ramener au cas où a>0. Ensuite, on remarque que l'image par l'opérateur $C^{0,a}$ de C^∞_c est dense dans $\mathbb{L}^p$, pour

tout p, $1\leq p<\infty$. En effet, si q désigne l'exposant conjugué de p et f un élément de $\mathbb{L}^q$ orthogonal à $C^{0,a}(C_c^\infty)$, on a, pour tout élément g de C_c^∞, $\langle f,g\rangle = \langle f,Q_t^{0,a}g\rangle$, et, par conséquent, $f = Q_t^{0,a}f$. Mais, puisque $a>0$, $Q_t^{0,a}f$ converge vers 0 dans $\mathbb{L}^q$ lorsque t tend vers l'infini. Donc f = 0, et l'orthogonal de $C^{0,a}(C_c^\infty)$ dans $\mathbb{L}^q$ est nul: c'est ce qu'on voulait démontrer.

On peut donc écrire

$$\begin{aligned}\|C^{0,a}f\|_p &\leq \sup_{\{g\in C_c^\infty;\ \|C^{0,a}g\|_q\leq 1\}} \langle C^{0,a}f, C^{0,a}g\rangle \\ &\leq \sup_{\{\ldots\}}[a^2\langle f,g\rangle + \langle df,dg\rangle] \\ &\leq \sup_{\{\ldots\}}[a^2\|f\|_p^2 + \|df\|_p^2]^{1/2}[a^2\|g\|_q^2+\|dg\|_q^2]^{1/2}.\end{aligned}$$

D'après le théorème 4.1 et le lemme 4.2, on a

$$\begin{aligned}[a^2\|g\|_q^2+\|dg\|_q^2]^{1/2} &\leq a\|g\|_q + \|dg\|_q \\ &\leq C(q)[a\|g\|_q + \|(-L)^{1/2}g\|_q] \\ &\leq C(q)\ \|C^{0,a}g\|_q .\end{aligned}$$

Lorsque a =0, on déduit de ces inégalités un résultat intéressant: appelons $\mathbb{D}_p$ l'espace engendré dans $\vec{\mathbb{L}}^p$ par les 1-formes du type df, où f est dans C_c^∞. On a

<u>Corollaire 4.4</u>. Lorsque $r_0\geq 0$, pour tout p, $1<p<\infty$, le dual de $\mathbb{D}_p$ est $\mathbb{D}_q$, où q désigne l'exposant conjugué de p.

<u>Preuve</u>: tout d'abord, $\mathbb{D}_q$ s'injecte de manière évidente dans le dual de $\mathbb{D}_p$. Il nous suffit donc de démontrer que, pour toute fonction f de C_c^∞, on a

$$\|df\|_p \leq C(p)\sup_{\{g\in C_c^\infty;\ \|dg\|_q\leq 1\}} \langle df,dg\rangle .$$

Mais un argument semblable à celui utilisé dans le corollaire précédent montre que $\|C^0f\|_p \leq \sup_{\{g\in C_c^\infty;\ \|C^0g\|_q\leq 1\}} \langle C^0f,C^0g\rangle$. Puisque $\|df\|_p$ est équivalent à $\|C^0f\|_p$ et que $\|dg\|_q$ est équivalent à $\|C^0g\|_q$, le résultat s'ensuit.

V Transformations de Riesz sur les champs de k-formes.

Le théorème 4.1 repose essentiellement sur la formule de Bochner-Lichnérowicz-Weitzenböck (proposition 1.5 b). Or, on a une formule analogue pour les formes d'ordre quelquonque, ce qui va nous permettre d'étendre nos résultats.

Pour simplifier les calculs, nous supposerons dans ce qui suit que $\rho=1$, c'est à dire qu'on travaille avec la mesure riemannienne et que $L = \Delta$. Si ω est une k-forme $|\omega|^2$ désigne sa norme en tant que k-forme (c'est $\frac{1}{k!}$ sa norme en tant que tenseur). On définit alors les espaces $\mathbb{L}^{p,k}$ des champs de k-formes de $\mathbb{L}^p$. (Ainsi, $\vec{\mathbb{L}}^p$ s'appelle maintenant $\mathbb{L}^{p,1}$.)

Si ∂ désigne l'opérateur de divergence, le laplacien opérant sur les k-formes sera l'opérateur $\Delta_k = -(d\partial+\partial d)$: au signe près, c'est le laplacien de de Rahm (tel qu'il est défini dans le livre de de Rahm [dR], par exemple). Notre variété E étant complète, c'est un opérateur autoadjoint sur $\mathbb{L}^{2,k}$: la démonstration de ce résultat, identique à celle du cas $k=1$, se trouve dans Strichartz [S]). On voit immédiatement que c'est en fait un opérateur négatif dans $\mathbb{L}^{2,k}$, et qu'on a $\langle\Delta_k\omega,\omega\rangle = -\langle d\omega,d\omega\rangle - \langle\partial\omega,\partial\omega\rangle$ pour les k-formes ω de C_c^∞ .(On a utilisé la même notation $\langle.,.\rangle$ pour désigner le produit scalaire dans tous les $\mathbb{L}^{2,k}$.)

Du fait que $d^2 = \partial^2 = 0$, on a immédiatement $\Delta_k d = d\Delta_{k-1}$; $\Delta_k\partial = \partial\Delta_{k+1}$. En outre, Δ_k satisfait à une formule de Bochner-Lichnérowicz-Weitzenbock :

$$\frac{1}{2}\Delta|\omega|^2 = \omega.\Delta_k\omega + \frac{1}{k!}|\nabla\omega|^2 + Q_k(\omega,\omega) \tag{5.1}$$

où Q_k est une forme quadratique sur les k-formes faisant intervenir tout le tenseur de courbure. En coordonnées locales, si on se souvient que $r_{ij}{}^k{}_l$ désigne le tenseur de courbure, et R_{ab} le tenseur de Ricci $r_{ia}{}^i{}_b$, on a

$$Q_k(\omega,\omega) = \frac{1}{(k-1)!} R_{ab}\omega^{ai_2\dots i_k}\omega^b{}_{i_2\dots i_k} + \frac{1}{2(k-2)!} r_{pqrs}\omega^{pqi_3\dots i_k}\omega^{rs}{}_{i_3\dots i_k} .$$

(Voir par exemple le livre de Lichnérowicz [Li], p.3)

Dans cette section, nous supposerons que toutes les formes quadratiques Q_k sont minorées: $Q_k(\omega,\omega) \geq -a_k^2|\omega|^2$,où les a_k sont des constantes positives.

(A priori, cette hypothèse ne semble pas être une conséquence de la minoration de la courbure sectionnelle.)

On peut alors répéter les constructions des paragraphes précédents:

1) Les semigroupes $P_t^k = \exp(t\Delta_k)$: ce sont des semigroupes symétriques de contractions de $\mathbb{L}^{2,k}$, qui satisfont en outre à

$$P_t^k d\omega = dP_t^{k-1}\omega \quad ; \quad P_t^k\partial\omega = \partial P_t^{k+1}\omega. \tag{5.2}$$

De plus, grâce à la formule (5.1), on a la majoration

$$|P_t^k\omega| \leq \exp(a_k^2 t)P_t|\omega|. \tag{5.3}$$

Cette dernière inégalité, qui est l'analogue de l'inégalité a) de la proposition 1.7, se démontre de manière analogue. Néanmoins, si l'on veut éviter de faire appel à une construction du type de celle d'Elworthy de P_t^k, on peut recopier la démonstration du théorème 6 de [B2]: nous lai serons ce soin au lecteur.

2) Les semigroupes $Q_t^{k,s,d} = \exp t[sI-(d^2I-\Delta_k)^{1/2}]$: ce sont des semigroupes bornés sur $\mathbb{L}^{2,k}$, ainsi que sur $\mathbb{L}^{p,k}$, à condition que $d^2 \geq a_k^2|1-\frac{2}{p}|$.

De l'inégalité (5.3), on tire les inégalités:

$$|Q_t^{k,s,d}\omega| \leq Q_t^{s,d'}|\omega| \;, \quad \text{avec } d' = (d^2 - a_k^2)^{1/2} \quad (\text{ici, } d^2 \geq a_k^2);$$

et

$$\|Q_t^{k,s,d}\omega\|_p \leq \exp t(s-d_p')\,\|\omega\|_p \;, \text{ avec } d_p' = (d^2 - a_k^2|1-\tfrac{2}{p}|)^{1/2}.$$

Désignons par $C^{k,d}$ le générateur du semigroupe $Q_t^{k,0,d}$ et par b_k le plus grand des nombres a_k et a_{k+1}. On a

Théorème 5.1. Il existe des constantes universelles $c(p,k)$ telles que, pour toute k-forme ω de C_c^∞, on ait

$$\|d\omega\|_p \leq c(p,k)\,\|C^{k,b_k}\omega\|_p$$

et

$$\|\partial\omega\|_p \leq c(p,k)\,\|C^{k,b_{k-1}}\omega\|_p \;.$$

En fait, le lemme suivant permet de comparer dans $\mathbb{L}^{k,p}$ les différents opérateurs $C^{k,b}$:

Lemme 5.2. Pout tout p, $1\leq p\leq \infty$, posons $a^2_{k,p} = a^2_k|1-\frac{2}{p}|$ et, pour tout $d\geq a_{k,p}$, $d^2= e^2+a^2_{k,p}$ $(e\geq 0)$. Il existe deux constantes universelles C_1 et C_2 telles que, pour tout (k,p), pour toute k-forme ω, et pour tout $d\geq a_{k,p}$, on ait

$$C_1[e\,\|\omega\|_p+\|C^{k,a_{k,p}}\omega\|_p] \leq \|C^{k,d}\omega\|_p \leq C_2[e\,\|\omega\|_p+\|C^{k,a_{k,p}}\omega\|_p].$$

Preuve du lemme: elle est identique à celle du lemme 4.2. Les fonctions f_1, f_2 et f_3 du lemme 2.3 étant transformées de Laplace de mesures bornées, on intègre par rapport à ces mesures les opérateurs $P^k_{cs}\exp(-a^2_{k,p}\,cs)$, qui sont des contractions de $\mathbb{L}^{k,p}$. On ajuste ensuite le paramètre c pour obtenir le résultat.

Remarque: on ne sait pas donner d'équivalent analogue de $\|C^{k,d}\omega\|_p$, pour $d<a_{k,d}$.

Démonstration du théorème 5.1: on écrit la démonstration **pour la première** inégalité (majoration de $\|d\omega\|_p$) le cas de $\|\partial\omega\|_p$ se traitant de la même manière.

Tout d'abord, le lemme précédent montre qu'il suffit d'obtenir une majoration de la forme $\|d\omega\|_p \leq c(p,k)\,\|C^{k,d}\omega\|_p$, pour tout $d>b_k$. Où encore, pour toute k-forme ω et toute (k+1)-forme η, toutes deux de classe C^∞_c, que

$$<d\omega,\eta> \leq c(p,k)\,\|C_{k,d}\omega\|_p\,\|\eta\|_q$$, où q désigne l'exposant conjugué de p.

Or, un résultat analogue à celui de la proposition 2.4 2) peut s'énoncer pour les k-formes. (C'est un résultat purement calculatoire qui ne repose que sur la formule de Bochner-Lichnérowicz-Weitzenböck.) Si nous posons $L^{k,s,d} = L^{s,d}_0+\Delta_k$, on a, pour toute famille de k-formes $\omega(x,t)$ satisfaisant à $L^{k,s_1,d_1}\omega = 0$,

$$L^{s_2,d_2}|\omega|^2 \geq \frac{2}{k!}|\nabla\omega|^2 + 2|D_0\omega+(s_1-s_2)\omega|^2 + [2d_1^2-d_2^2-(s_2-2s_1)^2-2a_k^2]|\omega|^2 \quad (5.4)$$

et, si $d_1^2-a_k^2 \geq d_2^2 \geq s_1^2$, pour tout $\varepsilon>0$,

$$L^{s_1,d_2}[(|\omega|^2+\varepsilon^2)^{1/2}-\varepsilon] \geq 0 \quad (5.5)$$

Ayant alors fixé $d>b_k$, notre k-forme ω et notre (k+1)-forme η, nous posons $\bar{\omega}(x,t) = Q_t^{k,0,d}\omega(x)$; $\hat{\omega}(x,t) = Q_t^{k,0,d}(C^{k,d}\omega)(x)$

et $\bar{\eta}(x,t) = Q_t^{k+1,0,d}\eta(x)$.

Puisque $d>a_k$, la formule (5.4) montre que

$$L^0|\bar{\omega}|^2 \geq \frac{2}{k!}|\nabla\bar{\omega}|^2 \geq 2|d\bar{\omega}|^2 .$$

Une inégalité semblable est vérifiée par $\hat{\omega}$ et $\bar{\eta}$ (puisque $d>a_{k+1}$) ; on a

aussi $L^0|\bar{\eta}|^2 \geq 2|D_o\bar{\eta}|^2$, ainsi que, pour tout $\varepsilon>0$,

$$L^0[|\bar{\omega}|^2+\varepsilon]^{1/2} \geq 0 ; \quad L^0[|\hat{\omega}|^2+\varepsilon]^{1/2} \geq 0 ; \quad L^0[|\bar{\eta}|^2+\varepsilon]^{1/2} \geq 0 .$$

On peut alors répéter la démonstration du théorème 4.1 :

$$\langle d\omega,\eta\rangle = \int_0^\infty D_o^2\langle d\bar{\omega},\eta\rangle\, s ds = 4\int_0^\infty \langle d\hat{\omega},D_o\bar{\eta}\rangle\, s ds \leq 4\, \| [\int_0^\infty |d\hat{\omega}|^2 s ds]^{1/2} \|_p \times \| [\int_0^\infty |D_o\bar{\eta}|^2 s ds]^{1/2} \|_q$$

Dans le dernier membre de cette inégalité, le premier terme se majore par $C(p)\, \|\hat{\omega}_0\|_p = C(p)\, \|C^{k,d}\omega\|_p$ et le second par $C(q)\, \|\bar{\eta}_0\|_q = C(q)\, \|\eta\|_q$, exactement comme dans la démonstration du théorème 4.1 .

De la même façon que dans le cas des fonctions, le théorème précédent admet comme corollaire des inégalités inversées:

<u>Corollaire 5.3</u>. Posons $d_{k,p} = (b_k^2-a_{k,p}^2)^{1/2} + (b_{k-1}^2-a_{k,p}^2)^{1/2} + 2a_{k,p}$. Il existe des constantes universelles $C(k,p)$ telles que, pour tout p, $1<p<\infty$, pour toute k-forme ω et pour tout $e \geq d_{k,p}$, on ait

$$\|C^{k,e}\omega\|_p \leq C(k,p)[e\,\|\omega\|_p + \|d\omega\|_p + \|\partial\omega\|_p].$$

<u>Preuve:</u>l'argument utilisé dans la démonstration du corollaire 4.3 montre que l'image par $C^{k,e}$ de C_c^∞ est dense dans $\mathbb{L}^{k,p}$, pourvu que $e>a_{k,p}$. On peut alors écrire

$$\|C_{k,e}\omega\|_p \leq \sup_{\{\eta/\ \|C^{k,e}\eta\|_q \leq 1\}} \langle C^{k,e}\omega, C^{k,e}\eta\rangle = \sup_{\{\dots\}} \langle (e^2 I-\Delta_k)\omega,\eta\rangle =$$

$$= \sup_{\{\dots\}} [e^2\langle\omega,\eta\rangle + \langle d\omega,d\eta\rangle + \langle\partial\omega,\partial\eta\rangle] \leq$$

$$\leq \ [e\,\|\omega\|_p + \|d\omega\|_p + \|\partial\omega\|_p]\ \sup_{\{\ldots\}} [e\,\|\eta\|_q + \|d\eta\|_q + \|\partial\eta\|_q]$$

Mais, d'après le théorème précédent,

$$\|d\eta\|_q + \|\partial\eta\|_q \leq c(q,k)[\ \|C^{k,b_k}\eta\|_q + \|C^{k,b_{k-1}}\eta\|_q].$$

D'après le lemme, cette dernière quantité est majorée par

$$C\{[(b_k^2-a_{k,p})^{1/2} + (b_{k-1}^2-a_{k,p}^2)^{1/2}]\,\|\eta\|_q + \|C^{k,a_{k,p}}\eta\|_q\}\ .$$

Il nous reste à majorer une quantité de la forme

$$(e+d_{k,p}-2a_{k,p})\,\|\eta\|_q + \|C^{k,a_{k,p}}\eta\|_q \quad \text{par} \quad C(k,p)\,\|C^{k,e}\eta\|_q.$$

Or, $e+d_{k,p} \leq 2e \leq 2[(e^2-a_{k,p}^2)^{1/2}-a_{k,p}]$; on obtient donc une majoration de la forme $C(p,k)\ [(e^2-a_{k,p}^2)^{1/2}\,\|\eta\|_q + \|C^{k,a_{k,p}}\eta\|_q]$ qui se majore d'après le lemme 5.2 sous la forme désirée.

VITransformations de Riesz pour les tenseurs dans le cas des variétés d'Einstein.

Rappelons qu'une variété d'Einstein est une variété Riemannienne sur laquelle le tenseur de Ricci est proportionnel à la métrique : $R = cg$. Dans ce cas, on a bien évidemment $\nabla R = 0$, et c'est de cette seule propriété dont nous servirons. Comme dans le paragraphe précédent, nous supposerons que $\rho = 1$, c'est à dire qu'on travaille avec la mesure riemannienne. Δ désigne le laplacien horizontal sur les tenseurs: il vérifie $\Delta|T|^2 = 2T.\Delta T + 2|\nabla T|^2$. C'est un opérateur autoadjoint négatif, et donc $\exp(t\Delta)$ est un semigroupe de contractions de $\mathbb{L}^2$, que nous noterons P_t.

Introduisons un nouvel opérateur $\bar{\Delta}$ sur les tenseurs, défini de la manière suivante: $\bar{\Delta}T = \Delta T - RT$, où R est un opérateur tensoriel dont l'expression en coordonnées locales s'écrit, pour un tenseur T d'ordre k, $k \geq 2$,

$$(RT)_{i_1\ldots i_k} = cT_{i_1\ldots i_k} - 2\Sigma_{q=2}^{k}\, r_{i_1 i i_q 1}\, T^{i\ \ \ \ \ \ \ \ \ 1}_{\ .i_2\ldots i_{q-1}.i_{q+1}\ldots i_k}\ .$$

(On rappelle que r_{ijkl} désigne le tenseur de courbure et c est le rapport de proportionnalité entre R et g).

On a $\qquad \nabla\Delta T = \bar{\Delta}\nabla T$, pout tout tenseur T d'ordre ≥ 1. $\qquad$ (6.1)

Pour démontrer la formule (6.1), il suffit de faire le calcul dans un système de coordonnées locales: pour simplifier les notations, si α est un multiindice $(i_1,\dots,i_k)$, $r_{ij\alpha}{}^{\beta}T_\beta$ désigne $\Sigma_{q=1}^{k} r_{iji_q}{}^{l}T_{i_1\dots i_{q-1}li_{q+1}\dots i_k}$.

On a alors, pour tout tenseur T d'ordre k,

$$\nabla_a(\Delta T)_\alpha = \nabla_a\nabla^i\nabla_i T_\alpha = \nabla^i\nabla_a\nabla_i T_\alpha + r_a{}^i{}_{il}\nabla^l T_\alpha + r_{ai\alpha}{}^{\beta}\nabla^i T_\beta =$$

$$= \nabla^i\nabla_i\nabla_a T_\alpha + \nabla^i(r_{ai\alpha}{}^{\beta}T_\beta) + r_a{}^i{}_{il}\nabla^l T_\alpha + r_{ai\alpha}{}^{\beta}\nabla^i T_\beta =$$

$$= \Delta\nabla_a T_\alpha + 2r_{ai\alpha}{}^{\beta}\nabla^i T_\beta + r_{ai}{}^i{}_l\nabla^l T_\alpha + \nabla^i r_{ai\alpha}{}^{\beta}T_\beta .$$

Or, si nous contractons la deuxième identité de Bianchi, nous obtenons, en notant comme toujours R_{ij} le tenseur de Ricci,

$$\nabla^i r_{ijal} = \nabla_a R_{jl} - \nabla_l R_{ja} . \qquad (6.2)$$

Cette dernière quantité est nulle, puisque $\nabla R = 0$. On obtient ainsi la formule (6.1).

Remarque 1: l'hypothèse $\nabla R = 0$ n'est en fait utilisée ici que pour annuler le terme (6.2): on pourrait étendre les résultats de ce chapitre à toutes les variétés telles que ∇R soit un tenseur symétrique en ses 3 indices.

Remarque 2: notre opérateur $\bar\Delta$ n'est pas le Laplacien de Lichnérowicz sur les tenseurs, [Li2;p.27].

Les symétries élémentaires du tenseur de courbure montrent que l'opérateur $\bar\Delta$ est symétrique. De plus, $\bar\Delta$ vérifie une formule de Bochner-Lichnérowicz-Weitzenböck:

(BLW) $\quad \Delta|T|^2 = 2T.\bar\Delta T + 2|\nabla T|^2 + 2Q(T,T)$, où la forme quadratique Q n'est rien d'autre que T.RT .

Pour obtenir des résultats sur les transformations de Riesz sur les tenseurs, on est ammenés à supposer que cette forme est minorée, et on désigne par $-a_k^2$ un minorant de cette forme sur les tenseurs d'ordre k: $Q(T,T) \geq -a_k^2|T|^2$.

Sous cette hypothèse, une conséquence immédiate de la formule (BLW) est que l'opérateur $\bar\Delta$ est semiborné: $\langle T,\bar\Delta T\rangle = -\langle\nabla T,\nabla T\rangle - \langle Q(T,T)\rangle \leq -a_k^2\langle T,T\rangle$.

On peut alors répéter l'argument de Strichartz [S] pour démontrer que $\bar\Delta$ est en fait un opérateur autoadjoint, générateur d'un semigroupe symétrique borné, $\bar{P}_t = \exp(t\bar{\Delta})$. On a les propriétés élémentaires suivantes:

$$|P_t T| \leq P_t |T| \ ; \quad |\bar{P}_t T| \leq \exp(a_k^2 t) P_t |T| \quad \text{(T tenseur d'ordre k);}$$

$$\nabla P_t T = \bar{P}_t \nabla T, \text{ etc.}$$

Les semigroupes P_t et $\bar{P}_t$ sont donc des semigroupes bornés sur les espaces $\mathbb{L}^p$ de tenseurs, et on peut dérouler toute la mécanique des deux **paragraphes** précédents, et l'on obtient les théorèmes:

Théorème 6.1. **Pour tout** p, $1<p<\infty$, il existe des constantes universelles $c(p)$ telles que, pour tout tenseur T d'ordre k, on ait

$$\|\nabla T\|_p \leq c(p) \, \|(a_{k+1}^2 - \Delta)^{1/2} T\|_p .$$

La quantité $\|(a_k^2 - \Delta)^{1/2} T\|_p$ est équivalente, avec des constantes universelles ne dépendant ni de E, ni de p, à $a_k \|T\|_p + \|(-\Delta)^{1/2} T\|_p$, et on obtient également des inégalités inverses:

Théorème 6.2. Pour tout p, $1<p<\infty$, il existe des constantes universelles $c(p)$ telles que, pour tout tenseur t d'ordre k,

$$\|(-\Delta)^{1/2} T\|_p \leq c(p) [a_{k+1} \|T\|_p + \|\nabla T\|_p] .$$

On obtient également un analogue du **corollaire** 4.4. En désignant par $\mathbb{D}_{k,p}$ le sous espace de l'espace des tenseurs d'ordre k dans $\mathbb{L}^p$ engendré par les tenseurs **de la** forme ∇T, où T est un tenseur d'ordre k-1, on a:

Corollaire 6.3. Si la forme quadratique $Q(T,T)$ **est** positive sur les tenseurs d'ordre k, le dual de $\mathbb{D}_{k,p}$ est $\mathbb{D}_{k,q}$, où q est l'exposant conjugué de p.

Démonstrations: identiques à celles des paragraphes 4 et 5 .

Références.

[B1] D.Bakry, Transformations de Riesz pour les semigroupes symétriques, Sém.Prob. XIX,p.179-206 ; Lect. Notes in Math. n°1123, Springer 1985.

[B2] D.Bakry, Un critère de non explosion pour certaines diffusions sur une variété riemannienne complète, C.R.Acad.Sc.Paris, t.303, série I, n°1, P.23-26, 1986.

[E] D.Elworthy, Stochastic methods and differential geometry, Sém.Bourbaki, 80/81, n° 567.

[F] M.Fukushima, Dirichlet forms and Markov processes, North Holland, Kodansha, 1980.

[G] M.Gaffney, A special Stokes'theorem for complete Riemannian manifolds, Ann. of Math. 60, p.458-466, 1954.

[L] N.Lohoué, Comparaison des champs de vecteurs et des puissances du laplacien sur une variété riemannienne à courbure non positive, J.Funct.Anal. 61, p.164-201, 1985.

[Li] A.Lichnerowicz, Géométrie des groupes de transformation, Dunod, Paris, 1958.

[Li2] A.Lichnerowicz, Propagateurs et commutateurs en relativité générale, Inst. Hautes Etudes Sci., Publ. Math. n°10, p.293-344, 1961.

[LLP] E.Lenglart, D.Lépingle, M.Pratelli, Présentation unifiée de certaines inégalités de théorie des martingales, Sém.Prob. XIV, p.26-48, Lect. Notes in Math. n°784, Springer 1980.

[M1] P.A.Meyer, Transformations de Riesz pour les lois gaussiennes, Sém. Prob. XVIII, p. 179-193, Lect.Notes in Math. n°1059, Springer 1983.

[M2] P.A.Meyer, Démonstration probabiliste de certaines inégalités de Littlewood-Paley, Sém. Prob. X , p.125-183, Lect.Notes in Math. n°511, Springer 1976.

[RS] M.Reed, B.Simon, Methods of modern mathematical physics II, Academic Press, New York, 1975.

[dR] G. de Rahm, Variétés différentiables, Hermann, Paris, 1960.

[S] R.Strichartz, Analysis of the Laplacian on the complete Riemannian manifold, J.funct. Anal.52, p.48-79, 1983.

[St] E.Stein, Topics in harmonic analysis related to the Littlewood-Paley theory, Ann.Math.Study63, Princeton 1970.

A SIMPLE PROOF OF THE LOGARITHMIC SOBOLEV INEQUALITY ON THE CIRCLE

M. Emery and J. E. Yukich

The purpose of this short note is to provide a simple and direct proof of the logarithmic Sobolev inequality on the circle $\mathbb{R}/2\pi\mathbb{Z}$, which we denote here and henceforth by E. Recall that if E is equipped with the uniform law $dx/2\pi$ and if $\langle f\rangle = \int_E f(x)\,dx/2\pi$ denotes the expectation for this law, then the logarithmic Sobolev inequality states that

$$(*)\qquad \langle f^2 \log f^2\rangle \le \langle f^2\rangle \log\langle f^2\rangle + 2\langle f'^2\rangle ;$$

this holds for all f such that it makes sense : f' is in $L^2(dx/2\pi)$ and must satisfy $\langle f'\rangle = 0$; f is continuous and determined up to a constant by f' .

This inequality was proved by Weissler [5] by a direct but somewhat complicated calculation, and also by Rothaus [3] by a variational method. By considering the Brownian motion semi-group on the circle we provide a very simple proof of (*). (We note that (*) is equivalent to the hypercontractivity property of the Brownian motion semi-group). For additional related work concerning logarithmic Sobolev inequalities, we refer the reader to Gross [2] and Rothaus [4].

Proof. We note that it suffices to prove (*) when f is a C^∞ function. Actually, we will show for f in the class C^∞ and strictly positive that

$$(**)\qquad \langle f\log f\rangle - \langle f\rangle\log\langle f\rangle \le \frac{1}{2}\left\langle\frac{f'^2}{f}\right\rangle ;$$

replacing f by $f^2+\varepsilon$ and letting ε tend to zero yields the claimed result (*).

Recall that the Brownian motion semi-group $(P_t)_{t>0}$ on $C^\infty(E)$ can be defined by

$$P_t f(x) = \int_E f(x+y) \sum_{n\in\mathbb{Z}} (4\pi t)^{-1/2} e^{-(y+2\pi n)^2/4t}\,dy, \quad f\in C^\infty(E),$$

and has the properties

$$\frac{d}{dt}P_tf = (P_tf)'' = P_t(f''),$$

$$P_\infty(f) = \langle f\rangle, \text{ and}$$

$$P_0f = f.$$

To prove (**), notice that for all $f > 0$

$$\frac{d}{dt}\left(e^{2t}\left\langle\frac{(P_tf')^2}{P_tf}\right\rangle\right) = e^{2t}\left\langle\frac{2g'^2}{g}+\frac{2g'''g'}{g}-\frac{g'^2g''}{g^2}\right\rangle$$

$$= 4e^{2t}\left\langle h'^2+h'h'''+\frac{2h'^2h''}{h}-\frac{h'^4}{h^2}\right\rangle,$$

where we have made the successive substitutions $g = P_tf$ and $h^2 = 2g$. Integration by parts shows that $\langle h'h'''\rangle = -\langle h''^2\rangle$ and $3\langle\frac{h'^2h''}{h}\rangle = -\langle h'^3(\frac{1}{h})'\rangle = \langle\frac{h'^4}{h^2}\rangle$, whence we deduce

$$\frac{d}{dt}\left(e^{2t}\left\langle\frac{(P_tf')^2}{P_tf}\right\rangle\right) = -4e^{2t}\left\langle h''^2-h'^2+\frac{h'^4}{3h^2}\right\rangle \leq 0,$$

since $\langle h''^2\rangle \geq \langle h'^2\rangle$ (expand h into a Fourier series). Consequently

$$\left\langle\frac{(P_tf')^2}{P_tf}\right\rangle \leq e^{-2t}\left\langle\frac{(P_0f')^2}{P_0f}\right\rangle = e^{-2t}\left\langle\frac{f'^2}{f}\right\rangle.$$

In accordance with the notation developed in [1], set $U(x) = x\log x$; using the methods of [1] as well as the above inequality we deduce

$$\begin{aligned}\langle U\circ f\rangle - U(\langle f\rangle) &= \langle U\circ P_0f\rangle - \langle U\circ P_\infty f\rangle \\ &= -\int_0^\infty \frac{d}{dt}\langle U\circ P_tf\rangle dt \\ &= -\int_0^\infty \langle (P_tf)''U'\circ P_tf\rangle dt \\ &= \int_0^\infty \langle (P_tf)'(U'\circ P_tf)'\rangle dt \\ &= \int_0^\infty \langle (P_tf')^2U''\circ P_tf\rangle dt \\ &= \int_0^\infty \left\langle\frac{(P_tf')^2}{P_tf}\right\rangle dt\end{aligned}$$

$$\leq \int_0^\infty e^{-2t} \langle \frac{f'^2}{f} \rangle dt$$
$$= \frac{1}{2} \langle \frac{f'^2}{f} \rangle .$$

This is the desired conclusion and the proof is complete.

We should remark that above method does not seem to generalize to higher dimensions, the main difficulty being the lack of a suitable substitute for the integration by parts formula

$$3 \langle \frac{h'^2 h''}{h} \rangle = \langle \frac{h'^4}{h^2} \rangle .$$

Finally, notice also that a computation quite similar to the first part of the proof shows (by letting $h = e^{f/2}$) that for all $f \in C^\infty$

$$\langle e^f (f''^2 - f'^2) \rangle \geq 0;$$

this implies the logarithmic Sobolev inequality (see Corollary 1 in [1]), but we don't know if it is strictly stronger or equivalent to it.

References

1. Bakry, D. and M. Emery (1985) Diffusions hypercontractives, Lecture Notes in Mathematics, no. 1123, pp. 177-206.

2. Gross, L. (1975) Logarithmic Sobolev inequalities, Amer. J. Math., 97, pp. 1061-1083.

3. Rothaus, O. S. (1980) Logarithmic Sobolev inequalities and the spectrum of Sturm-Liouville operators, J. Functional Analysis, 39, pp. 42-56.

4. Rothaus, O. S. (1981) Diffusion on compact Riemannian manifolds and logarithmic Sobolev inequalities, J. Functional Analysis, 42, pp. 102-109.

5. Weissler, F. B. (1980) Logarithmic Sobolev inequalities and hypercontractive estimates on the circle, J. Functional Analysis, 37, pp. 218-234.

I.R.M.A.
Université Louis Pasteur
7 rue René Descartes
67084 Strasbourg, FRANCE

Mathematics Department
Lehigh University
Bethlehem, PA 18015
U.S.A.

TEMPS LOCAL ET SUPERCHAMP

Y. LE JAN(*)

L'objet de ce travail est de tenter de clarifier les relations qui apparaissent entre les temps locaux des processus de Markov symétriques, certains champs gaussiens markoviens, et les méthodes de supersymétrie. (On pourra notamment consulter [D], [S], [L], [CK] et [MS]).

Je tiens à remercier A.S. Sznitman pour de nombreuses discussions auxquelles ce travail doit beaucoup.

1° - Formes différentielles sur un espace de Hilbert :

Soit H un espace réel. Notons $\Lambda^n H$ la $n^{\text{ième}}$ puissance extérieure de H, complétée pour la norme hilbertienne ainsi définie :

$\|u_1 \wedge u_2 \ldots \wedge u_n\|^2 = \det(\langle u_i, u_j\rangle \; i,j \leq n)$.

Notons ΛH la somme algébrique $\bigoplus_0^\infty \Lambda^n H$ (non complétée)

Notons $u \to u^*$ l'isomorphisme entre H et son dual H^* Nous conviendrons de poser $(u^*)^* = u$.

On étend $*$ à $\Lambda^n H$ en posant $(u_1 \wedge u_2 \ldots \wedge u_n)^* = u_n^* \wedge \ldots \wedge u_1^*$ et à $(\Lambda^n H)^*$ en posant $(u_1^* \wedge \ldots \wedge u_n^*)^* = u_n \wedge \ldots \wedge u_1$. Notons $\mathcal{F}$ le produit tensoriel algébrique $\Lambda H \otimes \Lambda H^*$. On a les isomorphismes à image dense

$$(1) \qquad \mathcal{F} \hookrightarrow \overline{\Lambda H} \otimes (\overline{\Lambda H})^* \hookrightarrow \mathcal{L}^1(\overline{\Lambda H})$$

(*) *UNIVERSITE PARIS VI - Laboratoire de Probabilités - 4, place Jussieu Tour 56 - 3ème Etage - 75252 PARIS CEDEX 05* (où $\mathcal{L}^1(K)$ désigne les opérateurs à trace sur K).

Définissons une forme linéaire τ sur $\mathfrak{F}$ en posant :

$$\tau(u_1 \wedge u_2 \ldots \wedge u_n \otimes v_m^* \ldots \wedge v_1^*) = 0 \qquad \text{si } m \neq n$$

$$= \det(\langle u_i, v_j \rangle) \qquad \text{si } m = n$$

τ se prolonge de manière unique en une forme linéaire continue sur $\mathfrak{F} = \mathcal{L}^1(\overline{\Lambda H})$ qui est un espace de Banach séparable.

En effet, si j (j^*) est l'opérateur borné sur $\overline{\Lambda H}$ ($\overline{\Lambda H^*}$), tel que

$$j(a) = (-1)^{n(n-1)/2}\, a \quad \text{si } a \in \Lambda^n H (\Lambda^n H^*).$$

On vérifie que $\tau(a \otimes b^*) = \operatorname{Tr}_{\overline{\Lambda H}}(a \otimes j^*(b^*)) = \langle a, b \rangle$

Ainsi, pour tout $\alpha \in \mathfrak{F}$, $\tau(\alpha) = \operatorname{Tr}(\alpha \circ j)$ (on utilise ici l'isomorphisme (1)).

Ainsi $|\tau(\alpha)| \leq \|\alpha\|_{\mathcal{L}^1(\overline{\Lambda H})} \|j\| \leq \|\alpha\|_{\mathcal{L}^1(\overline{\Lambda H})}$.

On peut munir $\mathfrak{F}$ d'une structure d'algèbre de Grassman (cf. [B]) involutive en posant :

i) $\quad a \otimes b^* \wedge a' \otimes (b')^* = (-1)^{nm} (a \wedge a') \otimes (b' \wedge b)^*$

si $a' \in \Lambda^n H$ et $b \in \Lambda^m H$.

ii) $\quad (a \otimes b^*)^* = b \otimes a^*$.

En particulier compte tenu de l'identification naturelle $a = a \otimes 1$ et $b^* = 1 \otimes b^*$, on a $a \otimes b^* = a \wedge b^*$.

- si u et $v \in H$, on a $u \wedge v^* = -v^* \wedge u$.

- la vérification de l'associativité est laissée au lecteur (elle procède de l'associativité du produit extérieur).

- vérifions l'identité $(\alpha \wedge \beta)^* = \beta^* \wedge \alpha^*$ dans le cas où α et β sont de la forme $a \otimes (b)^*$ et $a' \otimes (b')^*$, avec $a' \in \Lambda^n H$ et $b \in \Lambda^m H$.

$$\alpha \wedge \beta = (a \otimes b^*) \wedge (a' \otimes (b')^*) = (-1)^{mn}\; a \wedge a' \otimes (b' \wedge b)^*$$

$$\beta^* \wedge \alpha^* = (b' \otimes (a')^*) \wedge (b \otimes a^*) = (-1)^{nm} (b' \wedge b) \otimes (a \wedge a')^* .$$

<u>*Lemme 1*</u> : $\forall u_1, u_2, \ldots, u_n, v_1, v_2, \ldots, v_n \in H, \quad \forall \zeta \in \mathbb{C}$

$$\det(\delta_{ij} + \zeta \langle u_i, v_j \rangle \; i,j \leq n) = \tau(1 + \sum_{k=1}^{n} \frac{\zeta^k}{k!} (\sum_1^n u_i \wedge v_i)^{\wedge k})$$

$$= \tau(1 + \sum_{k=1}^{\infty} \frac{\zeta^k}{k!} (\sum_1^n u_i \wedge v_i^*)^{\wedge k}).$$

En effet, d'après les définitions de τ et de Λ, le deuxième terme égale

$$1 + \sum_{k=1}^{n} \zeta^k \sum_{i_1 < i_2 \ldots < i_k} \det(\langle u_{i_\alpha}, v_{i_\beta} \rangle \alpha, \beta \leq k).$$

La première égalité se trouve ainsi ramenée à un résultat d'algèbre linéaire élémentaire.

La deuxième s'obtient en remarquant que tous les termes de degrés supérieur à n de l' "exponentielle" sont nuls.

Soient ϕ_u et ψ_v deux copies indépendantes du champ gaussien canonique indexé par H, définies sur un espace de probabilités $(\Omega, \mathcal{A}, \mathbb{P})$

$$E(\phi_u \psi_v) = E(\psi_u \psi_v) = \langle u,v \rangle .$$

Notons Λ l'espace de Banach $L^1_{\mathfrak{F}}(\Omega, \mathcal{A}, \mathbb{P})$. Tout élément de Λ se réprésente comme une classe de fonctions définies sur Ω à valeurs dans $\mathfrak{F}$:

$$\forall \phi(\omega) \in \Lambda, \quad \|\phi\|_\Lambda = \int_\Omega \|\phi(\omega)\|_{\mathfrak{F}} \mathbb{P}(d\omega).$$

De plus, $|\mathbb{E}(\tau(\phi(\omega)))| \leq \mathbb{E}(|\tau(\phi(\omega))|) \leq \mathbb{E}(\|\phi(\omega)\|_{\mathfrak{F}})$

et donc $\mathbb{E}(\tau(\phi(\omega))) \leq \|\phi\|_\Lambda$.

En dimension finie, si e_i est une base orthonormée de H et si à tout élément $\psi = \Sigma\, F_{I,J}(\phi_i \psi_i)\ e_{i_1} \wedge \ldots \wedge e_{i_n} \wedge e^*_{j_1} \wedge \ldots \wedge e^*_{j_m}$ à coefficients C^∞ bornés on associe la forme différentielle sur $(\mathbb{R}^n)^2$:

$$\tilde{\psi} = \Sigma\, F_{I,J}(q_i p_i) \frac{dq_{i_1}}{\sqrt{\pi}} \wedge \ldots \wedge \frac{dq_{i_n}}{\sqrt{\pi}} \wedge \frac{dp_{j_1}}{\sqrt{\pi}} \wedge \ldots \wedge \frac{dp_{j_m}}{\sqrt{\pi}},$$

$$E(\tau(\psi)) = \int \tilde{\psi}\, e^{-\Sigma(q_i^2/2 + p_i^2/2)} \exp_\Lambda(e^{+\Sigma\, dq_i \wedge dp_i/\pi})$$

(la série $\exp_\Lambda$ s'arrête évidemment à l'ordre n).

2° - Superchamp :

Pour tout $u \in H$ posons $Z_u(\omega) = \frac{1}{\sqrt{2}} (\phi_u(\omega) + i\psi_u(\omega))$ et $\lambda_u(\omega) = |Z_u(\omega)|^2 - u \wedge u^*$. Nous dirons que λ_u est le "superchamp" associé à H. Pour tout système $u_1, u_2, \ldots, u_n \in H$ et $\zeta \in \mathbb{C}$, avec $\mathrm{Re}(\zeta) \geq 0$, notons $\exp_\Lambda(-\zeta \sum_1^n \lambda_{u_i})$ l'élément $e^{-\zeta\, \Sigma |Z_{u_i}|^2} \sum_{m=0}^{n} \frac{\zeta^m}{m!}(\Sigma\, u_i \wedge u_i^*)^{\wedge m}$

$$= \sum_0^\infty \left(\frac{-\zeta}{m!}\right)^m (\Sigma\, \lambda_{u_i})^{\wedge m} .$$

On définit $F(\lambda_{u_1}, \ldots, \lambda_{u_n})$ pour $F \in \mathcal{S}(\mathbb{R}^n)$ par transformation de Fourier.

Lemme 2 : Pour tout polynôme trigonométrique ou fonction de $\mathcal{S}(\mathbb{R}^n)$, $R(X_1, \ldots, X_n)$,

$$R(\lambda_{u_1}, \ldots, \lambda_{u_n}) = R(|Z_{u_1}|^2 \ldots |Z_{u_n}|^2)$$

$$+ \sum_{p=1}^{n} (-1)^n \sum_{j_1 < j_2 \ldots < j_n} \frac{\partial}{\partial X_{j_1}} \cdots \frac{\partial}{\partial X_{j_p}} R(|Z_{u_1}|^2, \ldots, |Z_{u_n}|^2)$$

$$u_{j_1} \wedge u^*_{j_1} \wedge \ldots \wedge u_{j_p} \wedge u^*_{j_p}$$

Il suffit d'appliquer les règles de calcul dans l'algèbre de Grassmann et les définitions.

Proposition 1 : Pour tout $\zeta \in \mathbb{C}$, avec $\mathrm{Re}(\zeta) \geq 0$,

- $\mathbb{E}(\tau \exp_\Lambda (-\zeta \sum_1^n \lambda_{u_i})) = 1$

- Pour tout $v_1,\dots,v_m, w_1,\dots,w_{m'} \in H$

$$\mathbb{E}(Z_{v_1} \dots Z_{v_m} \bar{Z}_{w_1} \dots \bar{Z}_{w_{m'}} \tau(\exp_\Lambda (-\zeta \sum_1^n \lambda_{u_i})))$$

$$= \delta_{m'}^m \sum_{\sigma \in \mathcal{S}_m} \prod_{i=1}^m C(v_i, w_{\sigma(i)}), \text{ où } C(a,b) = \langle a, [I + \zeta \sum_1^n u_i \otimes u_i^*]^{-1} b\rangle$$

Démonstration : On se ramène immédiatement au cas où H est de dimension finie. En effet, $\forall H' \subset H$, avec $u_i \in H'$ pour tout i, on vérifie aisément que $C_H(a,b) = C_{H'}(a,b)$ dès que a et $b \in B'$.

Par ailleurs $\tau_H(\exp (-\zeta \sum_1^n \lambda_{u_i})) = \tau_{H'}(\exp_\Lambda (-\zeta \sum_1^n \lambda_{u_i})$. Il suffit donc de prendre H' de dimension finie, avec $v_j, w_j, u_i \in H'$. La proposition résulte alors d'un calcul élémentaire d'intégrale gaussienne et du lemme 1 pourvu qu'on ait :

$$\det{}_{\mathcal{L}(H')}(I + \zeta \sum u_i \otimes u_i^*) = \det(M) \quad \text{où } M = \delta_i^j + \zeta\langle u_i, u_j\rangle.$$

Or il est clair que le premier déterminant égal $\det_{\mathcal{L}(V)}(I + \zeta \sum u_i \otimes u_i^*)$ où V est l'espace engendré par les u_i. D'autre part, M est la matrice de $I + \zeta \sum u_i \otimes u_i^*$ dans la base u_i.

Corollaire 1 : - $\mathbb{E}(\tau(\lambda_{u_1}(\omega) \wedge \dots \wedge \lambda_{u_n}(\omega))) = 0$

- $\mathbb{E}(Z_v(\omega)\, \bar{Z}_w(\omega) \quad \tau(\lambda_{u_1}(\omega)) \wedge \dots \wedge \lambda_{u_n}(\omega))$

$$= \sum_{\sigma \in \mathcal{S}_n} \langle v, u_{\sigma(1)}\rangle \langle u_{\sigma(1)}, u_{\sigma(2)}\rangle \dots \langle u_{\sigma(n)}, w\rangle.$$

Plus généralement $\mathbb{E}(Z_{v_1} \dots Z_{v_m} \bar{Z}_{w_1} \dots \bar{Z}_{w_{m'}} \tau(\lambda_{u_1} \wedge \dots \wedge \lambda_{u_n})$

$$= \delta_{mm'} \sum_{\substack{\sigma\in\mathcal{S}_n \\ \tau\in\mathcal{S}_m}} \sum_{j_1+j_2\dots j_m=m} \langle v_1,u_{\sigma(1)}\rangle \langle u_{\sigma(1)},u_{\sigma(2)}\rangle\dots\langle u_{\sigma(j_1)},w_{\tau(1)}\rangle$$

$$\times \langle v_2,u_{\sigma(j_1+1)}\rangle\dots\langle u_{\sigma j_1+j_2},w_{\sigma(2)}\rangle\dots \langle v_n,u_{\sigma(j_1+j_2\dots+j_{m-1}+1)}\rangle\dots\langle u_{\sigma(n)},w_{\tau(n)}\rangle.$$

On obtient ce résultat en remplaçant u_i par $\sqrt{\alpha_i}\, u_i$, $\alpha_i > 0$ et donc λ_{u_i} par $\alpha_i \lambda_{u_i}$, puis en exprimant la dérivée $n^{\text{ième}}$.

$\frac{\partial^n}{\partial\alpha_1\dots\partial\alpha_m}$ des deux membres des identités de la proposition en $(\alpha_1,\dots,\alpha_n)=(0\dots0)$

(Notons que pour $\|\alpha\|$ assez petit, $C(a,b)$ s'exprime par la série

$$\langle a,b\rangle + \sum_{m=1}^{\infty} (-1)^m \sum_{\substack{n\geq i_1\geq 1 \\ \vdots \\ n\geq i_m\geq 1}} \zeta^m \alpha_{i_1}\dots\alpha_{i_m} \langle a,u_{i_1}\rangle \langle u_{i_1},u_{i_2}\rangle\dots\langle u_{i_m},b\rangle)$$

Proposition 1 bis : $\quad - \mathbb{E}(\tau(v_1 \wedge v_2\dots\wedge v_m \wedge w^*_{m'}, \dots\wedge w^*_2 \wedge w^*_1 \exp_\Lambda (-\zeta \sum_1^n \lambda_{u_i}))$

$$= \delta^m_{m'} \sum_{\sigma\in\mathcal{S}_m} \varepsilon(\sigma) \prod_{i=1}^m C(v_i,w_{\sigma(i)}).$$

Démonstration : Le cas $m \neq m'$ est évident. Si $m = m'$, choisissons H' de dimension finie, contenant les vecteurs u_i,v_j,w_j.

D'après les résultats précédents (démonstration de la proposition 1) et un calcul d'intégrale gaussienne élémentaire :

$$\forall\alpha_1,\dots\alpha_n > 0,\ E(\tau(\exp_\Lambda(\Sigma\, \alpha_j\, v_j \wedge w^*_j - \zeta \sum_i \lambda_{u_i})$$

$$= \frac{\det(I + \sum_1^n \alpha_j\, v_j \otimes w^*_j + \zeta\, \Sigma u_i \otimes u^*_i)}{\det(I + \zeta \sum_1^n u_i \otimes u^*_i)}$$

$$= \det(I + \Sigma\, \alpha_j\, Lv_j \otimes (w_j)^* \quad \text{où} \quad L = (I + \zeta \sum_1^n u_i \otimes u^*_i)^{-1}.$$

En écrivant la matrice de cette transformation dans la base L_{v_j}, on obtient : $E(\tau(\exp_\Lambda(+\Sigma\alpha_j\, v_j \wedge w_j^* - \Sigma\lambda_{u_j})) = \det(\delta_{ij} + \alpha_j\, C(v_i,w_j))$.

On obtient le résultat cherché en prenant la dérivée $n^{\text{ième}}$ $\frac{\partial^n}{\partial\alpha_1\cdots\partial\alpha_n}$ des deux membres en $(\alpha_1\ldots\alpha_n) = (0,0,\ldots,0)$.

On obtient de la même façon un :

Corollaire 1 bis :

$$\mathbb{E}(\tau(v \wedge w^* \wedge \lambda_{u_1}(\omega)\ldots\wedge \lambda_{u_n}(\omega)) = \sum_{\sigma\in\mathcal{S}_n} \langle v,u_{\sigma(1)}\rangle \langle u_{\sigma(1)}u_{\sigma(2)}\rangle\ldots\langle u_{\sigma(n)},w\rangle$$

$$\mathbb{E}(\tau(v_1 \wedge\ldots\wedge v_m \wedge w_n^* \ldots\wedge w_1^* \wedge \lambda_{u_1} \ldots\wedge \lambda_{u_n})) =$$

$$\delta_m^{m'} \sum_{\substack{\sigma\in\mathcal{S}_m\\ \tau\in\mathcal{S}_n}} \varepsilon(\tau) \sum_{j_1+\ldots+j_m=n} \langle v_1,u_{\sigma(1)}\rangle\langle u_{\sigma(1)},u_{\sigma(2)}\rangle\ldots\langle u_{\sigma(j_1)},w_{\tau(1)}\rangle$$
$$\langle v_2,u_{\sigma(j_1+1)}\rangle\ldots\langle u_{\sigma(n)},w_{\tau(n)}\rangle.$$

3° - Le temps local jusqu'en ζ

Considérons, à titre d'exemple, le cas où H est l'espace de Dirichlet du mouvement brownien sur $\mathbb{R}$, tué à un temps exponentiel de paramètre $\alpha > 0$, noté ζ.

$\varepsilon(f) = \frac{1}{2}\int(f'(x))^2\,dx + \alpha\int f^2(x)dx = \varepsilon(f)$ définit le carré de la norme.

La fonction de Green associée est $g(x,y) = \frac{1}{\sqrt{\alpha}}\, e^{-\sqrt{\alpha}\,|x-y|}$.

C'est une fonction de covariance et H est l'espace auto-reproduisant associé : Notons k_x la fonction $y \to g(x,y)$ qui appartient bien sûr à H.

Notons $Z_{k_x} = Z_x$ $\lambda_{k_x} = \lambda_x$.

Z_x est alors un processus d'Ornstein Uhlenbeck complexe.

Notons $\mathbb{P}_{a,b}$ la loi du processus issu de a associé au semi-groupe de noyau $Q_t(x,y) = \frac{k_b(y)}{k_b(x)} P_t\ (x,y)$, où $P_t(x,y)$ est le noyau du semi-groupe du processus initial :

$$e^{-\alpha t} \frac{1}{\sqrt{2\pi t}} e^{-(x-y)^2/2t}.$$

Ce processus se trouve être identique au mouvement brownien issu de a, tué à un temps exponentiel de paramètre α et "conditionné à mourir en b".
Posons $\tilde{\mathbb{E}}_{a,b} = g(a,b)\ \mathbb{E}_{a,b}$. Pour le processus ainsi construit, notons $L_x(\omega) = \lim_{\varepsilon\to 0} \frac{1}{\varepsilon} \int_0^{\zeta} \chi_{[x,x+\varepsilon]}(X_0(\omega))ds$ le temps local de $x \in \mathbb{R}$.

On a $\quad g(a,b) = \mathbb{E}_a(L_b)$.

Le deuxième exemple est fourni par l'espace de Dirichlet étendu (cf. [F]) associé au mouvement brownien sur $\mathbb{R}^+$ tué au temps d'atteinte de 0. H est la complétion de l'espace $C_K^1(\mathbb{R}^+ - \{0\})$ pour la norme $\|f\|_H = \frac{1}{\sqrt{2}} \|f'\|_2$.

La fonction de Green associée est $g(x,y) = 2\ x \wedge y$.

H est l'espace auto-reproduisant associé. Z_x est alors un mouvement brownien (multiplié par un facteur $\sqrt{2}$).

On peut reprendre la construction précédente pour Q_t et $\mathbb{P}_{a,b}$. Notons toutefois que le "h processus" de loi $\mathbb{P}_{a,b}$ n'est pas obtenu par conditionnement du point de mort du processus initial (ce dernier meurt toujours en 0).

Plus généralement, on peut considérer le cas où H est l'espace auto-reproduisant associé à la fonction de Green d'un processus de Markov transient m symétrique défini sur un espace l.c.d. E dont les points sont d'énergie finie. H est aussi l'espace Dirichlet étendu associé (cf. [F]).

Nous nous plaçerons dorénavant dans cette situation générale.

Proposition 2 : $\forall x_1,\dots,x_n \in E$ et pour tout polynôme, polynôme trigonométrique au fonction de $\mathcal{S}(\mathbb{R}^n)$ $R(X_1,\dots,X_n)$,

$$\tilde{\mathbb{E}}_{a,b}(R(L_{x_1},\dots,L_{x_n})) = \mathbb{E}(Z_a \bar{Z}_b\, \tau(R(\lambda_{x_1},\dots,\lambda_{x_n}))).$$

Plus généralement, $\forall a_1,b_1\dots a_m,b_m \in E$, $\mathbb{E}(Z_{a_1} \bar{Z}_{a_1}\dots Z_{a_m} \bar{Z}_{a_m}\, \tau(R(\lambda_{x_1}\dots\lambda_{x_n})))$

$$= \sum_{\tau\in\mathcal{S}_m} \int R(\sum_{j=1}^m L_{x_1}(\omega_j),\dots,\sum_{j=1}^m L_{x_n}(\omega_j))\, \tilde{\mathbb{P}}_{a_1\, b_{\tau(1)}}(d\omega_1)\dots \tilde{\mathbb{P}}_{a_m\, b_{\tau(m)}}(d\omega_m).$$

Démonstration : Il suffit d'appliquer la proposition 1 et le corollaire 1.

Par exemple, $\tilde{\mathbb{E}}_{a,b}(L_{x_1} L_{x_2}) = \lim_{\varepsilon\downarrow 0} \tilde{\mathbb{E}}_{a,b}(\int_0^\zeta \delta^\varepsilon_{x_1}(X_s) \int_s^\zeta \delta^\varepsilon(X_u)du\, ds)$

$$+ \tilde{\mathbb{E}}_{a,b}(\int_0^\zeta \delta^\varepsilon_{x_2}(X_s) \int_s^\zeta \delta^\varepsilon_{x_1}(X_u)ds\, du)$$

$$= g(a,x_1)\, g(x_1,x_2)\, g(x_2,b) + g(a,x_2)\, g(x_1,x_2)\, g(x,b).$$

Corollaire 2 : Pour tout polynôme, polynôme trigonométrique, ou fonction de $\mathcal{S}(\mathbb{R}^n)$, $R(X_1,X_2\dots X_n)$:

$$\tilde{\mathbb{E}}_{a,b}(R(L_{x_1}\dots L_{x_n}) = \mathbb{E}(Z_a \bar{Z}_b[R(|Z_{x_1}|^2,\dots,|Z_{x_n}|^2)$$

$$+ \sum_{p=1}^n \sum_{j_1<j_2\,\dots\, j_p} \frac{\partial}{\partial X_{j_1}}\dots\frac{\partial}{\partial X_{j_p}} R(|Z_{x_1}|^2,\dots,|Z_{x_n}|^2)(-1)^n$$

$$\det(g(x_{j_\alpha},x_{j_\beta})\ \alpha,\beta \le p)])$$

Il suffit d'appliquer la proposition précédente et le lemme 2, puis d'expliciter τ.

Remarques :

1) Le corollaire 2 permet de calculer la densité de la loi de $L_{x_1},\dots,L_{x_n}$ par intégration par partie, à partir de la loi des $|Z_{x_i}|^2$.

2) On obtient de même une proposition 2 bis à partir de la proposition

1 bis et du corollaire 1 bis. En particulier

$$\mathbb{E}(k_a \wedge k_b^* \wedge \lambda_{x_1} \ldots \wedge \lambda_{x_n}) = \tilde{\mathbb{E}}_{a,b}(L_{x_1} L_{x_2} \ldots L_{x_n}).$$

On en déduit un corollaire 2 bis :

$$\tilde{\mathbb{E}}_{a,b}(R(L_{x_1}, L_{x_2} \ldots L_{x_n}) = g(a,b)\mathbb{E}(R(|Z_{x_i}|^2)$$

$$- \sum_{i=1}^{n} (g(a,b)\; g(x_i\; x_i) - g(a,x_i)\; g(x_i,b)) \frac{\partial}{\partial Y_i} R(|Z_{x_1}|^2, \ldots |Z_{x_n}|^2) + \ldots)$$

4° - <u>Le temps local jusqu'à un temps fixe</u> :

Prenons pour simplifier le cas où $E = \{x_1 \ldots x_n\}$ est fini et où m est la mesure de comptage sur E.

Pour tout $\phi \in \mathcal{S}(\mathbb{R})$, $F \in \mathcal{S}(\mathbb{R}^n)$, $a,b \in E$, on a :

$$\tilde{\mathbb{E}}_{a,b}(\phi(\zeta)\; F(L_x)) = \mathbb{E}(\tau(k_a \wedge k_b^*\; \phi(\lambda)\; F(\lambda_x)))$$

où $L_x = (L_{x_1} \ldots L_{x_n})$, $\zeta = \Sigma L_{x_i}$, $\lambda = \Sigma \lambda_{x_i}$, $\lambda_x = (\lambda_{x_1} \ldots \lambda_{x_n})$.

Par ailleurs, $\tilde{\mathbb{E}}_{a,b}(\phi(\zeta)\; F(L_x)) = \int_0^\infty \phi(u)\; \tilde{\mathbb{E}}_{a,b}(F(L_x) 1_{\{\zeta \in du\}})$.

Or $\tilde{\mathbb{P}}_{a,b}(\zeta \in du) = -\, d\,\tilde{\mathbb{E}}_{a;b}(\zeta \geq u) = -g(a,b)\; dQ_u\; 1(a)$

$$= -\, dP_u(k_b)(a) = -d \int_u^\infty P_s(a,b) = P_u(a,b)du$$

$$= \mathbb{P}_a(X_u = b)du.$$

Plus généralement :

<u>*Lemme 3*</u> : $\tilde{\mathbb{E}}_{a,b}(F(L_x)\; 1_{\{\zeta \in du\}}) = \mathbb{E}_a(F(L_x^u)\; 1_{\{X_u = b\}})du$

$$= \mathbb{E}_a(F(L_x^u) | X_u = b)\; P_u(a,b)du$$

avec $L_x^u = (L_x^u, i = 1\ldots n)$ et $L_{x_i}^u = \int_0^u 1_{x_i}(X_s)ds$.

Il suffit de considérer le cas où $F(L_x) = e^{-\Sigma v_i L_{x_i}}$ avec $v_i \geq 0$,

et d'identifier les termes du développement en série des deux membres, qui se trouvent être égaux à $P_u^V(a,b)du$. (P_u^V est le semi-groupe de générateur A-V si A est le générateur de P_u).

Le premier terme donne $P_u(a,b)du$ dans les deux membres ; le deuxième

$-\tilde{\mathbb{E}}_{a,b}(\int_0^u V(X_t)\, \tilde{\mathbb{P}}_{X_t,b}(\zeta + t \in du))$ dans le premier membre, et

$\mathbb{E}_a(\int_0^u V(X_t)dt\; 1_{\{X_u = b\}})du$ dans le deuxième membre.

Ces deux expressions sont égales à $\sum_{y\in E} \int_0^u P_t(a,y)V(y)\; P_{u-t}(y,b)du$ etc...

On en déduit l'identité fondamentale suivante :

$$\mathbb{E}_a(F(L_x^t)|X_t = b)\; P_t(a,b) = \lim_{\varepsilon\downarrow 0} \mathbb{E}(\tau(k_a \wedge k_b^* \; F(\lambda_x)\delta^\varepsilon(\lambda))$$

où δ^ε est une approximation de l'unité dans $\mathcal{S}(\mathbb{R}^*)$.

Ces formules s'étendent sans difficulté au cas général envisagé dans le paragraphe précédent, pourvu que la mesure de dualité m soit d'énergie finie

$q = \int k_x \wedge k_x^* \, m(dx)$ définit bien un opérateur à trace positif et

$\|q\|_{\mathcal{L}^1(H)} = \int g(x,x)\; m(dx)$.

Il en est de même des puissances $q^{\tilde{\wedge} n}$ associées aux opérateurs $j \circ q^{\wedge n}$

(où $\tilde{\wedge}$ désigne le produit tensoriel des opérateurs). De plus,

$\|q^{\wedge n}\|_{\mathcal{L}^1(H)} = \|q^{\tilde{\wedge} n}\|_{\mathcal{L}^1(H)} \leq \|q\|^n_{\mathcal{L}^1(H)}$. On peut donc définir

$\lambda = \int |Z_x|^2 m(dx) - q \in \Lambda$ et montrer que les expressions considérées ont bien un sens dans Λ .

Une formule de ce type est donnée dans [L]. Il en procède une dérivation formelle d'asymptotique du type "grandes déviations" pour des fonctionnelles du temps local. Ces résultats nous paraissent encore difficiles à établir rigoureusement. On va par contre en déduire un calcul de la loi de L_x^t dans un cas particulièrement simple.

Notons tout d'abord que dans le cas où l'on considère un processus récurrent symétrique, les résultats précédents s'appliquent au processus tué à un temps exponentiel de paramètre $\alpha > 0$ (dont la loi est notée $\mathbb{P}^{(\alpha)}$). On obtient :

$$P_t(a,b)\, \mathbb{E}_a(F(L_{x_i}^t | X_t = b) = \tilde{\mathbb{E}}_{a,b}^{(\alpha)}(F(L_x)|\zeta = u)\; P_t(a,b)$$

$$= e^{\alpha t} \lim_{\varepsilon \to 0} \mathbb{E}^{(\alpha)}(\tau^{(\alpha)}(k_a^{(\alpha)} \wedge k_b^{(\alpha)}\ \delta^\varepsilon(\lambda^{(\alpha)}) F(\lambda_x^{(\alpha)}))$$

où $\lambda^{(\alpha)}$, $\tau^{(\alpha)}$ désigne le super champ, la trace etc... associés au noyau potentiel $g^\alpha(a,b)$ du processus tué.

A titre d'exemple, nous allons calculer la loi de L_x^t dans le cas du processus défini sur $E = \{0,1\}$ de générateur $Af(x) = f(y) - f(x)$.

On a $\quad g^\alpha(0,0) = g^\alpha(1,1) = \frac{\alpha+1}{\alpha(\alpha+2)}, \quad g^\alpha(0,1) = g^\alpha(1,0) = \frac{1}{\alpha(\alpha+2)}$

$$P_t(0,1) = \tfrac{1}{2}(1 - e^{-2t}), P_t(0,0) = P_t(1,1) = \tfrac{1}{2}\,(1 + e^{-2t}).$$

Le champ gaussien complexe associé à g a pour loi

$$\mathbb{P}^{(\alpha)} = \frac{1}{2\pi}\,(\alpha(\alpha+2))^{-1}\, e^{-|Z_0 - Z_1|^2 - \alpha(|Z_0|^2 + |Z_1|^2)}\, d\phi_0\, d\phi_1\, d\psi_0\, d\psi_1 .$$

On a, $\quad E_0(F(L_0^t) 1_{\{X_t = 1\}}) = e^{\alpha t} \lim_{\varepsilon \to 0} \mathbb{E}^{(\alpha)}(\tau(k_0^{(\alpha)} \wedge k_1^{*(\alpha)}\ F(\lambda_0^{(\alpha)}, \delta_t^\varepsilon(\lambda_0^{(\alpha)} + \lambda_1^{(\alpha)})))$

pour $\quad F \in \mathcal{S}(\mathbb{R})$

$$= e^{\alpha t} \lim_{\varepsilon \to 0} g_\alpha(0,1)\, \mathbb{E}^{(\alpha)}(F(|Z_0|^2)\ \delta_t^\varepsilon(|Z_0|^2 + |Z_1|^2))$$

d'après le corollaire 2 bis

$$= \frac{1}{(2\pi)^2} \int F(|Z_o|^2)\ \delta_t^\varepsilon(|Z_o|^2 + |Z_1|^2)\ e^{-|Z_o - Z_1|^2 - \alpha(|Z_o|^2 + |Z_1|^2 - t)}$$

$$d\phi_o\ d\phi_1\ d\psi_o\ d\psi_1 .$$

Posons $Z_o = \rho e_i^\theta$ $Z_1 = (u + iv)e^{i\theta}$. L'expression précédente s'écrit alors :

$$\frac{4}{2\pi} \lim_{\varepsilon \downarrow 0} \iiint F(\rho^2)\delta_t^\varepsilon(\rho^2 + u^2 + v^2) e^{-(\rho - u)^2 - v^2 - \alpha(u^2 + \rho^2 + v^2 - t)}\ 1_{\{\rho \geq 0\}} \rho d\rho\ du\ dv$$

$$= \frac{1}{\pi} \iint_{u^2 + v^2 \leq t} e^{-(\sqrt{(t - u^2 - v^2)} - u)^2 - v^2}\ F(t - u^2 - v^2) du\ dv \qquad (1)$$

Posons $u = \sqrt{a} \cos \theta$ $v = \sqrt{a}\ \sin \theta$

$$= e^{-t} \frac{1}{2\pi} \int_0^t \int_0^{2\pi} e^{2\sqrt{a}\ \sqrt{t-a}\ \cos\theta}\ F(t-a) da\ d\theta$$

$$= e^{-t} \int_0^t I_o\ (2\sqrt{a}\ \sqrt{t-a})\ F(t-a) da$$

$$= e^{-t} \int_0^t I_o(2\sqrt{a}\ \sqrt{t-a})\ F(a) da \qquad \text{noté dans la suite } I_t(F).$$

<u>Vérification</u> : La transformée de Laplace en t de la densité s'écrit $e^{-(p+1)a}\ (p+1)^{-1}\ e^{a/p+1}$. La double transformée de Laplace en (t,a) s'écrit donc $\frac{1}{p^2 + 2p + (p+1)q}$. Elle coïncide bien avec la valeur en 0 de la solution

de $(-A + p + q\varepsilon_o)\psi = \varepsilon_1$, soit $E_o(\int_0^\infty e^{-pt}\ e^{-qL_t^0}\ \varepsilon_1(X_t) dt)$.

De la même façon, $E_o(F(L_o^t)\ 1_{(X_t = 0)}) = \lim_{\varepsilon \downarrow 0} e^{\alpha t}\ \mathbb{E}^{(\alpha)}(\tau(k_o \wedge k_o^*) F(\lambda_o) \delta_t^\varepsilon(\lambda_o + \lambda_1)))$

$$= e^{\,t}(\lim_{\varepsilon \downarrow 0} g_\alpha(0,0)\ \mathbb{E}^{(\alpha)}(F(|Z_o|^2)\delta_t^\varepsilon(|Z_o|^2 + |Z_1|^2))$$

$$- (g_\alpha(0,0)\, g_\alpha(1,1) - g_\alpha(0,1)^2)\, \mathbb{E}^{(\alpha)}(F(|Z_o|^2)\delta_t^{\varepsilon\,\prime}(|Z_o|^2 + |Z_1|^2)))$$

d'après le corollaire 2 bis.

$$= (1 + \alpha)I_t(F) + \frac{e^{\alpha t}}{(2\alpha + \alpha^2} \frac{d}{dt} E(F(|Z_o|^2)\ \delta_t^\varepsilon(|Z_o|^2 + |Z_1|^2))$$

$$= (1 + \alpha)\ I_t(F) + \frac{e^{\alpha t} d}{dt} (e^{-\alpha t}\ I_t(F)) = I_t(F) + \frac{d}{dt} I_t(F)$$

$$= e^{-t} \frac{d}{dt} \int_0^t I_o(2\sqrt{t-a}\ \sqrt{a})\ F(a)da$$

$$= F(t)\ e^{-t} + \int_0^t \frac{\sqrt{a}}{\sqrt{t-a}} I_o'(2\sqrt{t-a}\ \sqrt{a})\ F(a)da.$$

On est satisfait de constater que $P_o(L_o^t = t) = e^{-t}$!

BIBLIOGRAPHIE SOMMAIRE :

[B] *F.A. BEREZIN* : The method of second quantization. Academic Press, New-York (1966).

[F] *M. FUKUSHIMA* : Dirichlet forms and Markov Processes. North Holland 1980.

[D] *E.B. DYNKIN* : Gaussian and Non gaussian Random fields associated with Markov processes. J.F.A. 55, 344-376, 1984.

[S] *P. SHEPPARD* : On the Ray Knight property of local times. J. London Math. Soc. 31, 377-384 (1985).

[L] *J.M. LUTTINGER* : The asymptotic evaluation of a class of path integrals. Preprint. (non rigoureux. Il constitue cependant une de nos principales sources cf. début du chapitre 4).

[*C.K*] *M. CAMPANINO & A. KLEIN* : A supersymmetric Transfer Matrix and differentiability of the density of states in the one dimensional Anderson model. Preprint.
(Les mêmes résultats ont été étudiés par des méthodes utilisant précisément les temps locaux dans) :

[*M.S*] *P. MARCH & A.S.SZNITMAN* : Some connections between excursion theory and the discrete random schrödinger equation with applications to analycity and smoothness properties of the density of states in one dimension. (A paraître).

TEMPS LOCAUX ET INTEGRATION STOCHASTIQUE POUR LES PROCESSUS DE DIRICHLET

Jean BERTOIN (*)

0. *INTRODUCTION.*

Föllmer ([3]) montre que l'on peut définir une intégrale stochastique $\int_0^{\cdot} f(X_t)dX_t$ pour f de classe C^1 et X processus de Dirichlet, qui n'est pas une semi-martingale, mais somme d'une martingale et d'un processus à variation quadratique nulle, et il obtient une formule d'Itô.

Une question naturelle se pose : peut-on étendre cette intégration pour les processus de Dirichlet à une classe plus grande de fonctions f, en vue d'obtenir une formule de Tanaka ? L'existence des temps locaux pour les processus de Dirichlet qui en découlerait, serait-elle même intéressante (Geman - Horowitz [4]).

Dans le § 1, on montre l'équivalence de l'existence de la densité d'occupation dans $L^2(\mathbb{R})$ avec l'extension par continuité de l'intégration de Föllmer à f dans $\mathcal{H}^1(\mathbb{R})$, et on en déduit une formule de Tanaka presque sûre.

Dans le § 2, en calculant la variation quadratique de $(f(X),X)$ par rapport à une certaine suite de subdivision d'arrêt, on s'aperçoit qu'une condition (M.D.2), portant sur le nombre de montées et de descentes de X entre a et b nous donne l'existence d'une densité $\ell^a(X)$ dans $L^2(dP \times da)$ de la mesure d'occupation par rapport à la mesure de Lebesgue sur $\mathbb{R}$ (L.T.2.) . Cette condition nous amène à étendre la notion de processus de Dirichlet forts en X-processus de Dirichlet, que nous étudions.

Dans le § 3, on prouve que l'hypothèse (M.D.2) nous permet de voir l'extension de l'intégration stochastique à $f \in \mathcal{H}^1(\mathbb{R})$ comme limite de sommes de Riemann, cette méthode nous donnant également, comme Bouleau - Yor ([2]) une extension de la formule d'Itô.

I. *TEMPS LOCAL SANS PROBABILITES.*

Föllmer ([3]) établit le résultat suivant :

Si τ_n est une suite de subdivisions de [0,1] dont le pas tend vers zéro, si $X : [0,1] \to \mathbb{R}$ est une application continue, telle que la suite de mesures

(*) *19, avenue de Choisy - 75013 PARIS*

$\sum_{\tau_n} (X_{t_{i+1}} - X_{t_i})^2 \delta_{t_i}$ converge étroitement, vers une mesure que l'on note $d\langle X\rangle_t$ quand n tend vers l'infini (δ_{t_i} désigne la masse de Dirac en t_i), alors la suite $\sum_{\tau_n} f'(X_{t_i})(X_{t_{i+1}} - X_{t_i})$ converge pour toute f de classe C^2 vers une quantité que l'on note $\int_0^1 f'(X_s)dX_s$, et on a la formule d'Itô :

$$f(X_1) = f(X_0) + \int_0^1 f'(X_s)dX_s + \frac{1}{2}\int_0^1 f''(X_s)d\langle X\rangle_s.$$

Sous ces hypothèses, on a alors la :

Proposition 1.1 : *L'intégrale de Föllmer, $\int_0^1 g(X_s)dX_s$ définie pour toute g de classe C^1 se prolonge en une forme linéaire continue sur $\mathcal{H}^1(\mathbb{R})$ si et seulement si la mesure d'occupation μ : $\mu(h) = \int_0^1 h(X_s)d\langle X\rangle_s$ admet une densité $\ell_1^a(X)$ dans $L^2(\mathbb{R})$ par rapport à la mesure de Lebesgue.*

Preuve : a) Si μ admet une densité $\ell_s^a(X)$ dans $L^2(\mathbb{R})$ l'application

$$g' \to \int_0^1 g'(X_s)dX_s = g(X_1) - g(X_0) - \frac{1}{2}\int_{-\infty}^{\infty} g''(a)\ell_1^a(X)da$$

est alors une forme linéaire continue pour la norme de $\mathcal{H}^1(\mathbb{R})$, et comme l'espace des fonctions de classe C^1 est dense dans $\mathcal{H}^1(\mathbb{R})$, l'intégrale de Föllmer se prolonge donc à $\mathcal{H}^1(\mathbb{R})$.

b) Réciproquement si $g \to \int_0^1 g(X_s)dX_s$ est un prolongement de l'intégrale de Föllmer à $g \in \mathcal{H}^1(\mathbb{R})$, considérons $\phi : L^2(\mathbb{R}) \to \mathbb{R}$

$$\phi(f) = 2[F(X_1) - F(X_0) - \int_0^1 F'(X_s)dX_s]$$

où $F' = f$. ϕ est alors une forme linéaire continue sur $L^2(\mathbb{R})$ et il existe $\ell_1^a(X) \in L^2(\mathbb{R})$ telle que pour toute f de $L^2(\mathbb{R})$:

$$\phi(f) = \int_{-\infty}^{\infty} f(a)\ \ell_1^a(X)da.$$

Or pour toute f continue, $\phi(f) = \int_0^1 f(X_s)d\langle X\rangle_s$ par la formule d'Itô, de sorte que $\ell_1^a(X)$ est bien la densité de μ par rapport à la mesure de Lebesgue.

Si μ admet une densité $\ell_1^a(X)$ dans $L^2(\mathbb{R})$, alors, pour tout $t \leq 1$, la mesure $\mu_t : \mu_t(h) = \int_0^t h(X_s)d\langle X\rangle_s$ est encore absolument continue par rapport à la mesure de Lebesgue, et admet une densité $\ell_t^a(X)$ dans $L^2(\mathbb{R})$. Geman - Horowitz ([4]) montrent que l'on peut choisir une version $(\ell_t^a\ ;\ a \in \mathbb{R}\ ;\ t \in [0,1])$ telle que pour tout a, $t \to \ell_t^a$ est une fonction croissante en t, qui ne croit que sur $\{t : X_t = a\}$.

A ce ℓ_t^a correspond une formule de Tanaka :

Proposition 1.2 : *Sous les hypothèses précédentes, si* g *est une fonction réglée positive, à support compact,* $\int_{-\infty}^{\infty} g(a)da = 1$ *et si* $G_n(x) = n\int_{-\infty}^{x} g(na)da$, *alors, pour tout* t *et presque tout* b, $\int_0^t G_n(X_s - b)dX_s$ *converge vers une quantité que l'on note* $\int_0^t 1_{X_s>b}\, dX_s$ *et l'on a :*

$$(X_t - b)^+ - (X_0 - b)^+ = \int_0^t 1_{X_s > b}\, dX_s + \frac{1}{2}\ell_t^b(X).$$

Preuve : On montre la proposition pour $g = 1_{]-1/2,1/2[}$: grâce à un théorème de Lebesgue, pour presque tout b dans $\mathbb{R}$:

$$\frac{1}{2}\ell_t^b(X) = \lim_{\varepsilon\downarrow 0}\frac{1}{4\varepsilon}\int_{b-\varepsilon}^{b+\varepsilon}\ell_t^a(X)da = \lim_{\varepsilon\downarrow 0}\frac{1}{4\varepsilon}\int_0^1 1_{[b-\varepsilon,b+\varepsilon]}(X_s)d\langle X\rangle_s.$$

Pour tout n, grâce à l'extension de l'intégrale de Föllmer

$$\hat{G}_n(X_t - b) - \hat{G}_n(X_0 - b) = \int_0^t G_n(X_s-b)dX_s + \frac{n}{2}\int_0^t g(n(X_s - b))d\langle X\rangle_s$$

où $\hat{G}_n$ est la primitive de G_n nulle en $-\infty$.

En faisant tendre n vers l'infini, $\hat{G}_n(X_t - b)$ tend vers $(X_t - b)^+$ et $\frac{n}{2}\int_0^t g(n(X_s - b))d\langle X\rangle_s$ converge vers $\frac{1}{2}\ell_t^b(X)$.

On a la proposition pour $g = 1_{]-1/2,1/2[}$, on en déduit la proposition pour g en escalier, à support compact, et par approximation uniforme, on étend à g réglée

Remarque : Il existe des X telles que μ est singulière par rapport à la mesure de Lebesgue.

Si K désigne l'ensemble triadique de Cantor, et X_t la racine carrée de la distance de t à K. On prend pour τ_n la n-ième subdivision triadique. Il est facile de voir que la suite de mesures $\sum_{\tau_n} (X_{t_{i+1}} - X_{t_i})^2 \delta_{t_i}$ a une masse qui tend vers 1. On peut donc extraire une sous-suite étroitement convergente, et on remarque que la mesure limite est de masse 1 et portée par K. X est alors nulle $d\langle X\rangle_s$ presque sûrement, et donc μ est singulière par rapport à la mesure de Lebesgue.

II. NOMBRE DE MONTEES ET DE DESCENTES ET TEMPS LOCAL.

a) Une condition suffisante d'existence des densités d'occupation :

On considère $(\Omega, \mathcal{F}_t, \mathbb{P})$ un espace probabilisé filtré. On se donne $(X_t\,;\, 0 \leq t \leq 1)$ un processus continu, nul en zéro, adapté et borné. On note τ_n la subdivision d'arrêt $\tau_n = (T_o^n, \ldots, T_k^n, \ldots)$:

$$T_o^n \equiv 0$$

$$T_{k+1}^n = \inf\{t > T_k^n : |X_t - X_{T_k^n}| = 2^{-n}\} \wedge 1.$$

On suppose que $X = M + A$ où M est une martingale continue de carré intégrable, et A un processus continu nul en zéro tel que :

$$\lim_{n\to+\infty} \mathbb{E}[Q_{\tau_n}(A)] = 0$$

avec $Q_{\tau_n}(A) = \sum_{T_i^n \in \tau_n} (A_{T_{i+1}^n} - A_{T_i^n})^2.$

On pose $\ell_n^a(X) = 2^{-n}$ fois la somme du nombre de montées et du nombre de descentes de X (*) entre $k\cdot 2^{-n}$ et $(k+1)^{2-n}$ si $k\cdot 2^{-n} \leq a < (k+1)2^{-n}$. On a alors le :

(*) On ne se contente pas du nombre de montées entre $k\cdot 2^{-n}$ et $(k+1)\cdot 2^{-n}$ pour des raisons qui seront expliquées dans § 3.

<u>*Théorème 2.1*</u> : *Si la suite* $(\ell_n^\bullet(X) : n \in \mathbb{N})$ *est équiintégrable dans* $L^1(d\mathbb{P} \times da)$ *alors :*

1°) Elle converge faiblement dans $L^1(d\mathbb{P} \times da)$, *on note* $\ell^\bullet(X)$ *cette limite.*

2°) Il existe Λ *ensemble de probabilité* 1 *tel que :*

Pour tout ω *dans* Λ *et pour toute* g *borélienne bornée;*

$$\int_0^1 g(X_s)\,d\langle X\rangle_s(\omega) = \int_{-\infty}^{\infty} g(a)\,\ell^a(X)\,da\,(\omega).$$

<u>Preuve</u> : Si $\ell_n^a(X)$ est équiintégrable, on peut extraire une sous-suite $p(n)$ telle que pour toute fonction g de $\mathcal{H}^1(\mathbb{R})$

$$\int_{-\infty}^{\infty} g'(a)\,\ell_n^a(X)\,da \xrightarrow[(n\to\infty)]{\sigma(L^1(\mathbb{P}),L^\infty(\mathbb{P}))} \int_{-\infty}^{\infty} g'(a)\,\ell^a(X)\,da.$$

Or nous savons (*théorème 2.4* de [1]) que pour toute g de classe C^1, $Q_{\tau_n}(g(X),X)$ converge dans $L^1(\mathbb{P})$ vers $\int_0^1 g'(X_s)\,d\langle X\rangle_s$ où

$$Q_{\tau_n}(g(X),X) = \sum_{T_k^n \in \tau_n} [g(X_{T_{k+1}^n}) - g(X_{T_k^n})]\,(X_{T_{k+1}^n} - X_{T_k^n})$$

$$= \sum_{T_{k+1}^n < 1} [g(X_{T_{k+1}^n}) - g(X_{T_k^n})]\,(X_{T_{k+1}^n} - X_{T_k^n}) + O(2^{-n})$$

où $O(2^{-n})$ représente la contribution du dernier terme dans $Q_{\tau_n}(g(X),X)$.

Donc $Q_{\tau_n}(g(X),X) = \sum_{k\in\mathbb{Z}} [g((k+1)2^{-n} - g(k\cdot 2^{-n})]\,\ell_n^{k\cdot 2^{-n}}(X) + O(2^{-n})$

$$= \int_{-\infty}^{\infty} g'(a)\,\ell_n^a(X)\,da + O(2^{-n}).$$

Par conséquent, pour toute g de classe C^1 :

$$\int_{-\infty}^{\infty} g'(a)\,\ell^a(X)\,da = \int_0^1 g'(X_s)\,d\langle X\rangle_s \quad \mathbb{P}\text{-presque sûrement.}$$

Il existe donc Λ de probabilité 1 tel que, pour tout q rationnel :

$$\int_{-\infty}^{\infty} e^{iq\,a}\,\ell^a(X)\,da = \int_0^1 e^{iq\,X_s}\,d\langle X\rangle_s \quad \text{pour tout} \quad \omega \in \Lambda,$$

ce qui prouve que la mesure d'occupation pour la trajectoire $X(\omega)$ a une densité $\ell^a(X)\,(\omega)$ par rapport à la mesure de Lebesgue da.

Il en découle que $\ell^a(X)$, la limite de $\ell^a_{n(p)}(X)$ ne dépend pas de la suite extraite, et donc, que $\ell^a_n(X)$ converge faiblement vers $\ell^a(X)$.

b) Une extension des processus de Dirichlet : Le *théorème 2.1* nous conduit à donner les :

Définition 2.2 : Soit X processus continu, adapté, nul en zéro. Si S est une subdivision de $\mathbb{R}$: $S = \{a_n : n \in \mathbb{Z}\ ;\ a_{-\infty} = -\infty\ ;\ a_0 = 0\ ;\ a_{+\infty} = +\infty$ et $a_{n-1} < a_n\}$. On note $\tau(X,S)$ la subdivision d'arrêt $(T_0, T_k, \ldots)$: $T_0 \equiv 0$ et

$$T_{k+1} = \inf\{t > T_k : X_t \in S \ \text{ et } \ X_t \neq X_{T_k}\} \wedge 1.$$

(C'est le premier temps d'atteinte après T_k de l'antécédent ou du suivant dans S du point où l'on est en T_k).

Définition 2.3 : On dit que Y est un X-processus de Dirichlet si $Y = M + A$ avec M martingale continue de carré intégrable, et A processus continu, nul en zéro, Y processus borné et

$$\lim_{|S|\downarrow 0} \mathbb{E}[Q_{\tau(X,S)}(A)] = 0.$$

Comme dans [1], on peut montrer que, pour X fixé : D_X, l'ensemble des X-processus de Dirichlet, est un espace de Banach pour la norme

$$\|Y\|_X = \|Y^*\|_\infty + \sup_S (\mathbb{E}[Q_{\tau(X,S)}(Y)])^{1/2}.$$

Si f est une fonction de classe C^1, et si X est un X-processus de Dirichlet, $f(X)$ est un X-processus de Dirichlet dont la partie martingale est :

$$\int_0^{\cdot} f'(X_s)\,dM_s \qquad (\text{si } X = M + A).$$

Définition 2.4 : *Si S est une subdivision de $\mathbb{R}$, et si $a_i \leq a < a_{i+1}$, on note $\ell_S^a(X)$ $(a_{i+1} - a_i)$ fois le nombre de montées et de descentes de X entre a_i et a_{i+1}. On dit que X vérifie (M.D.2) si $\sup_S \int_{\mathbb{R}} \mathbb{E}[\ell_S^a(X)^2]da < \infty$.*

Le *théorème 2.1* devient alors sous les hypothèses restreintes :

Théorème 2.5 : *Soit X un X-processus de Dirichlet qui vérifie (M.D.2). Alors X vérifie (L.T.2) : Il existe $\ell^a(X) \in L^2(d\mathbb{P} \times da)$, densité d'occupation pour X. De plus $\ell_S^a(X)$ converge dans $\sigma(L^1(d\mathbb{P} \times da))$, quand le pas de S tend vers zéro, vers $\ell^a(X)$.*

c) Exemples et propriétés générales :

La propriété (M.D.2) se vérifie facilement pour les semi-martingales réelles et certaines transformées de semi-martingales grâce au :

Lemme 2.6 : *Soit $X = M + V$ semi-martingale réelle, continue, nulle en zéro, avec $\mathbb{E}[M_1^2 + (\int_0^1 |dV_s|)^2] < \infty$. Soit $a < b$ deux réels et $m_a^b(X)$ $(b-a)$ fois le nombre de montées de X de a à b. Alors :*

$$\mathbb{E}[(m_a^b(X))^2] \leq 8\, \mathbb{E}[M_1^2 + (\int_0^1 |dV_s|)^2].$$

Preuve : Soit $T_0 \equiv 0$, $T_{2n+1} = \inf\{t > T_{2n} : X_t = b\} \wedge 1$

$$T_{2n+2} = \inf\{t > T_{2n+1} : X_t = a\} \wedge 1 \qquad \text{et} \qquad \Omega_n = \{T_n < 1\}.$$

$$(X_{T_{2n+1}} - X_{T_{2n}})1_{\Omega_{2n+1}} = (b-a)\, 1_{\Omega_{2n+1}}$$

$$= (X_{T_{2n+1}} - X_{T_{2n}})\, 1_{\Omega_{2n}} - (X_{T_{2n+1}} - X_{T_{2n}})\, 1_{\Omega_{2n} \setminus \Omega_{2n+1}}.$$

Les ensembles $\Omega_{2n} \setminus \Omega_{2n+1}$ étant deux à deux disjoints

$$m_a^b(X) \leq \int_0^1 P_{n_s}\, dX_s + (X_1 - a)^-$$

où P_n est le processus prévisible indicatrice de $\bigcup_{n\in\mathbb{N}}]\!]T_{2n}, T_{2n+1}]\!]$ et donc

$$\mathbb{E}[(\int_0^1 P_{n_s}\, dX_s)^2] \leq 2\,\mathbb{E}[M_1^2 + (\int_0^1 |dV_s|)^2].$$

Remarque : On vient de voir que toutes les semi-martingales continues (à un changement équivalent de probabilité et à une localisation près) vérifient les hypothèses de 2.5.

Proposition 2.7 : Si $X = M + V$ vérifie les hypothèses du lemme 2.6, et si f est une fonction réelle monotone par morceaux, admettant presque sûrement une dérivée f' dans $L^3(\mathbb{R})$, alors $f(X)$ vérifie (M.D.2).

Preuve : On se ramène au cas f croissante.

Soit $S = \{a_n : n \in \mathbb{Z},\ a_o = 0$ et $a_{n-1} < a_n\}$. Pour $a_i \leq a < a_{i+1}$, on a :

$$\ell_{f(S)}^{f(a_i)}(f(X)) = 2\,\frac{f(a_{i+1})-f(a_i)}{a_{i+1}-a_i}\, m_{a_i}^{a_{i+1}}(X) + O(|S|)$$

et
$$\sum_{a_i \in S} [\ell_{f(S)}^{f(a_i)}(f(X))]^2\, [f(a_{i+1}) - f(a_i)] =$$

$$4 \sum_{a_i \in S} \left[\frac{f(a_{i+1})-f(a_i)}{a_{i+1}-a_i}\right]^3 [m_{a_i}^{a_{i+1}}(X)]^2\, (a_{i+1} - a_i) + O(|S|)$$

et donc $4\int_{-\infty}^{\infty} f'^3(a)da \cdot 8\,\mathbb{E}[M_1^2 + (\int_0^1 |dV_s|)^2] + O(|S|)$ majore l'espérance du premier terme.

On a également :

Proposition 2.8 : Soit $X = M + A$ vérifiant les conditions du lemme 2.6. Alors, pour toute f dans $\mathcal{H}^1(\mathbb{R})$, $f(X)$ est un X-processus de Dirichlet dont la partie martingale est $\int_0^{\cdot} f'(X_s)dM_s$.

Preuve : Pour toute subdivision S de $\mathbb{R}$ et toute g de classe C^2

$$Q_{\tau(X,S)}(g(X)) = \sum_{T_i \in \tau(X,S)} (g(X_{T_{i+1}}) - g(X_{T_i}))^2$$

$$\leq \int_{\mathbb{R}} g'(a)^2\, \ell_S^a(X)da$$

et grâce au *lemme 2.6* $\mathbb{E}[Q_{\tau(X,S)}(g(X))] \leq C(X) \int_{\mathbb{R}} g'(a)^2 \, da$ où $C(X)$ est une constante indépendante de S.
On peut approcher toute fonction f de $H^1(\mathbb{R})$ par une suite f_n de fonctions de classe C^2, et comme D_X est un espace de Banach pour $\|\cdot\|_X$, $f_n(X)$ converge dans D_X vers $f(X)$.

Remarques : 1°) En particulier, si $X = M + V$ vérifie les conditions de 2.6 alors pour toute fonction f monotone par morceaux, admettant presque sûrement une dérivée f' dans $L^3(\mathbb{R})$, $Y \equiv f(X)$ est un X-processus de Dirichlet, donc un Y-processus de Dirichlet qui vérifie (M.D.2) et donc (T.L.2). On peut étendre ceci par localisation à $f' \in L^3_{loc}(\mathbb{R})$.

2°) De même, on montre que si X est un X-processus de Dirichlet qui vérifie (M.D.2) alors :

i) Pour toute f admettant une dérivée f' dans $L^4(\mathbb{R})$, $f(X) \in D_X$.

ii) Pour toute f lipschitzienne, monotone par morceaux, $f(X)$ est un $f(X)$-processus de Dirichlet qui vérifie (M.D.2).
Dans ces deux cas la partie martingale est $\int_0^{\cdot} f'(X_s)dM_s$.

3°) Enfin, de façon analogue, on montre que si $X = M + V$ est une semi-martingale dans $\mathbb{R}^d$ avec : $\mathbb{E}[\|M_1\|^2 + (\int_0^1 |dV_s|)^2] < \infty$, et f fonction lipschitzienne de $\mathbb{R}^d$ dans $\mathbb{R}$ telle que pour tout a réel, $f^{-1}(]-\infty,a])$ est convexe (respectivement concave) alors $f(X)$ est un $f(X)$-processus de Dirichlet qui vérifie (M.D.2).

c) Cas du mouvement Brownien réel :

Si B est un mouvement Brownien réel, on a une réciproque de 2.8 :

Proposition 2.9 : Soit f fonction réelle telle que $f(B)$ soit un B-processus de Dirichlet local. Alors f admet presque partout une dérivée f' dans $L^2_{loc}(\mathbb{R})$.

Preuve : Si il existe T_p suite croissante de temps d'arrêt, $T_p \uparrow 1$ p.s. et $f(B^{T_p})$ est un B-processus de Dirichlet, alors pour tout p entier

$$Q_{\tau_n}(f(B^{T_p})) = \sum_k [f((k+1)\cdot 2^{-n}) - f(k\cdot 2^{-n})]^2 \; 2^n \, \ell_n^{k\cdot 2^{-n}}(B^{T_p})$$

$$= \int_{-\infty}^{\infty} (\nabla_n f(a))^2 \, \ell_n^a(B^{T_p})da$$

où $\nabla_n f(a) = \dfrac{f((k+1)2^{-n}) - f(k\cdot 2^{-n})}{2^{-n}}$ si $k\cdot 2^{-n} \leq a < (k+1)\cdot 2^{-n}$.

Or il est facile de voir que pour tout $A > 0$, il existe $\varepsilon > 0$ et p_o tels que

$\mathbb{E}[\ell_n^a(B^{T_{p_o}})] > \varepsilon$ si $|a| < A$ & $n \geq p_o$.

De sorte que $\nabla_n f(a)$ est borné dans $L^2([-A,A])$.

Comme dans [1] on en déduit que $\nabla_n f(a)$ converge faiblement dans $L^2([-A,A])$ vers f' qui est presque partout la dérivée de f.

Corollaire 2.10 : Il existe des B-processus de Dirichlet qui ne vérifient pas (M.D.2).

Preuve : Soit $f(x) = |x|^{0,6}$ $g(x) = |x|^{0,8}$, $X = f(B_\cdot)$ est alors un B-processus de Dirichlet local. Si X vérifiait (M.D.2) localement grâce à la remarque qui suit *2.8*, $g(X)$ serait un B-processus de Dirichlet local, donc $(g \circ f)(x) = |x|^{0,48}$ serait dans $\mathcal{H}^1_{loc}(\mathbb{R})$, ce qui n'est pas le cas.

III. INTEGRATION STOCHASTIQUE POUR LES PROCESSUS DE DIRICHLET VERIFIANT (M.D.2).

a) Formule d'Itô - Tanaka : Soit X un X-processus de Dirichlet qui vérifie (M.D.2). Grâce au *théorème 2.5*, X vérifie (T.L.2), et donc, grâce à *1.1* l'intégration de Föllmer s'étend pour presque toutes les trajectoires à toute f dans $\mathcal{H}^1(\mathbb{R})$. On va voir directement ici comment on peut définir $\int_0^1 f(X_s)dX_s$ comme limite des sommes de Riemann pour f dans $\mathcal{H}^1(\mathbb{R})$.

Théorème 3.1 : Soit X un X-processus de Dirichlet qui vérifie (M.D.2) et f admettant une dérivée f' dans $\mathcal{H}^1(\mathbb{R})$. Alors si on pose :

$$I_n(f'(X)) \overset{(def)}{=} \sum_{T_{i+1}<1 \,;\, T_i \in \tau_n} f'(X_{T_i})(X_{T_{i+1}} - X_{T_i}) \quad \text{où} \quad \tau_n = \tau(X,S_n)$$

et S_n est la n-ième subdivision dyadique, $I_n(f'(X))$ converge quand n tend *vers* $+\infty$ *dans* $L^1(\mathbb{P})$ *vers ce que l'on note* $\int_0^1 f'(X_s)dX_s$ *et on a la formule d'Itô - Tanaka :*

$$f(X_1) - f(X_0) = \int_0^1 f'(X_s)dX_s + \frac{1}{2}\int_{-\infty}^{\infty} f''(a)\ \ell^a(X)da.$$

Preuve : Si l'on note $m_k^n(X)$, 2^{-n} fois le nombre de montées de X entre $k\cdot 2^{-n}$ et $(k+1)2^{-n}$, et $d_k^n(X)$, 2^{-n} fois le nombre de descentes de X entre $k\cdot 2^{-n}$ et $(k+1)2^{-n}$, alors :

$$I_n(f'(X)) = \sum_{k\in\mathbb{Z}} f'(k\cdot 2^{-n})(m_k^n(X) - d_k^n(X)$$

or
$$m_k^n(X) = \frac{1}{2}\{\ell_n^{k\cdot 2^{-n}}(X) + 2^{-n}\, 1_{(X_0 \leq k\cdot 2^{-n} < (k+1)\cdot 2^{-n} < X_1)} - 2^{-n}\, 1_{(X_1 \leq k\cdot 2^{-n} < (k+1)\cdot 2^{-n} < X_0)}\}$$

(Les deux derniers termes correcteurs expriment le fait qu'il y a une montée de plus que de descentes entre $k\cdot 2^{-n}$ et $(k+1)\cdot 2^{-n}$ si $X_0 \leq k\cdot 2^{-n} < (k+1)\cdot 2^{-n} < X_1$) et de même

$$d_k^n(X) = \frac{1}{2}\left[\ell_n^{(k-1)2^{-n}}(X) + 2^{-n}\, 1_{(X_1 < (k\ 1)\cdot 2^{-n} < k\cdot 2^{-n} \leq X_0)} - 2^{-n}\, 1_{(X_0 < (k-1)\ 2^{-n} < k\cdot 2^{-n} \leq X_1)}\right].$$

Par la transformation d'Abel

$$\sum_{k\in\mathbb{Z}} f'(k\cdot 2^{-n})(\ell_n^{k\cdot 2^{-n}}(X) - \ell_n^{(k-1)\cdot 2^{-n}}(X))$$

$$= -\sum_{k\in\mathbb{Z}} [f'((k+1)2^{-n}) - f'(k\cdot 2^{-n})]\ell_n^{k\cdot 2^n}(X) = -\int_{-\infty}^{\infty} f''(a)\ \ell_n^a(X)da.$$

Lemme : $\int_{-\infty}^{\infty} f''(a)\ell_n^a(X)da$ *converge dans* $L^1(\mathbb{P})$ *vers* $\int_{-\infty}^{\infty} f''(a)\ell^a(X)da.$

Preuve : A priori, la convergence a lieu seulement faiblement dans $L^1(\mathbb{P})$. Or, si f_p est une suite de fonctions de classe C^2 telles que f'_p converge dans $\mathcal{H}^1(\mathbb{R})$ vers f' :

$$\left|\int_{-\infty}^{\infty} (f'' - f''_p)(a)\ \ell_n^a(X)da\right|^2 \leq \int_{-\infty}^{\infty} (f'' - f''_p)^2(a)(da)\ \left(\int_{-\infty}^{\infty} \ell_n^a(X)^2\ da\right).$$

Or pour tout p, $Q_{\tau_n}(f'_p(X),X)$ converge dans $L^1(\mathbb{P})$ vers

$$\int_0^1 f''_p(X_s)d\langle X\rangle_s = \int_{-\infty}^{\infty} f''_p(a)\ell^a(X)da,$$

puisque $f'_p(X)$ est un X-processus de Dirichlet, dont la partie martingale est $\int_0^{\cdot} f''_p(X_s)dM_s$ (si M est la partie martingale de X).

Grâce à l'inégalité précédente, la convergence est uniforme en p, et on en déduit le lemme.

Comme d'autre part

$$\sum_{k\in\mathbb{Z}} f'(k\ 2^{-n}).2^{-n}(1_{X_o \leq k.2^{-n} < (k+1)2^{-n} < X_s} - 1_{X_1 \leq k\ 2^{-n} < (k+2)2^{-n} < X_o})$$

converge dans $L^1(\mathbb{P})$ vers $f(X_1) - f(X_o)$, $I_n(f'(X))$ converge dans $L^1(\mathbb{P})$ vers ce que l'on note $\int_0^1 f'(X_s)dX_s$ et l'on a :

$$f(X_1) - f(X_o) = \int_0^1 f'(X_s)dX_s + \frac{1}{2}\int_{-\infty}^{\infty} f''(a)\ \ell^a(X)da.$$

b) Une extension de la formule d'Itô :

Bouleau et Yor ([2]) prouvent que l'application définie sur les fonctions en escalier $f(t) = \sum_{i=1}^{n} f_i\ 1_{]a_i,a_{i+1}]}(t)$ qui à f associe $\sum_{i=1}^{n} f_i(L^{a_{i+1}}(X)-L^{a_i}(X))$

(où $L^a(X)$ est le temps local en a d'une semi-martingale X) se prolonge de façon unique en une mesure vectorielle sur la tribu borélienne, on note $\int f(a)d_a\ L^a(X)$ l'intégrale de f par rapport à cette mesure, alors

$$F(X_1) = F(X_o) + \int_0^1 f(X_t)dX_t - \frac{1}{2}\int f(a)d_a\ L^a(X).$$

Le calcul du a) peut être repris quand X est une martingale de carré intégrable, pour donner une autre approche de $\int f(a)d_a\ L^a(X)$ et étendre cette intégrale à f dans $L^2(\mathbb{R})$:

Si f est dans $L^2(\mathbb{R})$, posons $f_n(t) = 2^n \int_{k\cdot 2^{-n}}^{(k+1)2^{-n}} f(u)du$ pour $k\cdot 2^{-n} \leq t < (k+1)2^{-n}$.

Comme $f_n(a)$ converge vers $f(a)$ pour presque tout a, $f_n(X_s)$ converge vers $f(X_s)\ d\langle X\rangle_s$ presque sûrement. Si Mf désigne la fonction maximale de Hardy associée à f, Mf est dans $L^2(\mathbb{R})$, et par convergence dominée $I_n(f_n(X))$ converge dans $L^2(\mathbb{P})$ vers $\int_0^1 f(X_s)dX_s$.

Enfin on a toujours la convergence de

$$\sum_{k\in\mathbb{Z}} f_n(k\cdot 2^{-n})2^{-n}\,(1_{X_0 \leq k\cdot 2^{-n} < (k+1)2^{-n} < X_1} - 1_{X_1 \leq k\, 2^{-n} < (k+1)2^{-n} < X_0})$$

vers $F(X_1) - F(X_0)$.

En conséquence $\frac{1}{2} \sum_{k\in\mathbb{Z}} f_n(k\cdot 2^{-n})(\ell_n^{k\cdot 2^{-n}}(X) - \ell_n^{(k-1)2^{-n}}(X))$ converge dans $L^2(\mathbb{P})$ vers $\int_0^1 f(X_s)dX_s - F(X_1) + F(X_0) = \frac{1}{2}\int_{-\infty}^{\infty} f(a)d_a\ \ell^a(X)$.

Appendice : Pour conclure, nous donnons un exemple d'utilisation des temps locaux inspiré par le *théorème 6.3* de Geman - Horowitz [4] :

Proposition : Soit $X = M + A$ un processus de Dirichlet fort (respectivement faible) qui vérifie (T.L.2). Soit $f : \mathbb{R}^2 \to \mathbb{R}$ telle que :

- *Pour tout $a \in \mathbb{R}$, $f(a,\cdot) \in L^2(\mathbb{R})$*
- *Pour tout $b \in \mathbb{R}$, $f(\cdot,b)$ est de classe C^1, et $\sup_{a,b} |\frac{\partial f}{\partial x}(a,b)| < \infty$.*

Alors $Y_t = \int_0^t f(X_t,X_s)d\langle X\rangle_s$ est un processus de Dirichlet fort (respectivement faible) dont la partie martingale est

$$\int_0^{\cdot} (\int_{-\infty}^{\infty} \frac{\partial f}{\partial x}(X_s,b)\ell_s^b(X)db)dM_s = \int_0^{\cdot} (\int_0^s \frac{\partial f}{\partial x}(X_s,X_u)d\langle X\rangle_u)dM_s.$$

Preuve : Au paragraphe I on a introduit la famille de processus croissants $s \to \ell_s^b(X)$.

Remarquons, avant de pour suivre, que $\ell_t^a(X) \equiv 0$ si $|a| \geq \sup_b \|X_s\|_{L^\infty}$,

$$Y_t = \int_{-\infty}^{\infty} f(X_t,b)\ \ell_t^b(X)db.$$

Or pour b fixé, d'après [1] (*théorème 2.4*) $f(X_t,b)$ est un processus de Dirichlet fort (respectivement faible), dont la partie martingale est :

$$\int_0^t \frac{\partial f}{\partial x}(X_s,b)dM_s.$$

De même que dans [1], il est aisé de voir que $f(X_t,b)\ \ell_t^b(X)$ est somme d'un processus de Dirichlet fort (respectivement faible) et d'un processus de sauts à variations bornées (qui provient des sauts éventuels du processus croissant $\ell_t^b(X)$).

Par un théorème de Fubini stochastique (voir par exemple le *lemme 4.1* du chapitre 3 de Ikeda - Watanabe [5]), on voit que Y_t est somme d'un processus de Dirichlet fort (respectivement faible) et d'un processus à variations bornées qui peut contenir des sauts. Il suffit de voir que Y est continue pour que le processus à variations bornées soit à variation quadratique nulle. Or

$$|Y_{t'} - Y_t| \leq \int_t^{t'} |f(X_{t'},X_s)|d\langle X\rangle_s + \int_0^t d\langle X\rangle_s \int_{X_t}^{X_{t'}} da\ |\frac{\partial f}{\partial x}(a,X_s)|$$

et la continuité de Y résulte de celle de X.

REMERCIEMENT : *Je remercie M. Yor pour ses conseils et son aide à la rédaction de cet article.*

REFERENCES :

[1] J. BERTOIN : "Les processus de Dirichlet en tant qu'espace de Banach". Stochastics - 1986.

[2] N. BOULEAU & M. YOR : "Sur la variation quadratique des temps locaux de certaines semi-martingales". C.R.A.S. Paris, t. 292 (2 Mars 1981), Série I, p. 491-494.

[3] H. FÖLLMER : "Calcul d'Itô sans probabilités". Séminaire de Probabilités XV, p. 143, L.N. 850, 1981.

[4] D. GEMAN & H. HOROWITZ : "Occupation Densities". Annals of Probability 1980, vol. 8, n° 1, p. 1-67.

[5] N. IKEDA & S. WATANABE : "Stochastic Differential Equations and Diffusion Processes". North Holland 1981, p. 116.

L_p INEQUALITIES FOR FUNCTIONALS OF BROWNIAN MOTION

Richard Bass

1. Introduction

Let M_t be a continuous martingale. Let $\langle M\rangle_t$ be the quadratic variation process, let $M_t^* = \sup_{s\le t} |M_s|$, let $L(t,x)$ be local time at x, and let $L_t^* = \sup_x L(t,x)$. Barlow and Yor [3,4] showed that in addition to the well-known equivalence in L_p norm between M_t^* and $\langle M\rangle_T^{1/2}$, one also had equivalence in L_p norm between L_T^* and $\langle M\rangle_T^{1/2}$. That is, if $p \in (0,\infty)$, there exist constants c_p and C_p depending only on p such that if T is any stopping time,

$$(1.1)\qquad c_p\, E\langle M\rangle_T^{p/2} \le EL_T^{*p} \le C_p\, E\langle M\rangle_T^{p/2}.$$

Many other functionals of M have been found to be dominated in L_p norm by $\langle M\rangle_T^{1/2}$. These include various ratios of M^* and $\langle M\rangle^{1/2}$ [4,6,9]; moduli of continuity of M and $L(t,x)$ [4]; and number of upcrossings [1,2]. For example, if $U_t(a,a+\epsilon)$ is the number of upcrossings of the interval $[a,a+\epsilon]$ by M up to time t, and $V_t = \sup_\epsilon \sup_a \epsilon U_t(a,a+\epsilon)$, the main result of [2] is that

$$(1.2)\qquad EV_T^p \le C_p\, E\langle M\rangle_T^{p/2},$$

C_p a constant depending only on p.

The main purpose of this paper is to give some quite general and easily verifiable conditions for increasing functionals and ratios of increasing functionals of Brownian motion to dominate or be dominated in L_p norm by $T^{1/2}$. We state our results for Brownian motion, but these translate immediately via a time change argument to results for arbitrary continuous martingales. The results on L^*, ratios of M^* and $\langle M\rangle^{1/2}$, moduli of continuity, and upcrossings mentioned above then become special cases of our general theorems. In particular, our proofs of Theorems 1 and 2 give a new and very simple demonstration of the main results of [3], while the proof of Theorem 4 gives a very simple demonstration of the result of [2].

As another application of Theorem 4, we also prove a new inequality. Let $N_t(a,\epsilon)$ be the number of excursions of Brownian motion at level a of length longer than ϵ that are completed by time t. Let $S_t = \sup_\epsilon \sup_a \epsilon^{1/2} N_t(a,\epsilon)$. We then show that there exists C_p depending on $p \in (0,\infty)$ such that

$$ES_T^p \leq C_p \, E\, T^{p/2}. \tag{1.3}$$

Section 2 contains the results on increasing continuous functionals of Brownian motion plus some examples, while Section 3 contains the results on ratios of increasing continuous functionals. To handle upcrossings, we also need to consider discontinuous functionals, and this is done in Section 4.

I would like to thank Marc Yor for suggesting this problem and for his continued interest.

2. Increasing functionals

Suppose (B_t, P^x, θ_t) is canonical Brownian motion. That is, $\Omega = C([0,\infty],\mathbb{R})$, the continuous functions from $[0,\infty)$ to $\mathbb{R}$, and $B_t(\omega) = \omega(t)$, the coordinate map. P^x is Wiener measure on Ω with $P^x(B_0=x) = 1$. When $x = 0$, we will usually write just P. Denote the natural filtration by $\mathbb{F}_t$. Finally $\theta_t : \Omega \to \Omega$ are the translation operators defined by $(\theta_t(\omega))(s) = \omega(s+t)$.

Suppose Φ is increasing, continuous, $\Phi(0) = 0$, and of moderate growth:

$$(2.1) \qquad \sup_{\lambda>0} \frac{\Phi(a\lambda)}{\Phi(\lambda)} \leq a^p \quad \text{for all } a > 2, \text{ for some } p \in (0,\infty).$$

The functions x^p, $p \in (0,\infty)$ obviously satisfy these hypotheses.

Suppose F_t is a continuous adapted nondecreasing functional of ω satisfying

(2.2) (i) (Uniform scaling near ∞) $\sup_{x,\lambda} P^x(F_{\lambda^2} > b\lambda) \to 0$ as $b \to \infty$;

(ii) (Subadditivity) There exists a constant K_1 such that for all s,t,

$$F_t - F_s \leq K_1\, F_{t-s} \circ \theta_s.$$

Suppose G_t is a nondecreasing adapted functional of ω satisfying

(2.3) (i) (Uniform scaling near 0) $\sup_{x,\lambda} P^x(G_{\lambda^2} < b\lambda) \to 0$ as $b \to 0$;

(ii) There exists a constant K_2 such that for all s,t,

$$G_{t-s} \circ \theta_s \leq K_2\, G_t\,.$$

Note we do not require G to be continuous. A consequence of (2.3) (i) is that $G_t > 0$, a.s. for $t > 0$.

Our first two results are the following:

Theorem 1. Suppose F satisfies (2.2). There exists a constant C_Φ such that if T is any stopping time, then

$$E\Phi(F_T) \leq C_\Phi\, E\Phi(T^{1/2}).$$

Theorem 2. Suppose G satisfies (2.3). There exists a constant C_Φ such that if T is any stopping time, then

$$E\Phi(T^{1/2}) \leq C_\Phi\, E\Phi(G_T).$$

Before proving Theorems 1 and 2, we give some examples. The first example is $M_t^* = \sup_{s \le t} |B_s - B_0|$. The P^x distribution of M_t^* does not depend on x, and by scaling, we get (2.2) (i) and (2.3) (i). The subadditivity (2.2) (ii) is just the triangle inequality. Since $M_{t-s}^* \circ \theta_s = \sup_{s \le r \le t} |B_r - B_s| \le 2M_t^*$, we have (2.3) (ii). Thus M^* satisfies both (2.2) and (2.3), and observing that $P(B_0=0) = 1$, we recover from Theorems 1 and 2 the well-known Burkholder-Davis-Gundy inequalities.

A more interesting example is $L_t^* = \sup_x L(t,x)$. Because of the supremum in x, the P^x distribution of L_t^* does not depend on x. By scaling and the well-known fact that $0 < L_1^* < \infty$, a.s., we get (2.2) (i) and (2.3) (i). Since $L(t,x)$ is an additive functional,

$$(2.4) \qquad L(t,x) = L(s,x) + L(t-s,x) \circ \theta_s.$$

Taking suprema over x leads to (2.2) (ii). Since by (2.4),

$$L(t-s,x) \circ \theta_s \le L(t,x),$$

taking suprema over x again gives (2.3) (ii). Thus L^* satisfies both (2.2) and (2.3).

Two other examples satisfying both (2.2) and (2.3) that can be treated similarly are

$$C_t^B = \left[\sup_{0 \le r < s \le t} \frac{|B_s - B_r|}{|s - r|^{1/2-\epsilon}} \right]^{\epsilon/2}$$

and

$$C_t^L = \left[\sup_{a \ne b} \frac{|L(t,a) - L(t,b)|}{|a - b|^{1/2-\epsilon}} \right]^{\frac{2}{1+2\epsilon}} .$$

To show C_t^B is continuous, one needs to use the fact that

$$\limsup_{\delta \downarrow 0,\ |s-r| \le \delta,\ r,s \in [0,t]} \frac{|B_s - B_r|}{|t - s|^{1/2-\epsilon/2}} = 0, \text{ a.s.,}$$

with a similar comment for C_t^L.

We now prove Theorems 1 and 2.

Proof of Theorem 1. Trivially we may assume $T < \infty$, a.s. Let $\beta > 1$, $\delta < 1$, and let $U = \inf\{t: F_t > \lambda\}$. Using the strong Markov property of Brownian motion at U,

$$\begin{aligned}
P(F_T>\beta\lambda, T^{1/2}\le\delta\lambda) &\le P(F_T-F_U\ge(\beta-1)\lambda, T\le\delta^2\lambda^2, U<T)\\
&\le P(F_{U+\delta^2\lambda^2}-F_U\ge(\beta-1)\lambda, U<T)\\
&\le P(F_{\delta^2\lambda^2}\circ\theta_U\ge(\beta-1)\lambda/K_1, U<T)\\
&= E[P(F_{\delta^2\lambda^2}\circ\theta_U\ge(\beta-1)\lambda/K_1|\mathbf{F}_U); U<T]\\
&= E[P^{B_U}(F_{\delta^2\lambda^2}\ge(\beta-1)\lambda/K_1); U<T]\\
&\le \sup_x P^x(F_{\delta^2\lambda^2}\ge(\beta-1)\lambda/K_1)\, P(U<T)\\
&\le \sup_{x,\lambda} P^x(F_{\lambda^2} > \frac{\beta-1}{2K_1\delta}\lambda)\, P(F_T>\lambda).
\end{aligned}$$

By taking δ sufficiently small, using (2.2) (i), and appealing to Lemma 7.1 of [5], the proof is complete. □

Proof of Theorem 2. Suppose $\beta > 1$, $\delta < 1$. Using the Markov property at the fixed time λ^2, we have

$$\begin{aligned}
P(T^{1/2} > \beta\lambda, G_T \le \delta\lambda) &\le P(T > \beta^2\lambda^2, G_{T-\lambda^2}\circ\theta_{\lambda^2} \le K_2\delta\lambda)\\
&\le P(T > \lambda^2, G_{\beta^2\lambda^2-\lambda^2}\circ\theta_{\lambda^2} \le K_2\delta\lambda)\\
&= E[P(G_{(\beta^2-1)\lambda^2}\circ\theta_{\lambda^2} \le K_2\delta\lambda|\mathbf{F}_{\lambda^2}); T > \lambda^2]\\
&= E[P^{B_{\lambda^2}}(G_{(\beta^2-1)\lambda^2} \le K_2\delta\lambda); T > \lambda^2]\\
&\le \sup_{x,\lambda} P^x(G_{(\beta^2-1)\lambda^2} < 2K_2\delta\lambda)\, P(T^{1/2} > \lambda).
\end{aligned}$$

Again, take δ sufficiently small and use (2.3)(i) and [5, Lemma 7.1] to complete the proof. □

3. Ratios of functionals

Our result here is

Theorem 3 Suppose $\alpha > 0$. Suppose F satisfies (2.2), G satisfies (2.3), and moreover G is a continuous functional of ω. Then there exists C_Φ such that if T is any strictly positive stopping time,

$$E\Phi\left[\frac{F_T^{\alpha+1}}{G_T^\alpha}\right] \leq C_\Phi E\Phi(G_T).$$

We make the obvious remark that if G_t satisfies (2.2) as well as (2.3), we can replace G_T on the right side of the above equation by $T^{1/2}$.

Proof. We start with

$$P\left[\frac{F_T^{\alpha+1}}{G_T^\alpha} > \beta\lambda, G_T \leq \delta\lambda\right] = \sum_{n=0}^{\infty} P(F_T^{\alpha+1} > \beta\lambda G_T^\alpha, \delta 2^{-(n+1)}\lambda < G_T \leq \delta 2^{-n}\lambda)$$

$$\leq \sum_{n=0}^{\infty} p_n,$$

where

$$p_n = P(F_T > \beta'\zeta 2^{-n\gamma}\lambda, G_T \leq \delta 2^{-n}\lambda),$$
$$\gamma = \alpha/(\alpha+1),$$
$$\beta' = \beta^{1/(\alpha+1)},$$

and $\zeta = \delta^\gamma 2^{-\gamma}$.

Let

(3.1) $$U_n = \inf\{t: F_t > 2^{-n\gamma}\zeta\lambda\},$$
$$V_n = \inf\{t: G_t > 2K_2\delta 2^{-n}\lambda\},$$
and $$W_n = U_n + V_n \circ \theta_{U_n} = \inf\{t > U_n: G_{t-U_n} \circ \theta_{U_n} > 2K_2\delta 2^{-n}\lambda\}.$$

Observe that by (2.3)(ii) we have $W_n \geq T$ on the set $(U_n \leq T, G_T \leq \delta 2^{-n}\lambda)$.

Then by the strong Markov property at U_n,

$$(3.2)\qquad p_n \le P(F_T - F_{U_n} \ge (\beta'-1)\zeta 2^{-n\gamma}\lambda, U_n < T, G_T \le \delta 2^{-n}\lambda)$$

$$\le P(F_{W_n} - F_{U_n} \ge (\beta'-1)\zeta 2^{-n\gamma}\lambda, U_n < T)$$

$$\le P(F_{V_n} \circ \theta_{U_n} \ge K_1^{-1}(\beta'-1)\zeta 2^{-n\gamma}\lambda, U_n < T)$$

$$= E[P^{B_{U_n}}(F_{V_n} \ge K_1^{-1}(\beta'-1)\zeta 2^{-n\gamma}\lambda); U_n < T]$$

For any x, any $r > 0$,

$$(3.3)\qquad P^x(F_{V_n} \ge K_1^{-1}(\beta'-1)\zeta 2^{-n\gamma}\lambda) \le cE^x F_{V_n}^r 2^{rn\gamma}\lambda^{-r},$$

where here and in the remainder of the proof c denotes a constant whose value is unimportant and may change from place to place and which depends on β, α, δ, and r, but not λ or n. Using Theorems 1 and 2 with P replaced by P^x, the right side of (3.3) is

$$\le cE^x V_n^{r/2} 2^{rn\gamma}\lambda^{-r} \le cE^x G_{V_r}^r 2^{rn\gamma}\lambda^{-r}.$$

Since $G_{V_r} \le 2K_2\delta 2^{-n}\lambda$, we then have

$$p_r \le c2^{rn(\gamma-1)}P(U_n < T)$$

$$\le c2^{rn(\gamma-1)}P(F_T > \zeta 2^{-n\gamma}\lambda).$$

Hence

$$(3.4)\qquad P\left[\frac{F_T^{\alpha+1}}{\beta G_T^{\alpha}} > \lambda\right] \le P\left[\frac{F_T^{\alpha+1}}{G_T^{\alpha}} > \beta\lambda, G_T \le \delta\lambda\right] + P(G_T > \delta\lambda)$$

$$\le c\sum_{n=0}^{\infty} 2^{rn(\gamma-1)}P\left[\frac{2^{n\gamma}F_T}{\zeta} > \lambda\right] + P\left[\frac{G_T}{\delta} > \lambda\right].$$

We integrate (3.4) against $d\Phi(\lambda)$ and use integration by parts to get

$$E\Phi\left[\frac{F_T^{\alpha+1}}{\beta G_T}\right] \le c\sum_{n=0}^{\infty} 2^{rn(\gamma-1)}\, E\Phi\left[\frac{2^{n\gamma}F_T}{\zeta}\right] + E\Phi\left[\frac{G_T}{\delta}\right]$$

$$\le c\sum_{n=0}^{\infty} 2^{rn(\gamma-1)+np\gamma}\zeta^{-p}E\Phi(F_T) + \delta^{-p}E\Phi(G_T).$$

Since $\gamma-1 < 0$, the infinite series will be summable provided we choose r larger than $p\gamma/(1-\gamma)$. Another application of Theorems 1 and 2 to handle $E\Phi(F_T)$ completes the proof. □

4. Discontinuous functionals

To handle the results on upcrossings of [2], we need to consider discontinuous functionals.

Suppose H_t is a nondecreasing adapted functional of ω satisfying

(4.1)(i) (Uniform scaling near ∞) $\sup_{x,\lambda} P^x(H_{\lambda^2} > b\lambda) \to 0$ _as_ $b \to \infty$.

(ii) _There exists a continuous adapted nondecreasing functional_ F _satisfying_ (2.2) _such that_

(a) (Bounded jumps) $\sup_{s\leq t} |\Delta H_s| \leq F_t$ _for all_ s,t;

(b) (Partial subadditivity) $H_t - H_s \leq K_3 H_{t-s} \circ \theta_s + F_t$ _for all_ s,t.

For such H we have

Theorem 4 _Suppose_ H _satisfies_ (4.1). _There exists a constant_ C_Φ _such that if_ T _is any stopping time, then_

$$E\Phi(H_T) \leq C_\Phi E\Phi(T^{1/2})$$

and

Theorem 5 _Suppose_ H _satisfies_ (4.1). _Suppose_ G _satisfies_ (2.3) _and moreover is a continuous functional of_ ω. _Suppose_ $\alpha > 0$. _Then there exists a constant_ C_Φ _such that for any strictly positive stopping time_ T

$$E\Phi\left[\frac{H_T^{\alpha+1}}{G_T^{\alpha}}\right] \leq C_\Phi E\Phi(G_T).$$

Before proceeding to the proofs, let us look at some examples. First consider $V_t = \sup_{a,\epsilon} \epsilon U_t(a,a+\epsilon)$, where $U_t(a,a+\epsilon)$ is the number of upcrossings of the interval $[a,a+\epsilon]$ by time t. The P^x distribution of V_t is independent of x because of the supremum in a, and the scaling in λ follows easily from that of the Brownian motion. Provided we know $P(V_1 < \infty) = 1$ (which we will show shortly), we then have (4.1)(i).

Let $F_t = 2M_t^*$ and observe that we cannot have an upcrossing before time t of size larger than $2M_t^*$. This gives (4.1)(iia). It is not hard to see that

$$U_t(a,a+\epsilon) \leq U_s(a,a+\epsilon) + U_{t-s}(a,a+\epsilon) \circ \theta_s + 1_{(2M_t^* \geq \epsilon)} .$$

Multiplying by ϵ and taking suprema over a and ϵ gives (4.1)(iib).

It remains to show $P(V_1 < \infty) = 1$. Let $\tau_r = \inf\{t: L_t^* > r\}$ and let $T_r(x) = \inf\{t: L(t,x) > r\}$. Let $\epsilon_n = 2^{-n}$. Fix M and let

$$W_n = \sup\{\epsilon_n U_{\tau_r}(a,a+\epsilon_n): |a| \leq M,\ a/\epsilon_n \text{ an integer}\}.$$

Since $L(\tau_r,x) \leq r$, then $T_r(x) \geq \tau_r$, and so $U_{\tau_r}(a,a+\epsilon_n) \leq U_{T_r(a)}(a,a+\epsilon_n)$. If N is the number of excursions at level a whose maxima exceed $a+\epsilon_n$ by time $T_r(a)$, then $U_{T_r(a)}(a,a+\epsilon_n) \leq N + 1$. By Ito's theory of excursions, N is a Poisson random variable, and the parameter is $r/2\epsilon_n$ (see [8]). By standard estimates for the tail of the Poisson distribution, if $\beta > 3r$,

$$P(N > \beta/\epsilon_n) \leq \exp(-cr/\epsilon_n),$$

where c is a constant whose value is unimportant. From this follows

$$P(W_n > \beta+1) \leq 2M\epsilon_n^{-1} \exp(-cr/\epsilon_n).$$

This is summable in n, and by Borel-Cantelli, $P(W_n > \beta+1 \text{ i.o.}) = 0$. Each $W_n < \infty$, a.s. by the continuity of Brownian paths,and so we conclude that $W = \sup_n W_n < \infty$, a.s.

Given a and ϵ, we can find n and x such that $a \leq x \leq x+\epsilon_n \leq a + \epsilon$, x is an integer multiple of ϵ_n, and $\epsilon/8 \leq \epsilon_n \leq \epsilon$. So

$$\epsilon U_{T_r}(a,a+\epsilon) \leq 8\epsilon_n U_{T_r}(x,x+\epsilon_n).$$

Hence

$$\sup_{|a|\leq M/2,\epsilon} \epsilon U_{T_r}(a,a+\epsilon) \leq 8W < \infty, \text{ a.s.}$$

Finally, M and r are arbitrary; that $V_1 < \infty$, a.s. follows easily.

For a second example, consider $S_t = \sup_{\epsilon,a} \epsilon^{1/2} N_t(a,\epsilon)$, where $N_t(a,\epsilon)$ is the number of excursions at level a whose length exceeds ϵ and which are completed by time t. Let $F_t = t^{1/2}$. It is trivial that F satisfies (2.2). It is impossible to have completed an excursion of length longer than ϵ by time t if $\epsilon > t$, and so (4.1)(iia) is immediate. The argument for (4.1)(iib) is similar to the one for V_t, and by scaling, we will have (4.1)(i) as soon as we know $S_1 < \infty$, a.s.

Since $N_t(a,\epsilon) \leq t/\epsilon$ for $\epsilon \leq t$ and $= 0$ for $\epsilon > t$, it suffices to show $\lim_{\epsilon\downarrow 0} \sup_a \epsilon^{1/2} N_t(a,\epsilon) < \infty$, a.s. But this follows from a result of Perkins [7].

We now prove Theorem 4.

<u>Proof of Theorem 4</u> Let $\beta > 3$. Let $U = \inf\{t: H_t > \lambda\}$. By (4.1)(iia), $H_U \leq \lambda + F_U$. Then

$$\begin{aligned} P(H_T > \beta\lambda, T^{1/2} \leq \delta\lambda) &\leq P(H_T > \beta\lambda, T \leq \delta^2\lambda^2, F_T \leq \lambda) + P(F_T > \lambda) \\ &\leq P(H_T - H_U > (\beta-2)\lambda, U < T, F_T \leq \lambda, T \leq \delta^2\lambda^2) + P(F_T > \lambda) \\ &\leq P(H_{\delta^2\lambda^2} \circ \theta_U > (\beta-3)\lambda/K_3, U < T) + P(F_T > \lambda) \\ &= E[P^{B_U}(H_{\delta^2\lambda^2} > (\beta-3)\lambda/K_3); U < T] + P(F_T > \lambda) \\ &\leq \epsilon(\delta,\beta)\, P(H_T > \lambda) + P(F_T > \lambda), \end{aligned}$$

where $\epsilon(\delta,\beta) = \sup_{x,\lambda} P^x(H_{\delta^2\lambda^2} > (\beta-3)\lambda/K_3)$.

Next,

$$(4.2)\qquad P\left[\frac{H_T}{\beta} > \lambda\right] \le P(H_T > \beta\lambda, T^{1/2} \le \delta\lambda) + P(T^{1/2} > \delta\lambda)$$
$$\le \epsilon(\delta,\beta)\, P(H_T > \lambda) + P(F_T > \lambda) + P\left[\frac{T^{1/2}}{\delta} > \lambda\right].$$

Suppose for the moment that H_T is bounded. Integrating from 0 to ∞ with respect to $d\Phi(\lambda)$,

$$E\Phi\left[\frac{H_T}{\beta}\right] \le \epsilon(\delta,\beta)\, E\Phi(H_T) + E\Phi(F_T) + E\Phi\left[\frac{T^{1/2}}{\delta}\right]$$

and so

$$(4.3)\qquad E\Phi(H_T) \le \beta^p E\Phi\left[\frac{H_T}{\beta}\right] \le \beta^p \epsilon(\delta,\beta) E\Phi(H_T) + \beta^p E\Phi(F_T) + \beta^p \delta^{-p} E\Phi(T^{1/2}).$$

Choose δ sufficiently small so that $\beta^p\epsilon(\delta,\beta) < 1/2$. Subtracting $\beta^p\epsilon(\delta,\beta)E\Phi(H_T)$ from both sides of (4.3), multiplying by $[1 - \beta^p\epsilon(\delta,\beta)]^{-1}$, and using Theorem 1 completes the proof when H_T is bounded.

If H_T is not bounded, note that (4.2) holding for H_T implies (4.2) holds for $H_T \wedge N$, for all $N > 0$. Arguing as above, we get

$$E\Phi(H_T \wedge N) \le C_\Phi E\Phi(T^{1/2}),$$

C_Φ indepedent of N. Now let $N \to \infty$. □

Since the proof of Theorem 5 is very similar to that of Theorem 3, we omit the proof.

Note: B. Davis (in this volume) has independently discovered a simple proof of the main result of [3], and also an extension to the case of stable processes.

References

1. M.T. Barlow. Inequalities for upcrossings of semimartingales via Skorokhod embedding. Z. Wahrscheinlichkeitstheorie 64 (1983) 457-473.

2. M.T. Barlow. A maximal inequality for upcrossings of a continuous martingale. Z. Wahrscheinlichkeitstheorie 67 (1984) 169-173.

3. M.T. Barlow and M. Yor. (Semi-) Martingale inequalities and local times. Z. Wahrscheinlichkeitstheorie 55 (1981) 237-281.

4. M.T. Barlow and M. Yor. (Semi-) Martingale inequalities via the Garsia-Rodemich-Rumsey lemma and applications to local times. J. Funct. Anal. 49 (1982) 198-229.

5. D.L. Burkholder. Distribution function inequalities for martingales. Ann. Probability 1 (1973) 19-42.

6. R. Fefferman, R.F. Gundy, M. Silverstein, E. Stein. Inequalities for ratios of functionals of harmonic functions. Proc. Nat. Acad. Sci. USA 79 (1982) 7958-7960.

7. E. Perkins. A global intrinsic characterization of Brownian local times. Ann. Probability 9 (1981) 800-817.

8. L.C.G. Rogers. Williams' characterisation of the Brownian excursion law: proof and applications. Séminaire de Probabilités XV, LNM 850, Springer, Berlin, 1981.

9. M. Yor. Application de la rélation de domination à certains renforcements des inégalités de martingales. Séminaire de Probabilités XVI, LNM 920, Springer, Berlin, 1982.

Department of Mathematics
University of Washington
Seattle WA 98195.

On the Barlow-Yor Inequalities for Local Time

Burgess Davis

Summary. An idea of Burkholder is used to give a simple proof of the Barlow-Yor martingale local time inequalities. Related inequalities are proved for some stable processes. See note at end.

Let $L_t^a, -\infty < a < \infty$, $t \geq 0$, be jointly continuous local time for the standard brownian motion $B = B_t$, $t \geq 0$, and put $L_t^* = \sup_a L_t^a$. In [2], (see also [3]), M.T. Barlow and M. Yor show the existence of absolute constants c_p and C_p such that, if τ is a stopping time for B,

$$c_p E\tau^{p/2} \leq EL_\tau^{*p} \leq C_p E\tau^{p/2}, p > 0. \tag{1}$$

Brownian motion is the normalized symmetric stable process of index 2, and Trotter [6] proved it has a jointly continuous local time. The symmetric stable processes of index $\alpha \in (1,2)$, as well as some other stable processes, also have a jointly continuous local time (see [1]). We prove the following theorem.

Theorem 1. Let $Z = Z_t$, $t \geq 0$, be a stable process of index α with jointly continuous local time L_t^a, and put $L_t^* = \sup_a L_t^a$. There exist positive constants k_p and K_p, depending only on Z, such that if τ is a stopping time for Z,

$$k_p E\tau^{p/\alpha} \leq EL_\tau^{*p} \leq K_p \tau^{p/\alpha}, \ p > 0. \tag{2}$$

Our proof of Theorem 1 uses scaling to prove good-bad lambda inequalities and should be thought of as an adaptation of a similar argument used by D.L. Burkholder ([4]) in the context of maximal functions for n dimensional Brownian motion. The Barlow-Yor proofs also involved good-bad lambda inequalities and thus both proofs give a generalization of (1) (and in our case (2)) to functions other than x^p which satisfy a growth condition. See [5], p. 154, (3). Also, (1) may be rephrased as a result about continuous martingales. See [2]. Theorem 1 is the first extension we know of (1) to discontinuous processes, a question mentioned in [3].

Now (1) is proved. The proof immediately generalizes to a proof of Theorem 1. It will be shown that there are functions $\alpha(t)$ and $\beta(t)$ on $(0,\infty)$ which approach zero as t approaches zero and such that for any stopping time τ and any δ, λ both exceeding 0,

$$P(\tau^{1/2} > 2\lambda, \ L_\tau^* \leq \delta\lambda) \leq \alpha(\delta) P(\tau^{1/2} > \lambda), \tag{3}$$

and

$$P(L_\tau^* > 2\lambda, \ \tau^{1/2} \leq \delta\lambda) \leq \beta(\delta) P(L_\tau^* > \lambda). \tag{4}$$

These are the Burkholder-Gundy good-bad lambda inequalities. They quickly, essentially upon integration, give (1). We have written (3) and (4) in such a form that readers unfamiliar with this may follow, line for line, the presentation in [5], p.154, with δ^2 there replaced by $\alpha(\delta)$ and $\beta(\delta)$.

The functions α and β are defined by $\alpha(\delta) = P(L_1^* \le \delta/\sqrt{3})$ and $\beta(\delta) = P(v_1 \le \delta^2)$, where $v_a = \inf\{t : L_t^* = a\}$. To show that both $\alpha(\delta)$ and $\beta(\delta)$ approach zero as $\delta \to 0$ we must show $P(L_1^* = 0) = 0$ and $P(v_1 = 0) = 0$. The first of these equalities is immediate, for example, from the facts that $L_1^* \ge L_1^0$ and $P(L_1^0 = 0) = 0$, or in several other ways. That $P(v_1 = 0) = 0$ follows from the joint continuity of L_t^a in t and a, and the fact that $L_t^a = 0$ if $|a| > \sup_{0\le s\le t} |B_s| = \Phi(t)$. Since $\Phi(t) \to 0$ as $t \to 0$, on $\{v_1 = 0\}$, $L_t^a \ge 1$ for (a,t) arbitrarily close to $(0,0)$ which, since $L_0^0 = 0$, contradicts joint continuity.

Now if $\gamma > 0$, the process $\gamma^{-1/2}B_{\gamma t}$, $t \ge 0$, is standard Brownian motion, so if $a_1, \ldots, a_m$ are any numbers and $t_1, \ldots, t_m$ are nonnegative numbers the distributions of the two random vectors $(L_{t_i}^{a_j})_{1\le j\le m,\ 1\le i\le n}$ and $(\gamma^{-1/2} L_{\gamma t_i}^{\sqrt{\gamma}a_j})_{1\le j\le m,\ 1\le i\le n}$ are the same. Together with the joint continuity of L_t^a this yields

$$L_t^* \overset{\text{dist.}}{=} \sqrt{t} L_1^*, \tag{5}$$

and

$$v_{\sqrt{\gamma}} \overset{\text{dist.}}{=} \gamma v_1. \tag{6}$$

Let $L_{[c,d]}^* = \sup_a (L_d^a - L_c^a)$. The third of the following inequalities follows from the first two.

$$L_{[x,y]}^* + L_{[y,z]}^* \ge L_{[x,z]}^*, \quad 0 \le x \le y \le z. \tag{7}$$

$$L_{[x,y]}^* \overset{\text{dist.}}{=} L_{y-x}^*, \quad 0 \le x \le y. \tag{8}$$

$$P(v_b - v_a \le \theta) \;\le\; P(v_{b-a} \le \theta) \quad \text{if} \quad 0 \le a \le b,\ \theta \ge 0. \tag{9}$$

Next we prove (3). Assume $P(\tau^{1/2} > \lambda) > 0$. Then

$$\begin{aligned} P(\tau^{1/2} > 2\lambda,\ L_\tau^* \le \delta\lambda \mid \tau^{1/2} > \lambda) &\le P(L_{4\lambda^2}^* \le \delta\lambda \mid \tau^{1/2} > \lambda) \\ &\le P(L_{[\lambda^2, 4\lambda^2]}^* \le \delta\lambda \mid \tau^{1/2} > \lambda) \\ &= P(L_{3\lambda^2}^* \le \delta\lambda) \\ &= P(L_1^* \le \delta/\sqrt{3}), \end{aligned}$$

using the Strong Markov Property and (5) for the last two inequalities. The proof of (4) is similar. Assume $P(L_\tau^* > \lambda) > 0$. Then

$$\begin{aligned} &P(L_\tau^* > 2\lambda,\ \tau^{1/2} \le \delta\lambda \mid L_\tau^* > \lambda) \\ &\quad = P(v_{2\lambda} < \tau,\ \tau^{1/2} \le \delta\lambda \mid v_\lambda < \tau) \\ &\quad \le P(v_{2\lambda} < \tau,\ (v_{2\lambda} - v_\lambda)^{1/2} \le \delta\lambda \mid v_\lambda < \tau) \\ &\quad \le P((v_{2\lambda} - v_\lambda)^{1/2} \le \delta\lambda \mid v_\lambda < \tau) \\ &\quad = P((v_{2\lambda} - v_\lambda)^{1/2} \le \delta\lambda) \\ &\quad \le P(v_\lambda^{1/2} \le \delta\lambda) = P(v_1 \le \delta^2), \end{aligned}$$

using (9) and (6) for the last two steps.

REFERENCES

[1] Barlow, M.T. Continuity of Local Times for Lévy Processes. Zeitschrift. für Wahr. 69, 23-35, 1985.

[2] Barlow, M.T., and Yor, M. (Semi-) Martingale inequalities and local times. Zeitschrift für Warh. 55, 237-254, 1981.

[3] Barlow, M.T., and Yor, M. Semimartingale inequalities via the Garsia-Rodermich-Rumsey lemma, and applications to local times. Journal Funct. Anal. 49, 198-229, 1982.

[4] Burkholder, D.L. Exit times of Brownian Motion, Harmonic Majorization, and Hardy Spaces. Advances in Math. 26, 182-205, 1977.

[5] Durrett, R. Brownian motion and martingales in analysis. Wadsworth, NY, 1985.

[6] Trotter, H.F. A property of Brownian motion paths. Ill. J. Math. 2. 425-433, 1985.

Statistics Department

Purdue University

West Lafayette, Indiana 47907 USA

Note: I sent this paper to Marc Yor in the summer of 1986 and he wrote back that Richard Bass had four or five months earlier written a closely related paper, which appears in this volume. The basic idea of my proof is also in Bass' paper, and he has priority. The sole novelty of this note is the observation that only stability of the process and joint continuity of local time is needed. This permits the extension to discontinuous stable processes.

A Maximal Inequality for Martingale Local Times

S.D. Jacka
Department of Statistics, University of Warwick
Coventry CV4 7AL, U.K.

1. Introduction

Let M and N be continuous local martingales, let $\hat{M}$, $\hat{N}$ denote $M-M_0$ and $N-N_0$ respectively, and let $L_t^a(M)$, $L_t^a(N)$ denote the local times of M and N respectively.

It was shown in [3] that

$$K_p \|\sup_a \sup_t |L_t^a(M)-L_t^a(N)| \|_p \geq \|<\hat{M}-\hat{N}>_\infty^{\frac{1}{2}}\|_p ,$$

or equivalently,

$$c_p \|\sup_a \sup_t |L_t^a(M)-L_t^a(N)| \| \geq \| (\hat{M}-\hat{N})_\infty^* \|_p \tag{1.1}$$

for all $p\epsilon(0,\infty)$, whilst Barlow and Yor established in [2] that

$$\|\sup_a \sup_t |L_t^a(M)-L_t^a(N)| \|_p \leq$$

$$C_p \|(M-N)_\infty^*\|_p^{\frac{1}{2}} \|M_\infty^*+N_\infty^*\|_p^{\frac{1}{2}} \left(1 \vee \ln \left\{\frac{\|M_\infty^*+N_\infty^*\|_p}{\|(M-N)_\infty^*\|_p}\right\}\right)^{\frac{1}{2}}.$$

In this note we prove the following:

<u>Theorem 1</u> <u>For all</u> $p\epsilon(1,\infty)$ <u>there is a universal constant</u> c_p <u>such that for all continuous martingales</u> $M,N\epsilon H^1$

$$||\sup_a \sup_t |L_t^a(M) - L_t^a(N)| \,||_p \le C_p ||\sup_a |L_\infty^a(M) - L_\infty^a(N)| \,||_p .$$

2. Some preliminaries. We recall some properties of local times.

For a continuous semi-martingale $(X_t;\ t\geq 0)$ we may define (c.f. [1]) its family of local times by means of Tanaka's formula:

$$|X_t-a| = |X_0-a| + \int_{0+}^{t} \operatorname{sgn}(X_s)dX_s + L_t^a(X)$$

where

$$\operatorname{sgn}(x) = \begin{cases} 1 & : x>0 \\ -1 & : x\leq 0 \end{cases}$$

Note that $L_t^a(X)$ is increasing in t and increases only on $\{t:\ X_t=a\}$ (c.f. [4]).

Furthermore it has been shown in [5] that if X is a continuous local martingale then $L_t^a(X)$ has a bi-continuous version and we shall assume, without loss of generality, that we are working with such a version.

To simplify notation we fix M and N, two continuous martingales, and their filtration $(F_t;\ t\geq 0)$ and define

$$U(a,t) = (L_t^a(M) - L_t^a(N))$$

$$A_t = \sup_a (L_t^a(M) - L_t^a(N)) = \sup_a U(a,t)$$

$$B_t = \sup_a (L_t^a(N) - L_t^a(M)) = -\inf_a U(a,t)$$

$$D_t = \sup_a |L_s^a(M) - L_s^a(N)|$$

and for any $(X_t;\ t\geq 0)$

$$X_t^* = \sup_{s\leq t} |X_s|,\quad \hat{X}_t = X_t - X_0.$$

3. Proof of Theorem 1. The crucial result is contained in the following lemma:

Lemma 2 Define

$$\sigma_x = \inf\{t\geq 0:\ A_t \geq 2x\}$$

$$\tau_x = \inf\{t\geq \sigma_x\ :\ U(M_{\sigma_x}, t)\leq x\}$$

where, as is usual $\inf\phi$ is taken as ∞ : then, if M and N are in H^1

$$\mathbb{E}[(2(\hat{M}-\hat{N})_\infty^* + A_\infty) I_{(\sigma_x<\infty,\ \tau_x=\infty)}] \geq x\,\mathbb{P}(\sigma_x<\infty) \tag{3.1}$$

Proof It was shown in [3] that A_t is continuous, so on $(\sigma_x<\infty)$, $A_{\sigma_x} = 2x$. Now M and N are in H^1 so $M_\infty^*, N_\infty^* < \infty$ a.s., so a.s. $U(a,\sigma_x)$ is zero off a compact set (since $L_t^a(X)$ only increases when X is at a) and continuous and we may conclude that $\sup_a U(a,\sigma_x)$ is attained.

We may deduce that, on $(\sigma_x<\infty)$, $\sup_a U(a,\sigma_x)$ is attained at $a=M_{\sigma_x}$ for, suppose not, then $\exists\, b\neq M_{\sigma_x}$ s.t. $2x = U(b,\sigma_x) > U(b,t)$ for all $t<\sigma_x$ but, since $b\neq M_{\sigma_x}$, $\exists\, t<\sigma_x$ s.t. $L_t^b(M) = L_{\sigma_x}^b(M)$ whilst (since $L_s^b(N)$ is increasing in s) $L_t^b(N) \le L_{\sigma_x}^b(N)$ so that $U(b,t) \ge U(b,\sigma_x)$ which contradicts the definition of σ_x. We conclude that, on $(\sigma_x<\infty)$, $U(M_{\sigma_x},\sigma_x) = 2x$ whilst M is in H^1 so has a limit variable M_∞ and so

$$\mathbb{E}[U(M_{\sigma_x},\sigma_x) - U(M_{\sigma_x},\tau_x)] = \mathbb{E}[(2x-U(M_{\sigma_x},\tau_x))I_{(\sigma_x<\infty)}] \tag{3.2}$$

(since $\tau_x \ge \sigma$ so, on $(\sigma_x=\infty)$, $\sigma_x=\tau_x=\infty$).

Similarly, we may see that, on $(\tau_x<\infty)$, $U(M_{\sigma_x},\tau_x)=x$ so that (3.2) is

$$\mathbb{E}[2xI_{(\sigma_x<\infty)} - xI_{(\tau_x<\infty)} - U(M_{\sigma_x},\tau_x)I_{(\sigma_x<\infty,\tau_x=\infty)}] \tag{3.3}$$

Conversely, (3.2) is

$$\mathbb{E}[(L_{\tau_x}^{M_{\sigma_x}}(N) - L_{\sigma_x}^{M_{\sigma_x}}(N)) - (L_{\tau_x}^{M_{\sigma_x}}(M) - L_{\sigma_x}^{M_{\sigma_x}}(M))] \tag{3.4}$$

Applying Tanaka's formula to the two $(F_{\sigma_x+t} : t\ge 0)$ martingales, $m_t = M_{\sigma_x+t}$ and $n_t = N_{\sigma_x+t}$, we obtain the formulae

$$L_{\tau_x}^{M_{\sigma_x}}(M) - L_{\sigma_x}^{M_{\sigma_x}}(M) = L_{\tau_x-\sigma_x}^{M_{\sigma_x}}(m)$$

$$= |M_{\tau_x} - M_{\sigma_x}| + \int_{\sigma_x}^{\tau_x} \operatorname{sgn}(M_s-M_{\sigma_x})dM_s \tag{3.5.i}$$

$$L_{\tau_x}^{M_{\sigma_x}}(N) - L_{\sigma_x}^{M_{\sigma_x}}(N) = L_{\tau_x-\sigma_x}^{M_{\sigma_x}}(n)$$

$$= |N_{\tau_x}-M_{\sigma_x}| - |N_{\sigma_x}-M_{\sigma_x}|$$

$$+ \int_{\sigma_x}^{\tau_x} \operatorname{sgn}(N_s-M_{\sigma_x})dN_s \tag{3.5.ii}$$

Now M and N are in H^1 and $|sgn(x)| = 1$ so the two stochastic integrals in (3.5) are uniformly integrable and so we may apply the optional sampling theorem to obtain:

$$\mathbb{E}[L_{\tau_x}^{M_{\sigma_x}}(M) - L_{\sigma_x}^{M_{\sigma_x}}(M)] = \mathbb{E}|M_{\tau_x} - M_{\sigma_x}| \qquad (3.6.i)$$

$$\mathbb{E}[L_{\tau_x}^{M_{\sigma_x}}(N) - L_{\sigma_x}^{M_{\sigma_x}}(N)] = \mathbb{E}(|N_{\tau_x} - M_{\sigma_x}| - |N_{\sigma_x} - M_{\sigma_x}|) \qquad (3.6.ii)$$

Substituting equations (3.6) in (3.4), and equating (3.2), (3.3) and (3.4) we see that

$$\mathbb{E}[2xI_{(\sigma_x<\infty)} - xI_{(\tau_x<\infty)} - U(M_{\sigma_x},\tau_x)I_{(\sigma_x<\infty,\tau_x=\infty)}]$$

$$= \mathbb{E}[|N_{\tau_x} - M_{\sigma_x}| - |N_{\sigma_x} - M_{\sigma_x}| - |M_{\tau_x} - M_{\sigma_x}|] \qquad (3.7)$$

Now, by a similar argument to that given above, we may see that, on $(\tau_x<\infty)$, $N_{\tau_x} = M_{\sigma_x}$, so on $(\tau_x<\infty)$ the term inside the expectation on the RHS of (3.7) is non-positive whilst on $(\sigma_x=\infty)$ it disappears so that the RHS is dominated by

$$\mathbb{E}[(|N_\infty - M_\infty| - |N_{\sigma_x} - M_{\sigma_x}|)I_{(\sigma_x<\infty,\tau_x=\infty)}]$$

Observing that $|X_\infty| - |X_{\sigma_x}| \le 2\hat{X}_\infty^*$ and rearranging terms in (3.7) we achieve the inequality:

$$\mathbb{E}[(U(M_{\sigma_x},\tau_x) + 2(\hat{M}-\hat{N})_\infty^*)I_{(\sigma_x<\infty,\tau_x=\infty)}$$

$$\ge 2x\,\mathbb{P}(\sigma_x<\infty) - x\,\mathbb{P}(\tau_x<\infty) \qquad (3.8)$$

All that remains, to complete the proof, is to see that, since $\tau_x \geq \sigma_x$, $\mathbb{P}(\tau_x<\infty) \leq \mathbb{P}(\sigma_x<\infty)$, whilst on $(\tau_x=\infty)$ $U(M_{\sigma_x},\tau_x) = U(M_{\sigma_x},\infty) \leq A_\infty$. □

Lemma 3 If M and N are martingales in H^1

$$\mathbb{E}(2(\hat{M}-\hat{N})^*_\infty + A_\infty)I_{(A_\infty \geq x)} \geq x\,\mathbb{P}(A^*_\infty \geq 2x) \tag{3.9}$$

Proof On $(\sigma_x<\infty, \tau_x=\infty)$, $A_\infty \geq x$ whilst $(\sigma_x<\infty)=(A^*_\infty \geq 2x)$ so (3.9) follows immediately from (3.1). □

We may now establish the theorem:

Proof of the theorem: multiplying both sides of (3.9) by px^{p-2} and integrating with respect to x we obtain, by Fubini's theorem:

$$\frac{p}{p-1}\,\mathbb{E}(2(\hat{M}-\hat{N})^*_\infty + A_\infty)A^{p-1}_\infty \geq \mathbb{E}(A^*_\infty)^p/2^p \qquad (3.10)_A$$

whilst reversing the roles of M and N in (3.9) we obtain:

$$\frac{p}{p-1}\,\mathbb{E}(2(\hat{M}-\hat{N})^*_\infty + B_\infty)B^{p-1}_\infty \geq \mathbb{E}(B^*_\infty)^p/2^p \qquad (3.10)_B$$

Clearly $D_t = A_t \vee B_t$, so that, since A_t and B_t are non-negative,

$$2D^p_t \geq A^p_t + B^p_t \geq D^p_t.$$

Thus, adding $(3.10)_A$ and $(3.10)_B$,

$$\frac{2p}{(p-1)} \mathbb{E}[(2(M-N)^*_\infty + D_\infty)D_\infty^{p-1}] \geq \mathbb{E}(D^*_\infty)^p/2^p$$

Applying Holder's inequality to the first term on the left, we obtain,

$$\frac{2^{p+1}p}{(p-1)} (2||(\hat{M}-\hat{N})^*_\infty||_p \,(||D_\infty||_p)^{p-1} + \mathbb{E}\, D^p_\infty) \geq \mathbb{E}(D^*_\infty)^p \tag{3.11}$$

Now, by (1.1), $||(\hat{M}-\hat{N})^*_\infty||_p \leq c_p||D^*_\infty||_p$, so substituting this inequality in (3.11):

$$\frac{2^{p+1}p}{(p-1)} (||D_\infty||^p_p + 2c_p||D^*_\infty||_p||D_\infty||^{p-1}_p) \geq ||D^*_\infty||^p_p \, , \tag{3.12}$$

and dividing both sides of (3.12) by $||D_\infty||^p_p$ we obtain the result that

$$||D^*_\infty||_p \leq K_p||D_\infty||_p$$

where K_p is the largest zero of

$$f_p(x) = x^p - \frac{2^{p+1}p}{(p-1)} (2c_p\, x+1) \qquad \square$$

<u>Corollary 4</u> If M is in H^1 then for all $p\in(1,\infty)$, $a\in \mathbb{R}$

$$||(M-M_0)^*_\infty||_p \leq \frac{K_p}{2} \inf_{x\in\mathbb{R}} ||\sup_a|L^a_\infty(M) - L^{x-a}_\infty(M)|||_p$$

This follows immediately from theorem 1 and (1.1) by setting N = x-M.

Remarks

(1) Theorem 8 of [1] enables us to extend the range of p in Theorem 1 to $(1,\infty]$.

(2) Corollary 4 is a specific case of the more general result that

$$||(\hat{M}-\hat{N})^*_\infty||_p \leq K_p \inf_{x\in \mathbb{R}} ||\sup_a |L^a_\infty(M) - L^{a-x}_\infty(N)|||_p .$$

The author would like to thank Doug Kennedy for helpful criticism and advice during the preparation of this paper.

References

[1] AZÉMA, J. and YOR, M. En guise d'introduction. *Temps locaux Astérisque 52-53*, 3-16 (1978).

[2] BARLOW, M.T. and YOR, M. Semimartingale Inequalities via the Garsia-Rodemich-Rumsey Lemma. *J. Funct. Anal.*, 49, 198-229 (1982).

[3] JACKA, S.D. A Local Time Inequality for Martingales. *Sém. Probab. XVII, Lecture Notes in Maths 986*. Berlin-Heidelberg-New York: Springer (1983).

[4] YOR, M. Rappels et préliminaries généraux. *Temps Locaux Astérisque 52-53*, 17-22 (1978).

[5] YOR, M. Sur la continuité des temps locaux associés à certaines semi-martingales. Ibid. 23-36.

INEGALITES POUR LES PROCESSUS SELF-SIMILAIRES ARRÊTÉS A UN TEMPS QUELCONQUE

S. SONG et M. YOR

1. Ce travail a deux objets :

- le premier est de présenter de façon aussi simple que possible les inégalités entre processus arrêtés à un temps quelconque [2] dans le cas particulier des processus self-similaires ;

- le second est de dégager des relations spécifiques entre les lois de certaines variables aléatoires qui, dans le cas particulier des processus self-similaires, interviennent naturellement dans l'étude des inégalités entre processus arrêtés à un temps quelconque.

2. Dans tout ce travail, $(X_t, t \geq 0)$ désigne un processus continu, à valeurs positives, qui satisfait l'identité en loi :

(2.a) pour tout $\lambda > 0$, $(X_{\lambda t}, t \geq 0) \overset{(d)}{=} (\lambda X_t, t \geq 0)$.

Soit $\phi : \mathbb{R}_+ \to \mathbb{R}_+$ fonction de Young, et ψ la fonction de Young conjuguée.

Considèrons les deux quantités suivantes :

$$\|X\|_w^\psi = \inf\{C : \text{pour toute variable } L \geq 0,\ E(X_L) \leq C\|L\|_\phi\}$$

($\|\cdot\|_w^\psi$ est une sorte de semi-norme de Luxemburg faible)

$$\|X\|_{\sigma(\phi)} = \inf\{\mu : E\Big[\sup_t (\tfrac{1}{\mu} X_t - \phi(t))^+\Big] \leq 1\}.$$

On a alors, en particularisant les énoncés du théorème (2.1.1), et du corollaire (2.4.3) de [2] le :

Theorème 1 ([2]) : *Si X satisfait l'hypothèse de self-similarité* (2.a), *on a :*

(*i*) $\|X\|_{\sigma(\phi)} \leq \|X\|_w^\psi \leq 2\|X\|_{\sigma(\phi)}$

(*ii*) $\frac{1}{2}\|X_1^*\|_\psi \leq \|X\|_w^\psi \leq 20\,\|X_1^*\|_\psi$, *où* $X_1^* = \sup_{t\leq 1} X_t$.

Il apparaît plausible, à la simple lecture de cet énoncé, qu'il existe des relations d'intégrabilité entre les lois des variables

$$S_\phi = \sup_{t\geq 0} (X_t - \phi(t)) \quad \text{et} \quad X_1^*.$$

Il en est bien ainsi, comme le montre le :

Lemme 1 : 1) *Pour tout* $a \geq 0$, $P(\psi(X_1^*) \geq a) \leq P(S_\phi \geq a)$

2) *Soit* $k > 1$. *Pour tout* $a \geq 0$,

$$P(S_\phi \geq a) \leq 2P(\psi(2k\, X_1^*) \geq a) + \sum_{n=1}^{\infty} P(\psi(2k\, X_1^*) \geq k^n a).$$

Démonstration :

1) (i) Rappelons que l'on a :

$$\psi(t) = \sup_{s\geq 0} (ts-\phi(s)), \text{ d'où l'on déduit : } \psi^{-1}(a) = \inf_{t>0} \left(\frac{a+\phi(t)}{t}\right)$$

(ii) Remarquons maintenant que :

$$\sup_{t\geq 0} (X_t - \phi(t)) = \sup_{t\geq 0} (X_t^* - \phi(t)),$$

d'où : $$P(\sup_t (X_t - \phi(t)) > a) \geq \sup_t P(X_t^* - \phi(t) > a)$$

$$= \sup_t P(t\, X_1^* - \phi(t) > a), \text{ à l'aide de } (2.a).$$

On a maintenant :

$$P(t\, X_1^* - \phi(t) > a) = P(X_1^* > \frac{a+\phi(t)}{t}),$$

et l'on déduit de (i) que :

$$\sup_t P(t\, X_1^* - \phi(t) > a) \geq P(X_1^* \geq \psi^{-1}(a)) = P(\psi(X_1^*) \geq a).$$

2) (i) Inversement, on a, à l'aide de la continuité du processus X :

$$P(\sup_t (X_t - \phi(t)) > a) \leq \sup_{L\text{ v.a} \geq 0} P(X_L^* - \phi(L) \geq a).$$

Pour tout $x > 0$, et $k > 1$, on a : $\Omega = (L \leq x) \cup \bigcup_{n\geq 0} (k^n x \leq L < (k^{n+1}x)$, d'où l'on déduit :

$$P(X_L^* - \phi(L) \geq a) \leq P(X_x^* \geq a) + \sum_{n=0}^{\infty} P(X^*_{k^{n+1}x} \geq \phi(k^n x) + a)$$

$$\leq P(X_1^* \geq \frac{a}{x}) + \sum_{n=0}^{\infty} P\left(X_1^* \geq \frac{\phi(k^n x)+a}{k^{n+1}x}\right).$$

(ii) On prendra dorénavant $x = \phi^{-1}(a)$, et on utilisera l'inégalité :

$$(2.b) \qquad \psi\left(\frac{2a}{\phi^{-1}(a)}\right) \geq a.$$

On a ainsi :

$$P(X_L^* - \phi(L) \geq a) \leq P(\psi(2X_1^*) \geq a) + \sum_{n=0}^{\infty} P\Big(\psi(2k\, X_1^*) \geq \psi\Big(\frac{2\,\phi(k^n x)}{\phi^{-1}(\phi(k^n x))}\Big)\Big)$$

Or, on a : $\psi\Big(\frac{2\,\phi(k^n x)}{\phi^{-1}(\phi(k^n x))}\Big) \geq \phi(k^n x) \geq k^n \phi(x) = k^n a,$

en utilisant successivement l'inégalité (2.*b*), la convexité de ϕ, et la définition de x.

On a ainsi démontré la seconde partie du lemme 1. □

On peut maintenant préciser les relations d'intégrabilité qui existent entre les variables S_ϕ et X_1^*. On a la :

<u>*Proposition 1*</u> : *Soit* $g : \mathbb{R}_+ \to \mathbb{R}_+$ *fonction convexe, nulle en* 0. *Alors* :

$$E[g(\psi(X_1^*))] \leq E[g(S_\phi)] \leq (2 + \frac{1}{k-1})\; E[g(\psi(2k\, X_1^*))].$$

Cette double inégalité découle immédiatement du lemme 1, et de la remarque suivante : soient X et Y deux variables positives telles que :

$$P(X \geq a) \leq \sum_n \alpha_n\, P(Y \geq \beta_n a) \qquad (\alpha_n \geq 0\ ;\ \beta_n \geq 1).$$

On a alors :

$$E[g(X)] = \int_0^\infty dg(a)\; P(X \geq a) \leq \sum_n \int_0^\infty dg(a)\; \alpha_n\; P(Y \geq \beta_n a)$$

$$\leq \sum_n \alpha_n\, E[g(\frac{Y}{\beta_n})] \leq \sum_n \frac{\alpha_n}{\beta_n}\, E[g(Y)].$$

3. Dans le cas particulier où $\phi(t) = t^p$ $(p > 1)$, on peut préciser de plusieurs manières les résultats du paragraphe précédent.

Remarquons tout d'abord l'identité en loi :

$$\text{(3.a)} \qquad \sup_{t\geq 0}\,(X_t - t^p) \overset{(d)}{=} \sup_{t\geq 0}\,\Big(\frac{X_t}{1+t^p}\Big)^q \qquad (\frac{1}{p} + \frac{1}{q} = 1).$$

<u>Démonstration</u> : Soit $a > 0$. On a les égalités (éventuellement en loi) entre les ensembles suivants :

$$(\sup_{t\geq 0}\,(X_t - t^p) \leq a) = (\forall t, X_t \leq a + t^p),$$

$$= (\forall t,\ X_{\lambda t} \leq a + \lambda^p\, t^p), \quad \text{pour } \lambda > 0 \text{ arbitraire ;}$$

$$\overset{(d)}{=} (\forall t, \lambda X_t \leq a + \lambda^p\, t^p), \quad \text{d'après (2.a) ;}$$

$$\overset{(d)}{=} (\forall t,\ X_t \leq a^{1/q}(1 + t^p)), \text{ en prenant } \lambda = a^{1/p}\ ;$$

$$\stackrel{(d)}{=} (\sup_{t\geq 0} (\frac{X_t}{1+t^p})^q \leq a), \text{ ce qui entraîne } (3.a). \quad \square$$

Voici une application au mouvement brownien de l'identité en loi (3.*a*) : si $(B_t, t \geq 0)$ désigne le mouvement brownien réel, issu de 0, le processus $(X_t \equiv |B_{t^2}|, t \geq 0)$ possède la propriété de self-similarité (2.*a*) (et, de plus, est positif). On a donc, d'après (3.*a*), pour tout $p > 1$:

$$(3.b) \qquad \sup_{t\geq 0} (|B_t| - t^{p/2}) \stackrel{(d)}{=} \sup_{t\geq 0} (\frac{|B_t|}{1+t^{p/2}})^q.$$

Le mouvement brownien pouvant être représenté à l'aide du pont brownien standard $(\rho(u)\ ;\ 0 \leq u \leq 1)$ au moyen de la formule : $B(t) = (1+t)\,\rho(\frac{1}{1+t})$, on a aussi, d'après (3.*b*), appliquée avec $p = 2$:

$$(3.b') \qquad \sup_{t\geq 0} (|B_t| - t) \stackrel{(d)}{=} \sup_{t\leq 1} \rho^2(t).$$

On déduit alors des résultats de grandes déviations sur les variables gaussiennes à valeurs banachiques ([1]) la :

<u>*Proposition 2*</u> : *Pour tout* $p > 1$, *on a* :

$$\frac{1}{a^{2/q}} \log P\{\sup_{t\geq 0} (|B_t| - t^{p/2}) \geq a\} \xrightarrow[(a\to\infty)]{} (-\frac{q^{2/q}\, p^{2/p}}{2}).$$

<u>Démonstration</u> : (i) D'après Azencott ([1], proposition 3.2, p. 61), si $(Y_s, s \in [0,1])$ est un processus gaussien centré, à trajectoires continues, et si $b \equiv \sup_{s\in[0,1]} E[Y_s^2]$, alors : $\frac{1}{a^2} \log P(\sup_s |Y_s| \geq a) \xrightarrow[a\to\infty]{} -\frac{1}{2b}$.

(ii) Le résultat de la proposition 2 découle alors de l'identité en loi (3.*b*), et du calcul de b pour : $Y_s = \frac{B_{t(s)}}{1+(t(s))^{p/2}}$, avec $t(s) = \frac{s}{1-s}$, $s \in]0,1[$.

Ce processus se prolonge par continuité en $s = 0$ et $s = 1$, avec $Y_0 = Y_1 = 0$. On montre sans difficulté que $b = q^{-2/q}\, p^{-2/p}$, d'où le résultat. $\square$

4. Toujours dans le cas particulier où $\phi(t) = t^p$, on peut expliciter la meilleure constante C_p dans l'inégalité : $E(X_L) \leq C\, \|L\|_p$, pour toute variable $L \geq 0$, en fonction de la quantité :

$$\sigma_p = E\Big[\sup_{t\geq 0} (X_t - t^p)\Big] \qquad \text{supposée finie.}$$

Rappelons tout d'abord les résultats de [2] (théorème 2.5.2) concernant cette question. On a le

Théorème 2 ([2]) 1) *Les deux assertions suivantes sont équivalentes :*

(*i*) *il existe une constante* C *telle que :* $E(X_L) \leq C\,\|L\|_p$

(*ii*) $\sigma_p < \infty$.

2) *Supposons dorénavant* $\sigma_p < \infty$.

La meilleure constante C *qui puisse figurer en* (*i*) *est :* $C_p = p^{1/p}(q\sigma_p)^{1/q}$

3) *Plus précisément, une variable positive* L *satisfait*

$E(X_L) = C_p\,\|L\|_p > 0$ *si, et seulement si :*

il existe un réel positif λ *pour lequel* L *est l'unique instant* L_λ *auquel le processus* $(X_t - \lambda t^p, t \geq 0)$ *atteint son maximum.*

On a alors :

$$(4.a)\qquad E[X_{L_\lambda}] = q\sigma_p\,\lambda^{-q/p}\quad ;\qquad (4.b)\qquad E[L_\lambda^p] = (q/p)\sigma_p\,\lambda^{-q}.$$

En fait, les égalités (4.*a*) et (4.*b*) peuvent être renforcées, comme le montre la

Proposition 3 : Supposons $\sigma_p < \infty$. *Soit* L_* *l'unique instant auquel le processus* $(X_t - t^p\ ;\ t \geq 0)$ *atteint son maximum* Σ_p. *On a alors :*

$$(4.c)\qquad E[X_{L_*} \mid \Sigma_p] = q\,\Sigma_p\ ;\qquad (4.d)\qquad E[L_*^p \mid \Sigma_p] = \frac{q}{p}\Sigma_p.$$

Démonstration : Soit $g : \mathbb{R} \to \mathbb{R}_+$, fonction continue, à support compact. Posons $f(x) = \int_x^\infty du\, g(u)$. D'après (2.*a*), on a, pour tout $\lambda > 0$:

$$\sup_{t\geq 0}(X_t - t^p) \overset{(d)}{=} \sup_{t\geq 0}(\lambda X_t - \lambda^p t^p),$$

et, d'autre part : $\sup_{t\geq 0}(\lambda X_t - \lambda^p t^p) \geq \lambda X_{L_*} - \lambda^p L_*^p$.

La fonction f étant décroissante, on a donc :

$$E[f(\sup_t (X_t - t^p))] \leq E[f(\lambda X_{L_*} - \lambda^p L_*^p)].$$

La fonction $h(\lambda) \equiv E[f(\lambda X_{L_*} - \lambda^p L_*^p)]$ $(\lambda > 0)$ atteint donc son minimum en $\lambda = 1$.
De plus, cette fonction h est dérivable, et on peut dériver sous le signe espérance.

Il vient : $E[g(X_{L_*} - L_*^p)\,\{X_{L_*} - p\,L_*^p\}] = 0,$

d'où l'on déduit : $E[X_{L_*} - p\,L_*^p \mid \Sigma_p] = 0.$

Or, on a : $E[X_{L_*} - L_*^p | \Sigma_p] = \Sigma_p$.

On obtient (*4.c*) et (*4.d*) en résolvant ce système de deux équations à deux inconnues. □

Remarque : Si l'on remplace la fonction $\phi(t) = t^p$ par une fonction de Young générale ϕ, et que $L_{(\phi)}$ désigne un instant auquel $(X_t - \phi(t), t \geq 0)$ atteint son maximum absolu Σ_ϕ, les mêmes arguments que ci-dessus entraînent (en admettant que l'on puisse bien dériver sous le signe espérance) :

$$E[X_{L_{(\phi)}} - \phi'(L_{(\phi)})\, L_{(\phi)} | \Sigma_\phi] = 0.$$

Cependant, $\phi'(t)t$ n'étant pas un multiple de $\phi(t)$, on ne peut en déduire, par exemple, $E[X_{L_{(\phi)}} | \Sigma_\phi]$.

5. Les résultats du paragraphe précédent suggèrent, de manière naturelle, l'étude de la fonction de $p \in]1,\infty[$:

$$\sigma_p \equiv \sigma_p(X) = E\Big[\sup_{t\geq 0} (X_t - t^p)\Big].$$

Cependant, même lorsque $X_t = B^+_{t^2}$ $(t \geq 0)$, avec B mouvement brownien réel, issu de 0, auquel cas :

$$\sigma_p = E\Big[\sup_{t\geq 0} (B_t - t^{p/2})\Big],$$

on connait très peu de valeurs explicites de σ_p, et encore moins bien le comportement précis de cette fonction. Dressons toutefois une liste de résultats :

(*5.a*) la variable : $\sup_{t\geq 0} (B_t - t)$ suit une loi exponentielle, de paramètre 2 (voir, par exemple, D. Williams [4]). On a donc :

$$\sigma_2 = 1/2.$$

(*5.a'*) P. Groenenboom [3] obtient la loi conjointe de $\Sigma_{(4)} = \sup_{t\geq 0} (B_t - t^2)$ et $L_{(4)}$, l'unique instant auquel $(B_t - t^2, t \geq 0)$ atteint son maximum absolu. En particulier, d'après [3], on a : $P(\Sigma_{(4)} \leq a) = \psi_a(0)$, la transformée de Fourier de la fonction $\psi_a(\cdot)$ s'exprimant à l'aide des fonctions d'Airy Ai et Bi. On devrait pouvoir en déduire, au moins théoriquement, la valeur de $\sigma_4 \equiv E(\Sigma_{(4)})$.

(*5.b*) Il est aisé de montrer : $\sigma_p \xrightarrow[p\to\infty]{} E[\sup_{t\leq 1} B_t] = E(|B_1|) = \sqrt{\frac{2}{\pi}}$.

(5.c) On a : $\log \sigma_p \simeq \frac{1}{2(p-1)} \log \frac{1}{p-1}$ $(p \downarrow 1)$.

Ce résultat découle, par exemple, de ce que la meilleure constante C_p, donnée par par le théorème 2, est : $C_p = p^{1/p} (q\sigma_p)^{1/q}$. D'autre part, cette constante est, d'après le théorème 1, comprise entre $c\,\|N\|_q$ et $C\,\|N\|_q$, avec N variable gaussienne, centrée, réduite, et c et C des constantes universelles. Or, on déduit de la formule de Stirling que : $\log \|N\|_q \simeq \frac{1}{2} \log \frac{1}{p-1}$ $(p \downarrow 1)$, et le résultat c) ci-dessus en découle.

(5.d) Des arguments élémentaires d'analyse, ayant peu à avoir avec le mouvement brownien nous permettront de démontrer, au paragraphe 7, la :

<u>*Proposition 4*</u> : *Pour tout* $p \in]1,\infty[$, *désignons par* $L_{(p)}$ *l'unique instant auquel* $(B_t - t^{p/2})$ *atteint son maximum. On a alors :*

$$\sigma'_p = -\frac{1}{2} E\left[t^{p/2} (\log t)\Big|_{t = L_{(p)}}\right].$$

(5.e) La décomposition de Williams du mouvement brownien avec drift $(B_t - t\ ;\ t \geq 0)$ en son maximum (Williams [4]) nous permet de calculer explicitement σ'_2.

Pour simplifier les notations, posons $\Sigma = \sup_{t\geq 0} (B_t - t)$, et désignons par ρ l'unique instant auquel $(B_t - t, t \geq 0)$ atteint son maximum. Alors, d'après Williams [4], on a :

(i) $P(\Sigma \in dx) = 2e^{-2x}\, dx$

(ii) Conditionnellement à $\Sigma = x$,

$$(B_t - t, t \leq \rho) \overset{(d)}{=} (B_t + t, t \leq T_x), \text{ avec } T_x = \inf\{t : B_t + t = x\}.$$

On déduit alors du théorème de Girsanov et de la connaissance de la loi du premier temps d'atteinte de x par le mouvement Brownien la formule :

(iii) $P(T_x \in dt) = e^x e^{-t/2} \dfrac{x}{\sqrt{2\pi t^3}} e^{-x^2/2t}$.

On peut maintenant démontrer la

<u>*Proposition 5*</u> : *1) Pour tout* $m \geq 0$, $E[\rho^m] = \dfrac{2^m\, \Gamma(m + \frac{1}{2})}{\sqrt{\pi}\, (m+1)}$

2) En conséquence, $\sigma'_2 \equiv -\frac{1}{2} E[\rho \log \rho] = -\frac{1}{4} (\frac{3}{2} - \log 2 - \gamma)$,

où γ *désigne la constante d'Euler.*

Démonstration : 1) On a, d'après (i) et (iii) :

$$E[\rho^m] = 2\int_0^\infty dx\, e^{-2x}\, E(T_x^m)$$

$$= \frac{2}{\sqrt{2\pi}}\int_0^\infty dt\, t^{m-3/2}\, e^{-t/2}\int_0^\infty dx\, e^{-x}\, xe^{-x^2/2t}.$$

Notons $J(t)$ l'intégrale en dx que l'on vient de faire apparaître. On obtient, après une intégration par parties :

$$J(t) = t\{1-\sqrt{t}\, e^{+t/2}\,\Phi(\sqrt{t})\}\ ,\ \text{où}\quad \Phi(u) = \int_u^\infty dy\, e^{-y^2/2}.$$

En reportant cette expression dans l'intégrale en dt ci-dessus, il vient :

$$E[\rho^m] = \frac{2}{\sqrt{2\pi}}\int_0^\infty dt\, [t^{m-1/2}\, e^{-t/2} - t^m\, \Phi(\sqrt{t})]$$

Une seconde intégration par parties permettant de remplacer Φ par Φ' donne l'égalité :

$$E[\rho^m] = \frac{2}{\sqrt{2\pi}}\int_0^\infty dt\, e^{-t/2}\,(t^{m-1/2} - \frac{1}{2(m+1)}\, t^{m+1/2}),$$

ce qui entraîne aisément la première assertion de la proposition.

2) Posons $f(m) = \dfrac{2^m\, \Gamma(m+\frac{1}{2})}{\sqrt{\pi}\,(m+1)}$.

On a alors : $$f'(m) = \frac{2^m\, \Gamma(m+\frac{1}{2})}{\sqrt{\pi}\,(m+1)}\, g(m)$$

où $g(m) = \log 2 - \frac{1}{m+1} + (\frac{\Gamma'}{\Gamma})\,(m+\frac{1}{2})$.

En particulier :

$$f'(1) = \frac{1}{2}\, g(1),\quad \text{et}\quad g(1) = \log 2 - \frac{1}{2} + \frac{\Gamma'}{\Gamma}\,(\frac{3}{2}).$$

Or, on a, pour $z > 1$, la représentation intégrale :

$$\frac{\Gamma'}{\Gamma}\,(z) = -\gamma + \int_0^1 dx\, \frac{x^{z-1}-1}{x-1}\ ,\ \text{où } \gamma \text{ désigne la constante d'Euler.}$$

On en déduit :

$$\frac{\Gamma'}{\Gamma}\,(\frac{3}{2}) = -\gamma + \int_0^1 \frac{dx}{\sqrt{x}+1} = -\gamma + (2-2\log 2).$$

On obtient bien finalement : $f'(1) = \frac{1}{2}\, g(1) = \frac{1}{2}\,(\frac{3}{2} - \log 2 - \gamma)$, d'où la seconde assertion de la proposition.

6. Revenons à l'étude générale du processus $(X_t, t \geq 0)$ self-similaire d'indice 1, c'est-à-dire qui vérifie *(2.a)*. On suppose toujours, en outre, que X est positif, et continu.

Soit $p > 1$. On a rappelé, au paragraphe 4, sous l'hypothèse $\sigma_p < \infty$, qu'il existe un unique instant $L_{(p)}$ auquel $(X_t - t^p \; ; \; t \geq 0)$ atteint son maximum.

Remarquons que le processus croissant $S_t = \sup_{s \leq t} X_s$ est également self-similaire d'indice 1, et que $L_{(p)}$ est aussi l'unique instant auquel $(S_t - t^p, t \geq 0)$ atteint son maximum.

Ce paragraphe est consacré à l'étude des propriétés d'intégrabilité de $L_{(p)}$. Dans cette étude, l'identité en loi suivante, analogue à l'identité *(3.a)*, nous sera très utile.

$$(6.a) \qquad L_{(p)} \overset{(d)}{=} \sup_{(t>1)} \inf_{(s<1)} \left(\frac{S_t - S_s}{t^p - s^p}\right)^{\frac{1}{p-1}} .$$

Démonstration : Pour tout $a > 0$, on a :

$$(L_{(p)} \geq a) = (\sup_{t>a} (X_t - t^p) \geq \sup_{t<a} X_t - t^p)$$

$$= (\exists t > a : \forall s < a, \; X_t - t^p \geq X_s - s^p)$$

$$= (\exists t > 1 : \forall s < 1, \; X_{at} - (at)^p \geq X_{as} - (as)^p)$$

$$\overset{(d)}{=} (\exists t > 1 : \forall s < 1, \; \frac{X_t - X_s}{t^p - s^p} \geq a^{p-1}), \text{ d'après } (2.a).$$

Cette identité en loi est valable pour tout $a \geq 0$; on en déduit l'identité *(6.a)*.

Remarque : Le choix du paramètre de scaling (: a) fait au cours de la démonstration ne dépendant pas de p, l'identité *(6.a)* s'étend aux marginales de rang fini des deux membres de *(6.a)*, considérés comme fonction aléatoires de p.

L'égalité *(6.a)* nous permet d'obtenir les inégalités suivantes entre fonctions de répartition.

Proposition 7 : Soient $p, q > 1$ tels que : $\frac{1}{p} + \frac{1}{q} = 1$.

Il existe une constante universelle $c > 0$, et une constante $c_p > 0$, ne dépendant que de p telles que, pour tout $a > 0$:

$$(6.b) \qquad P((S_1 - S_{1/2})^q > 2^p a) \underset{(i)}{\leq} P((L_{(p)})^p > a) \underset{(ii)}{\leq} P(\sup_{t \geq 0} (X_t - t^p) > \frac{a}{c_p})$$

Démonstration : De l'identité (6.a) , on déduit :

- d'une part,

$$(6.c)\qquad P(L_{(p)} > a) \leq \inf_{s<1} P(\sup_{t>1} \frac{S_t - S_s}{t^p - s^p} > a^{p-1}),$$

dont découlera (6.b), (ii) ;

- d'autre part,

$$(6.d)\qquad P(L_{(p)} > a) \geq \sup_{t>1} P(\inf_{s<1} \frac{S_t - S_s}{t^p - s^p} > a^{p-1}),$$

dont découlera (6.b), (i).

En effet, on a, d'après (6.c), et (2.a) :

$$P(L_{(p)} > a) \leq \inf_{s<1} P(\sup_{t>\frac{1}{s}} \frac{S_t - S_1}{t^p - 1} > (sa)^{p-1})$$

$$= \inf_{h>1} P(\sup_{t>h} \frac{S_t - S_1}{t^p - 1} > (\frac{a}{h})^{p-1})$$

Or, on a :

$$\sup_{t>h} \frac{S_t - S_1}{t^p - 1} \leq \sup_{t>h} \frac{S_t}{t^p - 1} \leq (\sup_{t>h} \frac{S_t}{1+t^p}) \times (\sup_{x>h^p} \frac{1+x}{x-1})$$

$$\leq (1 + \frac{2}{h^p - 1}) \sup_{t\geq 0} \frac{S_t}{1+t^p} .$$

On déduit alors de l'identité en loi (3.a) qu'il existe une constante c_p ne dépendant que de p (et pour laquelle les inégalités ci-dessus donnent des estimations) telle que :

$$P((L_{(p)})^p > a) \leq P(\sup_{t\geq 0} (X_t - t^p) > \frac{a}{c_p}),$$

c'est-à-dire (6.b) , (ii).

De même, on déduit de l'inégalité (6.b) que :

$$P(L_{(p)} > a) \geq \sup_{h>1} P(S_1 - S_h > (\frac{a}{h})^{p-1}),$$

et en particulier : $P((L_{(p)})^p > a) \geq P((S_1 - S_{1/2})^q > 2^p a)$, c'est-à-dire (6.b), (i)

<u>Corollaire 7</u> : *Il existe deux constantes universelles c_p et c'_p telles que, pour toute fonction convexe $g : \mathbb{R}_+ \to \mathbb{R}_+$, nulle en 0,*

$$E[g(c_p (S_1 - S_{1/2})^q)] \leq E[g((L_{(p)})^p)] \leq 3\, E[g(c'_p S_1^q)].$$

Considérons maintenant le cas particulier où X désigne, soit le processus $(B^+_{t^2}, t \geq 0)$, soit $(|B_{t^2}|, t \geq 0)$, avec B mouvement brownien réel issu de 0. Soit $\lambda_{(p)}$ l'unique instant auquel $B_t - t^{p/2}$, resp : $|B_t| - t^{p/2}$, atteint son maximum. On a alors : $L_{(p)} = \sqrt{\lambda}_{(p)}$.

On déduit du Corollaire 7 la

<u>*Proposition 8*</u> : *Soit* $p > 1$.

Il existe deux constantes universelles γ *et* γ', *et deux constantes* c_p *et* c'_p, *ne dépendant que de* p, *telles que, pour toute fonction convexe* $g : \mathbb{R}_+ \to \mathbb{R}_+$, *nulle en* 0,

$$(6.e) \qquad \gamma\, E[g(c_p|N|^q)] \underset{(i)}{\leq} E[g(\lambda_{(p)}^{p/2})] \underset{(ii)}{\leq} \gamma'\, E[g(c'_p|N|^q)]$$

où N *désigne une variable gaussienne, centrée réduite.*

<u>Démonstration</u> : 1) Considérons tout d'abord le cas où $X_t = B^+_{t^2}$, et notons $\tilde{S}_t = \sup_{s \leq t} B_s$. On a donc : $S_t = \tilde{S}_{t^2}$.

L'inégalité (6.e) (ii) découle alors du Corollaire 7, et de l'identité $\tilde{S}_1 \overset{(d)}{=} |N|$

Pour montrer l'inégalité (6.e) (i), remarquons que :

$$S_1 - S_{1/2} = \tilde{S}_1 - \tilde{S}_{1/4} \geq \tilde{S}_1 - \tilde{S}_{1/2}.$$

Or, on a, en notant : $\hat{S}_{1/2} = \sup_{s \leq \frac{1}{2}} (B_{\frac{1}{2}+s} - B_{\frac{1}{2}})$:

$$\tilde{S}_1 - \tilde{S}_{1/2} = \tilde{S}_{1/2} \vee (B_{1/2} + \hat{S}_{1/2}) - \tilde{S}_{1/2})$$

$$= (\hat{S}_{1/2} - (\tilde{S}_{1/2} - B_{1/2}))^+ \overset{(d)}{=} \frac{1}{\sqrt{2}} (|N| - |N'|)^+$$

où N et N' désignent deux variables gaussiennes, centrées, réduites, indépendantes.

Or, on a, en posant $c = P(|N'| < 1)$:

$$P(|N| > x+1) = c\, P(|N| > x+1\ ;\ |N'| < 1) \leq c\, P(|N| - |N'| > x).$$

D'autre part, il existe une constante c' telle que :

$$P(|N| > 2x) \leq c'\, P(|N| > x+1),$$

si bien que : $P(|N| > 2x) \leq (cc')\, P(|N| - |N'| > x)$

L'inégalité (6.e) (i) en découle aisément.

2) Dans le cas où $X_t = |B_{t^2}|$, $t \geq 0)$, l'inégalité (6.e), (ii) découle encore aisément du Corollaire 7, et de l'identité : $\sup_{s\leq 1} B_s \overset{(d)}{=} |N|$.

Il reste à démontrer l'inégalité (6.e), (i) Posons $\tilde{S}_t = \sup_{s\leq t} |B_s|$.

On a alors, en notant : $\hat{S}_{1/2} = \sup_{s\leq 1/2} B_{\frac{1}{2}+s} - B_{1/2}$:

$$\tilde{S}_1 - \tilde{S}_{1/2} = \tilde{S}_{1/2} \vee \sup_{\frac{1}{2}\leq u\leq 1} |B_u| - S_{1/2}$$

$$\geq \tilde{S}_{1/2} \vee (B_{1/2} + \hat{S}_{1/2}) - \tilde{S}_{1/2} = (\hat{S}_{1/2} - (\tilde{S}_{1/2} - B_{1/2}))^+.$$

Les variables $\hat{S}_{1/2}$ et $\tilde{S}_{1/2} - B_{1/2}$ étant indépendantes, le raisonnement fait dans la première partie de la démonstration s'applique encore, et on en déduit l'inégalité (6.b), (i).

7. Nous démontrons maintenant la proposition 4, en nous appuyant de manière essentielle sur l'identité en loi (6.a).

$(X_t\ ;\ t \geq 0)$ désigne toujours un processus self-similaire, continu, nul en 0.

Posons $S_t = \sup_{s\leq t} X_s$. Nous supposons en outre :

(7.a) pour tout $k > 0$, $E(S_1^k) < \infty$;

(7.b) $P(S_1 = X_1) = 0.$

Sous l'hypothèse (7.a), nous avons déjà vu (Proposition 1 et théorème 2), que, pour tout $p > 1$, il existe un unique instant $L_{(p)}$ auquel $(X_t - t^p\ ;\ t \geq 0)$ atteint son maximum. Nous pouvons maintenant démontrer la :

<u>*Proposition 4'*</u> : *Supposons les hypothèses (7.a) et (7.b) satisfaites.*

Alors, la fonction $\sigma : p \to \sigma_p \equiv E[\sup_t (X_t - t^p)]$ *est dérivable sur* $]1,\infty[$, *et on a :*

(7.c) $\sigma'_p = -E[(L_{(p)})^p \log L_{(p)}]$.

<u>Démonstration</u> : 1) Introduisons à nouveau la notation

$$C_p = \sup_{L\ v\cdot a\geq 0} \frac{E(X_L)}{\|L\|_p} .$$

On a, d'après le théorème 2 :

(7.d) $$C_p = p^{1/p}\,(q\sigma_p)^{1/q}.$$

Nous allons montrer :

- d'une part, que la fonction $C : p \to C_p$ est dérivable sur $]1,\infty[$; ceci entraînera la dérivabilité de la fonction σ, d'après la formule (7.d).

- d'autre part, la formule :

(7.e) $$C'_p = \frac{E[X_{L(p)}]}{\|L_{(p)}\|_p}\left(\frac{1}{p}\log\|L_{(p)}\|_p - \frac{E[(L_{(p)})^p \log L_{(p)}]}{p\,\|L_{(p)}\|_p^p}\right).$$

Or, en conséquence de (7.d), on a :

$$(\log C_p)' = \left(\frac{1}{p}\log p + \left(1-\frac{1}{p}\right)\log\frac{p}{p-1} + \left(1-\frac{1}{p}\right)\log\sigma_p\right)',$$

d'où l'on déduit :

(7.f) $$(\log C_p)' = \frac{1}{p^2}\left(\log\frac{1}{p-1} + \log\sigma_p\right) + \frac{\sigma'_p}{\frac{p}{p-1}\sigma_p}.$$

Par ailleurs, en conséquence de (7.d) et (7.e), et en s'appuyant sur les formules :

(4.a) $E[X_{L_{(p)}}] = q\sigma_p$; (4.b) $E[L^p_{(p)}] = \frac{q}{p}\sigma_p$,

on a :

$$(\log C_p)' = \frac{C'_p}{C_p} = \frac{1}{p}\log\|L_{(p)}\|_p - \frac{E[L^p_{(p)}\log L_{(p)}]}{p\,E(L^p_{(p)})},$$

d'où l'on déduit :

(7.g) $$(\log C_p)' = \frac{1}{p^2}\left(\log\frac{1}{p-1} + \log\sigma_p\right) - \frac{E[L^p_{(p)}\log L_{(p)}]}{\frac{p}{p-1}\sigma_p}.$$

En comparant (7.f) et (7.g), on obtient la formule (7.c).

2) Pour simplifier l'écriture, notons simplement ℓ pour L la v.a. positive générique, $\ell_{(p)}$ pour $L_{(p)}$, et posons :

$$h(\ell,r) = \frac{E[X_\ell]}{\|\ell\|_r}.$$

On a alors : $C_p = h(\ell_{(p)},p)$. Par définition de $\ell_{(p)}$, on a :

$$h(\ell_{(p+\varepsilon)},p+\varepsilon) - h(\ell_{(p+\varepsilon)},p) \geq C_{p+\varepsilon} - C_p \geq h(\ell_{(p)},p+\varepsilon) - h(\ell_{(p)},p).$$

Admettons provisoirement que la fonction : $(p,r) \to \frac{\partial}{\partial r} h(\ell_{(p)},r)$ soit continue sur

$(]1,\infty[)^2$. On déduit alors de la double inégalité précédente, et du théorème des accroissement finis, que la fonction $C : p \to C_p$ est continûment dérivable, et que, de plus : $C'_p = \frac{\partial}{\partial r} h(\ell_{(p)},p)$.

3) Pour une v.a. $\ell \geq 0$ admettant des moments de tous ordres, on a :

$$(7.h) \qquad \frac{\partial}{\partial r} h(\ell,r) = \frac{E[X_\ell]}{\|\ell\|_r}\left(\frac{1}{r}\log\|\ell\|_r + \frac{E[\ell^r \log(\ell)]}{r\,\|\ell\|_r^r}\right)$$

D'autre part, d'après (4.a) et (4.b), on a : $E[X_{\ell_{(p)}}] = p\,\|\ell_{(p)}\|_p^p$.

Il apparaît maintenant clairement, en conséquence de (7.h) que, pour montrer la continuité de la fonction : $(p,r) \to \frac{\partial}{\partial r} h(\ell_{(p)},r)$, il suffit de prouver que, pour tout $k > 1$, $p \to \ell_{(p)}$ est continue, en tant qu'application à valeurs dans L^k.

4) Ce dernier résultat va découler de l'identité en loi :

$$(6.a) \qquad \ell_{(p)} \overset{(d)}{=} \pi(p)^{\frac{1}{p-1}}, \quad \text{où} \quad \pi(p) \equiv \sup_{t>1}\ \inf_{s<1}\ \left(\frac{S_t - S_s}{t^p - s^p}\right).$$

En fait, nous allons prouver que :

- d'une part,

(7.i) $P(d\omega)$ p.s., <u>l'application</u> : $p \to \pi(p)(\omega)$ <u>est continue</u> ;

- d'autre part, pour tout $k > 1$, et tout intervalle borné $[a,b] \subset]1,\infty[$,

(7.j) <u>la famille</u> $(\pi(p)^k\ ;\ p \in [a,b])$ <u>est uniformément intégrable</u>.

Ces deux propriétés, jointes à (6.a), assurent la continuité de l'application : $p \to \ell_{(p)}$ à valeurs dans L^k.

Le point (7.j) découle de la décroissance p.s. de l'application : $p \to \pi(p)(\omega)$

$$\left(\text{remarquer que : } \frac{\partial}{\partial p}\left(\frac{S_t - S_s}{t^p - s^p}\right) \leq 0\right),$$

de l'identité en loi (6.a), et de ce que, en conséquence de l'hypothèse (7.a), la variable $\ell_{(p)}$, pour $p > 1$, fixé, possède des moments de tous ordres.

Pour démontrer le point (7.i), remarquons tout d'abord que l'on peut remplacer $\pi(p)$ par $\pi_K(p)$, où K désigne un réel positif quelconque, et

$$\pi_K(p) \equiv \sup_{1<t<K}\ \inf_{s<1} \frac{S_t - S_s}{t^p - s^p}.$$

Ceci découle de ce que, pour tout $p > 1$, on a : $\frac{S_t}{t^p} \xrightarrow[t\to\infty]{p.s.} 0$.

En effet, on a : $\sum_n E\left[\frac{1}{2^{np}} S_{2^n}\right] = \sum_n \frac{1}{2^{n(p-1)}} E[S_1] < \infty$, d'où le résultat cherché.

Enfin, K étant fixé, il existe, à l'aide de l'hypothèse (7.b), pour presque tout ω, un réel $\varepsilon(\omega) > 0$ tel que :

$$\pi_K(p)(\omega) = \sup_{1+\varepsilon(\omega)<t<K} \; ; \inf_{s<1-\varepsilon(\omega)} \frac{S_t(\omega)-S_s(\omega)}{t^p-s^p} .$$

La continuité de : $p \to \pi_K(p)(\omega)$ est alors immédiate. □

Remarque : Nous ne savons pas sous quelles conditions minimales les hypothèses (7.a) et (7.b) sont satisfaites. Toutefois :

- il est bien connu que l'on peut estimer les moments de S_1 lorsque le lemme de Kolmogorov - ou celui, plus raffiné, de Garsia - Rodemich - Rumsey - est applicable ; voir Barlow - Yor [5] par exemple.

- O'Brien et Vervaat [6] montrent que, si Y est un processus self-similaire ayant des accroissements stationnaires, c'est-à-dire :

pour tout $b > 0$, $(Y_{t+b} - Y_b \; ; \; t \geq 0) \overset{(d)}{=} (Y_t \; ; \; t \geq 0)$,

$$P(Y_1 = 0) = P(Y \equiv 0). \quad □$$

Remerciement et Commentaire final :

A l'aide d'arguments utilisant le théorème de Girsanov, D. Siegmund (Communication personnelle) a, pour la première fois, conjecturé la validité de la proposition 4 pour $p = 2$, c'est-à-dire la dérivabilité de σ_p en $p = 2$, dans le cas du mouvement brownien.

Nous remercions vivement D. Siegmund pour son aide et son intérêt dans cette question.

Il serait certainement très instructif d'obtenir une démonstration plus directe que la nôtre de la proposition 4'.

REFERENCES :

[1] *R. AZENCOTT* : Grandes déviations et applications.
Ecole d'Eté de Probabilités de Saint-Flour VIII - 1978. Lect. Notes Math. 774. Springer (1980).

[2] *M.T. BARLOW, S.D. JACKA, M. YOR* : Inequalities for a pair of processes stopped at a random time. Proc. London Math. Soc. (3), 52 (1986), 142-172.

[3] *P. GROENENBOOM* : Brownian motion with a parabolic drift and Airy functions. A paraître dans Probab. Th. Rel. Fields (1987).

[4] *D. WILLIAMS* : Path decomposition and continuity of local time for one-dimensional diffusions. Proc. London Math. Soc. (3), 28, 738-768, 1974.

[5] *M.T. BARLOW, M. YOR* : Semi-martingale inequalities via the Garsia - Rodemich - Rumsey Lemma and applications to local times.
J. Funct. Anal. 49 (1982), 198-229.

[6] *G.L. O'BRIEN and W. VERVAAT* : Marginal distributions of self-similar processes with stationary increments.
Zeitschrift für Wahr., 64, 1983, 129-138.

LIMIT DISTRIBUTION FOR 1-DIMENSIONAL DIFFUSION IN A REFLECTED BROWNIAN MEDIUM

By H. Tanaka

Introduction

In analogy with Sinai's problem [8] on a random walk in a random medium, Brox [1] considered the diffusion process $X(t)$ described by the stochastic differential equation

$$dX(t) = dB(t) - \frac{1}{2}W'(X(t))dt\ , \quad X(0) = 0\ , \tag{1}$$

where $\{W(x),\ x \in \mathbb{R}\}$ is a Brownian medium independent of another Brownian motion $B(t)$, and proved that $(\log t)^{-2}X(t)$ converges in distribution as $t \to \infty$. Similar results in the case of a considerably wider class of self-similar random media were obtained by Schumacher [7]. Recently Kesten [5] obtained the exact form of the limit distribution for Sinai's random walk as well as for a diffusion in a Brownian medium. See also [2] for a related problem.

In this paper we substitute $W(x)$ in (1) by a nonnegative reflected Brownian medium and find the corresponding limit distribution. The result was already anounced in [9] without proof but the Laplace transform of the limit distribution given in [9: §3] is not correct. We give here a full proof to the whole result of [9: §3] with a correction (see Theorem 1 and 2 below). Our method is similar to that of [1].

Theorem 1. Let $X(t)$ be a solution of (1) where $W_+ = \{W(x), x \geq 0\}$ and $W_- = \{W(-x),\ x \geq 0\}$ are independent reflected Brownian motions on the half line $[0,\ \infty)$ starting from 0 which are also independent of the Brownian motion $B(t)$. Then the distribution of $(\log t)^{-2}X(t)$ converges as $t \to \infty$ to the distribution μ defined by

$$\mu = \int m_W Q(dW) \tag{2}$$

where m_W is the probability measure on $\mathbb{R}$ defined by (3.1) and Q is the probability measure on the space of media $\mathbb{W} = C(\mathbb{R} \to [0,\infty)) \cap \{W : W(0) = 0\}$ such that $W_\pm$ are independent reflected Brownian motions on $[0,\ \infty)$.

Theorem 2. μ has a symmetric density and for $\lambda > 0$

$$\int_0^\infty e^{-\lambda x}\ \mu(dx) = \int_0^\infty \frac{\sinh\sqrt{2\lambda}}{\sqrt{2\lambda}\ \cosh\sqrt{2\lambda} + t\ \sinh\sqrt{2\lambda}} \cdot \frac{dt}{(1+t)^2}\ . \tag{3}$$

The present case is not contained in the framework of [7] since the nonnegative reflected medium $W(x)$ has (uncountably) many points giving its minimum. The case of a nonpositive reflected Brownian medium was discussed in [9] . Some generalizations will be discussed in [5] .

Acknowledgment. I wish to thank Professor H.Kesten for pointing out mistakes of the first version of this paper.

§1. Preliminaries and exit times from valleys

Let $\mathbb{W}$ and Q be defined as in Theorem 1. For each $W \in \mathbb{W}$ solutions of the stochastic differential equation (1) define a diffusion process in $\mathbb{R}$ with generator

$$(1.1) \qquad \frac{1}{2} e^{W(x)} \frac{d}{dx}\left(e^{-W(x)} \frac{d}{dx}\right) .$$

Such a diffusion can be constructed from a Brownian motion $B(t)$ [1] as follows ([4]). Let Ω be the space of continuous functions $\omega : [0, \infty) \to \mathbb{R}$ with $\omega(0) = 0$, and denote by P the Wiener measure on Ω. Denote the value of ω at time t by $\omega(t)$ or by $B(t)$ and put

$$L(t,x) = \lim_{\varepsilon \downarrow 0} \frac{1}{\varepsilon} \int_0^t \mathbb{I}_{[x,x+\varepsilon)}(B(s))ds \qquad \text{(local time)},$$

$$S(x) = \int_0^x e^{W(y)}dy ,$$

$$A(t) = \int_0^t e^{-2W(S^{-1}(B(s)))}ds = \int_{\mathbb{R}} e^{-2W(S^{-1}(x))}L(t,x)dx , \quad t \geq 0 ,$$

S^{-1}, A^{-1} = the inverse functions .

Then the process $X(t, W) = S^{-1}(B(A^{-1}(t)))$ defined on the probability space (Ω, P) is a diffusion process with generator (1.1) starting at 0. If we set $(W^x)(\cdot) = W(\cdot + x)$, then $X^x(t, W) = x + X(t, W^x)$ is a diffusion process with generator (1.1) starting at x . Let

$$T(x_1, x_2) = \inf \{t \geq 0 : B(t) \notin (x_1, x_2)\} ,$$

---

1) The Brownian motion here is not the same as the one in (1) but we use the same notation $B(t)$.

$$L(x_1, x_2, x) = L(T(x_1, x_2), x), \quad x \in \mathbb{R},$$

$$S_\lambda(x) = \int_0^x e^{\lambda W(y)} dy,$$

$$X_\lambda(t) = X(t, \lambda W), \quad X_\lambda^x(t) = x + X(t, \lambda W^x).$$

Next we define a valley. Given $W \in \mathbb{W}$, a quartet $V = (a, b_1, b_2, c)$ is called a <u>valley</u> of W if

(i) $a < b_1 < 0 < b_2 < c$,

(ii) $W(b_1) = W(b_2) = 0, \quad W(a) = W(c) = D$,

(iii) $0 < W(x) < W(a)$ for $a < x < b_1$,

$0 < W(x) < W(c)$ for $b_2 < x < c$,

(iv) $A_- = \sup \{W(y) - W(x) : a < x < y < b_2\} < D$,

$A_+ = \sup \{W(x) - W(y) : b_1 < x < y < c\} < D$.

We call D (resp. $A = A_- \vee A_+$ [2]) the <u>depth</u> (resp. the <u>inner directed ascent</u>) of V. It is clear that there exist valleys of W with $A < 1 < D$ for almost all reflected Brownian media W.

In what follows let $W \in \mathbb{W}$ be given and $V = (a, b_1, b_2, c)$ be a valley of W with the depth D and the inner directed ascent A. We put

$$T_\lambda^x = T_\lambda^x(a, c) = \inf \{t \geq 0 : X_\lambda^x(t) \notin (a, c)\}.$$

The following three lemmas were proved in [1].

<u>Lemma 1.</u> For $a < x < c$

$$T_\lambda^x(a, c) \overset{d}{=} \int_a^c L(\hat{S}_\lambda(a), \hat{S}_\lambda(c), \hat{S}_\lambda(y)) e^{-\lambda W(y)} dy,$$

where

$$\hat{S}_\lambda(y) = \int_x^y e^{\lambda W(z)} dz$$

and $\overset{d}{=}$ means the equality in distribution.

<u>Lemma 2.</u> For each $\lambda > 0$

$$\{L(\lambda x_1, \lambda x_2, \lambda x), x \in \mathbb{R}\} \overset{d}{=} \{\lambda L(x_1, x_2, x), x \in \mathbb{R}\}.$$

---

2) $a \vee b = \max \{a, b\}, \quad a \wedge b = \min \{a, b\}$.

Lemma 3. For $\lambda > 0$ and $W \in \mathbb{W}$

$$\{X(t, \lambda W_\lambda), t \geq 0\} \overset{d}{=} \{\lambda^{-2} X(\lambda^4 t, W), t \geq 0\} , \tag{1.2}$$

where W_λ $(\in \mathbb{W})$ is defined by

$$W_\lambda(x) = \lambda^{-1} W(\lambda^2 x) , \quad x \in \mathbb{R} .$$

The following lemma plays an essential role in our discussions.

Lemma 4. For any $\lambda > 0$ and $[u, v] \subset (a, c)$

$$\inf_{u \leq x \leq v} P\left\{ e^{\lambda(D-\delta)} < T_\lambda^x < e^{\lambda(D+\delta)} \right\} \to 1 , \quad \lambda \to \infty .$$

Proof. The proof is similar to that of the corresponding lemma of [1] but even much simpler. Let $x \in [u, v]$ be fixed. Setting

$$s_\lambda(y) = \hat{S}_\lambda(y)/\hat{S}_\lambda(c) = \int_x^y e^{\lambda W(z)} dz \Big/ \int_x^c e^{\lambda W(z)} dz$$

and applying Lemma 1 and 2, we have

$$T_\lambda^x \overset{d}{=} \hat{S}_\lambda(c) \int_a^c L(s_\lambda(a), 1, s_\lambda(y)) e^{-\lambda W(y)} dy .$$

Since

$$\hat{S}_\lambda(c) \leq (c - x) \exp\left\{ \lambda \max_{[x,c]} W \right\} \quad ^{3)}$$

$$T_\lambda^x \overset{d}{\leq} (c - x)(c - a) \exp\left\{ \lambda \max_{[x,c]} W - \lambda \min_{[a,c]} W \right\} L' \leq (c - a)^2 L' e^{\lambda D},$$

$$L' = \max_{y \leq 1} L(-\infty, 1, y) ,$$

we have

$$\begin{aligned} & P\left\{ T_\lambda^x > e^{\lambda(D+\delta)} \right\} \\ \leq\ & P\left\{ (c - a)^2 L' e^{\lambda D} > e^{\lambda(D+\delta)} \right\} \\ =\ & P\left\{ L' > e^{\lambda\delta}/(c - a)^2 \right\} \to 0 , \quad \lambda \to \infty . \end{aligned}$$

To obtain an estimate from below first we notice that

$$\lim_{\lambda \to \infty} \lambda^{-1} \log C_\lambda = D , \tag{1.3}$$

---

3) $\max_I W = \max\{W(x), x \in I\}$, $\min_I W = \min\{W(x), x \in I\}$.

where

$$C_\lambda = |\hat{S}_\lambda(a)| \wedge |\hat{S}_\lambda(c)| ,$$

and the convergence is uniform in $x \in [u, v]$. Next, for given $\delta > 0$ we set

$$a_1 = \sup\{x < b_1 : W(x) = \delta/4\} ,$$
$$\hat{s}_\lambda(y) = \hat{S}_\lambda(y)/C_\lambda ,$$
$$L_\lambda = \min\{L(-1, 1, y) : \hat{s}_\lambda(a_1) \leq y \leq \hat{s}_\lambda(b_1)\} .$$

Then applying Lemma 1 and 2 we have

$$T_\lambda^x \overset{d}{=} C_\lambda \int_a^c L(\hat{s}_\lambda(a), \hat{s}_\lambda(c), \hat{s}_\lambda(y)) e^{-\lambda W(y)} dy$$

$$\geq C_\lambda \int_{a_1}^{b_1} L(-1, 1, \hat{s}_\lambda(y)) e^{-\lambda W(y)} dy$$

$$\geq e^{\lambda(D-\frac{\delta}{4})}(b_1 - a_1) L_\lambda \exp\left\{-\lambda \max_{[a_1, b_1]} W\right\}$$

$$= (b_1 - a_1) L_\lambda e^{\lambda(D-\frac{\delta}{2})} .$$

Since $\lambda^{-1}\log|\hat{s}_\lambda(a_1)|$ and $\lambda^{-1}\log|\hat{s}_\lambda(b_1)|$ converges to $\max_{[x\wedge a_1, x\vee a_1]} W - D$, $\max_{[x\wedge b_1, x\vee b_1]} W - D$, respectively, which are both negative, we have

$$\lim_{\lambda\to\infty} \hat{s}_\lambda(a_1) = \lim_{\lambda\to\infty} \hat{s}_\lambda(b_1) = 0 ,$$

the convergence being uniform in $x \in [u, v]$. Therefore

$$P\left\{T_\lambda^x < e^{\lambda(D-\delta)}\right\} \leq P\left\{L_\lambda < (b_1 - a_1)^{-1} e^{-\lambda\delta/2}\right\} \to 0 , \quad \lambda \to \infty$$

uniformly in $x \in [u, v]$, because $\lim_{\lambda\to\infty} L_\lambda = L(-1, 1, 0) > 0$.

§2. The limit distribution of $X(e^{\lambda r}, \lambda W)$

In this section we change the notation slightly. Given $W \in \mathbb{W}$ and a valley $V = (a, b_1, b_2, c)$ of W, we set

$$\Omega = C([0, \infty) \to \mathbb{R}) ,$$
$$\hat{\Omega} = C([0, \infty) \to [a, c]) ,$$

and denote by P_λ^x, $x \in \mathbb{R}$ (resp. $\hat{P}_\lambda^y$, $y \in [a, c]$) the probability measure on Ω (resp. $\hat{\Omega}$) induced by the diffusion process with generator

(2.1) $$\frac{1}{2} e^{\lambda W(x)} \frac{d}{dx}\left(e^{-\lambda W(x)} \frac{d}{dx}\right)$$

(resp. the diffusion process on $[a, c]$ with (local) generator (2.1) and with reflecting barriers at a and c). The latter diffusion has the invariant probability measure m_λ given by

$$m_\lambda(dy) = e^{-\lambda W(y)} dy \Big/ \int_a^c e^{-\lambda W(z)} dz .$$

For any interval $[u, v] \subset [a, c]$

$$m_\lambda([u, v]) = \frac{\int_0^\infty e^{-\lambda\xi} K([u, v], \xi) d\xi}{\int_0^\infty e^{-\lambda\xi} K([a, c], \xi) d\xi}$$

where, for an interval I in $\mathbb{R}$, $K(I, \xi)$ is the local time at ξ for the reflected Brownian medium, i.e.,

(2.2) $$K(I, \xi) = \lim_{\varepsilon \downarrow 0} \frac{1}{\varepsilon} \int_I \mathbb{1}_{[\xi, \xi+\varepsilon)}(W(s)) ds .$$

Therefore

(2.3) $$m_\lambda([u, v]) = \frac{\int_0^\infty e^{-\xi} K([u, v], \lambda^{-1}\xi) d\xi}{\int_0^\infty e^{-\xi} K([a, c], \lambda^{-1}\xi) d\xi}$$

$$\to \frac{K([u, v], 0)}{K([a, c], 0)} \equiv m([u, v]) , \quad \lambda \to \infty .$$

Next we set

$$\hat{P}_\lambda = \int_a^b m_\lambda(dy) \hat{P}_\lambda^y , \quad \mathbb{P}_\lambda^{x,y} = P_\lambda^x \otimes \hat{P}_\lambda^y , \quad \mathbb{P}_\lambda^x = P_\lambda^x \otimes \hat{P}_\lambda .$$

$$R = R(\omega, \hat{\omega}) = \inf\{t \geq 0 : \omega(t) = \hat{\omega}(t)\} .$$

<u>Lemma 5</u>. For any $\delta > 0$

$$\lim_{\lambda\to\infty} \mathbb{P}_\lambda^0\left\{R < e^{\lambda(A+\delta)}\right\} = 1 .$$

Proof. First we prove that

(2.4) $$\lim_{\lambda\to\infty} \mathbb{P}_\lambda^x\left\{R < e^{\lambda(A+\delta)}\right\} = 1 \quad \text{holds for } x = b_1 \text{ and } b_2 .$$

Without loss of generality we may consider the case $x = b_2$. We write b instead of b_2 for simplicity. For any $\delta > 0$ such that $A + \delta < D$ we define $a_1 \in (a, b_1)$, $a_2 \in (a, b_1)$, $c_2 \in (b_2, c)$ by

$$a_1 = \max\left\{x < b_1 : W(x) = A + \frac{\delta}{4}\right\},$$
$$a_2 = \max\left\{x < b_1 : W(x) = A + \frac{\delta}{2}\right\},$$
$$c_2 = \min\left\{x > b_2 : W(x) = A + \frac{\delta}{2}\right\},$$

and set

$$T_0 = T_0(\omega) = \inf\left\{t \geq 0 : w(t) = a_1\right\},$$
$$T_1 = T_1(\omega) = \inf\left\{t \geq 0 : w(t) \notin (a_1, c_2)\right\},$$
$$T_2 = T_2(\omega) = \inf\left\{t \geq 0 : w(t) \notin (a_2, c_2)\right\}.$$

Then we can prove easily that

$$(2.5) \qquad P_\lambda^b\left\{T_0 < \infty\right\} \geq P_\lambda^b\left\{T_0 = T_1\right\} = \frac{S_\lambda(c_2) - S_\lambda(b)}{S_\lambda(c_2) - S_\lambda(a_1)} \to 1, \quad \lambda \to \infty,$$

and hence

$$(2.6) \qquad \begin{aligned} &\mathbb{P}_\lambda^b\left\{R \leq T_0\right\} \\ &\geq \mathbb{P}_\lambda^b\left\{\hat{\omega}(0) \in [a, b], \hat{\omega}(T_0) \in [a_1, c]\right\} \\ &\geq \mathbb{P}_\lambda^b\left\{\hat{\omega}(0) \in [a, b]\right\} + P_\lambda^b\left\{\hat{\omega}(T_0) \in [a_1, c]\right\} - 1 \\ &= m_\lambda([a, b]) + \int_0^\infty \hat{P}_\lambda\left\{\hat{\omega}(t) \in [a_1, c]\right\} P_\lambda^b\left\{T_0 \in dt\right\} - 1 \\ &\to 1, \quad \lambda \to \infty, \end{aligned}$$

by (2.3) because $m(\{x \in (a, c) : W(x) = 0\}) = 1$. On the other hand Lemma 4 applied to the valley (a_2, b_1, b_2, c_2) whose depth is $A + (\delta/2)$ implies

$$(2.7) \qquad P_\lambda^b\left\{T_1 < e^{\lambda(A+\delta)}\right\} \geq P_\lambda^b\left\{T_2 < e^{\lambda(A+\delta)}\right\} \to 1, \quad \lambda \to \infty,$$

and so

$$\begin{aligned} &\mathbb{P}_\lambda^x\left\{R < e^{\lambda(A+\delta)}\right\} \\ &\geq P_\lambda^x\left\{T_0 < e^{\lambda(A+\delta)}\right\} - o(1) \qquad \text{(by (2.6))} \\ &\geq P_\lambda^x\left\{T_1 < e^{\lambda(A+\delta)}, T_1 = T_0\right\} - o(1) \end{aligned}$$

$$\geq P_\lambda^x\left\{T_1 < e^{\lambda(A+\delta)}\right\} - o(1) \qquad \text{(by (2.5))}$$

$$\longrightarrow 1 , \quad \text{as } \lambda \to \infty \qquad \text{(by (2.7))} .$$

Next , to consider the case where the diffusion starts at 0 we shall consider three diffusion processes starting at 0 , b_1 and b_2 , respectively. By making use of the comparison theorem in one-dimensional diffusion processes (for example, see [3 : p.352]) we can construct, on a suitable probability space $(\widetilde{\Omega}_\lambda, \widetilde{P}_\lambda)$, three processes $\widetilde{X}_0(t)$, $\widetilde{X}_1(t)$ and $\widetilde{X}_2(t)$ such that the probability measure on Ω induced by $\widetilde{X}_0(t)$ (resp. $\widetilde{X}_1(t)$, $\widetilde{X}_2(t)$) coincides with P_λ^0 (resp. $P_\lambda^{b_1}$, $P_\lambda^{b_2}$) and

(2.8) $$\widetilde{X}_1(t) \leq \widetilde{X}_0(t) \leq \widetilde{X}_2(t) , \qquad \forall t \geq 0 , \quad \widetilde{P}_\lambda\text{-a.s.}$$

Put

$$\widetilde{\mathbb{P}}_\lambda = \widetilde{P}_\lambda \otimes \widehat{P}_\lambda ,$$

$$\widetilde{R}_i = \inf\left\{t \geq 0 : \widetilde{X}_i(t) = \widehat{\omega}(t)\right\} , \quad i = 0, 1, 2 .$$

Since $\widetilde{R}_0 \leq \widetilde{R}_1 \vee \widetilde{R}_2$ by (2.8), we have

$$\begin{aligned} P_\lambda^0\left\{R < e^{\lambda(A+\delta)}\right\} &= \widetilde{\mathbb{P}}_\lambda\left\{\widetilde{R}_0 < e^{\lambda(A+\delta)}\right\} \\ &\geq \widetilde{\mathbb{P}}_\lambda\left\{\widetilde{R}_1 \vee \widetilde{R}_2 < e^{\lambda(A+\delta)}\right\} \\ &\geq \mathbb{P}_\lambda^{b_1}\left\{R < e^{\lambda(A+\delta)}\right\} + \mathbb{P}^{b_2}\left\{R < e^{\lambda(A+\delta)}\right\} - 1 \\ &\longrightarrow 1 , \quad \lambda \to \infty \end{aligned}$$

by (2.4), completing the proof of Lemma 5.

<u>Lemma 6</u>. For any r_1 , r_2 with $A < r_1 < r_2 < D$ and for any interval $[u, v]$ in $\mathbb{R}$

$$\lim_{\lambda \to \infty} P_\lambda^0\left\{\omega(e^{\lambda r}) \in [u, v]\right\} = m([u, v] \cap [b_1, b_2])$$

uniformly in $r \in [r_1, r_2]$, where m is defined in (2.3).

Proof. Denote by T (resp. $\widehat{T}$) the exit time of (a, c) for $\omega(t)$ (resp. $\widehat{\omega}(t)$), and by $\widetilde{T}_R$ (resp. $\widehat{T}_R$) the exit time of (a, c) for $\omega(t)$ (resp. $\widehat{\omega}(t)$) after the collision time R . Since $m_\lambda(U) \to 1$ as $\lambda \to \infty$ for any open set U containing $\{x \in (a, c) : W(x) = 0\}$, it follows from Lemma 4 that

$$\widehat{P}_\lambda\left\{e^{\lambda(D-\delta)} < \widehat{T} < e^{\lambda(D+\delta)}\right\}$$

$$= \int_a^c m_\lambda(dx) P_\lambda^x \left\{ e^{\lambda(D-\delta)} < T < e^{\lambda(D+\delta)} \right\}$$

$$\to 1 \ , \ \lambda \to \infty \ .$$

This combined with Lemma 5 implies

$$p_\lambda \ := \mathbb{P}_\lambda^0 \left\{ R < e^{\lambda r_1} < e^{\lambda r_2} < \hat{T}_R \right\}$$

$$\geq \mathbb{P}_\lambda^0 \left\{ R < e^{\lambda r_1} < e^{\lambda r_2} < \hat{T} \right\} \quad (\because \hat{T} \leq \hat{T}_R)$$

$$\to 1 \ , \ \lambda \to \infty \ .$$

Therefore for $r \in [r_1, r_2]$

(2.9)
$$P_\lambda^0 \left\{ \omega(e^{\lambda r}) \in [u, v] \right\}$$

$$\geq \mathbb{P}_\lambda^0 \left\{ R < e^{\lambda r_1}, \omega(e^{\lambda r}) \in [u, v], e^{\lambda r_2} < \tilde{T}_R \right\}$$

$$= \mathbb{P}_\lambda^0 \left\{ R < e^{\lambda r_1}, \hat{\omega}(e^{\lambda r}) \in [u, v], e^{\lambda r_2} < \hat{T}_R \right\}$$

$$\geq p_\lambda + m_\lambda([u, v]) - 1$$

$$\to m([u, v] \cap [b_1, b_2]) \ , \lambda \to \infty \ ;$$

as for the above equality we used the strong Markov property. Similarly we have

$$\varliminf_{\lambda \to \infty} P_\lambda^0 \left\{ \omega(e^{\lambda r}) \in [u, v]^c \right\} \geq m([u, v]^c \cap [b_1, b_2]) \ ,$$

which combined with (2.9) implies

$$P_\lambda^0 \left\{ \omega(e^{\lambda r}) \in [u, v] \right\} \to m([u, v] \cap [b_1, b_2]) \ , \lambda \to \infty \ .$$

The uniform convergence in $r \in [r_1, r_2]$ is also clear.

§3. Proof of Theorem 1

Let $V = (a, b_1, b_2, c)$ be a valley of W such that $A < 1 < D$. Such a valley exists with Q-probability 1. In fact, b_1 and b_2 are taken as

b_1 = the smallest root of $W(x) = 0$ in $(a', 0)$

b_2 = the largest root of $W(x) = 0$ in $(0, c')$

where $a' = \sup\{x < 0 : W(x) = 1\}$ and $c' = \inf\{x > 0 : W(x) = 1\}$. The endpoints a and c can be chosen suitably so that $a < a'$, $c > c'$ and

$V = (a, b_1, b_2, c)$ is a valley with $A < 1 < D$. In what follows $V = (a, b_1, b_2, c)$ denotes such a valley of W. We denote by m_W the probability measure on $\mathbb{R}$ defined by

(3.1) $$m_W([u, v]) = \frac{K([u', v'], 0)}{K([b_1, b_2], 0)}$$

where $[u', v'] = [u, v] \cap [b_1, b_2]$. Then, in the notation of §1 Lemma 6 reads as follows: For any interval I in $\mathbb{R}$ and for any family $\{r(\lambda), \lambda > 0\}$ satisfying $\lim_{\lambda \to \infty} r(\lambda) = 1$,

(3.2) $$\lim_{\lambda \to \infty} P\{X(e^{\lambda r(\lambda)}, \lambda W) \in I\} = m_W(I)$$

for almost all W with respect to Q. Now we define $\mathbb{P} = P \otimes Q$ and $\mu = \int m_W Q(dW)$. Integrating both sides of (3.2) with respect to Q we have

(3.3) $$\lim_{\lambda \to \infty} \mathbb{P}\{X(e^{\lambda r(\lambda)}, \lambda W) \in I\} = \mu(I) .$$

Next, define W_λ as in Lemma 3. Then $\{W_\lambda(x), x \in \mathbb{R}\}$ is again a reflected Brownian medium. Therefore (3.3) yields

(3.4) $$\lim_{\lambda \to \infty} \mathbb{P}\{X(e^{\lambda r(\lambda)}, \lambda W_\lambda) \in I\} = \mu(I) .$$

We now apply the scaling relation (1.2) to (3.4); the result is

$$\lim_{\lambda \to \infty} \mathbb{P}\{\lambda^{-2} X(\lambda^4 e^{\lambda r(\lambda)}, W) \in I\} = \mu(I) .$$

Taking $r(\lambda) = 1 - 4\lambda^{-1} \cdot \log \lambda$ in the above, we obtain

$$\lim_{\lambda \to \infty} \mathbb{P}\{\lambda^{-2} X(e^{\lambda}, W) \in I\} = \mu(I) .$$

This completes the proof of Theorem 1.

§4. Proof of Theorem 2

The absolute continuity of μ can be proved easily. In fact, if μ_n is the measure in $\mathbb{R}$ defined by

$$\mu_n(I) = E^Q\left\{\frac{K(I \cap [b_1, b_2])}{K([b_1, b_2])} ; K([b_1, b_2]) > \frac{1}{n}\right\},$$

then μ_n is absolutely continuous because

$$\mu_n(I) \le n E^Q\{K(I \cap [b_1, b_2])\}$$
$$= 2n \int_I p(|x|, 0, 0) dx ,$$

where $p(t, \xi, \eta)$ is the transition density of the Brownian motion with absorbing barriers at ± 1. Thus μ is absolutely continuous because $\mu_n \uparrow \mu$ as $n \uparrow \infty$.

We proceed to the proof of (3). Let $K(I) = K(I, 0)$ be the local time at 0 for the reflected Brownian medium as defined by (2.2) with $\xi = 0$ and consider the number of times $d_\varepsilon(t)$ that the reflected Brownian path $\{W(u) : u \geq 0\}$ crosses down from $\varepsilon > 0$ to 0 before time t. Then as found in [4: p.48]

$$(4.1) \qquad Q\left\{\lim_{\varepsilon \downarrow 0} 2\varepsilon d_\varepsilon(t) = K([0, t]),\ t \geq 0\right\} = 1 .$$

Let a', c', b_1 and b_2 be defined as in the beginning of §3.

<u>Lemma 7</u>. For $\alpha, \beta > 0$

$$(4.2) \qquad E^Q\left\{e^{-\alpha K([0,b_2])-\beta c'}\right\} = \frac{1}{2\alpha + c(\beta)} \cdot \frac{2\sqrt{2\beta}}{e^{\sqrt{2\beta}} - e^{-\sqrt{2\beta}}} ,$$

where

$$c(\beta) = \frac{e^{\sqrt{2\beta}} + e^{-\sqrt{2\beta}}}{e^{\sqrt{2\beta}} - e^{-\sqrt{2\beta}}} \cdot \sqrt{2\beta} .$$

In Particular, $K([0, b_2])$ is exponentially distributed:

$$(4.3) \qquad E^Q\left\{e^{-\alpha K([0,b_2])}\right\} = \frac{1}{2\alpha + 1} .$$

Proof. Since $c(\beta) \sim 1$ as $\beta \downarrow 0$, (4.3) follows from (4.2) by letting $\beta \downarrow 0$. To prove (4.2) we first apply (4.1) to write down

$$(4.4) \qquad E^Q\left\{e^{-\alpha K([0,b_2]) - \beta c'}\right\}$$
$$= E^Q\left\{e^{-\alpha K([0,c']) - \beta c'}\right\}$$
$$= \lim_{\varepsilon \downarrow 0} E^Q\left\{e^{-2\alpha\varepsilon d_\varepsilon(c') - \beta c'}\right\}$$
$$= \lim_{\varepsilon \downarrow 0} \sum_{n=0}^{\infty} e^{-2\alpha\varepsilon n}\, E^Q\left\{e^{-\beta T_\varepsilon}\right\}^{n+1} E^Q_\varepsilon\left\{e^{-\beta T_0} ; T_0 < T_1\right\}^n E^Q_\varepsilon\left\{e^{-\beta T_1} ; T_1 < T_0\right\} ,$$

where E^Q_ε denotes the expectation with respect to the probability measure of the reflected Brownian motion starting at ε and

$$T_x = \inf\{u \geq 0 : W(u) = x\} .$$

If we set

$$A_\varepsilon = e^{-2\alpha\varepsilon} E^Q\left\{e^{-\beta T_\varepsilon}\right\} E^Q_\varepsilon\left\{e^{-\beta T_0};\ T_0 < T_1\right\},$$

$$B_\varepsilon = E^Q\left\{e^{-\beta T_\varepsilon}\right\} E^Q_\varepsilon\left\{e^{-\beta T_1};\ T_1 < T_0\right\},$$

then (4.4) yields

$$(4.5)\qquad E^Q\left\{e^{-\alpha K([0,b_2])-\beta c'}\right\} = \lim_{\varepsilon\downarrow 0} B_\varepsilon \sum_{n=0}^{\infty} A_\varepsilon^n$$

$$= \lim_{\varepsilon\downarrow 0} \frac{B_\varepsilon}{1 - A_\varepsilon}.$$

Next we make use of the well-known formula

$$E_x\left\{e^{-\alpha T_a}; T_a < T_b\right\} = \frac{e^{\sqrt{2\alpha}(b-x)} - e^{-\sqrt{2\alpha}(b-x)}}{e^{\sqrt{2\alpha}(b-a)} - e^{-\sqrt{2\alpha}(b-a)}}, \quad a \le x \le b,$$

where E_x denotes the expectation with respect to the probability measure of a standard Brownian motion starting at x. We then have

$$(4.6)\qquad E^Q\left\{e^{-\beta T_\varepsilon}\right\} = 2E_0\left\{e^{-\beta T_\varepsilon};\ T_\varepsilon < T_{-\varepsilon}\right\}$$

$$= \frac{2(e^{\varepsilon\sqrt{2\beta}} - e^{-\varepsilon\sqrt{2\beta}})}{e^{2\varepsilon\sqrt{2\beta}} - e^{-2\varepsilon\sqrt{2\beta}}}$$

$$= 1 + O(\varepsilon^2), \quad \varepsilon\downarrow 0;$$

$$(4.7)\qquad E^Q_\varepsilon\left\{e^{-\beta T_0}; T_0 < T_1\right\} = \frac{e^{\sqrt{2\beta}(1-\varepsilon)} - e^{-\sqrt{2\beta}(1-\varepsilon)}}{e^{\sqrt{2\beta}} - e^{-\sqrt{2\beta}}}$$

$$= 1 - \frac{\sqrt{2\beta}(e^{\sqrt{2\beta}} + e^{-\sqrt{2\beta}})}{e^{\sqrt{2\beta}} - e^{-\sqrt{2\beta}}}\cdot\varepsilon + o(\varepsilon), \quad \varepsilon\downarrow 0;$$

$$(4.8)\qquad E^Q_\varepsilon\left\{e^{-\beta T_1};\ T_1 < T_0\right\} = \frac{e^{\sqrt{2\beta}\,\varepsilon} - e^{-\sqrt{2\beta}\,\varepsilon}}{e^{\sqrt{2\beta}} - e^{-\sqrt{2\beta}}}$$

$$\sim \frac{2\sqrt{2\beta}}{e^{\sqrt{2\beta}} - e^{-\sqrt{2\beta}}}\cdot\varepsilon, \quad \varepsilon\downarrow 0.$$

From (4.6), (4.7) and (4.8) we obtain

$$\frac{B_\varepsilon}{1 - A_\varepsilon} \sim \frac{1}{2\alpha + c(\beta)} \cdot \frac{2\sqrt{2\beta}}{e^{\sqrt{2\beta}} - e^{-\sqrt{2\beta}}} , \quad \varepsilon \downarrow 0 ,$$

which combined with (4.5) proves the lemma.

Given $x > 0$ we set

$$K_1 = K([b_1, 0]), \quad K_2 = K([0,x]), \quad K_3 = K([x, b_2]) .$$

Lemma 8. For $x > 0$ and $t > 0$

$$E^Q\left\{K_3 e^{-t(K_1+K_2+K_3)} ; \; x < b_2\right\} \tag{4.9}$$
$$= \frac{2}{(2t+1)^3} E^Q\left\{(1-W(x))e^{-tK([0,x])} ; \; x < c'\right\} .$$

Proof. The left hand side of (4.9) equals

$$E^Q\left\{e^{-tK_1}\right\} E^Q\left\{K_3 e^{-t(K_2+K_3)} ; \; x < b_2\right\} .$$

Since $E^Q\left\{e^{-tK_1}\right\} = (2t+1)^{-1}$ by Lemma 7, for the proof of the lemma it is enough to show

$$E^Q\left\{K_3 e^{-t(K_2+K_3)} ; \; x < b_2\right\} \tag{4.10}$$
$$= \frac{2}{(2t+1)^2} E^Q\left\{(1 - W(x))e^{-tK_2} ; \; x < c'\right\} .$$

To prove this we introduce the smallest σ-field $\mathcal{F}_x$ on $\mathbb{W}$ which makes $W(s)$, $0 \le s \le x$, measurable and consider the event Γ that the shifted trajectory $W(\cdot + x)$ hits 0 before it hits 1. Then first using the strong Markov property of the reflected Brownian motion and then (4.3), we have

$$E^Q\left\{K_3 e^{-tK_3} \mathbb{1}_\Gamma / \mathcal{F}_x\right\}$$
$$= \left\{1 - W(x)\right\} E^Q\left\{K([0, b_2])e^{-tK([0,b_2])}\right\}$$
$$= \frac{2}{(2t+1)^2}\left\{1 - W(x)\right\} , \quad \text{a.s.}$$

Since $\left\{x < b_2\right\} = \left\{x < c'\right\} \cap \Gamma$ and $\left\{x < c'\right\} \in \mathcal{F}_x$, we have

$$E^Q\left\{K_3 e^{-t(K_2+K_3)} ; \; x < b_2\right\}$$
$$= E^Q\left(e^{-tK_2} \mathbb{1}_{\{x<c'\}} E^Q\left\{K_3 e^{-tK_3} \mathbb{1}_\Gamma / \mathcal{F}_x\right\}\right)$$

$$= \frac{2}{(2t+1)^2} E^Q\left\{(1 - W(x))e^{-tK_2}; \ x < c'\right\} ,$$

proving (4.10) and hence the lemma.

Lemma 9. For $\lambda > 0$ and $t > 0$

$$(4.11) \qquad \int_0^\infty e^{-\lambda x} E^Q\left\{(1 - W(x))e^{-tK([0,x])}; \ x < c'\right\} dx$$

$$= \frac{1}{\lambda}\left\{1 - \frac{(2t+1)S}{C + 2tS}\right\},$$

where

$$C = \cosh\sqrt{2\lambda} \quad , \quad S = \frac{\sinh\sqrt{2\lambda}}{\sqrt{2\lambda}} .$$

Proof. Let $\varphi(x) = 1 - |x|$. Consulting with [4: Chapter 5], we see that the left hand side of (4.11) equals $f_\lambda(0)$ where f_λ is the continuous solution of

$$(4.12) \qquad \begin{cases} \lambda f - \frac{1}{2}f'' = \varphi & \text{in } (-1, 0) \cup (0, 1) \\ \frac{1}{2}\{f'(0+) - f'(0-)\} = 2tf(0) \\ f(-1) = f(1) = 0 . \end{cases}$$

To solve (4.12) we first find the solution g_λ of $\lambda f - \frac{1}{2}f'' = \varphi$ in $(-1,1)$ with boundary condition $f(-1) = f(1) = 0$ and then express f_λ as follows:

$$f_\lambda(x) = \begin{cases} g_\lambda(x) + c \sinh\sqrt{2\lambda}\,(1+x) & \text{for } x \in (-1, 0) \\ g_\lambda(x) + c \sinh\sqrt{2\lambda}\,(1-x) & \text{for } x \in (0, 1) . \end{cases}$$

If we determine c so that the above f_λ satisfies the second condition of (4.12), then the f_λ is a solution of (4.12). Thus $f_\lambda(0)$ can be computed and we obtain (4.11).

Now Theorem 2 can be proved as follows. By Lemma 8 we have

$$\mu((x,\infty)) = E^Q\left\{\frac{K((x, x\vee b_2])}{K([b_1, b_2])}\right\}$$

$$= E^Q\left\{\frac{K_3}{K_1 + K_2 + K_3} ; \ x < b_2\right\}$$

$$= \int_0^\infty E^Q\left\{K_3 e^{-t(K_1+K_2+K_3)}; \quad x < b_2\right\} dt$$

$$= \int_0^\infty \frac{2}{(2t+1)^3} E^Q\left\{(1 - W(x))e^{-tK([0,x])} \;;\; x < c'\right\}dt$$

and hence by Lemma 9

$$\int_0^\infty e^{-\lambda x}\mu((x,\infty))dx = \int_0^\infty \frac{2}{(2t+1)^3}\cdot\frac{1}{\lambda}\left\{1 - \frac{(2t+1)S}{C+2tS}\right\}dt$$

$$= \frac{1}{2\lambda} - \frac{1}{\lambda}\int_0^\infty \frac{2}{(2t+1)^2}\cdot\frac{S}{C+2tS}\,dt\,.$$

Thus integration by parts yields

$$\int_0^\infty e^{-\lambda x}\mu(dx) = \frac{1}{2} - \lambda\int_0^\infty e^{-\lambda x}\mu((x,\infty))dx \qquad (\text{notice that } \mu((0,\infty)) = \tfrac{1}{2})$$

$$= \int_0^\infty \frac{2S}{(2t+1)^2(C+2tS)}\,dt$$

$$= \int_0^\infty \frac{S\,dt}{(t+1)^2(C+tS)}\quad ,$$

and this proves (3).

REFERENCES

[1] T.Brox, A one-dimensional diffusion process in a Wiener medium, to appear in Ann. Probab.

[2] A.O.Golosov, The limit distributions for random walks in random environments, Soviet Math. Dokl., 28(1983), 18-22.

[3] N.Ikeda and S.Watanabe, Stochastic Differential Equations and Diffusion Processes, North-Holland, 1981.

[4] K.Itô and H.P.McKean, Diffusion Processes and Their Sample Paths, Springer-Verlag, 1965.

[5] K.Kawazu, Y.Tamura and H.Tanaka, One-dimensional diffusions and random walks in random environments, in preparation.

[6] H.Kesten, The limit distribution of Sinai's random walk in random environment, to appear in Physica.

[7] S.Schumacher, Diffusions with random coefficients, Contemporary Math. (Particle Systems, Random Media and Large Deviations, ed. by R. Durrett), 41(1985), 351-356.

[8] Y.G.Sinai, The limiting behavior of a one-dimensional random walk in a random medium, Theory of Probab. and its Appl. 27(1982), 256-268.

[9] H.Tanaka, Limit distributions for one-dimensional diffusion processes in self-similar random environments, to appear in the Proc. of the workshop on Hydrodynamic behavior and interacting particle systems and applications held at IMA, University of Minnesota, March 1986.

Department of Mathematics
Faculty of Science and Technology
Keio University
Yokohama, Japan

INTERPRETATION D'UN CALCUL DE H. TANAKA EN THEORIE GENERALE DES PROCESSUS.

J. AZEMA et M. YOR(*)

1. H. Tanaka [9] prouve l'existence d'une loi asymptotique pour une solution (en loi) de l'équation :

$$dX_t = dB_t - \frac{1}{2} W'(X_t)dt, \qquad X_0 = 0 \tag{1}$$

où $W(x) = |\beta(x)|$, si $x \geq 0$; $= |\tilde{\beta}(-x)|$, si $x \leq 0$,

β et $\tilde{\beta}$ désignant deux mouvements browniens réels indépendants, issus de 0, et indépendants de B, autre mouvement brownien réel.

Nous ne discuterons pas ici de l'interprétation à donner à l'équation (1) ; cette Note est uniquement consacrée à l'étude de la loi asymptotique μ obtenue par Tanaka. Cette loi est caractérisée comme suit :

<u>*Théorème*</u> *(H. Tanaka [9]) : 1)* $\frac{1}{(\log t)^2} X_t$ *converge en loi, lorsque* $t \to \infty$, *vers une probabilité* μ *symétrique sur* $\mathbb{R}$, *caractérisée par :*

pour toute fonction $f : \mathbb{R}_+ \to \mathbb{R}_+$, *borélienne,*

$$\int_0^\infty f(x)\, d\mu(x) = E\Big[\frac{1}{\ell_\sigma + \tilde{\ell}_{\tilde{\sigma}}} \int_0^\sigma d\ell_x\, f(x)\Big] \tag{2}$$

où $\sigma = \inf\{x \geq 0 : |\beta(x)| = 1\}$, $(\ell_x, x \geq 0)$ *est le temps local en* 0 *de* β, *et* $\tilde{\sigma}$ *et* $\tilde{\ell}$ *sont les quantités analogues associées à* $\tilde{\beta}$.

2) De plus, la transformée de Laplace de $\mu_{|\mathbb{R}_+}$ *est donnée par :*

$$\int_0^\infty e^{-\lambda x}\, d\mu(x) = \int_0^\infty \frac{dt}{(1+t)^2} \frac{1}{(t + \sqrt{2\lambda}\ \coth(\sqrt{2\lambda}))} \tag{3}$$

2. L'objet de ce paragraphe est :

(i) de donner une autre interprétation du membre de droite de (2), puis :

(ii) d'en déduire une démonstration de l'identité des membres de droite de (2) et (3), pour $f(x) = e^{-\lambda x}$.

Nous notons désormais $a \equiv a(\lambda) = \sqrt{2\lambda}\ \coth(\sqrt{2\lambda}) - 1$.

(*) *UNIVERSITE PARIS VI - Laboratoire de Probabilités - 4 Place Jussieu - Tour 56 3ème Etage - 75252 PARIS CEDEX 05*

Le membre de droite de (3) s'écrit alors :

$$\int_1^\infty \frac{du}{u^2(u+a)} = \frac{1}{a^2}\int_{1/a}^\infty \frac{du}{u^2(u+1)} = \frac{1}{a^2}\int_0^a \frac{x\,dx}{x+1} = \frac{1}{a^2}\,(a - \log(1+a)).$$

Il s'agira donc de montrer :

(3') $$E\Big[\Big(\int_0^\sigma d\ell_x\, e^{-\lambda x}\Big)\frac{1}{\ell_\sigma+\tilde{\ell}_{\tilde{\sigma}}}\Big] = \frac{1}{a^2}\,(a - \log(1+a)).$$

(2.a) Le lemme suivant explicite la loi conjointe de ℓ_σ et $L \equiv \sup\{x \leq \sigma : \beta(x) = 0\}$, qui, comme nous le verrons, joue un rôle central dans la suite.

<u>Lemme</u> : *1) On a, pour tous* $\nu,\lambda \geq 0$:

$$E\Big[\exp - (\nu\ell_\sigma + \lambda\sigma)\Big] = \Big(ch(\sqrt{2\lambda}) + \frac{\nu}{\sqrt{2\lambda}}\,sh(\sqrt{2\lambda})\Big)^{-1}.$$

2) En conséquence :

$$P(\ell_\sigma \in d\ell) = e^{-\ell}\,d\ell \quad ; \qquad E\big[e^{-\lambda L}\,|\,\ell_\sigma = x\big] = e^{-xa}.$$

<u>Démonstration</u> : Ces résultats sont bien connus (voir, par exemple, Pitman-Yor [8], theorem (4.2)).

1) La première partie du lemme peut être obtenue en appliquant le théorème d'arrêt au temps σ à la martingale :

$$\phi(\beta_t)\exp\{-\nu\ell_t - \lambda t\}, \quad \text{où} \quad \phi(x) = ch(\sqrt{2\lambda}\,|x|) + \frac{\nu}{\sqrt{2\lambda}}\,sh(\sqrt{2\lambda}\,|x|).$$

2) D'après D. Williams [11], $\sigma-L$ est indépendant de la tribu, engendrée par β, des événements antérieurs à L, et $E[\exp - \lambda(\sigma-L)] = \dfrac{\sqrt{2\lambda}}{sh(\sqrt{2\lambda})}$.

La partie 2) du lemme découle maintenant de la partie 1.

(2.b) Remarquons maintenant que pour tout processus $(\mathcal{F}_x)$-prévisible borné Z, on a :

(4) $$E[Z_L] = E\Big[\int_0^\sigma d\ell_x\, Z_x\Big].$$

Cette formule peut être démontrée de multiples façons ; elle découle, par exemple, du théorème d'arrêt, appliqué en σ, à la martingale :

(5) $$\{Z_{g_x}\,|\beta(x)| - \int_0^x d\ell_y\, Z_y \ ;\ x \geq 0\}, \text{ avec } g_x = \sup\{y \leq x : \beta(y) = 0\}.$$

(voir [2] où ces martingales sont construites) ; cette formule peut également

être obtenue comme cas particulier de la formule de compensation de Maisonneuve dans l'étude des excursions browniennes.
La proposition suivante nous donne une seconde représentation de la loi μ.

<u>*Proposition*</u> : *1) Pour tout processus* $(\mathcal{F}_x)$ *prévisible borné* Z, *et* $f : \mathbb{R}_+ \to \mathbb{R}$, *borélienne bornée, on a :*

$$(6) \qquad E\Big[\Big(\int_0^\sigma d\ell_x\, Z_x\Big)\, f(\ell_\sigma)\Big] = E[Z_L\, F(\ell_\sigma)], \quad \text{où} \quad F(\ell) = e^{\ell} \int_\ell^\infty du\, e^{-u} f(u)$$

ainsi que :

$$(6') \qquad E\Big[\Big(\int_0^\sigma d\ell_x\, Z_x\Big)\, f(\ell_\sigma + \tilde{\ell}_{\tilde{\sigma}})\Big] = E[Z_L\, F(\ell_\sigma + \tilde{\ell}_{\tilde{\sigma}})]$$

2) En particulier, on a, pour toute fonction $g : \mathbb{R}_+ \to \mathbb{R}_+$, *borélienne:*

$$(7) \qquad \int_0^\infty g(x)\, d\mu(x) = E[g(L)\, H(\ell_\sigma + \tilde{\ell}_{\tilde{\sigma}})], \quad \text{où} \quad H(x) = e^x \int_x^\infty \frac{du}{u}\, e^{-u}$$

<u>Démonstration</u> : 1) En utilisant la propriété de Markov, et le fait que ℓ_σ est distribuée exponentiellement, on obtient :

$$\begin{aligned} E\Big[\int_0^\sigma d\ell_x\, Z_x\, f(\ell_\sigma)\Big] &= E\Big[\int_0^\sigma d\ell_x\, Z_x\, E[f(\ell_\sigma)/\mathcal{F}_x]\Big] \\ &= E\Big[\int_0^\sigma d\ell_x\, Z_x \int_0^\infty dt\, e^{-t} f(\ell_x + t)\Big] \\ &= E\Big[\int_0^\sigma d\ell_x\, Z_x\, F(\ell_x)\Big] = E[Z_L\, F(\ell_\sigma)] \text{ , d'après (4).} \end{aligned}$$

2) La formule (6') découle de (6) , car si F_a est la fonction F associée à $f_a(\ell) = f(a+\ell)$, on a également : $F_a(\ell) = F(a+\ell)$.

3) Si $f(x) = \frac{1}{x}$, on a : $F(x) = H(x)$. La formule (7) découle donc de (2) et (6').
La formule (3') découle maintenant aisément de (7).
On a, en effet :

$$\begin{aligned} \int_0^\infty e^{-\lambda x}\, d\mu(x) &= E[e^{-\lambda L}\, H(\ell_\sigma + \tilde{\ell}_{\tilde{\sigma}})] = E[e^{-a\ell_\sigma}\, H(\ell_\sigma + \tilde{\ell}_{\tilde{\sigma}})] \\ &= \int_0^\infty dt\, e^{-ta} \int_t^\infty du \int_u^\infty \frac{dy}{y}\, e^{-y} \\ &= \int_0^\infty dt\, e^{-ta} \int_t^\infty \frac{dy}{y}\, e^{-y}\, (y-t), \end{aligned}$$

ce qui implique aisément la formule (3').

3. En fait, la formule (6) admet l'extension tout à fait générale suivante, dans laquelle la propriété de Markov n'intervient pas.

(3.a) Soit $(\mathcal{G}_x\ ;\ x \geq 0)$ une filtration satisfaisant les hypothèses habituelles, et L un $(\mathcal{G}_x)$ temps d'arrêt fini, totalement inaccessible ; on note (ℓ_t) la projection duale prévisible de $\varepsilon_L(dt)$.
Alors, d'après Jeulin ([4], proposition (3,28)), on a :

$$(8)\qquad E[f(\ell_L)/\mathcal{G}_t] = F(\ell_t) + 1_{(L \leq t)}\,(f-F)(\ell_L).$$

En conséquence, pour tout processus (z_x) $\mathcal{G}_x$-prévisible, positif, et $f : \mathbb{R}_+ \to \mathbb{R}_+$ borélienne, on a :

$$E\Big[\Big(\int_0^L d\ell_x\, z_x\Big)\, f(\ell_L)\Big] = E\Big[\int_0^L d\ell_x\, z_x\, F(\ell_x)\Big]$$

et donc :

$$(6'')\qquad E\Big[\Big(\int_0^L d\ell_x\, z_x\Big)\, f(\ell_L)\Big] = E[z_L\, F(\ell_L)].$$

On déduit de cette formule, en prenant $z = 1$, et en faisant varier f, la loi de ℓ_L dûe à Azéma [1] :

$$(9)\qquad P(\ell_L \in dt) = e^{-t}\, dt.$$

La transformation : $f \to F$ jouant un rôle central dans cet article, montrons comment elle apparaît dans la démonstration (dûe à Jeulin) de la formule (8) :
si $g : \mathbb{R}_+ \to \mathbb{R}_+$ est une fonction borélienne, bornée, le processus

$$M_t^g \equiv \int_0^t g(\ell_s)\, d(1_{(L \leq s)} - \ell_s)$$

est une martingale de variable terminale :

$$M_\infty^g = g(\ell_L) - \hat{g}(\ell_L), \quad \text{où} \quad \hat{g}(x) = \int_0^x g(u)du.$$

Une autre expression de M^g est : $M_t^g = g(\ell_L)\, 1_{(L \leq t)} - \hat{g}(\ell_t)$.
On peut donc réécrire l'égalité : $E[M_\infty^g/\mathcal{G}_t] = M_t^g$ sous la forme :

$$(8')\qquad E[(\hat{g}-g)(\ell_L)/\mathcal{G}_t] = \hat{g}(\ell_t) - g(\ell_L)\, 1_{(L \leq t)}.$$

Soit $f : \mathbb{R}_+ \to \mathbb{R}_+$ une fonction borélienne à support compact. La fonction F qui lui est associée satisfait : $F' = F-f$, et donc : $\hat{g} \equiv F-F(0)$ est solution de : $\hat{g}-g = f-F(0)$.
On déduit finalement (8) de (8').

(3.b) Soit $(\mathcal{F}_x, x \geq 0)$ une filtration satisfaisant les hypothèses habituelles, et L la fin d'un ensemble $(\mathcal{F}_x)$ prévisible tel que pour tout $(\mathcal{F}_x)$ temps

d'arrêt T, $P(L = T) = 0$. Désignons par (ℓ_t) la $(\mathcal{F}_t)$ projection duale prévisible de la mesure aléatoire $\varepsilon_L(dt)$, et par $(\mathcal{G}_x, x \geq 0)$ la plus petite filtration qui contienne $(\mathcal{F}_x)$ et fasse de L un temps d'arrêt. Alors, L est un $(\mathcal{G}_x)$ temps d'arrêt totalement inaccessible, et la $(\mathcal{G}_x)$ projection duale prévisible de $\varepsilon_L(dt)$ est (ℓ_t).

La formule *(6")* est donc encore valable, pour tout processus $(\mathcal{F}_x)$ prévisible, positif Z.

(3.c) Notre solution au problème de Skorokhod ([3]) fournit un exemple de la situation décrite en *(3.b)* (voir également Jeulin-Yor [5] pour un cadre plus général). Rappelons les notations de [3] :

soit $(\mathcal{F}_t)$ la filtration naturelle du mouvement brownien réel $(B_t, t \geq 0)$ issu de 0, et $S_t = \sup_{s \leq t} B_s$. μ désigne une probabilité sur $\mathbb{R}$, telle que $\int |x|\, d\mu(x) < \infty$, et $\int x\, d\mu(x) = 0$. On appelle $\psi_\mu(x)$ le barycentre de la restriction de μ à $[x,\infty[$. Alors :

(10) $\quad$ si $T_\mu \equiv \inf\{t : S_t \geq \psi_\mu(B_t)\}$, la loi de B_{T_μ} est μ.

Considérons maintenant $L \equiv L_\mu = \sup\{s \leq T_\mu : S_s = B_s\}$, et introduisons :

$$g_t = \sup\{s < t : S_s = B_s\}.$$

D'après la formule de balayage,

$$Z_{g_t}(S_t - B_t) - \int_0^t Z_s\, dS_s \qquad (t \geq 0)$$

avec Z processus prévisible borné, est une martingale, et on obtient, par application du théorème d'arrêt :

$$E[Z_L(S_{T_\mu} - B_{T_\mu})] = E\Big[\int_0^L Z_s\, dS_s\Big]. \tag{11}$$

Or, on a : $S_{T_\mu} - B_{T_\mu} = \phi(S_{T_\mu})$, où $\phi(x) = x - \Phi_\mu(x)$, et Φ_μ est l'inverse continu à gauche de ψ_μ.

La formule *(11)* peut alors être réécrite sous la forme :

$$E[Z_L] = E\Big[\int_0^L Z_s \frac{1}{\phi(S_s)}\, dS_s\Big], \tag{12}$$

ce qui signifie, avec les notations de *(3.b)*, que :

$$\ell_t = v(S_{t \wedge T_\mu}), \quad \text{où} \quad v(x) = \int_0^x \frac{dy}{\phi(y)}. \tag{13}$$

On déduit de *(13)*, et du résultat universel *(9)*, la distribution de S_{T_μ}, et finalement, le résultat *(10)* .

D'autre part, la formule (6") devient ici : pour tout processus prévisible borné Z,

$$E\Big[\int_0^L dS_s\, Z_s\, f(S_L)\Big] = E[Z_L\, F_\phi(S_L)]$$

où
$$F_\phi(y) = \phi(y)e^{v(y)} \int_{v(y)}^{\infty} dx\, e^{-x} f(x).$$

Le cas particulier de cette étude où $\psi_\mu(x) = (x+1)^+$ est intimement lié à l'étude de la distribution asymptotique de (1), lorsque le mouvement brownien réfléchi $(W(x), x \in \mathbb{R})$ est remplacé par un mouvement brownien (cf : Kesten [6] ; Tanaka [10] pour une extension aux processus stables symétriques).

4. Compléments.

Revenons au cadre Brownien du paragraphe 2.

(4.a) Examinons deux variantes de la formule (6) dans laquelle on remplace :

- ou bien, ℓ_σ par A_σ ;
- ou bien, Z_x par $e^{-\lambda A_x}$, avec $A_x = \int_0^x ds\, u(|B_s|)$.

• Pour la première variante, on obtient, à l'aide de la propriété de Markov :

(14)
$$E\Big[\int_0^\sigma d\ell_x\, Z_x\, f(A_\sigma)\Big] = E[Z_L\, F_A(A_L)]$$

où
$$F_A(a) = \int_0^\infty P(A_L \in dt)\, f(a+t).$$

• Pour la seconde variante, on se propose d'expliciter autant que possible l'expression :

$$\nu_A(\lambda,f) = E\Big[\int_0^\sigma d\ell_x\, e^{-\lambda A_x} f(\ell_\sigma)\Big] = E\Big[e^{-\lambda A_L} F(\ell_\sigma)\Big].$$

Considérons $\sigma' = \inf(t : B_t = 1)$, et $L' = \sup(t < \sigma' : B_t = 0)$.

On a alors, par changement de temps :

$$\Big(\int_0^{L'} ds\, 1_{(B_s > 0)}\, u(B_s)\ ;\ \frac{1}{2}\ell_{\sigma'}\Big) \overset{(d)}{=} \Big(\int_0^L ds\, u(|B_s|), \ell_\sigma\Big).$$

Dans la suite, $Q^d_{x\to y}$ dénote la loi du pont, pendant l'intervalle de temps $[0,1]$, issu de x, et aboutissant en y, du carré du processus de Bessel de dimension d. D'après le théorème de Ray-Knight, conditionnellement à $\ell_{\sigma'} = x$, la loi de $(\ell^a_{\sigma'} ; 0 \le a \le 1)$ est $Q^2_{x\to 0}$. Or, on a :

$$Q^2_{x\to 0} = Q^2_{0\to 0} \oplus Q^0_{x\to 0}.$$

De plus, $(\ell^a_\sigma, -\ell^a_{L'}\ ;\ 0 \leq a \leq 1)$ est independant de $\mathcal{F}_{L'}$, ce qui entraîne que, conditionnellement à $\ell_{\sigma'} = x$,

(i) la loi de $(\ell^a_{L'}\ ;\ 0 \leq a \leq 1)$ est $Q^0_{x \to 0}$;

(ii) la loi de $(\ell^a_\sigma, -\ell^a_{L'}\ ;\ 0 \leq a \leq 1)$ est $Q^2_{0 \to 0}$.

On a donc :

$$E\left[e^{-\lambda A_L} / \ell_\sigma = x\right] = E\left[\exp - \lambda \int_0^{L'} ds\, 1_{(B_s > 0)}\, u(B_s) / \ell_{\sigma'} = 2x\right]$$

$$= Q^0_{2x \to 0}\left(e^{-\lambda \int_0^1 dx\, u(x) X_x}\right) = \exp(-\, x\, \bar{a}(\lambda)).$$

L'existence de $\bar{a}(\lambda)$ découle de ce que la famille $(Q^0_{x \to 0}, x > 0)$ est additive. Voir Pitman-Yor ([7], Proposition (5.10)) pour une détermination explicite de $\bar{a}(\lambda)$ en fonction de u.

On a donc :

$$\nu_A(\lambda, f) = \int_0^\infty dx\, e^{-x(1+\bar{a}(\lambda))}\, F(x) = \int_0^\infty dx\, e^{-x\,\bar{a}(\lambda)} \int_x^\infty ds\, e^{-s}\, f(s)$$

$$= \int_0^\infty ds\, e^{-s}\, f(s) \int_0^s dx\, e^{-x\,\bar{a}(\lambda)},$$ d'où, finalement :

$$\nu_A(\lambda, f) = \frac{1}{\bar{a}(\lambda)} \int_0^\infty ds\, e^{-s}(1 - e^{-s\,\bar{a}(\lambda)})\, f(s).$$

Remarquons encore que la mesure $P(A_L \in dt)$ - qui intervient dans la formule (14) - est caractérisée par :

$$E\left[e^{-\lambda A_L}\right] = \int_0^\infty dx\, e^{-x(1+\bar{a}(\lambda))} = \frac{1}{1+\bar{a}(\lambda)}.$$

(4.b) La seconde partie de la proposition exprime $\mu|_{\mathbb{R}_+}$ comme la loi de L relativement à la mesure $H(\ell_\sigma + \tilde{\ell}_{\tilde{\sigma}}) \cdot P$.

Il est naturel d'exprimer la loi $f(\ell_\sigma) \cdot P$ comme celle d'un mouvement brownien avec drift, donné par le théorème de Girsanov.

Remarquons tout d'abord que, si P_a désigne la loi du mouvement Brownien réfléchi issu de a, on a :

$$E_a[f(\ell + \ell_\sigma)] = af(\ell) + (1-a)\, F(\ell) \qquad (0 \leq a \leq 1\ ;\ \ell \geq 0).$$

On en déduit, par application de la propriété de Markov :

$$E[f(\ell_\sigma) / \mathcal{F}_t] = F(\ell_t) - |B_t|\,(F-f)(\ell_t), \quad \text{sur } (t < \sigma).$$

Ceci est bien en accord avec la formule de balayage [2] puisque : $F' = F-f$.

Relativement à la mesure $f(\ell_\sigma)\cdot P$, le mouvement Brownien $(B_t, t < \sigma)$ satisfait donc, d'après le théorème de Girsanov :

$$B_t = \beta_t - \int_0^t ds\ \mathrm{sgn}(B_s)\ \frac{(F-f)(\ell_s)}{F(\ell_s)-|B_s|(F-f)(\ell_s)}\ ,$$

où $(\beta_t, t \geq 0)$ désigne un nouveau mouvement Brownien.

REFERENCES :

[1] *J. AZEMA* : Quelques applications de la théorie générale des processus. Invent. Math. 18, 293-336, 1972.

[2] *J. AZEMA, M. YOR* : En guise d'Introduction (... aux Temps locaux). Astérisque 52-53, p. 3-35, 1978.

[3] *J. AZEMA, M. YOR* : Une solution simple au problème de Skorokhod. Sém. Proba XIII, Lect. Notes in Math. 721, 1979.

[4] *T. JEULIN* : Semi-martingales et grossissement d'une filtration. Lect. Notes in Math. 833. Springer (1980).

[5] *T. JEULIN, M. YOR* : Sur les distributions de certaines fonctionnelles du mouvement Brownien. Sém. Probas XV, Lect. Notes in Maths. 850, 1981.

[6] *H. KESTEN* : The limit distribution of Sinaî's random walk in random environment. Preprint (1985). A paraître dans Physica.

[7] *J.W. PITMAN, M. YOR* : A decomposition of Bessel Bridges. Zeitschrift für Wahr, 59, 425-457, 1982.

[8] *J.W. PITMAN, M. YOR* : Asymptotic laws of planar Brownian motion. The Annals of Proba., 14, 3, 733-779, 1986.

[9] *H. TANAKA* : Limit distribution for 1-dimensional diffusion in a reflected Brownian medium. Dans ce volume.

[10] *H. TANAKA* : The limit distribution for 1-dimensional diffusion process in a symmetric stable medium. Preprint (1986).

[11] *D. WILLIAMS* : Path-decomposition and continuity of local time for one-dimensional diffusions. Proc. London Math. Soc. (3), 28, 738-768, 1974.

UN PROCESSUS QUI RESSEMBLE AU PONT BROWNIEN

Ph. BIANE, J.F. LE GALL et M. YOR(*)

1. ENONCE DU RESULTAT PRINCIPAL.

Soit $(B_t, t \geq 0)$ mouvement brownien réel, nul en 0. On note $(\ell_t, t \geq 0)$ son temps local en 0, et $\tau_t = \inf\{u : \ell_u > t\}$.

Le processus $(X_u \equiv \frac{1}{\sqrt{\tau_1}} B_{u\tau_1} \,;\, u \leq 1)$ est nul en 0 et en 1, et la normalisation ainsi effectuée sur le mouvement brownien suggère que X a pour variation quadratique u. Il est alors naturel de chercher à comparer ce processus et le pont brownien $(p(u), u \leq 1)$.

On a le

<u>*Théorème 1*</u> : *Désignons par* λ *le temps local de* p, *au niveau* 0, *et à l'instant* 1. *Alors, pour toute fonctionnelle* $F : C([0,1],\mathbb{R}) \to \mathbb{R}_+$, *borélienne, on a :*

$$E[F(X_u \,;\, u \leq 1)] = E[F(p(u), u \leq 1)\sqrt{\tfrac{2}{\pi}}\,\tfrac{1}{\lambda}] \tag{1.a}$$

2. QUELQUES ENONCES VOISINS.

Avant de démontrer le théorème 1, citons d'autres exemples intéressants de "renormalisation" du mouvement brownien, ou de processus de Bessel, qui nous permettront, par la suite, de compléter le théorème 1.

(2.1) Il est bien connu que, si $g_1 = \sup\{s < 1 : B_s = 0\}$, alors $(\frac{1}{\sqrt{g_1}} B_{ug_1} \,;\, u \leq 1)$ est un pont Brownien qui est, en outre, indépendant de g_1.

(2.2) Chung [2] a étudié le <u>méandre brownien</u>

$$(m(u) \equiv \frac{1}{\sqrt{1-g_1}} |B_{g_1+u(1-g_1)}| \,;\, u \leq 1).$$

On a le

<u>*Théorème 2*</u> ([1]) : *Pour toute fonctionnelle* $F : C([0,1];\mathbb{R}_+) \to \mathbb{R}_+$, *borélienne, on a*

$$E[F(m(u) \,;\, u \leq 1)] = E[F(R_u \,;\, u \leq 1)\sqrt{\tfrac{\pi}{2}}\,\tfrac{1}{R_1}]$$

où $(R_u, u \leq 1)$ *désigne le processus de Bessel de dimension 3, issu de* 0.

(2.3) Considérons maintenant $(R_t, t \geq 0)$ processus de Bessel de dimension $d \equiv 2(\nu+1) > 2$ (ou, ce qui est équivalent, d'indice $\nu > 0$), et $L = \sup\{t : R_t = 1\}$. On a alors le

---

(*) *UNIVERSITE PARIS VI - Laboratoire de Probabilités - 4, place Jussieu - Tour 56 3ème Etage - Couloir 56-66 - 75252 PARIS CEDEX 05*

Théorème 3 : Pour toute fonctionnelle $F : C([0,1],\mathbb{R}_+) \to \mathbb{R}_+$*, borélienne, on a :*

$$E\left[F\left(\frac{1}{\sqrt{L}} R_{uL}\ ;\ u \leq 1\right)\right] = E\left[F(R_u\ ;\ u \leq 1)\ \frac{2\nu}{R_1^2}\right].$$

Démonstration : L'identité découle de ce que :

- d'une part, le processus $(R_u, u \leq t)$, conditionnellement à $L = t$, a même loi que $(R_u, u \leq t)$, conditionnellement à $R_t = 1$;
- d'autre part, pour toute fonction $f : \mathbb{R}_+ \to \mathbb{R}_+$, borélienne, on a :

$$E\left[f\left(\frac{1}{\sqrt{L}}\right)\right] = E\left[f(R_1)\ \frac{2\nu}{R_1^2}\right].$$

Cette identité découle de ce que, d'après Getoor [3] (voir aussi Pitman-Yor [6]),

on a : $$P(L \in dt) = \frac{1}{2^\nu \Gamma(\nu) t^{\nu+1}} e^{-1/2t}\, dt$$

alors que : $$P(R_1 \in dx) = \frac{1}{2^\nu \Gamma(\nu+1)} x^{2\nu+1} e^{-x^2/2}\, dx.$$

Corollaire 4 : Soit $T = \inf\{t : B_t = 1\}$.
Pour toute fonctionnelle $F : C([0,1]\ ;\ \mathbb{R}) \to \mathbb{R}_+$*, borélienne,*

$$E\left[F\left(\frac{1}{\sqrt{T}}(1 - B_{uT})\ ;\ u \leq 1\right)\right] = E\left[F(R_{1-u}\ ;\ u \leq 1)\ \frac{1}{2R_1^2}\right]$$

où $(R_u, u \leq 1)$ *désigne ici un processus de Bessel de dimension 3, issu de 0.*

Démonstration : Elle découle du théorème 3, et du théorème de retournement de Williams [7] selon lequel : $(B_u, u \leq T) \overset{(d)}{=} (1-R_{L-u}\ ;\ u \leq L)$.

3. DEMONSTRATION DES THEOREMES 1 et 2.

(3.1) En [1] (théorème 6.1)), les auteurs donnent un résumé des principales formules de la théorie des excursions browniennes. En particulier, les identités suivantes ont lieu, entre mesures σ-finies sur l'espace $\mathcal{W}$ des fonctions continues ω définies sur un intervalle $[0,\zeta(\omega)] \subset [0,\infty]$:

$$\text{(3.a)} \qquad \int_0^\infty ds\ P^{\tau_s} = \int_0^\infty \frac{du}{\sqrt{2\pi u}}\ Q^u$$

où P^{τ_s} désigne la loi du mouvement brownien issu de 0, et arrêté en τ_s ;

Q^u désigne la loi du pont brownien de longueur u ;

$$\text{(3.b)} \qquad \int_0^\infty \frac{du}{\sqrt{2\pi u}}\ R^u = \int_0^\infty da\ S^{L_a}$$

où R^u désigne la loi du méandre brownien de longueur u ;

S^{L_a} désigne la loi du processus de Bessel de dimension 3, arrêté à son dernier temps de passage en a.

(3.2) Les théorèmes 1 et 2 découlent respectivement de *(3.a)* et *(3.b)*. La démonstration du théorème 2 à partir de *(3.b)* étant faite en [1], montrons comment le théorème 1 découle de *(3.a)*.

D'après *(3.a)*, on a, pour toute fonctionnelle $F : C([0,1]\,;\mathbb{R}) \to \mathbb{R}_+$, borélienne, et toute fonction $h : \mathbb{R}_+ \to \mathbb{R}_+$ borélienne :

$$\int_0^\infty ds\, E[F(\frac{1}{\sqrt{\tau_s}} B_{u\tau_s}\ ;\ u \le 1)\, h(\tau_s)] = \int_0^\infty \frac{du}{\sqrt{2\pi u}}\, h(u)\, E[F(\frac{1}{\sqrt{u}}\, p(vu)\ ;\ v \le 1)]$$

ce qui équivaut, par scaling, à :

$$\int_0^\infty ds\, E[F(\frac{1}{\sqrt{\tau_1}} B_{u\tau_1}\ ;\ u \le 1)\, h(s^2\tau_1)] = \int_0^\infty \frac{du}{\sqrt{2\pi u}}\, h(u)\, E[F(p(v)\ ;\ v \le 1)].$$

En faisant le changement de variables $t = s^2\tau_1$ dans le membre de gauche, il vient

$$(3.c) \qquad E\Big[\frac{1}{\sqrt{\tau_1}}\, F(\frac{1}{\sqrt{\tau_1}} B_{u\tau_1}\ ;\ u \le 1)\Big] = \sqrt{\frac{2}{\pi}}\, E[F(p(v)\ ;\ v \le 1)].$$

Cette identité équivaut à *(1.a)*, une fois remarqué le fait que le temps local de $(X_u \equiv \frac{1}{\sqrt{\tau_1}} B_{u\tau_1}\ ;\ u \le 1)$ au niveau 0, et au temps 1, est $\frac{1}{\sqrt{\tau_1}}$.

4. <u>*QUELQUES REMARQUES RELATIVES AU THEOREME 1.*</u>

(4.1) Notons λ le temps local au niveau 0, et au temps 1, du pont brownien. Nous venons de remarquer que le temps local de $(X_u \equiv \frac{1}{\sqrt{\tau_1}} B_{u\tau_1}\ ;\ u \le 1)$ au niveau 0 et au temps 1 est $\frac{1}{\sqrt{\tau_1}}$.

On a donc, d'après la formule *(1.a)*, ou mieux *(3.c)* : pour toute fonction $f : \mathbb{R}_+ \to \mathbb{R}_+$, borélienne,

$$(4.a) \qquad E[f(\lambda)] = E[\sqrt{\frac{\pi}{2\tau_1}}\, f(\frac{1}{\sqrt{\tau_1}})].$$

Or, $\frac{1}{\sqrt{\tau_1}} \overset{(d)}{=} |N|$, où N désigne une variable gaussienne, réelle, centrée, réduite.

On déduit alors de *(4.a)* que :

$$(4.b) \qquad \lambda \overset{(d)}{=} |Z_1| \overset{(d)}{=} \sqrt{2\mathbf{e}},$$

où Z_1 désigne la valeur au temps 1 du mouvement brownien complexe issu de 0, et $\mathbf{e}$ une variable exponentielle de paramètre 1.

L'identité en loi *(4.b)* peut bien sûr être déduite directement de la connaissance de la loi conjointe de $(B_1 ; \ell_1)$ ou bien encore du résultat *(2.1)* qui entraîne :

$$\ell_1 \overset{(d)}{=} \sqrt{g_1}\cdot\lambda$$

avec g_1 et λ indépendantes. Or, on sait par ailleurs que :

$$\ell_1 \overset{(d)}{=} |N| \overset{(d)}{=} \sqrt{g_1\cdot(2e)},$$

avec g_1 et e indépendantes, et e variable exponentielle de paramètre 1.

(4.2) Inversement, ayant remarqué l'identité en loi *(4.b)*, dont *(4.a)* découle, on peut donner une démonstration plus intuitive du théorème 1, que celle, rigoureuse, mais un peu formelle, donnée en *(3.2)*.
En effet, il suffit alors de montrer que :

$$((\frac{1}{a} B_{ua^2} ; u \leq 1) \, |\tau_1 = a^2) \overset{(d)}{=} ((p(u),u \leq 1) | \, \lambda = \frac{1}{a}),$$

ce qui équivaut, par scaling d'une part, et par définition de p d'autre part, à :

$$((B_u,u \leq 1) \, |\tau_x = 1) \overset{(d)}{=} ((B_u,u \leq 1) | B_1 = 0 ; \ell_1 = x)$$

où l'on a posé $x = 1/_a$.
Or, conditionner par $(\tau_x = 1)$ revient à conditionner par $B_1 = 0$ et $\ell_1 = x$.

(4.3) Pour compléter la description de X, donnons sa représentation comme semi-martingale, précisément : X est la somme d'un mouvement brownien, et d'un processus à variation bornée.
En effet, lorsqu'on fait le grossissement initial de la filtration du mouvement brownien B avec la variable τ_1, on obtient (cf : [5], Récapitulatif, par ex.) dans la filtration ainsi grossie :

$$(4.c) \qquad B_t = \beta_t + \int_0^{t\wedge\tau_1} ds \, \mathrm{sgn}(B_s) \left\{ \frac{1}{1-\ell_s+|B_s|} - \frac{1-\ell_s+|B_s|}{\tau_1-s} \right\}$$

avec $(\beta_t, t \geq 0)$ mouvement Brownien indépendent de τ_1.

On en déduit, par scaling de rapport τ_1 :

$$(4.d) \qquad X_t = \hat{\beta}_t + \int_0^t ds \, \mathrm{sgn}(X_s) \left\{ \frac{1}{L_1-L_s+|X_s|} - \frac{L_1-L_s+|X_s|}{1-s} \right\}$$

où l'on a noté : $L_u = \frac{1}{\sqrt{\tau_1}} \ell_{u\tau_1}$ $(u \leq 1)$ le temps local en 0 de $(X_u, u \leq 1)$,

et $(\hat{\beta}_t = \frac{1}{\sqrt{\tau_1}} \beta_{t\tau_1} ; t \leq 1)$ un nouveau mouvement brownien.

Remarquons encore, à l'aide de l'identité en loi dûe à P. Lévy :

$$(|B_t|,\ell_t\ ;\ t\geq 0) \overset{(d)}{=} (S_t-B_t,S_t\ ;\ t\geq 0),\quad \text{où}\quad S_t = \sup_{s\leq t} B_s,$$

que, lorsque l'on fait le grossissement initial de la filtration de B avec la variable $T \equiv \inf\{t : B_t = 1\}$, on obtient, d'après la formule (4.c) :

$$(4.e)\qquad B_t = \beta_t - \int_0^{t\wedge T} ds \left\{\frac{1}{1-B_s} - \frac{1-B_s}{T-s}\right\}$$

(cf : Jeulin [4], p. 53, et [5], Récapitulatif, p. 306).

5. APPLICATION AUX TEMPS LOCAUX DU PONT BROWNIEN.

Remarquons que si $(\ell_t^a\ ;\ a\in\mathbb{R},t\geq 0)$ désigne la famille des temps locaux du mouvement Brownien B, alors $(L^a \equiv \frac{1}{\sqrt{\tau_1}}\ \ell_{\tau_1}^{a\sqrt{\tau_1}}\ ;\ a\in\mathbb{R})$ est la famille des densités d'occupation du processus

$$(X_u \equiv \frac{1}{\sqrt{\tau_1}} B_{u\tau_1}\ ;\ u\leq 1),\qquad\qquad \text{c'est-à-dire :}$$

pour toute fonction $f : \mathbb{R}\to\mathbb{R}_+$, borélienne,

$$\int_0^1 du\, f(X_u) = \int da\, f(a)L^a.$$

D'autre part, d'après le théorème de Ray-Knight sur les temps locaux browniens, $(C_a \equiv \ell_{\tau_1}^a + \ell_{\tau_1}^{-a}\ ;\ a\geq 0)$ est un carré de processus de Bessel de dimension 0, issu de 2 en $a = 0$. On a le :

Théorème 5 : *Soit $(\lambda^a\ ;\ a\geq 0)$ la famille des densités d'occupation de la valeur absolue du pont brownien. Alors :*

1) pour toute fonctionnelle $F : C(\mathbb{R}_+,\mathbb{R}_+)\to\mathbb{R}_+$, borélienne,

$$E[F(\lambda^a\ ;\ a\geq 0)] = E[F(\frac{1}{\sqrt{\tau}} C_{a\sqrt{\tau}}\ ;\ a\geq 0)\sqrt{\frac{\pi}{2\tau}}]$$

où $(C_a, a\geq 0)$ désigne le carré d'un processus de Bessel de dimension 0, issu de 2, et $\tau = \int_0^\infty da\, C_a$.

2) ([1]) Notons $k_t = \sup\{y : \int_y^\infty \lambda^a\, da > t\}$

Alors : $(\frac{1}{2}\lambda^{k_t}\ ;\ t\leq 1)$ est un méandre brownien.

Démonstration : 1) La première assertion découle de l'identité (1.a) et de ce que, d'après le théorème de Ray-Knight sur les temps locaux browniens, $(\ell_{\tau_1}^a\ ;\ a\geq 0)$ et

$(\ell_{\tau_1}^{-a}\ ;\ a \geq 0)$ sont deux carrés de processus de Bessel de dimension 0, issus de 1, indépendants.

2) Posons $h_t = \sup\{y : \int_y^\infty \frac{1}{\sqrt{\tau}} C_{a\sqrt{\tau}}\, da > t\}$.

Un calcul élémentaire montre que :

$$h_t \cdot \sqrt{\tau} = \tilde{k}_{t\tau}\ , \quad \text{où} \quad \tilde{k}_t = \sup\{z : \int_z^\infty db\, C_b > t\}.$$

On a alors : $\tilde{k}_{\tau-u} = \inf\{z : \int_0^z db\, C_b > u\}$.

D'après les résultats sur les changements de temps de processus de Bessel, on a :

$$\frac{1}{2} C_{\tilde{k}_{\tau-u}} = \hat{R}_u$$

avec $\hat{R}$ processus de Bessel d'indice $(-1/_2)$, et $\hat{T}_0 \equiv \inf\{t : \hat{R}_t = 0\} = \tau$.

Soit R le retourné en $\hat{T}_0$ de $\hat{R}$; R est un processus de Bessel de dimension 3,

et on a : $\frac{1}{2} C_{\tilde{k}_{\tau u}} = R_{u\hat{T}_0}$.

On a maintenant, à l'aide de ces remarques :

$$E[F(\tfrac{1}{2}\lambda^{k_t}\ ;\ t \leq 1)] = E\Big[F(\frac{1}{\sqrt{\hat{T}_0}} R_{t\hat{T}_0}\ ;\ t \leq 1)\sqrt{\frac{\pi}{2\hat{T}_0}}\Big]$$

(d'après le théorème 3)
$$= E\Big[F(R_u\ ;\ u \leq 1)\sqrt{\frac{\pi}{2}}\, R_1\, \frac{1}{R_1^2}\Big]$$

(d'après le théorème 2)
$$= E[F(m(u)\ ;\ u \leq 1)]$$

REFERENCES :

[1] *Ph. BIANE, M. YOR* : Valeurs principales associées aux temps locaux browniens. Bull. Sciences Mathématiques, 1987.

[2] *K.L. CHUNG* : Excursions in Brownian motion. Ark. für Math. 14, 155-177 (1976).

[3] *R.K. GETOOR* : The Brownian escape process. Annals of Proba, 7, 864-867 (1979).

[4] *Th. JEULIN* : Semi-martingales et grossissement d'une filtration. Lect. Notes in Maths. 833. Springer (1980).

[5] *Th. JEULIN, M. YOR (eds)* : Grossissement de filtrations : exemples et applications. Lect. Notes in Maths. 1118. Springer (1985).

[6] *J.W. PITMAN, M. YOR* : Bessel processes and infinitely divisible laws. In : "Stochastic Integrals", ed. D. Williams, Lect. Notes in Maths. 851. Springer (1981).

[7] *D. WILLIAMS* : Path decomposition and continuity of local times for one-dimensional diffusions. Proc. London Math. Soc.(3) 28, 738-768 (1974).

TRIBUS HOMOGENES ET COMMUTATION DE PROJECTIONS

par Sonia Fourati et Erik Lenglart

INTRODUCTION par C. Dellacherie

Puisque le hasard permet pour une fois au dactylographe de prendre la plume, je ne peux résister à la tentation. Dans sa thèse de 3e cycle dirigée par J. Azéma et E. Lenglart, S. Fourati a exposé sa belle découverte, une unification de la théorie générale des processus de Meyer [3] et de celle obtenue par retournement du temps par Azéma [2], en mettant à profit la notion de tribu de Meyer de Lenglart [7], et ses applications à la théorie des processus de Markov. L'article qui suit reprend, avec des aménagements et des améliorations, l'exposé de cet apogée de la théorie générale des processus, y compris le traitement unifié qu'il permet des problèmes de commutation de projections initiés par Azéma [2],[8] et Atkinson [1],[10]. Un second article de Fourati sera consacré aux applications à la théorie des processus de Markov.

La théorie générale des processus "classique" s'est imposée, au fil des années, comme un outil indispensable dans l'étude des processus de Markov indexés par $\mathbb{R}_+$. Maintenant que celle-ci fait aussi intervenir, par le biais du théorème de Kuznetsov, des processus indexés par $\mathbb{R}$, je ne serais pas étonné que la théorie présentée ici se révèle fort utile. Mais, laissons la parole aux auteurs.

TRIBUS HOMOGENES

La théorie des processus habituelle repose essentiellement sur les concepts de tribus prévisible ou optionnelle, ou, plus généralement, sur celui de <u>tribu de Meyer</u>, tribu sur $\mathbb{R}_+\times\Omega$ engendrée par des processus càdlàg et les processus déterministes, et stable par arrêt aux temps constants. En théorie des processus de Markov homogènes, l'opération d'arrêt aux temps constants détruit l'homogénéité, et c'est l'opérateur de translation qui prédomine. Nous allons, dans cette première section, exposer un cadre général recouvrant à la fois les tribus homogènes classiques et les tribus de Meyer.

Par raison de symétrie passé/futur, il est naturel de se placer ici sur $\mathbb{R}\times\Omega$. Etant donné $s\in\mathbb{R}$ et X un processus défini sur $\mathbb{R}$, nous noterons $\theta_s(X)$ le processus $(t,\omega) \to X_{t+s}(\omega)$.

DEFINITION 1.1.- On appelle tribu homogène du passé (resp du futur) toute tribu $\underline{\underline{H}}$ sur $\mathbb{R}\times\Omega$

- engendrée par des processus càdlàg (resp càglàd)
- stable par translation vers le passé (resp vers le futur) :
  pour tout $s\leq 0$ (resp $s\geq 0$) et tout processus $\underline{\underline{H}}$-mesurable X, le processus $\theta_s(X)$ est encore $\underline{\underline{H}}$-mesurable.

Par la suite, on réservera la notation $\underline{\underline{H}}$ à une tribu (homogène) du passé et on écrirera $\hat{\underline{\underline{H}}}$ une tribu (homogène) du futur. Et, comme la transformation de t en -t échange les rôles passé/futur, on privilégiera l'étude des tribus du passé. Pour situer ces tribus, montrons qu'il ne leur manque éventuellement que de "contenir" les processus déterministes (i.e. la tribu $\underline{\underline{D}} = \underline{\underline{B}}(\mathbb{R})\times\{\emptyset,\Omega\}$) pour être des tribus de Meyer. Ceci jouera un rôle fondamental.

THEOREME 1.2.- Soit $\underline{\underline{H}}$ une tribu homogène du passé. La tribu $\underline{\underline{H}}\vee\underline{\underline{D}}$ est une tribu de Meyer sur $\mathbb{R}\times\Omega$.

D/ Il suffit de montrer que cette tribu est stable par arrêt aux temps constants. Soient X un processus càdlàg $\underline{\underline{H}}$-mesurable et $t\in\mathbb{R}$. On a

$$X^t = X1_{]-\infty,t]} + X_t 1_{]t,+\infty[}$$

et il suffit donc de montrer que $X_t 1_{]t,+\infty[}$ est $\underline{\underline{H}}\vee\underline{\underline{D}}$-mesurable. Posons

$$Y^n = \sum_{k\geq 0} \theta_{-k/n}(X) 1_{]t+\frac{k}{n},t+\frac{k+1}{n}]}$$

Il est clair que Y^n est $\underline{\underline{H}}\vee\underline{\underline{D}}$-mesurable, et que, par continuité à droite, Y^n converge simplement vers $X_t 1_{]t,+\infty[}$. On termine la démonstration par un argument de classe monotone.

On voit donc qu'une tribu homogène du passé est une tribu de Meyer (sur $\mathbb{R}\times\Omega$) si et seulement si elle "contient" les processus déterministes. Pour bien comprendre le rôle des processus déterministes, considérons l'exemple suivant où X est un processus càdlàg. La plus petite tribu de Meyer rendant X mesurable est la tribu $\underline{\underline{A}}^X$ engendrée par le processus $(t,\omega) \to (t,X^t_\cdot(\omega))$; la plus petite tribu homogène du passé rendant X mesurable est la tribu $\underline{\underline{H}}^X$ engendrée par le processus $(t,\omega) \to \theta_t(X)^0_\cdot(\omega)$. Un processus Z est $\underline{\underline{A}}^X$-mesurable (resp $\underline{\underline{H}}^X$-mesurable) ssi il existe une fonction mesurable f telle que $Z_t = f(t,X^t_\cdot)$ (resp $Z_t = f(\theta_t(X)^0_\cdot)$ pour tout t. On peut aussi voir que la tribu $\underline{\underline{A}}^X$ est la tribu homogène $\underline{\underline{H}}^{\tilde{X}}$ où $\tilde{X}_t = (t,X_t(\omega))$.

Comme dans la théorie habituelle, il nous faut introduire les analogues des tribus prévisible et optionnelle associées à notre tribu homogène du passé $\underline{\underline{H}}$ ou du futur $\hat{\underline{\underline{H}}}$. Si $\underline{\underline{E}}$ est une tribu sur $\mathbb{R}\times\Omega$, nous noterons $\theta_t(\underline{\underline{E}})$ la tribu engendrée, pour $t\in\mathbb{R}$, par les processus $\theta_t(X)$ où X décrit les processus $\underline{\underline{E}}$-mesurables. La famille de tribus $(\theta_t(\underline{\underline{H}}))_{t\in\mathbb{R}}$

est croissante tandis que la famille $(\theta_t(\hat{\underline{\underline{H}}}))_{t\in\mathbb{R}}$ est décroissante.

DEFINITION 1.3.- *Soit* $\underline{\underline{H}}$ *une tribu homogène du passé.*

La tribu du passé strict de $\underline{\underline{H}}$, *notée* $\underline{\underline{S}}$, *est égale à* $\bigvee_{t<0} \theta_t(\underline{\underline{H}})$

La tribu progressive de $\underline{\underline{H}}$, *notée* $\underline{\underline{H}}^+$, *est égale à* $\bigcap_{t>0} \theta_t(\underline{\underline{H}})$

La tribu du passé large de $\underline{\underline{H}}$, *notée* $\underline{\underline{L}}$, *est égale à la tribu engendrée par les processus càdlàg* $\underline{\underline{H}}$*-progressifs*.

On a bien entendu $\underline{\underline{S}}\subset\underline{\underline{H}}\subset\underline{\underline{L}}\subset\underline{\underline{H}}^+$; si X est làdlàg $\underline{\underline{H}}$-mesurable, alors X_- est $\underline{\underline{S}}$-mesurable et X_+ est $\underline{\underline{L}}$-mesurable. Dans le cas d'une tribu de Meyer $\underline{\underline{A}}$, de filtration $(\underline{\underline{A}}_t)_{t\in\mathbb{R}}$ (i.e. $\underline{\underline{A}}_t = \sigma(X_t$, X $\underline{\underline{A}}$-mesurable), $\underline{\underline{S}}$ est la tribu prévisible de $(\underline{\underline{A}}_t)$ et $\underline{\underline{L}}$ est la tribu optionnelle de $(\underline{\underline{A}}_{t+})$.

On obtient évidemment par symétrie ($t \to -t$) les notions analogues pour une tribu homogène du futur $\hat{\underline{\underline{H}}}$:

$\hat{\underline{\underline{S}}} = \bigvee_{t>0} \theta_t(\hat{\underline{\underline{H}}})$ est la *tribu du futur strict de* $\hat{\underline{\underline{H}}}$ (les "coprévisibles")

$\hat{\underline{\underline{H}}}^- = \bigcap_{t<0} \theta_t(\hat{\underline{\underline{H}}})$ est la *tribu coprogressive de* $\hat{\underline{\underline{H}}}$

$\hat{\underline{\underline{L}}}$ = la tribu engendrée par les processus càglàd coprogressifs est la *tribu du futur large de* $\hat{\underline{\underline{H}}}$ (les "cooptionnels"). On a $\hat{\underline{\underline{S}}}\subset\hat{\underline{\underline{H}}}\subset\hat{\underline{\underline{L}}}\subset\hat{\underline{\underline{H}}}^-$.

TEMPS D'ARRET, CO-TEMPS D'ARRET

DEFINITION 1.4.- *Si* $\underline{\underline{H}}$ *est une tribu homogène du passé, on appelle* temps d'arrêt de $\underline{\underline{H}}$ *toute application* T *de* Ω *dans* $[-\infty,+\infty]$ *telle que l'intervalle stochastique* $[\![T,+\infty[\![$ (*sur* $\mathbb{R}\times\Omega$) *appartienne à* $\underline{\underline{H}}$.

On note $\mathbb{T}(\underline{\underline{H}})$ l'ensemble des t.a. de $\underline{\underline{H}}$. $\mathbb{T}(\underline{\underline{H}})$ est stable par sup et inf finis, contient $-\infty$ et $+\infty$, et est stable par limite croissante et par limite stationnaire ; par translation, on voit que T+t est dans $\mathbb{T}(\underline{\underline{H}})$ pour $T\in\mathbb{T}(\underline{\underline{H}})$ et $t\geq 0$. Par ailleurs, on voit que $]\!]T,+\infty[\![\,\in\underline{\underline{H}}$ équivaut à $]\!]T,+\infty[\![\,\in\underline{\underline{S}}$, et aussi à $[\![T,+\infty[\![\,\in\underline{\underline{L}}$ et donc au fait que T est un temps d'arrêt de $\underline{\underline{L}}$. Nous appellerons *t.a. larges de* $\underline{\underline{H}}$ *les t.a. de* $\underline{\underline{L}}$.

Nous laissons au lecteur les énoncés équivalents pour le futur, la notion analogue à celle de temps d'arrêt de $\underline{\underline{H}}$ étant celle de cotemps d'arrêt de $\hat{\underline{\underline{H}}}$ (i.e. $]\!]-\infty,T]\!]\in\hat{\underline{\underline{H}}}$). Nous continuerons par la suite à privilégier l'étude d'une tribu homogène du passé $\underline{\underline{H}}$.

THEOREME 1.5.- *Si* T *est une t.a. large de* $\underline{\underline{H}}$ *et* X *est* $\underline{\underline{H}}$*-mesurable, alors* $X^T 1_{\{T>-\infty\}}$ *est encore* $\underline{\underline{H}}$*-mesurable*.

D/ On a $\mathbb{R}\times\{T=-\infty\} = \bigcap_{s\in\mathbb{Q}_+}]\!]T+s,+\infty[\![$, ce qui prouve que le processus constant $1_{\{T>-\infty\}}$ est $\underline{\underline{H}}$-mesurable. On peut alors supposer que $X_{-\infty} = 0$ et, par classe monotone, supposer que X est càdlàg. On a alors

$$X^T = X1_{]\!]-\infty,T]\!]} + X_T 1_{]\!]T,+\infty[\![}$$

La démonstration est alors analogue à celle du théorème 1.2 en y remplaçant t par T.

Voici le théorème fondamental sur les temps d'arrêt. Nous supposons Ω équipé d'une probabilité P et d'une tribu $\underline{\underline{F}}$ P-complète, et $\underline{\underline{H}}$ incluse dans $\underline{\underline{B}}(\mathbb{R})\times\underline{\underline{F}}$.

THEOREME 1.6.- <u>Le début de tout ensemble $\underline{\underline{H}}$-progressif est p.s. égal à un temps d'arrêt large de $\underline{\underline{H}}$ (i.e. un t.a. de $\underline{\underline{L}}$).</u>

<u>D</u>/ Si X est un processus, nous noterons $\bar{X}$ le processus défini sur $]0,+\infty[\times(\mathbb{R}\times\Omega)$ par $\bar{X}_s(t,\omega)=X_{t-s}(\omega)$. Si, pour un $\varepsilon>0$, X est un processus càdlàg $\theta_\varepsilon(\underline{\underline{H}})$-mesurable, il est clair que, pour tout $s>\varepsilon$, le processus $\bar{X}_s$ est $\underline{\underline{S}}$-mesurable ; donc, le processus $\bar{X}$ restreint à $]\varepsilon,+\infty[\times(\mathbb{R}\times\Omega)$ est $\underline{\underline{B}}(]\varepsilon,+\infty[)\times\underline{\underline{S}}$-mesurable. Par classe monotone, cela s'étend à tout processus X $\theta_\varepsilon(\underline{\underline{H}})$-mesurable ; par conséquent, si X est $\underline{\underline{H}}$-progressif, alors $\bar{X}$ est $\underline{\underline{B}}(]0,+\infty[)\times\underline{\underline{S}}$-mesurable.

Soit maintenant $A\in\underline{\underline{H}}^+$ et $D_A(\omega)=\inf\{t:(t,\omega)\in A\}$. D'après ce qui précède, l'ensemble $\bar{A}=\{(s,t,\omega)\in]0,+\infty[\times(\mathbb{R}\times\Omega) : (t-s,\omega)\in A\}$ appartient à $\underline{\underline{B}}(]0,+\infty[)\times\underline{\underline{S}}$ et donc $]\!]D_A,+\infty[\![$, projection de $\bar{A}$ sur $\mathbb{R}\times\Omega$, est $\underline{\underline{S}}$-analytique.

Arrivé à ce point, nous allons utiliser un outil "essentiel" (bien que caché au "coeur" de la théorie) : <u>la régularisation pour la topologie essentielle</u>. Nous renvoyons le lecteur à [3] pour cette notion et ses propriétés. Considérons la mesure $\lambda\times P$ sur $(\mathbb{R}\times\Omega,\underline{\underline{M}})$ où λ désigne la mesure de Lebesgue et $\underline{\underline{M}}$ la tribu $\underline{\underline{B}}(\mathbb{R})\times\underline{\underline{F}}$. Il existe $B\in\underline{\underline{S}}$ tel que $\{1_{]\!]D_A,+\infty[\![}\neq 1_B\}$ soit $\lambda\times P$-négligeable. D'après le théorème de Fubini, il existe alors un ensemble négligeable N de $\underline{\underline{F}}$ tel que, pour $\omega\notin N$, on ait $1_{]\!]D_A,+\infty[\![}(t,\omega)=1_B(t,\omega)$ pour presque tout t. Posons alors

$$Z_t(\omega) = \sup_{s<t}\text{ess}\; 1_B(s,\omega)$$

On voit sans peine que le processus Z est $\underline{\underline{S}}$-mesurable, continu à gauche et à valeurs dans $\{0,1\}$. Pour $\omega\notin N$, $Z_\cdot(\omega)$ est λ-p.p. égal à $1_B(\cdot,\omega)$ et donc à $1_{]\!]D_A,+\infty[\![}$. Soit alors $T=\inf\{t:Z_t=1\}$: $]\!]T,+\infty[\![$, égal à $\{Z=1\}$, appartient à $\underline{\underline{S}}$, et, pour $\omega\notin N$, on a $]T(\omega),+\infty[\,=\,]D_A(\omega),+\infty[$. Finalement, on a $T=D_A$ P-p.s..

Voici un autre résultat fondamental, mais de démonstration très classique (elle repose sur le fait que T est un t.a. de $\underline{\underline{H}}$ ssi on a $]\!]T,+\infty[\![\in\underline{\underline{S}}$ et $[\![T]\!]\in\underline{\underline{H}}$).

THEOREME 1.7.- <u>Soit</u> X <u>un processus càdlàg $\underline{\underline{H}}$-mesurable à valeurs dans un espace métrisable</u> E <u>et</u> F <u>un fermé de</u> E(*). <u>Alors</u>

$$T = \inf\{t : X_t\in F \text{ ou } X_{t-}\in F\}$$

<u>est un temps d'arrêt de $\underline{\underline{H}}$</u>.

(*) en considérant $d(X_t,F)$, où d est une distance définissant la topologie de E, on se ramène au cas où $E=\mathbb{R}_+$ et $F=\{0\}$!

FILTRATION ET TRIBU DE SECTION ASSOCIEES A $\underline{\underline{H}}$

Etant donné une tribu homogène du passé $\underline{\underline{H}}$, nous désignerons par $\underline{\underline{H}}_{-\infty}$ la tribu sur Ω engendrée par les v.a. $X_{-\infty} = \lim_{t\to-\infty} X_t$ où X parcourt les processus $\underline{\underline{H}}$-mesurable ayant une limite en $-\infty$, et par $\underline{\underline{H}}_{+\infty}$ la tribu sur Ω engendrée par les v.a. de la forme $X_T 1_{\{T\in\mathbb{R}\}}$ où X parcourt les processus $\underline{\underline{H}}$-mesurables et T les t.a. de $\underline{\underline{H}}$. Un processus X défini sur $\overline{\mathbb{R}}$ sera alors dit $\underline{\underline{H}}$-mesurable si $X_{-\infty}$ (resp $X_{+\infty}$) est $\underline{\underline{H}}_{-\infty}$- (resp $\underline{\underline{H}}_{+\infty}$-) mesurable et si $X_{|\mathbb{R}\times\Omega}$ est $\underline{\underline{H}}$-mesurable.

DEFINITION 1.8.- Si T est un temps (i.e. une v.a. à valeurs dans $[-\infty,+\infty]$), on appelle tribu des évènements antérieurs à T la tribu $\underline{\underline{H}}_T$ sur Ω engendrée par les v.a. X_T où X parcourt les processus définis sur $\overline{\mathbb{R}}$ et $\underline{\underline{H}}$-mesurables.

On voit facilement que, si S et T sont des t.a. larges de $\underline{\underline{H}}$ avec $S \leq T$, on a $\underline{\underline{H}}_S \subset \underline{\underline{H}}_T$. Par ailleurs, du fait que, pour X $\underline{\underline{H}}$-mesurable et $T\in\mathbb{T}(\underline{\underline{H}})$, $X_T 1_{[\![T,+\infty[\![}$ est $\underline{\underline{H}}$-mesurable si $X_{-\infty}$ existe (démonstration analogue à celle du th.1.2), on voit que l'on a $A\in\underline{\underline{H}}_T$ ssi $T_A\in\mathbb{T}(\underline{\underline{H}})$ pour tout $T\in\mathbb{T}(\underline{\underline{H}})$. Enfin, pour $S\in\mathbb{T}(\underline{\underline{L}})$ et T quelconque, on a $\{S<T\}\in\underline{\underline{H}}_T$; pour $S\in\mathbb{T}(\underline{\underline{H}})$, on a aussi $\{S=T\}\in\underline{\underline{H}}_T$.

DEFINITION 1.9.- Nous appellerons tribu de section la tribu $\underline{\underline{H}}^s$ sur $\mathbb{R}\times\Omega$ engendrée par les intervalles stochastiques $[\![T,+\infty[\![$, T t.a. de $\underline{\underline{H}}$.

Il est clair que $\underline{\underline{H}}^s$ est une tribu homogène du passé incluse dans $\underline{\underline{H}}$. Si $\underline{\underline{A}}$ est une tribu de Meyer, on sait que $\underline{\underline{A}} = \underline{\underline{A}}^s$. Dans notre cadre, on peut avoir $\underline{\underline{H}} \neq \underline{\underline{H}}^s$.

THEOREME 1.10.- La tribu $\underline{\underline{H}}^s$ est engendrée par les processus càdlàg $\underline{\underline{H}}$-mesurables ayant une limite (dans $\overline{\mathbb{R}}$) en $-\infty$.

D/ Il est clair que $\underline{\underline{H}}^s$ est engendrée par de tels processus. Soit maintenant X un processus de ce type. Quitte à considérer Arctg X, on peut supposer la limite $X_{-\infty}$ finie. Le processus constamment égal à $X_{-\infty}$ est $\underline{\underline{H}}$-mesurable (car égal à $\lim_n \theta_{-n}(X)$). Montrons que X est $\underline{\underline{H}}^s$-mesurable. Soit $\varepsilon>0$; posons $T_0^\varepsilon = -\infty$, puis, par récurrence

$$T_{n+1}^\varepsilon = \inf\{t : |X_t - X_{T_n}| \geq \varepsilon \text{ ou } |X_{t-} - X_{T_n}| \geq \varepsilon\}$$

Les T_n^ε sont des t.a. de $\underline{\underline{H}}$ (th.1.7), et on a $|X-X^\varepsilon| \leq \varepsilon$ où on a posé

$$X^\varepsilon = \sum X_{T_n^\varepsilon} 1_{[\![T_n^\varepsilon, T_{n+1}^\varepsilon[\![}$$

On est donc ramené aux processus de la forme $X_T 1_{[\![T,+\infty[\![}$, et finalement aux processus $1_A 1_{[\![T,+\infty[\![} = 1_{[\![T_A,+\infty[\![}$ avec $A\in\underline{\underline{H}}_T$.

COROLLAIRE 1.11.- On a $\underline{\underline{H}} = \underline{\underline{H}}^s$ ssi $\underline{\underline{H}}$ est engendrée par des processus càdlàg ayant une limite en $-\infty$.

Ce résultat peut encore s'interpréter en disant qu'on a $\underline{\underline{H}} = \underline{\underline{H}}^s$ ssi

$\underline{\underline{H}}$ est engendrée par des processus càdlàg transients dans le passé. On retrouve là, dans le passé, ce que Meyer appelle hypothèse de transience dans [8].

TEMPS DE NAISSANCE, INTERVALLE DE VIE

Nous supposons $(\Omega,\underline{\underline{F}},P)$ complet et $\underline{\underline{H}}$ incluse dans $\underline{\underline{M}} = \underline{\underline{B}}(\mathbb{R})\times\underline{\underline{F}}$. La tribu $\underline{\underline{N}}$ des ensembles évanescents mesurables est une tribu homogène et on appellera P-complétée de $\underline{\underline{H}}$ la tribu $\underline{\underline{H}}^P = \underline{\underline{H}}\vee\underline{\underline{N}}$, qui est la tribu des processus mesurables indistinguables d'un processus $\underline{\underline{H}}$-mesurable. Un t.a. de $\underline{\underline{H}}^P$ est un temps p.s. égal à un t.a. de $\underline{\underline{H}}$, et réciproquement. Enfin, si T est un temps, on a $\underline{\underline{H}}_T^P = \underline{\underline{H}}_T\vee\underline{\underline{N}}_{\underline{\underline{F}}}$ où $\underline{\underline{N}}_{\underline{\underline{F}}}$ est la tribu engendrée par les éléments négligeables de $\underline{\underline{F}}$.

Nous supposerons désormais que $\underline{\underline{H}}$ est P-complète, ce qui ne nuira pas à la généralité mais rendra les énoncés plus simples (débarrassés des "p.s.", "indistinguables", etc).

DEFINITION 1.12.- Nous dirons qu'un temps T est $\underline{\underline{H}}$-accessible s'il existe une suite (S_n) de t.a. de $\underline{\underline{H}}$ telle que $P[\bigcup_n\{S_n = T < \infty\}] = P[T < +\infty]$.

Nous dirons qu'un temps T est totalement $\underline{\underline{H}}$-inaccessible si, pour tout t.a. S de $\underline{\underline{H}}$, on a $P[S = T < \infty] = 0$.

Soit T un temps, $A = \text{ess sup}\{\bigcup_n\{T_n = T < \infty\}\ ;\ (T_n) \text{ suite de t.a. de } \underline{\underline{H}}\}$ et $B = \{T<\infty\}\cap A^c$: on a clairement $A\in\underline{\underline{F}}_T$, T_A $\underline{\underline{H}}$-accessible (on le notera T_h) et T_B totalement $\underline{\underline{H}}$-inaccessible (on le notera T_i).

DEFINITION 1.13.- Nous appellerons temps de naissance de $\underline{\underline{H}}$ tout t.a. large α de $\underline{\underline{H}}$ vérifiant $\alpha = \text{ess inf}\{T\in\mathbf{T}(\underline{\underline{H}})\ :\ T > -\infty\}$.

On peut démontrer que α_h est un t.a. de $\underline{\underline{H}}$ et que l'intervalle $[\![\alpha_h]\!]\cup]\!]\alpha,+\infty[\![$ est le plus grand intervalle stochastique $\underline{\underline{H}}$-mesurable inclus dans $[\![\alpha,+\infty[\![$ (à l'indistinguabilité près). Nous l'appellerons l'intervalle de vie de $\underline{\underline{H}}$ et le noterons $V(\underline{\underline{H}})$.

Il est clair que $V(\underline{\underline{L}}) = [\![\alpha,+\infty[\![$. On peut démontrer (cf [5]) qu'il existe une suite (T_n) de t.a. de $\underline{\underline{H}}$ telle que $T_n\downarrow\alpha$, $T_n > -\infty$ et que $V(\underline{\underline{H}}) = \bigcup_n[\![T_n,+\infty[\![$. On voit facilement qu'on a $V(\underline{\underline{H}})\in\underline{\underline{H}}^s$ et $\underline{\underline{H}} = \underline{\underline{H}}^s$ sur $V(\underline{\underline{H}})$.

THEOREME 1.14.- Soit X un processus $\underline{\underline{H}}$-mesurable ayant une limite en $-\infty$. Alors X est constant en t sur $V(\underline{\underline{H}})^c$.

D/ Notons $X_{-\infty}$ la limite de X_t, que nous pouvons supposer finie. Soit $\varepsilon > 0$ et $T = \inf\{t : |X_t - X_{-\infty}| \geq \varepsilon\}$. On a $T\in\mathbf{T}(\underline{\underline{L}})$ et donc $T+\frac{1}{n}\in\mathbf{T}(\underline{\underline{H}})$. On en déduit que $]\!]\alpha,+\infty[\![$ contient $]\!]T,+\infty[\![$. Par suite, on a $X_t(\omega) = X_{-\infty}(\omega)$ pour $t<\alpha(\omega)$. Posons $Y = X_{-\infty}1_{V(\underline{\underline{H}})^c} + X1_{V(\underline{\underline{H}})}$. Les processus Y et X ne diffèrent qu'en un instant au plus (sur $\bar{\alpha}$). Posons $S = \inf\{t : X_t \neq Y_t\}$. On a $\{X\neq Y\} = [\![S]\!]$, et donc $S\in\mathbf{T}(\underline{\underline{H}})$ et $S > -\infty$. Ainsi, on a $[\![S]\!]\subset V(\underline{\underline{H}})$ et donc $S = +\infty$, ce qui prouve que $X = Y$.

LES TROIS GRANDS THEOREMES

Nous allons maintenant énoncer les trois principaux théorèmes de la théorie générale des processus (section, projection, projection duale). On sait que ceux-ci sont vrais pour une tribu de Meyer (cf [7]). En fait, nous ne saurons les démontrer que sur $V(\mathcal{H})^{(*)}$, et les démonstrations reposent essentiellement sur le fait que "après un t.a. de $\mathcal{H}$, $\mathcal{H}$ est une tribu de Meyer", que nous établissons maintenant.

THEOREME 1.15.- Soit $T\in\mathbb{T}(\mathcal{H})$ tel que $T>-\infty$ et $T\not\equiv+\infty$, et $\mathcal{H}_{[T}$ la tribu sur $\mathbb{R}_+\times\{T<+\infty\}$ engendrée par les processus Y de la forme $Y_t(\omega)=X_{T+t}(\omega)$ où X est $\mathcal{H}$-mesurable.

1) La tribu $\mathcal{H}_{[T}$ est une tribu de Meyer.
2) Un temps S est un t.a. de $\mathcal{H}_{[T}$ ssi $T+S$ est un t.a. de $\mathcal{H}$.
3) Si S est un t.a. de $\mathcal{H}_{[T}$, alors on a $(\mathcal{H}_{[T})_S=\mathcal{H}_{T+S}$.

D/ La tribu $\mathcal{H}_{[T}$ est engendrée par des processus càdlàg, et contient les processus déterministes car $1_{[\![t,+\infty[\![}(s)=1_{[\![T+t,+\infty[\![}(T+s)$. Vérifions la stabilité par arrêt aux temps constants. Si Y est $\mathcal{H}_{[T}$-mesurable et $s\geq 0$, le processus $u\to Y_{u-s}1_{[t+s,+\infty[}(u)=\Theta_{-s}(X1_{[\![T+t,+\infty[\![})(T+u)$ est clairement $\mathcal{H}_{[T}$-mesurable. La démonstration du th.1.2 montre alors que $X_t1_{[t,+\infty[}$ est $\mathcal{H}_{[T}$-mesurable, et donc aussi X^t. Cela termine le point 1). Les points 2) et 3) sont très simples et ne nécessitent qu'une vérification.

THEOREME DE SECTION 1.16.- Soit $B\in\mathcal{H}$, inclus dans $V(\mathcal{H})$. Pour tout $\varepsilon>0$, il existe un t.a. T de $\mathcal{H}$ à valeurs dans $]-\infty,+\infty]$ tel que $[\![T]\!]\subset B$ et $P[\mathrm{proj}_\Omega(B)]\leq P[T<+\infty]+\varepsilon$.

D/ Sur $B\cap]\!]\alpha,+\infty[\![$, prenons une suite (S_n) de t.a. de $\mathcal{H}$ vérifiant $S_n>-\infty$ et $S_n\downarrow\alpha$, $S_n>\alpha$ (quitte à prendre $S_n+\frac{1}{n}$). Considérons $B_n=B\cap[\![S_n,S_{n+1}[\![$ et $\mathcal{H}_{[S_n}$: on est ramené au théorème de section pour les tribus de Meyer, d'où l'existence d'un t.a. T_n de $\mathcal{H}$ tel que $[\![T_n]\!]$ soit inclus dans B_n et $P[\mathrm{proj}_\Omega(B_n)]$ majoré par $P[T_n<+\infty]+\varepsilon 2^{-n}$. Par découpage et recollement on obtient un t.a. T' "convenanble à ε près" pour $B'=B\cap]\!]\alpha,+\infty[\![$, et il n'y a plus qu'à poser $T=T'\wedge T''$ où T'' est le t.a. de graphe $B\cap[\![\alpha_h]\!]$.

THEOREME DE PROJECTION 1.17.- Soit Z un processus mesurable borné. Il existe un unique (à l'indistinguabilité près) processus $\mathcal{H}$-mesurable X, nul sur $V(\mathcal{H})^c$, tel que, pour tout t.a. T de $\mathcal{H}$, on ait

$$E[Z_T\,|\,\mathcal{H}_T]1_{\{T\in\mathbb{R}\}}=X_T1_{\{T\in\mathbb{R}\}}$$

On dit que X est la $\mathcal{H}$-projection de Z, et on le note ${}^hZ$.

D/ On procède de la même façon que pour le théorème précédent : après un t.a., on utilise le théorème analogue pour les tribus de Meyer (cf [7])

(*) hors de $V(H)$, il n'y a plus de t.a., et nous sortons de la théorie classique !

puis on procède par recollement sur $V(\underline{\underline{H}})$. Remarquons au passage que, si Z est $\underline{\underline{H}}$-mesurable, alors ${}^{h}Z = Z1_{V(\underline{\underline{H}})}$.

On voit très facilement, en se reportant aux résultats sur les tribus de Meyer, que, si Z est làdlàg, alors ${}^{h}Z$ est làdlàg et on a ${}^{\ell}(Z_+) = {}^{h}(Z_+)_+$ et ${}^{s}(Z_-) = {}^{h}(Z_-)_-$ hors de $[\![\alpha_s]\!]$, qui joue dans cette théorie le rôle du diable comme 0 dans la théorie habituelle.

DEFINITION 1.18.- 1) On appelle $\underline{\underline{H}}$-mesure aléatoire intégrable toute mesure aléatoire mesurable $\mu(\omega,ds)$ finie dont le processus croissant associé $M_t(\omega) = \mu(\omega,]-\infty,t])$ est $\underline{\underline{H}}$-mesurable et tel que $E[M_{+\infty}] < +\infty$.

2) On appelle $\underline{\underline{H}}$-mesure aléatoire σ-finie toute mesure aléatoire $\mu(\omega,ds)$ telle qu'il existe une partition $\underline{\underline{H}}$-mesurable (C_n) de $\mathbb{R}\times\Omega$ de sorte que, pour tout n, $1_{C_n}(t,\omega)\mu(\omega,dt)$ soit une $\underline{\underline{H}}$-mesure aléatoire intégrable.

En procédant de la même façon que précédemment, on obtient

THEOREME DE PROJECTION DUALE 1.19.- Soit μ une mesure aléatoire intégrable. Il existe une $\underline{\underline{H}}$-mesure aléatoire ν unique, portée par $V(\underline{\underline{H}})$, telle que, pour tout processus mesurable borné Z, on ait

$$E[\int {}^{h}(Z)_s\, \mu(\omega,ds)] = E[\int Z_s\, \nu(\omega,ds)]$$

On dit que ν est la $\underline{\underline{H}}$-projection duale de μ, et on la note μ^h.

Remarquons que, si μ est une $\underline{\underline{H}}$-mesure, alors $\mu^h = 1_{V(\underline{\underline{H}})}\mu$. D'autre part, si M désigne le processus croissant associé à μ, nous noterons M^h celui associé à μ^h et dirons encore que c'est la $\underline{\underline{H}}$-projection duale de M. On peut voir que $\Delta M^h = {}^{h}(\Delta M)$.

COMMUTATION DE PROJECTIONS

Le problème général que nous nous proposons de traiter ici est le suivant : étant données une tribu homogène du passé $\underline{\underline{H}}$ et une tribu homogène du futur $\hat{\underline{\underline{H}}}$, définies sur le même espace, à quelles conditions leurs projections commutent-elles ? Nous pouvons encore supposer que $\underline{\underline{H}}$ et $\hat{\underline{\underline{H}}}$ sont P-complètes. Par ailleurs, nous noterons $V(\underline{\underline{H}},\hat{\underline{\underline{H}}})$ l'intervalle stochastique $V(\underline{\underline{H}})\cap V(\hat{\underline{\underline{H}}})$.

DEFINITION 2.1.- Soit $V\subset\mathbb{R}\times\Omega$. Nous dirons que $\underline{\underline{H}}$ et $\hat{\underline{\underline{H}}}$ commutent sur V, et nous noterons $\underline{\underline{H}}\leftrightarrow\hat{\underline{\underline{H}}}$ sur V si V appartient à $\underline{\underline{H}}\cap\hat{\underline{\underline{H}}}$ et si, pour tout processus mesurable borné Z, on a, à l'indistinguabilité près,

$${}^{h\hat{h}}(Z)1_V = {}^{\hat{h}h}(Z)1_V$$

Lorsque $V = V(\underline{\underline{H}},\hat{\underline{\underline{H}}})$, nous dirons simplement que $\underline{\underline{H}}$ et $\hat{\underline{\underline{H}}}$ commutent et nous noterons $\underline{\underline{H}}\leftrightarrow\hat{\underline{\underline{H}}}$.

Remarquons que la condition $\underline{\underline{H}}\leftrightarrow\hat{\underline{\underline{H}}}$ équivaut à ${}^{h\hat{h}}(Z)$ et ${}^{\hat{h}h}(Z)$ sont indistinguables lorsque Z est mesurable borné (prendre Z = 1 pour voir que $V(\underline{\underline{H}},\hat{\underline{\underline{H}}})$ appartient à $\underline{\underline{H}}\cap\hat{\underline{\underline{H}}}$).

Voici le résultat fondamental de cette seconde section.

THEOREME 2.2.- <u>Les conditions suivantes sont équivalentes</u> :

a) $\underline{\underline{H}}\leftrightarrow\hat{\underline{\underline{H}}}$

b) $V(\underline{\underline{H}},\hat{\underline{\underline{H}}})$ <u>appartient à</u> $\underline{\underline{H}}\cap\hat{\underline{\underline{H}}}$ <u>et</u>, <u>pour tout processus</u> $\hat{\underline{\underline{H}}}$<u>-mesurable borné</u> X, <u>le processus</u> ${}^{h}(X)1_{V(\underline{\underline{H}},\hat{\underline{\underline{H}}})}$ <u>est</u> $\hat{\underline{\underline{H}}}$<u>-mesurable</u>.(*)

Il est clair que a)$\Rightarrow$b). La démonstration de la réciproque passe par plusieurs points que nous énoncerons sous forme de lemmes. Nous continuons à noter $\underline{\underline{S}}$ et $\underline{\underline{L}}$ les tribus du passé strict et large associées à $\underline{\underline{H}}$, et α son temps de naissance tandis que les notations $\hat{\underline{\underline{S}}}$, $\hat{\underline{\underline{L}}}$, β correspondent aux notions analogues pour $\hat{\underline{\underline{H}}}$. Enfin, les lemmes sont énoncés sous l'hypothèse que le point b) du th.2.2 est vérifié.

LEMME 2.3.- <u>On a</u> $\underline{\underline{L}}\leftrightarrow\hat{\underline{\underline{S}}}$ <u>sur</u> $[\![\alpha,\beta[\![$ <u>et</u> $\underline{\underline{S}}\leftrightarrow\hat{\underline{\underline{L}}}$ <u>sur</u> $]\!]\alpha,\beta]\!]$.

<u>d</u>/ Remarquons que $1_{[\![\alpha,\beta[\![}=(1_{V(\underline{\underline{H}},\hat{\underline{\underline{H}}})})_{+}$ est $\underline{\underline{L}}\cap\hat{\underline{\underline{S}}}$-mesurable et que de même $1_{]\!]\alpha,\beta]\!]}=(1_{V(\underline{\underline{H}},\hat{\underline{\underline{H}}})})_{-}$ est $\underline{\underline{S}}\cap\hat{\underline{\underline{L}}}$-mesurable. Soit $\bar{X}$ un processus $\hat{\underline{\underline{S}}}$-mesurable càdlàg. Sa $\underline{\underline{L}}$-projection est encore continue à droite, et coincide sur $[\![\alpha,\beta[\![$ avec le processus ${}^{h}(\bar{X})_{+}$ qui est $\hat{\underline{\underline{S}}}$-mesurable. Soit maintenant X un processus mesurable càdlàg et borné. Les processus $Y={}^{\ell\hat{s}}(X)1_{[\![\alpha,\beta[\![}$ et $Z={}^{\hat{s}\ell}(X)1_{[\![\alpha,\beta[\![}$ sont alors tous deux $\hat{\underline{\underline{S}}}$-mesurables et continus à droite. Pour montrer qu'ils sont égaux, il suffit donc de vérifier que, pour tout processus $\hat{\underline{\underline{S}}}$-mesurable borné U, on a $E[\int U_sY_sds]=E[\int U_sZ_sds]$ (prendre ensuite $U=\mathrm{sgn}(Y-Z)$). Considérons alors la mesure aléatoire $\mu(\omega,dt)=1_{[\![\alpha,\beta[\![}(t,\omega)dt$: on voit facilement que c'est à la fois une $\underline{\underline{L}}$-mesure et une $\hat{\underline{\underline{S}}}$-mesure. Par suite

$$E[\int {}^{\hat{s}\ell}(X)\,U\,d\mu] = E[\int {}^{\ell}(X)\,U\,d\mu] = E[\int {}^{\ell}(X)\,{}^{\ell}(U)\,d\mu] =$$
$$E[\int X\,{}^{\ell}(U)\,d\mu] = E[\int {}^{\hat{s}}(X)\,{}^{\ell}(U)\,d\mu] = E[\int {}^{\ell\hat{s}}(X)\,U\,d\mu]$$

Comme $\underline{\underline{M}}$ est engendrée par des processus càdlàg bornés, on en déduit $\underline{\underline{L}}\leftrightarrow\hat{\underline{\underline{S}}}$ sur $[\![\alpha,\beta[\![$. Le résultat symétrique s'en déduit en prenant les limites à gauche des projections.

LEMME 2.4.- <u>La</u> $\underline{\underline{H}}$<u>-projection duale d'une</u> $\hat{\underline{\underline{H}}}$<u>-mesure portée par</u> $V(\underline{\underline{H}},\hat{\underline{\underline{H}}})$ <u>est une</u> $\hat{\underline{\underline{H}}}$<u>-mesure</u>.

<u>d</u>/ Il est clair que la $\underline{\underline{H}}$-projection duale d'une telle mesure sera encore portée par $V(\underline{\underline{H}},\hat{\underline{\underline{H}}})$, et il suffit de démontrer le lemme pour les $\hat{\underline{\underline{H}}}$-mesures de la forme $\varepsilon_{[\![T]\!]}(\omega,ds)$ où T est un cot.a. de $\hat{\underline{\underline{H}}}$. En utilisant la décomposition classique qui se généralise sans problème à notre cadre (th.1.12), il suffit de considérer les cas où T est $\underline{\underline{H}}$-accessible

(*) Il est clair qu'on peut intervertir les rôles de $\underline{\underline{H}}$ et de $\hat{\underline{\underline{H}}}$ en retournant le temps ($t\to -t$) !

ou totalement $\underline{\underline{H}}$-inaccessible. Nous noterons μ la $\underline{\underline{H}}$-projection duale de $\varepsilon_{[\![T]\!]}(ds)$, et nous renvoyons le lecteur à [7] pour les notions et résultats utilisés. Si T est $\underline{\underline{H}}$-accessible, la mesure μ est discrète et $s \to \mu(\{s\})$ est égal à ${}^{h}(1_{[\![T]\!]})$, qui est $\hat{\underline{\underline{H}}}$-mesurable par hypothèse : on voit donc bien que μ est une $\hat{\underline{\underline{H}}}$-mesure. Si T est totalement $\underline{\underline{H}}$-inaccessible, la mesure μ est alors diffuse et donc égale à sa $\underline{\underline{S}}$-projection duale. Le lemme 2.3 implique que μ est alors une $\hat{\underline{\underline{L}}}$-mesure, diffuse, portée par $V(\underline{\underline{H}},\hat{\underline{\underline{H}}})$. C'est donc une $\hat{\underline{\underline{S}}}$-mesure et finalement une $\hat{\underline{\underline{H}}}$-mesure.

Démonstration du théorème :

Soit X un processus mesurable borné nul hors de $V(\underline{\underline{H}},\hat{\underline{\underline{H}}})$. Si T est un cot.a. de $\hat{\underline{\underline{H}}}$ dont le graphe est inclus dans $V(\underline{\underline{H}},\hat{\underline{\underline{H}}})$ et μ désigne la $\underline{\underline{H}}$-projection duale de $\varepsilon_{[\![T]\!]}(ds)$, on a

$$E[{}^{h\hat{h}}(X)_T 1_{\{T\in\mathbb{R}\}}] = E[\int {}^{\hat{h}}(X)\,d\mu] = E[\int X\,d\mu] =$$
$$E[\int {}^{h}(X)\,d\mu] = E[\int {}^{h\hat{h}}(X)\,d\mu] = E[{}^{\hat{h}h}(X)_T 1_{\{T\in\mathbb{R}\}}]$$

Par suite, par projection et section, on obtient aisément ${}^{\hat{h}h\hat{h}}(X) = {}^{\hat{h}h}(X)$. L'hypothèse b) montre qu'on a aussi ${}^{h\hat{h}}(X) = {}^{\hat{h}h\hat{h}}(X)$, d'où ${}^{\hat{h}h}(X) = {}^{h\hat{h}}(X)$.

Si nous ne savons pas à l'avance que $V(\underline{\underline{H}},\hat{\underline{\underline{H}}})$ appartient à $\underline{\underline{H}}\cap\hat{\underline{\underline{H}}}$, mais seulement, par exemple, que $V(\underline{\underline{H}})$ appartient à $\hat{\underline{\underline{H}}}$, nous pouvons encore démontrer la commutation en renforçant la seconde part du b) du th.2.2.

THEOREME 2.5.- Si, pour tout processus $\hat{\underline{\underline{H}}}$-mesurable borné X, la $\underline{\underline{H}}$-projection de X est un processus $\hat{\underline{\underline{H}}}$-mesurable, alors on a $\underline{\underline{H}} \leftrightarrow \hat{\underline{\underline{H}}}$.

D/ Remarquons que ${}^{h}(1) = 1_{V(\underline{\underline{H}})}$ si bien que $V(\underline{\underline{H}})$ est $\hat{\underline{\underline{H}}}$-mesurable. D'après le théorème 2.2, il nous suffit de montrer que $V(\underline{\underline{H}},\hat{\underline{\underline{H}}})$ appartient à $\underline{\underline{H}}\cap\hat{\underline{\underline{H}}}$. Nous allons le démontrer à l'aide de deux lemmes très "techniques".

LEMME 2.6.- Le temps $\gamma = \alpha\vee\beta$ est un t.a. de $\underline{\underline{L}}$ (un t.a. large de $\underline{\underline{H}}$).

d/ Soit $T = \inf\{t : {}^{\ell}(1_{[\![\beta,+\infty[\![}) = 1\}$; c'est un t.a. de $\underline{\underline{L}}$ et nous allons montrer que $T = \gamma$. Soit (T_n) une suite de cot.a. tendant en croissant vers β et tels que $T_n < +\infty$. Le processus ${}^{\ell}(1_{[\![T_n,+\infty[\![})$ est trace sur $V(\underline{\underline{L}})$ d'un processus $\hat{\underline{\underline{S}}}$-mesurable (immédiat à partir de l'hypothèse du th.2.5 par limite à droite) et admet une limite en $+\infty$. Il est donc constant après β et égal à sa limite (th.1.13). Par suite, on a

$${}^{\ell}(1_{[\![T_n,+\infty[\![}) = E[1_{\{T_n,+\infty\}} | \underline{\underline{L}}_{+\infty}] = 1 \quad \text{sur } [\![\alpha,+\infty[\![\cap]\!]\beta,+\infty[\![$$

Par passage à la limite, on a aussi ${}^{\ell}(1_{[\![\beta,+\infty[\![}) = 1$ sur $[\![\alpha,+\infty[\![\cap]\!]\beta,+\infty[\![$, ce qui prouve que $\alpha \leq T \leq \beta$ sur $\{\alpha \leq \beta\}$ et $T = \alpha$ sur $\{\beta < \alpha\}$. Le processus ${}^{\ell}(1_{[\![\beta,+\infty[\![})$ est continu à droite et vaut donc 1 à l'instant T sur $\{T < +\infty\}$. En prenant les espérances à l'instant T, on a $P[\beta \leq T < +\infty] = P[T < +\infty]$ et donc $\beta \leq T$. Ceci montre bien que $T = \alpha\vee\beta$.

LEMME 2.7.- $V(\underline{\underline{H}},\hat{\underline{\underline{H}}})$ appartient à $\underline{\underline{H}}\cap\hat{\underline{\underline{H}}}$.

d/ On a vu que l'hypothèse du th.2.5 implique $V(\underline{\underline{H}}) \in \underline{\underline{H}} \cap \hat{\underline{\underline{H}}}$. On a de plus $]\!]\alpha,\beta]\!] =]\!]\alpha,\gamma]\!] \in \underline{\underline{H}}$. On peut écrire $V(\underline{\underline{H}},\hat{\underline{\underline{L}}}) =]\!]\alpha,\gamma]\!] \cup [\![T]\!]$ où $T = \alpha_{h\{\alpha_h \leq \beta\}}$. Or, on a vu que α_h est un t.a. de $\underline{\underline{H}}$; on en déduit que T est un t.a. de $\underline{\underline{H}}$ et donc que $V(\underline{\underline{H}},\hat{\underline{\underline{L}}})$ appartient à $\underline{\underline{H}}$. Il ne nous reste donc plus à démontrer que $A = V(\underline{\underline{H}},\hat{\underline{\underline{L}}}) - V(\underline{\underline{H}},\hat{\underline{\underline{H}}})$ appartient à $\underline{\underline{H}}$. Montrons que $A = B$ où

$$B = \{{}^h(1_{V(\underline{\underline{H}},\hat{\underline{\underline{H}}})}) = 0\} \cap V(\underline{\underline{H}},\hat{\underline{\underline{L}}})$$

Comme $V(\underline{\underline{H}},\hat{\underline{\underline{L}}})$ est $\underline{\underline{H}}$-mesurable, on a ${}^h(1_{V(\underline{\underline{H}},\hat{\underline{\underline{H}}})}) \leq 1_{V(\underline{\underline{H}},\hat{\underline{\underline{L}}})}$ et donc ce processus, $\hat{\underline{\underline{H}}}$-mesurable d'après l'hypothèse du th.2.5, est nul sur $]\!]\beta,+\infty[\![$, donc aussi sur $V(\underline{\underline{H}})^c$ (th.1.14), et finalement sur A. D'où on a $A \subset B$. Un moment de réflexion montre que B est à coupes dénombrables, et donc est union d'une famille dénombrable de graphes de t.a. de $\underline{\underline{H}}$. Si S est un t.a. de $\underline{\underline{H}}$ dont le graphe est inclus dans B, on a alors $[\![S]\!] \subset V(\underline{\underline{H}},\hat{\underline{\underline{L}}})$ et $E[1_{V(\underline{\underline{H}},\hat{\underline{\underline{L}}})}(S) \mid \underline{\underline{H}}_S] 1_{\{S \in \mathbb{R}\}} = 0$, ce qui prouve que $[\![S]\!] \subset V(\underline{\underline{H}},\hat{\underline{\underline{H}}})^c$ et donc que $[\![S]\!] \subset A$. On en déduit que $B \subset A$ et finalement que $A = B$.

Nous allons maintenant énoncer un théorème dont les hypothèses sont calquées sur la théorie des processus de Markov. Nous y prenons $\underline{\underline{H}} = \underline{\underline{L}}$ et $\hat{\underline{\underline{H}}} = \hat{\underline{\underline{L}}}$.

THEOREME 2.8.- <u>Supposons que</u> $\hat{\underline{\underline{L}}} = (\underline{\underline{L}} \cap \hat{\underline{\underline{L}}}) \vee \hat{\underline{\underline{S}}}$ <u>sur</u> $[\![\alpha,\beta]\!]$. <u>Si, pour tout processus</u> $\hat{\underline{\underline{S}}}$<u>-mesurable borné</u> X, ${}^{\ell}(X)$ <u>est</u> $\hat{\underline{\underline{S}}}$<u>-mesurable, alors on a</u> $\underline{\underline{L}} \leftrightarrow \hat{\underline{\underline{L}}}$.

D/ Le théorème 2.5 montre qu'on a $\underline{\underline{L}} \leftrightarrow \hat{\underline{\underline{S}}}$ et on en déduit aussitôt que $[\![\alpha,\beta]\!] \in \underline{\underline{L}} \cap \hat{\underline{\underline{L}}}$. Soit X un processus de la forme $X = ab1_{[\![\alpha,\beta]\!]}$ où a est $\underline{\underline{L}} \cap \hat{\underline{\underline{L}}}$-mesurable et b est $\hat{\underline{\underline{S}}}$-mesurable. On a alors ${}^{\ell}(X) = a\,{}^{\ell}(b) 1_{[\![\alpha,\beta]\!]}$ $\hat{\underline{\underline{L}}}$-mesurable. Par classe monotone, on en déduit que c'est vrai pour tout X borné, $\hat{\underline{\underline{L}}}$-mesurable, nul hors de $[\![\alpha,\beta]\!] = V(\underline{\underline{L}},\hat{\underline{\underline{L}}})$. On conclut alors en appliquant le théorème 2.2.

REMARQUE.- On pourrait mettre comme autre hypothèse $\underline{\underline{L}} \subset \underline{\underline{S}} \vee (\underline{\underline{L}} \cap \hat{\underline{\underline{L}}}) \vee \hat{\underline{\underline{S}}}$ (ou $\hat{\underline{\underline{L}}} \subset \underline{\underline{S}} \vee (\underline{\underline{L}} \cap \hat{\underline{\underline{L}}}) \vee \hat{\underline{\underline{S}}}$) sur $[\![\alpha,\beta]\!]$. La conclusion aurait été alors que $\underline{\underline{L}} = \underline{\underline{S}} \vee (\underline{\underline{L}} \cap \hat{\underline{\underline{L}}})$ (ou $\underline{\underline{L}} = (\underline{\underline{L}} \cap \hat{\underline{\underline{L}}}) \vee \hat{\underline{\underline{S}}}$) sur $]\!]\alpha,\beta]\!]$ et $\underline{\underline{L}} \leftrightarrow \hat{\underline{\underline{L}}}$ sur $]\!]\alpha,\beta]\!]$. En effet, on a encore $\underline{\underline{L}} \leftrightarrow \hat{\underline{\underline{S}}}$. On en déduit par limite à droite que $\underline{\underline{S}} \leftrightarrow \hat{\underline{\underline{L}}}$ mais seulement a priori sur $]\!]\alpha,\beta]\!]$, d'où l'on tire très simplement le résultat (mais seulement sur $]\!]\alpha,\beta]\!]$). On sait, par hypothèse, que $\underline{\underline{L}}_\alpha$ et $\hat{\underline{\underline{S}}}_\alpha$ sont conditionnellement indépendantes, mais on ne le sait pas pour $\underline{\underline{L}}_\alpha$ et $\hat{\underline{\underline{L}}}_\alpha$ (encore une fois, α joue le "rôle du diable").

EN GUISE DE CONCLUSION

L'un des buts de la théorie exposée est évidemment d'unifier les différents théorèmes de commutation rencontrés en théorie des processus de Markov homogènes ([2]), ou inhomogènes ([1]). Ceci sera fait en détail dans un second article consacré à l'étude de la propriété de Markov sous divers aspects. Nous allons ici nous borner à esquisser une définition générale des processus de Markov et en montrer le lien avec la théorie classique sans chercher la plus grande généralité.

Soit $\underline{\underline{H}}$ (resp $\hat{\underline{\underline{H}}}$) une tribu homogène du passé (resp futur) P-complète sur $\mathbb{R}\times\Omega$ et soit X un processus à valeurs dans un espace mesurable. Nous notons $\bar{\sigma}(X)$ la tribu sur $\mathbb{R}\times\Omega$ engendrée par X et les parties mesurables évanescentes.

DEFINITION.- On dit que X est un $(\underline{\underline{H}},\hat{\underline{\underline{H}}})$-processus de Markov si

1) X est $\underline{\underline{H}}\cap\hat{\underline{\underline{H}}}$-mesurable

2) Pour tout processus $\hat{\underline{\underline{H}}}$-mesurable borné Z, la $\underline{\underline{H}}$-projection de Z est $\bar{\sigma}(X)$-mesurable.

On reconnait en 2) une formulation de la propriété de Markov forte. Le théorème suivant découle alors immédiatement du th.2.5.

THEOREME.- Si X est un $(\underline{\underline{H}},\hat{\underline{\underline{H}}})$-processus de Markov, alors

1) $\underline{\underline{H}} \Leftrightarrow \hat{\underline{\underline{H}}}$

2) $\underline{\underline{H}}\cap\hat{\underline{\underline{H}}} = \bar{\sigma}(X)$ sur $V(\underline{\underline{H}},\hat{\underline{\underline{H}}})$.

On retrouve ici l'idée célèbre (et symétrique) que le "passé" ($\underline{\underline{H}}$) et le "futur" ($\hat{\underline{\underline{H}}}$) sont indépendants étant donné le "présent" ($\bar{\sigma}(X)$).

Voyons rapidement comment se traduit la théorie classique dans notre cadre. Considérons par exemple la réalisation canonique d'un processus de Hunt. On prolonge d'abord X_t en posant $X_t = \delta'$ pour $t<0$. On prend ensuite pour $\underline{\underline{H}}$ la tribu engendrée par les processus nuls avant 0 et égaux à un processus optionnel après 0 : on a $\alpha = 0$, $\underline{\underline{H}} = \underline{\underline{L}}$ et $V(\underline{\underline{H}}) = [\![0,+\infty[\![$. Enfin on prend pour $\hat{\underline{\underline{H}}}$ la tribu engendrée par les processus $\theta_t(X)$, $t \geq 0$. Comme X est càdlàg, on a ici $\hat{\underline{\underline{H}}} = \underline{\underline{S}}$; la propriété de Markov forte classique nous dit que, pour tout t.a. T de $\underline{\underline{H}}$, toute f borélienne bornée et tout $t \geq 0$, on a

$$E[f(X_{T+t}) \mid \underline{\underline{F}}_T] 1_{\{T<+\infty\}} = E^{X_T}[f(X_t)] 1_{\{T<+\infty\}} .$$

Ceci implique que X est un $(\underline{\underline{H}},\hat{\underline{\underline{H}}})$-processus de Markov, auquel donc le théorème précédent s'applique. Remarquons qu'ici on a $\hat{\underline{\underline{L}}} = (\underline{\underline{L}}\cap\hat{\underline{\underline{L}}})\vee\underline{\underline{S}}$ si bien qu'on a aussi $\underline{\underline{L}} \Leftrightarrow \hat{\underline{\underline{L}}}$ d'après le th.2.8.

BIBLIOGRAPHIE

[1] ATKINSON B. : Generalized Strong Markov properties and Application (Z. Wahr. verw. Geb. 60, 1982)

[2] AZEMA J. : Théorie générale des processus et retournement du temps (Ann. Sci. E.N.S. 4e série, 6, 1973)

[3] DELLACHERIE C. et MEYER P.A. : Probabilités et Potentiel, tome 1. (Hermann, Paris, 1980)

[4] DYNKIN E.B. : Markov systems and their additive functionals (Ann. of Proba., 15 n.5, 1977)

[5] FOURATI S. : Thèse de 3e cycle, Université de Paris VI

[6] LEJAN Y. : Tribus markoviennes, résolvantes et quasi-continuité (C.R. Acad. Sci. Paris, t.288, p.739-740, 1979)

[7] LENGLART E. : Tribus de Meyer et théorie des processus. (Sém. Proba. Strasbourg XIV, L.N. in Math. n.784, Springer, 1980)

[8] MEYER P.A. : Les travaux d'Azéma sur le retournement du temps. (Sém. Proba. Strasbourg VIII, L.N. in Math. n.381, Springer, 1974)

[9] MEYER P.A. et YOR M. : Sur la théorie de la prédiction et le problème de décomposition des tribus $\underline{\underline{F}}^{o}_{t+}$. (Sém. Proba. Strasbourg X, L.N. in Math. n.511, Springer, 1976)

[10] MEYER P.A. : Résultats d'Atkinson sur les processus de Markov. (Sém. Proba. Strasbourg n.XVI, L.N. in Math. n.920, Springer, 1982)

[11] SHARPE M. : General theory of Markov processes (à paraitre).

Sonia FOURATI
UFR Sc. Eco.
Université Paris X
200 Av. de la République
92001 NANTERRE Cédex

Erik LENGLART
Lab. de Math. appl.
I.N.S.A. de Rouen
4 Pl. E. Blondel
76130 Mt St AIGNAN (BP08)

Stationary Excursions*

by Jim Pitman

1. Introduction

This is a study of stationary excursions, built upon and including as special cases many results in the theory of stationary and Markov processes. The main result is a kind of last exit decomposition in a stationary rather than Markovian setting, formulated as part (iii) of the theorem below. This extends a result of Neveu (1977) for a discrete stationary point process. Essentially the same decomposition was obtained for Markovian excursions under duality assumptions by Getoor and Sharpe (1982), and in the Brownian case of excursions from a point by Bismut (1985), who showed how the decomposition gives a nice description of Itô's excursion law. As shown by Biane (1986), this leads to a quick derivation of the relation between Brownian excursion and Brownian bridge of Vervaat (1979). Also included as special cases of the last exit decomposition are results of Geman and Horowitz (1973), Taksar (1980) and Maisonneuve (1983) on random closed regenerative subsets of the line, all of which extend to the stationary case.

Recent work of Mitro (1984), Getoor and Steffens (1985), Fitzsimmons and Maisonneuve (1986), Dynkin (1985), shows how much of the theory of Markov processes finds its most natural expression in the setting of a stationary two sided process with random birth and death, as constructed by Kuznetsov (1974) and Mitro (1979). See also Taksar (1981). The results set out here for a homogeneous random closed set M all apply in this context. Details of this case are not given here, but readers may recognize a number of formulae in the above papers as special cases, often with M a very simple set, such as a single point at the birth time of the process, or the time it last hits a set. Another interesting M in this context is the complement of the interval on which the process is alive.

2. The Palm measure

Let $(\Theta_t,\ t \in \mathbb{R})$ be a flow in a measurable space $(\Omega,\mathbf{F})$. That is to say

$$(t,\omega) \to \Theta_{t\omega}$$

is a product measurable map from $\mathbb{R}\times\Omega$ to Ω, and the maps

$$\Theta_t : \omega \to \Theta_{t\omega}$$

from Ω to Ω are such that Θ_0 is the identity and $\Theta_s \circ \Theta_t = \Theta_{s+t}$, $s, t \in \mathbb{R}$. Here $\mathbf{R}$ is given its Borel σ-field. A measure P is *invariant* under the flow if the P distribution of Θ_t is P for every t:

$$P(\Theta_t \in \cdot\,) = P(\,\cdot\,),\ \ t \in \mathbf{R}.$$

Call a process $(X_{t\omega},\ t \in \mathbf{R},\ \omega \in \Omega) = (X_t,\ t \in \mathbb{R})$ *homogeneous* if

$$X_t = X_0 \circ \Theta_t,\ \ t \in \mathbf{R}.$$

* research supported in part by NSF grant DMS-8502930

For example, X might be the coordinate process on any of the usual function spaces equipped with shift operators (Θ_t). Call a subset of $\mathbb{R}\times\Omega$ *homogeneous* if its indicator function is a homogeneous process. Let M be a homogeneous subset which is closed, meaning that

$$M_\omega = \{t : (t,\omega) \in M\}$$

is a closed subset of $\mathbb{R}$ for every $\omega \in \Omega$. For example, M_ω might be the closure of $\{t : X_{t\omega} \in A\}$, for a subset A of the range of a homogeneous process X.

Define

$$G_t = \sup\{s \leq t : s \in M\} \quad (\sup\emptyset = -\infty)$$

$$D_t = \inf\{s > t : s \in M\} \quad (\inf\emptyset = \infty)$$

$$A = -G_0,\ R = D_0.$$

$$A_t = A \circ \Theta_t = t - G_t \qquad (\text{age at } t)$$

$$R_t = R \circ \Theta_t = D_t - t \qquad (\text{return time after } t)$$

$$L = \{t : R_{t-} = 0, R_t > 0\} \qquad (\text{set of left ends of intervals comprising } M^c).$$

It is assumed R is **F**-measurable. Then so is everything else. Note that (A_t), (R_t), L are homogeneous, but (G_t) and (D_t) are not. The combination of measurability assumptions on R and (Θ_t) is too strong for some contexts. See the remark at the end of the section regarding weaker assumptions.

The measure Q introduced in the following theorem is the Palm measure on Ω associated with the homogeneous random measure on $\mathbb{R}$ which puts mass 1 at each point of L. This is a slight extension of the notion of Palm measure, in the vein of Totoki (1966), Mecke (1967), Geman and Horowitz (1973), de Sam Lazaro and Meyer (1975), Neveu (1977). See also Atkinson and Mitro (1983), Getoor and Sharpe (1984) for treatment of related measures and further references in the Markovian context.

Theorem.

Suppose P *is a* σ*-finite measure on* Ω *which is* (Θ_t) *invariant. For* $B \in \mathbf{F}$ *let*

$$Q(B) = P\#\{t : 0 < t < 1, t \in L, \Theta_t \in B\},$$

the P *integral of the number of points in L of type B per unit time. Then*

(i) Q *is a* σ*-finite measure on* $(\Omega,\mathbf{F})$

(ii) *For every product measurable* $f : \mathbf{R}\times\Omega \to [0,\infty)$

$$P\sum_{t\in L} f(t,\Theta_t) = \int_{\mathbb{R}}\int_{\Omega} dt\,Q(d\omega)f(t,\omega)$$

(iii) *The joint distribution of* Θ_{G_u} *and* $A_u = u - G_u$ *on the set* $(-\infty < G_u < u) = (0 < A_u < \infty)$ *is the same for every* $u \in \mathbb{R}$, *and given by*

$$P(A_u \in da,\ \Theta_{G_u} \in d\omega) = da\,Q(d\omega)1(a < R(\omega)), \quad 0 < a < \infty.$$

(iv) $P(0 < A_u < \infty, \Theta_{G_u} \in d\omega) = Q(d\omega)R(\omega)$.

(v) $P(F) = P(F, A_0 = 0 \text{ or } \infty) + Q\int_0^R 1_F(\Theta_s)ds \quad , F \in \mathbf{F}$.

(vi) $P(A_u \in da) = Q(R > a)$.

(vii) *If* $Q(R > a) < \infty$, $a > 0$, *the* P *conditional distribution of* Θ_{G_u} *given* $A_u = a$ *is* $Q(\cdot \mid R > a)$:

$$P(\Theta_{G_u} \in d\omega | A_u = a) = Q(d\omega | R > a).$$

Proof.

That the Palm measure Q is σ-finite and formula (ii) holds can be shown by a variation of the argument of Mecke (1967). But here is a quicker argument for (i) which I learned from Maisonneuve. Take $f = \int_0^R e^{-s} g(\Theta_s)ds$ where g is chosen so $0 < g \in \mathbf{F}$ and $Pg < \infty$, using the σ-finiteness of P. Then

$$Qf = P \sum_{\substack{0<t<1 \\ t \in L}} f \circ \Theta_t \leq e P \sum_{\substack{0<t<\infty \\ t \in L}} e^{-t} f \circ \Theta_t$$

$$\leq e P \int_0^\infty e^{-u} g(\Theta_u)du = e Pg < \infty.$$

Since obviously $Q(R \leq 0) = 0$, and $f > 0$ on $(R > 0)$, it follows that Q is σ-finite. Now formula (ii) follows easily, just as in Mecke (1967). See also Getoor (1985) for a related argument.

Parts (iii) to (v) are generalizations of results of Neveu (1977). The proof follows the same lines as Neveu, who considered the case when $M = L$ is discrete, unbounded, and P is a probability. Here is the argument for (iii). By shift invariance, it suffices to consider the case $u = 0$. In formula (ii) take

$$f(t,\omega) = h(\omega,-t)1(R(\omega) > -t > 0), \quad \text{and let } G = G_0 = -A_0.$$

Then $f(t,\Theta_t) = 0$ for $t \geq 0$, while for $t < 0$

$$f(t,\Theta_{t\omega})1(t \in L_\omega) = h(\Theta_{t\omega},-t)1(R \circ \Theta_{t\omega} > -t)1(t \in L_\omega)$$

$$= \begin{cases} h(\Theta_G,-G) & \text{if } t = G(\omega) \in (-\infty,0) \\ 0 & \text{if } G(\omega) = -\infty \text{ or } 0 \end{cases}$$

because for $t \in L_\omega$, $R \circ \Theta_{t\omega}$ is the length of the interval where left end is t, and this length exceeds $-t$ iff this interval is the one covering zero. So the formula becomes

$$Ph(\Theta_G,-G)1(\infty < G < 0) = \int_\Omega Q(d\omega) \int_0^{R(\omega)} h(\omega,s)ds,$$

which is what is meant by (iii) in this case. Appropriate substitutions in (iii) now yield (iv), (v), (vi) and (vii).

Remark. As pointed out to me by Maisonneuve, for application to Markov processes it is more convenient to assume that $(t, \omega) \to \Theta_{t\omega}$ is (Borel $\otimes$ **F**, **G**) measurable and R is **G**-measurable for a sub σ-field **G** of F. Then the same arguments show that the Theorem holds with the modifications to the various parts as follows:

(i) Q is defined on **G** only

(ii) f must be Borel $\otimes$ **G** measurable

(iii)-(vii) Θ_{G_u} has range $(\Omega, \mathbf{G})$

3. Examples and applications

I. The discrete case. If P is a probability and it is assumed that M is a discrete subset of $\mathbb{R}$, unbounded above and below, then $M = L$, $P(0 < A_u < \infty) = 1$, $P(A_u = 0 \text{ or } \infty) = 0$. The first term then vanishes on the right side of (v), and the conclusions (ii), (iii) and (iv) reduce to the conclusions (20), (18) and (19) respectively of Neveu (1977) Prop II.13. In this case,

$$M = \{T_n, n \in \mathbb{Z}\},$$

where

$$\cdots T_{-1} < T_0 \leq 0 < T_1 < T_2 \cdots$$

with $T_0 = G_0$, $T_1 = R$, and T_n defined inductively by

$$T_{m+n} = T_m + T_n \circ \Theta_{T_m}.$$

Here the subset

$$(0 \in M) = (T_0 = 0) = (G_0 = 0)$$

can be any set in **F**, call it B, such that the process of shifts watched on B a discrete point process. To emphasize this, write T_n^B instead of T_n, Θ_n^B instead of Θ_{T_n}. So Θ_n^B is the nth shift that hits B, and T_n^B is the time this happens. Then the family of shifts $(\Theta_n^B, n \in \mathbb{Z})$ when restricted to B defines a group of transformations on B which leave the Palm measure Q^B invariant. See Neveu Prop II.17. The shifts (Θ_t) are ergodic under P if and only if the shifts (Θ_n^B) are ergodic under Q^B. Assuming this ergodicity, and that Q^B is bounded, there is the ergodic theorem for $0 \leq Y \in \mathbf{F}$:

$$\frac{1}{n} \sum_{m=1}^{n} Y(\Theta_m^B) \to P^B(Y) \text{ both P and } P^B \text{ a.s.}$$

where $P^B(\cdot) = Q^B(\cdot)/Q^B(B)$ is Q^B normalized to be a probability. See for example Franken, Konig, Arndt and Schmidt (1981) or Kerstan, Matthes and Mecke (1974).

II. Excursions. The formulae of section 2 can be reformulated in terms of excursions by a change of variable. Suppose X is a (Θ_t) homogeneous process, such as the co-ordinate process in a function space with shift operators (Θ_t). For each $t \in L$ the excursion of X away from M starting at time t can be defined informally as the fragment of the path of X

$$(X_{t+s}, 0 < s < R_t)$$

where $R_t > 0$ is the lifetime of the excursion. It may also be convenient to regard some other things as part of the excursion, for example X_{t+R_t}, X_t, or X_{t-} if X happens to have left limits. To cover all such possibilities, let $(\Omega_{ex}, \mathbf{F}_{ex})$ be a measurable space, and say a measurable map $\epsilon : (0 \in L) \to \Omega_{ex}$ *contains the excursion* of X *on* (0,R) if

(i) there is an $\mathbf{F}_{ex}$ measurable map R_{ex} from Ω_{ex} to $(0,\infty]$ with

$$R_{ex} \circ \epsilon = R \quad \text{on } (0 \in L);$$

(ii) there are $\mathbf{F}_{ex}$ measurable maps X_s^{ex} defined on $(R_{ex} > s)$ such that

$$X_s^{ex} \circ \epsilon = X_s \quad \text{on } (0 \in L, R > s).$$

Roughly speaking, these assumptions imply that

$$(X_s, 0 < s < R)$$

is a function of ϵ if $(0 \in L)$. Clearly, the identity map $\epsilon = \Theta_0$ contains the excursion of X on (0,R). If Ω is any of the usual spaces of paths indexed by $\mathbf{R}$, so does the projection of Ω onto paths indexed by $\mathbf{R}^+$, and so does the operation of stopping or killing at time R after making this projection. In these cases $\Omega_{ex} \subset \Omega$, $R_{ex} = R$, $X_s^{ex} = X_s$. In general we may regard R_{ex} and X_s^{ex} as extensions of R and X_s from Ω to Ω_{ex}. In any case the 'ex' will now be dropped from the notation for these extensions of R and X_s to Ω_{ex}.

Suppose that X is a homogeneous process over a flow (Θ_t), that M is a (Θ_t) homogeneous closed set, and that $\epsilon : (0 \in L) \to \Omega_{ex}$ contains the excursion of X on (0,R), where

$$L = \text{set of left ends of } M$$

as in section 2. For $t \in L$, let $\epsilon_t = \epsilon \circ \Theta_t$, so ϵ_t is the excursion that starts at time t.

Let

$$Q_{ex}(B) = P\#\{t : 0 < t < 1, t \in L, \epsilon_t \in B\}.$$

Then Q_{ex} is a measure on $(\Omega_{ex}, \mathbf{F}_{ex})$, call it the *equilibrium excursion law.* This is simply the Q distribution of ϵ, so the formulae of the theorem transfer immediately by change of variables to give corresponding formulae for excursions instead of shifts. For example, on the set $(-\infty < G_u < u)$, which is the event that $u \in M^c$ and there is some point of M to the left of u, the *excursion straddling time* u is ϵ_{G_u}. Formula (iii) gives the joint distribution of ϵ_{G_u} and $A_u = u - G_u$ as

$$P(A_u \in da, \epsilon_{G_u} \in de) = da Q_{ex}(de) 1(a < R(e)), \quad e \in \Omega_{ex}, \ 0 < a < \infty.$$

Similar substitutions give excursion versions of (ii) and (iv) through (vii). These results for stationary excursions are generalizations of results that are known in various Markovian contexts. In particular, the above formula is a kind of last exit decomposition in a stationary setting, which extends results of Bismut(1985) for Brownian motion and Getoor and Sharpe (1982) for dual Markov processes. As another illustration, (v) yields

$$P(X_u \in B) = P(X_0 \in B,\ A_0 = 0 \text{ or } \infty) + Q_{ex}\int_0^R 1_B(X_s)ds, \quad u > 0.$$

These formulae are not of much interest unless Q_{ex} is σ-finite. But this is the case whenever the P distribution of X_0 is σ-finite. This can be seen using the fact that a measure μ is σ-finite if and only if there is a strictly positive measurable function f such that $\mu f < \infty$. Let f be such a function defined on the state space of X for μ the P distribution of X_0. Then formula (v) of the theorem gives

$$Pf(X_0) \geq Q\int_0^R f(X_s)ds = Q_{ex}\int_0^R f(X_s)ds \quad \text{by change of variables.}$$

But $\int_0^R f(X_s)ds > 0$ on $(R > 0)$, and $Q_{ex}(R > 0)^c = 0$, so Q_{ex} is σ-finite.

Assume now that M is *recurrent*, meaning M is P a.s. unbounded. Then $P(A_u = \infty) = 0$, and the excursion straddling time u is well defined except if $u \in M$. Parts (iii) and (iv) of the theorem then show:

The P *distribution of the excursion straddling time* u *on the event* $(u \notin M)$ *has density* R(e) *with respect to the equilibrium excursion law* $Q_{ex}(de)$*; and given that the excursion straddling* u *is* $e \in \Omega_{ex}$*, the conditional distribution of* A_u *is the uniform distribution on* [0,R(e)].

Put another way:

If P_{ex} *denotes the* P *distribution of the excursion straddling an arbitrary fixed time, the equilibrium excursion law* Q_{ex} *is the measure on* $(R > 0)$ *with density* $\frac{1}{R}$ *with respect to* P_{ex}.

In the special case when P governs a reflecting Brownian motion X on $[0,\infty)$, with the P distribution of X_t equal to Lebesgue measure on $[0,\infty)$ for all t, and M the zero set of X, this amounts to a result obtained by Bismut (1985), because Q_{ex} in this case is just Itô's excursion law, as explained below.

In general, assuming (Θ_t) is ergodic, Q_{ex} describes the asymptotic rates of different types of excursions, in accordance with a ratio ergodic theorem of the type stated above in the discrete case. See Burdzy, Pitman and Yor (1986) for further details in the Markovian case.

III. Relation to Itô's excursion theory.

Suppose P governs a strong Markov process X with σ-finite invariant measure μ. So μ is the P distribution of X_t for each $t \in \mathbf{R}$.

Suppose that M is the closure of $\{t : X_t = 0\}$ where 0 is a recurrent point, meaning that the following (equivalent) conditions obtain:

$$P(R=\infty)=0.$$

$$P(\sup M<\infty)=0.$$

Then Q_{ex} is a multiple of the *Itô excursion law* defined by Itô (1970) as the rate measure under P^0 of the Poisson point process

$$(\epsilon_{\tau(u-)},\ u\geq 0),$$

where $(\tau(u), u \geq 0)$ is right continuous inverse of a local time process at zero $(U_t, t \geq 0)$ and $\epsilon_{\tau(u-)}$ is the excursion of X away from 0 on the interval (tau(u−), $\tau(u)$). Let $B \subset \Omega_{ex}$ be such that the process of excursions of type B is discrete, and let e_n^B be the nth excursion of type B which starts after time 0. The strong Markov property of X at the right ends of the excursion intervals implies that given $X_0 = x$ for μ almost all x, (e_n^B) is a sequence of independent and identically distributed random variables. Comparison of the law of large numbers with the ergodic interpretation of the rate measure Q_{ex} shows that

$$P(e_n^B\in\cdot\,)=Q_{ex}(\,\cdot\mid B).$$

Now let

$$N_t^B=\#\{s: s\leq t,\ s\in L,\ \epsilon_s\in B\},$$

the number of excursions of type B that have started by time t. As B passes through any increasing family of sets with finite Q_{ex} measure and union Ω_{ex}, the normalized counting process

$$(N_t^B/Q_{ex}(B),\ t\geq 0)$$

converges uniformly on compact t intervals a.s. to a continuous additive functional

$$(U_t,\ t\geq 0)$$

which serves as a local time for X as 0. The Poisson character of the time changed excursion process is then easily verified. See Greenwood and Pitman (1980a) for details.

Assuming that the local time U has been normalized as above, the Poisson character of the time changed excursion process may be expressed as follows (see e.g. Jacod (1979) (3.,34))

$$P^\lambda\sum_u H(u,\omega,\epsilon_{\tau(u-)}(\omega))=P^\lambda\int_0^\infty du\int_{\Omega_{ex}}Q_{ex}(de)H(u,\omega,e)$$

for every positive $\mathbf{P}_{loc}\times\mathbf{F}_{ex}$-measurable function H where $\mathbf{P}_{loc}$ is the

$(\mathbf{F}_{\tau(u)}, u \geq 0)$- predictable σ-field, and it is assumed that X is $(\mathbf{F}_t)$ Markov with respect to P^λ. Applying this formula after a time change gives the Maisonneuve formula

$$P^\lambda\sum_{t\in L}F(t,\omega,\epsilon_t(\omega))=P^\lambda\int_0^\infty dU_t\int_{\Omega_{ex}}Q_{ex}(de)F(t,\omega,e),$$

valid for every positive $[(\mathbf{F}_t)-\text{predictable}]\times\mathbf{F}_{ex}$ measurable function F. For a function $F(t,\omega,e) = F(t,e)$ depending only on t and e, this becomes

$$P^\lambda \sum_{t\in L} F(t,\epsilon_t) = P^\lambda \int_0^\infty dm_t^\lambda \int_{\Omega_{ex}} Q_{ex}(de)F(t,e)$$

where

$$m_t^\lambda = P^\lambda(U_t).$$

For $\lambda = \mu$ an invariant measure,

$$m_t^\mu = P^\mu(U_t) = c(\mu)t$$

for a constant $c(\mu)$. On the other hand, by the original definition of Q_{ex} as the rate measure of $(\epsilon_t, t \in L)$, the above formula holds for $\lambda = \mu$ with simply dt instead of dm_t^μ. Thus $c(\mu) = 1$ and the local time process defined above is normalized so that

$$P^\mu(U_t) = t.$$

In the terminology of Markov processes, U is the continuous additive functional whose characteristic measure, relative to μ, is a unit mass at 0. In particular, if X is Brownian motion on the line, and μ is Lebesgue measure, U_t is normalized as the occupation density at 0 relative to μ. For applications see Getoor (1979), Greenwood and Pitman (1980b), Pitman (1981).

In general, the constant factor between Q_{ex} defined here and Itô's excursion law depends both on the choice of invariant measure and the normalization of the local time. By formula (v) of the theorem,

$$\mu(f) = \mu(0)f(0) + Q_{ex}\int_0^R f(X_s).$$

Thus the invariant measure μ is determined on $\{0\}^c$ as a multiple of the excursion occupation measure. According to Theorem 8.1 of Getoor (1979), this formula can also be used to construct an invariant measure starting from a Markov process with a recurrent point. See also Geman and Horowitz (1973), Kaspi (1983) (1984) for related results.

IV. Relation to Maisonneuve's exit system. To focus on an important special case, suppose $X = (\Omega,\mathbf{F},\mathbf{F}_t,X_t,\Theta_t,P^x)$ is a Hunt process which is Harris recurrent, with a single recurrent class E, and invariant reference measure μ on E. See Blumenthal and Getoor (1968), Azéma, Duflo and Revuz (1967) (1969) for background. It is well known that X can be set up as a two sided process indexed by $t \in \mathbf{R}$. Let us assume this has already been done, so that X_t and Θ_t are defined on Ω for all $t \in \mathbf{R}$.

Let M be a closed homogeneous optional subset, and let $(dA_t,\tilde{P})$ be the exit system of M as defined by Maisonneuve (1975), Definition (4.10). Thus dA_t is a homogeneous optional random measure on $(0,\infty)$, and $\tilde{P}$ the kernel from E to Ω, in the *Maisonneuve formula*:

$$P^{\bullet}\sum_{t\in L} Z_t f\circ\Theta_t = P^{\bullet}\int_0^{\infty} Z_t \tilde{P}^{X_t}(f)dA_t$$

for all optional processes $Z \geq 0$ and **F**-measurable $f \geq 0$. In Maisonneuve (1975) these objects are all defined for a process indexed by $[0,\infty)$, but everything can be lifted to the two sided process, as in Mitro (1984). Also, much of this goes through even without assumptions of recurrence or quasi left continuity. See Kuznetsov (1974), Fitzsimmons and Maisonneuve (1986), Getoor and Steffens (1985). Let Q^x be the $\tilde{P}^x$ distribution of the process X killed at time R. And let $\alpha(dx)$ be the measure on E associated with dA_t via the formula

$$\alpha(h) = P^{\mu}\int_0^1 h(X_t)dA_t,$$

as in Azéma-Duflo-Revuz (1969). Let Q_{ex} be the excursion law on paths killed at time R, induced by the stationary random set M under P^{μ}, as in II above. Then a change of variables in the Maisonneuve formula shows that

$$Q_{ex} = \int_E \alpha(dx)Q^x.$$

Thus the Maisonneuve exit system provides a disintegration of the equilibrium excursion law of Q_{ex} with respect to the starting point of excursions. The definition of the exit system implies that the measure Q^x is not the zero measure, except perhaps on a α null set. Because Q_{ex} is σ-finite, the same is true of α.

The above disintegration of Q_{ex} is not unique because there is a trade off between the choice of α and the normalization of the laws Q^x. In particular problems there may be a choice more natural than the one made by Maisonneuve for the general theory. For example, if X is Brownian motion in a domain D in $\mathbf{R}^d$ with simple reflection at a smooth boundary, the invariant measure m is Lebesgue measure on the domain. The nicest formulae for the excursion laws are then obtained with α the $(d-1)$ dimensional volume measure on ∂D. See Hsu (1986) for details. Burdzy (1986) gives further results for this case.

V. Dual excursions. The equilibrium excursion law was encountered by Kaspi (1984) and Mitro (1984) who found that for a pair of recurrent Markov processes X and $\hat{X}$ in duality, the equilibrium law $\hat{Q}_{ex}$ for excursions from the dual $\hat{M}$ of a recurrent M is the Q_{ex} distribution of excursions reversed from their lifetimes. This relation may be understood in terms of Palm measures as a consequence of the fact that for each $\epsilon > 0$, the point process of left ends of intervals of M^c larger than ϵ alternates with the point process of right ends. See Neveu (1976) p. 202. The duality relation can thus be extended to more general stationary processes. In the case of dual Markovian excursions with nice transition densities, the formulae of section 2 amount to results of Getoor and Sharpe (1982).

It may also be useful to ramify excursions to keep track of the left limit of the process as it leaves M, and the right limit as it returns, for example by defining ϵ on $(0 \in L)$ by

$$X_s \circ \epsilon = \begin{cases} X_{s-}, \ s < 0 \\ X_{s \wedge R}, \ s \geq 0 \end{cases}$$

The ramified excursion law Q_{ex} then admits the decomposition

$$Q_{ex}(X_{0-} \in dy, X_0 \in dx, X_{[0,\infty)} \in dw) = \beta(dy,dx)Q^x(dw),$$

where $X_{[0,\infty)} = (X_s, s \geq 0)$, where Q^x is the Maisonneuve law for excursions starting at x and stopped at time R, and β is the measure associated with the homogeneous random measure dA in the Maisonneuve exit system via the formula

$$\int\int f(y,x)\beta(dy,dx) = P^\mu \int_0^1 f(X_{t-}, X_t)dA_t.$$

Thus β is now a σ-finite measure on E×E whose projection onto the second coordinate is the α considered earlier. See Atkinson and Mitro (1983) Sharpe (1972), Getoor and Sharpe (1984) for details of these and related matters. Getoor and Sharpe (1982) and Kaspi (1983) give still finer decompositions of the excursion law according to both the endpoint and length of the excursion.

VI. The joint distribution of the age and residual life time.

Return now to the general set up of section 2 with P σ-finite and (Θ_t) invariant.

Corollary. *Suppose that* M *is closed and homogeneous, unbounded above and below a.s.. Let* $A = -G$, $V = A + R = R \circ \Theta_G$ *the overall length of the interval of* M^c *straddling 0. Let* μ *be the measure on* $[0,\infty)$ *which is the* Q *distribution of* R, *where* Q *is the Palm measure on* $(0 \in L)$:

$$\mu(dv) = Q(R \in dv).$$

(i) $P(V \in dv) = P(0 \in M)\delta_0(dv) + v\mu(dv), \ v \geq 0.$

(ii) *Conditional on* Θ_G *the distribution of* A *depends only on the value of* V, *and given* $V = v$, A *is uniformly distributed on* $[0,v]$, *and the same holds for* $R = V - A$ *instead of* A *provided* $v < \infty$

(iii) $P(A \in da) = P(R \in da) = P(0 \in M)\delta_0(da) + \mu(a,\infty)da, \ a \geq 0.$

Proof. These results follow from the theorem of section 2 by a change of variables, just as in Corollaries II.14 and II.15 of Neveu (1977).

If P is a probability and M forms stationary discrete point process, these are well known formulae from renewal theory for the stationary distributions of the age A and residual lifetime R, which work also in the stationary case. See for example McFadden (1962), Neveu (1977) Prop II.19. For P a probability and M a stationary regenerative set these results were established Geman and Horowitz (1973) and again by Taksar (1980) and Maisonneuve (1983). According to the corollary, these results for stationary regenerative closed sets apply just as well without the regeneration assumption, and for a σ-finite P. In the regenerative case, μ can be identified as the Lévy measure, and m as the drift parameter, of a subordinator from which M can be constructed. See Maisonneuve (1983) for details in the case

P is a probability, which extend easily to the σ-finite regenerative case, corresponding to a subordinator with a null recurrent age process. In the regenerative case Taksar and Maisonneuve show that -M has the same distribution as M. This extends to the σ-finite regenerative case, see Taksar (1986) but not to the general stationary case, despite the symmetry in the joint distribution of (A,R) which is plain from the Corollary.

Example. Let Θ_t be rotation by distance t around the circumference of a circle with circumference 6,

P = uniform on circle.

$M = \{t : \Theta_t(\omega) \in A\}$ where A consists of 3 points at spacings 1,2 and 3 around the circle.

If say the spacings between points of M are

$$\cdots\cdots 123123123 \cdots\cdots$$

then going backwards they are

$$\cdots\cdots 321321321 \cdots\cdots$$

So the distributions of M and -M are different.

Warning. Even if M is discrete and recurrent, P σ-finite does *not* imply μ is σ-finite.

Example. Let $X_t = (B_t, Ue^{it})$ where B_t is a Brownian motion on **R**, and U is uniformly distributed on $[0,2\pi]$, running with the stationary area measure on the surface of the infinite cylinder $\mathbb{R} \times S^1$. This is a Harris recurrent Hunt process with continuous paths. Let $M = \{t : Ue^{it} = 0\}$. Then $M = L$ is for every ω a shift of the set $2\pi\mathbb{Z}$, and the Q distribution of R is a single mass of ∞ at the point 2π. But the Q distribution of (X_0,R) is σ-finite, the product of Lebesgue measure on $\mathbb{R}$ with a point mass of $1/2\pi$ at 2π. In general, it seems a reasonable conjecture that the Q distribution of (X_0,R) will be σ-finite, provided the P distribution of X_0 is σ-finite and X has right continuous paths.

Acknowledgement. I would like to thank J. Azéma, P. Brémaud, J.-F. Le Gall, J. Neveu, B. Maisonneuve and M. Yor for helpful discussions.

REFERENCES.

ATKINSON, B. W. and MITRO, J. B. (1983). Applications of Revuz and Palm type measures for additive functionals in weak duality. Seminar on stochastic processes 1982. Birkhäuser, Boston.

AZEMA, J., DUFLO, M. and REVUZ, D. (1967). Mesure invariante sur les classes récurrentes des processus de Markov. *Z. Wahrscheinlichkeitstheorie* **8**, 157-181.

AZEMA, J., DUFLO, M. and REVUZ, D. (1969). Propriétés relatives des processus de Markov récurrents. *Z. Wahrscheinlichkeitstheorie* **13**, 286-314.

BIANE, P. (1986). Relations entre pont et excursion du mouvement brownien réel. *Ann. Inst. Henri. Poincaré, Prob. et Stat,* **22**, 1-7.

BISMUT, J. M. (1985). Last exit decomposition and regularity at the boundary of transition probabilities. *Z. Wahrscheinlichkeitstheorie* **69**, 65-98.

BLUMENTHAL, R. M. and GETOOR, R. K. (1968). Markov processes and potential theory. Academic Press.

BURDZY, K. (1986). Brownian excursions from hyperplanes and smooth surfaces. *T.A.M.S.* **295**, 35-57.

BURDZY, K., PITMAN, J. W. and YOR, M. Asymptotic laws for crossings and excursions. Paper in preparation.

DE SAM LAZARO, J. and MEYER, P. A. (1975). Hélices croissantes et mesures de Palm. Séminaire de Prob. IX pp. 38-51. Lecture Notes in Math. 465.

DYNKIN, E. B. (1985). An application of flows to time shift and time reversal in stochastic processes. *T.A.M.S.* **287**, 613-619.

FITZSIMMONS, P. J. & MAISONNEUVE, B. (1986). Excessive measures and Markov processes with random birth and death. *Probability Theory and Related Fields* **72**, 319-336.

FRANKEN, P., KONIG, D., ARNDT, V., SCHMIDT, V. (1981). Queues and point processes. Wiley and sons, New York.

GEMAN, D. & HOROWITZ, J. (1973). Remarks on Palm measures. *Ann. Inst. Henri Poincaré Sec B,* **IX** 213-232.

GETOOR, R. K. (1979). Excursions of a Markov process. *Ann. Probab.* **7**, 244-266.

GETOOR, R. K. (1985). Some remarks on measures associated with homogeneous random measures. To appear. Sem. Stoch. Proc. 1985. Birkhäuser, Boston.

GETOOR, R. K. (1985). Measures that are translation invariant in one coordinate. Preprint.

GETOOR, R. K. & SHARPE, M. J. (1981). Two results on dual excursions. Seminar on stochastic processes 1981. Boston. p. 31-52. Birkhäuser.

GETOOR, R. K. & SHARPE, M. J. (1982). Excursions of Dual processes. *Adv. in Math.* **45,** 259-309

GETOOR, R. K. & SHARPE, M. J. (1984). Naturality, standardness, and weak duality for Markov processes. *Z. Wahrscheinlichkeitstheorie,* **67,** 1-62.

GETOOR, R. K. & STEFFENS, J. (1985). Capacity theory without duality. Preprint

GREENWOOD, P. and PITMAN, J. W. (1980a). Construction of local time and Poisson point processes from nested arrays. *J. London Math. Soc. (2)* **22,** 182-192.

GREENWOOD, P. and PITMAN, J. W. (1980b). Fluctuation identities for Lévy processes and splitting at the maximum. *Adv. Appl. Prob.* **12,** 893-902.

HSU, P. (1986). On excursions of reflecting Brownian motion. To appear in T.A.M.S.

ITÔ, K. (1970). Poisson point processes attached to Markov processes. *Proc. Sixth Berkeley Symp. Math. Statist. Prob.* pp. 225-239. Univ. of California Press, Berkeley.

JACOD, J. (1979). *Calcul Stochastique et Problèmes de Martingales.* Lecture Notes in Math. *714,* Springer-Verlag, Berlin.

KASPI, H. (1983). Excursions of Markov processes: An approach via Markov additive processes. *Z. Wahrscheinlichkeitstheorie verw. Gebiete.* **64,** 251-268.

KASPI, H. (1984). On invariant measures and dual excursions of Markov processes. *Z. Wahrscheinlichkeitstheorie* **66,** 185-204.

KERSTAN, J., MATTHES, K. and MECKE, J. (1974). Infinitely divisible point processes. Wiley and sons. New York.

KUZNETSOV, S. E. (1974). Construction of Markov processes with random times of birth and death. *Th. Prob. Appl.,* **18,** 571-574.

MAISONNEUVE, B. (1971). Ensembles régénératifs, temps locaux et subordinateurs. Sém. de Prob. V. Lecture Notes in Math 191.

MAISONNEUVE, B. (1975). Exit systems. *Ann. Prob.* **3,** 399-411.

MAISONNEUVE, B. (1983). Ensembles régénératifs de la droite. *Z. Wahrscheinlichkeitstheorie* **63,** 501-510.

MATTHES, K. (1963/4). Stationäre zufällige Punktfolgen. *Jahresbericht d. Deutsch. Math. Verein,* **66,** 66-79.

MCFADDEN, J. A. (1962). On the lengths of intervals in a stationary point process *J. Roy. Stat. Soc. Ser. B*, **24**, 364-382.

MECKE, J. (1967). Stationäre zufällige Masse auf lokal kompakten Abelschen Gruppen. *Z. Wahrscheinlichkeitstheorie* **9**, 36-58.

MITRO, J. B. (1979). Dual Markov processes: Construction of a useful auxilliary process. *Z. Wahrscheinlichkeitstheorie* **47**, 139-156.

MITRO, J. B. (1984). Exit systems for dual Markov processes. *Z. Wahrscheinlichkeitstheorie* **66**, 259-267.

NEVEU, J. (1968). Sur la structure des processes ponctuels stationaires. *C. R. Acad. Sci, t* **267**, **A** p. 561.

NEVEU, J. (1976). Sur les mesures de Palm de deux processus ponctuels stationnaires. *Z. Wahrscheinlichkeitstheorie verw. Geb.* **34**, 199-203.

NEVEU, J. (1977). Ecole d'Eté de Probabilités de Saint-Flour VI-1976. 250-446. Lecture Notes in Math. 598. Springer.

PITMAN, J. W. (1981). Lévy systems and path decompositions. Seminar on stochastic processes 1981. Birkhäuser, Boston.

SHARPE, M. J. (1972). Discontinuous additive functionals of dual Markov processes. *Z. Wahrscheinlichkeitstheorie* **21**, 81-95.

TAKSAR, M. I. (1980). Regenerative sets on the real line. Seminaire de probabilités XIV, Springer Lecture notes in math. 784.

TAKSAR, M. I. (1981). Subprocesses of a stationary Markov process. *Z. Wahrscheinlichkeitstheorie* **55**, 275-299.

TAKSAR, M. I. (1983). Enhancing of semigroups. *Z. Wahrscheinlichkeitstheorie* **63**, 445-462.

TAKSAR, M. I. (1986). Infinite excessive and invariant measures. Preprint.

TOTOKI, H. (1966). Time changes of flows.
Mem. Fac. Sci. Kyūshū Univ. Ser. A., t **20**, p. 27-55.

VERVAAT, W. (1979). A relation between Brownian bridge and Brownian excursion. *Ann. Prob.* **7**, 143-149.

STATIONARY MARKOV SETS

M. I. Taksar*

Department of Statistics
Florida State University
Tallahassee, Florida
United States

1. Introduction

If one looks at the set of times when a strong Markov process visits a point in the state space, then this set is a regenerative set. It forms a replica of itself after each stopping time whose graph lies in this set. Closed regenerative sets have been studied for a long time (see Hoffman-Jørgensen [4], Maisonneuve [6], Meyer [10] and others).

Since the studies of regenerative sets were motivated by the theory of Markov processes, such sets were originally called (strong) Markov. In addition it was always supposed that any regenerative set M is a subset of the positive half-line and $P\{0 \in M\} = 1$.

However, if one considers visiting times of a stationary strong Markov process, then the corresponding set M is stationary, that is the probability law of the set $M+t$ is the same as the one of M. The "natural" state space for stationary sets would be the set of closed subsets of a real line and the condition $0 \in M$ a.s. should be dropped. The first study of such sets was done in Taksar [12]. It was shown that all such sets are in one-to-one correspondence with the weak limits of the ranges (closures of the images) of the processes with independent increments having finite expectation.

The paper of Maisonneuve [8] gives a simple and comprehensive approach to the regenerative sets on a real line. It also give an easy proof of the main results of [12]. Further development of the theory of regenerative sets on a real line is done in the recent work of Fitzsimmons, Frisdedt and Maisonneuve [3].

*) This research was supported by the AFOSR, Grant No. AFOSR F49620-85-C-0007.

All regenerative set have a (weak) Markov property. The "future" after time t of such set and its "past" are conditionally independent given "resent". In this context "future" after time t means the intersection of the random set with]t,∞[. The "present" stands for the infimum of the "future". The "past" is the compliment of the "future". A Markov set is a set for which conditional independence of the "future" and the "past" holds, but stronger regenerative property might not be true.

Apparently, Markov sets form a larger class than regenerative sets. In a stationary case, however, the difference is not as big as one could expect. It was shown in [12] that staionary Markov sets are "almost" regenerative. There are two types of regeneration after each point t; one occurs if the point t belongs to the set and the other type of regeneration takes place if t does not belong to the set. In particular, every stationary Markov set which almost surely has Lebesgue measure zero, is regenerative, (see [12] Theorem 2).

In this paper we will describe all closed stationary Markov sets. We will show that each stationary Markov set which is not regenerative can be constructed from two special regenerative sets, by either taking a mixture of these regenerative sets or taking a "superposition" of two regenerative sets. One of the two regenerative sets is thin (that is having a.s. Lebesgue measure zero) and the other is "rather thick". In the case of mixture the second set is the entire real line. In the case of the superposition the "thick" regenerative set consists of a union of closed intervals with the exponential iid lengths with the spacings between these intervals having any iid distributions.

Superposition can be described loosely as follows. We take the real line $\mathbb{R}_1$ with a thin set M_1 and a real line $\mathbb{R}_2$ with a thick set M_2, which consists of a countable number of closed intervals $\ldots, I_{-1}, I_0, I_1, I_2, \ldots$. The real line $\mathbb{R}_1$ is cut in a segments of iid lengths, exponentially distributed in the local time of the set M_1. The line $\mathbb{R}_2$ is cut at the left end of each interval I_k. Then we combine $\mathbb{R}_1$ and $\mathbb{R}_2$ into one line by alternating pieces from $\mathbb{R}_1$ and $\mathbb{R}_2$ (i.e., inserting intervals I_k with their right spacings into the cuts of the set M_1). The union of the cut offs from M_1 and M_2 will be the superposition of the sets M_1 and M_2.

In the case in which M_1 is a discrete set one can describe the resulting Markov set in operations research/reliability vernacular. Consider a serviceman who is regularilly called on site for inspection of a working device. At each inspection there is a probability p of discovering a defect. While the defect is not detected, the intervals between successive calls are iid random variables with distribution F_1. If the inspection reveals the defect then the serviceman stay for a repair which has an exponential distribution. The time of the next inspection after the repair is decided by the serviceman and it has distribution F_2 which might be different form F_1. The set of times when the serviceman is on site, that is, the inspection times and the repair time, is a Markov set. However this set is neither regenerative nor is a mixture of two regenerative sets.

Although the description of the superposition in terms of cutting and recombining the lines is more intuitively understandable, we would rather use an equivalent definition in terms of processes with independent increments, which is more useful from the technical point of view.

The paper is structured as follows. In section 2 we give definitions and formulate the main results. In section 3 we establish the main properties of stationary Markov sets. Section 4 studies the operations which transforms a stationary Markov set into a stationary regenerative set. Section 5 analyses those stationary Markov sets which are neither regenerative nor are mixtures of regenerative sets. In section 6 we study the "residual life" process associated with the stationary Markov set, and find its stationary distribution. The last section is devoted to reversibility properties. We outline a necessary and sufficient condition for the set -M to have the same distribution as M.

2. Basic definition. Formulation of the main result.

In our definition and notations we follow Maisonneuve [8] and Fitzimmons, Fristedt, and Maisonneuve [3] (following slight corrections suggested by Maisonneuve in [9]). Let Ω^o be the set of all closed sets in $\mathbb{R}$. For each $\omega^o \in \Omega^o$ and $t \in \mathbb{R}$ put (assuming $\inf \emptyset = \infty$, $\sup \emptyset = -\infty$)

$d_t(\omega^o) \triangleq \inf\{s>t:\ s\in\omega^o\}$, $\quad \ell_t(\omega^o) \triangleq \sup\{u<t:\ u\in\omega^o\}$,

$r_t(\omega^o) \triangleq d_t(\omega^o) - t$, $\quad n_t(\omega^o) \triangleq t - \ell_t(\omega^o)$,

$\tau_t(\omega^o) \triangleq \overline{\{s-t:\ s>t,\ s\in\omega^o\}}$,

$\rho_t(\omega^o) \triangleq \overline{\{s-t:\ s<t\ s\in\omega^o\}}$, where the bar above the set stands for closure.

Let G^o (G^o_t respectively) be the σ-field generated by all functions d_s, $s\in\mathbb{R}$ ($s\le t$ respectively). Let J^o (J^o_t respectively) be the σ-field generated by all functions ℓ_u, $u\in\mathbb{R}$ ($u\ge t$ respectively). It is easy to see that G^o_t is an increasing and J^o_t is a decreasing filtration and $J^o = G^o$.

A closed random set M on a space (Ω,F) is a measurable mapping of (Ω,F) into (Ω^o,G^o).

In this paper we will deal only with closed random sets, so in the sequel we will not write "closed" each time. Put

$$D_t \triangleq d_t\circ M,\quad R_t \triangleq r_t\circ M,$$

$$L_t \triangleq \ell_t\circ M,\quad N_t \triangleq n_t\circ M,$$

$$M^t \triangleq \tau_{D_t}\circ M,\quad M_t \triangleq \rho_{L_t}\circ M.$$

It is obvious that all the mappings D_t, R_t, L_t and N_t are measurable and so are M^t and M_t.

Let (Ω,F,P) be a complete probability space and M be a random set on this space. Let G, G_t and J_t be the preimages in F of the σ-fields G^o, G^o_t and J^o_t under the mapping M.

(2.1) A set M is called right Markov (r.M.) if for any two bounded measurable functions f and g on (Ω^o,G^o)

$$P\{f(M\cap[D_t,\infty[)g(M\cap]-\infty,D_t])|D_t\}=P\{f(M\cap[D_t,\infty[)|D_t\}P\{g(M\cap]-\infty,D_t])|D_t\}.$$

(2.2) A set M is called left Markov (l.M.) if for any two bounded measurable functions f and g on (Ω^o,G^o)

$$P\{f(M\cap[L_t,\infty[)g(M\cap]-\infty,L_t])|L_t\}=P\{f(M\cap[L_t,\infty[)|L_t\}P\{g(M\cap]-\infty,L_t])|L_t\}.$$

For brevity here and in sequel we write equations with conditional expectations without adding a.s. after equalities. Given a random set M, we denote by $M+s$ the set $\{t+s: t \in M\}$.

(2.3) A set M is called stationary if for any bounded measurable function f on (Ω^o, G^o) and any $s \in \mathbb{R}$

$$P\{f(M+s)\} = P\{f(M)\}.$$

Our aim is to describe all stationary r.M. sets. We will need results from the theory of regenerative sets. The precise notion of regenerative set used in this paper is due to Maisonneuve [8] (with slight corrections according to [9]).

(2.4) A random set M is right regenerative (r.r.) if there exists a measure P_0 on (Ω^o, G^o) such that for each $f \in bG^o$ (set of bounded G^o-measureable functions)

$$P\{f \circ M^t | G_t\} = P_0\{f\} \text{ on } \{D_t < \infty\}.$$

Following [8], the measure P_0 is called the law of (right) regeneration of M.

(2.5) A set M is left regenerative (l.r.) if there exists a measure P^0 on (Ω^o, G^o) such that for each $f \in bG^o$

$$P\{f \circ M_t | J_t\} = P^0\{f\} \quad \text{on} \quad \{L_t > -\infty\}.$$

In the sequel we will sometimes use the term regenerative (r.) and Markov (M.) instead of right regenerative and right Markov respectively.

Increasing processes with independent increments (subordinators) play an important role in the description of regenerative sets and, as we will see in the sequel, stationary Markov sets as well. Each subordinator z is characterized by a constant $\alpha < 0$ and a measure Π on $]0, \infty[$. We call such a subordinator an (α, Π)-process. Let $z_t(\omega)$, $t \geq 0$, be a stochastic process on a probability space (Ω, F, P). The image M of this process is defined as

$$M(\omega) = \overline{z_{\mathbb{R}_+}(\omega)}$$

If z is a subordinator, then the image of z is a right regenerative set. If z is a decreasing process with independent increments then the image of z is a left regenerative set.

Let us recall the main results of [3] and [12] regarding stationary regenerative sets. There is one-to-one correspondence between all stationary r.r. sets

M and all pairs (α, Π) defined up to proportionality, where α and Π are characteristics of a subordinator subject to

$$\int_0^\infty x \, \Pi(dx) < \infty .$$

The stationary set M which corresponds to the pair (α, Π) is called (α, Π)-generated. Any stationary r.r. set M is also l.r. Moreover the set $-M$ has the same distribution in (Ω^o, G^o) as M.

Since the definition of r.M. set is weaker than that of r.r. set, any r.r. set is r.M., however the opposite is not true.

An example of a stationary r. M. set which is not r.r. was constructed in [12]. Any mixture of a $(0,\Pi)$-generated set and a real line $\mathbb{R}$ with "weights" $0<p<1$ and $q=1-p$ is a r. M. set but not a r.r. set.

DEFINITION. Right Markov sets of the first type are right regenerative sets. Right Markov sets which can be represented as a mixture of a $(0, \Pi)$-generated and a real line are called r.M. sets of the second type. Right Markov sets which are neither of the first or the second type are called right Markov sets of the third type.

Markov processes provide good examples of different types of stationary Markov sets. If x_t is a strong Markov process and b is a point in the state space then the "visiting set"

$$M = \overline{\{t: x_t = b\}}$$

is regenerative and if in addition x_t is stationary, then M is stationary.

To obtain a Markov set of the second type, consider a strong Markov process x_t^1, for which $P\{x_t^1 = b\} = 0$ for each t, but point b is not a polar set and a process x_t^2 which stays deterministically at the point b. The mixture x_t of the processes x_t^1 and x_t^2 will be a Markov (but not a strong Markov) process. The visiting times of b by x_t is a Markov set of the second type, and if x_t^1 is stationary then so is the visiting times set.

To give an example of a Markov set of the third type, consider a particle moving on the positive half line according to a diffusion law. An infinitely thin elastic screen is placed at the origin. The particle is reflected from this screen until time

$$\tau = \{\inf t: \Lambda_t \geq S\},$$

where Λ_t is the local time at zero of the reflected diffusion and S is a random variable with exponential distribution independent of the process x_t. At the moment τ the particle moves to the other side of the screen where it stays for time X, where X is another exponential random variable independent of $x.$ and S. At the time $X+\tau$ the particle is placed back to a random point on the positive half line and the whole process starts anew. The closure of the set of times when this particle visits the origin is a Markov set of the third type. If this Markov process is stationary (which can be easily achieved, provided that there exists a constant downward drift, or there exists a reflecting upper barrier)then this Markov set is stationary.

In the remainder of this section we define rigorously the superposition of two regenerative sets and formulate the main result. The definition in introduction might be convinient but we find it more useful to define the superposition by means of the processes with independent increments.

In the sequel we will use $\mathbb{R}_+$ and $[0,\infty[$ interchangably. If a measure Π is defined on $]0,\infty[$ then it is assumed to be extended to $\mathbb{R}_+$ by setting $\Pi\{0\}=0$.

Let Π be a measure on $]0,\infty]$ and μ be a probability measure on $[0,\infty[$ and λ and α be two positive constants. Let y_t be a $(0, \Pi)$-process and $\{S_k\}$, $k = 1, 2, \ldots$, $\{X_k\}$ and $\{Y_k\}$, $k = 0, 1, 2, \ldots$ be three sequences of iid random variables, independent of y_t and independent of each other. The distributions of S_i and X_k are exponential with parameters α and λ respectively. The distribution of Y_j is given by μ. Consider a subordinator x_t of a pure jump type constructed in the following manner (we assume below $\sigma_0 = 0$)

$$\sigma_k = \sum_{i \le k} S_i, \quad k = 1, 2, \ldots,$$

$$x_t = \sum_{k \ge 1} (Y_k + X_k) 1_{\sigma_k \le t}, \tag{2.6}$$

Put

$$Z_t = y_t + x_t,$$

$$L = \bigcup_{k=1}^{\infty} \{x : Z_{\sigma_k^-} \le x \le Z_{\sigma_k^-} + X_k\}, \tag{2.7}$$

$$M = \overline{Z_{\mathbb{R}_+} \cup L}. \tag{2.8}$$

The set M defined by (2.8) is called $(\Pi, \alpha, \lambda, \mu)$-set. (Note that there are many $(\Pi, \alpha, \lambda, \mu)$-sets corresponding to different initial distributions of the process y_t).

Let μ' be the restriction of μ on $]0,\infty[$. We say that quadruple $(\Pi, \alpha, \lambda, \mu)$ is equivalent to $(\Pi_1, \alpha_1, \lambda_1, \mu_1)$ if there exists a constant c such that

$$(\Pi, \alpha) = c(\Pi_1, \alpha_1), \tag{2.9}$$

$$\mu' - \mu_1' = \frac{\mu\{0\} - \mu_1\{0\}}{\Pi(\mathbb{R}_+)} \Pi, \tag{2.10}$$

$$\lambda(1 - \alpha\mu\{0\}/(\alpha + \Pi(\mathbb{R}_+)) = \lambda(1 - \alpha_1\mu_1\{0\}/(\alpha_1 + \Pi_1(\mathbb{R}_+)). \tag{2.11}$$

In particular, when Π is an infinite measure, equivalency of $(\Pi, \alpha, \lambda, \mu)$ and $(\Pi_1, \alpha_1, \lambda_1, \mu_1)$ means proportionality of (Π, α) and (Π_1, α_1) and equality of (λ, μ) and (λ_1, μ_1).

It is easy to see that if $\Pi(\mathbb{R}_+) = \infty$ and quadruples $(\Pi, \alpha, \lambda, \mu)$ and $(\Pi_1, \alpha_1, \lambda_1, \mu_1)$ are equivalent then every $(\Pi, \alpha, \lambda, \mu)$-set is a $(\Pi_1, \alpha_1, \lambda_1, \mu_1)$-set as well. In fact, if we construct processes x, y and Z by (2,6) and (2,7), then processes $x_t' = x_{ct}$, $y_t' = y_{ct}$ and $Z_t' = Z_{ct}$ generate the same set M given by (2.8). However, the Levy's measure of the process y_{ct} is $c\Pi$ and the rate of jumps of the process x_{ct} is $c\,\alpha$, which shows that $(\Pi, \alpha, \lambda, \mu)$-set is $(c\Pi, c\,\alpha, \lambda, \mu)$-set as well.

If Π is a finite measure then x_t and y_t are Poisson processes with jump rates α and $\Pi(\mathbb{R}_+)$ respectively. In particular

$$p \triangleq P\{y_{\sigma_1} = y_0\} = \alpha/(\alpha + \Pi(\mathbb{R}_+))$$

(see (2.6) for definition of σ_1). The set M given by (2.7) consists of the intervals of L and discrete points of the image of Z. The length of the first interval I_1 of L is equal to $X_1 + X_2 + \ldots + X_N$ where N has geometric distribution with parameter $p\mu\{0\}$. Thus the distribution of the length of I_1 is exponential with parameter $\lambda(1-p\mu\{0\})$. The distribution of the length the interval J_1 which is contingent to I_1 in M from the right (i.e., $\inf J_1 = \sup I_1$) has distribution $\mu' + (\mu\{0\}/\Pi(\mathbb{R}_+))\Pi$ (note that $(\Pi(\mathbb{R}_+))^{-1}\Pi$ is the distribution of the jumps of the process y). Likewise for any other interval I_k in L and contingent to I_k interval J_k. The distribution of any interval contingent to M which does not coincide with any of J_k is equal to the distribution of jumps of y, i.e. to $(\Pi(\mathbb{R}_+))^{-1}\Pi$. From the above it is easy to show that if M is a (Π,α,λ,μ)-set and (Π,α,λ,μ) is equivalent to $(\Pi_1,\alpha_1,\lambda_1,\mu_1)$ then there exists a $(\Pi_1,\alpha_1,\lambda_1,\mu_1)$-set whose distribution is the same as that of M.

DEFINITION. A random set M is called (Π,α,λ,μ)-generated if for each t there exists a random variable ϕ_t, such that $\phi_t \geq t$ a.s. and $M \cap [\phi_t, \infty[$ has the same distribution as a (Π,α,λ,μ)-set. In this case the quadruple (Π,α,λ,μ) is called the generator of the set M.

The next two theorems give the main result of this paper.

(2.12) **THEOREM.** Every stationary r.M. set M of the third type is (Π,α,λ,μ)-generated. The generator of M is unique up to equivalency and is subject to

$$\int_0^\infty x\Pi(dx) < \infty, \tag{2.13}$$

$$\int_0^\infty x\mu(dx) < \infty. \tag{2.14}$$

Each quadruple (Π,α,λ,μ) subject to (2.13) and (2.14) is a generator of a unique stationary right Markov set.

Let δ_a denote a unit measure concentrated at point a.

(2.15) **THEOREM.** A stationary r.M. set M of the third type is left Markov iff its generator (Π,α,λ,μ) is equivalent to $(\Pi,\alpha,\lambda,\delta_0)$. In this case the set -M has the same distribution as M.

In the diffusion example presented above the set of visiting times of 0 becomes a left Markov set when the diffusion process is made continuous. That can be done if at the time $\tau + X$ the particle is moved on the other side of the elastic screen and starts again moving according to the original reflected diffusion law. In the operations research/reliability example of the introduction, the set of times when the servicemen is on site becomes left Markov if $F_1 = F_2$, that is if the distribution of the time of the first after a repair check up is the same as the distribution of the time between successive calls.

3. General properties of stationary Markov sets.

Here and in the sequel we will deal only with those stationary Markov sets which are a.s. nonempty. This is equivalent to

$$P\{D_t < \infty\} = 1 \qquad \text{for all } t \in \mathbb{R}. \tag{3.1}$$

The following proposition was proved in [12] (see Lemma 7.3).

(3.2) **PROPOSITION.** If M is stationary Markov set then for each function $f \in bG^o$ there exist two constants a and b such that for each t

$$P\{f \circ M^t | G_t\} = a\, 1_{D_t > t} + b\, 1_{D_t = t} \,.$$

For brevity we will denote indicator functions of $]-\infty,t[$, $]-\infty,t]$, $[t,\infty[$, $]t,\infty[$ by $1_{<t}$, $1_{\le t}$, $1_{\ge t}$ and $1_{>t}$ respectively.

The following corollary is a simple consequence of Propostion (3.2).

(3.3) **COROLLARY.** If M is a stationary Markov set then there exist two measures P_0 and P_1 on (Ω^o, G^o) such that for each $f \in bG^o$

$$P\{f \circ M^t | G_t\} = 1_{>t}(D_t) P_0\{f\} + 1_t(D_t) P_1\{f\}. \tag{3.4}$$

Let $\hat{M}$ denote the set of all points of M which belong to M with its right neighborhood.

(3.5) **PROPOSITION.** For each $f \in bG^o$ and any stopping time T with respect to the filtration G_{t+}

$$P\{f \circ M^T | G_{T+}\} = 1_{T \bar{\in} \hat{M}} P_0\{f\} + 1_T(\hat{M})\, P_1\{f\}. \tag{3.6}$$

Proof. Usual arguments show that Proposition (3.3) remains true if t in (3.4) is replaced by any stopping time with respect to $\mathcal{G}_t$, taking finite or countable number of values.

It is sufficient to prove (3.6) for f of the form

$$f = g(r_{s_1}, r_{s_2}, \dots, r_{s_k})$$

where g is a bounded continuous function of k variables. For such f the function $f \circ M^t$ is continuous in t and

$$\begin{aligned} P\{f \circ M^T | \mathcal{G}_{T+}\} &= \lim_{n\to\infty} P\{f \circ M^{T_n} | \mathcal{G}_{T_n}\} = \\ &= \lim_{n\to\infty} [1_{>T_n}(D_{T_n}) P_0\{f\} + 1_{T_n}(D_{T_n}) P_1\{f\}], \end{aligned} \tag{3.7}$$

where T_n is any sequence of stopping times, taking on finite or countable number of values and such that $T_n \downarrow T$.

Put

$$æ_n(x) \triangleq k\, 2^{-n}, \quad \text{if } (k-1)2^{-n} \le x < k\, 2^{-n} \tag{3.8}$$

and let (assuming $\inf \emptyset = +\infty$)

$$T_n' = \inf\{æ_n(s) : s \ge T,\ u \bar{\in} M \ \text{ for all } s < u \le æ_n(s)\}.$$

The random variable T_n' is a stopping time (see [2], Ch VI) and so is

$$T_n = 1_T(\hat{M})\ æ_n(T) + 1_{T \bar{\in} \hat{M}} T_n' . \tag{3.9}$$

Each T_n given by (3.9) takes at most a countable number of values and $T_n \downarrow T$. By the construction $D_{T_n} > T_n$ on the set $\{T \bar{\in} \hat{M}\}$ and $\{T_n = D_{T_n}\}$ converges to the set $\{T \in \hat{M}\}$. Hence we can pass to a limit in (3.7) and obtain (3.6).

(3.10) **PROPOSITION.** For each $f \in bG^o$ and each stopping time T with respect to G^o_{t+} and each $i = 0, 1$,

$$P_i\{f \circ \tau_{d_T} | G^o_{T+}\} = 1_{T\bar{\epsilon}\hat{\omega}^o} P_0\{f\} + 1_T(\hat{\omega}^o) P_1\{f\}. \qquad (3.11)$$

The proof is similar to the proof of previous proposition.

From now on we will consider only stationary sets of the third type, for which

$$P\{D_t = t\} > 0. \qquad (3.12)$$

(Theorem 2 of [12] shows that failure of (3.12) implies that M is regenerative.)

(3.13) **PROPOSITION.** For each t

$$P\{D_t = t, \; t \bar{\epsilon} \hat{M}\} = 0. \qquad (3.14)$$

Proof. Suppose the left hand side of (3.14) is equal to $\varepsilon > 0$. By virtue of Proposition (3.5)

$$P\{f \circ M^t | G_{t+}\} = P_0\{f\} \quad \text{on} \quad \{D_t = t, \; t \bar{\epsilon} \hat{M}\}. \qquad (3.15)$$

On the other hand, using sequentially (3.4) and (3.15)

$$P\{f \circ M^t | G_t\} = P_1\{f\} = [\varepsilon P_0\{f\} + P\{D_t = t, t \epsilon \hat{M}\} P_1\{f\}]/P\{D_t = t\} \quad \text{on } \{D_t = t\}. \qquad (3.16)$$

Equality (3.16), which is true for each f, shows $P_0 = P_1$, which contradicts the assumption that M is the set of the third type.

(3.17) **COROLLARY.** $P_1\{0 \in \hat{\omega}_0\} = 1$.

Proof. By proposition (3.13) the sets $\{D_t = t\}$ and $\{t \in \hat{M}\}$ are indistinguishable. Using (3.4),

$$P\{D_t = t\} = P\{D_t = t, \; 0 \in \hat{M}^t\} = P\{D_t = t\} P_1\{0 \in \hat{\omega}_0\}.$$

Thus, the statement follows from (3.12).

(3.18) **PROPOSITION.** For any functions $f \in bG^o$ and $g \in bG^o_{t+}$ such that $g = 0$ on $\{d_t = \infty\}$ and each $i = 0, 1$

$$P_i\{f \circ \tau_{d_t} g\} = P_i\{g; d_t > t\} P_0\{f\} + P_i\{g; d_t = t\} P_1\{f\}. \tag{3.19}$$

Proof. For $i = 1$. Put $T = t + s$. By (3.4) and (3.12)

$$P_1\{f \circ \tau_{d_t} g\} = P\{f \circ M^T g \circ M^S \mid D_s = s\} / P\{D_s = s\}.$$

Taking first conditional expectation with respect to G_{s+t}, we get

$$P_1\{f \circ \tau_{d_t} g\} = P\{g \circ M^s 1_{<t+s}(D_{t+s}) P_0\{f\} + g \circ M^s 1_{t+s}(D_{t+s}) P_1\{f\} \mid D_s = s\} / P\{D_s = s\},$$

which is equivalent to (3.19).

Let

$$\begin{aligned}
&\tilde{\eta}_t \triangleq \inf\{s > t:\ s \in \hat{\omega}^o\}, && \eta_t \triangleq \tilde{\eta}_t \circ M,\\
&\tilde{\gamma}_t \triangleq \inf\{s > \tilde{\eta}_t:\ s \in \bar{\hat{\omega}}^o\}, && \gamma_t \triangleq \tilde{\gamma} \circ M,\\
&\tilde{\nu}_t \triangleq \inf\{s > \tilde{\gamma}_t,\ s \in \omega^o\}, && \nu_t \triangleq \tilde{\nu}_t \circ M,\\
&\tilde{\eta} \triangleq \tilde{\eta}_0,\ \tilde{\gamma} \triangleq \tilde{\gamma}_0,\ \tilde{\nu} \triangleq \tilde{\nu}_0, && \eta \triangleq \eta_0,\ \gamma \triangleq \gamma_0,\ \nu \triangleq \nu_0.
\end{aligned} \tag{3.20}$$

(3.21) **PROPOSITION.** For $\tilde{\gamma}$ and $\tilde{\eta}$ defined by (3.20)

$$P_1\{\tilde{\eta} = 0\} = 1. \tag{3.22}$$

and there exists a constant $0 < \lambda < \infty$ such that for each a

$$P_1\{\tilde{\gamma} > a\} = e^{-\lambda a}. \tag{3.23}$$

Proof. (3.22) follows from (3.17). Let a, b > 0. Applying Proposition (3.18),

$$P_1\{\tilde\gamma>a+b\}=P_1\{\tilde\gamma>a,\tilde\gamma\circ\tau_a>b\}=P_1\{\tilde\gamma>a,d_a=a\}P_1\{\tilde\gamma>b\} + P_1\{\tilde\gamma>a,d_a>a\}P_0\{\tilde\gamma>b\} \quad (3.24)$$

If $\tilde\gamma > a$ then $a \in \hat\omega^o$ and $d_a = a$. Thus $P_1\{\tilde\gamma > a,\ d_a > a\} = 0$ and (3.24) equals to $P_1\{\tilde\gamma > a\}\ P_1\{\tilde\gamma > b\}$ whereas (3.23) follows.

Suppose (3.23) equals 1. Then $P_1\{\mathbb{R}_+ \subset \omega^o\} = 1$. The latter would imply that M is a mixture of a real line $\mathbb{R}$ and a regenerative set with the law of regeneration P_0. This contradicts the assumption that M is a set of the third type. Likewise, if (3.23) equals 0, then this would imply that $P\{d_a = a\} = 0$. The latter is with a contradiction to (3.12).

Let $\tilde\eta_t$, $\tilde\gamma_t$, ... etc. be given by (3.20). Define

$$\begin{aligned}
\tilde\eta(0,t) &\triangleq \tilde\gamma(0,t) \triangleq \tilde\nu(0,t) \triangleq t\ , && (3.25)\\
\tilde\eta(k,t) &\triangleq \tilde\eta_{\tilde\nu(k-1,t)}\ ,\\
\tilde\gamma(k,t) &\triangleq \tilde\gamma_{\tilde\nu(k-1,t)}\ ,\\
\tilde\nu(k,t) &\triangleq \tilde\nu_{\tilde\nu(k-1,t)}, \quad k = 1, 2, \dots,\\
\eta(k,t) &\triangleq \tilde\eta(k,t)\circ M,\\
\gamma(k,t) &\triangleq \tilde\gamma(k,t)\circ M,\\
\nu(k,t) &\triangleq \tilde\nu(k,t)\circ M.
\end{aligned}$$

When t is fixed we will write for brevity $\tilde\eta(k)$, $\tilde\gamma(k)$, $\gamma(k)$, etc. instead of $\tilde\eta(k,t)$, $\tilde\gamma(k,t)$, $\gamma(k,t)$, etc.

The points $\eta(k)$ and $\gamma(k)$ mark the beginnings and the ends of the intervals which $\hat M \cap [t,\infty[$ is composed of.

(3.26) **PROPOSITION.** The sequence $\{(\gamma(k) - \eta(k),\ \nu(k) - \gamma(k),\ \eta(k+1) - \gamma(k))\}$ is a sequence of iid three-dimensionals vectors on (Ω,F,P). The sequences $\{\gamma(k) - \eta(k)\}$ and $\nu(k) - \gamma(k)\}$ are independent and for any $a > 0$

$$P\{\gamma(k) - \eta(k) > a\} = e^{-\lambda a}, \tag{3.27}$$

where λ is the same as in Proposition (3.21).

The sequence $\{(\tilde{\gamma}(k) - \tilde{\eta}(k),\ \tilde{\nu}(k) - \tilde{\gamma}(k),\ \tilde{\eta}(k+1) - \tilde{\nu}(k))\}$ is a sequence of iid three-dimensional vectors on (Ω^o, G^o, P_i), $i = 0, 1$. The sequences $\{\tilde{\gamma}(k) - \tilde{\eta}(k)\}$ and $\{\tilde{\nu}(k) - \tilde{\gamma}(k)\}$ are independent and for any $a > 0$ and any $i = 0,1$

$$P_i\{\tilde{\gamma}(k) - \tilde{\eta}(k) > a\} = e^{-\lambda a}.$$

Proof. It follows from [2] Ch. VI that for each k the random variables $\eta(k)$, $\gamma(k)$ and $\nu(k)$ are stopping times and if $k > j$ then

$$\nu(j) \le \eta(k) < \gamma(k) \le \nu(k).$$

Let h be any bounded function of three variables. Since $\eta(k) \in \hat{M}$, using Proposition (3.5),

$$P\{h(\gamma(k)-\eta(k), \nu(k)-\gamma(k), \eta(k+1)-\nu(k)) \mid G_{\eta(k)+}\} = P_1\{h(\tilde{\gamma}, \tilde{\nu}-\tilde{\gamma}, \tilde{\eta}(2,0)-\tilde{\nu})\}.$$

The above shows independence of $(\gamma(k) - \eta(k),\ \nu(k) - \gamma(k),\ \eta(k+1) - \nu(k))$ from the sequence $\{\gamma(j) - \eta(j), \nu(j) - \gamma(j),\ \eta(j+1) - \nu(j))\}$, $j = 1, 2, \ldots, k-1$.

Let g be a bounded function of one variable. Put $f(\omega^o) = g(\tilde{\nu} - \tilde{\gamma})$. Then using Proposition (3.5)

$$\begin{aligned} &P\{g(\nu(k) - \gamma(k))\, 1_{>b}(\gamma(k) - \eta(k))\} \\ &= P\{1_{>b}(\gamma(k) - \eta(k)) f \circ \tau_{\eta(k)+b} \circ M\} \\ &= P\{1_{>b}(\gamma(k) - \eta(k))\} P_1\{f\}\,. \end{aligned} \tag{3.28}$$

The last equality in (3.28) is due to (3.4) and

$$\{\gamma(k) - \eta(k) > b\} \subset \{\eta(k) + b \in \hat{M}\}.$$

Likewise, setting $h(\omega^o) = 1_{>b}(\tilde{\gamma})$

$$P\{\gamma(k) - \eta(k) > b\} = P\{h \circ \tau_{\eta(k)} \circ M\} = P_1\{h\} = P_1\{\tilde{\gamma} > b\}$$

and (3.27) follows from (3.23).

The proof of the second part of the proposition is done in a similar manner.

4. Deletion Operation and its Properties.

In this section we define an operator which removes parts of the set M in such a way that M becomes a regenerative set. Define $K:\Omega^o \to \Omega^o$ as

$$K(\omega^o) \overset{\Delta}{=} \overline{K(\omega^o)}\,, \tag{4.1}$$

where

$$K(\omega^o) \overset{\Delta}{=} \omega^o \backslash \text{closure}(\hat{\omega}^o) = \lim_{t\to-\infty} \omega^o \backslash \bigcup_{k=1}^{\infty} [\tilde{\eta}(k,t),\ \tilde{\gamma}(k,t)].$$

The operator K removes closure of the interior of ω^o, and the remaining set has no interior. Thus

$$\widehat{K(\omega^o)} = \emptyset\ .$$

(4.2) **PROPOSITION.** <u>For any</u> ω^o <u>and any</u> t

$$d_t \circ K(\omega^o) \,\bar{\in}\, \hat{\omega}^o\,. \tag{4.3}$$

Proof. Suppose (4.3) is wrong, then for some $k \geq 1$

$$d_t \circ K(\omega^o) \in [\tilde{\eta}(k,t),\ \tilde{\gamma}(k,t)[\,. \tag{4.4}$$

Since $d_t \circ K(\omega^o) \in K(\omega^o)$, the only way that (4.4) can be true is

$$d_t \circ K(\omega^o) = \tilde{\eta}(k,t)\ . \tag{4.5}$$

If $\tilde{\eta}(k,t) = t$ then (4.5) fails because in this case $d_t \circ K(\omega^o) \geq \tilde{\gamma}(k,t) > \tilde{\eta}(k,t)$. If $t < \tilde{\eta}(k,t)$ then (4.5) implies $]t,\tilde{\eta}(k,t)[\,\bar{\in}\, K(\omega^o)$. Thus $\tilde{\eta}(k,t) \,\bar{\in}\, K(\omega^o)$ which contradicts (4.5).

(4.6) **THEOREM.** <u>The set</u> $K \circ M$ <u>is a stationary regenerative set.</u>

Proof. From a trivial relation

$$\widehat{\omega^o + s} = \hat{\omega}^o + s$$

it follows that

$$K \circ M + s = K(M+s). \tag{4.7}$$

Likewise

$$\tau_t \circ K \circ M = K \circ \tau_t \circ M \ . \tag{4.8}$$

Relation (4.7) shows that stationarity of M implies stationarity of $K \circ M$.

Put $D_t' = d_t \circ K \circ M$. Then D_t' is a stopping time. By virtue of Proposition (3.5), Proposition (4.2) and (4.8), for any function $f \in bG^0$

$$P\{f \circ \tau_{D_t'} \circ K \circ M | G_{D_t'+}\} = P_0\{f \circ K \circ \tau_{D_t'} \circ M | G_{D_t'+}\} = P_0\{f \circ K\}. \tag{4.9}$$

This proves that $K \circ M$ is regenerative with the law of regeneration

$$P = P_0 \circ K^{-1} \ . \tag{4.10}$$

(4.11) **REMARK.** The proof of Theorem (4.6) shows that $K \circ M$ is regenerative with respect to the filtration $G_t' \overset{\Delta}{=} G_{D_t'+}$ which is larger than the natural filtration generated by $K \circ M$. It can be also shown that

$$P_0\{f \circ \tau_{d_t} \circ K | G^0_{d_t+}\} = P\{f \circ \tau_{d_t} | G^0_{d_t+}\} = P\{f\} \ . \tag{4.12}$$

We will call $K \circ M$ the regenerative part of the set M. By [6] the set $K \circ M$ is either perfect or discrete.

According to [7] and [12] their exists a process z_t with independent increments such that $K(\omega^0) = \overline{z_{\mathbb{R}_+}}$ for P_0 a.a. ω^0 and such that the local time

$$\theta_s = (z^{-1})_s \overset{\Delta}{=} \inf\{t: z_t \geq s\} \tag{4.13}$$

is a continuous process adapted to the σ-field G^0_{t+} and for any $u \in z_{\mathbb{R}_+}$

$$\theta_{u+s} = \theta_u + \theta_s \circ \tau_u \ . \tag{4.14}$$

(4.15) **PROPOSITION.** _If_ M _is a stationary Markov set with a perfect regenerative part then_

$$P_0\{0 \in \hat{\omega}^0\} = 0 \ .$$

Proof. Put

$$T_n'(\omega^o) = \inf\{\text{æ}_n(s):\ s \geq 0,\ u \bar{\in} \omega^o \quad \text{for all} \quad s < u \leq \text{æ}_n(s)\},$$

where $\text{æ}_n(s)$ is given by (3.8). Let

$$T_n(\omega^o) = \begin{cases} 0 \text{ if } 0 \in \hat{\omega}^o, \\ T_n'(\omega^o) \quad \text{otherwise.} \end{cases}$$

Then T_n is a sequence of stopping times such that

$$T_n = D_{T_n} = 0 \quad \text{on} \quad \{0 \in \hat{\omega}^o\}. \tag{4.16}$$

From [6] and [8] it follows that for any perfect regenerative set with the law of regeneration P

$$P\{0 \text{ is an isolated point in } \omega^o\} = 0. \tag{4.17}$$

On the other hand $K(\omega^o)$ and ω^o coincide in a neighborhood of 0 on $\{0 \bar{\in} \hat{\omega}^o\}$. From (4.10) and (4.17) follows

$$P_0\{0 \bar{\in} \hat{\omega}^o,\ 0 \text{ is an isolated point in } \omega^o\} = 0. \tag{4.18}$$

Combining (4.18) with (4.16) we get

$$d_{T_n} \downarrow 0 \quad \text{a.s.} \quad P_0. \tag{4.19}$$

Take $f = g(r_{s_1}, r_{s_2}, \ldots, r_{s_k})$, where g is a positive bounded continuous function of k variables. By virtue of (4.19)

$$P_0\{f\} = \lim_n P_0\{f \circ \tau_{d_{T_n}}\} = \lim_n \{1_{T_n}(\hat{\omega}^o)\, P_1\{f\} + 1_{T_n \bar{\in} \hat{\omega}^o}\, P_0\{f\}\}. \tag{4.20}$$

Suppose $P_0\{0 \bar{\in} \hat{\omega}^o\} = \varepsilon > 0$. Then the right hand side of (4.20) converges to

$$\varepsilon P_1\{f\} + (1-\varepsilon) P_0\{f\},$$

which implies $P_0 = P_1$. The latter implies M is a regenerative set, and this is in contradiction with our assumption that M is the set of the third type.

Let $b(\omega^o)$ be the set of accumulation from the left points of ω^o, i.e. $x \in b(\omega^o)$ iff there exists a sequence $\{x_n\}$ such that $x_n < x$, $x_n \in \omega^o$ and $x_n \uparrow x$.

(4.21) **PROPOSITION.** If M has a perfect regenerative part then for each k and t

$$P\{\eta(k,t) \in b(M)\} = 1. \tag{4.22}$$

Proof. Suppose (4.22) fails. Then with a positive probability there exists an interval contiguous to M whose right end coincide with $\eta(k,t)$. Fubini's theorem implies an existance of u for which

$$P\{D_u = \eta(k,t),\ D_u > u\} > 0. \tag{4.23}$$

Applying (3.4) to $f = 1_0(\hat{\omega}^o)$ and using (4.23), we get

$$P_0\{0 \in \hat{\omega}^o\} > 0,$$

which is in contradiction with proposition (4.15).

Put

$$\zeta_0 \overset{\Delta}{=} 0,$$

$$\zeta_k \overset{\Delta}{=} \theta_{\tilde{\eta}(k)} \equiv \theta_{\tilde{\gamma}(k)} \equiv \theta_{\tilde{\nu}(k)},$$

where θ_s is given by (4.13) and $\tilde{\eta}(k)$, $\tilde{\gamma}(k)$ and $\tilde{\nu}(k)$ stand for $\tilde{\eta}(k,0)$, $\tilde{\gamma}(k,0)$, and $\tilde{\nu}(k,0)$, given by (3.25).

(4.24) **PROPOSITION.** If M has a perfect regenerative part then $\zeta_k - \zeta_{k-1}$, $k = 1, 2, \ldots$ are exponential iid on $\{\Omega^o, G^o, P_0\}$.

Proof. Let $\tilde{\eta} \equiv \tilde{\eta}_0 \equiv \tilde{\eta}(1,0)$. Consider

$$P_0\{\zeta_1 > a+b\} = P_0\{\theta_{\tilde{\eta}} > a+b\} = P_0\{\theta_{\tilde{\eta}} > a,\ \theta_{\tilde{\eta}} - a > b\}.$$

Let

$$\sigma = \inf\{s: \theta_s \geq a\}. \tag{4.26}$$

Then σ is a stopping time with respect to G^o_{t+} and $\theta_\sigma = a$. Thus the right-hand side of (4.25) can be written as

$$P_0\{\theta_{\tilde\eta} > a,\ \theta_{\tilde\eta} - \theta_\sigma > b\} = P_0\{\theta_{\tilde\eta} > a,\ \theta_{\tilde\eta-\sigma} \circ \tau_\sigma > b\} \tag{4.27}$$

$$= P_0\{\theta_{\tilde\eta} > a,\ \theta_{\tilde\eta\circ\tau_\sigma} \circ \tau_\sigma > b\}$$

$$= P_0\{P_0\{\theta_{\tilde\eta\circ\tau_\sigma} \circ \tau_\sigma > b \mid G^o_{\sigma+}\};\ \theta_{\tilde\eta} > a\}$$

$$= P_0\{\theta_{\tilde\eta} > a\}\ P_0\{\theta_{\tilde\eta} > b\} .$$

The first equality in (4.27) is due to (4.14). The second equality holds because $\sigma > \tilde\eta$ and for any s $\tilde\eta\circ\tau_s = \tilde\eta - s$ on the set $\{s < \tilde\eta\}$. The last equality in (4.27) is a consequence of Proposition (3.10) and the equality

$$d_\sigma = \sigma$$

which is true for any perfect regenerative set and any σ given by (4.26). Equally (4.27) shows that ζ_1 has exponential distribution.

Since for any k

$$]\tilde\eta(k),\ \tilde\nu(k)[\ \bar\in\ K(\omega^o),$$

the quantities $\theta_{\tilde\eta(k)}$ and $\theta_{\tilde\nu(k)}$ coincide. Thus, in a way similar to the one in which (4.27) was obtained,

$$P_0\{\theta_{\tilde\eta(k+1)} - \theta_{\tilde\eta(k)} > a \mid G^o_{\tilde\nu(k)+}\}$$

$$= P_0\{\theta_{\tilde\eta(k+1)} - \theta_{\tilde\nu(k)} > a \mid G^o_{\tilde\nu(k)+}\}$$

$$= P_0\{\theta_{\tilde\eta(k+1)-\tilde\nu(k)} \circ \tau_{\tilde\nu(k)} > a \mid G^o_{\tilde\nu(k)+}\}$$

$$= P_0\{\theta_{\tilde\eta\circ\tau_{\tilde\nu(k)}} \circ \tau_{\tilde\nu(k)} > a \mid G^o_{\tilde\nu(k)+}\}$$

$$= P_0\{\theta_{\tilde\eta} > a\} .$$

The above equality shows that $\zeta_{k+1} - \zeta_k$ is independent of $\zeta_n - \zeta_{n-1}$, $n = 1, 2, \ldots, k$ and have the same distribution as ζ_1.

(4.28) **REMARK.** The proof of Proposition (4.24) also shows that $\zeta_k - \zeta_{k-1}$ is independent of the sequence of random vectors $(\tilde{\nu}(n) - \tilde{\gamma}(n), \tilde{\gamma}(n) - \tilde{\eta}(n))$, $n = 1, 2, \ldots$.

5. Structure of Stationary Markov Set.

In this section we will show that each stationary set M is $(\Pi, \alpha, \lambda, \mu)$-generated. This will be done separately for the case in which M has a perfect regenerative part and in the case in which M has a discrete regenerative part.

Suppose M is a set with a perfect regenerative part and $P_0 \cdot K^{-1}$ is its law of regeneration. Consider the process V_t on (Ω^o, G^o, P_0)

$$V_t = \sum_{k:\zeta_k<t} (\tilde{\nu}(k) - \tilde{\eta}(k)),$$

where $\zeta_k = \theta_{\tilde{\eta}(k)}$ with θ given by (4.13). The process V_t is of a pure jump type. In view of Proposition (4.24) $\zeta_k - \zeta_{k-1}$ are exponential iid. By virtue of the proposition (3.26) and Remark (4.28) the random variables $(\tilde{\nu}(k) - \tilde{\eta}(k))$ are iid independent of the point process ζ_k. Therefore, the process V_t is a process with independent increments.

Proposition (4.21) and Proposition (3.10) together with (4.18) show that $\tilde{\eta}(k)$ and $\tilde{\nu}(k)$ are points of accumulation of $K(\omega^o)$ a.s. P_0. This implies

$$z_{\zeta_k} = \tilde{\nu}(k), \quad z_{\zeta_k-} = \tilde{\eta}(k), \tag{5.1}$$

where z_t is the process whose image is equal to $K(\omega^o) \cap [0,\infty[$. From (5.1) and the definition of V_t follows

$$V_{\zeta_k} - V_{\zeta_k-} = z_{\zeta_k} - z_{\zeta_k-}. \tag{5.2}$$

Put

$$W_t \overset{\Delta}{=} z_t - V_t .$$

Since both z_t and V_t are processes with independent increments, so is W_t. The set $K(\omega^o)$ has Lebesgue measure zero, therefore the process z_t has translation constant equal to zero and is of a pure jump type. In view of (5.2), W_t is an increasing process of a pure jump type such that

$$W_{\zeta_k -} = W_{\zeta_k} . \tag{5.3}$$

Relation (5.3) implies that $V_\cdot$ and $W_\cdot$ have no common points of discontinuity. Accordingly $V_\cdot$ and $W_\cdot$ are independent (see [11]).

(5.4) **THEOREM.** A stationary Markov set M with a perfect regenerative part is $(\Pi, \alpha, \lambda, \mu)$-generated.

Proof. For each t we need to find ϕ_t such that $M \cap [\phi_t, \infty[$ is a $(\Pi, \alpha, \lambda, \mu)$-set. In view of stationarity it is sufficient to consider only $t = 0$. Put $\phi = \nu$, where ν is given by (3.20). Let

$$\begin{aligned} X_k &\overset{\Delta}{=} \tilde{\gamma}(k) \circ \tau_\nu \circ M - \tilde{\eta}(k) \circ \tau_\nu \circ M \equiv \gamma(k+1,0) - \eta(k+1,0) , \\ Y_k &\overset{\Delta}{=} \tilde{\nu}(k) \circ \tau_\nu \circ M - \tilde{\gamma}(k) \circ \tau_\nu \circ M \equiv \nu(k+1,0) - \gamma(k+1,0) , \\ x_t &\overset{\Delta}{=} V_t \circ \tau_\nu + \phi , \\ y_t &\overset{\Delta}{=} W_t \circ \tau_\nu + \phi . \end{aligned} \tag{5.5}$$

Then for Z_t given by (2.7) we have

$$Z_t = z_t \circ \tau_\nu \circ M + \phi \quad .$$

$$\sigma_k = \zeta_k \circ \tau_\nu \circ M$$

Let Π be the Levi's measure of the subordinator W. Let α be the parameter of the exponential distribution of $\zeta_k - \zeta_{k-1}$, λ be the parameter of the exponential distribution of $\gamma(k) - \eta(k)$ (see (3.27)) and

$$\mu(\Gamma) \overset{\Delta}{=} P\{\nu(k) - \gamma(k) \in \Gamma\} = P_0\{\tilde{\nu}(k) - \tilde{\gamma}(k) \in \Gamma\}.$$

We would like to show that the set $M \cap [\phi,\infty[$ is a (Π,λ,α,μ)-set as defined by (2.6) - (2.8). Since $\nu = D_\gamma$ and $\gamma \tilde{\in} \hat{M}$, we can apply Proposition (3.5) and get

$$P\{f \circ M^\gamma | G_{\gamma+}\} = P\{f \circ \tau_\nu \circ M | G_{\gamma+}\} = P_0\{f\} . \tag{5.6}$$

In particular, (5.6) shows that the law of $(V_\cdot \circ \tau_\nu \circ M, W_\cdot \circ \tau_\nu \circ M)$ on (Ω,F,P) is the same as the law of $(V_\cdot, W_\cdot)$ on (Ω^0,G^0,P^0). It also shows independence of ν and $(V_\cdot \circ \tau_\nu \circ M, W_\cdot \circ \tau_\nu \circ M)$.

For $M_1 \overset{\Delta}{=} \tau_\nu \circ M$ and for $z_t = V_t + W_t$, one has

$$K \circ M_1 = \overline{z_{\mathbb{R}_+} \circ M_1} .$$

Thus

$$\overline{z_{\mathbb{R}_+} \circ M_1 + \phi} = K \circ M \cap [\phi,\infty[.$$

The construction of the process V_t (and x_t by (5.5)) shows that L given by (2.7) coincides with the closure of $\hat{M} \cap [\phi,\infty[$. Since $M = K \circ M \cup \hat{M}$, we got the representation (2.8) with $x_\cdot$ and $y_\cdot$ given by (5.5). Proposition (4.24) shows that $\sigma_k = \zeta_k \circ \tau_\nu \circ M$ forms a Poisson point process. Proposition (3.26) and Remark (4.28) show the required independence of $\{X_k\}$, $\{Y_k\}$ and $y_\cdot$ as well as independence of $x_\cdot$ and $y_\cdot$ given by (5.5). This concludes the proof that $M \cap [\phi,\infty[$ is a (Π,α,λ,μ)-set.

A stationary Markov set with a discrete regenerative part cannot be treated in the same manner because Propositions (4.15) and (4.21) are no longer true in this case. As a result (5.1) and (5.2) as well as (5.3) might fail. The failure of (5.1) - (5.3) might result in dependence of the processes $V_\cdot$ and $W_\cdot$.

However, the case of a set with a discrete regenerative part can be treated "from scratch". The analysis of this case is rather simple, so we will only outline the main points without going into details.

Put

$$p = P_0\{0 \in \hat{\omega}^o\}. \tag{5.7}$$

It is easy to show that if M has a discrete regenerative part then $0 < p < 1$. Let λ be given by (3.23) and

$$\mu(\Gamma) = P_0\{\tilde{\nu} - \tilde{\gamma} \in \Gamma\} \tag{5.8}$$

$$\Pi(\Gamma) = P_0\{d_0 \in \Gamma \mid 0 \bar{\in} \hat{\omega}^o\} \tag{5.9}$$

Proposition (3.5) shows that the right endpoint of each interval contiguous to M belongs to $\hat{M}$ with probability p independently of the length of this interval. Thus $\tau_\nu \circ M$ can be described by means of a Markov renewal process $U(t)$ (see [1] Chapter 10) with three states. The holding time in the first state is exponential with parameter λ, the holding time in the second and third states have distribution μ and Π respectively. The transition matrix of the imbedded discrete Markov chain is

$$\begin{pmatrix} 0 & 1 & 0 \\ p & 0 & 1-p \\ p & 0 & 1-p \end{pmatrix}$$

The set of times when $U(t)$ undergoes transitions from one state to another or $U(t)$ is in the first state corresponds to $\tau_\nu \circ M$.

It is easy to verify that the set $M \cap [\nu,\infty[\;\equiv \nu + \tau_\nu \circ M$ is a (Π,α,λ,μ)-set where α is such that

$$p = \frac{\alpha}{\alpha+1}$$

(Note that if y_t is a $(0,\Pi)$-process and x_t is the process defined by (2.6), then $\alpha/(\alpha+1) = P\{\sigma_1 < \inf\{t\colon y_t \neq y_{t-}\}\}$).

(5.9) **PROPOSITION.** If M is a stationary (Π,α,λ,μ)-generated set then Π and μ satisfy (2.13), (2.14).

Proof. (For M with a perfect regenerative part, for M with a discrete regenerative part the proof is similar). Let x_t and y_t be the subordinators which generate (Π,α,λ,μ)-set (see (2.6)-(2.8)). Then

$$K \circ (\overline{Z_{\mathbb{R}_+} \cup L}) = \overline{Z}_{\mathbb{R}_+} .$$

The latter shows that the process $Z = x + y$ generates stationary regenerative set $K \circ M$. If Π' is the Levi's measure of Z then from [8] and [12]

$$\int_0^\infty x\,\Pi'(dx) < \infty \quad . \tag{5.10}$$

On the other hand it is known (see [11]) that

$$P\{Z_t - Z_0\} = t \int_0^\infty x\,\Pi'(dx) \tag{5.11}$$

The left hand side of (5.11) can be rewritten as

$$P\{y_t - y_0\} + P\{x_t - x_0\} = t\int_0^\infty x\,\Pi(dx) + t\,\alpha^{-1}[\lambda^{-1} + \int_0^\infty x\,\mu(dx)] \tag{5.12}$$

Relations (5.10), (5.11) (5.12) imply (2.13) and (2.14).

(5.13) **PROPOSITION.** If M is a (Π,α,λ,μ)-generated set, then the quadruple (Π,α,λ,μ) is determined by M uniquely up to equivalency.

Proof. The compliment of M consists of a union of open intervals (a,b). Since $M \cap [\phi_0,\infty[$ is a (Π,α,λ,μ)-set we can write (recalling representation (2.6) - (2.8)).

$$\begin{aligned} &P\{\sum_{\nu(1)\le a,\, b\le \eta(2)} f(b-a)\} \\ &= \lim_{k\to\infty} P\{\sum_{\nu(k)\le a,\, b\le \eta(k+1)} f(b-a)\} \end{aligned} \tag{5.14}$$

$$= Q\{ \sum_{\sigma_k < t < \sigma_{k+1}} f(Z_t - Z_{t-}) 1_{Z_t \neq Z_{t-}} \} \tag{5.14}$$

$$= Q\{ \sum_{\sigma_k < t < \sigma_{k+1}} f(y_t - y_{t-}) 1_{y_t \neq y_{t-}} \}$$

$$= \Pi\{f\} Q\{\sigma_{k+1} - \sigma_k\} = \alpha^{-1} \Pi\{f\} .$$

Here Q is the probability measure associated with the process x, y and Z in (2.6) - (2.8). Formula (5.14) shows that (Π, α) is determined by M uniquely up to proportionality.

On the other hand, direct computations show that for any $(\Pi, \alpha, \lambda, \mu)$-set

$$P\{\gamma - \eta\} = [\lambda(1 - \alpha\,\mu\{0\} / (\alpha + \Pi(\mathbb{R}_+)))]^{-1} \tag{5.15}$$

and for $\Gamma \subset]0,\infty[$

$$P\{\nu - \gamma \in \Gamma\} = \begin{cases} \mu\{\Gamma\} & \text{if} \quad \Pi(\mathbb{R}_+) = \infty , \\ \mu'\{\Gamma\} + \mu\{0\}\,\Pi(\mathbb{R}_+)^{-1}\,\Pi(\Gamma), & \text{if } \Pi(\mathbb{R}_+) < \infty \end{cases} . \tag{5.16}$$

(Here μ' is the restriction of μ on $]0,\infty[$)

Equalities (5.15) and (5.16) complete the proof of the proposition.

6. Markov Properties of the Residual Life Process

Consider the "residual life" process

$$R_t = \inf\{s - t:\ s > t,\ s \in M\} \tag{6.1}$$

associated with the stationary Markov set M. Markov property of M implies that R_t is a Markov (but not necessarily a strong Markov) process.

Consider a $(\Pi, \alpha, \lambda, \mu)$-set given by (2.7), (2.8) and the processes y., x. and Z. which generate it. (For definiteness we always choose a quadruple $(\Pi, \alpha, \lambda, \mu)$ such that $\mu\{0\}=0$ if $\Pi(\mathbb{R}_+)<\infty$). Let

$$c_a \triangleq \inf\{s \geq 0:\ Z_s \geq a\}, \tag{6.2}$$

$$F_a = Z_{c_a},$$
$$H_a = Z_{c_a -}. \tag{6.3}$$

Let N be the union of σ_k given by (2.6). Then R_t given by (6.1) can be represented as

$$R_t = \begin{cases} 0 \text{ if } c_t \in N \text{ and } t \in L, \\ F_t - t \text{ otherwise} . \end{cases} \tag{6.4}$$

Let Q be the law of the subordinators x. and y. of (2.6) - (2.8). The transition function of R_t associated with a stationary (Π,α,λ,μ)-generated set is the same as transition function of R_t associated with any (Π,α,λ,μ)-set. Hence we can assume $Q\{y_0=0\}$ in (2.6) - (2.8). Then the transition function of the process R_t given by (6.4) is

$$p(t,x;\Gamma) = 1_\Gamma(x) \quad \text{if} \quad x<t,$$

$$p(t,x;\Gamma) = Q\{F_t - t\in\Gamma, c_t \bar{\in} N\} + \sum_{k=1}^{\infty} Q\{F_t - t\in\Gamma, c_t=\sigma_k, Z_{\sigma_k -}+X_k \le t\}, \; x>0, \; 0 \bar{\in} \Gamma,$$

$$p(t,x;\{0\}) = \sum_{k=1}^{\infty} Q\{c_t=\sigma_k, Z_{\sigma_k -}+X_k>t\}, \quad x>0, \tag{6.5}$$

$$p(t,0;\Gamma) = e^{-\lambda t}1_0\{\Gamma\} + \int_0^t \lambda e^{-\lambda y}\mu(\Gamma + t - y)dy + \int_0^t \mu_1(dy)p(t-y,y;\Gamma),$$

where μ_1 is a distribution of the jumps of the process x. (i.e., μ_1 is a convolution of μ and an exponential distribution with parameter λ).

A (Π,α,λ,μ)-generated set is stationary iff

$$m_t(\Gamma) \triangleq P\{R_t \in \Gamma\}$$

does not depend on t

Inversely, if we are able to construct a probability measure m which is invariant with respect to $p(t,x;\Gamma)$ then the stationary Markov process R_t with the one dimensional distribution m and the transition function p will yield a stationary (Π,α,λ,μ)-generated set by the formula

$$M = \overline{D_{\mathbb{R}}} ,$$

where $D_t = t + R_t$.

(6.6) **THEOREM.** <u>If</u> Π <u>and</u> λ <u>are subject to</u> (2.13), (2.14) <u>then there exists a unique stationary probability measure</u> m <u>for the Markov process</u> R_t <u>associated with a</u> (Π,α,λ,μ)-<u>set. The measure</u> m <u>is given by</u>

$$m(f) = C[\lambda^{-1}f(0) + \int_0^\infty f(t)\mu(]t,\infty[)dt + \alpha^{-1}\int_0^\infty f(t)\Pi(]t,\infty[)dt] .$$

where C is a normalizing constant.

For the proof of this theorem we need the following propostion.

(6.7) **PROPOSITION.** <u>Let</u> (y_s,Q) <u>be a</u> $(0,\Pi)$-<u>process and let</u>

$$c_a = \inf\{s: y_s \geq a\}.$$

<u>Let</u> S <u>be an exponential random variable with parameter</u> α <u>independent of the process</u> y_t. <u>Then</u>

$$Q\{\int_0^{y_S} f(y_{c_u}-u)du\} = \alpha^{-1}\int_0^\infty f(t)\,\Pi(]t,\infty[)dt . \tag{6.8}$$

Proof. The right-hand side of (6.8) can be rewritten as

$$\begin{aligned} &Q\{\sum_{y_s\neq y_{s-},\, s\leq S} \int_{y_{s-}}^{y_s} f(y_s-u)du\} \\ &= Q\{\sum_{y_s\neq y_{s-},\, s\leq S} \int_{y_{s-}}^{y_s} f(u)du\} \\ &= Q\{\sum_{y_s\neq y_{s-}} 1_{s\leq S}\, g(y_s-y_{s-})\} , \end{aligned} \tag{6.9}$$

where $g(t) = \int_0^t f(u)du$. The right hand side of (6.9) is equal to

$$Q\{\Pi(g)S\} = \Pi(g)\,Q\{S\} = \alpha^{-1}\Pi(g)$$

(see [11] Section 3). By Fibini's theorem

$$\Pi(g) = \int_0^\infty g(x)\,\Pi(dx) = \int_0^\infty\{\int_0^x f(t)dt\}\,\Pi(dx) = \int_0^\infty f(t)\int_t^\infty \Pi(dx) = \int_0^\infty f(t)\,\Pi(]t,\infty[)\,dt$$

whereas (6.8) follows.

Proof of the Theorem (6.6). Let $x.$ and $y.$ be the processes (with $Q\{y_0=0\}=1$) which generate a (Π,α,λ,μ)-set by formulae (2.6) - (2.8). Then the process R_t associated with this set by formula (6.4) is a regenerative process (see [1] Ch. 9) with the moments of regeneration $\rho_1, \rho_2, \dots, \rho_k, \dots$

$$\rho_k \overset{\Delta}{=} Z_{\sigma_k} .$$

Really, by virtue of the strong Markov property

$$x_s^k \overset{\Delta}{=} x_{\sigma_k+s} - x_{\sigma_k}$$

and

$$y_s^k = y_{\sigma_k+s} - y_{\sigma_k}$$

have the same distribution as the processes x_s and y_s respectively and are independent of $\{x_s, y_s;\ s \le \sigma_k\}$. Since

$$R_{\rho_k+t} = R_t \circ (x_\bullet^k, y_\bullet^k)$$

the process R_{ρ_k+t} is independent of $\{R_s,\ s \le \rho_k\}$ and has the same distribution as R_t. The same argument shows that the sequence $\{\rho_k\}$ forms a renewal process.

Since

$$\rho_{k+1} - \rho_k \equiv Z_{\sigma_{k+1}} - Z_{\sigma_k} = (y_{\sigma_{k+1}} - y_{\sigma_k}) + X_k + Y_k$$

and since X_k has a continuous (exponential) distribution, $\rho_{k+1} - \rho_k$ has a continuous distribution as well. Thus the renewal process $\{\rho_k\}$ is aperiodic and

$$E\{\rho_{k+1}-\rho_k\} = E\{X_k\} + E\{Y_k\} + E\{y_{\sigma_{k+1}} - y_{\sigma_k}\} \tag{6.10}$$

$$= \lambda^{-1} + \int_0^\infty t\, \mu(dt) + \alpha^{-1}\int_0^\infty t\, \Pi(dt)\ .$$

The right-hand side of (6.10) is finite by virtue of (2.13) and (2.14).

According to Theorem (2.25) of Chapter 9 of [1] there exists a unique stationary measure m for the regenerative process $R_\bullet$, given by

$$m(\Gamma) = C\, Q\{\int_0^{\rho_1} 1_\Gamma(R_t)dt\}, \tag{6.11}$$

where C^{-1} is equal to (6.10) (The expression in (6.11) is equivalent to the one given in Ch. 9, Theorem (2.25) of [1]). Since the process x_t is equal to 0 on the interval $]0,\sigma_1[$ the process Z_s coincides with y_s on $]0,\sigma_1[$ and

$$R_t = y_{c_t} - t \quad \text{for} \quad t \le y_{\sigma_1}$$

$$R_t = 0 \quad \text{for} \quad y_{\sigma_1} \le t < y_{\sigma_1} + X_1$$

$$R_t = Z_{\sigma_1} - t \equiv y_{\sigma_1} + X_1 + Y_1 - t \quad \text{for} \quad y_{\sigma_1} + X_1 < t < Z_{\sigma_1}$$

(see (2.6), (2.8) and (6.4)). Thus

$$Q\{\int_0^{\rho_1} 1_\Gamma(R_t)dt\} = Q\{\int_0^{y_{\sigma_1}} 1_\Gamma(y_{c_t}-t)dt\} + Q\{\int_0^{X_1} 1_\Gamma(0)dt\} + Q\{\int_0^{y_1} 1_\Gamma(Y_1-t)dt\} \tag{6.12}$$

The first term in the right-hand side of (6.12) equals to

$$\alpha^{-1}\int_0^\infty 1_\Gamma(t)\, \Pi(]t,\infty[)dt \tag{6.13}$$

by virtue of Proposition (6.7). The second term in (6.12) equals

$$1_\Gamma(0)\, E\{X_1\} = 1_\Gamma(0)\lambda^{-1} \tag{6.14}$$

The last term in (6.12) equals

$$Q\{\int_0^{Y_1} 1_\Gamma(Y_1-t)dt\} = Q\{\int_0^{Y_1} 1_\Gamma(t)dt\} = Q\{\int_0^\infty 1_\Gamma(t)1_{t<Y_1}dt\} = \int_0^\infty 1_\Gamma(t)\mu(]t,\infty[)dt\,. \tag{6.15}$$

From (6.11)-(6.15) follows Theorem (6.6).

From existence of a stationary measure for the process R_t follows

(6.16) **COROLLARY.** <u>For each</u> $(\Pi, \alpha, \lambda, \mu)$ <u>subject to</u> (2.13), (2.14) <u>there exists a stationary</u> $(\Pi, \alpha, \lambda, \mu)$<u>-generated set.</u>

This completes the proof of the Theorem (2.12).

(6.17) **REMARK.** The proof of Theorem (6.6) shows that any $(\Pi, \alpha, \lambda, \mu)$-generated set M with

$$P\{\inf M = -\infty\} = 1$$

is stationary.

7. Reversability Properties of Stationary Markov Sets.

In this section we will prove Theorem (2.15). We consider a stationary $(\Pi, \alpha, \lambda, \delta_0)$-generated set with a perfect regenerative part. The proof of Theorem (2.15) for M with a discrete regenerative part is similar. The closure of $\hat{M}$ consists of a union of closed intervals of iid exponential length and by virtue of Proposition (4.15) and (4.21) the endpoints of these intervals are points of accumulation of $M - \hat{M}$. Therefore the endpoints of these intervals belong to $K \circ M$.

According to Theorem (4.6) the set $K \circ M$ is a stationary regenerative set with Lebesgue measure zero. By Theorem 1 of [12] there exists a $(0, \Pi')$-subordinator whose range coincides with $K \circ M \cap [0,\infty[$. If $\mu = \delta_0$, then (2.6) - (2.8) show that Π' is the Levi's measure of the process Z and

$$\Pi' = \Pi + \alpha G_\lambda\,, \tag{7.1}$$

where G_λ is an exponential distribution with parameter λ. In particular, M has a perfect regenerative part iff

$$\Pi(\mathbb{R}_+) = \infty \quad .$$

To show that $-M$ has the same distribution as M we have to consider the two dimensional process

$$(L_t, R_t) = (\ell_t, r_t) \circ M \; .$$

It follows from the Markov property of M that the process (L_t, R_t) is a stationary Markov process. If M is a $(\Pi, \alpha, \lambda, \delta_0)$-generated set then the transition function of (L_t, R_t) is

$$p(t,(u,v);\Gamma) = 1_\Gamma(u,v), \quad \text{if} \quad v > t, \; \Gamma \subset]-\infty,0] \times [0,\infty[\, ,$$

$$p(t,(u,v);\Gamma) = Q\{(H_{t-v}, F_{t-v}) \in \Gamma, \;\; c_{t-v} \bar{\in} N\}, \quad v < t, \; \Gamma \subset]-\infty,0[\times]0,\infty[$$

$$p(t,(u,v);\,(0,0)) = Q\{c_{t-v} \in N\} \equiv \sum_k Q\{c_{t-v} = \sigma_k\}, \;\; v < t \; , \tag{7.2}$$

$$p(t,(0,0);\Gamma) = \int_0^t \lambda e^{-\lambda s} \, p(t,(0,s),\Gamma) \, ds, \quad \Gamma \subset]-\infty,0]\times[0,\infty[\quad .$$

Here Q is the law of the processes x_s, y_s and Z_s, of (2.6) - (2.8), c_t is given by (6.2) and (H_t, F_t) are given by (6.3).

Note that when $\mu = \delta_0$, the length of each jump of the process $Z_\cdot$ caused by a discontinuity of $x_\cdot$ is exponentially distributed and the range of each jump belongs to the $(\Pi, \lambda, \alpha, \delta_0)$-generated set. This results in simplifications in (7.2) as compared to (6.5) .

Let $\Pi(x;\Gamma) = \Pi(\Gamma - x)$. The process (L_t, R_t) is stationary due to stationarity of M. Repeating the proof of Theorem (6.6) for (L_t, R_t), we can get that the one-dimensional distribution n of this process is given by

$$n(\Gamma\times\Delta) = c[\lambda^{-1} \, 1_{(0,0)}(\Gamma\times\Delta) + \alpha^{-1} \int_{-\infty}^{0} 1_s(\Gamma) \, \Pi(x;\Delta) ds], \; \Gamma \subset \mathbb{R}_-, \; \Delta \subset \mathbb{R}_+ \, . \tag{7.3}$$

Let $(u,v)^T = (v,u)$ and if $\Delta \subset \mathbb{R} \times \mathbb{R}$ then Δ^T should be understood similarly.

Let

$$\begin{aligned} y_t^* &\triangleq -y_t, \quad x_t^* \triangleq -x_t, \\ Z_t^* &\triangleq -Z_t, \\ \Pi^*(\Gamma) &\triangleq \Pi(-\Gamma), \\ \Pi^*(x;\Gamma) &\triangleq \Pi^*(\Gamma - x) = \Pi(-x;-\Gamma). \end{aligned} \tag{7.4}$$

Consider the set $-M$. The process

$$(L_t^*, R_t^*) \triangleq (\ell_t, r_t) \circ (-M) = (-R_t, -L_t)$$

is a Markov process with the one-dimensional distribution (obtained by change of variables in (7.3)).

$$n^*(\Gamma\times\Delta) = C[\lambda^{-1} 1_{(0,0)}((-\Delta)\times(-\Gamma)) + \alpha^{-1}\int_0^\infty 1_s(\Delta)\,\Pi^*(s;\Gamma)\,ds], \quad \Gamma \subset \mathbb{R}_-, \ \Delta \subset \mathbb{R}_+ \tag{7.5}$$

and the backward transition function

$$p^*(s,(u,v);\Gamma) = p(s,(-v,-u);\Gamma^T), \quad \Gamma \subset]-\infty,0] \times [0,\infty[, \quad u \le 0 \le v . \tag{7.6}$$

Let

$$\begin{aligned} \Lambda(\Gamma) &\triangleq Q\{\int_0^\infty 1_\Gamma(Z_s)\,ds\}, \\ \Lambda^*(\Gamma) &\triangleq Q\{\int_0^\infty 1_\Gamma(Z_s^*)\,ds\} = \Lambda(-\Gamma), \\ \Lambda_b(\Gamma) &= \Lambda(\Gamma - b), \\ \Lambda_b^*(\Gamma) &= \Lambda^*(\Gamma - b), \end{aligned} \tag{7.7}$$

(7.8) **PROPOSITION.** <u>For any function</u> f <u>of two variables</u>

$$Q\{\sum_{Z_{t-}\ne Z_t} f(Z_{t-},Z_t)1_{t\in\bar{N}}\} = \int_0^\infty \Lambda(dx)\int_0^\infty f(x,y)\,\Pi(x;dy)$$

$$Q\{Z^*_{t-}\neq Z^*_t \; f(Z_{t-},Z_t)1_{t\in \bar{N}}\} = \int_{-\infty}^{0} \Lambda^*(dx) \int_{-\infty}^{0} f(x,y)\, \Pi^*(x;dy)$$

The proof of this proposition is well known.

(7.9) **PROPOSITION.** For any two functions g and h on $\mathbb{R}$

$$\int_{-\infty}^{\infty} g(x)\, \Pi(x,f)\, dx = \int_{-\infty}^{\infty} f(x)\, \Pi^*(x;g)\, dx \tag{7.10}$$

$$\int_{-\infty}^{\infty} \Lambda_x(f) g(x)\, dx = \int_{-\infty}^{\infty} f(x)\, \Lambda_x^*(g)\, dx \tag{7.11}$$

For the proof of this proposition see [12] Lemma 6.4.

(7.11) **PROPOSITION.** Measures n and n^* given by (7.3) and (7.5) respectively, coincide.

Proof. The first term in brackets in the right-hand side of (7.3) is equal to the first term in the right-hand side of (7.5). The integral term in the right-hand side of (7.3) equals to the corresponding term in (7.5) by virtue of (7.10).

(7.12) **PROPOSITION.** For any two sets $\Gamma,\ \Delta \subset \mathbb{R}_- \times \mathbb{R}_+$

$$\int_{\Gamma} n(du,dv) p(s,(u,v);\Delta) = \int_{\Delta} n^*(du,dv) p^*(s,(u,v);\Gamma) \tag{7.13}$$

Proof. Consider Δ and Γ of the form

$$\begin{aligned} &\Delta = \Delta' \times \Delta'', \qquad \Delta' < 0, \qquad \Delta'' > 0 \\ &\Gamma = \Gamma_1 \times \Gamma_2 \qquad \Gamma_1 < 0, \qquad \Gamma_2 > 0 \end{aligned} \tag{7.14}$$

Put $\Delta_1 = \Delta' + s$ and $\Delta_2 = \Delta'' + s$ and assume

$$\Gamma_2 < \Delta_1 \tag{7.15}$$

(The inequality between two subsets of the real line means the corresponding inequality between any two points from the first and the second set respectively.)

For $v < \Delta_1$ we can write

$$p(s,(u,v),\Delta) = Q\{H_{s-v} \in \Delta' + s - v,\ F_{s-v} \in \Delta'' + s - v,\ c_{s-v} \bar{\in} N\}$$

$$= Q\{\sum_{Z_{t-} \neq Z_t} 1_{\Delta_1 - v}(Z_{t-})\, 1_{\Delta_2 - v}(Z_t)\, 1_{t \bar{\in} N}\}$$

$$= \int_0^\infty \Lambda(dy)\, 1_{\Delta_1 - v}(y)\, \Pi(y;\Delta_2 - v) \tag{7.16}$$

$$= \int_v^\infty \Lambda_v(dy)\, 1_{\Delta_1}(y)\, \Pi(y;\Delta_2)\ .$$

We used Proposition (7.8) in the third equality in (7.16) and the identity $\Pi(y - v;\Delta_2 - v) = \Pi(y,\Delta_2)$ in the fourth equality in (7.16). Thus the left hand side of (7.13) can be written as

$$\int_{-\infty}^{0} 1_{\Gamma_1}(s)\,ds \int_s^\infty \Pi(s;dv)\ 1_{\Gamma_2}(v) \int_v^\infty \Lambda_v(dy)\ 1_{\Delta_1}(y)\ \Pi(y;\Delta_2). \tag{7.17}$$

Applying successively (7.10) then (7.11) and then again (7.10) and (7.17) we get the following sequence of equalities:

$$\int_\Gamma n(du,dv)p(s,(u,v),\Delta) = \int_0^\infty \Pi^*(v,\Gamma_1) 1_{\Gamma_2}(v)\,dv \int_v^\infty \Lambda_v(dy) 1_{\Delta_1}(y)\ \Pi(y;\Delta_2)$$

$$= \int_{-\infty}^{s} \Pi(y;\Delta_2) 1_{\Delta_1}(y)\,dy \int_{-\infty}^{y} \Lambda^*_y(dv) 1_{\Gamma_2}(v)\ \Pi^*(v;\Gamma_1) \tag{7.18}$$

$$= \int_s^\infty 1_{\Delta_2}(x)\ \Pi^*(x;dy)\ 1_{\Delta_1}(y) \int_{-\infty}^{y} \Lambda^*_y(dv) 1_{\Gamma_2}(v)\ \Pi^*(v;\Gamma_1)\ .$$

From (7.5) and the analog of (7.16) for $p^*(\cdot(\cdot,\cdot),-)$ we get that (7.18) equals to the right-hand side of (7.13).

The proof of (7.13) for arbitrary Γ and Δ is done in a similar way.

(7.19) **COROLLARY.** <u>The probability law of the set</u> $-M$ <u>is the same as that of</u> M. <u>In particular</u> M <u>is left Markov.</u>

Proof. From proposition (7.11) we see that the processes $(\ell_t, r_t) \circ M$ and $(\ell_t, r_t) \circ (-M)$ have the same one dimensional distribuitons. Proposition (7.12) shows that these two processes have the same backward transition function. Therefore, these two processes have the same law. The rest follows from representation

$$M = \overline{(r \circ M)}_{\mathbb{R}} \ .$$

In the remainder of this section we show why $(\Pi, \alpha, \lambda, \mu)$-generated set is not left Markov if $(\Pi, \alpha, \lambda, \mu)$ is not equivalent to $(\Pi_1, \alpha_1, \lambda_1, \delta_0)$.

If M has a perfect regenerative part (i.e., $\Pi(\mathbb{R}_+) = \infty$) then from (2.6) - (2.8) we see that the distribution of $\nu(k) - \gamma(k)$ is equal to μ. If $\mu \neq \delta_0$ then with positive probability $\nu(k) - \gamma(k) > 0$. By Fubini's theorem there exists t such that

$$P\{L_t < t,\ L_t = \gamma(k)\} > 0 \ .$$

However, the latter contradicts to Proposition (4.21) (or, to be precise, to the analog of the Proposition (4.21) for left Markov sets.)

If M has a discreet regenerative part (i.e. $\Pi(\mathbb{R}_+) < \infty$) and $(\Pi, \alpha, \lambda, \mu)$ is not equivalent to $(\Pi_1, \alpha_1, \lambda_1, \delta_0)$ then

$$\mu \neq c_1 \delta_0 + c_2 \Pi \ . \tag{7.20}$$

From (2.6) - (2.8) we see that the distribution of the length of the jumps of the process γ is $\Pi(\mathbb{R}_+)^{-1}\Pi$. The distribution of $\nu(k) - \gamma(k)$ is

$$\mu' + (1 - \mu\{0\})\, \Pi(\mathbb{R}_+^{-1})\, \Pi \tag{7.21}$$

where μ' is a restriction of μ on $]0,\infty[$. If (7.20) is true then (7.21) is not equal to $\Pi(\mathbb{R}_+)^{-1}\,\Pi$. Elementary calculations show that in this case the conditional distribution of $R_t - L_t$ given the event

$$A \overset{\Delta}{=} \{L_t \in \text{closure } \hat{M},\ L_t > t\}$$

is different from the conditional distribution of $R_t - L_t$ given the compliment of A. The latter contradicts to the "left Markov" analog of Corollary (3.3). This completes the proof of Theorem (2.15).

REFERENCES

1. Çinlar, E., Introduction to Stochastic Processes. Prentice-Hall, 1975.

2. Dellacherie, C., Capacites et processes stochastiques. Springer, 1972.

3. Fitzsimmons, P.J., Fristedt, B., Maisonneuve, B.; Intersections and limits of regenerative sets. Z. Wahrscheinlichkeitstheorie verw. Gebiete 70, 157-173 (1985).

4. Hoffmann-Jørgensen, J.; Markov sets. Math. Scand. 24 (1969).

5. Krylov, N.V., Yushkevich, A.A.; Markov random sets. Trans. Mosc. Math. Soc. 13, 127-153 (1965).

6. Maisonneuve, B.; Ensembles régénératifs, temps locaux et subordinateurs. In Sèminaire de Probabilites V. Lecture Notes in Mathematics 191, Springer 1971.

7. Maisonneuve, B.; Systems regeneratifs. Asterisque 15, Société Mathematique de France 1974.

8. Maisonneuve, B.; Ensembles régénératifs de la droit. Z. Wahrscheinlich-keitstheorie verw. Gebiete 63, 501-510 (1983).

9. Maisonneuve B.; Correction on "Ensembles régénératifs de la droite", forthcoming.

10. Meyer, P.A.; Ensemles régénératifs, d'après Hoffmann-Jørgensen. In Seminaire de Probabilités IV. Lecture Notes in Mathematics 124, Springer 1970.

11. Skorohod, A.V.; Stochastic processes with independent increments (in Russian). Nauka, Moscow 1964.

12. Taksar, M.I.; Regenerative sets on real line. In Seminaire de Probabilités XIV. Lecture Notes in Mathematics 784, Springer, 1980.

TEMPS LOCAUX D'INTERSECTION ET POINTS MULTIPLES DES PROCESSUS DE LEVY

Jean-François LE GALL (*)

0. INTRODUCTION.

La notion de temps local d'intersection du mouvement brownien a été introduite et étudiée récemment par divers auteurs : voir en particulier Wolpert [34], Dynkin [4,5], Rosen [25] et Yor [35]. Entre autres applications, les temps locaux d'intersection permettent de construire des mesures canoniques portées par l'ensemble des points multiples du processus considéré. L'étude des mesures ainsi obtenues conduit à des renseignements assez précis sur les propriétés fines des points multiples du mouvement brownien, par exemple la mesure de Hausdorff de l'ensemble des points multiples [17], ou la structure de l'ensemble des temps auxquels est atteint un point de multiplicité infinie [16]. Récemment, Rosen (voir aussi Dynkin [4] pour un point de vue différent) a étendu la notion de temps local d'intersection à des classes de processus plus générales, comme les "bonnes" diffusions elliptiques [26] ou les processus stables multidimensionnels [27]. L'objet du présent travail est d'utiliser l'idée de temps local d'intersection, ou plus exactement de mesures portées par les points multiples, pour étudier les propriétés fines des points multiples des processus de Lévy, et en particulier répondre à certaines questions posées par Taylor dans un article récent ([31], conjectures B,C et D). Nous n'avons pas recherché ici la plus grande généralité : dans les sections 2 et 3, nous nous restreignons à une classe assez particulière de processus de Lévy, suffisante cependant pour nos applications, et dans les sections 4 et 5, qui sont indépendantes des précédentes, nous nous intéressons à des processus particuliers, le processus de Cauchy unidimensionnel dans la section 4, et le mouvement brownien dans la section 5. Ce choix a été motivé par notre objectif principal qui était de démontrer les résultats conjecturés par Taylor [31]. Rappelons ces résultats, sous la forme qui figure dans [31]. Pour toute fonction ϕ convenable on note ϕ-m la mesure de Hausdorff associée à ϕ, et ϕ-p la mesure de packing (voir [32]) associée à ϕ.

Conjecture B. Soient X un processus de Cauchy symétrique sur la droite, et K un sous-ensemble compact d'intérieur vide de $\mathbb{R}$. Il existe P-p.s. un point x tel que $X^{-1}(x)$ ait même structure d'ordre que K.

Conjecture C. Soient B un mouvement brownien dans $\mathbb{R}^d$ et, pour tout $k \geq 1$, M_k l'ensemble des points de multiplicité k de la trajectoire de B. Alors P-p.s.

(*) *UNIVERSITE PARIS VI - Laboratoire de Probabilités - 4, place Jussieu - Tour 56 3ème Etage - 75252 PARIS CEDEX 05*

(i) si $d = 2$,

$$x^2(\log 1/x)^{\alpha} - p(M_k) = \begin{cases} \infty & \text{si } \alpha \geq k, \\ 0 & \text{si } \alpha < k ; \end{cases}$$

(ii) si $d = 3$,

$$x(\log 1/x)^{\alpha} - p(M_k) = \begin{cases} \infty & \text{si } \alpha \geq 0, \\ 0 & \text{si } \alpha < 0. \end{cases}$$

Conjecture D. Soit M_k l'ensemble des points de multiplicité k de la trajectoire d'un processus stable sphériquement symétrique d'indice α dans $\mathbb{R}^d$. Supposons $\alpha < d$ et $\gamma = k\alpha - d(k-1) > 0$. Alors, P-p.s.,

$$\text{(i)} \quad x^{\gamma}(\log 1/x)^{\beta} - m(M_k) = \begin{cases} +\infty & \text{si } \beta > 0, \\ 0 & \text{si } \beta \leq 0; \end{cases}$$

$$\text{(ii)} \quad x^{\gamma}(\log 1/x)^{\beta} - p(M_k) = \begin{cases} +\infty & \text{si } \beta \geq -k/2, \\ 0 & \text{si } \beta < -k/2. \end{cases}$$

Dans la partie 2, nous donnons une construction simple du temps local d'intersection de p processus de Lévy indépendants dans $\mathbb{R}^d$, sous certaines hypothèses sur la loi commune à ces processus. Notre point de vue est assez différent de celui adopté dans les références indiquées plus haut : alors que les auteurs précités conçoivent le temps local d'intersection comme une mesure sur les p-uplets de temps $(t_1,\dots,t_p)$ tels que $X^1(t_1) = \dots = X^p(t_p)$, où $X^1,\dots,X^p$ sont les p processus considérés, nous construisons ici directement une mesure portée par les points d'intersection des trajectoires de $X^1,\dots,X^p$. Décrivons brièvement notre construction, qui a été inspirée par les résultats de [14] dans le cas brownien. On introduit, pour tout $\varepsilon > 0$ et tout $i = 1,\dots,p$, la "saucisse" de rayon ε associée à X^i :

$$S_{\varepsilon}^i = \bigcup_{s \geq 0} (X_s^i + B(0,\varepsilon))$$

où $B(0,\varepsilon)$ désigne la boule ouverte de centre 0 et de rayon ε dans $\mathbb{R}^d$.

Notons $c(\varepsilon)$ la capacité, relative au processus X^i, de la boule $B(0,\varepsilon)$ et, pour tout sous-ensemble borélien borné A de $\mathbb{R}^d$, posons

$$\mu_{\varepsilon}(A) = c(\varepsilon)^{-p}\, m(S_{\varepsilon}^1 \cap \dots \cap S_{\varepsilon}^p \cap A),$$

où m désigne la mesure de Lebesgue dans $\mathbb{R}^d$.

On peut alors montrer (théorème 2.1) la convergence de la suite de mesures μ_{ε} vers une mesure μ portée par les points communs aux trajectoires de $X^1,\dots,X^p$. On obtient même une expression explicite des moments de $\mu(A)$, pour tout ensemble A. Les techniques de cette section sont largement inspirées du travail de Hawkes [10].

Cependant nous allons un peu plus loin que Hawkes, dans le sens où nous ne nous contentons pas d'établir l'existence de points d'intersection, mais nous construisons une mesure portée par ces points.

Dans la partie 3, nous utilisons les résultats de la partie 2 pour obtenir certains renseignements sur la mesure de Hausdorff de l'ensemble des points multiples d'un processus de Lévy. Nous établissons à la fois un théorème de majoration (théorème 3.1) et un théorème de minoration (théorème 3.2) pour la mesure de Hausdorff. Evidemment, ces résultats sont d'autant plus intéressants que la fonction intervenant dans la majoration est proche de celle qui intervient dans la minoration, c'est le cas pour les processus stables symétriques, pour lesquels nous démontrons, en le précisant un peu, un résultat conjecturé par Taylor (partie (i) de la conjecture D).

La partie 4 est consacrée à la preuve de la conjecture B de [31]. Ce résultat est l'analogue d'un théorème relatif au mouvement brownien plan établi dans [16]. En fait les arguments de [16] peuvent être adaptés sans modification essentielle pour le processus de Cauchy. Nous commençons par décrire brièvement, en nous inspirant de Rosen [27], une construction du temps local d'intersection de p processus de Cauchy indépendants. A la différence des sections 2 et 3, nous avons ici besoin du temps local d'intersection usuel, vu comme mesure sur les p-uplets de temps $(t_1,\ldots,t_p)$ tels que $t_1 <\ldots< t_p$ et $X(t_1) =\ldots= X(t_p)$. Nous énonçons ensuite la proposition-clé (proposition 4.3) qui permet d'analyser le comportement du processus entre les instants où il passe par un point multiple, et conduit aisément à l'existence de points de multiplicité infinie. Une fois ces résultats établis, le reste de la preuve est très semblable aux arguments de [16] : nous nous sommes contentés d'indiquer, dans un cas particulier, le schéma général de la démonstration.

Enfin, la partie 5 contient certains résultats sur la mesure de packing des points multiples du mouvement brownien (voir conjecture C ci-dessus). La notion de mesure de packing a été introduite par Taylor et Tricot [32]. Au même titre que la notion de mesure de Hausdorff, elle constitue un outil pour mesurer la taille de sous-ensembles de $\mathbb{R}^d$ de mesure de Lebesgue nulle. Nous donnons d'abord un test qui permet de décider pour quelles fonctions ϕ la ϕ-mesure de packing de l'ensemble des points de multiplicité k de la trajectoire d'un mouvement brownien plan est nulle ou infinie. Ce résultat généralise un théorème établi en [21] concernant le cas $k = 1$. Nous nous intéressons ensuite à la mesure de packing de l'ensemble M_2 des points doubles de la trajectoire d'un mouvement brownien dans $\mathbb{R}^3$. Les résultats obtenus sont ici moins précis que dans le cas du plan : nous montrons l'existence de constantes $\alpha,\beta > 0$ telles que, P-p.s.,

$$x\ (\log 1/x)^{-\alpha} - p\ (M_2) = \infty,$$

$$x\ (\log 1/x)^{-\beta} - p\ (M_2) = 0,$$

où ϕ-$p(M_2)$ désigne la mesure de packing de M_2 relativement à la fonction ϕ.

Finalement la partie 6 contient diverses remarques sur les résultats qui précèdent, ainsi qu'une discussion des prolongements possibles.

Remerciements. Je tiens ici à remercier le professeur S.J. Taylor pour avoir suggéré les problèmes traités dans ce travail.

2. *UNE CONSTRUCTION SIMPLE DU TEMPS LOCAL D'INTERSECTION DE PLUSIEURS PROCESSUS DE LEVY.*

Dans toute cette partie, nous considérons un processus de Lévy à valeurs dans $\mathbb{R}^d$, noté $X = (X_t, t \geq 0)$. Nous supposerons toujours que X est sphériquement symétrique, transient, et possède la propriété de Feller forte. D'après Hawkes [9], cette dernière propriété entraîne l'existence d'une famille canonique $(p_t(x)\ ;\ t > 0, x \in \mathbb{R}^d)$ de densités de transition de X, et le noyau potentiel de X est alors simplement donné par :

$$u(x) = \int_0^\infty p_t(x)dt \qquad (x \in \mathbb{R}^d,\ x \neq 0).$$

L'hypothèse de symétrie sphérique entraîne que $u(x)$ est seulement fonction de $|x|$. A l'instar de Hawkes [10], nous supposerons que $u(x)$ est une fonction décroissante de $|x|$. Enfin, dans le cas $d = 1$, nous supposerons que les points sont polaires pour X (cette hypothèse est toujours réalisée si $d \geq 2$, voir Kesten [12]).

Soit $p \geq 1$ un entier. D'après Hawkes [10], l'hypothèse

$$\text{(H)} \qquad \int_{|x|\leq 1} u(x)^p\, dx < \infty,$$

suffit à entraîner l'existence de points de multiplicité p pour la trajectoire de X (voir [7] ou [19] pour des extensions de ce résultat à des processus de Lévy plus généraux). Nous nous proposons dans cette partie de construire, sous l'hypothèse (H), une mesure "canonique" portée par les points de multiplicité p de X. Plus précisément nous montrerons comment construire une mesure portée par les points d'intersection de p copies indépendantes de X. En considérant la trajectoire de X sur p intervalles disjoints, il serait ensuite facile d'obtenir une mesure portée par les points de multiplicité p de X.

Nous considérons donc p copies indépendantes de X, notées $X^1,\ldots,X^p$, issues respectivement de $x_1,\ldots,x_p \in \mathbb{R}^d$. Soit $\varepsilon > 0$, à chaque processus X^i, $i = 1,\ldots,p$, on associe la "saucisse" S^i_ε de rayon ε, définie par :

$$S^i_\varepsilon = \{y \in \mathbb{R}^d\ ;\ \inf\{|X^i_t - y|\ ;\ t < \infty\} < \varepsilon\}\ .$$

Remarquons que, pour tout $y \in \mathbb{R}^d$:

$$P[y \in S^i_\varepsilon] = P[T^i_\varepsilon(y) < \infty]\ ,$$

où $T^i_\varepsilon(y) = \inf\{t\ ;\ |X^i_t - y| < \varepsilon\}$. D'après des résultats classiques du théorie du potentiel (voir par exemple [2], p. 285), il existe une mesure μ_ε portée par la boule fermée de centre 0 de rayon ε, telle que :

$$(2.a) \qquad P[T^i_\varepsilon(y) < \infty] = \int u(y+x-x_i)\, \mu_\varepsilon(dx)$$

La masse totale de μ_ε, notée $c(\varepsilon)$, est la capacité de la boule de centre 0 de rayon ε. L'hypothèse de polarité des points entraîne que $c(\varepsilon)$ décroît vers 0 quand ε tend vers 0. L'objectif principal de cette partie est de montrer le théorème suivant. On note m la mesure de Lebesgue sur $\mathbb{R}^d$.

Théorème 2.1 : *Sous l'hypothèse (H) il existe P-p.s. une mesure μ portée par l'ensemble I des points communs aux trajectoires de $X^1,\dots,X^p$, ne chargeant pas les points, et telle que pour toute partie borélienne bornée A de $\mathbb{R}^d$,*

$$\lim_{\varepsilon\to 0} c(\varepsilon)^{-p}\, m(S^1_\varepsilon \cap S^2_\varepsilon \cap \dots \cap S^p_\varepsilon \cap A) = \mu(A),$$

où la convergence a lieu dans $L^k(P)$ pour tout $k < \infty$. De plus, pour tout entier $k \geq 1$,

$$E[(\mu(A))^k] = \int_{A^k} dy_1\dots dy_k \prod_{j=1}^{p} \Big(\sum_{\sigma\in\Sigma_k} u(y_{\sigma(1)}-x_j) \prod_{i=2}^{k} u(y_{\sigma(i)}-y_{\sigma(i-1)})\Big),$$

où Σ_k désigne l'ensemble des permutations de $\{1,\dots,k\}$.

La preuve du théorème 2.1 utilisera deux résultats préliminaires que nous énonçons sous forme de lemmes.

Lemme 2.2 : *Sous l'hypothèse (H) on a :*

$$\lim_{\varepsilon\to 0} \varepsilon^d\, c(\varepsilon)^{-p} = 0.$$

Preuve : Ce lemme est déjà établi par Hawkes [10]. Pour la commodité du lecteur, nous en redonnons ici la démonstration. Partons de l'identité (2.a) et remarquons que, si $|y-x_i| < \varepsilon$, on a bien sûr : $P[T^i_\varepsilon(y) < \infty] = 1$. En intégrant sur la boule de centre x_i de rayon ε on trouve ainsi :

$$c_d\, \varepsilon^d = \int_{(|y|\leq\varepsilon)} dy \int u(y-x)\, \mu_\varepsilon(dx)$$

où c_d est le volume de la boule unité dans $\mathbb{R}^d$.

On en déduit aussitôt :

$$c(\varepsilon) \geq c_d\, \varepsilon^d \Big(\int_{(|y|\leq 2\varepsilon)} u(y)\,dy\Big)^{-1}.$$

Or, l'hypothèse (H) entraîne : $\lim_{\varepsilon\to 0} \varepsilon^d\, u(\varepsilon)^p = 0$, d'où aussi :

$$\lim_{\varepsilon\to 0} \varepsilon^{d/p-d} \int_{(|y|\le 2\varepsilon)} u(y)dy = 0.$$

Le résultat du lemme en découle aisément. □

Lemme 2.3 : Soit $k \ge 1$ un entier et soient $y_1,\ldots,y_k$ k points distincts de $\mathbb{R}^d - \{x_i\}$. Alors, sauf éventuellement pour un ensemble de k-uplets $(y_1,\ldots,y_k)$ de mesure de Lebesgue nulle, pour tout $i = 1,\ldots,p$

$$\lim_{\varepsilon_1,\ldots,\varepsilon_k\to 0} (c(\varepsilon_1)\ldots c(\varepsilon_k))^{-1} P[T^i_{\varepsilon_1}(y_1) \le \ldots \le T^i_{\varepsilon_k}(y_k) < \infty]$$

$$= u(y_1-x_i) \prod_{j=2}^{k} u(y_j-y_{j-1}).$$

De plus, si $\varepsilon_1,\ldots,\varepsilon_k > 0$ sont tels que $|y_1-x_i| \ge 2\varepsilon_1$ et, pour $j = 2,\ldots,k$, $|y_j-y_{j-1}| \ge 2(\varepsilon_j+\varepsilon_{j-1})$ on a :

$$(c(\varepsilon_1)\ldots c(\varepsilon_k))^{-1} P[T^i_{\varepsilon_1}(y_1) \le \ldots \le T^i_{\varepsilon_k}(y_k) < \infty]$$

$$\le u\left(\frac{y_1-x_i}{2}\right) \prod_{j=2}^{k} u\left(\frac{y_j-y_{j-1}}{2}\right).$$

Preuve : On montre d'abord la seconde assertion. On procède par récurrence sur k. Pour $k=1$, le résultat recherché découle immédiatement de la formule $(2.a)$ et de la monotonie de u. Si $k \ge 2$, on applique la propriété de Markov au temps $T^i_{\varepsilon_{k-1}}(y_{k-1})$ ce qui montre que :

$$P[T^i_{\varepsilon_1}(y_1) \le \ldots \le T^i_{\varepsilon_k}(y_k) < \infty] \le P[T^i_{\varepsilon_1}(y_1) \le \ldots \le T^i_{\varepsilon_{k-1}}(y_{k-1}) < \infty]$$

$$\times \sup\{P_x[T^i_{\varepsilon_k}(y_k) < \infty] \; ; \; |x-y_{k-1}| \le \varepsilon_{k-1}\}.$$

A nouveau en utilisant $(2.a)$, ainsi que l'hypothèse $|y_k-y_{k-1}| \ge 2(\varepsilon_{k-1}+\varepsilon_k)$, on obtient :

$$\sup\{P_x[T^i_{\varepsilon_k}(y_k) < \infty] \; ; \; |x-y_{k-1}| \le \varepsilon_{k-1}\} \le c(\varepsilon_k)u\left(\frac{y_k-y_{k-1}}{2}\right)$$

d'où la majoration voulue.

Passons maintenant à la preuve de la première assertion. Quitte à écarter un ensemble de mesure de Lebesgue nulle, on peut supposer que u est continue en y_1-x_i, et de même en y_j-y_{j-1} pour $j = 2,\ldots,k$. Il découle alors immédiatement de $(2.a)$ que

$$\lim_{\varepsilon_1\to 0} c(\varepsilon_1)^{-1} P[T^i_{\varepsilon_1}(y_1) < \infty] = u(y_1-x_i).$$

On raisonne par récurrence sur k. Pour $k \geq 2$,

(2.b) $$P[T^i_{\varepsilon_1}(y_1) \leq \ldots \leq T^i_{\varepsilon_k}(y_k) < \infty]$$

$$= P[T^i_{\varepsilon_1}(y_1) \leq \ldots \leq T^i_{\varepsilon_{k-1}}(y_{k-1}) \; ; \; y_k \in S^i_{\varepsilon_k}(T^i_{\varepsilon_{k-1}}(y_{k-1}),\infty)]$$

$$- P[T^i_{\varepsilon_1}(y_1) \leq \ldots \leq T^i_{\varepsilon_{k-1}}(y_{k-1}) \; ; \; y_k \in S^i_{\varepsilon_k}(0,T^i_{\varepsilon_{k-1}}(y_{k-1})) \cap S^i_{\varepsilon_k}(T^i_{\varepsilon_{k-1}}(y_{k-1}),\infty)]$$

où on a noté $S^i_\varepsilon(a,b)$ la saucisse de rayon ε associée à X^i sur $[a;b]$. En utilisant la propriété de Markov au temps $T^i_{\varepsilon_{k-1}}(y_{k-1})$, ainsi que (2.a), on trouve

$$\lim_{\varepsilon_1,\ldots\varepsilon_k \to 0} (c(\varepsilon_1)\ldots c(\varepsilon_k))^{-1} P[T^i_{\varepsilon_1}(y_1) \leq \ldots \leq T^i_{\varepsilon_{k-1}}(y_{k-1}) ; y_k \in S^i_{\varepsilon_k}(T^i_{\varepsilon_{k-1}}(y_{k-1}),\infty)]$$

$$= u(y_k - y_{k-1}) \lim_{\varepsilon_1\ldots\varepsilon_{k-1}\to 0} (c(\varepsilon_1)\ldots c(\varepsilon_{k-1}))^{-1} P[T^i_{\varepsilon_1}(y_1) \leq \ldots \leq T^i_{\varepsilon_{k-1}}(y_{k-1}) < \infty]$$

$$= u(y_1 - x_i) \prod_{j=2}^{k} u(y_j - y_{j-1})$$

grâce à l'hypothèse de récurrence. Pour conclure, il reste à montrer que le second terme du membre de droite de (2.b) est négligeable. Or cela découle aisément des majorations qui précèdent et du fait que $c(\varepsilon)$ tend vers 0 quand ε tend vers 0. □

<u>Preuve du théorème 2.1</u> : Pour simplifier les notations on écrit

$$\mu_\varepsilon(A) = c(\varepsilon)^{-p}\, m(S^1_\varepsilon \cap S^2_\varepsilon \cap \ldots \cap S^p_\varepsilon \cap A)$$

On commence par montrer que :

(2.c) $$\lim_{\varepsilon,\varepsilon'\to 0} E[\mu_\varepsilon(A)\mu_{\varepsilon'}(A)] = \int_{A^2} dy_1\, dy_2 \prod_{j=1}^{p} (u(y_1-x_j)u(y_2-y_1) + u(y_2-x_j)\, u(y_1-y_2)).$$

En utilisant l'indépendance des X^j et le théorème de Fubini, on écrit :

(2.d) $$E[\mu_\varepsilon(A)\mu_{\varepsilon'}(A)] = \int_{A^2} dy_1 dy_2 \prod_{j=1}^{p} (c(\varepsilon)c(\varepsilon'))^{-1} P[T^j_\varepsilon(y_1) < \infty, T^j_{\varepsilon'}(y_2) < \infty].$$

On remarque que

$$P[T^j_\varepsilon(y_1) < \infty \; ; \; T^j_{\varepsilon'}(y_2) < \infty]$$

$$= P[T^j_\varepsilon(y_1) \leq T^j_{\varepsilon'}(y_2) < \infty] + P[T^j_{\varepsilon'}(y_2) < T^j_\varepsilon(y_1) < \infty],$$

d'où, d'après le lemme 2.3, sauf pour (y_1,y_2) appartenant à un ensemble de mesure nulle,

$$\lim_{\varepsilon,\varepsilon'\to 0} (c(\varepsilon)c(\varepsilon'))^{-1} P[T^j_\varepsilon(y_1) < \infty \ ; \ T^j_{\varepsilon'}(y_2) < \infty] = u(y_1-x_j)u(y_2-y_1)+u(y_2-x_j)u(y_1-y_2)$$

En revenant à (2.d), on voit qu'on aura démontré (2.c) si on sait justifier le passage à la limite sous le signe somme. Pour cela on raisonne comme suit. On remarque d'abord que sur l'ensemble

$$A^2(\varepsilon,\varepsilon') = \{(y_1,y_2) \in A^2 \ ; \ |y_2-y_1| \geq 2(\varepsilon+\varepsilon'),\ |y_1-x_j| \geq 2\varepsilon,\ |y_2-x_j| \geq 2\varepsilon'\},$$

les majorations du lemme 2.3 montrent :

$$(c(\varepsilon)c(\varepsilon'))^{-1} P[T^j_\varepsilon(y_1) < \infty \ ; \ T^j_{\varepsilon'}(y_2) < \infty]$$

$$\leq u(\tfrac{y_1-x_j}{2})\, u(\tfrac{y_2-y_1}{2}) + u(\tfrac{y_2-x_j}{2})\, u(\tfrac{y_1-y_2}{2})$$

et donc le passage à la limite sous le signe somme est justifié par le théorème de convergence dominée, grâce à l'hypothèse (H). Il reste à montrer que l'intégrale sur $A^2 - A^2(\varepsilon,\varepsilon')$ tend vers 0. En utilisant l'inégalité de Hölder, on se ramène à majorer

$$(c(\varepsilon)c(\varepsilon'))^{-p} \int_{A^2-A^2(\varepsilon,\varepsilon')} dy_1\, dy_2\, P[T^j_\varepsilon(y_1) < \infty \ ; \ T^j_{\varepsilon'}(y_2) < \infty]^p.$$

Considérons l'intégrale sur l'ensemble $\{|y_2-y_1| < 2(\varepsilon+\varepsilon')\}$ et supposons par exemple $\varepsilon < \varepsilon'$: on majore alors simplement

$$(c(\varepsilon)c(\varepsilon'))^{-p} \int_{A\cap\{|y_2-y_1|<2(\varepsilon+\varepsilon')\}} dy_1\, dy_2\, P[T^j_\varepsilon(y_1) < \infty \ ; \ T^j_{\varepsilon'}(y_2) < \infty]^p$$

$$\leq c(\varepsilon)^{-p} \int_A dy_1\, P[T^j_\varepsilon(y_1) < \infty]^p \cdot c_d(4\varepsilon')^d\, c(\varepsilon')^{-p}.$$

Ensuite, d'une part le lemme 2.1 montre que :

$$\lim_{\varepsilon'\to 0} \varepsilon'^d\, c(\varepsilon')^{-p} = 0,$$

d'autre part, on a :

$$c(\varepsilon)^{-p} \int_A dy_1\, P[T^j_\varepsilon(y_1) < \infty]^p$$

$$\leq c(\varepsilon)^{-p}\, c_d(2\varepsilon)^d + c(\varepsilon)^{-p} \int_{A\cap\{|y_1-x_j| > 2\varepsilon\}} dy_1\, P[T^j_\varepsilon(y_1) < \infty]^p \leq C,$$

pour une certaine constante C, d'après le lemme 2.1, la partie majoration du lemme 2.2 et l'hypothèse (H). On traite de même (plus facilement) les cas $\{|y_1-x_j| < 2\varepsilon\}$ et $\{|y_2-x_j| < 2\varepsilon'\}$. Cela termine la preuve de (2.c).

On déduit immédiatement de (2.c) que la famille $(\mu_\varepsilon(A))$ est de Cauchy donc converge dans L^2. Notons $\tilde{\mu}(A)$ sa limite. Les majorations du lemme 2.2 montrent que la famille $(\mu_\varepsilon(A))$ est bornée dans L^k pour tout entier $k \geq 1$. La convergence de $\mu_\varepsilon(A)$ vers $\tilde{\mu}(A)$ a donc aussi lieu dans L^k pour tout k. De plus, en raisonnant comme pour (2.c), on trouve :

$$E[\tilde{\mu}(A)^k] = \lim_{\varepsilon\to 0} E[\mu_\varepsilon(A)^k]$$

$$= \int_{A^k} dy_1 \dots dy_k \prod_{j=1}^{p} \Big(\sum_{\sigma\in\Sigma_k} u(y_{\sigma(1)}-x_j) \prod_{i=2}^{k} u(y_{\sigma(i)}-y_{\sigma(i-1)})\Big).$$

Il reste à montrer que P-p.s. il existe une mesure de Radon $\mu(\cdot)$ telle que pour toute partie borélienne bornée A,

$$\tilde{\mu}(A) = \mu(A) \qquad \text{P-p.s.}$$

Appelons pavé à coordonnées rationnelles tout sous-ensemble de $\mathbb{R}^d$ de la forme $\prod_{i=1}^{d} I_i$ où les I_i sont des intervalles à bornes rationnelles.

Soit $\mathcal{R}$ l'ensemble des réunions finies de pavés à coordonnées rationnelles. On peut supposer que les deux propriétés suivantes sont satisfaites avec probabilité 1 :

(i) pour tout $R \in \mathcal{R}$, $\tilde{\mu}(R) \geq 0$

(ii) si $R, R' \in \mathcal{R}$ sont disjoints, $\tilde{\mu}(R \cup R') = \tilde{\mu}(R) + \tilde{\mu}(R')$.

A partir de maintenant, on se place sur l'ensemble de probabilité 1 sur lequel (i) et (ii) sont satisfaites. On cherche à montrer que l'application $R \to \tilde{\mu}(R)$ peut être prolongée en une mesure sur la tribu borélienne de $\mathbb{R}^d$. D'après des arguments classiques (voir par exemple Neveu [22], p. 25-29), il suffit de vérifier la propriété d'approximation suivante :

(2.e) pour tout $R \in \mathcal{R}$, $\tilde{\mu}(R) = \sup\{\tilde{\mu}(R') \; ; \; R' \in \mathcal{R}, R' \subset R, R' \text{ compact}\}$.

Afin de vérifier (2.e), fixons un entier $K > 0$ et introduisons les ensembles suivants :

$$A_{n,k} = [k2^{-n} \; ; \; (k+1)2^{-n}] \times \prod_{i=2}^{d} [-K \; ; \; K].$$

On va montrer que :

$$(2.f) \qquad \sup\{\tilde{\mu}(A_{n,k}) \ ; \ |k| \le K2^n\} \xrightarrow[n\to\infty]{} 0, \quad \text{p.s.}$$

Il découle aisément de (2.f) (et des énoncés analogues où on ferait jouer à la i^e coordonnée le rôle de la première) que la propriété (2.e) est satisfaite. Pour montrer (2.f), remarquons que :

$$E[(\sup\{\tilde{\mu}(A_{n,k}),|k| \le K2^n\})^2] \le E[\sum_{|k|\le K2^n} \tilde{\mu}(A_{n,k})^2]$$

$$= \int_{\underset{k}{\cup}(A_{n,k})^2} dy_1\, dy_2 \prod_{j=1}^{p} (u(y_1-x_j))u(y_2-y_1) + u(y_2-x_j)u(y_1-y_2)) \xrightarrow[n\to\infty]{} 0$$

puisque $\underset{k}{\cup}(A_{n,k})^2$ décroît, quand n tend vers l'infini, vers un ensemble de mesure nulle. La propriété (2.f) en découle, quitte à exclure un nouvel ensemble de probabilité nulle. On conclut à l'existence d'une mesure positive, notée $\mu(\cdot)$, telle que, pour tout $R \in \mathcal{R}$, $\tilde{\mu}(R) = \mu(R)$ p.s. Il reste à vérifier qu'on a aussi, pour toute partie borélienne bornée A, $\tilde{\mu}(A) = \mu(A)$ p.s. Cela découle d'un argument de classe monotone.

Pour compléter la preuve du théorème 2.1 il faut encore voir que μ ne charge pas les points et est portée par I. La première assertion découle de (2.f) (plus généralement on obtient que μ ne charge pas les hyperplans de la forme $\{x_i = a\}$). Pour la seconde assertion on remarque que, par construction, pour tout $\varepsilon > 0$, μ est portée par :

$$I_\varepsilon = \bigcap_{i=1}^{p} \overline{S^i_\varepsilon}.$$

où $\overline{S^i_\varepsilon}$ désigne l'adhérence de S^i_ε. Donc μ est aussi portée par :

$$\bigcap_{\varepsilon>0} I_\varepsilon = \bigcap_{i=1}^{p} \overline{X^i(0,\infty)}$$

où on note $X^i(0,\infty) = \{X^i_s \ ; \ s \ge 0\}$. Comme μ ne charge pas les points et chaque X^i a au plus une infinité dénombrable de points de discontinuité on conclut que μ est portée par I. □

Remarques : (i) Le théorème 2.1 peut aussi être appliqué à certains processus X récurrents : il suffit dans ce cas de considérer le processus X tué à un temps exponentiel indépendant, et de vérifier que ce nouveau processus satisfait les hypothèses plus haut (nous avons implicitement supposé que X était défini sur $[0,\infty[$, mais il est clair que notre construction s'appliquerait aussi bien à un processus tué).

(ii) Les hypothèses de symétrie sphérique et de monotonie du noyau potentiel simplifient de manière significative les estimations de la preuve du théorème 2.1, et seront vérifiées dans les applications que nous avons en vue. Il est cependant très probable qu'on puisse étendre le théorème 2.1 à une situation beaucoup moins restrictive. Nous nous contenterons de renvoyer le lecteur à [19] pour un exemple de résultats obtenus dans un cadre plus général.

(iii) La preuve du théorème 2.1 repose en grande partie sur les estimations du lemme 2.3 concernant la probabilité pour le processus de visiter plusieurs petites boules. La preuve de ces estimations est ici facile grâce à la formule explicite (2.*a*). Il est intéressant de noter que des estimations du même type ont été obtenues par Sznitman [28] pour des diffusions elliptiques dans $\mathbb{R}^d$.

3. APPLICATION A LA MESURE DE HAUSDORFF DE L'ENSEMBLE DES POINTS MULTIPLES.

Nous reprenons dans cette partie les notations et hypothèses de la partie 2. Nous nous proposons d'utiliser le théorème 2.1 pour obtenir certains renseignements sur l'ensemble I des points communs aux trajectoires de $X^1,\dots,X^p$.

Théorème 3.1 : Pour tout $\varepsilon > 0$, *soient*

$$\phi(\varepsilon) = \varepsilon^d\, c(\varepsilon)^{-p}$$

$$\phi^*(\varepsilon) = \sup\{\phi(\eta)\ ;\ \eta \leq \varepsilon\}.$$

Alors, presque sûrement pour tout compact K *de* $\mathbb{R}^d$, *on a :*

$$\phi^* - m(I \cap K) < \infty,$$

où $\phi^* - m$ *désigne la mesure de Hausdorff associée à* ϕ^*.

Preuve : Pour tout $\varepsilon > 0$, soit $\mathcal{C}(\varepsilon)$ l'ensemble des cubes de $\mathbb{R}^d$ de la forme

$$A = \prod_{i=1}^{d} [k_i\varepsilon\ ;\ (k_i+1)\varepsilon], \qquad k_i \in \mathbb{Z}.$$

Soit $N(\varepsilon)$ le nombre de cubes de $\mathcal{C}(\varepsilon)$ qui rencontrent $I \cap K$. Remarquons que

$$N(\varepsilon)\varepsilon^d \leq m((I \cap K)_{\varepsilon d^{1/2}}) \leq m(S^1_{\varepsilon d^{1/2}} \cap\dots\cap S^p_{\varepsilon d^{1/2}} \cap K_{\varepsilon d^{1/2}})$$

où $(I \cap K)_\varepsilon$, resp. K_ε, désigne le voisinage ouvert d'ordre ε de $I \cap K$, resp. K.

On déduit aisément du théorème 2.1 que

$$E[m(S^1_{\varepsilon d^{1/2}} \cap\dots\cap S^p_{\varepsilon d^{1/2}} \cap K_{\varepsilon d^{1/2}})] \leq C \cdot c(\varepsilon d^{1/2})^p,$$

pour une certaine constante C dépendant de K. On conclut que :

(3.*a*) $$E[N(\varepsilon)] \leq C\,\varepsilon^{-d}\, c(\varepsilon d^{1/2})^p.$$

D'autre part, en revenant à la définition d'une mesure de Hausdorff, on a :

(3.b) $\qquad \phi^* - m(I \cap K) \leq \liminf_{\varepsilon \to 0} (N(\varepsilon)\, \phi^*(\varepsilon d^{1/2}))$.

Or, en se restreignant à une suite (ε_k) tendant vers 0 telle que $\phi(\varepsilon_k) \geq \frac{1}{2}\, \phi^*(\varepsilon_k)$, on déduit de (3.a) et du lemme de Fatou que

$$\liminf_{\varepsilon \to 0} (N(\varepsilon)\phi^*(\varepsilon d^{1/2})) < \infty \qquad \text{p.s.}$$

Compte-tenu de (3.b), ceci termine la preuve du théorème. □

<u>*Théorème 3.2*</u> : *Pour tout* $\varepsilon > 0$, *soient*

$$\psi(\varepsilon) = \int_{(|x|<\varepsilon)} u(x)^p \, dx, \quad \psi^*(\varepsilon) = \psi(\varepsilon)(\log \log \tfrac{1}{\varepsilon})^p.$$

Supposons ψ^* *croissante au voisinage de* 0. *Alors, presque sûrement pour toute partie borélienne* A *de* $\mathbb{R}^d$,

$$\psi^* - m(I \cap A) \geq C \cdot \mu(A).$$

où $C > 0$ *est une constante dépendant seulement de* d, p *et de la loi de* X.

<u>Preuve</u> : Pour $y \in \mathbb{R}^d$, $\varepsilon > 0$, notons $B(y,\varepsilon)$ la boule ouverte de centre y de rayon ε. On commence par montrer, pour $\lambda > 0$ assez petit et pour toute partie borélienne bornée A de $\mathbb{R}^d$, l'existence d'une constante $C_1 = C_1(A)$ telle que, pour tout $0 < \varepsilon < 1/2$,

(3.c) $\qquad E[\int_A \mu(dy) \exp((\frac{\lambda\mu(B(y,\varepsilon))}{\psi(\varepsilon)})^{1/p})] \leq C_1,$

où la mesure μ est définie dans le théorème 2.1.

On peut supposer A ouvert. Pour tout entier $n \geq 1$ on a alors, avec les notations de la preuve du théorème 2.1,

$$E[\int_A \mu(dy)\, \mu(B(y,\varepsilon))^n] \leq \liminf_{\delta \to 0} E[\int_A \mu_\delta(dy)\, \mu_\delta(B(y,\varepsilon))^n]$$

$$= \liminf_{\delta \to 0} c(\delta)^{-(n+1)p} \int_{A \times (\mathbb{R}^d)^n} dy_0 \ldots dy_n$$

$$\times \prod_{i=1}^{n} 1_{(|y_i - y_0| < \varepsilon)} \prod_{j=1}^{p} P[\bigcap_{i=0}^{n} \{y_i \in S_\delta^j\}]$$

$$= \int_{A \times (\mathbb{R}^d)^n} dy_0 \ldots dy_n \prod_{i=1}^{n} 1_{(|y_i - y_0| < \varepsilon)}$$

$$\times \prod_{j=1}^{p} \Big(\sum_{\sigma \in \Sigma_n^0} u(y_{\sigma(0)} - x_j) \prod_{i=1}^{n} u(y_{\sigma(i)} - y_{\sigma(i-1)}) \Big)$$

où Σ_n^o désigne l'ensemble des permutations de $\{0,1,\ldots,n\}$, et, pour passer à la dernière égalité, on a utilisé les estimations du lemme 2.3. En développant le produit sur j et en appliquant l'inégalité de Hölder, on obtient la majoration :

$$E[\int_A \mu(dy)\ \mu(B(y,\varepsilon))^n]$$

$$\leq \sup_{x\in\mathbb{R}^d} \{((n+1)!)^p \int_{A_\varepsilon \times (\mathbb{R}^d)^n} dy_o\ldots dy_n$$

$$\times\ u(y_o-x)^p \prod_{i=1}^{n} (1_{(|y_i-y_{i-1}|<2\varepsilon)} u(y_i-y_{i-1})^p)\}$$

$$\leq C\ ((n+1)!)^p\ \psi(2\varepsilon)^n,$$

pour une constante $C > 0$ dépendant seulement de A.
La majoration (3.c) est maintenant très facilement établie en développant l'exponentielle en série et en remarquant que $\psi(2\varepsilon) \leq 2^d\ \psi(\varepsilon)$.

On fixe ensuite $K > 0$ et, pour tout entier $k \geq 1$, on pose :

$$A_k = \{y \in A\ ;\ \mu(B(y,2^{-k})) \geq K(\log k)^p\ \psi(2^{-k})\}.$$

Remarquons que :

$$\int_A \mu(dy)\ \exp((\frac{\lambda\mu(B(y,2^{-k}))}{\psi(2^{-k})})^{1/p}) \geq \mu(A_k)\ k^{(\lambda K)^{1/p}}$$

d'où, en utilisant (3.c),

$$E[\mu(A_k)] \leq C_1\ k^{-(\lambda K)^{1/p}}.$$

En particulier, si K est choisi assez grand, on trouve que :

$$P\text{-p.s.},\quad \mu(dy)\ \text{p.s.},\quad \sum_{k=1}^{\infty} 1_{A_k}(y) < \infty,$$

ce qui entraîne aussitôt :

$$(3.d)\qquad P\text{-p.s.},\quad \mu(dy)\ \text{p.s.},\quad \limsup_{\varepsilon\to 0} (\frac{\mu(B(y,\varepsilon))}{\psi^*(\varepsilon)}) \leq C_2$$

pour une constante C_2 ne dépendant que de p et de la loi des X^i (en fait de u seulement).
Le théorème découle maintenant de (3.d) en utilisant les théorèmes de densité pour les mesures de Hausdorff établis par Rogers et Taylor ([24], lemma 3). □

Remarque : On peut comparer les fonctions ϕ^* et ψ^* qui interviennent dans les énoncés des théorèmes 3.1 et 3.2. En reprenant les idées de la preuve du lemme 2.2 on obtient aisément que :

$$\phi(\varepsilon) = \varepsilon^{d}\, c(\varepsilon)^{-p} \simeq \varepsilon^{-(p-1)d} \left(\int_{(|y|\leq\varepsilon)} u(y)dy\right)^{p}$$

où la notation $f \simeq g$ signifie qu'il existe deux constantes $K_1, K_2 > 0$ telles que $K_1 f \leq g \leq K_2 f$. D'autre part l'inégalité de Hölder entraîne :

$$\varepsilon^{-(p-1)d} \left(\int_{(|y|\leq\varepsilon)} u(y)dy\right)^{p} \leq c_d \int_{(|y|\leq\varepsilon)} u(y)^{p}\, dy = c_d\, \psi(\varepsilon).$$

A titre d'application des résultats qui précèdent, nous allons établir le corollaire suivant, qui vérifie et précise la partie (i) de la conjecture D de Taylor [31]. Pour $0 < \alpha \leq 2$ et $d \geq 1$, on note $X^{\alpha,d}$ le processus stable symétrique d'indice α dans $\mathbb{R}^d$. D'après Taylor [29], la condition $p\alpha - d(p-1) > 0$ est nécessaire et suffisante pour l'existence de points de multiplicité p de la trajectoire de $X^{\alpha,d}$.

Corollaire 3.3 : *Supposons $\alpha < d$ et $\gamma = p\alpha - d(p-1) > 0$, et notons M_p l'ensemble des points de multiplicité p de la trajectoire de $X^{\alpha,d}$. Pour tout $x > 0$, soient :*

$$\phi_1(x) = x^{\gamma}$$

$$\phi_2(x) = x^{\gamma}\left(\log\log \frac{1}{x}\right)^{p}.$$

Alors, P-p.s.

(i) $\phi_1 - m(M_p) = 0$

(ii) $\phi_2 - m(M_p) = +\infty.$

Preuve : Soient $X^1,\dots,X^p$ p copies indépendantes de $X^{\alpha,d}$, avec des points de départ arbitraires, et soit I l'ensemble des points communs aux trajectoires de $X^1,\dots,X^p$. Il suffit de montrer :

(i)' $\phi_1 - m(I) = 0$, P-p.s.,

(ii)' $P[\phi_2 - m(I) > 0] > 0$.

Comme $\alpha < d$, on sait que X est transient et que son noyau potentiel est de la forme :

$$u(x) = C\,|x|^{\alpha-d}$$

pour une certaine constante $C > 0$. On peut alors appliquer le théorème 3.2 à $X^1,\dots,X^p$; avec les notations de ce théorème, on a :

$$\psi(\varepsilon) = \int_{|y|\leq\varepsilon} u(y)^{p}\, dy = C'\,\varepsilon^{\gamma},$$

d'où $\psi^* = C'\phi_2$, et donc le théorème 3.2 montre que :

$$\phi_2 - m(I) \geq C'' \mu(I),$$

pour une certaine constante $C'' > 0$. Comme $P[\mu(I) > 0] > 0$, on obtient (ii)'.

En vue de montrer (i)' on pourrait de même essayer d'appliquer le théorème 3.1. Comme on a ici $c(\varepsilon) = C\,\varepsilon^{d-\alpha}$, ce théorème entraîne, pour toute partie borélienne bornée B,

(3.*e*) $$\phi_1 - m(I \cap B) < \infty.$$

Comme nous avons besoin d'un peu plus que (3.*e*) nous allons procéder directement, en utilisant le résultat suivant dû à Taylor [30] : si $f_1(x) = x^\alpha \log\log 1/x$, on a, pour tout $t > 0$,

(3.*f*) $$f_1 - m(X^1(0,t)) < \infty, \quad \text{p.s.}$$

où, comme plus haut, on note $X^1(0,t) = \{X_s^1 \; ; \; 0 \leq s \leq t\}$.

Posons $f_p(x) = x^{d-p(d-\alpha)} \log\log 1/x$. Nous allons montrer, pour tous $t \geq 0$, $r > 0$,

(3.*g*) $$f_p - m(X^1(0,t) \cap X^2(r,\infty) \cap \ldots \cap X^p(r,\infty)) < \infty, \quad \text{p.s.}$$

L'assertion (i)' découle ensuite aisément de (3.*g*), en faisant tendre t vers ∞ et r vers 0.

Afin de montrer (3.*g*) partons de (3.*f*) qui, par définition d'une mesure de Hausdorff, entraîne pour tout $\varepsilon > 0$, l'existence d'un recouvrement $(B_i^\varepsilon, i \in \mathbb{N})$ de $X^1(0,t)$ par des boules de diamètre inférieur à ε, tel que

(3.*h*) $$\sum_i f_1(\operatorname{diam}(B_i^\varepsilon)) \leq K,$$

où $K = K(\varepsilon)$ peut dépendre de ω, mais non de ε. On peut supposer que K et le recouvrement (B_i^ε) sont mesurables par rapport à la tribu $\mathcal{F}^1$ engendrée par X^1. En appliquant la propriété de Markov au temps $r > 0$, et en remarquant que la densité de la loi de X_r^j est bornée par une constante, on obtient à l'aide de (2.*a*) que, pour tout $i \in \mathbb{N}$ et tout $j = 2,\ldots,p$,

(3.*i*) $$P[B_i^\varepsilon \cap X^j(r,\infty) \neq \emptyset \,/\, \mathcal{F}^1] \leq C_r(\operatorname{diam}(B_i^\varepsilon))^{\alpha-d},$$

pour une constante C_r dépendant de r. En combinant (3.*h*) et (3.*i*) on trouve :

$$E[\sum_i f_p(\operatorname{diam}(B_i^\varepsilon)) 1_{(B_i^\varepsilon \cap X^2(r,\infty) \cap \ldots \cap X^p(r,\infty) \neq \emptyset)} / \mathcal{F}^1] \leq K\, C_r^p$$

d'où, à l'aide du lemme de Fatou, P-p.s.,

(3.*j*) $$\liminf_{\varepsilon \to 0} \sum_i f_p(\operatorname{diam}(B_i^\varepsilon))\, 1_{(B_i^\varepsilon \cap X^2(r,\infty) \cap \ldots \cap X^p(r,\infty) \neq \emptyset)} < \infty.$$

Comme les B_i^ε tels que $B_i^\varepsilon \cap X^2(r,\infty) \cap \ldots \cap X^p(r,\infty) \neq \emptyset$ forment un recouvrement de $X^1(0,t) \cap X^2(r,\infty) \cap \ldots \cap X^p(r,\infty)$, (3.j) entraîne (3.g). Ceci termine la preuve du corollaire 3.3. □

Lorsque $\alpha > d$, cas qui ne peut se produire que si $d = 1$, le processus $X^{\alpha,d}$ visite tout point de $\mathbb{R}$ une infinité de fois. Il reste donc à étudier le cas $\alpha = d$ qui correspond au mouvement brownien plan $(d = 2)$ et au processus de Cauchy symétrique sur la droite $(d = 1)$. Le cas du mouvement brownien plan est traité en détail dans [17], où l'on montre que $f(x) = x^2(\log 1/x \log\log\log 1/x)^p$ est la (une) bonne fonction de mesure pour M_p, au sens où M_p est réunion dénombrable d'ensembles de f-mesure strictement positive et finie.

__*Corollaire 3.4*__ : *Pour tout $p \geq 1$, soit M_p l'ensemble des points de multiplicité p de la trajectoire de $X^{1,1}$. Soient :*

$$\phi_1(x) = x(\log 1/x)^p (\log\log\log 1/x)^p$$

$$\phi_2(x) = x(\log 1/x)^p (\log\log 1/x)^p.$$

Alors, P-p.s.,

(i) M_p est réunion dénombrable d'ensembles de ϕ_1-mesure de Hausdorff finie,

(ii) $\phi_2 - m(M_p) = +\infty$.

Preuve : La première assertion est une conséquence facile du résultat analogue pour le mouvement brownien plan, rappelé ci-dessus, et du fait qu'on retrouve une trajectoire de processus de Cauchy symétrique en observant un mouvement brownien plan aux instants où il se trouve sur une droite fixée.

Pour montrer (ii) on applique le théorème 3.2 au processus $X^{1,1}$ tué à un temps exponentiel indépendant de paramètre λ. Le noyau potentiel du processus tué s'écrit :

$$u(x) = \frac{1}{\pi}\int_0^\infty e^{-\lambda t} \frac{t}{t^2+x^2} dt \underset{|x|\to 0}{\sim} \frac{1}{\pi} \log \frac{1}{|x|},$$

d'où, à l'aide du théorème 3.2, le résultat voulu. □

4. *POINTS DE MULTIPLICITE INFINIE DU PROCESSUS DE CAUCHY.*

Notre but dans cette partie est d'adapter les techniques de [16] pour résoudre la conjecture B de Taylor [31] concernant les points de multiplicité infinie du processus de Cauchy. Nous considérons un processus de Cauchy, i.e. un processus stable symétrique d'indice 1 à valeurs réelles, noté $(X_t, t \geq 0)$. Taylor [29] a montré que la trajectoire de X possède presque sûrement des points de multiplicité $\mathfrak{c}$, où $\mathfrak{c}$ désigne la puissance du continu. Nous cherchons ici à préciser la structure de l'ensemble des temps qui est l'image réciproque d'un point de multiplicité infinie.

Soient $p \geq 1$ un entier et $X^1,\ldots,X^p$ p copies indépendantes de X, avec des points de départ arbitraires. Notre premier objectif est de construire le temps local d'intersection de $X^1,\ldots,X^p$ vu comme une mesure, non plus sur les points d'intersection des trajectoires, mais sur l'ensemble des p-uplets $(t_1,\ldots,t_p)$ tels que $X^1_{t_1} = \ldots = X^p_{t_p}$. Formellement, nous cherchons à introduire la mesure

$$\beta(0,ds_1\ldots ds_p) = \delta_{(0)}(X^1_{s_1}-X^2_{s_2},\ldots,X^{p-1}_{s_{p-1}}-X^p_{s_p})ds_1\ldots ds_p, \tag{4.a}$$

où $\delta_{(0)}$ désigne la mesure de Dirac au point 0 de $\mathbb{R}^{p-1}$. La construction de β_p est possible au moyen des techniques employées par Geman, Horowitz, Rosen [8], dans le cas du mouvement brownien ou par Rosen [27] dans le cas de processus stables à valeurs dans $\mathbb{R}^2$.

Théorème 4.1 : Il existe P-p.s. une unique famille $(\beta(x,\cdot), x \in \mathbb{R}^{p-1})$ de mesures de Radon sur $\mathbb{R}^p_+$ qui satisfait les deux propriétés suivantes :

(i) l'application $x \to \beta(x,\cdot)$ est continue au sens de la topologie vague ;

(ii) pour toute partie borélienne B de $\mathbb{R}^p_+$ et toute fonction borélienne $f : \mathbb{R}^{p-1} \to \mathbb{R}_+$,

$$\int_B f(X^1_{s_1}-X^2_{s_2},\ldots,X^{p-1}_{s_{p-1}}-X^p_{s_p})ds_1\ldots ds_p = \int_{\mathbb{R}^{p-1}} f(x)\ \beta(x,B)dx.$$

La mesure $\beta(0,\cdot)$ est diffuse et portée par $\{(t_1,\ldots,t_p)\ ;\ X^1_{t_1} = \ldots = X^p_{t_p}\}$.

De plus dans le cas particulier où $X^1,\ldots,X^p$ sont issus du même point on a :

$$P\text{-p.s., pour tout } \varepsilon > 0,\quad \beta(0,[0;\varepsilon]^p) > 0.$$

Preuve : Nous indiquerons seulement les grandes lignes de la démonstration, et renvoyons le lecteur à [8] ou [27] pour les détails dans des situations très voisines. Nous cherchons à construire une mesure $\beta(x,\cdot)$ définie formellement par :

$$\beta(x,B) = \int_B \delta_{(x)}(X^1_{s_1}-X^2_{s_2},\ldots,X^{p-1}_{s_{p-1}}-X^p_{s_p})ds_1\ldots ds_p. \tag{4.b}$$

Une idée naturelle est de remplacer la mesure de Dirac $\delta_{(x)}$ par une approximation. Il est commode d'utiliser pour l'approximation la densité de transition du processus X : pour $t > 0$, $y \in \mathbb{R}$,

$$p_t(y) = \frac{1}{\pi}\frac{t}{t^2+y^2}.$$

On écrit donc, à la place de (4.b), pour tout $\varepsilon > 0$,

$$(4.c) \qquad \beta_\varepsilon(x,B) = \int_B \prod_{i=1}^{p-1} p_\varepsilon(X^i_{s_i} - X^{i+1}_{s_{i+1}} - x_i)ds_1 \dots ds_p,$$

où on a noté $x = (x_1,\dots,x_{p-1}) \in \mathbb{R}^{p-1}$. On se limite provisoirement à des pavés de $(\mathbb{R}_+)^p$, i.e. des sous-ensembles de la forme :

$$B = \prod_{i=1}^{p} [a_i ; b_i]$$

où $0 \le a_i \le b_i < \infty$ $(i = 1,\dots,p)$. Si B,B' sont deux pavés on définit la distance entre B et B' par :

$$d(B,B') = \sum_{i=1}^{p} (|a_i - a_i'| + |b_i - b_i'|).$$

Lemme 4.2 : On peut choisir $\gamma > 0$ *assez petit de façon que, pour tout entier* $k \ge 1$, *pour tous* $x,x' \in \mathbb{R}^{p-1}$, $\varepsilon,\varepsilon' \in]0 ; 1[$ *et tous pavés* B,B'

$$E[(\beta_\varepsilon(x,B) - \beta_{\varepsilon'}(x',B'))^{2k}] \le C_{k,\gamma}(|\varepsilon-\varepsilon'| + |x-x'| + d(B,B'))^{\gamma k}$$

où la constante $C_{k,\gamma}$ *dépend seulement de* k *et* γ.

La preuve du lemme 4.2 sera laissée au lecteur. Une manière simple de procéder consiste à écrire $\beta_\varepsilon(x,B)$, resp. $\beta_{\varepsilon'}(x',B')$, comme la transformée de Fourier inverse de sa transformée de Fourier et ensuite à appliquer le théorème de Fubini. A nouveau des exemples de telles majorations peuvent être trouvés en [8] ou [27].

Le lemme 4.2 étant admis il est facile de compléter la preuve du théorème. La version multidimensionnelle du lemme de Kolmogorov permet d'abord de conclure à l'existence d'une version continue, et même höldérienne d'ordre $\gamma' < \gamma$, de

$$(\varepsilon,x,B) \to \beta_\varepsilon(x,B).$$

En particulier on peut définir sur un ensemble de probabilité 1, pour tous x,B,

$$\beta(x,B) = \lim_{\varepsilon\to 0} \beta_\varepsilon(x,B).$$

et $\beta(x,B)$ est fonction continue du couple (x,B). Ceci permet d'abord de prolonger pour tout $x \in \mathbb{R}^{p-1}$, l'application $B \to \beta(x,B)$ en une mesure sur $\mathbb{R}^p_+$. La propriété (i) découle ensuite de la continuité de l'application $x \to \beta(x,B)$ (B pavé). Pour (ii) on remarque d'abord qu'on peut se limiter au cas f continue bornée, B pavé, et on écrit :

$$\int_B f(X^1_{s_1} - X^2_{s_2},\dots,X^{p-1}_{s_{p-1}} - X^p_{s_p})ds_1 \dots ds_p$$

$$= \lim_{\varepsilon\to 0} \int f * p_\varepsilon(X^1_{s_1}-X^2_{s_2},\dots,X^{p-1}_{s_{p-1}}-X^p_{s_p})ds_1\dots ds_p$$

$$= \lim_{\varepsilon\to 0} \int dx\ f(x)\ \beta_\varepsilon(x,B)$$

$$= \int dx\ f(x)\ \beta(x,B).$$

La continuité de $B \to \beta(x,B)$ (B pavé) entraîne que $\beta(x,\cdot)$ est diffuse. La propriété de support découle aisément de (ii) et de la continuité de $x \to \beta(x,B)$. Enfin la dernière assertion est aisément établie à l'aide de la loi du tout ou rien. □

Pour alléger l'écriture, on note simplement $\beta(ds_1\dots ds_p) = \beta(0,ds_1\dots ds_p)$. Revenons maintenant à notre processus X de départ. Nous cherchons à définir un temps local d'intersection à l'ordre p de X avec lui-même, c'est-à-dire une mesure $\alpha_p(\cdot)$ sur $\mathcal{C}_p = \{(s_1,\dots,s_p)\ ;\ 0 \leq s_1 < s_2 <\dots< s_p\}$, définie formellement par

$$\alpha_p(ds_1\dots ds_p) = \delta_{(0)}(X_{s_1}-X_{s_2},\dots,X_{s_{p-1}}-X_{s_p})ds_1\dots ds_p.$$

Considérons d'abord un sous-ensemble J de $\mathcal{C}_p$ de la forme

$$J = \prod_{i=1}^{p} [a_i\ ;\ b_i],$$

où $0 < a_1 < b_1 <\dots< a_p < b_p$, et posons

$$\bar{J} = \prod_{i=1}^{p} [0\ ;\ b_i-a_i]$$

On remarque alors que la loi de :

$$(X_{s_1},X_{s_2},\dots,X_{s_p}\ ;\ (s_1,\dots,s_p) \in J)$$

est équivalente à celle de

$$(X^1_{s_1-a_1},X^2_{s_2-a_2},\dots,X^p_{s_p-a_p};(s_1,\dots,s_p) \in J),$$

dès que $X^1,\dots,X^p$ sont p processus de Cauchy indépendants tels que, pour tout i, la loi de X^i_0 ait une densité strictement positive par rapport à la mesure de Lebesgue. Or, le théorème 4.1 permet de donner un sens à la mesure sur $\bar{J}$ définie par

$$\beta^J(ds_1\dots ds_p) = \delta_{(0)}(X^1_{s_1}-X^2_{s_2},\dots,X^{p-1}_{s_{p-1}}-X^p_{s_p})ds_1\dots ds_p$$

et donc, par équivalence de loi, à la mesure sur J :

$$\alpha^J_p(ds_1\dots ds_p) = \delta_{(0)}(X_{s_1}-X_{s_2},\dots,X_{s_{p-1}}-X_{s_p})ds_1\dots ds_p.$$

Pour compléter la construction, on remarque qu'on peut écrire $\mathcal{C}_p$ comme la réunion d'une famille dénombrable $\{J ; J \in \mathfrak{J}\}$ d'ensembles J de la forme ci-dessus, disjoints deux à deux, et on pose :

$$\alpha_p = \sum_{J\in\mathfrak{J}} \alpha_p^J .$$

Avant d'énoncer la prochaine proposition, nous introduisons quelques notations. Soit C_1 l'espace des fonctions continues à droite limitées à gauche de $[0 ; 1]$ dans $\mathbb{R}$. Pour $0 \leq u \leq v \leq 1$, on note ${}_uX_v$, resp. ${}_vX_u$, l'élément de C_1 défini par :

$${}_uX_v(t) = \begin{cases} X(u+t) & \text{si} \quad t < v-u \\ X(v) & \text{si} \quad t \geq v-u, \end{cases}$$

resp.

$${}_vX_u(t) = \begin{cases} X(v-t) & \text{si} \quad t < v-u \\ X(u) & \text{si} \quad t \geq v-u. \end{cases}$$

Pour $0 < a \leq 1$, on appelle pont de Cauchy, de longueur a, un processus de Cauchy issu de 0 conditionné à valoir 0 à l'instant a, et arrêté à cet instant.

<u>*Proposition 4.3*</u> : *Pour toute partie borélienne B de $\mathcal{C}_p$ et toute fonction borélienne Φ de C_1^{p+1} dans $\mathbb{R}_+$,*

$$(4.e) \qquad E\Big[\int_B \Phi({}_0X_{s_1}, {}_{s_1}X_{s_2}, \ldots, {}_{s_{p-1}}X_{s_p}, {}_{s_p}X_1)\ \alpha_p(ds_1 \ldots ds_p)\Big]$$

$$= \int_B \frac{ds_1 \ldots ds_p}{\pi^{p-1}(s_2-s_1)\ldots(s_p-s_{p-1})}\ E[\Phi(U^{s_1}, L_1^{(s_2-s_1)}, \ldots, L_{p-1}^{(s_p-s_{p-1})}, V^{1-s_p})]$$

où U,V sont deux processus de Cauchy issus de 0, $L_i^{(s_{i+1}-s_i)}$ désigne, pour $i = 1,\ldots,p-1$, un pont de Cauchy de longueur $s_{i+1}-s_i$, les processus U, V, $L_i^{(s_{i+1}-s_i)}$ sont indépendants, enfin la notation U^a désigne le processus U arrêté au temps a :

$$U^a(t) = \begin{cases} U(t) & \text{si} \quad t \leq a, \\ U(a) & \text{si} \quad t > a. \end{cases}$$

En particulier, si Γ est une partie de C_1^{p+1} telle que, $ds_1 \ldots ds_p$ p.s.,

$$(U^{s_1}, L_1^{(s_2-s_1)}, \ldots, L_{p-1}^{(s_p-s_{p-1})}, V^{1-s_p}) \in \Gamma, \qquad P\text{-p.s.}$$

on a : P-p.s., $\alpha_p(ds_1 \ldots ds_p)$ p.s.,

$$({}_0X_{s_1}, {}_{s_1}X_{s_2}, \ldots, {}_{s_p}X_1) \in \Gamma.$$

<u>Preuve</u> : Une preuve formelle de la formule $(4.e)$ est obtenue en remplaçant $\alpha_p(ds_1 \ldots ds_p)$ par sa définition formelle $(4.d)$ et en appliquant, de manière abusive,

le théorème de Fubini. Pour une preuve rigoureuse, on remplace α_p par une approximation du type décrit plus haut et on passe à la limite. Nous renvoyons le lecteur à [16] pour les détails dans le cas brownien. La deuxième assertion de la proposition est obtenue en prenant $\Phi = 1_{\Gamma^c}$. □

Les résultats correspondant à la proposition 4.3 dans le cas brownien (théorème 2.2 et corollaire 2.3 de [16]) constituent l'outil essentiel de la preuve de l'existence de points de multiplicité infinie tels que l'ensemble des temps correspondants ait une structure d'ordre donnée. De même il est ici facile, à partir de la proposition 4.3, d'établir le résultat suivant :

<u>*Théorème 4.4*</u> : *Soit* K *une partie compacte totalement discontinue de* $\mathbb{R}_+$. *Il existe P-p.s. un point* y *de* $\mathbb{R}$ *tel que* $X^{-1}(y)$ *ait même structure d'ordre que* K, *au sens où l'on passe de l'un à l'autre par un homéomorphisme croissant.*

Nous ne détaillerons pas les arguments qui conduisent au théorème 4.4, car ce serait pour l'essentiel recopier la preuve du théorème 5.1 de [16] (notons cependant que les arguments de [16] utilisent, à un endroit précis, la continuité des trajectoires ; il est facile de voir qu'on peut remplacer cette propriété par le fait que les trajectoires sont continues sauf sur un ensemble dénombrable). Indiquons seulement, <u>de manière informelle</u>, le schéma de la preuve du théorème 4.4 dans le cas particulier où K est un ensemble de Cantor, i.e. compact, totalement discontinu, sans point isolé. L'idée est de construire, pour tout entier $n \geq 0$ une famille

$$(s_1^{(n)}, s_2^{(n)}, \dots, s_{2^n}^{(n)}) \in \mathcal{C}_{2^n} \cap [0\,;\,1]^n$$

et un nombre $\varepsilon_n > 0$, de façon que les trois propriétés suivantes soient vérifiées : pour tout $n \geq 1$,

(i) pour tout $i = 1, \dots, 2^n$,

$$s_i^{(n)} - \varepsilon_n < s_{2i-1}^{(n+1)} < s_i^{(n)} < s_{2i}^{(n+1)} < s_i^{(n)} + \varepsilon_n \;;$$

(ii) $\varepsilon_n < \frac{1}{3} \inf\{s_{i+1}^{(n)} - s_i^{(n)} \;;\; 1 \leq i \leq 2^n - 1\}$;

(iii) $X(s_1^{(n)}) = X(s_2^{(n)}) = \dots = X(s_{2^n}^{(n)}) = z_n$.

On part avec $s_1^{(0)} = 1/2$, $\varepsilon_0 = 1/2$. Supposons qu'on ait construit la famille $(s_i^{(n)})$ et ε_n, pour un $n \geq 0$. Grâce à la proposition 4.3 on peut alors procéder comme si les 2^{n+1} processus

$$s_i^{(n)} X_{s_i^{(n)} - \varepsilon_n} \;,\quad s_i^{(n)} X_{s_i^{(n)} + \varepsilon_n} \qquad (i = 1, \dots, 2^n)$$

étaient des processus de Cauchy indépendants issus de 0. En utilisant la dernière assertion du théorème 4.1 on trouve ainsi un point commun, autre que 0, aux trajectoires de ces processus, ce qui conduit à l'existence d'une famille $(s_i^{(n+1)}\ ;\ i = 1,\dots,2^{n+1})$ avec les propriétés voulues. On choisit ensuite ε_{n+1} pour que la propriété (ii) soit vérifiée et on continue.

Une fois qu'on a construit $(s_i^{(n)}\ ;\ n \geq 0, i = 1,\dots,2^n)$ on pose simplement

$$K = \bigcap_{n=1}^{\infty} \left(\overline{\bigcup_{p=n}^{\infty} \{s_i^{(p)}\ ;\ i = 1,\dots,2^p\}} \right)$$

$$z = \lim_{n\to\infty} z_n,$$

où $\overline{F}$ désigne l'adhérence de F. Par construction, K est un ensemble de Cantor, et d'autre part X prend en tout point t de K la valeur z (notons que K ne peut pas contenir d'instant de discontinuité : avec probabilité 1, le processus ne visite pas un point de la forme $X(t-)$, t instant de discontinuité). On conclut donc que $X^{-1}(z)$ contient K. Avec un peu plus de travail, on aurait pu s'arranger pour que $X^{-1}(z)$ soit égal à K, et même traiter le cas d'un compact général. A nouveau nous renvoyons le lecteur à [16] pour les détails.

5. *LA MESURE DE PACKING DES POINTS MULTIPLES DU MOUVEMENT BROWNIEN.*

(5.1) Soit $B = (B_t, t \geq 0)$ un mouvement brownien à valeurs dans $\mathbb{R}^2$ et, pour tout entier $p \geq 1$, soit M_p l'ensemble des points de multiplicité p de la trajectoire de B. Notre objectif est, pour des fonctions $\phi : \mathbb{R}_+ \to \mathbb{R}_+$ bien choisies, de calculer la ϕ-mesure de packing de l'ensemble M_p. Nous renvoyons à Taylor-Tricot [32] pour la définition et les propriétés importantes des mesures de packing.

Théorème 5.1 : *Soit $f :]0\ ;\ \infty[\to \mathbb{R}_+$ une fonction décroissante telle que $t \to t^p f(t)$ soit croissante, au moins pour t assez grand. Posons :*

$$\phi(t) = t^2 (\log \tfrac{1}{t})^p f(\log \tfrac{1}{t})$$

Alors, P-p.s.,

$$\phi - p(M_p) = \begin{cases} 0 \\ \infty \end{cases} \quad \text{selon que} \quad \sum_{n\geq 1} f(2^n) \begin{cases} < \infty \\ = \infty \end{cases}$$

où $\phi - p(M_p)$ désigne la ϕ-mesure de packing de M_p.

Remarque : Le cas $p = 1$ du théorème 5.1 (conjecture A de [31]) est établi dans [21]. La partie (i) de la conjecture C découle immédiatement du théorème 5.1.

Preuve : Commençons par traiter le cas $\sum_n f(2^n) = \infty$. Nous allons utiliser certains des résultats de [17] et nous reprenons les notations de ce travail. On note ainsi α_p le temps local d'intersection à l'ordre p de B avec lui-même, c'est la mesure sur les p-uplets de temps $(s_1,\dots,s_p)$ avec $s_1 < s_2 < \dots < s_p$, définie formellement par

$$\alpha_p(A) = \int_A ds_1\dots ds_p \ \delta_{(0)}(B_{s_2}-B_{s_1},\dots,B_{s_p}-B_{s_{p-1}}).$$

Soit aussi ℓ_p l'image de la restriction de α_p à $[1\ ;\ 2] \times\dots\times [2p-1\ ;\ 2p]$ par l'application $(s_1,\dots,s_p) \to B_{s_1}$. La mesure ℓ_p est une mesure positive finie portée par M_p. On vérifie de plus que

$$E[\ell_p(\mathbb{R}^2)] = E[\alpha_p([1\ ;\ 2] \times\dots\times [2p-1\ ;\ 2p])] > 0.$$

Nous allons montrer que, sous l'hypothèse $\Sigma f(2^n) = \infty$,

(5.*a*) $$P\text{-p.s.},\ \ell_p(dy)\ \text{p.s.},\quad \liminf_{a\to 0} \frac{\ell_p(B(y,a))}{\phi(a)} = 0,$$

où $B(y,a)$ désigne, comme plus haut, la boule de centre y de rayon a. Il découle de (5.*a*) et des théorèmes de densité pour les mesures de packing établis par Taylor Tricot [32] qu'on a :

$$\phi - p(M_p) = \infty \quad \text{sur l'ensemble} \quad \{\ell_p(M_p) > 0\},$$

d'où aisément : $\phi - p(M_p) = \infty$ p.s.

Montrons (5.*a*). On va d'abord remplacer (5.*a*) par un énoncé équivalent qui sera plus facile à vérifier. On considère p mouvements browniens indépendants $B^1,\dots,B^p$, définis sur l'intervalle de temps $[-1,1]$ et valant 0 à l'instant 0 (de manière précise, on prend par exemple B'^1, B''^1, deux mouvements browniens indépendants issus de 0, et on pose $B^1_t = B'^1_t$ si $t \geq 0$, B''^1_{-t} si $t \leq 0$). Soit β_p le temps local d'intersection de $B^1,\dots,B^p$: c'est la mesure sur $[-1,1]^p$ définie par :

$$\beta_p(A) = \int_A ds_1\dots ds_p \ \delta_{(0)}(B^2_{s_2}-B^1_{s_1},\dots,B^p_{s_p}-B^{p-1}_{s_{p-1}})$$

et soit λ_p l'image de β_p par l'application $(s_1,\dots,s_p) \to B^1_{s_1}$. On va montrer :

(5.*b*) $$\liminf_{a\to 0} \frac{\lambda_p(B(0,a))}{\phi(a)} = 0,\quad P\text{-p.s.}$$

Compte-tenu des résultats de [16] (voir les arguments développés en [17] dans une situation comparable) les énoncés (5.*a*) et (5.*b*) sont équivalents. Pour montrer (5.*b*), nous utilisons le lemme suivant, qui est essentiellement une conséquence des résultats de [17].

Lemme 5.2 : Il existe une constante $C > 0$, et p carrés de processus de Bessel de dimension quatre, indépendants, notés $U^1,\dots,U^p$, tels que :

$$\lim_{a\to 0} \frac{a^{-2}\,\lambda_p(B(0,a))}{U^1(\log\frac{1}{a})\dots U^p(\log\frac{1}{a})} = C, \quad p.s.$$

Preuve : Choisissons $\eta > 1$ et pour tout $n \geq 0$ posons $a_n = \eta^{-n}$. Pour tout $n \geq 1$ et pour $i = 1,\dots,p$, notons aussi N_n^i le nombre de montées du processus $|B^i|$ le long de $[a_n\,;\,a_{n-1}]$, sur l'intervalle de temps $[-1,1]$. Il découle du lemme 7 de [17] que, pour une certaine constante $A_p > 0$ et pour $\varepsilon > 0$ assez petit,

$$(5.c) \qquad \lim_{n\to\infty} (\log\frac{1}{a_n})^{-p(1-\varepsilon)}(a_n^{-2}\;\lambda_p(B(0,a_n)) - A_p\,N_n^1\dots N_n^p) = 0$$

avec convergence presque sûre. Pour tout $a > 0$ et pour $i = 1,\dots,p$, posons

$$V^i(a) = \int_{-1}^{1} 1_{(|B_s^i|\leq a)}\,ds.$$

D'après (5.c) appliqué avec $p = 1$ (ou bien Ray [23 , p. 441]) on a aussi :

$$(5.c') \qquad \lim_{n\to\infty} (\log\frac{1}{a_n})^{-(1-\varepsilon)}(a_n^{-2}\;V^i(a_n) - A_1\,N_n^i) = 0, \quad p.s.$$

D'autre part, il découle aisément de la proposition 1.1 de [13] (voir aussi le lemme 2 de [21]) que, pour $i = 1,\dots,p$,

$$(5.d) \qquad \lim_{a\to 0} \frac{a^{-2}\;V^i(a)}{U^i(\log\frac{1}{a})} = \frac{1}{2}\;, \quad p.s.$$

où les U^i, $i = 1,\dots,p$, sont comme dans l'énoncé du lemme ci-dessus. Comme U^i a la loi du carré de la norme d'un mouvement brownien dans $\mathbb{R}^4$, on a aussi :

$$(5.e) \qquad \lim_{a\to 0} \frac{(\log\frac{1}{a})^{1-\varepsilon}}{U^i(\log\frac{1}{a})} = 0, \quad p.s. \quad (i = 1,\dots,p).$$

En utilisant à la fois (5.c'), (5.d) et (5.e) on obtient : pour $i = 1,\dots,p$,

$$\lim_{n\to\infty} \frac{N_n^i}{U^i(\log\frac{1}{a_n})} = \frac{1}{2A_1}\;, \quad p.s.$$

d'où, en revenant à (5.c) et en utilisant à nouveau (5.e),

$$\lim_{n\to\infty} \frac{a_n^{-2}\;\lambda_p(B(0,a_n))}{U^i(\log\frac{1}{a_n})\dots U^p(\log\frac{1}{a_n})} = \frac{A_p}{(2A_1)^p}\;, \qquad p.s.$$

Il est facile de déduire l'assertion du lemme de ce dernier résultat : on remarque qu'on peut choisir η arbitrairement proche de 1 et on utilise le fait que, pour tout $\rho > 0$,

$$\lim_{n\to\infty} \frac{U^i((n+1)\rho)}{U^i(n\rho)} = 1, \quad \text{p.s.} \quad \square$$

Nous revenons maintenant à la preuve de (5.b). Grâce au lemme 5.2 il suffit de montrer que, avec les notations de ce lemme,

$$\liminf_{a\to 0} \frac{U^1(\log 1/a)\ldots U^p(\log 1/a)}{(\log 1/a)^p\, f(\log 1/a)} = 0, \quad \text{p.s.}$$

soit encore :

$$(5.f) \qquad \liminf_{t\to\infty} \frac{U^1(t)\ldots U^p(t)}{t^p\, f(t)} = 0, \quad \text{p.s.}$$

Or le test de Dvoretzky-Erdös [3] pour la vitesse de fuite du mouvement brownien dans $\mathbb{R}^d$ montre que, sous l'hypothèse $\Sigma f(2^n) = \infty$,

$$\liminf_{t\to\infty} \frac{U^1(t)}{t\, f(t)} = 0, \quad \text{p.s.}$$

On en déduit immédiatement (5.f).

Passons au cas $\sum_n f(2^n) < \infty$. Ici les arguments sont très proches de ceux utilisés dans [21] pour le cas $p = 1$. On peut remplacer M_p par l'ensemble, noté I, des points d'intersection des trajectoires, sur l'intervalle de temps $[0;1]$, de p mouvements browniens indépendants $B^1,\ldots,B^p$. On peut même supposer, sans perte de généralité, que les lois de $B_o^1,\ldots,B_o^p$ ont une densité bornée par rapport à la mesure de Lebesgue sur $\mathbb{R}^2$. Fixons $K > 0$ et pour tout entier $n \geq 1$ soit $\mathcal{C}_n$ l'ensemble des carrés semi-dyadiques de côté 2^{-n} contenus dans $[-K;K]^2$. Rappelons qu'on appelle semi-dyadique un carré de la forme :

$$A = \prod_{i=1}^{2} [a_i 2^{-n} \,;\, (a_i+1)2^{-n}]$$

où $a_i \in \mathbb{Z} \cup (1/2 + \mathbb{Z})$. On note aussi $|A| = 2^{-n}$. Soit $\tilde{\mathcal{C}}_n = \bigcup_{q\geq n} \mathcal{C}_q$. Nous allons montrer l'existence d'une suite $(\varepsilon_n(\omega))$ convergeant presque sûrement vers 0 et telle que, pour toute sous-famille $\mathcal{A}$ de $\tilde{\mathcal{C}}_n$ formée de carrés disjoints rencontrant I,

$$(5.g) \qquad \sum_{A\in\mathcal{A}} \phi(|A|) \leq \varepsilon_n(\omega).$$

Les résultats généraux sur les mesures de packing [32] montrent que (5.g) entraîne $\phi\text{-}p(I) = 0$. Il reste donc à établir (5.g). Soit $\mathcal{A}$ un sous-ensemble de $\tilde{\mathcal{C}}_n$ formé de carrés disjoints et qui rencontrent I. Si $A \in \mathcal{A}$ est un carré de côté 2^{-q}, on remplace A par les carrés dyadiques ou semi-dyadiques de côté 2^{-2^k} contenus dans A, où k est choisi tel que $2^{k-1} < q \leq 2^k$. En utilisant le fait que :

$$\phi(2^{-q}) \leq 2^{2(2^k-q)}\ \phi(2^{-2^k}),$$

on obtient ainsi la majoration, si d est la distance euclidienne dans $\mathbb{R}^2$,

$$(5.h) \qquad \sum_{A \in \mathcal{A}} \phi(|A|) \leq \sum_{k=m}^{\infty} \sum_{A \in \mathcal{C}_{2^k}} \phi(2^{-2^k}) 1_{(d(A,I) \leq 2^{-2^{k-1}})}$$

où m a été choisi tel que $2^{m-1} < n \leq 2^m$. Il est important de remarquer ici que le terme de droite de $(5.h)$ ne dépend plus de $\mathcal{A}$, mais seulement de m. Notons η_m ce terme de droite et évaluons

$$E[\eta_m] = \sum_{k=m}^{\infty} \sum_{A \in \mathcal{C}_{2^k}} \phi(2^{-2^k})\ P[d(A,I) \leq 2^{-2^{k-1}}] \leq C \sum_{k=m}^{\infty} \sum_{A \in \mathcal{C}_{2^k}} \phi(2^{-2^k}) 2^{pk}$$

(la majoration simple $P[d(A,I) \leq 2^{-2^{k-1}}] \leq C\ 2^{pk}$ découle de ce que $B_0^1,\dots,B_0^p$ ont une densité bornée, et, par exemple, des résultats de [14]). On obtient :

$$E[\eta_m] \leq C' \sum_{k=m}^{\infty} 2^{2^{k+1}}\ 2^{pk}\ \phi(2^{-2^k})$$

$$= C'\ (\log 2)^p \sum_{k=m}^{\infty} f(2^k \log 2)$$

L'hypothèse sur f montre que $E[\eta_m] \to 0$. Comme la suite η_m est décroissante on conclut que η_m converge p.s. vers 0 ce qui était le résultat recherché. □

(5.2) Nous passons maintenant à l'étude de la mesure de packing des points doubles du mouvement brownien dans $\mathbb{R}^3$. Nous nous proposons de montrer le théorème suivant, qui infirme la partie (ii) de la conjecture C.

<u>*Théorème 5.3*</u> : *Soient B un mouvement brownien dans $\mathbb{R}^3$ et M_2 l'ensemble des points doubles de la trajectoire de B. Pour tout $\alpha > 0$ posons :*

$$h_\alpha(x) = x(\log \tfrac{1}{x})^{-\alpha}.$$

Alors,

(i) il existe $\alpha > 0$ tel que

$$h_\alpha - p(M_2) = +\infty, \quad P\text{-p.s.}$$

(ii) pour tout $\alpha > 1$,

$$h_\alpha - p(M_2) = 0, \qquad P\text{-p.s.}$$

<u>Preuve</u> : La partie difficile du théorème est (i), aussi commençons-nous par montrer

(ii). Il suffit de montrer que, si B,B' sont deux mouvements browniens indépendants dans $\mathbb{R}^3$ et si I désigne l'ensemble des points d'intersection de leurs trajectoires sur l'intervalle de temps $[0;1]$, on a, pour tout $\alpha > 1$, P-p.s.,

$$h_\alpha - p(I) = 0.$$

Il est clairement suffisant d'établir que :

$$h_\alpha - p(I \cap \{y \; ; \; |y| \leq 1\}) = 0.$$

Pour tout entier n, notons $(C_p^{(n)}, p = 0,1,2,\ldots)$ la famille (finie) des cubes semi-dyadiques de côté 2^{-n} qui rencontrent la boule unité. Remarquons que :

$$E[\sum_p h_\alpha(\mathrm{diam}(C_p^{(n)}))\, 1_{(C_p^{(n)} \cap I \neq \emptyset)}] \leq C\, 2^{-n}\, n^{-\alpha}\, E[\sum_p 1_{(C_p^{(n)} \cap I \neq \emptyset)}]$$

et d'autre part des estimations faciles (voir par exemple [14]) montrent que :

$$E[\sum_p 1_{(C_p^{(n)} \cap I \neq \emptyset)}] \leq C'\, 2^n.$$

En sommant sur n on conclut que : P-p.s.,

$$\sum_n \sum_p h_\alpha(\mathrm{diam}(C_p^{(n)}))\, 1_{(C_p^{(n)} \cap I \neq \emptyset)} < \infty$$

Revenant aux différentes caractérisations des mesures de packing données dans [32], on obtient que :

$$h_\alpha - p(I \cap \{y \; ; \; |y| \leq 1\}) = 0.$$

Nous passons maintenant à la preuve de (i). Comme en (5.2) on introduit le temps local d'intersection de B avec lui-même, défini formellement par :

$$\alpha_2(A) = \int_A ds\, dt\, \delta_{(0)}(B_s - B_t) \qquad (A \subset \{(s,t) \; ; \; s < t\}).$$

On note ℓ_2 l'image de la restriction de α_2 à $[0;1] \times [1;2]$ par l'application $(s,t) \to B_s$. En utilisant le théorème 5.4 de [32] on se ramène à vérifier que, pour $\alpha > 0$ assez petit,

(5.*i*) $$\text{P-p.s.,}\; \ell_2(dy) \;\text{p.s.,}\; \liminf_{a \to 0} \frac{\ell_2(B(y,a))}{h_\alpha(a)} = 0.$$

Comme il s'agit là d'un énoncé à vérifier $\ell_2(dy)$ p.s., nous pouvons, comme plus haut dans le cas $d = 2$, nous ramener au problème suivant. Soient W et W' deux mouvements browniens indépendants, définis sur $\mathbb{R}$ tout entier, valant 0 à l'instant 0. Soit β_2 le temps local d'intersection de W et W', i.e. la mesure sur $\mathbb{R}^2$ définie formellement par :

$$\beta_2(A) = \int_A ds\, dt\, \delta_{(0)}(W_s - W'_t).$$

et soit λ_2 l'image de β_2 par l'application $(s,t) \to W_s$. Il suffit pour montrer (5.*i*) de vérifier que :

$$(5.j) \qquad \text{P-p.s.,} \quad \liminf_{a \to 0} \frac{\lambda_2(B(0,a))}{h_\alpha(a)} = 0.$$

Rappelons maintenant, d'après [17], que P-p.s. il existe une constante C_ω telle que, pour tout $a \leq 1/4$,

$$(5.k) \qquad \lambda_2(B(0,a)) \leq C_\omega\, a(\log\log \frac{1}{a})^2.$$

Nous allons établir que, pour des valeurs de a arbitrairement petites, on a :

$$(5.\ell) \qquad \lambda_2(B(0,a)) = \lambda_2(B(0,a(\log \frac{1}{a})^{-\beta})),$$

où le choix de $\beta > 0$ sera précisé plus loin. En combinant (5.*k*) et (5.*ℓ*) on obtient que, pour tout $\alpha < \beta$, il existe des valeurs de a arbitrairement petites telles que :

$$\lambda_2(B(0,a)) \leq a(\log \frac{1}{a})^{-\alpha}$$

ce qui entraîne (5.*j*). Il ne reste plus maintenant qu'à montrer (5.*ℓ*). Or (5.*ℓ*) découle immédiatement du lemme suivant :

__Lemme 5.4__ : *Soit J l'ensemble des points d'intersection des trajectoires de W et W'. Pour tout $\beta > 0$ assez petit, il existe P-p.s. des valeurs de a arbitrairement petites telles que :*

$$J \cap (B(0,a) - B(0,a(\log \frac{1}{a})^{-\beta})) = \emptyset.$$

__Preuve__ : Dans le but d'alléger les notations, nous nous contenterons de montrer une forme affaiblie du lemme 5.4. Nous prendrons pour J non pas l'ensemble des points d'intersection des trajectoires de W et W', mais l'ensemble des points d'intersection de ces trajectoires restreintes à $\mathbb{R}_+$ (rappelons que W, W' sont définis sur $\mathbb{R}$ tout entier). L'énoncé affaibli qu'on obtient ainsi n'est pas suffisant pour nos applications ; cependant il sera clair que notre méthode de démonstration permettrait aussi bien, quitte à changer la valeur de β, d'établir l'énoncé précis du lemme 5.3. Nous commençons par quelques notations. Pour tout entier $k \geq 0$ on pose

$$L_k = \sup\{t \geq 0 \; ; \; |W_t| = 2^{-k}\}$$

$$L'_k = \sup\{t \geq 0 \; ; \; |W'_t| = 2^{-k}\}.$$

On note simplement $L = L_0$, $L' = L'_0$. Rappelons quelques résultats classiques concernant la décomposition en skew-product du mouvement brownien dans $\mathbb{R}^d$ ([11], p. 270) et le retournement du processus de Bessel de dimension trois ([33]). On a, pour tout $0 \leq t \leq L$, resp. $0 \leq t \leq L'$,

$$W_{L-t} = B_t \cdot \Omega(H_t), \quad W'_{L'-t} = B'_t \cdot \Omega'(H'_t),$$

où B, resp. B', est un mouvement brownien linéaire issu de 1, arrêté au premier instant où il atteint 0, Ω, resp. Ω', est un mouvement brownien sur la sphère S^2 indépendant de B, resp. B', partant avec la loi uniforme sur S^2, et :

$$H_t = \int_0^t \frac{ds}{B_s^2} \quad (0 \leq t < L),$$

$$H'_t = \int_0^t \frac{ds}{B_s'^2} \quad (0 \leq t < L').$$

Il découle en particulier de cette représentation que le processus $(W_{L-t}; 0 \leq t < L)$ est markovien. Remarquons que les temps $L-L_k$ $(k \geq 0)$ sont des temps d'arrêt pour la filtration de ce processus retourné. Choisissons maintenant $\alpha \in]0;\pi/2[$ et pour tout $z \in \mathbb{R}^3 - \{0\}$ notons $\mathcal{C}(z)$ le cône de demi-angle α, de sommet 0 et d'axe contenant z:

$$\mathcal{C}(z) = \{y \in \mathbb{R}^3 \ ; \ (y,z) \geq \cos(\alpha)\ |y|\ |z|\},$$

où (y,z) est le produit scalaire usuel. L'idée de la preuve du lemme est d'étudier pour $m \geq k \geq 1$ la probabilité de l'ensemble

$$A_{k,m} = \{W(L_m,L_k) \subset \mathcal{C}(W_{L_k}) \ ; \ W'(L'_m,L'_k) \subset \mathcal{C}(W'_{L'_k}); \mathcal{C}(W_{L_k}) \cap \mathcal{C}(W'_{L_k}) = \emptyset\}.$$

Si on applique la propriété de Markov aux processus retournés, on trouve :

$$(5.m) \qquad P[A_{k,m} / \bar{\mathcal{F}}_{L_k} \vee \bar{\mathcal{F}}_{L'_k}] = 1_{\{\mathcal{C}(W_{L_k}) \cap \mathcal{C}(W'_{L'_k}) = \emptyset\}} \times P[W(L_m,L_k) \subset \mathcal{C}(W_{L_k})]^2,$$

où on a noté $\bar{\mathcal{F}}_{L_k}$, resp. $\bar{\mathcal{F}}'_{L'_k}$, la tribu engendrée par $(W_{L-s} \ ; 0 \leq s \leq L-L_k)$, resp. $(W'_{L'-s} \ ; \ 0 \leq s \leq L'-L'_k)$. Or, d'une part l'indépendance de B et Ω, resp. B' et Ω', entraîne pour tout $k \geq 1$,

$$(5.n) \qquad P[\ \mathcal{C}(W_{L_k}) \cap \mathcal{C}(W'_{L'_k}) = \emptyset \ / \ \bar{\mathcal{F}}_{L_{k-1}} \vee \bar{\mathcal{F}}'_{L'_{k-1}}] \geq \delta$$

pour une certaine constante $\delta > 0$, d'autre part des minorations faciles montrent l'existence d'une constante $C > 0$ telle que

$$(5.o) \qquad P[W(L_m,L_k) \subset \mathcal{C}(W_{L_k})] \geq C^{m-k}.$$

En combinant $(5.n)$ et $(5.o)$ et en revenant à $(5.m)$ on obtient pour tous $m > k \geq 1$,

$$(5.p) \qquad P[A_{k,m} / \bar{\mathcal{F}}_{L_{k-1}} \vee \bar{\mathcal{F}}'_{L'_{k-1}}] \geq \delta\, C^{2(m-k)}.$$

En appliquant $(5.p)$ et la propriété de Markov pour les processus retournés, on obtient que pour tous $k \geq 2$, $h \geq 1$,

$$P[\bigcap_{i=0}^{h-1} (A_{ik+1,(i+1)k})^c] \leq (1 - \delta\, C^{2(k-1)})^h.$$

Prenons maintenant h de la forme $h = M^k$, où l'entier M est choisi tel que $MC^2 > 1$. On trouve :

$$\sum_{k=2}^{\infty} P[\bigcap_{i=0}^{M^k-1} (A_{ik+1,(i+1)k})^c] < \infty .$$

Le lemme de Borel-Cantelli permet donc de conclure que, presque sûrement pour tout k assez grand, il existe un entier n appartenant à $[0;k(M^k-1)]$ et tel que :

$$W(L_{n+k},L_n) \subset \mathcal{C}(W_{L_n}), W'(L'_{n+k-1},L'_n) \subset \mathcal{C}'(W'_{L'_n}) \,,\, \mathcal{C}(W_{L_n}) \cap \mathcal{C}'(W_{L'_n}) = \emptyset,$$

donc en particulier :

$$W(L_{n+k-1},L_n) \cap W'(L'_{n+k-1},L'_n) = \emptyset.$$

En changeant les notations, on peut encore traduire les considérations précédentes comme suit : il existe une constante $c > 0$ telle que, P-p.s., pour des valeurs de n arbitrairement grandes,

$$(5.q) \qquad W(L_{n+[c \log n]},L_n) \cap W'(L'_{n+[c \log n]},L'_n) = \emptyset$$

($[c \log n]$ désigne la partie entière de $c \log n$). On voit que $(5.q)$ est très proche de l'énoncé recherché, à ceci près que nous aimerions, par exemple, remplacer $W(L_{n+[c \log n]},L_n)$ par :

$$W(0;L) \cap (B(0,2^{-n}) - B(0,2^{-(n+ c[\log n])})),$$

quitte éventuellement à changer c. Ce remplacement ne pose pas de difficultés : soient $E = E(\omega)$ l'ensemble des valeurs de n telles que $(5.q)$ soit vérifié, et $\tilde{E} = \tilde{E}(\omega)$ l'ensemble des valeurs de n telles que

$$W(0;L) \cap W(0;L') \cap (B(0,2^{-n}) - B(0,2^{-(n+ c[\log n]-1)})) = \emptyset$$

En appliquant la propriété de Markov aux processus retournés W_{L-t} et $W'_{L'-t}$, respectivement aux instants $L_{n+[c \log n]}$ et $L'_{n+[c \log n]}$, on trouve que

$$P[n \in \tilde{E}(\omega) / n \in E(\omega)] \geq P[\sup\{|W_s|, s \leq L_{n+[c \log n]}\} \leq 2^{-(n+c[\log n]-1)}]^2 = \frac{1}{4}.$$

Il est ensuite aisé de conclure que puisque $E(\omega)$ contient une infinité de valeurs de n, il doit en être de même pour $\tilde{E}(\omega)$. Ceci termine la preuve du lemme 5.4. □

Remarque : Considérons le processus stable symétrique d'indice α dans $\mathbb{R}^d$, noté $X^{\alpha,d}$ comme dans la partie 3. Soit M_p l'ensemble des points de multiplicité p de la trajectoire de $X^{\alpha,d}$. Supposons $\alpha < d$ et $\gamma = p\alpha - (p-1)d > 0$. Alors la méthode employée pour l'assertion (ii) du théorème 5.2 montre aussi que, si

$$h_{\gamma,\beta}(x) = x^\gamma (\log 1/x)^{-\beta},$$

on a :

$$h_{\gamma,\beta} - p(M_p) = 0 \quad \text{pour } \beta > 1.$$

6. REMARQUES.

(6.1) Il serait intéressant de pouvoir "localiser" le résultat du théorème 2.1 de la manière suivante. Pour tout $\varepsilon > 0$ et tout $j = 1,\ldots,p$ considérons la saucisse de rayon ε associée à X^j sur l'intervalle $[0;t]$:

$$S^j_\varepsilon(0;t) = \bigcup_{0 \leq s \leq t} (X^j_s + B(0,\varepsilon)).$$

Alors, avec les notations du théorème 2.1, il semble très plausible qu'on ait, pour tous $t_1,\ldots,t_p \geq 0$,

$$\text{(6.a)} \qquad \lim_{\varepsilon \to 0} c(\varepsilon)^{-p}\, m(S^1_\varepsilon(0;t_1) \cap \ldots \cap S^p_\varepsilon(0;t_p)) = \mu(X^1(0;t_1) \cap \ldots \cap X^p(0;t_p)),$$

de plus on devrait pouvoir identifier, à une constante multiplicative près, le membre de droite de *(6.a)* avec le temps local d'intersection usuel, (i.e. vu comme une mesure sur les p-uplets de temps) de $X^1,\ldots,X^p$ sur le produit $[0;t_1]\times\ldots\times[0;t_p]$:

$$\text{(6.b)} \qquad \mu(X^1(0;t_1) \cap \ldots \cap X^p(0;t_p))$$

$$= C \int_0^{t_1} \ldots \int_0^{t_p} ds_1 \ldots ds_p \; \delta_{(0)}(X^1_{s_1} - X^2_{s_2}, \ldots, X^{p-1}_{s_{p-1}} - X^p_{s_p}).$$

Nous renvoyons le lecteur à [4] pour une définition du membre de droite de (6.b) (voir aussi [6] pour de nombreuses références). Dans le cas brownien, (6.a) et (6.b) découlent des résultats de [14].

Au moins dans le cas des processus stables symétriques, et sans doute plus généralement pour certains processus de Lévy dont le temps local d'intersection peut être renormalisé, les résultats *(6.a)* et *(6.b)* pourraient permettre d'obtenir des théorèmes de fluctuation pour le volume de la saucisse, du type suivant. Pour fixer les idées, prenons pour X un processus stable symétrique d'indice $\beta > 4/3$ à valeurs dans $\mathbb{R}^2$ (on aura des résultats analogues pour des processus à valeurs réelles). Soit $S_\varepsilon(0;t)$ la saucisse de rayon ε associée à X sur l'intervalle $[0;t]$. Alors, en adaptant les techniques de [18], on devrait pouvoir montrer, à partir de (6.a) et (6.b) :

(6.c) $$\lim_{\varepsilon\to 0} c(\varepsilon)^{-2}\,(m(S_\varepsilon(0,1)) - E(m(S_\varepsilon(0,1))))$$

$$= -C\int_{0\le s<t\le 1} ds\, dt\, (\delta_{(0)}(X_s - X_t) - E(\delta_{(0)}(X_s - X_t))),$$

où le membre de droite est un temps local d'intersection renormalisé défini, dans le cas des processus stables, par Rosen [27]. L'assertion (6.c) est d'autant plus plausible que des analogues discrets de ce résultat, concernant le nombre de points visités par une marche aléatoire plane, ont été établis en [15] et [20].

(6.2) Le cas du mouvement brownien plan montre que la bonne fonction de mesure pour l'ensemble des points d'intersection, si elle existe, peut être une fonction intermédiaire entre la fonction ϕ^* du théorème 3.1 et la fonction ψ^* du théorème 3.2. Notons cependant que ψ^* fournit la bonne fonction de mesure dans le cas du mouvement brownien dans $\mathbb{R}^3$. Au vu des résultats de [17] et de ceux de la section 3 il est logique de conjecturer que la bonne fonction de mesure pour l'ensemble des points de mulplicité p du processus $X^{\alpha,d}$ soit :

- si $\alpha < d$, $\gamma = p\alpha - d(p-1) > 0$,

$$h(x) = x^\gamma\,(\log\log 1/x)^p$$

- si $\alpha = d$,

$$h(x) = x^d\,(\log 1/x \quad \log\log\log 1/x)^p.$$

(6.3) Il semble également très plausible que les résultats de la partie 4 puissent être étendus à d'autres processus de Lévy, par exemple ceux qui vérifient les hypothèses de la partie 2 et pour lesquels

$$\int_{B(0;1)} u(x)^p\, dx < \infty,$$

pour tout entier $p \geq 0$ (comme nous l'avons vu plus haut, cette condition suffit à assurer l'existence de points de multiplicité p, pour tout entier p).

(6.4) Terminons par quelques remarques sur la mesure de packing de l'ensemble des points doubles du mouvement brownien dans $\mathbb{R}^3$. Il serait très intéressant de pouvoir déterminer l'unique valeur de β telle que

- si $\alpha > \beta$, $h_\alpha - p(M_2) = 0$

- si $\alpha < \beta$, $h_\alpha - p(M_2) = +\infty$,

où on a repris les notations du théorème 5.3. Au vu des arguments développés dans la preuve du lemme 5.4, il semble que la détermination de β soit liée au problème suivant posé à l'auteur par M. Aizenman [1] : étant donnés deux mouvements browniens indépendants W, W' dans $\mathbb{R}^3$, tels que $|W_0 - W'_0| = 1$, peut-on trouver un équivalent quand t tend vers l'infini de la probabilité $P[W(0;t) \cap W'(0;t) = \emptyset]$, ou, plus simplement, peut-on calculer

$$\gamma = \limsup_{t \to \infty} \frac{\log P[W(0;t) \cap W'(0;t) = \emptyset]}{\log t} \ ?$$

REFERENCES :

[1] AIZENMAN, M. Communication personnelle.

[2] BLUMENTHAL, R.M. ; GETOOR, R.K. Markov processes and potential theory. Academic Press, New-York, 1968.

[3] DVORETZKY, A. ; ERDÖS, P. Some problems on random walk in space. Proc. Second Berkeley Symp. on Math. Statistics and Probability. University of California Press, Berkeley, 1951, p. 353-367.

[4] DYNKIN, E.B. Additive functionals of several time-reversible Markov processes. J. Funct. Anal. 42 (1981), 64-101.

[5] DYNKIN, E.B. Random fields associated with multiple points of the Brownian motion. J. Funct. Anal. 62 (1985), 397-434.

[6] DYNKIN, E.B. Self-intersection gauge for random walks and for Brownian motion. A paraître dans Ann. Probab. (1987).

[7] EVANS, S.N. Potential theory for a family of several Markov processes. A paraître aux Ann. Inst. Henri Poincaré (1987).

[8] GEMAN, D. ; HOROWITZ, J. ; ROSEN, J. A local time analysis of intersections of Brownian paths in the plane. Ann. Probab. 12 (1984), 86-107.

[9] HAWKES, J. Potential theory of Lévy processes. Proc. London Math. Soc. (3) (1979), 335-352.

[10] HAWKES, J. Multiple points for symmetric Lévy processes. Math. Proc. Cambridge Philos. Soc. 83 (1978), 83-90.

[11] ITÔ, K. ; Mc KEAN, H.P. Diffusion processes and their sample paths. Second Printing. Springer - Verlag, Berlin, 1974.

[12] KESTEN, H. Hitting probabilities of single points for processes with stationary independent increments. Mem. Amer. Math. Soc. 93 (1969).

[13] LE GALL, J.F. Sur la mesure de Hausdorff de la courbe brownienne. Séminaire de Probabilités XIX. Lect. Notes in Math. 1123. Springer - Verlag, Berlin, 1985, p. 297-313.

[14] LE GALL, J.F. Sur la saucisse de Wiener et les points multiples du mouvement brownien. Ann. Probab. 14 (1986).

[15] LE GALL, J.F. Propriétés d'intersection des marches aléatoires, I. Comm. Math. Phys. 104 (1986), 471-507.

[16] LE GALL, J.F. Le comportement du mouvement brownien entre les deux instants où il passe par un point double. J. Funct. Anal. 70 (1987).

[17] LE GALL, J.F. The exact Hausdorff measure of Brownian multiple points. A paraître dans le Seminar on Stochastic Processes 1986. Birkhäuser.

[18] LE GALL, J.F. Fluctuation results for the Wiener sausage. Preprint (1986), soumis à Ann. Probab.

[19] LE GALL, J.F. ; ROSEN, J. ; SHIEH, N.R. Multiple points for Lévy processes. Preprint (1986).

[20] LE GALL, J.F. ; ROSEN, J. Limit theorems for random walks in the domain of attraction of a stable law. Article en préparation.

[21] LE GALL, J.F. ; TAYLOR, S.J. The packing measure of planar Brownian motion. A paraître dans le Seminar on Stochastic Processes 1986. Birkhäuser.

[22] NEVEU, J. Bases mathématiques du calcul des probabilités. Masson, Paris 1970.

[23] RAY, D. Sojourn times and the exact Hausdorff measure of the sample path for planar Brownian motion. Trans. Amer. Math. Soc. 106 (1963), 436-444.

[24] ROGERS, C.A. ; TAYLOR, S.J. Functions continuous and singular with respect to a Hausdorff measure. Mathematika 8 (1961), 1-31.

[25] ROSEN, J. A local time approach to the self-intersections of Brownian paths in space. Comm. Math. Phys. 88 (1983), 327-338.

[26] ROSEN, J. Joint continuity of the intersection local times of Markov processes. A paraître dans Ann. Probab. (1987).

[27] ROSEN, J. Continuity and singularity of the intersection local time of stable processes in $\mathbb{R}^2$. Preprint (1985).

[28] SZNITMAN, A.S. Some bounds and limiting results for the measure of Wiener sausage of small radius associated to elliptic diffusions. Preprint (1986).

[29] TAYLOR, S.J. Multiple points for the sample paths of the symmetric stable process. Z. Wahrsch. verw. Gebiete 5 (1966), 247-264.

[30] TAYLOR, S.J. Sample path properties of a transient stable process. J. Math. Mech. 16 (1967), 1229-1246.

[31] TAYLOR, S.J. The measure theory of random fractals. Math. Proc. Cambridge Philos. Soc. 100 (1986), 383-406.

[32] TAYLOR, S.J. ; TRICOT, C. Packing measure and its evaluation for a Brownian path. Trans. Amer. Math. Soc. 288 (1985), 679-699.

[33] WILLIAMS, D. Path decomposition and continuity of local time for one-dimensional diffusions, I. Proc. London Math. Soc (3) 28 (1974), 738-768.

[34] WOLPERT, R. Wiener path intersections and local time. J. Funct. Anal. 30 (1978), 329-340.

[35] YOR, M. Précisions sur l'existence et la continuité des temps locaux d'intersection du mouvement brownien dans $\mathbb{R}^d$. Séminaire de Probabilités XX. Lect. Notes in Math. 1204. Springer - Verlag, Berlin, 1986, p. 532-542.

RENORMALISATION ET CONVERGENCE EN LOI POUR CERTAINES INTEGRALES MULTIPLES ASSOCIEES AU MOUVEMENT BROWNIEN DANS $\mathbb{R}^d$

J.Y. CALAIS et M. YOR(*)

1. INTRODUCTION.

(1.0) Soit $(B_t, t \geq 0)$ mouvement Brownien à valeurs dans $\mathbb{R}^d$, issu de 0.
L'objet de ce travail est l'étude asymptotique, lorsque $t \uparrow \infty$, des intégrales multiples :

$$(1.a) \qquad \int_0^t du_1 \int_{u_1}^t du_2 \dots \int_{u_{k-1}}^t du_k \, f(B_{u_2}-B_{u_1} ; B_{u_3}-B_{u_2} ; \dots ; (B_{u_k}-B_{u_{k-1}}))$$

où $f : (\mathbb{R}^d)^{k-1} \to \mathbb{R}$ désigne une fonction continue à support compact. Plus précisément, on s'intéresse au comportement asymptotique du processus en t obtenu en remplaçant, dans ces intégrales, la variable t par (λt), et en faisant tendre λ vers ∞.

Par scaling, cette étude est ramenée à celle du comportement asymptotique, lorsque $n \to \infty$, des processus en t définis par :

$$(1.b) \qquad I_k^{(n)}(f;t) \equiv \int_0^t du_1 \int_{u_1}^t du_2 \dots \int_{u_{k-1}}^t du_k f(n(B_{u_2}-B_{u_1});n(B_{u_3}-B_{u_2});\dots;n(B_{u_k}-B_{u_{k-1}}))$$

(1.1) On connaît déjà, pour $k = 2$, les résultats suivants :

- si $d = 2$, la suite :

$$(1.c) \qquad n^2 \int_0^t du_1 \int_{u_1}^t du_2 \, \{f(n(B_{u_2}-B_{u_1})) - E[f(n(B_{u_2}-B_{u_1}))]\}$$

converge p.s. et dans L^2 ; ce résultat, dû pour l'essentiel à Varadhan [9], et redémontré de différentes manières à l'aide du temps local d'intersection (Rosen [7] ; Le Gall [5] ; Yor [10]) est souvent appelé "renormalisation de Varadhan".

(*) UNIVERSITE PARIS VI - Laboratoire de Probabilités - 4, place Jussieu - Tour 56 - 3ème Etage - 75252 PARIS CEDEX 05

• si $d = 3$, le processus à valeurs dans $\mathbb{R}^4$:

$$(1.d) \quad (B_t \, ; \frac{1}{\sqrt{\log n}}\{n^3 \int_0^t du_1 \int_{u_1}^t du_2 f(n(B_{u_2}-B_{u_1})) - \frac{tn}{2\pi}\int \frac{dy}{|y|} f(y)\} \quad (t \geq 0)\}$$

converge en loi vers :

$$(B_t \; ; \frac{1}{\pi} (\int f(y)dy)\beta_t \quad (t \geq 0)),$$

où $(\beta_t \; ; t \geq 0)$ désigne un mouvement Brownien réel indépendant de $(B_t \; ; t \geq 0)$ (cf : Yor [11]).

Pour compléter ces résultats, et par analogie avec les études "au second ordre" pour les fonctionnelles additives du mouvement Brownien dans $\mathbb{R}^d$, en dimension $d = 1$ (Tanaka [14]) ou $d = 2$ (Kasahara-Kotani [4]), il semble naturel d'étudier :

- d'une part, la vitesse de convergence de l'expression (1.c) vers sa limite ; cette étude est menée en [12].

- d'autre part, la convergence en loi du processus à valeurs dans $\mathbb{R}^4$, qui figure en (1.d), lorsque f satisfait : $\int dx \, f(x) = 0$ (on dit alors que f est une fonction-charge), et que l'on a supprimé le facteur $(\log n)^{-1/2}$; cette étude est entreprise au chapitre 3 du présent travail.

(1.2) Restons dans le cas $k = 2$, et présentons les résultats obtenus ci-dessous pour les dimensions $d \neq 2,3$.

• Le cas de la dimension $d = 1$ est, bien sûr, très particulier, ceci étant dû à l'existence et à la continuité des temps locaux (ℓ_t^a) du mouvement Brownien réel. Nous montrons que :

$$(1.e) \qquad \frac{n}{2} \{n\int_0^t du_1 \int_0^t du_2 \; f(n(B_{u_2}-B_{u_1})) - \overline{f} \int da(\ell_t^a)^2\} \xrightarrow[n\to\infty]{(P)} - n(f)\cdot t,$$

où $\overline{f} = \int_0^\infty db \; f(b)$, et $n(f) = \int_0^\infty db \; bf(b)$.

• Pour les dimensions $d \geq 4$, nous montrons que le processus à valeurs dans $\mathbb{R}^{d+1}$:

$$(1.f)\quad (B_t ; n^3 \int_0^t du_1 \int_{u_1}^t du_2 f(n(B_{u_2} - B_{u_1})) - tnc_d \int \frac{dy}{|y|^{d-2}} f(y)) \qquad (c_d = \frac{\Gamma(\frac{d}{2}-1)}{2\cdot\pi^{d/2}})$$

converge en loi vers :

$$(\beta_t(1)\ ;\ \sum_{i=1}^{d} \beta_t^{(i)}(F^{(i)})),$$

où $F = (F^{(i)}\ ;\ 1 \leq i \leq d) = \int_0^\infty ds\ \nabla(Uf)(B_s)$,

Uf désigne le potentiel newtonien de f, et $(\beta_t^{(i)}(H)\ ;\ i\leq d,\ t\geq 0,\ H\in L^2(\sigma(B_s, s\geq 0\ ;\ P))$ est un processus gaussien centré de covariance : $\mathbb{E}(\beta_t^{(i)}(H)\beta_s^{(j)}(K)) = \delta_{i,j}(t\wedge s)E(HK)$.

Ce résultat est démontré en particulier au chapitre 2 ; il s'étend, à l'aide d'un argument de récurrence, aux processus $(I_k^{(n)}(f;t)t \geq 0)$ pour tout $k \geq 2$, lorsque $d \geq 4$. La loi limite obtenue peut encore être exprimée en termes du processus $(\beta_t(H))$ présenté ci-dessus.

En outre, la même méthode de démonstration permet de couvrir le cas des fonctions charge $f : \mathbb{R}^3 \to \mathbb{R}$ dont il a été question au paragraphe précédent ; pour ces fonctions, le résultat (1.f) est encore valable (avec $d = 3$, et $c_d = \frac{1}{2\pi}$).

(1.3) Nous terminons cette introduction en complétant le tableau de l'étude asymptotique de $I_k^{(n)}(f;t)$ pour toutes les dimensions d, et toutes les multiplicités k :

a) <u>d = 1</u>. Le résultat (1.e) admet une extension adéquate à tout ordre de multiplicité k, les quantités

$$\int da(\ell_t^a)^2 \qquad \text{et} \qquad t$$

qui figurent en (1.e) étant alors remplacées respectivement par :

$$\int da(\ell_t^a)^k \qquad \text{et} \qquad \int da(\ell_t^a)^{k-1}.$$

b) d = 2. Le résultat de renormalisation (1.c) vient d'être étendu par J. Rosen [8] sous la forme suivante : à toute fonction $\phi : \mathbb{R}^2 \to \mathbb{R}_+$, continue, à support compact, on associe $\phi^{(n)}(x) = n^2 \phi(nx)$ $(n \in \mathbb{N})$; alors, pour tout $t > 0$, l'expression :

$$(1.g) \quad \int_0^t du_1 \int_{u_1}^t du_2 \ldots \int_{u_{k-1}}^t du_k \{\phi^{(n)}(B_{u_2}-B_{u_1})\} \ldots \{\phi^{(n)}(B_{u_k}-B_{u_{k-1}})\}$$

converge dans L^2, lorsque $n \to \infty$ (on a posé : $\{X\} = X-E(X)$).

Indépendamment, E. Dynkin [2] a donné un développement asymptotique pour l'expression :

$$(1.g') \quad \int_0^t du_1 \int_{u_1}^t du_2 \ldots \int_{u_{k-1}}^t du_k \; \phi^{(n)}(B_{s_2}-B_{s_1}) \ldots \phi^{(n)}(B_{s_k}-B_{s_{k-1}})$$

en s'appuyant sur sa construction des processus gaussiens liés aux intersections du mouvement brownien plan ([1]).

J. Rosen et M. Yor ([13])ontégalement montré la convergence de (1.g) pour $k = 3$ et donné une représentation de sa limite comme intégrale stochastique.

c) d = 3. Nous conjecturons que le résultat (1.d) s'étend comme suit, pour tout ordre de multiplicité $k \geq 3$, et nous prouvons cette conjecture pour $k = 3$: le processus à valeurs dans $\mathbb{R}^4$:

$$\left(B_t \; ; \; \frac{1}{\sqrt{\log n}} \left[n^{2k-1} \, I_k^{(n)}(f_k;t) - ntf_1\right], \; t \geq 0\right)$$

converge en loi vers :

$$(B_t \; ; \; c(f_k)\beta_t \; ; \; t \geq 0)$$

où $(\beta_t \; ; \; t \geq 0)$ désigne un mouvement brownien réel indépendant de $(B_t \; ; \; t \geq 0)$ et $c(f_k)$ est une constante dépendant de f_k. Ces convergences en loi ont lieu conjointement pour tous les ordres de multiplicité, avec le même mouvement brownien β.

d) d ≥ 4. Nous avons déjà signalé en (1.2) que le résultat (1.f) s'étend de façon convenable à tout $k \geq 3$. Nous renvoyons ici simplement le lecteur à l'énoncé précis (Théorème (2.2) ci-dessous), celui-ci nécessitant un ensemble de notations assez important.

Indiquons enfin que la méthode de démonstration utilisée tout au long de ce travail est une variante de celle développée en [11] pour $d = 3$, $k = 2$. De façon à ne pas reprendre plusieurs fois les mêmes arguments sous différentes formes, nous avons dégagé un énoncé général (Proposition (2.1)) dont nous déduisons les différents résultats de ce travail pour $d \geq 3$.

2. ETUDE POUR LES DIMENSIONS $d \geq 4$.

La démonstration consiste à mettre en place une méthode de réduction de l'étude de $I_k^{(n)}(f;t)$, lorsque $n \to \infty$, à celle de certaines intégrales stochastiques, dont on fera ensuite l'étude asymptotique.

Nous aurons besoin d'un ensemble assez important de notations, que nous introduirons peu à peu au cours de la démonstration.

Il est suggéré au lecteur, dans un premier temps, de se placer dans le cas $k = 2$, puis, ensuite, de considérer le cas général.

(2.1) Dans toute la démonstration, les fonctions dépendant de $(k-1)$ variables $(k \geq 2)$ seront affectées de l'indice k.

Ainsi, on note f_k pour f ; $\tilde{f}^{(k)}$ désigne le potentiel newtonien, pris par rapport à la variable x_{k-1}, de $f(x_1,\dots,x_{k-2},\cdot)$, et ϕ_k le gradient par rapport à la variable x_{k-1} de $\tilde{f}^{(k)}$. On a, de façon explicite, en posant $c_d = \dfrac{2^{\frac{d}{2}-1}}{(2\pi)^{d/2}} \Gamma(\frac{d}{2} - 1)$:

$$\tilde{f}^{(k)}(x_1,x_2,\dots,x_{k-2},x_{k-1}) = c_d \int \frac{dy}{|x_{k-1}-y|^{d-2}} f_k(x_1,\dots,x_{k-2},y)$$

$$\phi_k(x_1,x_2,\dots,x_{k-1}) = c_d(2-d) \int \frac{dy\ (x_{k-1}-y)}{|x_{k-1}-y|^d} f_k(x_1,\dots,x_{k-2},y).$$

On notera encore : $f_{k-1}(x_1,\dots,x_{k-2}) = \tilde{f}^{(k)}(x_1,\dots,x_{k-2},0)$.

Pour permettre au lecteur de mémoriser ces notations, nous présentons le diagramme suivant :

Légende : la flèche $\nearrow$ symbolise une intégration
$\longrightarrow$ symbolise une restriction
$\downarrow$ symbolise une dérivation.

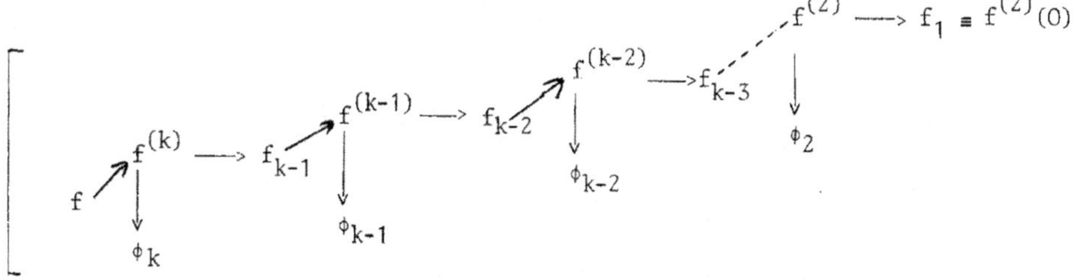

On a alors, en utilisant ces notations, à l'aide de la formule d'Itô :

$$f^{(k)}\,[n(B_{u_2}-B_{u_1}),n(B_{u_3}-B_{u_2}),\ldots,n(B_t-B_{u_{k-1}})]$$

$$= f_{k-1}\,[n(B_{u_2}-B_{u_1}),n(B_{u_3}-B_{u_2}),\ldots,n(B_{u_{k-1}}-B_{u_{k-2}})]$$

$$+ n\int_{u_{k-1}}^{t} (dB_{u_k}\,;\,\phi_k\,[n(B_{u_2}-B_{u_1}),n(B_{u_3}-B_{u_2}),\ldots,n(B_{u_k}-B_{u_{k-1}})])$$

$$- n^2\int_{u_{k-1}}^{t} du_k\, f_k\,[n(B_{u_2}-B_{u_1}),\ldots,n(B_{u_k}-B_{u_{k-1}})].$$

En intégrant les deux membres de cette identité par rapport à $n^{2k-3}(du_1\cdot du_2\ldots du_{k-1})$, on obtient :

(2.a) $$n^{2k-1}\, I_k^{(n)}(f_k;t) = n^{2(k-1)-1} I_{k-1}^{(n)}(f_{k-1};t) + \int_0^t (dB_{u_k};D_{k-1}^{(n)}(\phi_k;u_k)) - \frac{1}{n}D_{k-1}^{(n)}(f^{(k)};t),$$

où $D_{k-1}^{(n)}(g;t) = n^{2(k-1)}\int_0^t du_{k-1}\int_0^{u_{k-1}} du_{k-2}\ldots\int_0^{u_2} du_1\; g(n(B_{u_2}-B_{u_1}),\ldots,n(B_t-B_{u_{k-1}}))$.

(2.2) Nous montrons maintenant que, pour tout $d \geq 4$, on a :

(2.b) $$\frac{1}{n}\, D_{k-1}^{(n)}(|f^{(k)}|,t) \xrightarrow[(n\to\infty)]{(P)} 0.$$

On a en effet :

(2.b')
- si $d \geq 5$, l'expression $D_{k-1}^{(n)}(|f^{(k)}|;t)$ converge en loi ;
- si $d = 4$, $E[D_{k-1}^{(n)}(|f^{(k)}|,t)] = O(\log n) \quad (n\to\infty)$.

Dans les deux cas, l'assertion (2.b) en découle :

Pour démontrer (2.b'), remarquons que, pour toute fonction $g : (\mathbb{R}^d)^{k-1} \to \mathbb{R}_+$, on a :

$$D_{k-1}^{(n)}(g;t) \overset{(d)}{=} \int_0^{n^2 t} dv_{k-1}\int_{v_{k-1}}^{n^2 t} dv_{k-2}\ldots\int_{v_2}^{n^2 t} dv_1\; g(B_{v_1}-B_{v_2},\ldots,B_{v_{k-1}}).$$

Cette dernière expression est majorée, dans le cas où $g = |f^{(k)}|$, par :

$$C \int_0^{n^2 t} dv_{k-1}\, h_R(B_{v_{k-1}}) \left(\int_0^\infty ds\, 1_{(|B_{s+v_{k-1}} - B_{v_{k-1}}| \le R')}\right)^{k-2}$$

avec C,R,R' des constantes convenables dépendant de f, et
$h_R(x) = \int_{|y|\le R} \frac{dy}{|x-y|^{d-2}}$.

L'assertion (2.b') découle alors facilement de cette dernière majoration.

(2.3) En appliquant conjointement la formule de récurrence (2.a), et le résultat (2.b), il apparaît que :

$$\sup_{s\le t} \left|(n^{2k-1} I_k^{(n)}(f_k;s) - nsf_1) - \sum_{j=2}^{k} \int_0^s (dB_u\, ; D_{-1}^{(n)}(\phi_j,u))\right| \xrightarrow[(n\to\infty)]{(P)} 0.$$

L'existence de la limite en loi, lorsque $n \to \infty$, de la suite de processus à trajectoires continues : $\{B_t\, ;\, n^{2k-1} I_k^{(n)}(f_k;t) - ntf_1 \quad (t \ge 0)\}$ et la caractérisation de cette limite sont donc ramenées à celles de la suite de processus :

$$(2.c) \qquad \{B_t\, ;\, \sum_{j=2}^{k} \int_0^t (dB_u\, ;\, D_{j-1}^{(n)}(\phi_j;u)) \qquad (t \ge 0)\}.$$

Cette dernière étude sera faite à l'aide du résultat général de la proposition (2.1) ci-dessous. Afin de pouvoir énoncer cette proposition, il nous faut introduire d mesures Browniennes indépendantes $\beta^{(1)}, \beta^{(2)}, \dots, \beta^{(d)}$ définies sur l'espace $L^2(\mathbb{R}_+ \times \Omega_d\, ;\, dt \times W_d)$ où $\Omega_d \equiv C(\mathbb{R}_+, \mathbb{R}^d)$ muni de la topologie de la convergence compacte, et W_d désigne la mesure de Wiener sur cet espace.
Nous considérerons plus particulièrement les mouvements Browniens associés aux variables de $L^2(W_d)$, à partir de ces mesures gaussiennes, au moyen de la formule :

$$\beta_t^{(i)}(H) \overset{\text{déf}}{=} \beta^{(i)}(1_{[0,t]} \times H) \qquad (H \in L^2(W_d)).$$

On précisera toujours le choix de $(\beta_t^{(i)}(H), t \ge 0)$ en prenant une version continue de ce mouvement Brownien. Notons que la covariance des mouvements Browniens ainsi obtenus est :

$$\mathbb{E}[\beta_t^{(i)}(H)\beta_s^{(j)}(K)] = \delta_{ij}\, (t \wedge s)\, E[HK)].$$

Remarque : A l'aide de la décomposition de tout élément $H \in L^2(W_d)$ dans les chaos de Wiener, on peut construire la mesure gaussienne $(\beta_t(H))$ à partir de mesures gaussiennes indépendantes définies sur $L^2(\mathbb{R}_+^{n+1}, dt_1\, dt_2 \ldots dt_{n+1})$ $(n \in \mathbb{N})$.□

Nous aurons encore besoin des notations suivantes : à tout $\omega \in \Omega_d$, on associe :

- pour tout $u > 0$, la trajectoire $\hat{\omega}_u$, retournée au temps u de la trajectoire ω, c'est-à-dire : $\hat{\omega}_u(t) = \omega(u) - \omega(u-t)$ $(t \leq u)$
- pour tout $c > 0$, la trajectoire $\omega^{(c)}$, transformée de la trajectoire ω par scaling d'ordre c, c'est-à-dire : $\omega^{(c)}(t) = c\, \omega(t/_{c^2})$ $(t \geq 0)$. On a maintenant la :

Proposition (2.1) : Soit $(\hat{\Phi}(t,\omega), t \geq 0)$ un processus à valeurs dans $\mathbb{R}^d$, prévisible par rapport à la filtration Brownienne, tel que :

(i) *pour tout* $p \in [1,\infty[$, $\sup_{t \geq 0} E[|\hat{\Phi}(t)|^p] < \infty$

(ii) $\hat{\Phi}(t,\omega) \xrightarrow[t\to\infty]{(P)} \psi(\omega)$.

Pour tout $n \in \mathbb{N}$, on note $\hat{\Phi}_n(u,\omega) = \hat{\Phi}(n^2 u, \omega^{(n)})$, *et on définit :*

$$\Phi_n(u,\omega) = \hat{\Phi}_n(u, \hat{\omega}_u).$$

On a alors :

$$\{B_t \; ; \int_0^t (dB_u \; ; \Phi_n(u,\omega))\}_{t \geq 0} \xrightarrow[(n\to\infty)]{(d)} \{\beta_t(1) \; ; \sum_{i=1}^d \beta_t^{(i)}(\psi^{(i)})\}_{t \geq 0}.$$

Démonstration : a) Remarquons tout d'abord que la famille des lois des intégrales stochastiques $(M^{(n)}(t) \equiv \int_0^t (dB_u \; ; \Phi_n(u,\omega)) \; ; t \geq 0)$ est tendue, lorsque n varie.

On a, en effet :

$$E[|M^{(n)}(t) - M^{(n)}(s)|^p] \leq C_p\, E[(\int_s^t du |\Phi_n(u,\omega)|^2)^{p/2}]$$

$$\leq C_p (t-s)^{p/2} \sup_{u \geq 0} E[|\Phi_n(u,\omega)|^p]$$

Or, on a :

$$E[|\Phi_n(u,\omega)|^p] = E[|\hat{\Phi}_n(u,\omega)|^p] = E[|\hat{\Phi}(n^2u,\omega)|^p],$$

et finalement, d'après (i), $\sup_{n,u\geq 0} E[|\Phi_n(u,\omega)|^p] < \infty$, ce qui implique le résultat cherché.

b) La proposition sera alors démontrée dès que l'on aura prouvé les résultats suivants :

$$\text{(2.d)} \qquad \langle B^{(i)}, \int_0^{\cdot} dB_u^{(i)} \Phi_n^{(i)}(u)\rangle_t \equiv \int_0^t du\, \Phi_n^{(i)}(u,\omega) \xrightarrow[(n\to\infty)]{L^p} t\, E[\psi^{(i)}]$$

$$\text{(2.e)} \qquad \langle \int_0^{\cdot} dB_u^{(i)} \Phi_n^{(i)}(u)\rangle_t \equiv \int_0^t du(\Phi_n^{(i)}(u,\omega))^2 \xrightarrow[(n\to\infty)]{L^p} t\, E[(\psi^{(i)})^2].$$

Les membres de gauche étant bornés dans L^p (pour t fixé, et n variant), il suffira de montrer que la convergence a lieu dans L^2. Alors, le résultat (2.d) - par exemple - découle de :

$$\text{(2.f)} \qquad E[\Phi_n^{(i)}(u)] \xrightarrow[n\to\infty]{} E[\psi^{(i)}] \ (u \text{ fixé}) \ ; \ E[\Phi_n^{(i)}(u)\, \Phi_n^{(i)}(v)] \xrightarrow[n\to\infty]{} E[\psi^{i}]^2 (u<v)$$

ce qui provient de l'hypothèse (i) de bornitude dans L^p d'une part, et d'autre part, de ce que :

$$\text{(2.g)} \qquad (\Phi_n^{(i)}(u), \Phi_n^{(i)}(v)) \xrightarrow[n\to\infty]{(d)} (\psi^{(i)}, \tilde{\psi}^{(i)}),$$

où $\tilde{\psi}^{(i)}$ est une copie indépendante de $\psi^{(i)}$.

En effet, on a :

$$\text{(2.h)} \qquad \begin{aligned} &(\Phi_n^{(i)}(u,\omega) \ ; \ \Phi_n^{(i)}(v,\omega)) \\ &\equiv (\hat{\Phi}_n^{(i)}(u,\hat{\omega}_u) \ ; \ \hat{\Phi}_n^{(i)}(v-u,\hat{\omega}_v) + [\hat{\Phi}_n^{(i)}(v,\hat{\omega}_v) - \hat{\Phi}_n^{(i)}(v-u,\hat{\omega}_v)]) \end{aligned}$$

Or, la v.a. $\hat{\Phi}_n^{(i)}(v-u,\hat{\omega}_v)$ ne dépend que des accroissements de ω entre u et v, et est donc indépendante de $\hat{\Phi}_n^{(i)}(u,\hat{\omega}_u)$.

D'autre part, on a, pour $h \leq v$ (h fixé) :

$$\hat{\Phi}_n^{(i)}(h,\hat{\omega}_v) \overset{(d)}{=} \hat{\Phi}_n^{(i)}(h,\omega) \overset{(d)}{=} \hat{\Phi}^{(i)}(hn^2,\omega) \xrightarrow[n\to\infty]{(d)} \psi^{(i)}.$$

On a ainsi montré que :

$$\hat{\Phi}_n^{(i)}(v,\hat{\omega}_v) - \hat{\Phi}_n^{(i)}(v-u,\hat{\omega}_v) \xrightarrow[n\to\infty]{(P)} 0,$$

et, d'autre part :

$$\hat{\Phi}_n^{(i)}(v-u,\hat{\omega}_v) \xrightarrow{(d)} \psi^{(i)}.$$

Le résultat (2.g) découle maintenant de l'identité (2.h).

(2.4) En s'appuyant essentiellement sur la Proposition (2.1), on peut maintenant énoncer et démontrer le

<u>Théorème (2.2)</u> : *Soit* $f \equiv f_k : (\mathbb{R}^d)^{k-1} \to \mathbb{R}$ *une fonction continue à support compact, et* $(\phi_j)_{2\leq j\leq k}$ *les fonctions gradient définies à partir de* f *au moyen du diagramme présenté en (2.1).*

Posons :

$$F_j = \int_0^\infty du_{j-1}\int_{u_{j-1}}^\infty du_{j-2}\cdots\int_{u_2}^\infty du_1\ \phi_j(B_{u_2}-B_{u_1},B_{u_3}-B_{u_2},\ldots,B_{u_{j-1}}-B_{u_{j-2}},B_{u_{j-1}})$$

et $$F = \sum_{j=2}^{k} F_j.$$

On a alors : $$\{B_t\ ;\ n^{2k-1} I_k^{(n)}(f_k\ ;\ t) - nt\, f_1 \qquad (t \geq 0)\}$$

$$\Big\downarrow (d)$$

$$\{\beta_t(1)\ ;\ \sum_{i=1}^{d} \beta_t^{(i)}\ (F^{(i)}) \qquad (t \geq 0)\}.$$

Démonstration : D'après (2.c), on est ramené à l'étude de la convergence en loi

de $\{B_t \; ; \; \sum_{j=2}^{k} \int_0^t (dB_u \; ; \; D_{j-1}^{(n)} (\phi_j,u)) \quad (t \geq 0)\}$, et on va appliquer la Proposition (2.1) aux processus $\Phi_n(u) = D_{j-1}^{(n)} (\phi_j,u)$.

Le processus $(\hat{\Phi}(u), u \geq 0)$ associé à la suite (Φ_n) est alors :

$$\hat{\Phi}(u) = \int_0^u du_{j-1} \int_{u_{j-1}}^u du_{j-2} \cdots \int_{u_2}^u du_1 \; \phi_j(B_{u_2}-B_{u_1}, B_{u_3}-B_{u_2}, \ldots, B_{u_{j-1}})$$

et, pour pouvoir appliquer la Proposition (2.1), il reste à montrer que la variable

$$\tilde{\psi}_j \equiv \int_0^\infty du_{j-1} \int_{u_{j-1}}^\infty du_{j-2} \cdots \int_{u_2}^\infty du_1 \; |\phi_j|(B_{u_2}-B_{u_1}, \ldots, B_{u_{j-1}})$$

possède des moments de tous ordres, ce qui découlera du Lemme (2.3) ci-dessous. □

Majorons d'abord la variable $\tilde{\psi}_j$ par :

$$\mathbb{F}_j = \int_0^\infty du_{j-1} \int \frac{dy}{|B_{u_{j-1}}-y|^{d-1}} \int_{u_{j-1}}^\infty du_{j-2} \cdots \int_{u_2}^\infty du_1 \; |f_j|(B_{u_2}-B_{u_1} \; ; \; B_{u_3}-B_{u_2} \; ; \; \ldots \; ; \; B_{u_{j-1}}-B_{u_{j-2}} \; ; \; y).$$

On remarque ensuite que :

$$\mathbb{F}_j \leq \int_0^\infty du \int_{|y| \leq \rho} \frac{dy}{|B_u - y|^{d-1}} \left\{ \int_u^\infty dv \; 1_{|B_v - B_u| \leq R} \right\}^{j-2}$$

pour ρ et R suffisamment grands.

La fonction : $z \longrightarrow \int_{|y| \leq \rho} \frac{dy}{|y-z|^{d-1}}$ étant uniformément bornée, et de l'ordre de $1/|z|^{d-1}$, lorsque $|z| \to \infty$, on peut encore majorer $\mathbb{F}_j$ comme suit :

$$\mathbb{F}_j \le C\,(\int_0^\infty du\, 1_{(|B_u|\le R)})^{j-1} + \int_0^\infty du \frac{1_{|B_u|\ge R}}{|B_u|^{d-1}} (\int_u^\infty dv\, 1_{(|B_v-B_u|\le R)})^{j-2}\}.$$

On a déjà remarqué que $\int_0^\infty du\, 1_{(|B_u|\le R)}$ possède des moments de tous ordres.

Pour étudier l'intégrabilité du second terme qui figure dans la majoration précédente, posons :

$$A_t = \int_0^t du \frac{1_{|B_u|\ge R}}{|B_u|^{d-1}} \quad \text{et} \quad R_u = (\int_u^\infty dv\, 1_{(|B_v-B_u|\le R)})^{j-2}.$$

Le lemme suivant, qui donne - dans un cadre général - des conditions suffisantes pour que $\int_0^\infty dA_u\, R_u$ admette des moments de tous ordres nous permettra de terminer la démonstration du Théorème (2.2).

<u>Lemme (2.3)</u> : *Soit (A_t) un processus croissant continu, adapté, dont le potentiel est borné. Soit, d'autre part, (R_t) un processus mesurable positif tel qu'il existe une probabilité μ sur $\mathbb{R}_+$ admettant des moments de tous ordres, et vérifiant l'hypothèse "d'indépendance" :*

pour tout t.a. prévisible T, et toute fonction $f : \mathbb{R}_+ \to \mathbb{R}_+$, borélienne,

$$E[f(R_T)/\mathcal{F}_{T-}] = \int f(u)d\mu(u)$$

(en d'autres termes, la projection prévisible de $(f(R_t), t \ge 0)$ est le processus constant $\int f(u)d\mu(u)$).

Sous ces deux hypothèses, $\int_0^\infty dA_u\cdot R_u$ admet des moments de tous ordres.

<u>Démonstration</u> : 1) Commençons par quelques majorations élémentaires :

$$E[(\int_0^\infty R_s dA_s)^k] = E[A_\infty^k(\frac{1}{A_\infty}\int_0^\infty R_s dA_s)^k]$$

$$\le E[A_\infty^{k-1}\int_0^\infty R_s^k dA_s]$$

$$\le E[A_\infty^{2(k-1)}]^{1/2}\, E[(\int_0^\infty R_s^k\, dA_s)^2]^{1/2}$$

Or, on sait que, sous l'hypothèse faite sur A, A_∞ admet des moments de tous ordres (cf : Meyer [6], par exemple).

On est donc ramené à montrer, quitte à remplacer (R_s) par (R_s^k), qui vérifie d'ailleurs la même hypothèse que (R_s), que l'on a :

$$E\Big[\Big(\int_0^\infty R_s dA_s\Big)^2\Big] < \infty$$

2) De même qu'en 1), on a :

$$E\Big[\Big(\int_0^\infty R_s dA_s\Big)^2\Big] \leq E\Big[A_\infty \int_0^\infty R_s^2 \, dA_s\Big].$$

Puis, on a :

$$E\Big[A_\infty \int_0^\infty R_s^2 \, dA_s\Big] = E\Big[\int_0^\infty E[A_\infty R_s^2/\mathcal{F}_s] dA_s\Big]$$

$$= E\Big[\int_0^\infty E[(A_\infty - A_s) R_s^2/\mathcal{F}_s] dA_s\Big] + E\Big[\int_0^\infty A_s \; E[R_s^2] dA_s\Big].$$

Or, par hypothèse, $E[R_s^2]$ ne dépend pas de s, et est fini, et, d'autre part :

$$E\Big[\int_0^\infty A_s \, dA_s\Big] = \frac{1}{2} E[A_\infty^2] < \infty.$$

Il reste à majorer : $E\Big[\int_0^\infty E[(A_\infty - A_s) R_s^2/\mathcal{F}_s] dA_s\Big]$

$$\leq E\Big[\int_0^\infty E[(A_\infty - A_s)^2/\mathcal{F}_s]^{1/2} \; E[R_s^4]^{1/2} \, dA_s\Big] = C \; E\Big[\int_0^\infty E[(A_\infty - A_s)^2/\mathcal{F}_s]^{1/2} \, dA_s]$$

où C désigne la constante $E[R_s^4]^{1/2}$.

Remarquons maintenant que l'on a :

$$E[(A_\infty - A_s)^2/\mathcal{F}_s] = 2 \; E\Big[\int_s^\infty dA_u \; E[A_\infty - A_u/\mathcal{F}_u]/\mathcal{F}_s\Big],$$

et si $a \equiv \text{ess sup } E[A_\infty - A_u/\mathcal{F}_u]$, on a donc :

$$E[(A_\infty - A_s)^2 / \mathcal{F}_s] \le 2a^2,$$

et finalement :

$$E\Big[\int_0^\infty E[(A_\infty - A_s)^2/\mathcal{F}_s]^{1/2}\, dA_s\Big] \le \sqrt{2}\cdot a^2,$$

ce qui termine la démonstration du lemme. □

Remarques : 1) Sous la seule hypothèse "d'indépendance" sur R, la projection duale prévisible de $\int_0^\cdot R_u\, dA_u$ est $C.A$, où C est la constante $E[R_s]$ (indépendante de s). En conséquence, une condition nécessaire pour que $\int_0^\infty R_u\, dA_u$ admette des moments de tous ordres est que A admette également des moments de tous ordres.
Le lemme montre que, sous l'hypothèse un peu plus restrictive que (A_t) admette un potentiel borné, alors $(\int_0^\infty R_u\, dA_u)$ admet des moments de tous ordres.

2) En [3], T. Jeulin a montré, sous l'hypothèse "d'indépendance" sur R, en supposant en outre : $\mu\{0\} = 0$, et $\int d\mu(x)x < \infty$, que les ensembles :

$$\{\int_0^\infty R_s\, dA_s < \infty\} \quad \text{et} \quad \{A_\infty < \infty\} \quad \text{sont p.s. égaux.} \quad □$$

Nous terminons maintenant, à l'aide du Lemme(2.3), la démonstration du Théorème (2.2) :

a) Le processus $R_u \equiv (\int_u^\infty dv\, 1_{(|B_v - B_u| \le R)})^{j-2}$ vérifie bien la propriété "d'indépendance", et admet des moments de tous ordres.

b) Il reste à montrer que le processus (A_t) admet un potentiel borné, ce qui revient à montrer que la fonction :

$$y \xrightarrow{\phi_d} \int \frac{dx}{|x-y|^{d-2}}\, 1_{|x| \ge R}\, \frac{1}{|x|^{d-1}} \quad \text{est uniformément bornée sur } \mathbb{R}^d.$$

Or, on a :

$$\phi_d(y) = \frac{|y|^d}{|y|^{d-2}} \int \frac{dx'}{|x'-1|^{d-2}} 1_{(|x'| \geq \frac{R}{y})} \frac{1}{(|y||x'|)^{d-1}}$$

$$= \frac{1}{|y|^{d-3}} \int \frac{dx}{|x-1|^{d-2}} 1_{(|x| \geq \frac{R}{|y|})} \frac{1}{|x|^{d-1}}.$$

Lorsque $|y| \to \infty$, on a : $\phi_d(y) = O(\frac{1}{|y|^{d-3}})$.

Lorsque $|y| \to 0$, on a :

$$\phi_d(y) \simeq \frac{1}{|y|^{d-3}} \int_{(R/_{|y|})} \frac{r^{d-1}\,dr}{r^{2d-3}} \simeq \frac{1}{|y|^{d-3}} \int_{R/_{|y|}} r^{2-d}\,dr$$

$$= O(\frac{1}{|y|^{d-3}} (\frac{R}{|y|})^{1-d})$$

$$= O(\frac{y^{d-1}}{|y|^{d-3}}) = O(|y|^2) \xrightarrow[|y|\to 0]{} 0, \text{ d'où le résultat.}$$

(2.5) Considérons, pour simplifier, le cas $k = 2$ seulement.
Contrairement à ce qui se passe en dimension 3 (cf : (1.d)), pour les dimensions $d \geq 4$, le mouvement brownien d'origine $(B_t \equiv \beta_t(1)\ ;\ t \geq 0)$ n'est pas, en général, indépendant du mouvement brownien $(\beta_t(F) \equiv \sum_{i=1} \beta_t^{(i)} (F^{(i)})\ ;\ t \geq 0)$, limite en loi du processus $(n^3\, I_2^{(n)}(f_2;t) - nt\, f_1\ ;\ t \geq 0)$ [voir l'énoncé du théorème (2.2)]. Nous explicitons maintenant la corrélation de ces deux mouvements browniens.

On a : $$\langle \beta_\cdot(1), \beta_\cdot(F)\rangle_t = t\, E\Big[\int_0^\infty ds\ \nabla(Uf)(B_s)\Big],$$

d'où l'on déduit facilement :

$$\langle \beta_\cdot(1), \beta_\cdot(F)\rangle_t = t\, \gamma_d \int dy\ f(y) \frac{y}{|y|^{d-2}},$$

avec γ_d constante strictement positive, ne dépendant que de d.

L'intégrale $\int dy\ f(y) \frac{y}{|y|^{d-2}}$ est, bien sûr, nulle si f est une fonction radiale, mais elle ne l'est pas dans le cas général.

3. ETUDE POUR LA DIMENSION $d = 3$.

(3.1) Conformément au paragraphe (1.1), commençons par étudier le cas $k = 2$, et $f \equiv f_2 : \mathbb{R}^3 \to \mathbb{R}$, fonction-charge.

Le théorème (2.2) est encore valable dans ce cadre, où il prend la forme plus simple suivante :

Théorème (3.1) : Soit $f : \mathbb{R}^3 \to \mathbb{R}$, *fonction-charge, et* $\phi = \nabla(\check{f})$. *Posons :*

$$F = \int_0^\infty du\ \phi(B_u).$$

On a alors :

$$\left\{B_t\ ;\ n^3 \int_0^t du \int_u^t ds\ f(n(B_u - B_s)) - \frac{nt}{2\pi} \int \frac{dy\ f(y)}{|y|}\ ,\ (t \geq 0)\right\}$$

$$\Big\downarrow (d)$$

$$\left\{B_t^{(1)}\ ;\ \sum_{i=1}^{3} B_t^{(i)}(F^{(i)}) \qquad (t \geq 0)\right\}.$$

Démonstration : D'après la démonstration du théorème (2.2), tout se ramène à montrer que la variable $\int_0^\infty du\ |\phi|(B_u)$ admet des moments de tous ordres, et, pour cela, il suffit que le potentiel newtonien de $|\phi|$, c'est-à-dire la fonction de u :

$$\Phi(u) \equiv \int \frac{dy}{|y-u|} \left|\int dz\ f(z) \frac{y-z}{|y-z|^3}\right| = \int \frac{dy}{|y|} \left|\int dz\ f(u+z) \frac{y-z}{|y-z|^3}\right|$$

soit uniformément bornée, ce que l'on démontre dans le lemme suivant.

Lemme (3.2) : La fonction Φ *définie par :*

$$\Phi(u) \equiv \int \frac{dy}{|y|} \left|\int dz\ f(u+z) \frac{y-z}{|y-z|^3}\right| \qquad (u \in \mathbb{R}^3) \tag{3.a}$$

à partir d'une fonction-charge f, *est continue, et uniformément bornée.*

Démonstration : Soit $R > 0$ tel que le support de f soit contenu dans $\{z : |z| < R\}$. On ne perd pas de généralité en supposant $|f| \leq 1$.

(i) Vérifions tout d'abord que Φ est finie. Pour cela, on peut supposer, quitte à remplacer $f(u+\cdot)$ par f, que $u = 0$.

Remarquons alors que l'on a, pour tout $\rho > 0$:

$$\int_{|y|\leq\rho} \frac{dy}{|y|} \int_{|z|\leq R} dz \frac{1}{|y-z|^2} \leq \int_{|y|\leq\rho} \frac{dy}{|y|} \int_{|z-y|\leq R+\rho} \frac{dy}{|y-z|^2} \leq C(R+\rho) \int_{|y|\leq\rho} \frac{dy}{|y|} < \infty.$$

D'autre part, on peut majorer l'intégrale restante dans $\Phi(0)$ par :

$$\int_{|y|\geq\rho} \frac{dy}{|y|} \int_{|z|\leq R} dz \left| \frac{y-z}{|y-z|^3} - \frac{y-1}{|y-1|^3} \right|.$$

Or, on prouve aisément l'inégalité élémentaire suivante, valable pour $y, z, \alpha \in \mathbb{R}^3$:

$$\left| \frac{y-z}{|y-z|^3} - \frac{y-\alpha}{|y-\alpha|^3} \right| \leq 3\,|z-\alpha| \left\{ \frac{1}{|y-z|^3} + \frac{1}{|y-z|\,|y-\alpha|^2} \right\}. \qquad (3.b)$$

En prenant $\alpha = 1$, l'intégrale double ci-dessus est donc majorée, en supposant $\rho \geq R + 1$, par :

$$C(1+R)R^3 \int_{|y|\geq\rho} \frac{dy}{|y|} \left\{ \frac{1}{(|y|-R)^3} + \frac{1}{|y-1|^2} \frac{1}{(|y|-R)} \right\} < \infty, \quad \text{car} \int^{\infty} \frac{dr}{r^2} < \infty.$$

(ii) Une légère modification des arguments ci-dessus permet de montrer, à l'aide du théorème de convergence dominée, que Φ est continue.

En effet, soit $u_n \xrightarrow[(n\to\infty)]{} u$. Dans l'intégrale en (dz) qui figure dans la définition de $\Phi(u_n)$ en (3.a), on peut remplacer (dz) par $(dz)1_{|u_n+z|\leq R}$; ensuite, la suite (u_n) étant bornée, on peut remplacer $|u_n+z| \leq R$ par $|z| \leq R'$, avec R' suffisamment grand. Les majorations faites en (i) s'appliquent alors, en remplaçant partout R par R'.

(iii) Il suffit maintenant de montrer que, lorsque u est suffisamment grand, $\Phi(u)$ est uniformément borné. On reprend à nouveau les majorations faites en (i) et (ii), mais cette fois en supposant $\rho \equiv \rho(u) = 2|u|$, et en détaillant la dépendance en u. Majorons tout d'abord :

$$\int_{|y|\leq\rho} \frac{dy}{|y|} \int_{|u+z|\leq R} dz \frac{1}{|y-z|^2}$$

$$= \int_{|u+z|\leq R} dz \int_{|y|\leq\rho} dy \frac{1}{|y|\,|y-z|^2} = \int_{|u+z|\leq R} dz \int_{|y|\leq \frac{\rho}{|z|}} dy \frac{1}{|y|\,|y-1|^2}$$

$$= \int \frac{dy}{|y|\,|y-1|^2} \int dz\, 1_{(|z|\leq\rho/|y|)}\, 1_{(|u+z|\leq R)}$$

$$= \int \frac{dy}{|y|\,|y-1|^2} |u|^3 \int dz\, 1_{(|z|\leq\rho/|y|\cdot|u|)}\, 1_{(|z+1|\leq R/|u|)} \qquad (3.c)$$

Remarquons maintenant que :

- d'une part, pour que les boules $\{z : |z| \leq \rho/|y|\cdot|u|\}$ et $\{z : |z+1| \leq R/|u|\}$ soient d'intersection non vide, il est nécessaire que l'on ait :

$$1 \leq \frac{\rho}{|y|\cdot|u|} + \frac{R}{|u|}$$

soit : *(3.d)* $\quad |y| \leq 2/(1 - \frac{R}{|u|})^+$:

- d'autre part, on a la majoration évidente :

$$(3.e) \qquad |u|^3 \int dz\, 1_{(|z| \leq \frac{\rho}{|y|\cdot|u|})}\, 1_{(|z+1| \leq \frac{R}{|u|})} \leq C\,\{\frac{\rho^3}{|y|^3} \wedge R^3\}$$

A l'aide de (3.d) et (3.e), l'intégrale double qui figure en (3.c) est donc majorée par un multiple de :

$$\int \frac{dy}{|y|\ |y-1|^2} \{\frac{\rho^3}{|y|^2} \wedge R^3\}\, 1_{(|y|\leq 2/(1-\frac{R}{|u|})^+)},$$

et pour $|u| \geq 3R$, cette intégrale est majorée par :

$$\int_{|y|\leq 3} \frac{dy}{|y|\ |y-1|^2} R^3 < \infty.$$

Il nous reste à majorer uniformément l'expression :

$$\int_{|y|\geq\rho} \frac{dy}{|y|} \left|\int_{|z+u|\leq R} dz\ f(u+z) \frac{y-z}{|y-z|^3}\right|$$

$$\leq \int_{|y|\geq\rho} \frac{dy}{|y|} \int_{|z+u|\leq R} dz \left|\frac{y-z}{|y-z|^3} - \frac{y+u}{|y+u|^3}\right|.$$

A l'aide de l'inégalité (3.b) prise avec $\alpha = -u$, on est ramené à majorer :

$$(3.f) \qquad \int_{|y|\geq\rho} \frac{dy}{|y|} \int_{|z+u|\leq R} dz \left\{\frac{1}{|y-z|^3} + \frac{1}{|y-z|\ |y+u|^2}\right\}.$$

Or, on a, pour (u,y,z) qui vérifient : $|u| \geq 2R$, $|y| \geq 2|u|$, $|z+u| \geq R$:

$$|y-z| \geq |y+u| - R \geq |u| - R \geq R.$$

L'intégrale (3.f) peut donc être majorée par :

$$C\cdot R^3 \int_{|y|\geq\rho} \frac{dy}{|y|} \left[\frac{1}{(|y+u|-R)^3} + \frac{1}{(|y+u|-R)\ |y+u|^2}\right]$$

$$= C\cdot R^3 \int_{|y|\geq 2} \frac{|u|^2\ dy}{|y|} \left[\frac{1}{(|u|\,|y+1|-R)^3} + \frac{1}{(|u|\,|y+1|-R)\,|u|^2\ |y+1|^2}\right]$$

$$\leq \frac{C\cdot R^3}{|u|} \int_{|y|\geq 2} \frac{dy}{|y|} \left[\frac{1}{(|y+1| - \frac{1}{2})^3} + \frac{1}{(|y+1| - \frac{1}{2})\,|y+1|^2}\right]$$

L'intégrale figurant en (3.f) est donc $O(\frac{1}{|u|})$, lorsque $|u| \to \infty$, et le lemme est démontré.

(3.2) Considérons maintenant le cas $k \geq 3$.

Notre objectif est d'étendre convenablement, dans ce cas, le résultat de convergence en loi (1.d). Des difficultés techniques beaucoup plus grandes que pour les dimensions $d \geq 4$ nous empêchent cependant de conclure rigoureusement. En conséquence, ce paragraphe (3.2) ne contient que des conjectures qui nous semblent toutefois très raisonnables.

(i) Compte tenu des difficultés dont nous venons de faire état, nous pouvons supposer, pour simplifier, que la fonction $f : (\mathbb{R}^3)^{k-1} \to \mathbb{R}$ est de la forme :

$$f_k(x_1,\dots,x_{k-1}) = \prod_{i=1}^{k-1} g^i(x_i),$$

chaque fonction $g^i : \mathbb{R}^3 \to \mathbb{R}$ étant continue, et à support compact.

La formule :

$$(2.a) \quad n^{2k-1} I_k^{(n)}(f_k;t) = n^{2(k-1)-1} I_{k-1}^{(n)}(f_{k-1};t) + \int_0^t (dB_u ; D_{k-1}^{(n)}(\phi_k,u)) - \frac{1}{n} D_{k-1}^{(n)}(f^{(k)};t)$$

est toujours valable.

Or, à l'aide de la majoration faite à la fin du paragraphe (2.2) pour démontrer (2.b'), on obtient :

$$(3.g) \qquad \frac{1}{n\sqrt{\log n}} D_{k-1}^{(n)}(|f^{(k)}|;t) \xrightarrow[(n\to\infty)]{(P)} 0.$$

En effet, la fonction $h_R(x) \equiv \int_{|y|\leq R} \frac{dy}{|y-x|}$ est majorée par $\frac{C}{|x|}$ et on est donc ramené à montrer :

$$\frac{1}{n\sqrt{\log n}} \int_0^{n^2 t} \frac{dv}{|B_v|} \left(\int_0^\infty ds\, 1_{|B_{s+v}-B_v| \leq R'}\right)^{k-2} \xrightarrow[n\to\infty]{(P)} 0.$$

Or, l'espérance de cette variable est majorée par :

$$\frac{C}{n\sqrt{\log n}} \int_0^{n^2 t} E\left(\frac{1}{|B_v|}\right) = \frac{C}{n\sqrt{\log n}} \int_0^{n^2 t} \frac{dv}{\sqrt{v}} = O\left(\frac{1}{\sqrt{\log n}}\right) \xrightarrow[n\to\infty]{} 0.$$

L'assertion (3.g) est démontrée.

(ii) On a donc, d'après (2.a) et (3.g), par récurrence :

$$(3.h) \quad \frac{1}{\sqrt{\log n}} \sup_{s\leq t} \left| (n^{2k-1} I_k^{(n)}(f_k;s) - nsf_1) - \sum_{j=2}^{k} \int_0^s (dB_v ; D_{j-1}^{(n)}(\phi_j,v)) \right| \xrightarrow[(n\to\infty)]{(P)} 0$$

Pour étudier la convergence des intégrales stochastiques qui figurent en (3.h), considérons tout d'abord :

$$\frac{1}{\sqrt{\log n}}\int_0^t (dB_v \; ; \; D_{k-1}^{(n)}(\phi_k,v)).$$

Rappelons que (voir le paragraphe (2.1)), si l'on pose $\theta_y(\xi) = \frac{y-\xi}{2\pi|y-\xi|^3}$, on a :

$$\phi_k(x_1,\dots,x_{k-1}) = \int dy \; \theta_y(x_{k-1})g^1(x_1)\dots g^{k-2}(x_{k-2})g^{k-1}(y).$$

On en déduit :

$$\frac{1}{\sqrt{\log n}}\int_0^t (dB_v \; ; \; D_{k-1}^{(n)}(\phi_k,v))$$

(3.i)

$$= \int dy \; g^{k-1}(y)\int_0^t (dB_v \; ; \frac{n^2}{\sqrt{\log n}}\int_0^v du \; \theta_y(n(B_v-B_u))D_{k-2}^{(n)}[g^1 \otimes g^2 \otimes \dots \otimes g^{k-2};u].$$

Nous sommes donc amenés à étudier, pour y et v fixés, le comportement asymptotique de :

(3.j)
$$\frac{n^2}{\sqrt{\log n}}\int_0^v du \; \theta_y(n(B_v-B_u))D_{k-2}^{(n)} \, [g^1 \otimes \dots \otimes g^{k-2};u].$$

Or, on a, par définition :

$$D_{k-2}^{(n)} \, [g^1 \otimes \dots \otimes g^{k-2};u]$$

$$= n^{2(k-2)}\int_0^u du_{k-2}\int_0^{u_{k-2}}\dots\int_0^{u_2} du_1 \; g^1(n(B_{u_2}-B_{u_1}))\dots g^{k-2}(n(B_u-B_{u_{k-2}})).$$

En faisant le changement de variables : $u_i = v-u_i'$, et en retournant le mouvement brownien au temps v, on obtient l'égalité en loi de l'expression (3.j) avec :

(3.j')
$$\frac{n^2}{\sqrt{\log n}}\int_0^v du_{k-1} \; \theta_y(nB_{u_{k-1}})\int_{u_{k-1}}^v du_{k-2} \; g_{(n)}^{k-2}(B_{u_{k-2}}-B_{u_{k-1}})\dots\int_{u_2}^v du_1 g_{(n)}^1(B_{u_1}-B_{u_2})$$

où l'on a noté : $g_{(n)}^i(x) = n^2 \; g^i(nx)$.

Exprimons la dernière intégrale qui figure en (3.j'), soit : $\int_{u_2}^v du_1 \; g_{(n)}^1(B_{u_1}-B_{u_2})$,

à l'aide de la formule d'Itô ; il vient :

$$\int_{u_2}^v du_1 \; g_{(n)}^1(B_{u_1}-B_{u_2})$$

(3.k)

$$= -Ug^1(n(B_v-B_{u_2})) + Ug^1(0) + n\int_{u_2}^v (dB_{u_1} \; ; \; \nabla(Ug^1)[n(B_{u_1}-B_{u_2})])$$

où $Ug(x) = \frac{1}{2\pi}\int \frac{dy}{|x-y|} \, g(y)$.

A l'aide de l'identité (3.k), on peut écrire l'expression (3.j') sous la forme :

$$
(3.h)\quad \left.\begin{array}{l}
\dfrac{n^2}{\sqrt{\log n}} \displaystyle\int_0^v du\ \theta_y(nB_u)\ \Big[\int_u^v du_{k-2}\ g_{(n)}^{k-2}\ (B_{u_{k-2}}-B_u)\Big] \times \\
\qquad\qquad\qquad\qquad \vdots \\
\qquad\qquad\qquad \Big[\displaystyle\int_{u_3}^v du_2\ g_{(n)}^2 (B_{u_2}-B_{u_3})\Big] \times
\end{array}\right\}\ (k-3)\ \text{termes}
$$

$$
\Big[\underbrace{-Ug^1(n(B_v-B_{u_2}))}_{(1)} + \underbrace{Ug^1(0)}_{(2)} + \underbrace{n \int_{u_2}^v (dB_{u_1}\ ;\ \nabla(Ug^1)(n(B_{u_1}-B_{u_2})))}_{(3)}\Big]
$$

Ceci nous permet d'écrire l'expression (3.h) sous forme de la somme de 3 termes, I, II, III, correspondant respectivement aux expressions (1), (2), (3).
Nous conjecturons que les termes I et III convergent en probabilité vers 0.

Ainsi, si l'on admet cette conjecture, l'étude du comportement asymptotique de l'expression (3.h) se ramène, par itération, à celle de :

$$
(3.k)\qquad \frac{n^2}{\sqrt{\log n}} \int_0^v du\ \theta_y(nB_u)\ \Big(\prod_{i=1}^{k-2} Ug^i(0)\Big)
$$

étude qui a été menée en détail en [11].
A l'aide de (3.i), l'intégrale stochastique :

$$
\frac{1}{\sqrt{\log n}} \int_0^s (dB_v\ ;\ \sum_{j=2}^{k} D_{j-1}^{(n)}\ (\phi_j,v))
$$

qui figure en (3.h) peut donc être remplacée par :

$$
(3.\ell)\qquad \sum_{j=1}^{k-1} \int dy\ g^j(y) \prod_{\substack{i=1\\ i\neq j}}^{k-1} Ug^i(0) \int_0^s (dB_v\ ;\ \frac{n^2}{\sqrt{\log n}} \int_0^v du\ \theta_y(n(B_v-B_u))).
$$

Il nous reste maintenant à utiliser le résultat obtenu pour $d = 3$, $k = 2$ (cf. [11]), résultat que nous avons, par ailleurs, présenté en (1.d).
Finalement, sous réserve de la validité de notre conjecture, et des opérations de réduction faites à sa suite, le processus à valeurs dans $\mathbb{R}^4$:

$$
(B_t\ ;\ \frac{1}{\sqrt{\log n}}\ [n^{2k-1}\ I_k^{(n)}(f_k,t) - nt\ f_1]\ ;\ t \geq 0)
$$

converge en loi vers :

$$
(B_t\ ;\ c(f_k) 2\beta_t\ ;\ t \geq 0)
$$

où $(\beta_t\ ;\ t \geq 0)$ désigne un mouvement brownien réel indépendant de $(B_t\ ;\ t \geq 0)$ et

$$c(f_k) = \int_{(\mathbb{R}^3)^{k-1}} dy_1 \ldots dy_{k-1}\, m(y_1,\ldots,y_{k-1}) f_k(y_1,\ldots,y_{k-1})$$

avec :

$$m(y_1,\ldots,y_{k-1}) = \frac{1}{(2\pi)^{k-1}} \sum_{j=1}^{k-1} \frac{1}{\prod_{i\neq j} |y_i|} .$$

(iii) Pour étayer notre conjecture, nous montrons qu'elle est effectivement vérifiée pour $k = 3$.

Le terme de type (I), resp : (III), qui figure dans le développement de (3.i) est :

$$(3.m) \qquad \int_0^t (dB_v \; ; \; X_v^n), \quad \text{resp :} \quad \int_0^t (dB_v \; ; \; Y_v^n),$$

où :

$$X_v^n = \frac{n^2}{\sqrt{\log n}} \int_0^v du \nabla(Ug^2)(nB_u)\; Ug^1(n(B_v - B_u))$$

$$Y_v^n = \frac{n^3}{\sqrt{\log n}} \int_0^v du\; \nabla(Ug^2)(nB_u) \int_u^v (dB_s, \nabla(Ug^1)(n(B_s - B_u)) .$$

Nous allons étudier les quantités $\|X_v^n\|_2$ et $\|Y_v^n\|_2$.

On a :

$$\|X_v^n\|_2 \le \frac{n^2}{\sqrt{\log n}} \int_0^v du\; \|\nabla(Ug^2)(nB_u)\|_2\; \|(Ug^1)(n(B_{v-u}))\|_2$$

$$\|Y_v^n\|_2 \le \frac{n^3}{\sqrt{\log n}} \int_0^v du\; \|\nabla(Ug^2)(nB_u)\|_2\; \|M_{v-u}^n\|_2 ,$$

où $\quad M_t^n = \int_0^t (dB_s \; ; \; \nabla(Ug^1)(nB_s))$.

Nous prouverons plus loin les estimations suivantes, valables pour tout s :

$$(3.n) \qquad \|\nabla(Ug^2)(nB_s)\|_2 \le \frac{C}{1+(n^2 s)^{2/3}}$$

$$(3.o) \qquad \|(Ug^1)(nB_s)\|_2 \le \frac{C}{1+ns^{1/2}}$$

$$(3.p) \qquad \frac{n^2}{\sqrt{\log n}} \|M_t^n\|_2 \le C\sqrt{t}$$

la constante C dépendant seulement de g^1 et g^2.

A l'aide de (3.n) et (3.o), on obtient :

$$\|X_v^n\|_2 \le C^2 \frac{n^2}{\sqrt{\log n}} \int_0^v du \frac{1}{[1+(n^2u)^{2/3}]} \frac{1}{[1+n(v-u)^{1/2}]}$$

$$\le C^2 \frac{n^2}{\sqrt{\log n}} \int_0^v \frac{du}{1+(n^2u)^{2/3}\, n(v-u)^{1/2}}$$

$$\le C^2 \frac{n^2}{\sqrt{\log n}} \frac{1}{n^{7/3}\, v^{1/6}} \int_0^1 \frac{du}{u^{2/3}(1-u)^{1/2}}.$$

L'intégrale stochastique, en (3.m), dans laquelle figure (X_v^n) converge donc dans L^2 vers 0.

A l'aide de (3.n) et (3.p), on obtient :

$$\|Y_v^n\|_2 \le C^2 \sqrt{t}\cdot n \int_0^v du \frac{1}{1+(n^2u)^{2/3}} \le \frac{C^2\sqrt{t}}{n^{1/3}} \int_0^v du/_{u^{2/3}} \; ;$$

l'intégrale stochastique, en (3.m), dans laquelle figure Y_v^n converge donc dans L^2 vers 0.

Démontrons maintenant les estimations (3.n), (3.o) et (3.p).

Notons N une variable gaussienne, centrée, à valeurs dans $\mathbb{R}^3$, de covariance la matrice identité.

(3.n) découle de :

$$|\nabla(Ug^2)(x)| \le \frac{C}{1+|x|^2} \quad \text{et} \quad E\Big[\frac{1}{(1+a|N|^2)^2}\Big] \le c\Big(\frac{1}{1+a^{4/3}}\Big)$$

(3.o) découle de :

$$|Ug^1(x)| \le \frac{C}{1+|x|} \quad \text{et} \quad E\Big[\frac{1}{(1+a|N|)^2}\Big] \le c\Big(\frac{1}{1+a}\Big).$$

Enfin, (3.p) découle de ce que, d'après [11] , $<\frac{n^2}{\sqrt{\log n}} M^n>_t$ converge dans L^2 vers un multiple de t.

4. ETUDE POUR $d = 1$.

(4.1) Pour cette dimension, il est plus intéressant de considérer $f : \mathbb{R}_+^{k-1} \to \mathbb{R}$, borélienne, bornée, à support compact, et de modifier la définition de $I_k^{(n)}(f;t)$ en :

$$\tilde{I}_k^{(n)}(f;t) = \int_{[0,t]^k} du_1 \ldots du_k \; f(n(B_{u_2} - B_{u_1}), \ldots, n(B_{u_k} - B_{u_{k-1}})).$$

Introduisons, de plus, la famille bicontinue des temps locaux $(\ell_t^x \; ; \; x \in \mathbb{R}, t \geq 0)$ associés à B. On peut maintenant énoncer le

Théorème (4.1) : Pour toute fonction $f : \mathbb{R}_+^{k-1} \to \mathbb{R}$, borélienne, bornée, à support compact, on a :

$$(4.a) \qquad \begin{array}{c} n\{n^{k-1} \tilde{I}_k^{(n)}(f;t) - (\int dy \; f(y)) \int dx (\ell_t^x)^k\} \\ (P) \Big\downarrow \; n \to \infty \\ (-2 \int dx (\ell_t^x)^{k-1}) \int dy_1 \ldots dy_{k-1} \; f(y) (\sum_{p=1}^{k-1} y_p (k-p)p). \end{array}$$

Remarquons tout d'abord, pour amorcer la démonstration du théorème, que l'expression qui figure en (4.a) peut être réécrite - après un changement de variables élémentaires - sous la forme :

$$\int_{\mathbb{R}^{k-1}} dy \; f(y) \; \Delta_n(y), \qquad \text{où :}$$

$$(4.b) \qquad \Delta_n(y) = n \int_{-\infty}^{\infty} dx \{\ell_t^x \, \ell_t^{x + \frac{y_1}{n}} \ldots \ell_t^{x + \frac{y_1 + \ldots + y_{k-1}}{n}} - (\ell_t^x)^k\}$$

(4.2) Pour étudier la convergence de Δ_n, nous utiliserons le

Lemme (4.2) : 1) Pour tout $t > 0$, le processus : $x \to \ell_t^x$ est une semi-martingale (par rapport à sa propre filtration), dont le crochet satisfait :

$$(4.c) \qquad \langle \ell_t^{\cdot} \rangle_b - \langle \ell_t^{\cdot} \rangle_a = 4 \int_a^b du \; \ell_t^u \qquad (a < b)$$

2) Pour tout $m \geq 1$, et $n \geq 0$, on a :

$$(4.d) \qquad \int_{-\infty}^{\infty} (\ell_t^u)^n \, d_u (\ell_t^u)^m = -2mn \int_{-\infty}^{\infty} (\ell_t^u)^{n+m-1} \, du.$$

Démonstration : a) La partie 1) du lemme est dûe à Perkins [15] (voir aussi Jeulin [16] pour l'étude de $\ell_t^{\bullet}$ dans la filtration des excursions browniennes). La formule (4.c) est également un cas particulier des résultats généraux de Bouleau-Yor [17].

b) Remarquons maintenant que, pour toute fonction $\phi : \mathbb{R} \to \mathbb{R}$, de classe C^2, on a, pour $a < b$:

$$\phi(\ell_t^b) - \phi(\ell_t^a) = \int_a^b \phi'(\ell_t^u) d_u(\ell_t^u) + 2 \int_a^b \phi''(\ell_t^u)\ell_t^u \, du,$$

soit, en faisant tendre a vers $-\infty$, resp : b vers $+\infty$:

$$\int_{-\infty}^{\infty} \phi'(\ell_t^u) d_u(\ell_t^u) = -2 \int_{-\infty}^{\infty} \phi''(\ell_t^u)\ell_t^u \, du.$$

On en déduit, par classe monotone, que, pour toute fonction $g : \mathbb{R}_+ \to \mathbb{R}_+$, borélienne, bornée, on a :

$$\text{(4.e)} \qquad \int_{-\infty}^{\infty} \left(\int_0^{\ell_t} d\ell \, g(\ell)\right) d_u(\ell_t^u) = -2 \int_{-\infty}^{\infty} g(\ell_t^u)\ell_t^u \, du.$$

Cette formule est encore valable, par localisation, pour toute fonction $g : \mathbb{P}_+ \to \mathbb{R}$ continue. La formule (4.d) découle alors de (4.e), lorsque l'on prend $g(x) = n(\varepsilon+x)^{n-1}$, que l'on fait tendre ε vers 0, et que l'on développe $d_u(\ell_t^u)^m$ à l'aide de la formule d'Itô.

(4.3) Nous pouvons maintenant terminer la démonstration du théorème (4.1). Développons l'intégrand :

$$\Lambda(x,y) \equiv \ell_t^x \, \ell_t^{x+\frac{y_1}{n}} \cdots \ell_t^{x+\frac{y_1+\cdots+y_{k-1}}{n}} - (\ell_t^x)^k$$

qui figure dans la représentation de $\Delta_n(y)$ en (4.b), de la manière suivante : si l'on note $S_p(y) = \frac{y_1+\ldots y_p}{n}$, on peut écrire :

$$\Lambda(x,y) = \sum_{p=0}^{k-2} \ell_t^x \ldots \ell_t^{x+S_p(y)} \int_{x+S_p(y)}^{x+S_{p+1}(y)} d_u(\ell_t^u)^{k-(p+1)},$$

où $d_u(\ell_t^u)^{k-(p+1)}$ est la différentielle stochastique de la semimartingale $u \to (\ell_t^u)^{k-(p+1)}$.

On en déduit, par un argument de type Fubini, qui ne présente pas de difficulté :

$$\Delta_n(y) \equiv n \int_{-\infty}^{\infty} dx \, \Lambda(x,y) = \sum_{p=0}^{k-2} \int_{-\infty}^{\infty} d_u(\ell_t^u)^{k-(p+1)}) \, n \int_{u-S_{p+1}(y)}^{u-S_p(y)} dx \, \ell_t^x \ldots \ell_t^{x+S_p(y)} ,$$

et donc :

$$\Delta_n(y) \xrightarrow[n\to\infty]{(P)} \sum_{p=0}^{k-2} y_{p+1} \int_{-\infty}^{\infty} d_u((\ell_t^u)^{k-(p+1)})(\ell_t^u)^{p+1}$$

$$= - 2 \sum_{p=0}^{k-2} y_{p+1} \, (k-(p+1))(p+1) \int_{-\infty}^{\infty} du(\ell_t^u)^{k-1},$$

cette dernière égalité résultant de la formule (4.d).

Le théorème (4.1) découle finalement de ce résultat, à l'aide d'un argument de convergence dominée. □

REFERENCES :

[1] E.B. DYNKIN : Polynomials of the occupation field and random fields. J. Funct. Anal. 58, 1, 1984, 20-52.

[2] E.B. DYNKIN : Functionals associated with self-intersections of the planar Brownian motion. Sém. Probas XX. Lect. Notes in Maths. 1204, Springer (1986).

[3] Th. JEULIN : Semi-martingales et grossissement de filtrations. Lect. Notes in Maths. 833. Springer (1980).

[4] Y. KASAHARA, S. KOTANI : On limit processes for a class of additive functionals of recurrent diffusion processes. Zeitschrift für Wahr., 49, 133-153, 1979.

[5] J.F. LE GALL : Sur le temps local d'intersection du mouvement brownien plan, et la méthode de renormalisation de Varadhan. Sém. Probas XIX, Lect. Notes in Math. 1123, Springer (1985).

[6] P.A. MEYER : Probabilités et potentiels. Hermann (1966).

[7] J. ROSEN : Tanaka's formula and renormalization for intersections of planar Brownian motion. Preprint (1984).

[8] J. ROSEN : A renormalized local time for multiple intersections of planar Brownian motion. Sém. Probas XX. Lect. Notes in Maths. 1204, Springer (1986).

[9] S. VARADHAN : Appendix to : "Euclidean Quantum field theory" by K. Symanzik, in : Loacal Quantum theory, R. Jost (ed.), Academic Press (1969).

[10] M. YOR : Compléments aux formules de Tanaka-Rosen. Sém. Probas XIX, L.N. in Maths. 1123, Springer (1985).

[11] *M. YOR* : Renormalisation et convergence en loi pour les temps locaux d'intersection du mouvement brownien dans $\mathbb{R}^3$. Sém. Probas XIX, L.N. in Maths 1123, Springer (1985).

[12] *M. YOR* : Renormalisation et convergence en loi pour les temps locaux d'intersection du mouvement brownien dans $\mathbb{R}^2$. A paraître (1987).

[13] *J. ROSEN and M. YOR* : Renormalization results for some triple integrals of two-dimensional Brownian motion. To appear (1987).

[14] *H. TANAKA* : Certain limit theorems concerning one-dimensional diffusion processes. Mem. Fac. Sci. Kyushu Univ. 12, 1-11 (1958).

[15] *E. PERKINS* : Local time is a semi-martingale. Z.f.W., 60, 79-118 (1982).

[16] *Th. JEULIN* : Application de la théorie du grossissement à l'étude des temps locaux browniens. Lect. Notes in Maths. 1118. Springer (1985).

[17] *N. BOULEAU, M. YOR* : Sur la variation quadratique des temps locaux de certaines semi-martingales. C.R.A.S. t. 292, Série I, 491-494 (1981).

SUR L'EQUIVALENT DU MODULE DE CONTINUITE DES PROCESSUS DE DIFFUSION

P. Baldi, M. Chaleyat-Maurel

Le résultat classique suivant, sur le module de continuité des trajectoires du Mouvement Brownien réel, est dû à P. Lévy ([15], p. 168)

$$P\left\{ \overline{\lim_{\varepsilon\to 0}} \sup_{\substack{|t-s|<\varepsilon \\ t,s\in[0,1]}} \frac{|B_t - B_s|}{\sqrt{2\varepsilon \log \frac{1}{\varepsilon}}} = 1 \right\} = 1$$

et ce n'est que très récemment que M. Csörgö et P. Revesz ont remarqué qu'on peut remplacer la $\overline{\lim}$ par une vraie limite.

Dans cet article, nous étudions l'extension de ce résultat aux processus de diffusion. Plus précisement, nous voulons déterminer l'équivalent en zéro du module de continuité des trajectoires d'un processus de diffusion sur une variété, évalué par rapport à une distance naturellement associée au processus.

Nous donnons un résultat précis pour les diffusions elliptiques et pour certaines diffusions hypoelliptiques, canoniquement liées à la structure des groupes nilpotents gradués. En particulier, notre résultat s'applique aux diffusions associées à l'opérateur de Laplace-Beltrami d'une variété riemannienne.

En toute généralité, nous prouvons que ce résultat est valable dès que l'on sait démontrer une estimation de type grandes déviations ((0.1) ci-dessous). Cette estimation mesure la probabilité qu'une diffusion dépendante d'un petit paramètre t, se trouve dans un ensemble dépendant du petit paramètre.

Dans le § 1 nous rappelons la notion de métrique de Carnot-Carathéodory associée à un processus de diffusion.

Nous démontrons dans le § 2 que le résultat est une conséquence de l'estimation suivante

$$(0.1) \qquad \lim_{t\to 0} \frac{1}{\log \frac{1}{t}} \log P^x\{d(x,X_t) \geq \eta\sqrt{2t \log \frac{1}{t}}\} = -\eta^2$$

pour tout $\eta > 0$. Le preuve est calquée sur la démonstration originale de P.Lévy, telle qu'elle est exposée dans K.Ito et H.P.McKean [13] p. 36, avec l'amélioration de M. Cšorgö et P. Revesz. Nous montrons qu'à l'aide de changements de temps et d'arguments de scaling, la preuve de (0.1) est immédiate pour le Mouvement Brownien dans $\mathbb{R}^n$ ainsi que pour certaines diffusions invariantes hypoelliptiques sur les groupes de Lie nilpotents simplement connexes gradués.

Enfin dans le § 3 nous prouvons que (0.1) est vérifiée pour toute diffusion elliptique sur une variété. L'estimation (0.1) est obtenue grâce aux résultats de S. Molchanov [17] sur l'équivalent en temps petit de la densité de transition d'une diffusion elliptique sur une variété.

1. Métriques de Carnot-Carathéodory.

Soit M une variété C^1 de dimension finie et désignons par T_xM , T_x^*M les espaces tangent et cotangent en x à M.

Soit $x \to a_x$ un choix continu de formes quadratiques positives sur $T^*_x M$ et a^*_x la famille des formes quadratiques duales définie par

$$a^*_x(v) = \sup_{\xi \in T^*_x M : a_x(\xi) \leqslant 1} (<\xi,v>)^2 \quad \text{pour tout} \quad x \in M \ , \ v \in T_x M$$

Si a_x n'est pas définie-positive, a^*_x peut prendre la valeur $+\infty$.

On définit alors une notion de longueur: si $\gamma:(\gamma(t)\,;\ 0 \leqslant t \leqslant 1)$ est un chemin absolument continu joignant x à y en temps 1, sa longueur est donnée par:

$$\ell(\gamma) = \int_0^1 \sqrt{a^*_{\gamma(s)}(\dot{\gamma}(s))}\,ds$$

La distance associée sur M est la fonction $d : M \times M \to \overline{\mathbb{R}}$ telle que:

$$(1.1) \qquad d(x,y) = \inf_{\gamma \in A_{x,y}} \ell(\gamma)$$

où $A_{x,y}$ désigne l'ensemble de tous les chemins $\gamma:[0,1] \to M$, absolument continus et tels que $\gamma(0)=x$, $\gamma(1)=y$.

Ces métriques $(a^*_x)_{x \in M}$ ont été introduites par A. Bellaïche [3] et portent le nom de métriques de Carnot-Carathéodory (en abrégé métrique de C-C); d est sa distance (de C-C) associée. Lorsque les a_x sont définies positives, d est une distance riemannienne. (Pour ces questions on pourra consulter M. Gromov [12]).

Soit L un opérateur semi-elliptique du second ordre sur M qui s'écrit dans toute carte locale:

(1.2) $$L = \frac{1}{2} \sum_{i,j=1}^{n} a_{ij}(x) \frac{\partial^2}{\partial x_i \partial x_j} + \sum_{i=1}^{n} b_i(x) \frac{\partial}{\partial x_i}$$

Son symbole principal est défini dans toute carte locale par:

$$a_x(\xi) = \sum_{i,j=1}^{n} a_{ij}(x)\xi_i \xi_j \quad , \quad \xi \in T_x^* M$$

Si L est un opérateur semi-elliptique à coefficients localement lipschitziens, on associe à a_x par le procédé ci dessus une métrique de C-C $(a_x^*)_{x \in M}$. Si L est strictement elliptique, la métrique de C-C correspondante est riemannienne.

Si $X = (X_t)_{t \geq 0}$ est un processus de diffusion sur M de générateur différentiel L, la construction précédente fournit une distance naturellement associée à X. De nombreux auteurs (S. Varadhan [22], S. Molchanov [17], B. Gaveau [11], R. Azencott [1], J.M. Bismut [4], P. Baldi [2], R. Léandre [14], J. Zabczyk [23]) ont déjà remarqué que cette distance apparait souvent dans l'étude de la diffusion X (comportement de la densité de transition en temps petit, loi du logarithme itéré, stabilité,....).

Dans ces questions, il est naturel de considérer l'énergie d'un chemin γ de $A_{x,y}$:

$$I(\gamma) = \frac{1}{2} \int_0^1 a^*_{\gamma(s)}(\dot{\gamma}(s))ds$$

et l'action $S : M \times M \to \overline{\mathbb{R}}$ associée, définie par:

(1.3) $$S(x,y) = \inf_{\gamma \in A_{x,y}} I(\gamma)$$

Nous aurons besoin du résultat suivant (dans le cas riemannien, on pourra consulter J. Milnor [16]).

Proposition 1.1.

$$S(x,y) = \frac{1}{2} d^2(x,y)$$

Preuve. L'inégalité de Schwarz donne $\frac{1}{2} \ell^2(\gamma) \leqslant I(\gamma)$ avec égalité seulement si $s \to a^*_{\gamma(s)}(\dot{\gamma}(s))$ est constante. Si $\ell(\gamma) = +\infty$, pour tout γ dans $A(x,y)$, il n'y a rien à prouver; sinon soit $t \to g(t)$ l'inverse continu à droite de la fonction croissante

$$c : t \to \frac{1}{\ell(\gamma)} \int_0^t \sqrt{a^*_{\gamma(s)}(\dot{\gamma}(s))}ds$$

On a alors $c(g(t)) \equiv t$, $t \in [0,1]$ car c est continue. De plus g est différentiable presque partout et en tout point de différentiabilité s_0 on a

$$g'(s_0) \frac{1}{\ell(\gamma)} \sqrt{a^*{}_{\gamma(g(s_0))}(\dot{\gamma}(g(s_0))} = 1$$

Donc, si on prend $\psi = \gamma \circ g$, ψ est absolument continue et on a p.p

$$a^*_{\psi(t)}(\dot{\psi}(t)) = a^*_{\gamma(g(t))}(g'(t)\dot{\gamma}(g(t))) \equiv \ell(\gamma)^2$$

ce qui entraine $\ell(\gamma) = \ell(\psi)$ et, $t \to a^*_{\psi(t)}(\dot{\psi}(t))$ étant constante, $\frac{1}{2} \ell^2(\psi) = I(\psi)$.

Ceci prouve que, pour tout γ de $A_{x,y}$, il existe ψ dans $A_{x,y}$ tel que $\ell(\gamma) = \ell(\psi)$ avec $\ell(\psi) = \sqrt{2I(\psi)}$ d'où

$$d(x,y) \geqslant \sqrt{2S(x,y)}$$

ce qui termine la preuve.

2. Le module de continuité.

Sur une variété C^1,M de dimension finie,considérons un opérateur L comme dans (1.1). Nous ferons l'hypothèse suivante:

(H1) L est un opérateur semi-elliptique à coefficients localement lipschitziens.

Soit $(\Omega, (F_t)_{t\geq 0}, P)$ un espace de probabilité usuel et $X = (X_t)_{t\geq 0}$ le processus de diffusion sur M associé à L (voir P. Priouret [19]). Notons que le temps de vie de X peut être fini.

Soit d la distance de C-C associée à L par le procédé décrit dans le paragraphe 1.

Pour tout fermé $F \subset M$, soit τ_F le temps de sortie de F et on pose pour tout $\varepsilon > 0$

$$w^F(\varepsilon) = \sup_{\substack{|t-s|<\varepsilon \\ 0\leq s\leq t\leq 1\wedge\tau_F}} d(X_s, X_t)$$

w^F est donc le module de continuité des trajectoires de X mesuré par rapport à la distance d jusqu'à la sortie de F. (Nous écrirons w plutôt que w^M).

Dans ce paragraphe, nous allons prouver que si pour tout $\eta>0$, l'estimation cruciale (2.1) ci dessous est valable uniformément pour x variant dans un compact de M, alors la loi de Lévy est vraie (pour d).

$$(2.1) \qquad \lim_{t\to 0} \frac{1}{\log \frac{1}{t}} \log P^x\{d(x,X_t) \geq \eta\sqrt{2t \log \frac{1}{t}}\} = -\eta^2$$

Théorème 2.1. - *Sous l'hypothèse* (H1) *et si* (2.1) *est vérifiée uniformément pour* x *dans un compact* $K \subset M$, *alors:*

$$P^x\{\lim_{\varepsilon\to 0} \frac{w^K(\varepsilon)}{\sqrt{2\varepsilon\log\frac{1}{\varepsilon}}} = 1\} = 1$$

pour tout $x \in \overset{\circ}{K}$.

Avant de donner la preuve du théorème 2.1, énonçons le résultat principal de ce paragraphe.

Corollaire 2.2. - *Sous l'hypothèse* (H1), *si* (2.1) *est vérifiée uniformément pour* x *dans tout compact de* M *et si le temps de vie de* X *est infini, on* a

$$P^x\{\lim_{\varepsilon\to 0} \frac{w(\varepsilon)}{\sqrt{2\varepsilon\log\frac{1}{\varepsilon}}} = 1\} = 1$$

pour tout x *dans* M.

Preuve du Corollaire. - Soit $(K_n)_{n\in\mathbb{N}}$ une suite croissante de compacts telle que $\bigcup_n \overset{\circ}{K}_n = M$ et soient

$$\tilde{\Omega}_n = \{\omega \in \Omega : \lim_{\varepsilon\to 0} \frac{w^{K_n}(\varepsilon)}{\sqrt{2\varepsilon\log\frac{1}{\varepsilon}}} = 1\}$$

$$\tilde{\Omega} = \{\omega \in \Omega : \lim_{\varepsilon\to 0} \frac{w(\varepsilon)}{\sqrt{2\varepsilon\log\frac{1}{\varepsilon}}} = 1\}$$

alors, $\tilde{\Omega}_n \cap \{\tau_{K_n} > 1\} = \tilde{\Omega} \cap \{\tau_{K_n} > 1\}$. Le théorème 2.1 entraine que pour tout $x \in M$, $P^x(\tilde{\Omega}_n) = 1$, donc on a

$$P^x(\tilde{\Omega}) \geqslant P^x(\tau_{K_n} > 1)$$

Ce qui donne le résultat car $P^x(\tau_{K_n} > 1)$ croît vers 1.

Les deux lemmes suivants seront utiles pour la preuve du théorème 2.1. Pour simplifier les notations, on pose $\psi(\varepsilon) = \sqrt{2\varepsilon \log \frac{1}{\varepsilon}}$.

<u>Lemma 2.3</u>. - *Pour tout* δ, $0<\delta<1$, x *dans* $\mathring{K}$, $a>0$ *et* n *assez grand, si* $[x]$ *désigne la partie entière de* x

$$P^x\left\{ \max_{k \leqslant an} \frac{d(X(\frac{k-1}{n}), X(\frac{k}{n}))}{\psi(\frac{1}{n})} \leqslant 1-\delta \ , \ \tau_K \geqslant a \right\} \leqslant \left(1 - \frac{1}{n^{(1-\frac{\delta}{2})^2}}\right)^{[an]}$$

<u>Preuve</u>. La propriété de Markov montre que pour tout $1 \leqslant m \leqslant [a\,n]$

$$(2.2) \qquad P^x\left\{ \max_{k \leqslant m} \frac{d(X(\frac{k-1}{n}), X(\frac{k}{n}))}{\psi(\frac{1}{n})} \leqslant 1-\delta \ , \ \tau_K \geqslant \frac{m}{n} \right\}$$

$$= E^x\left[\max_{k \leqslant m-1} d(X(\tfrac{k-1}{n}), X(\tfrac{k}{n})) \leqslant (1-\delta)\psi(\tfrac{1}{n}) \ , \ \tau_K \geqslant \frac{m-1}{n} \ ; \right.$$

$$\left. P^{X(\frac{m-1}{n})}\left\{ d(X(0), X(\tfrac{1}{n})) \leqslant (1-\delta)\psi(\tfrac{1}{n}) \ , \ \tau_K \geqslant \frac{1}{n} \right\} \right]$$

Grâce à (2.1), pour n assez grand,

$$P^y\left\{ d(y, X(\tfrac{1}{n})) \leqslant (1-\delta)\psi(\tfrac{1}{n}), \tau_K \geqslant \frac{1}{n} \right\} \leqslant 1 - \exp\left[-(1-\tfrac{\delta}{2})^2 \log n\right]$$

uniformément pour y dans K. Le second membre de (2.2) est donc majoré par:

$$P^x\{ \max_{k\leqslant m-1} d(X(\tfrac{k-1}{n}),X(\tfrac{k}{n}))\leqslant(1-\delta)\psi(\tfrac{1}{n}),\tau_K\geqslant \tfrac{m-1}{n} \} \quad (1-n^{-(1-\frac{\delta}{2})^2})$$

ce qui, par récurrence sur m, donne le résultat.

Lemme 2.4. - *Soient* Φ, $\tilde{\Phi}$, *deux fonctions croissantes sur* $\mathbb{R}^+$ *et ne s'annulant qu'en* 0; *soit* $\{a_n\}_{n\in\mathbb{N}}$ *une suite décroissante de réels positifs tendant vers* 0. *Supposons qu'il existe deux constantes positives* A *et* B *telles que*

$$\underline{\lim}_{n} \frac{\tilde{\Phi}(a_{n+1})}{\tilde{\Phi}(a_n)} \geqslant A \qquad \text{et} \qquad \underline{\lim}_{n} \frac{\Phi(a_n)}{\tilde{\Phi}(a_n)} \geqslant B$$

On a alors: $\underline{\lim}_{t\to 0} \dfrac{\Phi(t)}{\tilde{\Phi}(t)} \geqslant AB$.

Preuve. Si A ou B est nul, l'énoncé est évident. Sinon pour tout ε assez petit, soit n_0 tel que

$$\Phi(a_n) \geqslant (B-\varepsilon)\,\tilde{\Phi}(a_n) \qquad \text{et} \qquad \tilde{\Phi}(a_n) \geqslant (A-\varepsilon)\,\tilde{\Phi}(a_{n+1})$$

pour tout $n\geqslant n_0$.

Soit t tel que $0<t\leqslant a_{n_0}$ et supposons $a_{n+1}<t\leqslant a_n$; alors

$$\Phi(t)\geqslant\Phi(a_{n+1})\geqslant(B-\varepsilon)\tilde{\Phi}(a_{n+1})\geqslant(B-\varepsilon)\tilde{\Phi}(t)\,\frac{\tilde{\Phi}(a_{n+1})}{\tilde{\Phi}(a_n)} \geqslant (B-\varepsilon)(A-\varepsilon)\tilde{\Phi}(t)$$

ce qui, ε étant arbitraire, termine la preuve.

Démonstration du théorème 2.1.

a) Montrons que pour tout $\delta > 0$ et x dans K

(2.3) $$P^x\left\{ \underline{\lim}_{\varepsilon\to 0} \frac{w^K(\varepsilon)}{\psi(\varepsilon)} \geqslant 1-\delta \right\} = 1$$

Le lemme 2.3 entraine facilement que pour tout $x \in \overset{\circ}{K}$, $a > 0$

$$\sum_{n=1}^{\infty} P^x\left\{ \max_{k\leqslant an} \frac{d(X(\frac{k-1}{n}),X(\frac{k}{n}))}{\psi(\frac{1}{n})} \leqslant 1-\delta \quad , \quad \tau_k \geqslant a \right\} < +\infty$$

d'òu, à l'aide du lemme de Borel-Cantelli, P^x- p.s., ou bien $\tau_K < a$, ou bien il existe $N_0 = N_0(\omega)$ tel que, pour tout $n > N_0(\omega)$

(2.3)' $$\max_{k\leqslant an} \frac{d(X(\frac{k-1}{n}),X(\frac{k}{n}))}{\psi(\frac{1}{n})} > 1-\delta$$

En se limitant aux a rationnels on trouve que P^x-p.s. pour tout $a \in \mathbb{Q}$ ou bien $\tau_K < a$ ou bien (2.3)' est vraie. Si $x \in \overset{\circ}{K}$ on a P^x-p.s. $\tau_K > 0$. On peut donc choisir $a \in \mathbb{Q}$ tel que $0 < a \leqslant \tau_K$.

Enfin le lemme 2.4 appliqué avec $\phi(t) = w^K(t)$, $\tilde{\phi}(t) = \psi(t)$, $a_n = \frac{1}{n}$ (ce qui donne $A = B = 1$) entraine alors (2.3).

b) Montrons que pour $x \in K$,

(2.4) $$P^x\left\{ \overline{\lim}_{\varepsilon\to 0} \frac{w^K(\varepsilon)}{\psi(\varepsilon)} \leqslant 1 \right\} = 1$$

On estime d'abord la quantité

$$(2.5)\qquad P^x\Big\{ \max_{\substack{j=j_2-j_1\leqslant 2^{n\delta}\\ 0\leqslant j_1<j_2\leqslant 2^n}} \frac{d(X(j_1 2^{-n}),X(j_2 2^{-n}))}{\psi(j2^{-n})}\, 1_{\{j_2 2^{-n}\leqslant \tau_K\}} > 1+3\delta \Big\}$$

qui est majorée par:

$$(2.6)\qquad \sum_{\substack{j=j_2-j_1\leqslant 2^{n\delta}\\ 0\leqslant j_1<j_2\leqslant 2^n}} P^x\{d(X(j_1 2^{-n}),X(j_2 2^{-n}))\, 1_{\{j_2 2^{-n}\leqslant \tau_K\}} > (1+3\delta)\,\psi(j\, 2^{-n})\}$$

La propriété de Markov et l'estimation (2.1) entrainent que

$$P^x\{d(X(j_1 2^{-n}),X(j_2 2^{-n}))\, 1_{\{j_2 2^{-n}\leqslant\tau_K\}} > (1+3\delta)\,\psi(j2^{-n})\}$$

$$= E^x\Big[1_{\{j_1 2^{-n}\leqslant\tau_k\}}\, P^{X(j_1 2^{-n})}\{d(x,X(j2^{-n}))\, 1_{\{j2^{-n}\leqslant\tau_K\}} > (1+3\delta)\,\psi(j2^{-n})\}\Big]$$

$$\leqslant E^x\Big[1_{\{j_1 2^{-n}\leqslant\tau_K\}} \exp\big[-(1+2\delta)^2 \log \frac{2^n}{j}\big]\Big] \leqslant \exp\big[-(1+2\delta)^2 \log \frac{2^n}{j}\big]$$

La somme dans (2.6) est donc majorée par

$$2^n\, 2^{n\delta} \exp\big[-(1+2\delta)^2 \log \frac{2^n}{2^{n\delta}}\big] \leqslant$$

$$2^{n[1+\delta-(1+2\delta)^2+\delta(1+2\delta)^2]} \leqslant 2^{-n\delta} \quad \text{pour } \delta \text{ assez petit .}$$

La probabilité en (2.5) est donc sommable et par le lemme de Borel-Cantelli, pour ω en dehors d'un ensemble négligeable N, il existe $N_1 = N_1(\omega)$ tel que

$$(2.7)\qquad d(X(j_1 2^{-n}),X(j_2 2^{-n}))\, 1_{\{j_2 2^{-n}\leqslant\tau_K\}} \leqslant (1+3\delta)\,\psi(j2^{-n})$$

pour tout $\quad 0 \leq j_1 < j_2 \leq 2^n \quad , \quad j = j_2 - j_1 \leq 2^{n\delta} \quad , \quad n \geq N_1 \quad .$

Démontrons enfin la propriété suivante

Pour tout $\omega \in N^C$, il existe $\bar{t} = \bar{t}(\omega)$ tel que si $0 \leq t_1 < t_2 \leq 1 \wedge \tau_K$ et $t = t_2 - t_1 < \bar{t}$, alors

$$d(X(t_2), X(t_1)) \leq (1+11\delta)\psi(t) \tag{2.8}$$

ce qui terminera la preuve de (2.4).

On peut choisir N_1 assez grand pour que

$$2^{(N_1+1)\delta - 1} > 2 \tag{2.9}$$

$$2^{-N_1(1-\delta)} < e^{-1} \tag{2.10}$$

$$\sum_{m \geq N_1} \psi(2^{-m}) < \delta\, \psi(2^{-(N_1+1)(1-\delta)}) \tag{2.11}$$

En effet, (2.9) et (2.10) sont évidentes alors que (2.11) découle des majorations suivantes

$$\sum_{m \geq n} \psi(2^{-m}) = \psi(2^{-n}) \sum_{m \geq 0} \sqrt{2^{-m} \frac{\log 2^{m+n}}{\log 2^n}} = \psi(2^{-n}) \sum_{m \geq 0} \sqrt{2^{-m} \frac{m+n}{n}} \leq$$

$$\leq \psi(2^{-n}) \sum_{m \geq 0} \sqrt{2^{m}(m+1)} \leq c\, \psi(2^{-n}) \leq \delta\, \psi(2^{-(n+1)(1-\delta)})$$

pour n assez grand.

Fixons maintenant $\bar{t} = \bar{t}(\omega) = 2^{-N_1(\omega)(1-\delta)}$ et t_1, t_2 avec $0 \leq t_1 < t_2 \leq 1 \wedge \tau_K$, $t = t_2 - t_1 < \bar{t}$.

Soit $n > N_1(\omega)$ tel que

$$2^{-(n+1)(1-\delta)} \leq t < 2^{-n(1-\delta)} \tag{2.12}$$

et considérons les développements:

$$t_1 = j_1\, 2^{-n} - 2^{-n_1} - 2^{-n_2} - \dots \qquad \dots > n_2 > n_1 > n$$

$$t_2 = j_2\, 2^{-n} + 2^{-m_1} + 2^{-m_2} + \dots \qquad \dots > m_2 > m_1 > n$$

(2.9) et (2.12) entrainent que

$$j = j_2 - j_1 = 2^n t - 2^{n-n_1} - 2^{n-n_2} - \dots - 2^{n-m_1} - 2^{n-m_2} - \dots$$

$$\geqslant 2^n 2^{-(n+1)(1-\delta)} - 2 = 2^{(n+1)\delta - 1} - 2 > 0$$

et grâce à (2.7) et (2.11), on a

$$d(X(t_1), X(j_1 2^{-n})) \leqslant \sum_{k=0}^{\infty} d(X(j_1 2^{-n} - 2^{-n_1} - \dots - 2^{-n_k}), X(j_1 2^{-n} - 2^{-n_1} - \dots - 2^{-n_{k+1}}))$$

$$\leqslant (1+3\delta) \sum_{k \geqslant n} \psi(2^{-k}) \leqslant (1+3\delta)\, \delta\psi(2^{-(n+1)(1-\delta)})$$

Donc

$$d(X(t_1), X(t_2)) \leqslant d(X(t_1), X(j_1 2^{-n})) + d(X(j_1 2^{-n}), X(j_2 2^{-n})) + d(X(j_2 2^{-n}), X(t_2))$$

$$\leqslant (1+3\delta)\left[2\delta\psi(2^{-(n+1)(1-\delta)}) + \psi(j 2^{-n})\right]$$

En utilisant le fait que $j2^{-n} \leqslant t$, $0 < t < \frac{1}{e}$ grâce à (2.10) et $2^{-(n+1)(1-\delta)} \leqslant t$ grâce à (2.12), la croissance de ψ sur $[0, \frac{1}{e}]$ entraine que

$$d(X(t_1), X(t_2)) \leqslant \psi(t)(1+3\delta)(2\delta+1) \leqslant (1+11\delta)\psi(t)$$

pour δ assez petit. Ceci prouve (2.4) et termine la preuve du théorème 2.1.

Montrons maintenant que (2.1) est vérifiée dans les deux cas suivants:

(i) Soit $M=\mathbb{R}^n$, X un mouvement brownien sur $\mathbb{R}^n$; d est alors la distance euclidienne sur $\mathbb{R}^n$.

Par scaling et invariance par translation on obtient

$$P^x\{d(x,X_t)\geq \eta\sqrt{2t\log\frac{1}{t}}\}=P\{|Z|\geq \eta\sqrt{2\log\frac{1}{t}}\}$$

où Z est une variable $N(0,I)$ (I est la matrice identité de $\mathbb{R}^n$); ceci permet de vérifier facilement (2.1).

(ii) Ce genre d'argument s'applique également à une famille de diffusions hypoelliptiques que nous décrivons brièvement ci dessous. (Pour plus de détails on pourra consulter P. Baldi [2] § 4).

Une algèbre de Lie nilpotente $\mathcal{G}$ se dit graduée si elle admet la décomposition $\mathcal{G}=H_1\oplus\ldots\oplus H_h$, où les H_i sont des sous-espaces de $\mathcal{G}$ tels que, pour tout i,j $[H_i,H_j]\subset H_{i+j}$, avec la convention $H_\ell=\{0\}$ si $h<\ell$. Tout $g\in\mathcal{G}$ peut se décomposer de façon unique en

$$g=\sum g_i \qquad \text{où} \qquad g_i\in H_i$$

et pour tout $\alpha\in\mathbb{R}$ la transformation linéaire (dilatation)

$$D_\alpha g=\sum \alpha^i g_i$$

est un endomorphisme de l'algèbre de Lie $\mathcal{G}$.

Soit G un groupe de Lie nilpotent simplement connexe; on peut l'identifier à son algèbre de Lie $\mathcal{G}$ à l'aide de l'application exponentielle et le produit dans G est lié au crochet dans $\mathcal{G}$ par la formule de Campbell-Hausdorff

$$g\cdot h=g+h+\frac{1}{2}[g,h]+\ldots$$

On dira que G est gradué si $\mathcal{G}$ l'est; dans ce cas les dilatations D_α sont des automorphismes de G.

Soient $v_0, v_1, \ldots, v_r$, r+1 vecteurs de $\mathcal{G}$ et $V_0, V_1, \ldots, V_r$ les champs de vecteurs invariants à gauche correspondants. On considère sur G l'opérateur différentiel

$$L = V_0 + \frac{1}{2} \sum_{i=1}^{r} V_i^2 \tag{2.13}$$

On peut montrer que la diffusion X associée à un opérateur L sur G est invariante à gauche pour l'action du groupe si et seulement si L est de la forme (2.13). On dit que la diffusion X est principale si $V_0=0$ et si $V_1, \ldots, V_r$ sont dans H_1. X est hypoelliptique si $V_1, \ldots, V_r$ engendrent H_1.

Il est facile de voir que si X est une diffusion principale, $D_\alpha X_t$ est équivalent en loi à $X_{t\alpha^2}$ sous P^0 (0 désigne l'élément neutre de G dans son identification avec $\mathcal{G}$).

Si d désigne la distance de C-C associée à une diffusion principale hypoelliptique (d est alors finie partout grâce au théorème de H. Sussmann [21]) on a les relations

$$d(x,y) = d(g\cdot x \ , \ g\cdot y) \quad \text{pour tout} \quad g \in G$$

$$d(D_\alpha x \ , \ D_\alpha y) = \alpha d(x,y)$$

De ces propriétés, on déduit que (2.1) est vérifiée pour toute diffusion principale hypoelliptique, uniformément en x. En effet,

$$P^x\left\{ d(x,X_t) \geq \eta \sqrt{2t \ \log \frac{1}{t}} \right\} = P^0\left\{ d(0,X_t) \geq \eta \sqrt{2t \ \log \frac{1}{t}} \right\} = \tag{2.14}$$

$$= P^0\left\{ (2t \ \log \frac{1}{t})^{-1/2} d(0,X_t) \geq \eta \right\}$$

$$= P^0\left\{d(0,D_{(2t\log\frac{1}{t})^{-1/2}}X_t)\geq\eta\right\} = P^0\left\{d(0,X_{(2\log\frac{1}{t})^{-1}})\geq\eta\right\}$$

Or, une estimation standard sur les diffusions hypoelliptiques (R. Azencott [1] p. 160 corollaire 6.5) jointe à la proposition 1.1 donne

(2.15) $$\lim_{s\to 0} s\log P^0\{d(0,X_s)\geq\eta\} = -\frac{1}{2}\eta^2$$

ce qui, avec (2.14) permet de déduire (2.1).

Les deux exemples ci-dessus montrent qu'il est facile de prouver (2.1) quand, par scaling et invariance par translation, on peut se ramener à des expressions analogues à (2.15) que l'on sait traiter par la théorie des grandes déviations. Dans le prochain paragraphe on obtiendra (2.1) dans le cas où les diffusions considérées ne jouissent pas de ces propriétés d'invariance.

3. Les diffusions elliptiques sur les variétés.

Dans ce paragraphe, nous établissons l'estimation (2.1) pour les diffusions elliptiques sur une variété. Comme nous l'avons déjà remarqué, (2.1) est une estimation de grandes déviations pour un ensemble dépendant d'un petit paramètre et, pour les diffusions elliptiques, peut être obtenue en raffinant les méthodes usuelles (c'est à dire pour un ensemble fixe) telles qu'elles sont exposées dans R. Azencott [1] et P. Priouret [20]. Nous allons montrer comment déduire plus rapidement cette estimation des résultats, beaucoup plus fins, de S. Molchanov [17] sur l'équivalent en temps petit de la densité de transition d'une diffusion elliptique sur une variété.

Soit M une variété de dimension m, X_t une diffusion sur M de générateur L. Nous ferons les hypothèses suivantes

(A1) M est de classe C^5.

(A2) L est elliptique et ses coefficients sont C^4.

Soit d la distance riemannienne sur M associée à L comme on l'a vu au paragraphe 1 et soit π le volume riemannien correspondant. Soit $p(t,x,y)$ la densité de transition de X_t par rapport à π. Le théorème suivant est dû à S. Molchanov ([17] § 2) (voir aussi L. Elie [7] théorème 1.1).

Théorème 3.1. - *Pour tout compact* K *de* M, *il existe* $\delta>0$ *tel que si on note* $K_\delta = \{(x,y)\in K\times K\ ,\ d(x,y)\leqslant\delta\}$, *alors, on a, uniformément pour* $(x,y)\in K_\delta$, t *tendant vers zéro,*

$$p(t,x,y) \sim (2\pi t)^{-m/2}\,\overline{H}(x,y)\,\exp\left[-\frac{d^2(x,y)}{2t}\right]$$

où $\overline{H}$ *est une fonction sur* K *telle que,*

$$0<H_1\leqslant\overline{H}(x,y)\leqslant H_2<+\infty \qquad \textit{pour tout} \qquad (x,y)\in K_\delta$$

Le résultat principal de ce paragraphe s'énonce ainsi

Théorème 3.2. - *Sous les hypothèses* (A1) *et* (A2) , *pour tout compact* K *de* M, *on a*

$$\lim_{t\to 0} \frac{1}{\log\frac{1}{t}} \log P^x\left\{d(x,X_t)\geqslant\eta\sqrt{2t\log\frac{1}{t}}\right\} = -\eta^2$$

uniformément pour x *dans* K.

Preuve. On pose toujours $\psi(t) = \sqrt{2t \log \frac{1}{t}}$.

a) Minoration: Soit $x \in K$.

On a pour tout $\varepsilon>0$, $c\geqslant 1$, grâce au théorème 3.1, pour t assez petit (tel que $c\eta\psi(t)\leqslant\delta$)

$$P^x\{d(x,X_t)\geqslant\eta\psi(t)\} = \int_{d(x,y)\geqslant\eta\psi(t)} p(t,x,y)\,\pi(dy) \geqslant$$

$$\geqslant \int_{\eta\psi(t)\leqslant d(x,y)\leqslant c\eta\psi(t)} p(t,x,y)\,\pi(dy) \geqslant$$

$$\geqslant (1-\varepsilon)H_1(2\pi t)^{-m/2} \int_{\eta\psi(t)\leqslant d(x,y)\leqslant c\eta\psi(t)} \exp-\frac{d^2(x,y)}{2t}\,\pi(dy)$$

Posons $V(c,\eta,t) = \{y:\eta\psi(t)\leqslant d(x,y)\leqslant c\,\eta\,\psi(t)\}$

On a donc

$$P^x\{d(x,X_t)\geqslant\eta\psi(t)\} \geqslant (1-\varepsilon)H_1 \exp\left[-\frac{c^2\eta^2\psi(t)^2}{2t}\right](2\pi t)^{-m/2}\pi(V(c,\eta,t)) \tag{3.1}$$

L'estimation du volume riemannien d'une couronne sphérique dont le rayon tend vers zéro donne

$$\pi(V(c,\eta,t)) \sim (c^m-1)\eta^m\psi^m(t)\ \Sigma_m$$

Σ_m étant le volume de la boule unité de $\mathbb{R}^m$; donc

$$\frac{1}{\log\frac{1}{t}} \log P^x\{d(x,X_t)\geqslant\eta\psi(t)\} \geqslant \frac{C_1}{\log\frac{1}{t}} - c^2\,\eta^2$$

$$+ \frac{1}{\log\frac{1}{t}} \log\left[\log\frac{1}{t}\right]^{m/2}$$

D'où, $c\geqslant 1$ étant arbitraire,

(3.2) $$\underline{\lim}_{t\to 0} \frac{1}{\log \frac{1}{t}} \log P^x\{d(x,X_t) \geq \eta\psi(t)\} \geq - \eta^2$$

b) Majoration: Soit $x \in K$.

On prend δ comme dans le théorème 3.1. Soit alors τ le temps de sortie du processus X_t de la boule B de centre x et de rayon $\frac{\delta}{2}$

$$P^x\{d(x,X_t) \geq \eta\psi(t)\} \leq P^x\{d(x,X_t) \geq \eta\psi(t), \tau > t\} + P^x\{\tau \leq t\}$$

Des estimations de grandes déviations classiques (R. Azencott [1] p. 160) donnent:

$$\log P^x\{\tau \leq t\} \sim - \frac{d^2(x,\partial B)}{2t} = - \frac{\delta^2}{8t}$$

Donc

$$\overline{\lim}_{t\to 0} \frac{1}{\log \frac{1}{t}} \log P^x\{\tau \leq t\} = - \infty$$

D'autre part,

$$A = P^x\{d(x,X_t) \geq \eta\psi(t), \tau > t\} = \int_{y \in B, \eta\psi(t) \leq d(x,y)} \tilde{p}(t,x,y)\, \pi(dy)$$

où $\tilde{p}(t,x,y)$ est la densité de transition de la diffusion X arrêtée à la sortie de B; on a $\tilde{p}(t,x,y) \leq p(t,x,y)$.

Donc

$$P^x\{d(x,X_t) \geq \eta\psi(t), \tau > t\} \leq \int_{y \in B, \eta\psi(t) \leq d(x,y)} p(t,x,y)\, \pi(dy)$$

$$\leq \int_{y \in B, d(x,y) > c\eta\psi(t)} p(t,x,y)\, \pi(dy) + \int_{V(c,\eta,t)} p(t,x,y)\, \pi(dy)$$

avec $c \geq 1$.

Le théorème 3.1 entraine alors pour t tendant vers zéro:

$$A \leqslant (1+\varepsilon)(2\pi)^{-m/2} H_2 \exp\left[-\frac{c^2\eta^2\psi^2(t)}{2t}\right] t^{-m/2}\pi(B) +$$

$$+(1+\varepsilon)(2\pi)^{-m/2} H_2 \exp\left[-\frac{\eta^2\psi^2(t)}{2t}\right]\pi(V(c,\eta,t))$$

$$= I_1(t)+I_2(t) .$$

Or

$$\frac{1}{\log \frac{1}{t}} \log I_1(t) \leqslant \frac{C_2}{\log \frac{1}{t}} - c^2\eta^2 + \frac{m}{2}$$

Donc

(3.4) $$\overline{\lim_{t\to 0}} \frac{1}{\log \frac{1}{t}} \log I_1(t) \leqslant - c^2\eta^2 + \frac{m}{2}$$

De plus,

$$\frac{1}{\log \frac{1}{t}} \log I_2(t) \leqslant \frac{C_3}{\log \frac{1}{t}} - \eta^2 + \frac{1}{\log \frac{1}{t}} \log\left[\log \frac{1}{t}\right]^{m/2}$$

Donc,

(3.5) $$\overline{\lim_{t\to 0}} \frac{1}{\log \frac{1}{t}} \log I_2(t) \leqslant - \eta^2$$

Compte tenu de (3.5), (3.4), on a

$$\overline{\lim_{t\to 0}} \frac{1}{\log \frac{1}{t}} \log P^x\{d(x,X_t) \geqslant \eta\psi(t)\} \leqslant \max\left(-\eta^2, \frac{m}{2} - c^2\eta^2\right)$$

Il suffit alors de choisir c assez grand pour obtenir avec (3.2) l'estimation cherchée pour x dans K, uniformément pour B. Un raisonnement classique de compacité donne l'uniformité sur K.

Remarque.

La méthode utilisée dans la preuve du Théorème 3.2 est en réalité applicable aussi dans certains cas hypoelliptiques (J.M. Bismut [4]) pour lesquels les équivalents du Théorème 3.1 sont aussi vrais.

Remarquons aussi que pour obtenir (2.1) on n'a pas réellement besoin d'un développement aussi précis. Une analyse plus attentive de la preuve du Théorème 3.2 montre qu'un encadrement de la forme

$$(3.6)\qquad \frac{C_1}{t^A}\exp\left[-\frac{d^2(x,y)}{2t}\right] \leqslant p(t,x,y) \leqslant \frac{C_2}{t^B}\exp\left[-\frac{d^2(x,y)}{2t}\right]$$

est suffisant pour obtenir (2.1) (ici les exposants A et B pourraient même dépendre des points x, y, à condition d'être localement bornés et minorés par m/2). Jusqu'à maintenant seul le résultat plus faible suivant a été démontré (S. Kusuoka-D. Strook [24], D.S. Jerison-A.Sanchez-Calle [25])

$$(3.7)\qquad \frac{C_1}{t^A}\exp\left[-k_1\frac{d^2(x,y)}{2t}\right] \leqslant p(t,x,y) \leqslant \frac{C_2}{t^B}\exp\left[-k_2\frac{d^2(x,y)}{2t}\right]$$

avec $k_1 \geqslant 1 \geqslant k_2$. Notons néanmoins que la technique introduite dans ce papier permet de déduire de (3.7) les estimations

$$\underline{\lim}_{\varepsilon\to 0}\frac{w(\varepsilon)}{\psi(\varepsilon)} \geqslant k_2 \qquad \overline{\lim}_{\varepsilon\to 0}\frac{w(\varepsilon)}{\psi(\varepsilon)} \leqslant k_1 \qquad P\text{ - p.s.}$$

Ce remarques amènent à conjecturer que la loi de Lévy, telle qu'elle est énoncée dans le Théorème 2.1,est vraie au moins dans le cas d'une diffusion hypoelliptique

Remarque.

Récemment, A. de Acosta [6] et C. Mueller [18] ont prouvé une forme fonctionnelle de la loi de Lévy pour le mouvement brownien, et en relation avec la loi fonctionnelle du logarithme itéré. Il serait intéressant d'explorer ce problème dans le cas des diffusions à la lumière du travail de P. Baldi [2].

Remerciements.

Les auteurs tiennent à remercier A.S. Sznitman pour les nombreuses conversation qu'ils ont eues avec lui, ainsi que J.- F.Le Gall qui a corrigé plusieurs erreurs de la première version.

BIBLIOGRAPHIE

1 AZENCOTT R. Grandes déviations et applications. - dans: Ecole d'été de Probabilités de St.Flour VIII-1978, Lect. Notes Math. 774, Springer, Berlin-Heidelberg-New York 1980.

2 BALDI P. Large Deviations and Functional Iterated Logarithm Law for Diffusion Processes - Z.Wahrscheinlichkeitstheorie verw. Gebiete 71, 435-453 (1986).

3 BELLAICHE A. Métriques de Carnot-Carathéodory - Séminaire Arthur Besse 1982-1983.

4 BISMUT J.-M. Large Deviations and Malliavin Calculus. - Progress in Math. 45, Birkhäuser, Boston 1984.

5 CSORGO M., REVESZ P. Strong Approximation in Probability and Statistics - Academic Press, New York 1981.

6 DE ACOSTA A. On the functional form of Levy's Modulus of Continuity for Brownian Motion. - Z.Wahrscheinlichkeitstheorie verw. Gebiete 69, 567-569 (1985).

7 ELIE L. Equivalent de la densité d'une diffusion en temps petit. Cas des points proches. - dans Géodésiques et diffusions en temps petit. Astérisque 84-85, 55-72 (1981).

8 FREIDLIN M.I., WENTZELL A.D. On small Random Perturbations of Dynamical Systems. - Russ.Math.Surveys 25, 1-55 (1970).

9 FREIDLIN M.I., WENTZELL A.D. Some problems concerning Stability under Small Random Perturbations - Th.Probab. Appl. 17, 269-283 (1972).

10 FREIDLIN M.I., WENTZELL A.D. Random Perturbations of Dynamical Systems - Springer, Berlin-Heidelberg-New York 1984.

11 GAVEAU B. Principe de moindre action, propagation de la chaleur et estimées sous-elliptiques sur certains groupes nilpotents. - Acta Math. 139, 95-159 (1977).

12 GROMOV M. Structures métriques sur les variétés Riemanniennes. - Cedic, Paris 1981.

13 ITO K., MCKEAN H.P. Diffusion Processes and their Sample Paths. - Springer, Berlin-Heidelberg-New York 1965.

14 LEANDRE R. Estimation en temps petit de la densité d'une diffusion hypoelliptique. - C.R.Acad.Sc.Paris 301, 801-804 (1985).

15 LEVY P. Théorie de l'addition des variables aléatoires. - Gauthiers-Villars, Paris 1937.

16 MILNOR J. Morse Theory. - Ann.Math.Studies 51, Princeton 1963.

17 MOLCHANOV S.A. Diffusion Processes and Riemannian Geometry - Russ.Math Surveys 30, 1-63 (1975).

18 MUELLER C. A unification of Strassen's Law and Levy's Modulus of Continuity. - Z.Wahrscheinlichkeitstheorie verw.Gebiete 56, 163-179 (1981).

19 PRIOURET P. Diffusions et équations différentielles stochastiques. - dans: Ecole d'été de Probabilités de St.Flour III-1973, Lect.Notes Math. 390, Springer, Berlin-Heidelberg-New York 1975.

20 PRIOURET P. Remarque sur les petites perturbations de systèmes dynamiques. - dans: Seminaire de Probabilités XVI, Lect.Notes Math. 920, Springer, Berlin-Heidelberg-New York 1981.

21 SUSSMAN H. Orbits of families of Vector Fields and Integrability of Distributions. - Trans.Am.Math.Soc. 180, 171-188 (1973).

22 VARADHAN S.R.S. Diffusion Processes in a Small Time Interval. - Comm.Pure Appl.Math. 20, 659-685 (1967).

23 ZABCYK J. Stable Dynamical Systems under Small Perturbations. - à paraître.

24 JERISON D.S., SANCHEZ-CALLE A. Estimates for the heat kernel for a sum of squares of vector fields - à paraître.

25 KUSUOKA S., STROOCK D. Applications of Malliavin Calculus part III - à paraître.

Paolo BALDI
Dipartimento di Matematica
Via Buonarroti 2
56100 Pisa
(Italia)

Mireille CHALEYAT-MAUREL
Laboratoire de Probabilités
4,Pl.Jussieu
75252 Paris Cedex 05
(France)

Représentation du champ de fluctuation de diffusions indépendantes par le drap brownien

J.D. Deuschel
Mathematatik Department
E.T.H. Zentrum
CH-8092 Zürich (Suisse)

1. Introduction

Le champ de fluctuation de diffusions indépendantes est décrit par K. Itô /3/ (voir aussi /4/ et /5/) à l'aide d'une équation stochastique différentielle (ESD) par rapport à un processus de Wiener à valeur distributionnelle. Le but de cette note est de donner une représentation de ce processus par le drap brownien, ce qui permet de dériver l'ESD partielle satisfaite par le champ de fluctuation dans les coordonnées temps-espace.

2. Théorème limite centrale pour des diffusions indépendantes

Rappelons tout d'abord un résultat de K. Itô /3/.
Soit $\{ X_t^k, t\geq 0, k\in N\}$ une famille dénombrable de diffusions indépendantes dans R^1, solutions des ESD

(2.1) $$dX_t^k = b(X_t^k)dt + s(X_t^k)dW_t^k \ , \ X_0^k = x_0^k$$

où $\{W_t^k, t\geq 0, k\in N\}$ est un système de browniens indépendants. Supposons que b et s soient suffisamment réguliers afin que pour $t>0$ la densité de la probabilité de transition $p_t(x,y)$ existe, qu'elle soit lisse en x et y et strictement positive. Prenons comme mesure initiale la mesure produit $\prod_{k\in N} \mu$ où μ est L^2-bornée et notons par

$$p_t(y) = \int p_t(x,y)\mu(dx)$$

la densité de la loi de X_t^k.

Pour $n\in N$, considérons le processus $\{Y_t^{(n)}, t\geq 0\}$ à valeur dans $\mathcal{S}'$ (l'espace des distributions tempérées de R^1) défini par

$$(2.2) \quad Y_t^{(n)}(f) := n^{-1/2} \sum_{k=1}^{n} \{f(X_t^k) - E(f(X_t^k))\} \qquad f \in \mathcal{S}.$$

Soient L et D les opérateurs sur $\mathcal{S}$ donnés par

$$Lf(x) := b(x)f'(x) + 1/2 s^2(x) f''(x)$$
$$Df(x) := s(x)f'(x).$$

Avec la formule d'Itô on a

$$(2.3) \quad Y_t^{(n)}(f) = Y_0^{(n)}(f) + {}_0\int^t Y_s^{(n)}(Lf)ds + {}_0\int^t dM_s^{(n)}(Df)$$

où $\{M_t^{(n)}(Df), t \geq 0\}$ est la martingale

$$M_t^{(n)}(Df) := n^{-1/2} \sum_{k=1}^{n} {}_0\int^t Df(X_s^k) dW_s^k.$$

Par le théorème limite centrale multi-dimensionnel on obtient le résultat suivant (c.f. Itô /3/).

Proposition (2.4) Le processus $\{Y_t^{(n)}, t \geq 0\}$ converge en loi vers un processus gaussien centré $\{Y_t, t \geq 0\}$ à valeur dans $\mathcal{S}'$ dont la covariance est donnée par

$$\mathrm{cov}(Y_t(f), Y_s(g)) = \mathrm{cov}(f(X_t^k), g(X_s^k)) \qquad f, g \in \mathcal{S}$$

Ce processus est solution de l'ESD à valeur dans $\mathcal{S}'$

$$(2.5) \quad Y_t(f) = Y_0(f) + {}_0\int^t Y_s(Lf)ds + {}_0\int^t dB_s(Df) \qquad f \in \mathcal{S}$$

où $\{B_t, t \geq 0\}$ est un processus de Wiener à valeur dans $\mathcal{S}'$ dont la variation quadratique est telle que

$$(2.6) \quad \langle B(f) \rangle_t = {}_0\int^t E(f^2(X_s^k))ds = {}_0\int^t {}_{\mathbb{R}}\int f^2(y) p_s(y) dy ds \qquad f \in \mathcal{S}.$$

3. La représentation par rapport au drap brownien

Nous adoptons ici la notation de Cairoli et Walsh / 1/.
En utilisant la complétion de $B_t(f)$ en $L^2(P)$, nous définissons un processus à deux paramètres $M = \{M_z, z = (t,x) \in R^+ x R\}$ par

$$(3.1) \quad M_{t,x} := \begin{cases} B_t(I_{[0,x)}) & x \geq 0 \\ B_t(I_{(x,0]}) & x < 0 \end{cases}$$

Soit $F = \{F_z, z \in R^+ x R\}$ la filtration générée par $\{M_z, z \in R^+ x R\}$.

Lemme (3.2) Le processus M est une martingale forte à deux indices, continue dont la variation quadratique $<M>=\{<M>_z, z\in\mathbf{R}^+\times\mathbf{R}\}$ est donnée par

$$<M>_z = \iint_{R_z} p_s(y)\,dyds$$

Démonstration Par (2.6) nous voyons que $M(z_j,\tilde{z}_j]$, les accroissements de M_z sur des rectangles disjoints $(z_j,\tilde{z}_j]$, $j=1,\ldots,n$

$$M(z_j,\tilde{z}_j] := M_{\tilde{z}_j} - M_{t_j\tilde{x}_j} - M_{\tilde{t}_j x_j} + M_{z_j}$$

sont centrés et indépendants, ce qui implique la première partie de l'énoncé. Comme M est un processus gaussien

$$E((M(z,\tilde{z}])^{2p}) = c_p E((M(z,\tilde{z}])^2)^p = c_p K(\text{surface}(z,\tilde{z}])^p$$

d'où nous déduisons la continuité de M par le critère de Kolmogorov. D'autre part, pour $z<\tilde{z}$ on a

$$E(M_{\tilde{z}}^2 - M_z^2 | F_z) = E(M^2(z,\tilde{z}] + M^2((t,0),(\tilde{t},x)] + M^2((0,x),(t,\tilde{x})] | F_z)$$

$$= E(M^2(z,\tilde{z}]) + E(M^2((t,0),(\tilde{t},x)]) + E(M^2((0,x),(t,\tilde{x})])$$

$$= \iint_{R_{\tilde{z}}} p_s(y)\,dyds - \iint_{R_z} p_s(y)\,dyds \;. \quad \emptyset$$

Proposition (3.3) Il existe deux draps browniens indépendants $W^+=\{W_z^+, z\in\mathbf{R}^+\times\mathbf{R}^+\}$ et $W^-=\{W_z^-, z\in\mathbf{R}^+\times\mathbf{R}^-\}$ par rapport à $\{F_z\}$ tels que

$$M_z = \begin{cases} \iint_{R_z} p_s^{1/2}(y)\,dW_{sy}^+ & z\in\mathbf{R}^+\times\mathbf{R}^+ \\ \iint_{R_z} p_s^{1/2}(y)\,dW_{sy}^- & z\in\mathbf{R}^+\times\mathbf{R}^- \end{cases}$$

Démonstration Il suffit de voir que pour $z\in R^+\times R^+$,

$$W_z^+ := \iint_{R_z} p_s^{-1/2}(y)\,dM_{sy}$$

est un drap brownien(c.f. /6/Prop.5.5). $\emptyset$

Soit $W=\{W_z, z\in\mathbf{R}^+\times\mathbf{R}\}$ le processus de Wiener à deux indices donné par

$$W_z := \begin{cases} W_z^+ & z\in\mathbf{R}^+\times\mathbf{R}^+ \\ W_z^- & z\in\mathbf{R}^+\times\mathbf{R}^- \end{cases}$$

alors par $L^2(P)$-complétion on peut montrer que

$$(3.4) \qquad B_t(f) = \iint_{[0,t)\times\mathbf{R}} f(y)\,p_s^{1/2}(y)\,dW_{sy}$$

ainsi l'ESD (2.5) se transforme en une ESD par rapport à W :

$$(3.5)\quad Y_t(f)=Y_0(f)+{}_0\int^t Y_s(Lf)ds+\iint_{[0,t)\times R} f'(y)s(y)p_s^{1/2}(y)dW_{sy}$$

Remarque (3.6) $\langle M\rangle_z$ est la variation quadratique de la martingale M sur le rectangle R_z :

$$\langle M\rangle_z = \lim_{|\Delta(n)|\to 0} \sum_{i,j} (M(\Delta_{ij}(n)))^2 \qquad \text{P-p.s.}$$

où $\Delta(n)$, $n=1,2,\ldots$, sont des partitions de R_z. Par (2.5) on peut définir une fonction positive mesurable α telle que pour $z=(t,x)$

$$p_t(x)=\frac{d\langle M\rangle_z}{dz} = \alpha(Y)(z)$$

ce qui nous donne une ESD indépendante de $p_t(x)$ pour Y (c.f. /3/).

4. L'équation stochastique différentielle partielle

Soit $\{Y_z, z\in R^+\times R\}$ le processus à deux indices défini (en $L^2(P)$-complétion) par

$$Y_{tx} := Y_t(I_{(-\infty,x]}) \quad .$$

Les accroissements du processus Y : $Y_{tx}-Y_{ty}$ décrivent la fluctuation des diffusions X^k, $k=1,2,\ldots$ au temps t sur l'intervalle $(y,x]$. Y est un processus gaussien, centré dont la variance est donnée par

$$(4.1)\quad E((Y_{tx})^2)=\text{var}(I_{(-\infty,x]}(X_t^k)).$$

Comme pour la martingale M, on peut vérifier la continuité de Y. Soit $\hat{p}_t(x,y)$ le noyau défini par

$$(4.2)\quad \hat{p}_t(x,y) := -\partial_y P_t(y,x) = -\partial_y({}_{-\infty}\int^x p_t(y,z)dz).$$

Pour tout y fixé, $\hat{p}_t(x,y)$ est la solution de l'équation différentielle partielle

$$(4.3)\quad \begin{aligned} \partial_t \hat{p}_t(x,y) &= \hat{L}\hat{p}_t(x,y) \\ \lim_{t\to 0} \hat{p}_t(x,y) &= \delta_{x-y} \end{aligned}$$

où $\hat{L}$ est l'opérateur

$$\hat{L}\hat{p}_t(x,y) := (-b(x)+s'(x)s(x))\partial_x\hat{p}_t(x,y)+1/2s^2(x)\partial_x^2\hat{p}_t(x,y).$$

Proposition (4.4) Le processus $Y=\{Y_{tx},(t,x)\in R^+xR\}$ peut s'écrire de la forme

$$Y_{tx} = {}_R\int Y_{0,y}\hat{p}_t(x,y)dy - \iint_{[0,t)xR} \hat{p}_{t-s}(x,y)s(y)p_s^{1/2}(y)dW_{sy}$$

où $Y_0=\{Y_{0x},x\in R\}$ est le processus gaussien centré tel que

$$E(Y_{0x}Y_{0y}) = \mu(-\infty,x\wedge y]-\mu(-\infty,x]\mu(-\infty,y].$$

Démonstration Fixons t et x, soit F(s,y) la fonction lisse en s et y

$$F(s,y):=E(I_{(-\infty,x]}(X_t^k)\,|\,X_s^k=y)=P_{t-s}(y,x).$$

Alors par la formule d'Itô on a

$$I_{(-\infty,x]}(X_t^k)=F(t,X_t^k)=F(0,X_0^k)+{}_0\int^t\partial_y F(s,X_s^k)s(X_s^k)dW_s^k$$
$$=P_t(X_0^k,x)-{}_0\int^t\hat{p}_{t-s}(x,X_s^k)s(X_s^k)dW_s^k\ .$$

Par la proposition (2.4) et (3.4) nous obtenons

$$Y_{tx} = Y_0(P_t(\ ,x)) - \iint_{[0,t)xR} \hat{p}_{t-s}(x,y)s(y)p_s^{1/2}(y)dW_{sy}$$

où les intégrales sont bien définies puisque

$$\infty>var(I_{(-\infty,x]}(X_t^k))=var_\mu(P_t(X_0^k,x))+{}_0\int^t E((\hat{p}_{t-s}(x,X_s^k)s(X_s^k))^2)ds.$$

Il suffit alors de montrer par intégration partielle que

$${}_R\int Y_{0,y}\hat{p}_t(x,y)dy = Y_0(P_t(\ ,x)).$$

Comme les deux processus sont gaussiens centrés, il faut vérifier que les covariances sont identiques :

$$cov({}_R\int Y_{0,y}\hat{p}_t(x,y)dy,{}_R\int Y_{0,\tilde{y}}\hat{p}_t(\tilde{x},\tilde{y})d\tilde{y}) = \iint_{RxR} E(Y_{0y}Y_{0\tilde{y}})\hat{p}_t(x,y)\hat{p}_t(\tilde{x},\tilde{y})dyd\tilde{y}$$

$$= \iint_{RxR}\{\mu(-\infty,x\wedge\tilde{x}]-\mu(-\infty,x]\mu(-\infty,\tilde{x}]\}\hat{p}_t(x,y)\hat{p}_t(\tilde{x},\tilde{y})dyd\tilde{y}$$

$$={}_R\int P_t(z,x)P_t(z,\tilde{x})\mu(dz)-{}_R\int P_t(z,x)\mu(dz)\,{}_R\int P_t(\tilde{z},\tilde{x})\mu(d\tilde{z})$$

$$= cov(Y_0(P_t(\ ,x),Y_0(P_t(\ ,\tilde{x}))).\ \emptyset$$

Corollaire (4.5) Le processus $Y=\{Y_{tx},(t,x)\in R^+xR\}$ est solution de l'ESD partielle linéaire

$$\partial_t Y_{t,x} = \hat{L}Y_{t,x}-s(x)p_t^{1/2}(x)dW_{tx}$$

c.à.d. pour tout $f \in \mathcal{S}$, $\langle Y_t, f\rangle := {}_{\mathbb{R}}\int Y_{tx} f(x)dx$ satisfait l'équation

$$\langle Y_t, f\rangle = \langle Y_0, f\rangle + {}_0\int^t \langle Y_s, \hat{L}^* f\rangle ds - \iint_{[0,t)\times\mathbb{R}} f(x) s(x) p_s^{1/2}(x) dW_{sx} .$$

Démonstration L'équation ci-dessus est vérifiée par une règle de Fubini pour l'intégrale stochastique (c.f./5/). ∅

En conclusion nous voyons que l'ESD à valeur dans $\mathcal{S}'$ (2.5) peut être remplacée par une ESD partielle par rapport au drap brownien, ce qui nous donne une représentation du champ de fluctuation avec les coordonnées temps-espace $(t,x) \in \mathbb{R}^+ \times \mathbb{R}$. Dans des dimensions supérieures : $\mathbb{R}^+ \times \mathbb{R}^d$, ceci n'est pas toujours possible comme le montre un exemple de Walsh /5/.

Remarque (4.6) Une étude détaillée (existence, unicité, propriétés) des ESD partielles est décrite dans le cours de Walsh (voir aussi /2/ et /4/ Chap. 3).

Remerciements. L'auteur tient à remercier M. K. Itô pour les très utiles discussions échangées lors de son séjour à Zürich. Il remercie également M. A. Badikrian qui a eu l'amabilité de lui communiquer la référence /5/.

Littérature

/1/ Cairoli R. Walsh J.B.:Stochastic integrals in the plane, Acta Math. 134(1975) 111-183.

/2/ Funaki T.: Random motion of strings and related stochastic evolution equations, Nagoya Math.J. 89(1983)129-193.

/3/ Itô K. : Distribution-valued processes arising from independent Brownian motions, Math.Z. 182(1983) 17-33.

/4/ Itô K. : Foundations of stochastic differential equations in infinite dimensional spaces, SIAM (1984).

/5/ Walsh J.B. : An introduction to stochastic partial differential equations, Preprint (1985).

/6/ Zakai M. : Some classes of two parameter martingals, The Annals of Prob. 9(1981) 255-265.

L'APPROXIMATION UCP ET LA CONTINUITE DE CERTAINES INTEGRALES STOCHASTIQUES DEPENDANT D'UN PARAMETRE

LIN Cheng de

Department of Computer Science
Xiamen University, XIAMEN (AMOY)
FUJIAN, CHINA

Pour certaines intégrales stochastiques, dépendant d'un paramètre dans R^d, du type (d'Itô ou de Stratonovich) :

$$Z_t(\omega,x) = \int_o^t H_s(\omega,x)dX_s(\omega,x)$$

se pose les problèmes d'approximation UCP (i.e. uniformément sur tout compact de $R_+ \times R^d$ en probabilité sur Ω) et de continuité de $Z_t(\omega,x)$ en $(t,x) \in R_+ \times R^d$.

L'étude des intégrales stochastiques sans paramètre nous montre qu'il existe des suites de familles d'intégrales de Riemann dépendant de $\omega \in \Omega$, qui convergent en t sur tout compact de R_+ vers $Z(t,\omega)$ en probabilité. Dans cet article, la même idée nous aidera à traiter des intégrales stochastiques dépendant d'un paramètre.

Pour commencer, on fixe, une fois pour toute, $(\Omega,\underline{\underline{F}},\underline{\underline{F}}_t,P)$ comme espace probabilisé, filtré, vérifiant les conditions habituelles. Désormais, tous les processus, sauf pour les cas spécialement indiqués, sont considérés sur cet espace.

Définition 1 : On appelle *subdivision aléatoire* toute suite finie ou infinie $\sigma = \{T_o = 0 \leq T_1 \leq \ldots \leq T_k \leq \ldots\}$ de temps d'arrêt. Et on dit qu'une suite $\sigma_n = \{T_o^n \leq T_1^n \leq \ldots\}$ de subdivisions aléatoires *tend vers l'identité*, si

- $R_n = \sup_k T_k^n$ converge p.s. vers l'infini ;
- $|\sigma_n| = \sup_k (T_{k+1}^n - T_k^n)$ converge p.s. vers 0.

Définition 2 : Soient (E,m) et (E',m') deux espaces métriques localement compacts dénombrables à l'infini, $\{f^n\}$ une famille de fonctions définies sur $\Omega \times R_+ \times E$, à valeurs dans E', mesurables en $\omega \in \Omega$ pour tout $(t,x) \in R_+ \times E$ fixé, et continues en $(t,x) \in R_+ \times E$, pour tout $\omega \in \Omega$ fixé. On dit que f^n converge UCP vers la fonction f mesurable sur $\Omega \times R_+ \times E$, à valeurs dans E', si, pour tout compact K de $R_+ \times E$, on a $\sup_{(t,x)\in K} m'(f^n(\omega,t,x),f(\omega,t,x))$ tend vers 0 en probabilité.

Par la suite, on travaille avec $E = R^d$ muni de la norme

$$|x| = \max_{1\le i\le d} |x_i| \quad \text{et} \quad E' = R.$$

Lemme 1 : Soient $X(s,x)$, $X^n(s,x)$, $n = 1,2,\ldots$, une suite de fonctions mesurables sur $\Omega \times R_+ \times R^d$, continues en (s,x) pour tout ω fixé. Les deux conditions suivantes sont équivalentes :

a) $X^n(s,x)$ converge UCP vers $X(s,x)$;

b) Il existe une suite $(a_m)_{m\ge 1}$ de constantes positives tendant vers l'infini, et pour tout $x \in R^d$ fixé, une suite croissante $(T_i^x)_{i\ge 1}$ de variables aléatoires positives telles que :

i) $\forall m$, $\inf_{|x|\le a_m} T_i^x$ tende vers l'infini en probabilité quand i tend vers l'infini ;

ii) $\forall m$, $\forall i$, $\sup_{|x|\le a_m} [\sup_{s\in[0,T_i^x]} |X^n(s,x) - X(s,x)|]$ tende vers 0 en probabilité quand n tend vers l'infini.

Démonstration : a) $\rightarrow$ b) est évident. On va montrer b) $\rightarrow$ a).

Pour tout compact de forme $K = [0,b] \times \{|x| \le a\}$, tout n, tout $x \in R^d$ et toute famille $T = (T^x)_{x\in R^d}$ de v.a. positives, définissons

$$D_n(x,T)(\omega) = \sup_{s\in[0,T^x(\omega)]} |X^n(s,x,\omega) - X(s,x,\omega)|,$$

$$H_n(a,T)(\omega) = \sup_{|x|\le a} D_n(x,T)(\omega).$$

Notre but final est de montrer $H_n(a,b) \xrightarrow{P} 0$ quand n tend vers l'infini. Puisque, pour tout $\omega \in \Omega$ fixé, on peut trouver une suite $(x_j(\omega))_j$, qui dépend de ω, dans $\{|x| \le a\}$ telle que $\lim_j D_n(x_j(\omega),T) = H_n(a,T)(\omega)$, alors, pour tout $\varepsilon > 0$ fixé, on peut trouver $j_o(\omega)$, donc $x_{j_o}(\omega) = x_{j_o(\omega)}(\omega)$ telle que $H_n(a,T)(\omega)-D_n(x_{j_o}(\omega),T)(\omega) < \varepsilon/2$. Maintenant, on a dans Ω

$$\{H_n(a,b) \geq \varepsilon\} \subset \{D_n(x_{j_o}(\omega),b) \leq \varepsilon/2\} =$$

$$= \{D_n(x_{j_o}(\omega),b) \geq \varepsilon/2\} \cap (\{T_i^{X_{j_o}(\omega)}(\omega) \leq b\} \cup \{T_i^{X_{j_o}(\omega)}(\omega) > b\}) \subset$$

$$\subset \{T_i^{X_{j_o}(\omega)}(\omega) \leq b\} \cup \{D_n(x_{j_o}(\omega),T_i) \geq \varepsilon/2\} \subset$$

$$\subset \{\inf_{|x| \leq a} T_i^X(\omega) \leq b\} \cup \{H_n(a,T_i) \geq \varepsilon/2\}$$

Pour a choisie dans $\{a_m\}_{m \geq 1}$, par b) i) et ii), on sait que

$$P\{\omega : \inf_{|x| \leq a} T_i^X(\omega) \leq b\} \longrightarrow 0 \ , \ (i \longrightarrow \infty) \ ;$$

$$P\{\omega : H_n(a,T_i) \geq \varepsilon/2\} \longrightarrow 0 \ , \ (n \longrightarrow \infty) \ ;$$

donc, si l'on choisit d'abord i assez petit, et ensuite, pour ce i fixé, on fait tendre n vers l'infini, on a bien

$$P\{\omega : H_n(a,b) > \varepsilon\} \longrightarrow 0 \ , \ (n \longrightarrow \infty).$$

On introduit le lemme suivant, qui est une variante du lemme de Kolmogorov, et qui va nous servir comme condition suffisante pour l'approximation UCP sur $\Omega \times R_+ \times R$.

Lemme 2 : Soient $G(n,t,x)$, $n = 1,2,\ldots$, une suite de champs aléatoires (i.e. pour tout $(t,x) \in R_+ \times R^d$ fixé, $G(n,t,x)$ est une v.a. sur Ω), continus en (t,x), et $G(t,x)$ un champ aléatoire, tels que :

i) $G(n,0,0) = G(0,0)$,

ii) pour chaque (t,x) fixé, les $G(n,t,x)$ convergent en probabilité vers $G(t,x)$,

iii) pour un certain $p > d+1$, et tout compact K fixé de $R_+ \times R^d$, il existe une constante $C_{p,K}$ telle que

$$E\{|G(n,t,x)-G(n,s,y)|^{2p}\} \leq C_{p,K}(|t-s|^p+|x-y|^p)$$

quels que soient $(t,x),(s,y)$ appartenant à K et $n \in N$.

Alors il existe une version (unique à indistinguabilité près) continue en (t,x) de $G(t,x)$, et $G(n,t,x)$ converge UCP vers $G(t,x)$.

Pour continuer, rappelons que toute semimartingale X continue a une décomposition canonique $X = X^c + \overline{X}$, où X^c est sa partie martingale locale et $\overline{X}$ est sa partie à variation finie, et que X^c et $\overline{X}$ sont toutes les deux continues. Pour une semimartingale avec un paramètre $x \in R^d$, on notera indifféremment $X(.,x)$ et $X.(x)$ les trajectoires qui dépendent de x.

Nous faisons quelques conventions d'écriture pour simplifier la dactylographie et donc la lecture :

$\underline{s}_n$ = la partie entière de $2^n s$, (notée habituellement $[2^n s]$) ;

$1^n_k(s) = 1_{[k2^{-n},(k+1)2^{-n}[}(s)$, (continue à droite) ;

${}^n1_k(s) = 1_{]k2^{-n},(k+1)2^{-n}]}(s)$, (continue à gauche) ;

$X(n|k,x) = X(k2^{-n},x)$, où k est entier ;

$X^n(s,x) = \sum_k 1^n_k(s)X(n|k,x)$;

$\delta X^n(s,x) = \sum_k 1^n_k(s)[X(n|k+1,x) - X(n|k,x)]2^n$;

s'il n'y a pas de confusion.

Lemme 3 : Soient $X(s,x),Y(s,x)$ deux champs aléatoires sur $R_+ \times R^d$ tels que

i) pour tout $x \in R^d$ fixé, $X = X^c(.,x) + \overline{X}(.,x)$ est une semimartingale continue avec $d\langle X.(x)\rangle_t+|d\overline{X}_t(x)| \leq dt$, où $\langle X.(x)\rangle_t$ est l'abréviation de $\langle X.(x),X.(x)\rangle_t$; $\frac{\partial}{\partial x} X(s,x)$ existe et, pour tout i et x fixé,

$\frac{\partial}{\partial X_i} X(s,x) = (\frac{\partial}{\partial X_i} X(s,x))^c + \overline{\frac{\partial}{\partial X_i}} X(s,x)$ est une semimartingale continue avec $E[|\langle\frac{\partial}{\partial X_i} X(.,x)\rangle_s|^P]$ et

$E[|\int_0^s |d_u \overline{\frac{\partial}{\partial X_i}} X(u,x)|^{2P}]$ uniformément bornés en (s,x) dans tout compact K de $R_+ \times R^d$ pour certain $P > d+1$.

ii) $Y(s,x)$ est borné en (ω,s,x) ; pour tout $x \in R^d$ fixé, $Y(.,x)$ est un processus adapté ; $\frac{\partial}{\partial X} Y(s,x)$ existe, et est borné en (ω,s,x).

Posons $I(n,t,x) = \int_0^t Y^n(s,x)\ \delta X^n(s,x)ds$. Alors, pour tout compact K de $R_+ \times R^d$, on a

$$E[|I(n,t,x) - I(n,s,y)|^{2p}] \le C_{p,K}(|t-s|^p + |x-y|^p)$$

pour tout $(t,x),(s,y) \in K$, où $C_{p,K}$ ne dépend pas de n.

Note : Pour éviter de surcharger les énoncés et les preuves, on utilise une constante universelle, notée C, ou C_p quand il est nécessaire d'indiquer que C dépend de p.

Démonstration : D'abord $E[|I(n,t,x) - I(n,s,y)|^{2p}] \le$

$\le \{E[|I(n,t,x)-I(n,s,y)|^{2p}]+E[|I(n,s,x)-I(n,s,y)|^{2p}]\}2^{2p-1}$.

Pour s < t fixés, avec les conventions faites (voir page précédente), définissons :

si $\underline{s}_n<\underline{t}_n$, $H_u^n(x) = \sum_{\underline{s}_n<k<\underline{t}_n} Y(n|k,x)^n1_k(u)+2^nY(n|\underline{t}_n,x)^n1_{\underline{s}_n}(u)*$

$*(t-\underline{t}_n2^{-n})+2^nY(n|\underline{s}_n,x)((\underline{s}_n+1)2^{-n}-s)\ {}^n1_{\underline{s}_n}(u)$;

si $\underline{s}_n = \underline{t}_n$, $H_u^n(x) = 2^nY(n|\underline{s}_n,x)(t-s)\ {}^n1_{\underline{s}_n}(u)$.

Alors, on a $I(n,t,x)-I(n,s,x) = \int_0^b H_u^n(x)dX_u(x)$, où $b = (\underline{t}_n+1)2^{-n}$. Notons $I_1 = I(n,t,x)-I(n,s,x)$.

Définissons ensuite,

$$\hat{H}_u^n = \sum_{k<\underline{s}_n} [Y(n|k,x)-Y(n|k,y)]\ {}^n1_k(u) +$$

$$+ 2^n(s-\underline{s}_n2^{-n})\ [Y(n|\underline{s}_n,x) - Y(n|\underline{s}_n,y)]^n1_{\underline{s}_n}(u).$$

Alors, on a $|I(n,s,x) - I(n,s,y)| =$

$$= |\int_0^s [Y^n(u,x)\delta X^n(u,x)-Y^n(u,y)\delta X^n(u,y)]du| = B$$

$$B = |\int_0^s [Y^n(u,x)-Y^n(u,y)]\ \delta X^n(u,x)du +$$

$$+ \int_0^s Y^n(u,y)\ [\delta X^n(u,x)- \delta X^n(u,y)]du|.$$

Posons $I_2 = \int_0^s [Y^n(u,x)-Y^n(u,y)]\delta X^n(u,y)du$

$= \int_0^a \hat{H}_u^n\ dX_u(x)$ où $a = (\underline{s}_n + 1)2^{-n}$,

$$I_3 = \int_0^s Y^n(u,x)\ [\delta X^n(u,x)- \delta X^n(u,y)]du,$$

et $g_i = (y_1,\ldots,y_{i-1}, h_i,x_{i+1},\ldots,x_d)$ $i=1,\ldots,d$,

on a d'abord

$$|Y(n|k,x)-Y(n|k,y)| \leq |\sum_{i\leq d} \int_{y_i}^{x_i} \frac{\partial}{\partial h_i} Y(n|k,g_i)dh_i| \leq C|x-y|$$

(par hypothèse $\frac{\partial}{\partial X} Y(t,x)$ est borné), d'où $|\hat{H}_u^n| \leq C|x-y|$.

Ensuite, $I_3 = \int_o^s 2^n \sum_k Y(n|k,y)\{[X(n|k+1,x)-X(n|k+1,y)]-$

$$-[X(n|k,x)-X(n|k,y)]\} \quad 1_k^n(u)du =$$

$$= \sum_{k<s_n} Y(n|k,y)\ \{\sum_{i\leq d} \int_{y_i}^{x_i} [\frac{\partial}{\partial h_i}X(n|\underline{s}_n+1,g_i)- \frac{\partial}{\partial h_i}X(n|\underline{s}_n,g_i)]dh_i\}+$$

$$+(2^n s-[2^n s])Y(n|\underline{s}_n,y)\{\sum_{i\leq d} \int_{y_i}^{x_i} [\frac{\partial}{\partial h_i}X(n|\underline{s}_n+1,g_i)- \frac{\partial}{\partial h_i}X(n|\underline{s}_n,g_i)]dh_i\}$$

$$= \sum_{i\leq d} \int_{y_i}^{x_i} \{\sum_{k\leq s} Y(n|k,y)[\frac{\partial}{\partial h_i}X(n|k+1,g_i)- \frac{\partial}{\partial h_i}X(n|k,g_i) +$$

$$+(2^n s-[2^n s])Y(n|\underline{s}_n,y)[\frac{\partial}{\partial h_i}X(n|\underline{s}_n+1,g_i)- \frac{\partial}{\partial h_i}X(n|\underline{s}_n,g_i)]\}dh_i =$$

$$= \sum_{i\leq d} \int_{y_i}^{x_i} [\int_o^a Z(u,y)d_u(\frac{\partial}{\partial h_i}X(u,g_i))]dh_i \qquad \text{où}$$

$$Z(u,y) = \sum_{k<\underline{s}_n} Y(n|k,y)\ {}^n 1_k(u) + (2^n s-[2^n s])Y(n|\underline{s}_n,y)\ {}^n 1_{\underline{s}_n}(u),$$

et $E[|I_3|^{2p}] \leq C_p \sum_{i\leq d} E[|\int_{y_i}^{x_i}[\int_o^a Z(u,y)d_u(\frac{\partial}{\partial h_i}X(u,g_i))]dh_i|^{2p}] \leq$

$$\leq C_p \sum_{i\leq d} E[|x_i-y_i|^{2p-1} \int_{y_i}^{x_i} |\int_o^a Z(u,y)d_u(\frac{\partial}{\partial h_i}X(u,g_i))|^{2p}dh_i]=$$

$$= C_p \sum_{i\leq d} |x_i-y_i|^{2p-1} \int_{y_i}^{x_i} E[|\int_o^a Z(u,y)d_u(\frac{\partial}{\partial h_i}X(u,g_i))|^{2p}]dh_i$$

(en supposant $x_i \geq y_i$).

Si l'on suppose que $\frac{\partial}{\partial h_i}X(u,g_i)$ est une martingale locale, on a :

$$E[|\int_o^a Z(u,y)d_u(\frac{\partial}{\partial h_i}X(u,g_i))|^{2p}] \leq$$

$$\leq C_p\ E[|\int_o^a |Z(u,y)|^2\ d < \frac{\partial}{\partial h_i}X(.,g_i)>_u|^p] \leq B$$

$$B \leq C_p \; E[|\int_o^a d <\frac{\partial}{\partial h_i} X(.,g_i)>_u|^p] \qquad (Z(u,y) \text{ est borné})$$

$$= C_p \; E[|<\frac{\partial}{\partial h_i} X(u,g_i)>_a|^p] \leq C_{p,k} \quad ;$$

pour le cas où $\frac{\partial}{\partial h_i} X(u,g_i)$ est un processus à variation finie, on a le même résultat grâce à l'hypothèse i). Donc, on a

$$E[|I_3|^{2p}] \leq C_{p,k} \sum_{i \leq d} |x_i - y_i|^{2p} \leq C_{p,k} |x-y|^p .$$

De même, on peut montrer

$$E[|I_1|^{2p}] \leq C_p |t-s|^p \quad \text{et} \quad E[|I_2|^{2p}] \leq C_{p,k} |x-y|^p .$$

Nous allons montrer le résultat principal :

<u>Théorème 1</u> : Soient $X(s,x)$, $Y(s,x)$ deux champs aléatoires, continus en (s,x) sur $R_+ \times R^d$ tels que

i) pour tout $x \in R^d$ fixé, $X(.,x) = X^c(.,x) + \bar{X}(.,x)$ soit une semimartingale avec $d<X(.,x)>_t + |d\bar{X}_t(x)| \leq dA_t$, où (A_t) est un processus croissant, continu, $(\underline{\underline{F}}_t)$-adapté et indépendant de x, et que $\frac{\partial}{\partial x} X(s,x)$ existe, et pour tout i et x fixé, $\frac{\partial}{\partial x_i} X(s,x) = (\frac{\partial}{\partial x_i} X(s,x))^c + \frac{\bar{\partial}}{\partial x_i} X(s,x)$ soit une semimartingale continue avec $E[|<\frac{\partial}{\partial x_i} X(.,x)>_s|^p]$ et $E[|\int_o^s |d_u \frac{\bar{\partial}}{\partial x_i} X(u,x)||^{2p}]$ uniformément bornés en (s,x) dans tout compact K de $R_+ \times R^d$ pour certain $p > d+1$.

ii) pour tout $x \in R^d$ fixé, $Y(.,x)$ soit un processus adapté, et que $\frac{\partial}{\partial x} Y(s,x)$ existe, et soit continu en (s,x).

Alors, il existe une suite (σ_n) de subdivisions aléatoires, où $\sigma_n = \{T_o^n < T_1^n < \ldots < T_k^n < \ldots\}$, les T_k^n étant des temps d'arrêt, tendant vers l'identité, et telle que, si l'on pose

$$\Delta X^n(s,x) = \sum_k (X_{T^n_{k+1}}(x) - X_{T^n_k}(x))(T^n_{k+1}-T^n_k)^{-1}\, 1_{[T^n_k,T^n_{k+1}[}(s)$$

$$Y^n(s,x) = \sum_k Y(T^n_k,x) 1_{[T^n_k,T^n_{k+1}[}(s)$$

$$I(n,t,x) = \int_o^t Y^n(s,x)\Delta X^n(s,x)ds \quad ,$$

alors, $I(n,t,x)$ converge UCP vers $\int_o^t Y(s,x)dX_s(x)$ et cette intégrale a une version continue en (t,x).

Démonstration : Nous introduisons un changement de temps :

$T_t = \inf\{s : A_s + s > t\}$.

Il est évident que $t \to T_t$ est bijective, continu, et qu'on a $|T_t - T_s| \leq |t - s|$ pour tout s,t. On change de filtration : notons

$\underline{\underline{G}}_t = \underline{\underline{F}}_{T_t}$, $W_t = X_{T_t}(x)$, $W^c_t = X^c_{T_t}(x)$ et $\overline{W}_t = \overline{X}_{T_t}(x)$

en omettant tous les paramètres x dans W_t, W^c_t et $\overline{W}_t$. Il est bien connu que, pour tout x fixé, W est une $\underline{\underline{G}}_t$-semimartingale continue avec la décomposition canonique $W = W^c + \overline{W}$. Si l'on pose $U(t,x) = Y(T_t,x)$, alors, $U(t,x)$ est continu en (t,x), et, pour tout $x \in R^d$ fixé, $U(.,x)$ est adapté par rapport à $(\underline{\underline{G}}_t)$.

Pour tout $n \in N$ fixé, on constitue une subdivision aléatoire : $\sigma_n = \{T^n_o < T^n_1 < \ldots\}$, avec la suite de $\underline{\underline{F}}_t$-temps d'arrêt suivants : $T^n_k = \inf\{s : A_s + s > k2^{-n}\}$.

Posons $\Delta X^n(s,x)$ et $Y^n(s,x)$ comme dans l'énoncé, et

$$J(n,t,x) = \int_o^{T_t} Y^n(s,x)\ \Delta X^n(s,x)ds$$

$$W_{n,k} = W_{k2^{-n}} \ , \ \delta W^n(s) = \sum_k 1^n_k(s)(W_{n,k+1}-W_{n,k})2^n \quad ,$$

alors, on a $J(n,t,x) =$

$$= \int_o^{T_t} \sum_k Y(T^n_k,x)(X_{T^n_{k+1}}(x)-X_{T^n_k}(x))(T^n_{k+1}-T^n_k)\ 1_{[T^n_k,T^n_{k+1}[}(s)ds$$

$$= \int_0^t \sum_k U(n|k,x)(W_{n,k+1} - W_{n,k})2^n 1_k^n(s)ds +$$

$$+ [(T_t - T^n_{\underline{t}_n})(T^n_{\underline{t}_n+1} - T^n_{\underline{t}_n}) - (2^n t - \underline{t}_n)]U(n|\underline{t}_n,x)(W_{n,\underline{t}_n+1} - W_{n,t_n}) =$$

$$= \int_0^t U^n(s,x)\delta W^n(s)ds + G(n,t,x).$$

Il est facile de voir qu'on a $d\langle W\rangle_t + |d\bar{W}_t| \leq dt$, et que $\frac{\partial}{\partial x} U(s,x)$ existe et est continu en (s,x).

En utilisant les trois lemmes précédents, on a la convergence UCP de $\int_0^t U^n(s,x)\ \delta W^n(s)ds$ vers

$$\int_0^t U(s,x)dW_s = \int_0^{T_t} Y(s,x)dX_s.$$

Pour $G(n,t,x)$, grâce au lemme 1, on peut supposer que $Y(s,x)$ est borné, ainsi donc que $U(s,x)$, d'où

$$|G(n,t,x)| \leq 2b|W_{n,\underline{t}_n+1} - W_{n,\underline{t}_n}| = 2b|X_{T^n_{\underline{t}_n+1}}(x) - X_{T^n_{\underline{t}_n}}(x)| \leq$$

$$\leq 2b \sup_{t\in[0,c],|h|\leq 2^{-n}} |X_{t+h}(x) - X_t(x)|,$$

où b est la borne de $U(s,x)$. Comme X est un champ p.s. continu en (t,x), alors, $G(n,t,x)$ converge UCP en (t,x) vers 0. Et par conséquent, $J(n,t,x)$ converge UCP vers $\int_0^{T_t} Y(s,x)dX_s(x)$. Enfin, pour tout K compact de R^d, tout $c,q \in R$, on a

$$P\{\omega : \sup_{x\in K} [\sup_{t\in[0,c]} |I(n,t,x) - \int_0^t Y(s,x)dX_s(x)|] > \varepsilon\} \leq$$

$$\leq P\{\omega : \sup_{x\in K} [\sup_{t\in[0,q]} |J(n,t,x) - \int_0^{T_t} Y(s,x)dX_s(x)|] > \varepsilon\} + P\{\omega : T_q < c\}$$

pour le dernier terme, on prend q assez grand tel que la probabilité soit assez petite, et pour ce q fixé, on fait tendre n vers l'infini dans le premier terme à droite ; alors $I(n,t,x)$ converge UCP vers $\int_0^t Y(s,x)dX_s(x)$ vient immédiatement de la convergence UCP de $I(n,t,x)$.

Remarque : Avec la technique précédente, sous la même hypothèse sur la famille de semimartingales $\{Y(t,x)\}_x$ que sur $\{X(t,x)\}_x$

[c'est-à-dire, $d\langle Y.(x)\rangle_t + |d\tilde{Y}_t(x)| \leq dB_t$, et certaine bornité uniforme sur $E[|\langle\frac{\partial}{\partial X_i}Y(.,x)\rangle_t|^p]$ et sur $E[|\int_o^s |d_u \frac{\partial}{\partial X_i}Y(u,x)||^{2p}]$], on sait que

$$\int_o^t \Delta Y^n(s,x)\Delta X^n(s,x)(T_{k+1}^n - T_k^n)1_{[T_k^n, T_{k+1}^n[}(s)ds \text{ converge UCP}$$

vers $\langle X.(x), Y.(x)\rangle_t$, où "$\Delta X^n$" et "$\Delta Y^n$" correspondent à une subdivision aléatoire $\{T_k^n\}_k$ donnée par les temps d'arrêt

$$T_k^n(\omega) = \inf\{ s : A_s + B_s + s > k/2^n\}.$$

Par conséquent, pour les deux familles de semimartingales $\{X(.,x)\}$ et $\{Y(.,x)\}$ citées au-dessus, nous pouvons aussi avoir l'approximation UCP de l'intégrale stochastique de Stratonovich $S(t,x) = \int_o^t Y(s,x)*dX_s(x)$ par une suite de familles d'intégrales au sens de Riemann. La continuité de $S(t,x)$ en (t,x) s'en suit. Ici, nous omettons les détails.

Pour finir, nous considérons un cas particulier où $X(t,x)$ est la solution d'une équation différentielle stochastique.

Soit $X_t^x = x + \int_o^t f(X_s^x)dZ_s$, où $x \in R$, (Z_s) est une semimartingale continue, f appartient à $C^2(R)$, et f', la dérivée de f, est bornée.

Pour le cas multidimensionnel où l'on suppose $x \in R^d$, (Z_s) à valeurs dans $R^{d'}$, f appartenant à $C^2(R^d;R^d \times R^{d'})$ et $\frac{\partial}{\partial X_i} f$, $i \leq d$, bornés tous les raisonnements à venir resteront valides, mais pour la simplicité des notations et de la preuve, on se contente de traiter le cas unidimensionnel.

On sait, d'abord, que la solution de l'équation ci-dessus X_t^x a une version continue en (t,x), que, pour tout $x \in R$ fixé, $X_.^x$ est une semimartingale continue, et que la dérivée de $X_.^x$ par rapport à x existe,

$$\frac{\partial}{\partial X} X_t^x = 1 + \int_o^t \frac{\partial}{\partial X} X_s^x[f'(X_s^x)]dZ_s =$$

$$= \exp\{\int_o^t f'(X_s^x)dZ_s - 2^{-1}\int_o^t |f'(X_s^x)|^2 d\langle Z\rangle_s\} ;$$

en plus, elle admet une version continue en (t,x).

(cf. A. Uppman [4] ou, pour le cas où Z est un mouvement brownien, H. Kunita [1]).

Théorème 2 : Soient X_t^x la solution de l'équation ci-dessus, avec la décomposition canonique $X_t^x = X_t^{x,c} + \bar{X}_t^x$, et Y(t,x) un champ aléatoire, continue en (t,x) tel que, pour tout $x \in R$ fixé, Y(.,x) soit un processus adapté, et que $\frac{\partial}{\partial x} Y(t,x)$ existe, et soit continu en (t,x). Alors, l'intégrale stochastique $I(t,x) = \int_0^t Y(s,x)dX_s^x$ a les propriétés suivantes :

i) Pour tout K compact de R, on a une suite d'intégrales au sens ordinaire (de Riemann) $\{I_K(n,t,x)\}$ définies sur $R_+ \times K \times \Omega$, qui converge UCP vers I(t,x).

ii) I(t,x) a une version presque sûrement continue en (t,x) sur $R_+ \times R$.

Démonstration : i) Tout ce qui apparaît dans cette partie de démonstration dépend de K, le compact fixé de R, mais pour être bref, on supprime tous les K dans les notations adoptées ci-dessous.

Prenons $T_i = \inf\{ s : \sup_{x \in K} |X_s^x| \geq i\}$, i=1,2,... . On voit facilement que $(T_i)_i$ est une suite de temps d'arrêt tendant vers l'infini et que l'on a $|X_s^x| \leq i$ sur $[0,T_i] \times K$. Pour i fixé, si l'on pose $V_i = \sup_{|x| \leq i} |f(x)| \vee 1$, alors pour tout $x \in K$, on a $d\langle X^x_\cdot \rangle_{t \wedge T_i} \leq V_i^2 \, d\langle Z \rangle_{t \wedge T_i}$ et $|d\bar{X}^x_{t\wedge T_i}| \leq V_i |d\bar{Z}_{t\wedge T_i}|$.

Posons ensuite,

$$D_u = \sum_i V_i^2 \, 1_{[T_{i-1},T_i[}(u) \quad , \quad H_u = \sum_i V_i \, 1_{[T_{i-1},T_i[}(u)$$

et
$$S_t = \inf\{ s : \int_0^s D_u d\langle Z\rangle_u + \int_0^s H_u |d\bar{Z}_u| + s \geq t\}.$$

Ce changement de temps est continu, donc, si l'on prend $\underline{\underline{G}}_t = \underline{\underline{F}}_{S_t}$ et $Q_t^x = X_{S_t}^x$, on sait que la $\underline{\underline{G}}_t$-décomposition de Q_t^x est juste $X_{S_t}^{x,c} + \bar{X}_{S_t}^x = Q_t^{x,c} + \bar{Q}_t^x$.

Pour tout $x \in K$, s < t, par rapport à $(\underline{\underline{G}}_t)$, on a bien :

$$\langle Q^x_\cdot\rangle_s^t + \underset{[s,t]}{\mathrm{Var}}(\bar{Q}^x_\cdot) = \langle X^x_\cdot\rangle_{S_s}^{S_t} + \int_{S_s}^{S_t} |d\bar{X}^x_u| \le$$

$$\le \int_{S_s}^{S_t} D_u d\langle Z\rangle_u + \int_{S_s}^{S_t} H_u |d\bar{Z}_u| \le t - s ;$$

donc, $d\langle Q^x_\cdot\rangle_t + |d\bar{Q}^x_t| \le dt$ et $d\langle Z\rangle_{S_t} + |d\bar{Z}_{S_t}| \le dt$.

Maintenant, si l'on pose $B(s,x) = Y(S_s,x)$, pour traiter l'intégrale stochastique $\int_o^t B(s,x)dQ^x_s$, on se ramène à vérifier les hypothèses du lemme 3 :

a) $\frac{\partial}{\partial X} Q^x_\cdot$ est une semimartingale continue ;

b) $E[|\langle\frac{\partial}{\partial X} Q^x_\cdot\rangle_t|^p$ et $E[|\int_o^t |d\frac{\partial}{\partial X} Q^x_u|^{2p}]$ sont uniformément bornés en (t,x) dans tout compact K' de $R_+ \times R$ pour certain $p > 2$.

Comme on l'a dit, a) est vraie ; pour b), on suppose d'abord que $\frac{\partial}{\partial X} Q^x_\cdot$ est une martingale locale continue. Alors, pour tout t,x fixés, on a

$$E[|\langle\frac{\partial}{\partial X} Q^x_\cdot\rangle_t|^p = E[|1 + \int_o^t \{\frac{\partial}{\partial X} Q^x_u f'(Q)\}^2 d\langle Z\rangle_{S_u}|^p] \le$$

$$\le C_p\{1+E[|\int_o^t |\frac{\partial}{\partial X}Q^x_u|^2 d\langle Z\rangle_{S_u}|^p]\} \le C_p\{1+E[|\int_o^t |\frac{\partial}{\partial X}Q^x_u|^2 du|^p]\}$$

$$\le C_p + C_{p,k'} \int_o^t E[|\frac{\partial}{\partial X}Q^x_\cdot|^{2p}]du \le C_p + C_{p,k'}\int_o^t E[|\langle\frac{\partial}{\partial x} Q^x_\cdot\rangle_u|^p]du .$$

D'après le lemme de Gronwall, on a

$$E[|\langle\frac{\partial}{\partial x}Q^x_\cdot\rangle_t|^p] \le C_p \exp(C_{p,k'}t) \le C_{p,k'} < \infty .$$

Pour la partie à variation finie de $\frac{\partial}{\partial X}Q^x_\cdot$, on a le résultat analogue.

Jusqu'à présent, on a démontré que, par rapport à $(\underline{\underline{G}}_t)$, $J(n,t,x) = \int_o^t B^n(s,x)\delta Q^n(s,x)ds$ (correspondant aux subdivisions dyadiques) converge UCP vers $\int_o^t B(s,x)dQ_s(x)$. Avec la même procédure que celle dans la démonstration du Théorème 1, on a le résultat désiré. En posant $S_{n,i} = S_{i2^n}$, la bonne approximation est écrite explicitement comme

$$I_K(n,t,x) = \int_0^t Y^n(s,x)\Delta X^n(s,x)ds \quad , \quad \text{où}$$

$$Y_n(s,x) = \sum_i Y(S_{n,i},x)\, 1_{[S_{n,i},S_{n,i+1}[}(s) \quad \text{et}$$

$$\Delta X^n(s,x) = \sum_i (X^x_{S_{n,i+1}} - X^x_{S_{n,i}})(S_{n,i+1}-S_{n,i})^{-1}\, 1_{[S_{n,i},S_{n,i+1}[}(s)$$

Quant au résultat annoncé dans ii), il est la conséquence immédiate de i), sachant que toutes les $I_K(n,t,x)$ sont continues en (t,x).

Bibliographie :

[1] H. Kunita : Stochastic differential equations and stochastic flows of diffeomorphisms. Un cours à l'Ecole d'Eté de probabilités de Saint-Flour XII-1982. Lecture Notes in Mathematics N° 1097. Springer-Verlag 1984.

[2] E. Lenglart : Semi-martingales et intégrales stochastiques en temps continu. Revue de CETHEDEC-Ondes et Signal N° 75 1983.

[3] P.A. Meyer : Flot d'une Equation Différentielle Stochastique. Séminaire de probabilités XV. Lectures Notes in Mathematics N° 850. Springer-Verlag 1981.

[4] A. Uppman : Sur le flot d'une Equation Différentielle Stochastique.
Thèse de 3ème cycle - Rouen 1980.

Lin Cheng de
Laboratoire du Calcul des Probabilités et Statistique
Université de Rouen
B.P. 67
76130 MONT SAINT-AIGNAN

APPROXIMATION OF PREDICTABLE CHARACTERISTICS OF PROCESSES WITH FILTRATIONS

Leszek Słomiński

1. Introduction.

Let (Ω, F, P) be a complete probability space and let S be a Polish space. Let $\mathcal{F} = \{\mathcal{F}(t)\}_{t \in \mathbb{R}^+}$ be a filtration on (Ω, F, P) i.e. a nondecreasing family of sub-σ-algebras of F. In the sequel we will consider $\mathcal{F}$ adapted processes X such that :

(1) $X(t)$ is a random S element on (Ω, F, P), $t \in \mathbb{R}^+$,

(2) almost all trajectories $\Omega \ni \omega \longmapsto (X(\omega) : \mathbb{R}^+ \longrightarrow S)$ are right-continuous and admit left hand limits, i.e. belong to $D(S)$,

(3) the filtration $\mathcal{F}$ is right-continuous and complete.

We will denote by $\mathcal{B}(S)$ and $\mathcal{P}(S)$ the σ-algebra of Borel subsets of S and the space of probability measures on $\mathcal{B}(S)$, respectively. It is well known that if $\mathcal{P}(S)$ is equipped with the topology of weak convergence and $D(S)$ is endowed with the Skorokhod topology J_1 then both spaces are metrisable as Polish spaces (see e.g. [2], [14]).

Let $T = \{T_n\}_{n \in \mathbb{N}}$, $T_n = \{t_{nk}\}_{k \in \mathbb{N} \cup \{0\}}$, $0 = t_{n0} < t_{n1} < \dots$, $\lim_{k \to \infty} t_{nk} = +\infty$, $n \in \mathbb{N}$ be a sequence of partitions of $\mathbb{R}^+$ such that:

(4) $T_n \subset T_{n+1}$, $n \in \mathbb{N}$,

(5) $\max_{k \leqslant r_n(t)} (t_{nk} - t_{n,k-1}) \downarrow 0$, $t \in \mathbb{R}^+$,

where $r_n(t) \overset{df}{=} \max[k : t_{nk} \leqslant t]$, $t \in \mathbb{R}^+$, $n \in \mathbb{N}$. For the array $\{t_{nk}\}$ we define the sequence of summation rules $\{\rho_n\}_{n \in \mathbb{N}}$ by the equality $\rho_n(t) \overset{df}{=} \max[t_{nk} : t_{nk} \leqslant t]$, $t \in \mathbb{R}^+$, $n \in \mathbb{N}$. Notice that $\{r_n\}_{n \in \mathbb{N}} \subset D(\mathbb{R})$ and $\{\rho_n\}_{n \in \mathbb{N}} \subset D(\mathbb{R})$.

Let x be an element of $D(S)$. Having the sequence of summation rules $\{\varrho_n\}_{n\in\mathbb{N}}$ we may introduce a sequence $\{x\circ\varrho_n\}_{n\in\mathbb{N}}$ of elements from $D(S)$ by the equality $x\circ\varrho_n(t) \overset{df}{=} x(\varrho_n(t))$, $t\in\mathbb{R}^+$, $n\in\mathbb{N}$. The Skorokhod convergence is such that :

(6) $$x\circ\varrho_n \longrightarrow x \quad \text{in} \quad D(S) .$$

Let $S=\mathbb{R}$ and let X be an $\mathcal{F}$ adapted real semimartingale, $X(0)=0$, with the triplet of local predictable characteristics (B^h, σ^2, ν) (see Section 3). Let us fix $\omega\in\Omega$. By Theorem 1 of Grigelionis [5] there exists a semimartingale with independent increments X^{ω} such that its law $\mathcal{L}(X^{\omega})$ is uniquely determined by the triplet $(B^h(\omega), \sigma^2(\omega), \nu(\omega))$ (see Section 3).

Let us denote by $\mathcal{M}^X(\omega)$ the distribution of X^{ω} considered as a random element with values in $\mathcal{P}(D(\mathbb{R}))$:

(7) $$\mathcal{M}^X(\omega) \overset{df}{=} \mathcal{L}(X^{\omega}) .$$

Hence $\mathcal{M}^X$ is a random measure with values in the set (denoted by PII) of distributions of processes with independent increments and with trajectories in $D(\mathbb{R})$. The set PII is a closed subset of $\mathcal{P}(D(\mathbb{R}))$.

Now, let X be an $\mathcal{F}$ adapted real process, $X(0)=0$. We will consider a sequence $\{X\circ\varrho_n\}_{n\in\mathbb{N}}$ of $\mathcal{F}\circ\varrho_n$ adapted processes, which is in fact a sequence of discretization of X according to $\{\varrho_n\}_{n\in\mathbb{N}}$:

(8) $$X\circ\varrho_n(t) \overset{df}{=} X(\varrho_n(t)) = \sum_{k=1}^{r_n(t)} \Delta_k^n X$$

(9) $$\mathcal{F}\circ\varrho_n(t) \overset{df}{=} \mathcal{F}(\varrho_n(t))$$

$t\in\mathbb{R}^+$, $n\in\mathbb{N}$ where $\Delta_k^n X \overset{df}{=} X(t_{nk}) - X(t_{n,k-1})$ $k,n\in\mathbb{N}$.

By (1) and (6) we may trivially obtain

(10) $$X\circ\varrho_n \longrightarrow X \quad \text{in} \quad D(\mathbb{R})$$

almost surely.

Since for every $n\in\mathbb{N}$ $X\circ\varrho_n$ is a process with bounded variation, $X\circ\varrho_n$ is a semimartingale. Therefore there exists a random measure $\mathcal{M}^{X\circ\varrho_n}$ defined by (7). Moreover the special form of $X\circ\varrho_n$ and $\mathcal{F}\circ\varrho_n$ implies that :

$$(11) \qquad \mathcal{L}^{X\circ\rho_n}(t) = \mathop{\Large *}_{k=1}^{r_n(t)} \lambda(t_{nk}, t_{n,k-1}) \qquad t\in\mathbb{R}^+, n\in\mathbb{N}$$

where "$*$" denotes the convolution taken pointwise for the random measures $\lambda(t_{nk}, t_{n,k-1})$ $n,k\in\mathbb{N}$ and $\lambda(t_{nk}, t_{n,k-1})$ is a regular version of the conditional distribution of the increment $\Delta_k^n X$ given $\mathcal{F}(t_{n,k-1})$ $n,k\in\mathbb{N}$.

Now, we are ready to introduce our main notion.

Definition 1. Let X be an $\mathcal{F}$ adapted real process, $X(0)=0$, and let $T=\{T_n\}_{n\in\mathbb{N}}$ be a sequence of discretizations satisfying (4), (5). We will say that X is T tangent to the family of processes with independent increments or for simplicity X is T tangent to PII iff there exists a random measure

$$\mathcal{L}_g^X : \Omega \longrightarrow \text{PII} \subset \mathcal{P}(D(\mathbb{R})) \quad \text{such that}$$

$$(12) \qquad \mathcal{L}^{X\circ\rho_n} \xrightarrow[P]{} \mathcal{L}_g^X \quad \text{in} \quad \mathcal{P}(D(\mathbb{R})).$$

In the sequel we will denote the class of processes T tangent to PII by $S_g(T,D)$.

In our paper we characterise the class of processes T tangent to PII and we formulate limit theorems for processes from $S_g(T,D)$. Main theorems are contained in Section 2. We defer the proofs to Section 5.

It is clear by using the counter example from Dellacherie, Doleans-Dade [4] that it is possible to construct a process X (even a semimartingale) and two sequences of discretizations $T=\{T_n\}_{n\in\mathbb{N}}$, $T^1=\{T_n^1\}_{n\in\mathbb{N}}$ for which X is T tangent to PII but X is not T^1 tangent to PII. Hence in this case $S_g(T,D)\neq S_g(T^1,D)$ and the property " X is T tangent to PII " should be checked for fixed $T=\{T_n\}_{n\in\mathbb{N}}$.

Since the random measures $\mathcal{L}^X$ and $\mathcal{L}_g^X$ associated to the semimartingale X and to the element of $S_g(T,D)$, respectively, have some different properties (for more detail see Section 3) we reserve the notion $\mathcal{L}^X$ only for semimartingales.

Recently Jacod [9] examined a particular case of the theorems considered in our paper. Jacod characterised in detail the class of processes T tangent to PII such that for every $\omega\in\Omega$ $\mathcal{L}_g^X(\omega)$ is additionally the law of continuous in probability process with independent increments.

Below we give Jacod's results. In fact we change slightly the form and notation in those theorems. Let $S_g(T,C)$ denote the subspace of $S_g(T,D)$ examined in [9] .

Theorem J1 ([9]). (i) Every continuous in probability process with independent increments X, $X(0)=0$ belongs to $S_g(T,C)$. Then $\Lambda_g^X = \mathcal{L}(X)$.

(ii) Every quasileft-continuous semimartingale X, $X(0)=0$ belongs to $S_g(T,C)$. In this case $\Lambda_g^X = \Lambda^X$.

In order to give a characterisation of processes from $S_g(T,C)$ it is necessary to define the following family of processes.

Definition J2 ([9]). (i) We say that the bounded and predictable process B, $B(0)=0$ with continuous trajectories belongs to the class $B(T,C)$ iff

(13) $$\sup_{t\leq q} \Big| \sum_{k=1}^{r_n(t)} E_{k-1}^n \Delta_k^n B - B(t) \Big| \xrightarrow[P]{} 0 , \qquad q\in \mathbb{R}^+$$

(14) $$\sum_{k=1}^{r_n(t)} \Big[E_{k-1}^n(\Delta_k^n B)^2 - (E_{k-1}^n \Delta_k^n B)^2 \Big] \xrightarrow[P]{} 0 , \qquad t\in \mathbb{R}^+$$

where $E_{k-1}^n(\cdot) = E(\cdot)\,|\,\mathcal{F}(t_{n,k-1})$ $n,k\in\mathbb{N}$.

(ii) We say that the process B belongs to $B_{loc}(T,C)$ iff there exists a localizing sequence $\{\tau_k\}_{k\in\mathbb{N}}$, $\tau_k \uparrow +\infty$ a.s. of $\mathcal{F}$ stopping times for which $B^{\tau_k}\in B(T,C)$, $k\in\mathbb{N}$.

We will also use the characteristics σ^2, ν such that

(15) σ^2 is a process with continuous and nondecreasing trajectories, $\sigma^2(0)=0$

(16) ν is a random measure on $\mathcal{B}(\mathbb{R}^+\times\mathbb{R})$, $\nu(\{t\}\times\mathbb{R})=0$, $t\in\mathbb{R}^+$
$\nu(\mathbb{R}^+\times\{0\})=0$, $\int_{\mathbb{R}} x^2\wedge 1\, \nu((0,t]\times dx) < +\infty$, $t\in\mathbb{R}^+$.

Theorem J3 ([9]). (i) $B_{loc}(T,C)$ and $S_g(T,C)$ are two vector spaces.

(ii) The sum of a quasileft-continuous semimartingale and a process from $B_{loc}(T,C)$ belongs to $S_g(T,C)$.

(iii) The process X belongs to $S_g(T,C)$ iff there exists the triplet (B,σ^2,ν) with $B\in B_{loc}(T,C)$ and σ^2, ν satisfying (15) and (16) respectively such that $X-B$ is a quasileft-continuous semimartingale with triplet of predictable characteristics $(0,\sigma^2,\nu)$. In this case the triplet (B,σ^2,ν)

is uniquely determined.

(iv) The space $B_{loc}(T,C)$ contains : all the processes B, $B(0)=0$ with continuous trajectories and bounded variation, all the continuous elements from $D(\mathbb{R})$ equal null in 0.

It can be observed (see [9], Remark 1.16) that the technique used for the characterisation of the class $S_g(T,C)$ can not to be extended to the class $S_g(T,D)$. Our method is more general and we hope that it is slightly simpler to the one mentioned above.

We end this section with a simple example of a family of processes from $S_g(T,D)$ not necessary belonging to $S_g(T,C)$.

Example. Every process with independent increments X, $X(0)=0$ is T tangent to PII.

In order to explain this fact let us note that for each $n \in \mathbb{N}$ $X \circ \rho_n$ is a semimartingale with independent increments for which :

$$\mathcal{A}^{X \circ \rho_n} = \mathcal{L}(X \circ \rho_n) \quad .$$

By (10) the conclusion follows and $\mathcal{A}_g^X = \mathcal{L}(X)$.

In the following sections we restrict our attention to the real $\mathcal{F}$ adapted processes X satisfying the assumption

$$X(0) = 0 \quad . \tag{17}$$

2. Main results.

2.1 The semimartingales T tangent to PII.

Let $T = \{T_n\}_{n \in \mathbb{N}}$ be a sequence of discretizations satisfying (4), (5) with the accompanying sequence of summation rules $\{\rho_n\}_{n \in \mathbb{N}}$. Let us fix $t \in \mathbb{R}^+$, $n \in \mathbb{N}$ and let σ be a $\mathcal{F} \circ \rho_n$ stopping time. Since for $k \leq r_n(t)$, $[t_{nk} \leq \sigma < t_{n,k+1}] \in \mathcal{F} \circ \rho_n(t_{n,k+1}-) = \mathcal{F}(t_{nk}) \subset \mathcal{F} \circ \rho_n(t)$ so by simple calculations we have

$$[\rho_n(\sigma) \leq t] = \bigcup_{k=0}^{r_n(t)} [\rho_n(\sigma) = t_{nk}]$$

$$= \bigcup_{k=0}^{r_n(t)} [t_{nk} \leq \sigma < t_{n,k+1}] \in \mathcal{F} \circ \rho_n(t) \; .$$

But if σ is an $\mathcal{F}$ stopping time only we do not know whether $\rho_n(\sigma)$ is an $\mathcal{F} \circ \rho_n$ stopping time or not. This implies the existence of examples of semimartingales which are not T tangent to PII .

Theorem 1. Let X be a semimartingale with the predictable characteristics Λ^X defined by (7) . The semimartingale X is T tangent to PII i.e. $X \in S_g(T,D)$ iff the following condition (T) is satisfied :

(T) for every predictable $\mathcal{F}$ stopping time σ there exists a sequence $\{\sigma_n\}_{n \in \mathbb{N}}$ of $\mathcal{F}\circ\rho_n$ stopping times such that

$$\lim_{n \to \infty} P\left[\rho_n(\sigma) \neq \sigma_n \, , \, A_\sigma\right] = 0$$

where $A_\sigma \overset{\text{df}}{=} [\nu(\{\sigma\}, \mathbb{R}) > 0 \, , \, \sigma < +\infty]$.

In this case $\Lambda_g^X = \Lambda^X$.

Due to Theorem 1 it is possible to give a nontrivial example of a semimartingale from $S_g(T,D)$.

Corollary 1. Let X be a semimartingale of which every predictable jump σ has one of the two following forms :

(18) $\sigma = \sum_{k=1}^{\infty} s_k I(\sigma = s_k)$ on the set A_σ for some sequence of positive constants $\{s_k\}_{k \in \mathbb{N}}$

(19) $\sigma = \tau + c$ on the set A_σ for some $\mathcal{F}$ stopping time τ and for some positive constant c .

Then $X \in S_g(T,D)$.

2.2 The characterisation of processes from $S_g(T,D)$.

First we introduce a new class of processes appropriate to $B_{loc}(T,C)$.

Definition 2. (i) We say that a bounded and predictable process B , $B(0) = 0$ belongs to the class $B(T,D)$ iff

$$(20) \qquad \sup_{t \leq q} \left| \sum_{k=1}^{r_n(t)} E_{k-1}^n \Delta_k^n B - \sum_{k=1}^{r_n(t)} \Delta_k^n B \right| \xrightarrow[P]{} 0 \, , \quad q \in \mathbb{R}^+ .$$

(ii) We say that the process B belongs to $B_{loc}(T,D)$ iff there exists a localizing sequence $\{\tau_k\}_{k \in \mathbb{N}}$, $\tau_k \uparrow +\infty$ a.s. of $\mathcal{F}$ stopping times and $B^{\tau_k} \in B(T,D)$, $k \in \mathbb{N}$.

Let us assume that $B \in B(T,D)$. Since an $\mathcal{F}\circ\rho_n$ adapted process

$\left\{\sum_{k=1}^{r_n(t)} \left[E^n_{k-1}\Delta^n_k B - \Delta^n_k B\right]\right\}_{t\in\mathbb{R}^+}$ is for fixed $n\in\mathbb{N}$ a local martingale it follows by the Davis-Burkholder-Gundy inequality (see [7]) that (20) implies (14) . Therefore :

$$B(T,C) = B(T,D) \cap \{ B \text{ with continuous trajectories} \} .$$

We can easily extend the above equality to the classes $B_{loc}(T,C)$ and $B_{loc}(T,D)$. It is clear that in general $B_{loc}(T,D) \neq B_{loc}(T^1,D)$ for two different sequences of discretizations T , T^1 .

Now, let us observe that it is possible to express (20) in terms of convergence in $D(\mathbb{R})$. By (71) B , $B(0)=0$ belongs to $B(T,D)$ iff

$$\widetilde{B\circ\rho_n} \xrightarrow[P]{} B \quad \text{in} \quad D(\mathbb{R}) , \tag{21}$$

where above and in the next sections for every special semimartingale X , $\widetilde{X}$ denotes its predictable compensator , $\widetilde{X}(0)=0$.

Let $(B^h_g, \sigma^2_g, \nu_g)$ be a triplet of characteristics such that :

(22) B^h_g is a predictable process, $\sup_t |\Delta B^h_g(t)| \leq 1$, $B^h_g(0)=0$,

(23) σ^2_g is a process with continuous and nondecreasing trajectories $\sigma^2_g(0)=0$,

(24) ν_g is a random measure on $\mathcal{B}(\mathbb{R}^+\times\mathbb{R})$ for which

$$\nu_g(\{0\}\times\mathbb{R})=0 , \quad \nu_g(\mathbb{R}^+\times\{0\})=0 , \quad \nu_g(0,t]\times[|x|>\varepsilon]) < +\infty$$

$$\nu_g(\{t\}\times\mathbb{R}) \leq 1 ,$$

$$\int_0^t\int_{\mathbb{R}} (h(x) - \Delta B^h_g(s))^2\, \nu_g(ds\times dx) + \sum_{s\leq t}(1-\nu_g(\{s\}\times\mathbb{R}))(\Delta B^h_g(s))^2 < +\infty$$

$$\Delta B^h_g(t) = \int_{\mathbb{R}} h(x)\,\nu_g(\{t\}\times dx) , \quad \text{for every} \quad t\in\mathbb{R}^+ , \quad \varepsilon > 0 .$$

<u>Theorem 2.</u> (i) <u>$B_{loc}(T,D)$ and $S_g(T,D)$ are two vector spaces.</u>

(ii) <u>The sum of a T tangent to PII semimartingale and a process from $B_{loc}(T,D)$ belongs to $S_g(T,D)$</u> .

(iii) <u>The process X belongs to $S_g(T,D)$ iff there exists a system of characteristics $(B^h_g, \sigma^2_g, \nu_g)$ satisfying (22) - (24) such that $B^h_g \in B_{loc}(T,D)$ and $X - B^h_g$ is a semimartingale</u>

from $S_g(T,D)$ with the triplet of predictable characteristics $(B^h, \sigma^{2g}, \nu^h)$ given by :

$$\sigma^2(t) \stackrel{df}{=} \sigma_g^2(t) \quad , \quad t \in \mathbb{R}^+ ,$$

$$\nu^h(A) \stackrel{df}{=} \iint_{\mathbb{R}^+\mathbb{R}} I(x \neq \Delta B_g^h(s), (s, x-\Delta B_g^h(s)) \in A)\, \nu_g(ds \times dx)$$
$$+ \sum_s \left(1 - \nu_g(\{s\}\times\mathbb{R})\right) I(0 \neq \Delta B_g^h(s), (s, -\Delta B_g^h(s)) \in A)$$
$$A \in \mathcal{B}(\mathbb{R}^+ \times \mathbb{R}) ,$$

$$B^h(t) \stackrel{df}{=} \sum_{s \leq t} \int_{\mathbb{R}} h(x)\, \nu^h(\{s\}\times dx) \quad , \quad t \in \mathbb{R}^+ .$$

In this case the triplet $(B_g^h, \sigma_g^2, \nu_g)$ is uniquely determined.

(iv) The space $B_{loc}(T,D)$ contains : all predictable processes B , $B(0) = 0$ with bounded variation, satisfying the condition (T) , and all $F(0)$ measurable processes equal null in 0 .

Corollary 2. Let X be a process with conditionally independent increments. Then $X \in S_g(T,D)$.

2.3 Functional limit theorems for processes tangent to PII .

It is interesting that limit theorems for the processes tangent to PII can be formulated in the same way as for semimartingales (functional limit theorems for semimartingales can be found in [6] , [10]). In order to study those theorems we will use an approach of Aldous [1] .

Let X be an $\mathcal{F}$ adapted real process. Aldous has shown that there exists a unique $\mathcal{F}$ adapted process Z with trajectories in the space $D(\mathcal{P}(D(\mathbb{R})))$ such that for every $t \in \mathbb{R}^+$ and $A \in \mathcal{B}(D(\mathbb{R}))$ we have :

$$Z(t,A) = P\ (\ X \in A \mid \mathcal{F}(t))$$

i.e. $Z(t) : \Omega \times \mathcal{B}(D(\mathbb{R})) \longrightarrow [0,1]$ is a regular version of the conditional distribution of X given $\mathcal{F}(t)$.

For every $\omega \in \Omega$ the trajectory

$$\mathbb{R}^+ \ni t \longmapsto (X(t,\omega), Z(t,\omega)) \in \mathbb{R}^+ \times \mathcal{P}(D(\mathbb{R}))$$

is an element of the space $D(\mathbb{R} \times \mathcal{P}(D(\mathbb{R})))$ so we can define the extended distribution of the process X as the distribution of the random element

$$\Omega \ni \omega \longmapsto (X(\omega), Z(\omega)) \in D(\mathbb{R} \times \mathcal{P}(D(\mathbb{R}))) .$$

Let $\{X^n\}_{n\in\mathbb{N}\cup\{\infty\}}$ be a sequence of $\mathcal{F}^n$ adapted processes. We say that the sequence $\{X^n\}_{n\in\mathbb{N}}$ converges extendedly to X^∞ and write $X^n \xrightarrow[E]{} X^\infty$ iff the extended distributions of $\{X^n\}_{n\in\mathbb{N}}$ are weakly convergent to the extended distribution of X^∞.

Some necessary and sufficient conditions for extended convergence of semimartingales have been given in [11] and [17]. It is proved by Kubilius [12] that the theorems from [11] and [17] can be extended to the case where the limit process is a semimartingale but not necessarily with independent increments.

In the present paper we propose another way of generalization. We apply the method from [11] and [17] to the processes tangent to PII.

Theorem 3. Let $\{X^n\}_{n\in\mathbb{N}}$ be a sequence of $\mathcal{F}^n$ adapted processes, $T^n = \{T^n_k\}_{k\in\mathbb{N}}$ tangent to PII, and let X^∞ be a continuous in probability process with independent increments. Under the condition

$$(\text{Sup } B_g) \qquad \sup_{t\leq q} \left| B_g^{h,n}(t) - B_g^{h,\infty}(t) \right| \xrightarrow[P]{} 0 , \quad q\in\mathbb{R}^+,$$

the following two conditions are equivalent :

(i) $\quad \Lambda_g^{X^n} \xrightarrow[P]{} \mathcal{L}(X^\infty)$,

(ii) $\quad X^n \xrightarrow[E]{} X^\infty$.

Similarly we could formulate a version of Theorem 3 from [11] where the condition $(\text{Sup } B_g)$ is also necessary in some special sense.

3. Preliminary remarks.

3.1 Convergence in the Skorokhod topology.

The space $D(S)$ with the Skorokhod topology J_1 has been discussed in detail by several authors : Lindvall [14], Billingsley [2] and Aldous [1]. In the present paper we will use frequently the results from [1].

Let x be an element of $D(S)$. Let us denote by ${}^s x$ the element x stopped at s, $s \in \mathbb{R}^+$, i.e.

$$ {}^s x(t) \stackrel{\text{df}}{=} \begin{cases} x(t) & t \leq s \\ x(s) & t > s \end{cases} .$$

Remark 1. Let $\{x_n\}_{n \in \mathbb{N} \cup \{\infty\}}$ be a sequence of elements from $D(S)$ such that $x_n \longrightarrow x_\infty$. Then by Proposition 26.8 from [1] for each $s \in \mathbb{R}^+$ there exists a sequence $\{s_n\}_{n \in \mathbb{N}}$ $s_n \longrightarrow s$ for which ${}^{s_n}x_n \longrightarrow {}^s x_\infty$. Moreover if $\{u_n\}_{n \in \mathbb{N}}$ is a sequence satisfying $u_n \geq s_n$, $n \in \mathbb{N}$ and $u_n \longrightarrow s$ then also ${}^{u_n}x_n \longrightarrow {}^s x_\infty$.

Suppose that S, S^1 are two Polish spaces. In Section 2.3 and in other sections of our paper we often use the convergence in the Skorokhod topology in $D(S \times S^1)$. By Proposition 29.2 from [1] we obtain following simple characterisation of the convergence in $D(S \times S^1)$.

Let $\{x_n\}_{n \in \mathbb{N} \cup \{\infty\}}$, $\{y_n\}_{n \in \mathbb{N} \cup \{\infty\}}$ be two sequences of elements from $D(S)$ and $D(S^1)$ respectively. Then $(x_n, y_n) \longrightarrow (x_\infty, y_\infty)$ in $D(S \times S^1)$ iff $x_n \longrightarrow x_\infty$ in $D(S)$ $y_n \longrightarrow y_\infty$ in $D(S^1)$ and for every $t \in \mathbb{R}^+$ there exists a sequence $\{t_n\}_{n \in \mathbb{N}}$, $t_n \longrightarrow t$ such that $x_n(t_n) \longrightarrow x_\infty(t)$ $x_n(t_n-) \longrightarrow x_\infty(t-)$, $y_n(t_n) \longrightarrow y_\infty(t)$, $y_n(t_n-) \longrightarrow y_\infty(t-)$.

Remark 2. The above result is simpler in the case $S = \mathbb{R}$, $S^1 = \mathbb{R}$. Then $(x_n, y_n) \longrightarrow (x_\infty, y_\infty)$ in $D(\mathbb{R}^2)$ iff $x_n \longrightarrow x_\infty$, $y_n \longrightarrow y_\infty$ in $D(\mathbb{R})$ and for every $t \in \{t \in \mathbb{R}^+ : \Delta x_\infty(t) \neq 0$ and $\Delta y_\infty(t) \neq 0\}$ there exists a sequence $\{t_n\}_{n \in \mathbb{N}}$, $t_n \longrightarrow t$, such that $\Delta x_n(t_n) \longrightarrow \Delta x_\infty(t)$ and $\Delta y_n(t_n) \longrightarrow \Delta y_\infty(t)$. Consequently $(x_n, y_n) \longrightarrow (x_\infty, y_\infty)$ in $D(\mathbb{R}^2)$ iff $x_n \longrightarrow x_\infty$, $y_n \longrightarrow y_\infty$ and $x_n - y_n \longrightarrow x_\infty - y_\infty$ in $D(\mathbb{R})$.

Now, assume that $x \in D(\mathbb{R})$, $x(0) = 0$ and x has quadratic variation $[x]$, i.e. for each $t \in \mathbb{R}^+$ there exists a finite limit

$$[x](t) \stackrel{\text{df}}{=} \lim_{n \to \infty} \sum_{k=1}^{r_n(t)} \left(x(t \wedge t_{n,k+1}) - x(t \wedge t_{nk})\right)^2$$

for some fixed sequence of discretizations $T = \{T_n\}_{n \in \mathbb{N}}$. Therefore $[x] \in D(\mathbb{R})$ and $[x](0) = 0$. It is clear by using e.g. 3.2. in [8] that $[x \circ \rho_n] \longrightarrow [x]$ in $D(\mathbb{R})$. Moreover by Remark 2 and (6)

$$([x] \circ \rho_n, [x \circ \rho_n]) \longrightarrow ([x], [x]) \quad \text{in} \quad D(\mathbb{R}^2).$$

Using Remark 2 once more

(25) $$\sup_{t \leq q} \left| [X]\circ\rho_n(t) - [X\circ\rho_n](t) \right| \longrightarrow 0 , \quad q \in \mathbb{R}^+ .$$

The following lemma is an easy corollary of (25) .

Lemma 1. Let X be a local martingale. Then

$$\sup_{t \leq q} \left| [X]\circ\rho_n(t) - [X\circ\rho_n](t) \right| \xrightarrow[P]{} 0 , \quad q \in \mathbb{R}^+ .$$

■

3.2 The Lenglart type inequality.

The following lemma follows readily from the concept of domination introduced by Lenglart [13] .

Lemma 2. Let X be a process with bounded variation . Then for all $\varepsilon , \eta > 0$ and for every $\mathcal{F}$ stopping time τ :

$$P\left[\operatorname{Var} \tilde{X}(\tau) > \varepsilon \right] \leqslant 4\,\varepsilon^{-1}\, E \operatorname{Var} X(\tau) \wedge \left(\eta + \sup_{t \leq \tau} |\Delta X(t)|\right) + 2\,P\left[\operatorname{Var} X(\tau) > \eta \right] .$$

Proof. Let X^+ and X^- be two increasing processes such that $X = X^+ - X^-$ and $\operatorname{Var} X = X^+ + X^-$. Therefore

$$P\left[\operatorname{Var} \tilde{X}(\tau) > \varepsilon \right] \leqslant P\left[\widetilde{X^+}(\tau) > \tfrac{\varepsilon}{2} \right] + P\left[\widetilde{X^-}(\tau) > \tfrac{\varepsilon}{2} \right] .$$

Using the inequality of Rebolledo [16] to the first component on the right-hand side in the above inequality we obtain :

$$P\left[\widetilde{X^+}(\tau) > \tfrac{\varepsilon}{2} \right] \leqslant 2\,\varepsilon^{-1}\, E\, X^+(\tau) \wedge \left(\eta + \sup_{t \leq \tau} |\Delta X^+(t)|\right) + P\left[X^+(\tau) > \eta \right] .$$

The same estimation is also true in the case of the process X^- Therefore the proof is complete. ■

Corollary 3. Let $\{X^n\}_{n \in \mathbb{N}}$ be a sequence of $\mathcal{F}^n$ adapted processes with bounded variation such that $\left\{ \sup_{t \leq \tau_n} |\Delta X^n(t)| \right\}_{n \in \mathbb{N}}$ is uniformly integrable for some sequence $\{\tau_n\}_{n \in \mathbb{N}}$ of $\mathcal{F}^n$ stopping times. If $\operatorname{Var} X^n(\tau_n) \xrightarrow[P]{} 0$ then

$$\operatorname{Var} \widetilde{X^n}(\tau_n) \xrightarrow[P]{} 0 .$$

■

3.3 The predictable characteristics of semimartingales and processes tangent to PII .

Let X be a semimartingale. Let h be a continuous function $h : \mathbb{R} \longrightarrow [-1,1]$ such that $h(x) = x$ for $|x| \leqslant 1/2$ and $h(x) = 0$ for $|x| > 1$. By X^h we denote the process given by the formula

(26) $$X^h(t) \overset{df}{=} X(t) - \sum_{s \leq t} \big(\Delta X(s) - h(\Delta X(s))\big) \quad , \quad t \in \mathbb{R}^+.$$

The process X^h is a semimartingale with bounded jumps , $\sup |\Delta X^h(t)| \leqslant 1$, hence it is also a special semimatingale and can be uniquely decomposed into the sum :

(27) $$X^h(t) = B^h(t) + M^h(t) \quad , \quad t \in \mathbb{R}^+ .$$

Where B^h is a predictable process with bounded variation , $B^h(0) = 0$, $\sup |\Delta B^h(t)| \leqslant 1$ and M^h is a local martingale , $M^h(0) = 0$, $\sup_t |\Delta M^h(t)| \leqslant 2$.

Let X^c be the unique continuous martingale part of the semimartingale X . We define

(28) $$\sigma^2(t) \overset{df}{=} \langle X^c \rangle (t) \quad , \quad t \in \mathbb{R}^+ ,$$

where $\langle X^c \rangle = [X^c]$ is the quadratic variation process of X^c .

Let $\nu = \nu(dt \times dx)$ be the dual predictable projection of the jump-measure $N(dt \times dx)$ of the process X

(29) $$N((0,t] \times A) \overset{df}{=} \sum_{s \leq t} I\big(\Delta X(s) \in A \ , \ \Delta X(s) \neq 0\big) \qquad t \in \mathbb{R}^+, \ A \in \mathcal{B}(\mathbb{R}).$$

The triple (B^h, σ^2, ν) is called a system of local predictable characteristics of the semimartingale X . It can be observed that this system satisfies the following properties :

(30) B^h is a predictable process with bounded variation , $B^h(0) = 0$, $\sup_t |\Delta B^h(t)| \leqslant 1$,

(31) σ^2 is a process with continuous and nondecreasing trajectories , $\sigma^2(0) = 0$,

(32) ν is a random measure on $\mathcal{B}(\mathbb{R}^+ \times \mathbb{R})$ such that :
$\nu(\{0\} \times \mathbb{R}) = 0$, $\nu(\mathbb{R}^+ \times \{0\}) = 0$,
$\int_{\mathbb{R}} x^2 \wedge 1 \, \nu((0,t] \times dx) < +\infty$, $t \in \mathbb{R}^+$.

It is clear that in general, it is not true that B^h belongs to $B_{loc}(T,D)$. However comparing (30) - (32) with the properties of predictable characteristics of processes tangent to PII we can conclude that the system (B^h, σ^2, ν) fulfills the conditions (22) - (24) , too .

3.4 The processes with independent increments.

Let X be a process with independent increments. As it is proved in Jacod [8] and in Grigelionis [5] there exists a nonrandom system of characteristics $(B_g^h, \sigma_g^2, \nu_g)$ satisfying (22) - (24) . Moreover if we denote $D_0 = \{ t \in \mathbb{R}^+ : \nu_g(\{t\}\times\mathbb{R}) = 0 \}$ then for every $s,t \in \mathbb{R}^+$, $s \leq t$

$$E \exp i\theta(X(t) - X(s)) = \prod_{s<r\leq t}\left\{\left[1 + \int_{\mathbb{R}}(e^{i\theta x} - 1)\nu_g(\{r\}\times dx)\right] e^{-i\theta\Delta B_g^h(r)}\right\}$$

$$(33) \qquad \exp\Big\{i\theta(B_g^h(t) - B_g^h(s)) - \tfrac{1}{2}\theta^2(\sigma_g^2(t) - \sigma_g^2(s)) + \int_s^t\int_{\mathbb{R}}(e^{i\theta x} - 1 - i\theta h(x))I(r\in D_0)\,\nu_g(dr\times dx)\Big\} .$$

Conversely if $(B_g^h, \sigma_g^2, \nu_g)$ is a nonrandom system of characteristics with properties (22) - (24) then there exists a process with independent increments X for which the condition (33) holds. Therefore the law of X , $\mathcal{L}(X)$ is uniquely determined by the triple $(B_g^h, \sigma_g^2, \nu_g)$. In the sequel we will use the notation $\mathcal{L}(B_g^h, \sigma_g^2, \nu_g) \overset{df}{=} \mathcal{L}(X)$.

In [8] Jacod has gived also necessary and sufficient conditions for the weak convergence of sequence of processes with independent increments. Let $\{X^n\}_{n\in\mathbb{N}\cup\{\infty\}}$ be a sequence of processes with independent increments with the sequence of their characteristics $\{(B_g^{h,n}, \sigma_g^{2,n}, \nu_g^n)\}_{n\in\mathbb{N}\cup\{\infty\}}$.

Theorem 34 ([8]). $\mathcal{L}(X^n) \longrightarrow \mathcal{L}(X^\infty)$ in $\mathcal{P}(D(\mathbb{R}))$ iff the following conditions are satisfied :

$$(34) \qquad B_g^{h,n} \longrightarrow B_g^{h,\infty} \quad \text{in} \quad D(\mathbb{R}) ,$$

$$(35) \qquad C_g^{h,n} \longrightarrow C_g^{h,\infty} \quad \text{in} \quad D(\mathbb{R}) ,$$

$$(36) \qquad \int_{\mathbb{R}} f(x)\,\nu_g^n(dx) \longrightarrow \int_{\mathbb{R}} f(x)\,\nu_g^\infty(dx) \quad \text{in} \quad D(\mathbb{R}) , \; f \in C_{V(0)}$$

where $C_g^{h,n}(t) \overset{df}{=} \sigma_g^{2,n}(t) + \sum_{s\leq t}\int_{\mathbb{R}}(h(x) - \Delta B_g^{h,n}(s))^2\,\nu_g^n(\{s\}\times dx) +$

$$+ \sum_{s \leq t} \left[1 - \nu_g^n(\{s\} \times \mathbb{R})\right] \left(\Delta B_g^{h,n}(s)\right)^2 , \qquad t \in \mathbb{R}^+,\ n \in \mathbb{N} \cup \{\infty\}.$$

and $C_{v(0)}$ is a family of positive and bounded, continuous functions vanishing in some open neighbourhood of 0.

4. Fundamental properties of processes tangent to PII.

4.1 Necessary and sufficient conditions for the processes from $S_g(T,D)$.

It is possible to characterise a process $X \in S_g(T,D)$ in terms of convergence in probability of the predictable characteristics of their discretizations $\{X \circ \rho_n\}_n$

Proposition 1. A process X is T tangent to PII iff the following conditions are fulfilled :

(37) $$\widetilde{(X \circ \rho_n)^h} \xrightarrow{P} B_g^h$$

(38) $$\widetilde{\left[(X \circ \rho_n)^h - \widetilde{(X \circ \rho_n)^h}\right]} \xrightarrow{P} c_g^h(\cdot) \stackrel{df}{=} \sigma_g^2(\cdot) + \sum_{s \leq \cdot} \int_{\mathbb{R}} (h(x) - \Delta B_g^h(s))^2 \nu_g(\{s\} \times dx)$$
$$+ \sum_{s \leq \cdot} \left[1 - \nu_g(\{s\} \times \mathbb{R})\right] \left(\Delta B_g^h(s)\right)^2$$

(39) $$\widetilde{\int_{\mathbb{R}} f(x)\, N \circ \rho_n(dx)} \xrightarrow{P} \int_{\mathbb{R}} f(x)\, \nu_g(dx) \quad , f \in C_{v(0)} ,$$

where the triple $(B_g^h, \sigma_g^2, \nu_g)$ posseses the properties (22) - (24)
In this case

(40) $X^h - B_g^h$ is a local martingale ,

(41) $\sigma_g^2 = \langle (X^h - B_g^h)^c \rangle$.

(42) $\int_{\mathbb{R}} f(x) N(dx) - \int_{\mathbb{R}} f(x)\, \nu_g(dx)$ is a local martingale for every $f \in C_{v(0)}$.

Proof. Let us assume that the process X is T tangent to PII . By a routine technique of subsequences and by Theorem J4 used for fixed $\omega \in \Omega$ we can readily see that the triplet $(B_g^h(\omega), \sigma_g^2(\omega), \nu_g(\omega))$ is well defined.

First we check the properties (22) and (40) for the process B_g^h . To prove the predictability of B_g^h we use Theorem 88 C from [4] . It is clear by (37) that B_g^h is adapted to $\mathcal{F}$.

Therefore we have to verify that $B_g^h(\sigma)$ is $\mathcal{F}(\sigma-)$ measurable for every predictable $\mathcal{F}$ stopping time σ and $\Delta B_g^h(\sigma) = 0$ for every totally inaccessible $\mathcal{F}$ stopping time.

Let $\{\sigma^{ik}\}$ be the array of $\mathcal{F}$ stopping time defined by the equalities :

$$(43) \qquad \sigma^{i0} = 0 \ , \qquad \sigma^{ik} = \inf\left[t > \sigma^{i,k-1} \ , \ |\Delta B_g^h(t)| > \varepsilon_i\right]$$

$i,k \in \mathbb{N}$, where $\{\varepsilon_i\}_{i\in\mathbb{N}}$ is a sequence of positive constants such that $\varepsilon_i \downarrow 0$, $P(|\Delta B_g^h(t)| = \varepsilon_i \ , \ t \in \mathbb{R}^+) = 0$ and $\inf \emptyset \overset{df}{=} +\infty$.

Let $\{\tau_n^{ik}\}$ be defined analogously for fixed $n \in \mathbb{N}$ as the following array of predictable $\mathcal{F}\circ\rho_n$ stopping times :

$$(44) \qquad \tau_n^{i0} = 0 \ , \qquad \tau_n^{ik} = \inf\left[t > \tau_n^{i,k-1} \ , |\Delta \widetilde{(X\circ\rho_n)}^h(t)| > \varepsilon_i\right]$$

$i,k \in \mathbb{N}$. Let us fix $i,k \in \mathbb{N}$. For simplicity we will write τ_n, σ instead of τ_n^{ik} , σ^{ik} .

By elementary computations : $\tau_n I(\tau_n < +\infty) \xrightarrow[P]{} \sigma$ and $\Delta\widetilde{(X\circ\rho_n)}^h(\tau_n) \, I(\tau_n < +\infty) \xrightarrow[P]{} \Delta B_g^h(\sigma)$ on the set $[\sigma < +\infty]$. Let us put for every $n \in \mathbb{N}$:

$$\delta_n \overset{df}{=} \begin{cases} \tau_n & \text{if} \quad \tau_n \leq \rho_n^*(\sigma) \\ +\infty & \text{if} \quad \tau_n > \rho_n^*(\sigma) \end{cases}$$

where $\rho_n^*(t) \overset{df}{=} \min[t_{nk} : t_{nk} \geq t]$, $t \in \mathbb{R}^+$ ($\rho_n^*(\sigma)$ is $\mathcal{F}\circ\rho_n$ stopping time !). According to (10) $\Delta(X\circ\rho_n)^h(\rho_n^*(\sigma)) \xrightarrow[P]{} \Delta X^h(\sigma)$ on the set $[\sigma < +\infty]$. Therefore $\Delta(X\circ\rho_n)^h(\tau_n) \, I(\rho_n^*(\sigma) \neq \tau_n, \ \tau_n < +\infty) \xrightarrow[P]{} 0$ on the set $[\sigma < +\infty]$ and as a consequence :

$$(45) \qquad \delta_n \, I(\delta_n < +\infty) \xrightarrow[P]{} \sigma \qquad \text{on the set } [\sigma < +\infty],$$

$$(46) \qquad \Delta\widetilde{(X\circ\rho_n)}^h(\delta_n) \, I(\delta_n < +\infty) \xrightarrow[P]{} \Delta B_g^h(\sigma) \quad \text{on the set } [\sigma < +\infty],$$

$$(47) \qquad \delta_n \leq \rho_n^*(\sigma) \qquad \text{on the set } [\delta_n < +\infty] \ , \quad n \in \mathbb{N}.$$

Now we will show that σ is a predictable $\mathcal{F}$ stopping time. Let γ be a positive constant and $\{k_n\}_{n\in\mathbb{N}}$ be a subsequence $\{k_n\} \subset \{n\}$, $k_n \uparrow +\infty$ for which $\sum_{n=1}^{\infty} P[\delta_{k_n} = +\infty \ , \ \sigma < +\infty] < \gamma$. Since by (47)

$$[\delta_{k_n} = +\infty \ , \ \sigma < +\infty]^c = [\delta_{k_n} \leq \rho_{k_n}^*(\sigma), \ \delta_{k_n} < +\infty] \cup [\rho_{k_n}^*(\sigma) = +\infty]$$

we have $[\delta_{k_n} = +\infty \ , \ \sigma < +\infty] \in \mathcal{F}\circ\rho_{k_n}(\rho^*_{k_n}(\sigma)-)$.
By the following simple lemma

Lemma 3. Let σ be a $\mathcal{F}$ stopping time. Then for every $n \in \mathbb{N}$ $\mathcal{F}\circ\rho_n(\rho^*_n(\sigma)-) \subset \mathcal{F}(\sigma-)$ and moreover

$$\mathcal{F}\circ\rho_n(\rho^*_n(\sigma)-) \uparrow \mathcal{F}(\sigma-) \quad . \blacksquare$$

we obtain that $S_\gamma \overset{\mathrm{df}}{=} \bigcup_{n=1}^{\infty} [\delta_{k_n} = +\infty \ , \ \sigma < +\infty] \in \mathcal{F}(\sigma-)$.
Hence we can define new $\mathcal{F}$ stopping time σ_γ :

$$\sigma_\gamma \overset{\mathrm{df}}{=} \begin{cases} \sigma & \text{on the set } (S_\gamma)^c \\ +\infty & \text{on the set } S_\gamma \end{cases} .$$

For every $n \in \mathbb{N}$ we also define :

$$\sigma_{k_n} \overset{\mathrm{df}}{=} \begin{cases} t_{k_n, j-1} & \text{if } \delta_{k_n} = t_{k_n, j} \ , \ j \in \mathbb{N} \\ +\infty & \text{if } \delta_{k_n} = +\infty \end{cases} .$$

If we put $\sigma_{k_n,\gamma} \overset{\mathrm{df}}{=} \max_{i \le n} (\sigma_{k_i} \wedge n)$ then $\sigma_{k_n,\gamma} < \sigma_\gamma$ $n \in \mathbb{N}$ and $\sigma_{k_n,\gamma} \uparrow \sigma_\gamma$.

Therefore σ_γ is a predictable $\mathcal{F}$ stopping time. Taking a sequence $\{\gamma_i\}_{i \in \mathbb{N}}$, $\gamma_i \downarrow 0$ we define a stationary decreasing sequence $\{\sigma_{\gamma_i}\}$ of predictable $\mathcal{F}$ stopping times $\sigma_{\gamma_i} \downarrow \sigma$. Thus σ is a predictable $\mathcal{F}$ stopping time , too.

As a consequence $\Delta B^h_g(\sigma) = 0$ for every totally inaccessible $\mathcal{F}$ stopping time σ .

Finally we have to verify that $B^h_g(\sigma)$ is $\mathcal{F}(\sigma-)$ measurable for every predictable $\mathcal{F}$ stopping time σ . This is clear if $\Delta B^h_g(\sigma) = 0$. In this case for stopped processes

$$(48) \qquad \widetilde{(X\circ\rho_n)}^{h,\ \rho^*_n(\sigma)} \xrightarrow[P]{} B^{h,\sigma}_g \quad .$$

On the other hand let σ be of the form $\sigma = \sigma^{ik}$.
Then by (45) and (46) we have

$$\widetilde{(X\circ\rho_n)}^{h,\ \delta_n} \xrightarrow[P]{} B^{h,\sigma}_g \quad .$$

And the property (47) together with Remark 2 implies that the conclusion (48) follows, too. Thus (48) holds for every $\mathcal{F}$ stopping time σ . Since the left-hand side of (48) is $\mathcal{F}\circ\rho_n(\rho^*_n(\sigma)-)$

measurable so it follows by Lemma 3 that $B_g^{h,\sigma}$ and in particular $B_g^h(\sigma)$ are $\mathcal{F}(\sigma-)$ measurable. Therefore the process B_g^h is predictable.

In the next step we will show that $X^h - B_g^h$ is a local martingale. Let σ be a fixed $\mathcal{F}$ stopping time. First let us note that the property

$$(49) \qquad \operatorname{Var}\left((X\circ\rho_n)^{h,\rho_n^*(\sigma)} - (X^{\sigma}\circ\rho_n)^h \right)(q) \xrightarrow[P]{} 0 \quad , q\in\mathbb{R}^+$$

together with Corollary 3 implies the convergence

$$(50) \qquad \sup_{t\le q} \left| \widetilde{(X\circ\rho_n)^{h,\rho_n^*(\sigma)}}(t) - \widetilde{(X^{\sigma}\circ\rho_n)^h}(t) \right| \xrightarrow[P]{} 0 \quad , q\in\mathbb{R}^+.$$

For proving (49) the following simple lemma will be used .

<u>Lemma 4.</u>

$$\operatorname{Var}\left(X^h\circ\rho_n - (X\circ\rho_n)^h\right)(q) \xrightarrow[P]{} 0 \quad , \quad q\in\mathbb{R}^+ .$$

<u>Proof of lemma.</u> By the definition

$$(X\circ\rho_n)^h(t) = X\circ\rho_n(t) - \sum_{i=1}^{\infty}\left(\Delta(X\circ\rho_n)(\sigma_n^i) - h(\Delta(X\circ\rho_n)(\sigma_n^i))\right)I(t\geq\sigma_n^i)$$

$$= X\circ\rho_n(t) - J_n(t)$$

where $\sigma_n^0 = 0$, $\sigma_n^i = \inf[t>\sigma_n^{i-1}, |\Delta(X\circ\rho_n)(t)|>\varepsilon]$ and
and $0<\varepsilon<1/2$, $P(|\Delta X(t)| = \varepsilon \;, t\in\mathbb{R}^+) = 0$.

We denote

$$J_n^1(t) = \sum_{i=1}^{\infty}\left(\Delta(X\circ\rho_n)(\rho_n^*(\sigma^i)) - h(\Delta(X\circ\rho_n)(\rho_n^*(\sigma^i)))\right)I(t\geq\rho_n^*(\sigma^i))$$

$t\in\mathbb{R}^+$, where $\sigma^0 = 0$, $\sigma^i = \inf[t>\sigma^{i-1}, |\Delta X(t)|>\varepsilon]$.
Since $\max[i : q\geq\sigma^i] < +\infty$, $q\in\mathbb{R}^+$ it follows by the convergence $\lim_{n\to\infty} P[\rho_n^*(\sigma^i)\neq\sigma_n^i \;, \sigma^i<+\infty] = 0$ that

$$\lim_{n\to\infty} P\,[\,J_n^1(t)\neq J_n(t),\; t\leq q\,] = 0 \qquad q\in\mathbb{R}^+.$$

Hence $\operatorname{Var}(J_n^1 - J_n)(q) \xrightarrow[P]{} 0$, $q\in\mathbb{R}^+$ and thus the estimation of $\operatorname{Var}(X^h\circ\rho_n - (X\circ\rho_n - J_n^1))(q)$, $q\in\mathbb{R}^+$ finishes the proof.

Let us observe that

$$\operatorname{Var}\left(X^h\circ\rho_n - (X\circ\rho_n - J_n^1)\right)(q) =$$
$$= \sum_{k=1}^{m_n(q)}\left|\Delta_k^n(X^h - X) + \sum_{i=1}^{\infty}\left(\Delta(X\circ\rho_n)(\rho_n^*(\sigma^i)) - h(\Delta(X\circ\rho_n)(\rho_n^*(\sigma^i)))\right)I(t_{nk} = \rho_n^*(\sigma^i))\right|$$

$$= \sum_{k=1}^{r_n(q)} \Big| \sum_{i=1}^{\infty} \big[(\Delta X(\sigma^i) - h(\Delta X(\sigma^i))) - (\Delta X \circ \rho_n(\rho_n^*(\sigma^i)) - h(\Delta X \circ \rho_n(\rho_n^*(\sigma^i)))) \big] \Big| \, I(t_{nk} = \rho_n^*(\sigma^i))$$

$$\leq \sum_{k=1}^{r_n(q)} \sum_{i=1}^{\infty} \big| (\Delta X(\sigma^i) - h(\Delta X(\sigma^i))) - (\Delta X \circ \rho_n(\rho_n^*(\sigma^i)) - h(\Delta X \circ \rho_n(\rho_n^*(\sigma^i)))) \big| \, I(t_{nk} = \rho_n^*(\sigma^i))$$

$$= \sum_{i=1}^{\infty} \big| (\Delta X(\sigma^i) - h(\Delta X(\sigma^i))) - (\Delta X \circ \rho_n(\rho_n^*(\sigma^i)) - h(\Delta X \circ \rho_n(\rho_n^*(\sigma^i)))) \big| \, I(q \geq \rho_n^*(\sigma^i)).$$

Then (10) implies that the last sum converges almost surely to 0 for every $q \in \mathbb{R}^+$. ∎

By Lemma 4 the estimation of (49) reduces to convergence

$$\operatorname{Var}\left((X^h \circ \rho_n)^{\rho_n^*(\sigma)} - X^{h,\sigma} \circ \rho_n \right)(q) \xrightarrow[\mathcal{P}]{} 0 \quad , \quad q \in \mathbb{R}^+ .$$

But the equality

$$\left((X^h \circ \rho_n)^{\rho_n^*(\sigma)} - X^{h,\sigma} \circ \rho_n \right)(t) = \left(X^h(\rho_n^*(\sigma)) - X^h(\sigma) \right) I\left(t \geq \rho_n^*(\sigma) \right)$$

assures that convergence due to the right continuity of X^h .

Comparing (50) and (48) we obtain :

$$(51) \qquad \widetilde{(X^\sigma \circ \rho_n)}^h \xrightarrow[\mathcal{P}]{} B_g^{h,\sigma} \quad .$$

Let us denote $M_g^h = X^h - B_g^h$. Since the process M_g^h has bounded jumps $\sup_t |\Delta M_g^h(t)| \leq 2$ we can choose a localizing sequence $\{\sigma_k\}$ of $\mathcal{F}$ stopping times such that $\sigma_k \uparrow +\infty$ a.s. and $\sup_{t \leq \sigma_k} |M_g^h(t)| \leq k$, $k \in \mathbb{N}$. Let us fix $t, s \in \mathbb{R}^+$, $t \geq s$ and $t, s \in \operatorname{Cont} M_g^h = \{ t \in \mathbb{R}^+ : \Delta M_g^h(t) = 0 \}$. For fixed $k \in \mathbb{N}$ there exists a sequence $\{\tau_n\}$ of $\mathcal{F} \circ \rho_n$ stopping times such that

$$(52) \qquad M_{n,k}^{h,\tau_n}(t) \overset{\text{df}}{=} (X^{\sigma_k} \circ \rho_n)^{h,\tau_n}(t) - \widetilde{(X^{\sigma_k} \circ \rho_n)}^{h,\tau_n}(t) \xrightarrow[\mathcal{P}]{} M_g^{h,\sigma_k}(t)$$

(53) there exists a sequence $\{s_n\}$ of positive numbers for which $\rho_n(s_n) \geq s$, $n \in \mathbb{N}$, $\rho_n(s_n) \downarrow s$ and

$$M_{n,k}^{h,\tau_n}(s_n) \xrightarrow[\mathcal{P}]{} M_g^{h,\sigma_k}(s)$$

$$(54) \qquad \sup_t \left| M_{n,k}^{h,\tau_n}(t) \right| \leq k + 1 \quad , \quad n \in \mathbb{N} .$$

It can be easily verified by Tschebyschev inequality and (52),(53) that $E\left(M_g^{h,\sigma_k}(t) - M_g^{h,\sigma_k}(s) \mid \mathcal{F}\circ\rho_n(s_n)\right) \xrightarrow[\mathcal{P}]{} 0$. On the other hand by standard arguments and the property $\mathcal{F}\circ\rho_n(s_n) \downarrow \mathcal{F}(s)$

$E\left(M_g^{h,\sigma_k}(t) - M_g^{h,\sigma_k}(s) \mid \mathcal{F}\circ\rho_n(s_n)\right) \xrightarrow[\mathcal{P}]{} E\left(M_g^{h,\sigma_k}(t) - M_g^{h,\sigma_k}(s) \mid \mathcal{F}(s)\right)$.

Therefore $E\left(M_g^{h,\sigma_k}(t) \mid \mathcal{F}(s)\right) = M_g^{h,\sigma_k}(s)$ for every $t, s \in \mathrm{Cont}\, M_g^h$ $t \geq s$. Hence M_g^{h,σ_k} is a uniformly integrable martingale and the proof of (40) is complete.

It is interesting that instead of (37) we can consider a more stringent condition

$$(55) \quad \left((X\circ\rho_n)^h, \widetilde{(X\circ\rho_n)^h}\right) \xrightarrow[\mathcal{P}]{} (X^h, B_g^h) \quad \text{in } D(\mathbb{R}^2) .$$

The above property is a consequence of Remark 2 and the argument given below. Let σ be of the form $\sigma = \sigma^{ik}$ defined by (43) . Then there exists a sequence $\{\delta_n\}_{n\in\mathbb{N}}$ of predictable $\mathcal{F}\circ\rho_n$ stopping times such that

$$(56) \quad \lim_{n\to\infty} P\left[\rho_n^*(\sigma) \neq \delta_n ,\ \sigma < +\infty\right] = 0 .$$

To prove (56) let us take a sequence $\{\delta_n\}_{n\in\mathbb{N}}$ satisfying (45) - (47) . Therefore by (46) we have

$$E\left(\Delta(X\circ\rho_n)^h(\delta_n) I(\rho_n^*(\sigma) = \delta_n) \mid \mathcal{F}\circ\rho_n(\delta_n -)\right) I(\delta_n < +\infty) \xrightarrow[\mathcal{P}]{} \Delta B_g^h(\sigma)$$

on the set $[\sigma < +\infty]$. Using (47) one can see that

$$E\left(\Delta(X\circ\rho_n)^h(\delta_n) I(\rho_n^*(\sigma) = \delta_n) \mid \mathcal{F}\circ\rho_n(\delta_n -)\right) I(\delta_n < +\infty)$$

$$(57) \quad = E\left(E\left(\Delta(X\circ\rho_n)^h \rho_n^*(\sigma) \mid \mathcal{F}\circ\rho_n(\rho_n^*(\sigma)-)\right) I(\rho_n^*(\sigma) = \delta_n) \mid \mathcal{F}\circ\rho_n(\delta_n -)\right) I(\delta_n < +\infty).$$

Since by Lemma 3

$$(58) \quad E\left(\Delta(X\circ\rho_n)^h(\rho_n^*(\sigma)) \mid \mathcal{F}\circ\rho_n(\rho_n^*(\sigma)-)\right) \xrightarrow[\mathcal{P}]{} E\left(\Delta X^h(\sigma) \mid \mathcal{F}(\sigma-)\right) = \Delta B_g^h(\sigma)$$

on the set $[\sigma < +\infty]$. so (57) and the convergence $\delta_n \xrightarrow[\mathcal{P}]{} \sigma$ imply

$$E\left(\Delta B_g^h(\sigma) I(\rho_n^*(\sigma) = \delta_n ,\ \sigma < +\infty) \mid \mathcal{F}\circ\rho_n(\delta_n -)\right) \xrightarrow[\mathcal{P}]{} \Delta B_g^h(\sigma) I(\sigma < +\infty) .$$

Hence

$$\begin{aligned} E|\Delta B_g^h(\sigma)| I(\sigma < +\infty) &= \lim_{n\to\infty} E\left|E\left(\Delta B_g^h(\sigma) I(\rho_n^*(\sigma) = \delta_n ,\ \sigma < +\infty) \mid \mathcal{F}\circ\rho_n(\delta_n -)\right)\right| \\ &\leq \varliminf_{n\to\infty} E\left|\Delta B_g^h(\sigma) I(\rho_n^*(\sigma) = \delta_n ,\ \sigma < +\infty)\right| \\ &\leq E|\Delta B_g^h(\sigma)| I(\sigma < +\infty) \end{aligned}$$

and we have $\lim_{n\to\infty} E\left|\Delta B_g^h(\sigma)\, I(\rho_n^*(\sigma)\neq \delta_n, \sigma<+\infty)\right| = 0$. Finally to end the proof of (56) it remains to observe that $|\Delta B_g^h(\sigma)|>\varepsilon_i$ on the set $[\sigma<+\infty]$.

Now let us note that Remark 2 and (56) guarantee more stringent convergence in (37) . It is clear that in fact we have the following convergence

$$(59) \qquad \sup_{t\leq q} \left| B_g^h(\rho_n(t)) - \widetilde{(X\circ\rho_n)}^h(t) \right| \xrightarrow[\mathcal{P}]{} 0 \quad , \quad q\in\mathbb{R}^+ .$$

We can prove (39) and (42) using the following Lemma 5 instead of Lemma 4 .

Lemma 5. For every $f \in C_{V(0)}$

$$\operatorname{Var}\left(\int_{\mathbb{R}} f(x)(N\circ\rho_n)(dx) - \left(\int_{\mathbb{R}} f(x) N(dx)\right)\circ\rho_n \right)(q) \xrightarrow[\mathcal{P}]{} 0 \;,\; q\in\mathbb{R}^+ . \quad \blacksquare$$

The proof of (38) and (41) is essentially the same as in previous cases. In both Lemma 1 and Corollary 3 are basic and the condition (59) is very useful.

To prove the converse implication let us assume that the conditions (37) - (39) are satisfied. Using Theorem J4 for fixed $\omega\in\Omega$ once more we obtain $X\in S_g(T,D)$ and this completes the proof. ■

Using Proposition 1 we can conclude that every process X T tangent to PII has triplet of predictable characteristics $(B_g^h, \sigma_g^2, \nu_g)$ or equivalently a random measure $\mathcal{M}_g^X$ with values in PII such that

$$\mathcal{M}_g^X(\omega) = \mathcal{L}\left(B_g^h(\omega), \sigma_g^2(\omega), \nu_g(\omega)\right) \quad , \quad \omega\in\Omega .$$

Let τ be some $\mathcal{F}$ stopping time . By the stopped random measure $(\mathcal{M}_g^X)^\tau$ we will mean the random measure with values in PII defined by the formulas :

$$(\mathcal{M}_g^X)^{\tau(\omega)}(\omega) = \mathcal{L}\left(B_g^{h,\tau(\omega)}(\omega), \sigma_g^{2,\tau(\omega)}(\omega), \nu_g^{\tau(\omega)}(\omega)\right) \quad , \quad \omega\in\Omega .$$

By the arguments from the proof of Proposition 1 we obtain :

Corollary 5. The process X belongs to $S_g(T,D)$ iff there exists a localizing sequence $\{\tau_k\}_{k\in\mathbb{N}}$, $\tau_k \uparrow +\infty$ a.s. for which $X^{\tau_k}\in S_g(T,D)$, $k\in\mathbb{N}$. In this case $(\mathcal{M}_g^X)^{\tau_k} = \mathcal{M}_g^{X^{\tau_k}}$, $k\in\mathbb{N}$. ■

4.2 Approximation in probability for predictable compensators of special semimartingale.

The following result forms the essential part of Theorem 1 .

Proposition 2. Let X be a special semimartingale such that $\sup|X(t)| < c$, $\sup \operatorname{Var} \tilde{X}(t) < c$ for some constant $c > 0$. Then the two conditions given below are equivalent :

(i) $\widetilde{X \circ \rho_n} \xrightarrow[P]{} \tilde{X}$ in $D(\mathbb{R})$,

(ii) the property (T) is satisfied.

Proof. (ii) $\Rightarrow$ (i) First let us observe that it is very convenient to have the following property (T^*) instead of (T) :

(T^*) for every predictable $\mathcal{F}$ stopping time σ there exists a sequence $\{\delta_n\}_{n \in \mathbb{N}}$ of predictable $\mathcal{F} \circ \rho_n$ stopping times such that

$$\lim_{n \to \infty} P\left[\rho_n^*(\sigma) \neq \delta_n , \ A_\sigma\right] = 0 .$$

The equivalence $(T) \Leftrightarrow (T^*)$ is evident if the stopping time satisfies $P[\sigma \in T_n] = 0$, $n \in \mathbb{N}$. To obtain the general case we use the following lemma.

Lemma 6. Let us suppose that the predictable $\mathcal{F}$ stopping time σ is of the form $\sum_{k=1}^{\infty} s_k I(\sigma = s_k)$ on the set A_σ for some sequence of positive constants $\{s_k\}_{k \in \mathbb{N}}$. Then for the stopping time σ the conditions (T) and (T^*) hold.

Proof of lemma. Let us note that without loss of generality we may assume that the stopping time σ is of the form

$$\sigma = \sum_{k=1}^{\infty} s_k I(\sigma = s_k) + \{+\infty\} I(\sigma \neq s_k , k \in \mathbb{N}). \tag{60}$$

We begin with a simpler case where σ satisfies

$$\sigma = \sum_{k=1}^{j} s_k I(\sigma = s_k) + \{+\infty\} I(\sigma \neq s_k, 1 \leq k \leq j), \tag{61}$$

for some fixed $j \in \mathbb{N}$. Observe that for every k , $1 \leq k \leq j$ there exists a sequence $\{s_{kn}\}_{n \in \mathbb{N}}$, $s_{kn} \in T_n$, $s_{kn} < s_k$, $s_{kn} \uparrow s_k$ and a sequence of positive constants $\{c_n\}_{n \in \mathbb{N}}$, $c_n \uparrow +\infty$ for which :

$$I(A_{nk}) \overset{df}{=} I\left(E\left(I(\sigma = s_k) \mid \mathcal{F}(s_{kn})\right) > 1 - c_n^{-1}\right) \xrightarrow[P]{} I(\sigma = s_k)$$

for every k, $1 \leq k \leq j$. Finally if we define the sequence $\{\delta_n\}$ by the equalities

$$\delta_n \overset{df}{=} \begin{cases} \rho_n^*(s_1) & \text{on the set } A_{n1} \\ \rho_n^*(s_k) & \text{on the set } A_{nk} \setminus \bigcup_{i=1}^{k-1} A_{ni} \\ & \text{for every } k,\ 2 \leq k \leq j \\ \{+\infty\} & \text{on the set } \left(\bigcup_{k=1}^{j} A_{nk}\right)^c \end{cases}$$

then the condition (T^*) is fulfilled by the stopping time σ defined by (61). If we put $\rho_n(s_k)$ instead of $\rho_n^*(s_k)$ we get a sequence $\{\sigma_n\}$ of $\mathcal{F}\circ\rho_n$ stopping times satisfying the condition (T).

Now, let us suppose that σ is of the form (60). We denote for every $j \in \mathbb{N}$ the stopping time of the form (61) by σ^j. Therefore for each $j \in \mathbb{N}$ we can define the sequence $\{\delta_n^j\}$ of predictable $\mathcal{F}\circ\rho_n$ stopping times for which $\lim_{n\to\infty} P[\rho_n^*(\sigma^j) \neq \delta_n^j,\ \sigma^j < +\infty] = 0$. Since $\lim_{j\to\infty} P[\sigma^j \neq \sigma] = 0$ we can choose a sufficiently slowly increasing sequence $\{j_n\}$, $j_n \uparrow +\infty$ such that :

$$(62) \qquad \lim_{n\to\infty} P\left[\rho_n^*(\sigma) \neq \delta_n^{j_n},\ \sigma < +\infty\right] = 0 .$$

Analogously we show that the condition (T) is satisfied for the stopping time σ, too. ■

So we can assume that the condition (T^*) holds.

Now, we will consider the sequence of processes $\{Y^i\}_{i\in\mathbb{N}}$ defined by $Y^i(t) = \sum_{k=1}^{\infty} \Delta X(\sigma^{ik}) I(t \geq \sigma^{ik})$, $t \in \mathbb{R}^+$, $i \in \mathbb{N}$ where the array $\{\sigma^{ik}\}$ of predictable $\mathcal{F}$ stopping time is defined as follows :

$$(63) \qquad \sigma^{i0} = 0 , \qquad \sigma^{ik} = \inf\left[t > \sigma^{i,k-1},\ |\Delta\tilde{X}(t)| > \varepsilon_i\right]$$

$i,k \in \mathbb{N}$ for some sequence of positive constants $\{\varepsilon_i\}_{i\in\mathbb{N}}$, $\varepsilon_i \downarrow 0$, $P(|\Delta\tilde{X}(t)| = \varepsilon_i,\ t \in \mathbb{R}^+) = 0$, $i \in \mathbb{N}$.

In the next step of the proof we will show that

$$(64) \qquad \sup_{t\leq q} \left| \widetilde{Y^i\circ\rho_n}(t) - \tilde{Y}^i(\rho_n(t)) \right| \xrightarrow[P]{} 0 , \quad q \in \mathbb{R}^+.$$

First let us note that by Proposition 1.49 from [8]

$$\widetilde{Y^i}(t) = \sum_{k=1}^{\infty} E(\Delta X(\sigma^{ik}) \mid \mathcal{F}(\sigma^{ik}-)) I(t \geq \sigma^{ik})$$

$t \in \mathbb{R}^+$, $n \in \mathbb{N}$. We denote $Y^{ik}(t) \overset{df}{=} \Delta X(\sigma^{ik}) I(t \geq \sigma^{ik})$ $i,k \in \mathbb{N}$. Then $\widetilde{Y^i \circ \rho_n} = \sum_{k=1}^{\infty} \widetilde{Y^{ik} \circ \rho_n}$ and $\widetilde{Y^i} = \sum_{k=1}^{\infty} \widetilde{Y^{ik}}$.

Now let us assume that the following convergence holds :

$$(65) \qquad \sup_{t \leq q} \left| \widetilde{Y^{ik} \circ \rho_n}(t) - \widetilde{Y^{ik}}(\rho_n(t)) \right| \xrightarrow[\mathcal{P}]{} 0 \;, \quad q \in \mathbb{R}^+, \; i,k \in \mathbb{N}.$$

Hence for every $j \in \mathbb{N}$

$$\sup_{t \leq q} \left| \sum_{k=1}^{j} \widetilde{Y^{ik} \circ \rho_n}(t) - \sum_{k=1}^{j} \widetilde{Y^{ik}}(\rho_n(t)) \right| \xrightarrow[\mathcal{P}]{} 0 \;, \quad q \in \mathbb{R}^+$$

Since $\max[i : \sigma^i \leq q] < +\infty$ we have $\lim_{j \to \infty} \sup_n \operatorname{Var}\left(\sum_{k=j}^{\infty} Y^{ik} \circ \rho_n\right)(q) = 0$ and $\lim_{j \to \infty} \operatorname{Var}\left(\sum_{k=j}^{\infty} Y^{ik}\right)(q) = 0$. Then it follows by Corollary 3 that (65) implies (64) .

Therefore without loss of generality we will consider a process Y of the form $Y(t) = \Delta X(\sigma) I(t \geq \sigma)$, $t \in \mathbb{R}^+$ for some predictable $\mathcal{F}$ stopping time σ. It is easy to verify that

$$Y \circ \rho_n(t) = \sum_{k=1}^{r_n(t)} \Delta X(\sigma) I(\rho_n^*(\sigma) = t_{nk})$$

$$\widetilde{Y \circ \rho_n}(t) = \sum_{k=1}^{r_n(t)} E(\Delta X(\sigma) I(\rho_n^*(\sigma) = t_{nk}) \mid \mathcal{F}(t_{n,k-1}))$$

$t \in \mathbb{R}^+$, $n \in \mathbb{N}$.

In the next considerations the notations from the proof of Proposition 1 are used.

Let us fix $\gamma > 0$ and a subsequence $\{k_n\}_{n \in \mathbb{N}}$. We denote $Y_\gamma(t) \overset{df}{=} \Delta X(\sigma_\gamma) I(t \geq \sigma_\gamma)$, $t \in \mathbb{R}^+$. Since for every $n \in \mathbb{N}$ $[\rho_n^*(\sigma_\gamma) \neq \delta_n, \; \sigma_\gamma < +\infty] = [\rho_n^*(\sigma) \neq \delta_n, \; \sigma_\gamma < +\infty] \subset [\rho_n^*(\sigma) \neq \delta_n, \; \sigma < +\infty]$ by Corollary 3 and (T^*) we have :

$$\sup_{t \leq q} \left| \widetilde{Y_\gamma \circ \rho_n}(t) - E(\Delta Y_\gamma \circ \rho_n(\delta_n) \mid \mathcal{F}_{\rho_n}(\delta_n -)) I(t \geq \delta_n) \right| \xrightarrow[\mathcal{P}]{} 0$$

$q \in \mathbb{R}^+$. It is clear that $E(\Delta Y_\gamma \circ \rho_{k_n}(\delta_{k_n}) \mid \mathcal{F}_{\rho_{k_n}}(\delta_{k_n}-)) = E(\Delta Y_\gamma \circ \rho_{k_n}(\delta_{k_n}) \mid \mathcal{F}(\sigma_{k_n}))$.

Now, let us observe that by the implication $\delta_{k_n} < +\infty \implies \delta_{k_n} \leq \rho_{k_n}^*(\sigma)$ and the definition of σ_γ

$$\lim_{n \to \infty} P[\sigma_{k_n} \neq \sigma_{k_n,\gamma} \;, \; \sigma_\gamma < \infty] = 0 \;.$$

Hence the convergences : $\Delta Y_\gamma \circ \rho_{k_n}(\delta_{k_n}) \xrightarrow[\mathcal{P}]{} \Delta X(\sigma_\gamma)$ on the set

$[\sigma_\gamma < +\infty]$, $\lim_{n\to\infty} P[\delta_{k_n} \leq q \ , \ \sigma_\gamma = +\infty] = 0$ $q \in \mathbb{R}^+$ (we can assume the convergence $\delta_{k_n} \xrightarrow{\mathcal{P}} \sigma_\gamma$) imply that

$$\sup_{t\leq q} \left| E(\Delta Y_\gamma \circ \rho_{k_n}(\delta_{k_n}) | \mathcal{F}(\sigma_{k_n})) I(t \geq \delta_{k_n}) - E(\Delta X(\sigma_\gamma) I(\sigma_\gamma < +\infty) | \mathcal{F}_{k_n,\gamma}) I(t \geq \delta_{k_n}) \right|$$

$$\xrightarrow{\mathcal{P}} 0 \quad , \quad q \in \mathbb{R}^+.$$

Since $\sigma_{k_n,\gamma} \uparrow \sigma_\gamma$, $E(\Delta X(\sigma_\gamma) I(\sigma_\gamma < +\infty) | \mathcal{F}(\sigma_{k_n,\gamma})) \xrightarrow{\mathcal{P}} E(\Delta X(\sigma_\gamma) I(\sigma_\gamma < +\infty)$ $| \mathcal{F}(\sigma_\gamma -))$. Hence

$$\sup_{t\leq q} \left| \widetilde{Y_\gamma \circ \rho_{k_n}}(t) - E(\Delta X(\sigma_\gamma) | \mathcal{F}(\sigma_\gamma -)) I(t \geq \rho^*_{k_n}(\sigma_\gamma)) \right| \xrightarrow{\mathcal{P}} 0$$

$q \in \mathbb{R}^+$. Therefore there exists a sequence $\{\gamma_n\}_{n\in\mathbb{N}}$, $\gamma_n \downarrow 0$ and one subsequence $\{\ell_{k_n}\}$, $\{\ell_{k_n}\} \subset \{k_n\}$ such that

$$\sup_{t\leq q} \left| \widetilde{Y_{\gamma_n} \circ \rho \ell_{k_n}}(t) - \widetilde{Y}(\rho \ell_{k_n}(t)) \right| \xrightarrow{\mathcal{P}} 0 \ , \quad q \in \mathbb{R}^+.$$

Since $\mathrm{Var}\,(Y_{\gamma_n} \circ \rho \ell_{k_n} - Y \circ \rho \ell_{k_n})(q) \xrightarrow{\mathcal{P}} 0$, $q \in \mathbb{R}^+$ it follows by Corollary 3 that

$$\sup_{t\leq q} \left| \widetilde{Y \circ \rho \ell_{k_n}}(t) - \widetilde{Y}(\rho \ell_{k_n}(t)) \right| \xrightarrow{\mathcal{P}} 0 \ , \quad q \in \mathbb{R}^+ \ .$$

Moreover, we could prove that for every subsequence $\{m_n\} \subset \{n\}$ there exists a further subsequence $\{\ell_{k_{m_n}}\} \subset \{m_n\}$ for which the above convergence holds. Therefore the proof of (64) is complete.

Let $\{Z^i\}_{i\in\mathbb{N}}$ be a new sequence of processes given by the equalities $Z^i(t) = X(t) - Y^i(t)$, $t \in \mathbb{R}^+$, $i \in \mathbb{N}$. By using the arguments of Meyer [15] :

$$E \sup_{t\leq q} \left| \widetilde{Z^i \circ \rho_n}(t) - \widetilde{Z^i}(\rho_n(t)) \right|^2 \leq 4 E \sum_{k=1}^{r_n(q)} (E^n_{k-1} \Delta^n_k \widetilde{Z^i} - \Delta^n_k \widetilde{Z^i})^2$$

$$\leq 4 E \sum_{k=1}^{r_n(q)} (\Delta^n_k \widetilde{Z^i})^2 \leq 4 E \max_{k\leq r_n(q)} \left| \Delta^n_k \widetilde{Z^i} \right| \mathrm{Var}\, \widetilde{Z^i}(q)$$

$$\leq 4c \left\{ E \max_{k\leq r_n(q)} \left| \Delta^n_k Z^i \right|^2 \right\}^{\frac{1}{2}} \quad .$$

Since $\lim_{i\to\infty} \overline{\lim_{n\to\infty}} E \max_{k\leq r_n(q)} \left| \Delta^n_k Z^i \right|^2 = 0$ we have

$$(66) \qquad \lim_{i\to\infty} \overline{\lim_{n\to\infty}} P\left[\sup_{t\leq q} \left| \widetilde{Z^i \circ \rho_n}(t) - \widetilde{Z^i}(\rho_n(t)) \right| \geq \varepsilon \right] = 0$$

for every $\varepsilon > 0$ and every $q \in \mathbb{R}^+$. It is easy to show that (66) and (64) imply

$$\sup_{t\leq q} \left| \widetilde{X \circ \rho_n}(t) - \widetilde{X}(\rho_n(t)) \right| \xrightarrow{\mathcal{P}} 0 \ , \quad q \in \mathbb{R}^+ \ .$$

Finally (10) gives (i) .

(i) $\Longrightarrow$ (ii) First assume that $\sigma = \sigma^{ik}$ i.e σ is of the form given by (63) . Then by the arguments from the proof of Proposition 1 the condition (T^*) is fulfilled . Now, let remark that we can assume that

$$\sigma = \sum_{i=1}^{\infty}\sum_{k=1}^{\infty} \sigma^{ik}\, I\left(\sigma = \sigma^{ik}\right) + \{+\infty\}\, I\left(\sigma = \sigma^{ik} \quad i,k\in\mathbb{N}\right).$$

We begin with the simpler case where σ satisfies

$$\sigma = \sum_{l=1}^{j} \sigma^{l} I\left(\sigma = \sigma^{l},\ \sigma^{l} \neq \sigma^{k} \quad 1 \leq k \leq l-1\right) + \{+\infty\}\, I\left(\sigma \neq \sigma^{l} \quad 1 \leq l \leq j\right) \tag{67}$$

and each σ^{l} is of the form $\sigma^{l} = \sigma^{ik}$. Observe that by Lemma 3 there exists a sequence $\{c_n\}_{n\in\mathbb{N}}$, $c_n \uparrow +\infty$ for which

$$I\left(E\left(I(A_l) \mid \mathcal{F}_{\rho_n}\left(\rho_n^{*}(\sigma^{l})-\right)\right) > 1 - c_n^{-1}\right) \xrightarrow[\mathcal{P}]{} I(A_l)$$

where $A_l \overset{df}{=} [\sigma = \sigma^{l},\ \sigma^{l} \neq \sigma^{k} \quad 1 \leq k \leq l-1]$ for every l $1 \leq l \leq j$. Since for each σ^{l} the condition (T^*) is fulfilled there exists a sequence $\{\delta_n^{l}\}_{n\in\mathbb{N}}$ of predictable $\mathcal{F}\circ\rho_n$ stopping times satisfying (57) . As a consequence

$$I(A_{nl}) \overset{df}{=} I\left(E\left(I(A_l) \mid \mathcal{F}_{\rho_n}(\delta_n^{l}-)\right) > 1 - c_n^{-1}\right) \xrightarrow[\mathcal{P}]{} I(A_l) . \tag{68}$$

Therefore if we take $\delta_n^{l,*} \overset{df}{=} \delta_n^{l} I(A_{nl}) + \{+\infty\}\, I(A_{nl}^{\ c})$, $1 \leq l \leq j$ and $\delta_n = \min_{1\leq l\leq j} \delta_n^{l,*}$ then it is easy to see that the condition (T^*) is satisfied for the stopping time σ of the form (67) .

Finally let us observe that we can extend this fact to every predictable $\mathcal{F}$ stopping time σ (just as in Lemma 6) . Since $(T) \Longleftrightarrow (T^*)$ the proof is complete . ∎

Let us note that in general i.e. if we do not assume that the property (T) is satisfied then (i) is not true . Using " the method of Laplacians " we can obtain only that $\widetilde{X\circ\rho_n}(t) \longrightarrow \widetilde{X}(t)$, weakly in $\mathbb{L}^1$, $t \in \mathrm{Cont}\, \widetilde{X}$.

4.3 Necessity of the condition (T) .

Theorem 1 says that the semimartingale X belongs to $S_g(T,D)$ iff X satisfies the condition (T) . The above result seems to be not true in the general case. But we have .

Proposition 3. Let X be a process T tangent to PII. Then the condition (T) is fulfilled.

Proof. Let $\{\varepsilon_i\}_{i\in\mathbb{N}}$ be a sequence of constants, $\varepsilon_i \downarrow 0$ such that $\nu_g(\mathbb{R}^+\times(|x|=\varepsilon_i))=0$, $i\in\mathbb{N}$. The family $\{\nu_g((0,t]\times(|x|\geq\varepsilon_i))\}_{t\in\mathbb{R}^+}$ is a predictable process for which by (39)

$$(69)\qquad \sum_{k=1}^{r_n(\cdot)} E^n_{k-1}\, I(\varepsilon_i \leq |\Delta^n_k X|) \xrightarrow[\mathcal{P}]{} \nu_g((0,\cdot]\times(|x|\geq\varepsilon_i)),\ i\in\mathbb{N}.$$

Let $\{\gamma_k\}_{k\in\mathbb{N}}$ be a sequence of positive constants, $\gamma_k \downarrow 0$, $P(\nu_g(\{t\}\times(|x|\geq\varepsilon_i))=\gamma_k,\ t\in\mathbb{R}^+)=0$ $i,k\in\mathbb{N}$. If we denote

$$\sigma^{i0}=0\ ,\qquad \sigma^{ik}=\inf\left[t>\sigma^{i,k-1},\ \nu_g(\{t\}\times(|x|\geq\varepsilon_i))>\gamma_k\right]$$

then repeating the arguments from the proof of Proposition 2 we obtain that the property (T) holds for every predictable $\mathcal{F}$ stopping time of the form

$$\sigma=\sum_{k=1}^{\infty}\sum_{i=1}^{\infty}\sigma^{ik}\, I(\sigma=\sigma^{ik})+\{+\infty\}\, I(\sigma\neq\sigma^{ik}\ i,k\in\mathbb{N}).$$

And as a consequence the property (T) is fulfilled also in the general case. ■

4.4 The class $B_{loc}(T,D)$.

Exactly in the same way as in the proof of Proposition 1 we obtain that the bounded process B belongs to $B(T,D)$ iff one of the following two conditions is satisfied

$$(70)\qquad (B\circ\rho_n,\ \widetilde{B\circ\rho_n}) \xrightarrow[\mathcal{P}]{} (B\ ,\ B)\qquad \text{in } D(\mathbb{R}^2)\ ,$$

$$(71)\qquad \widetilde{B\circ\rho_n} \xrightarrow[\mathcal{P}]{} B\qquad \text{in } D(\mathbb{R})\ .$$

Now we collect fundamental properties of the class $B_{loc}(T,D)$.

Proposition 4. (i) $B_{loc}(T,D)$ is a vector space.

(ii) If $B\in B_{loc}(T,D)$ and B is a local martingale then $B=0$.

(iii) If $B\in B_{loc}(T,D)$ then $B\in S_g(T,D)$ and has a triplet of characteristics (B^h_g,σ^2_g,ν_g) for which : $B^h_g = B^h$,

$\sigma_g^2 = 0$, and ν_g is equal to the jump-measure N associated to the process B .

Proof. It is clear that in the proof of (i) , (ii) and also (iii) (by Corollary 4) it suffices to consider $B(T,D)$ instead of $B_{loc}(T,D)$. In this case (i) and (ii) are evident .

Therefore we give a proof of (iii) only . Let $B \in B(T,D)$. We will show that the conditions (37) - (39) in Proposition 1 are satisfied. Since the process B satisfies the condition (T) it is obvious that $B - B^h$ fulfills the condition (T) too.

By Proposition 2

$$\widetilde{B \circ \rho_n} - \widetilde{B^h \circ \rho_n} = \widetilde{(B - B^h) \circ \rho_n} \xrightarrow[\mathcal{P}]{} B - B^h .$$

By Lemma 4 and Corollary 3

$$(72)\quad \left(\widetilde{B \circ \rho_n}\right)^h = \left(\left(\widetilde{B \circ \rho_n}\right)^h - \widetilde{B \circ \rho_n}\right) + \widetilde{B \circ \rho_n} \xrightarrow[\mathcal{P}]{} (B^h - B) + B = B^h$$

i.e. the condition (37) is satisfied with $B_g^h = B^h$.

By the arguments used previously , (72) and Davis-Burkholder-Gundy inequality imply that $\left[(B \circ \rho_n)^h - \widetilde{(B \circ \rho_n)^h}\right](q) \xrightarrow[\mathcal{P}]{} 0$, $q \in \mathbb{R}^+$.

Finally by Corollary 3

$$\widetilde{\left[(B \circ \rho_n)^h - \widetilde{(B \circ \rho_n)^h}\right]}(q) \xrightarrow[\mathcal{P}]{} 0 , \quad q \in \mathbb{R}^+ ,$$

i.e. the condition (38) follows with $\sigma_g^2 = 0$.

Similarly by Proposition 2 , Lemma 5 and Corollary 3

$$\int_{\mathbb{R}} f(x) \, \widetilde{(N \circ \rho_n)}(dx) \xrightarrow[\mathcal{P}]{} \int_{\mathbb{R}} f(x) N(dx) \qquad , f \in C_V(0)$$

where N is the jump-measure associated to the process B . Therefore the condition (39) is satisfied too . Hence $B \in S_g(T,D)$. ■

5. Proofs of theorems.

5.1 Proof of Theorem 1.

Let us suppose that X is a semimartingale for which the condition (T) holds. By Proposition 1 it is sufficient to check that the set of conditions (37) - (39) is fulfilled. The following proposition is very useful in the proof of (37) - (39) .

Proposition 5. Let X be an $\mathcal{F}$ adapted process and let c be some constant $c > 0$. The following implications are true :

(i) if $\sup_t |X^h(t)| < c$ then

$$\sup_{t\leq q} \left| \widetilde{X^h \circ \rho_n}(t) - \widetilde{(X\circ\rho_n)^h}(t) \right| \xrightarrow[\mathcal{P}]{} 0 \qquad , q \in \mathbb{R}^+,$$

(ii) if (37) holds and $\sup_t |X^h(t)| < c$, $\sup_t [M_g^h](t) < c$ (where $M_g^h \overset{df}{=} X^h - B_g^h$) then

$$\sup_{t\leq q} \left| \widetilde{[M_g^h]\circ\rho_n}(t) - \widetilde{\left[(X\circ\rho_n)^h - \widetilde{(X\circ\rho_n)^h}\right]}(t) \right| \xrightarrow[\mathcal{P}]{} 0 \qquad , q \in \mathbb{R}^+,$$

(iii) if $f \in C_{V(0)}$ and $\sum_t f(\Delta X(t)) < c$ then

$$\sup_{t\leq q} \left| \widetilde{\int_{\mathbb{R}} f(x)\, N(dx) \circ \rho_n}\,(t) - \widetilde{\int_{\mathbb{R}} f(x)\, (N\circ\rho_n)(dx)}\,(t) \right| \xrightarrow[\mathcal{P}]{} 0 \ , \ q \in \mathbb{R}^+.$$

Proof. The conditions (i) and (iii) are easy consequences of Corollary 3 and, Lemma 4 and 5 respectively. In order to prove (ii) first let us observe that

$$\widetilde{[M_g^h]\circ\rho_n} = \widetilde{[M_g^h\circ\rho_n]} = \widetilde{[(X^h - B_g^h)\circ\rho_n]} \quad .$$

On other hand we have the following estimation :

$$\mathrm{Var}\left(\left[X^h\circ\rho_n - \widetilde{X^h\circ\rho_n}\right] - \left[(X\circ\rho_n)^h - \widetilde{(X\circ\rho_n)^h}\right]\right)(q)$$

$$\leq 8c \sum_{k=1}^{r_n(q)} \left(|\Delta_k^n X^h - h(\Delta_k^n X)| + |E_{k-1}^n \Delta_k^n X^h - E_{k-1}^n h(\Delta_k^n X)| \right)$$

$$= 8c\mathrm{Var}\left(X^h\circ\rho_n - (X\circ\rho_n)^h\right)(q) + 8c\mathrm{Var}\left(\widetilde{X^h\circ\rho_n} - \widetilde{(X\circ\rho_n)^h}\right)(q) \ .$$

Thus twofold application of Corollary 3 enables us to test (ii) by simply examining if

$$(73) \quad \sup_{t\leq q} \left| \widetilde{\left[(X^h - B_g^h)\circ\rho_n\right]}(t) - \widetilde{\left[X^h\circ\rho_n - \widetilde{X^h\circ\rho_n}\right]}(t) \right| \xrightarrow[\mathcal{P}]{} 0 \ , \ q \in \mathbb{R}^+.$$

It is clear that for every $n \in \mathbb{N}$ and $t \in \mathbb{R}^+$

$$\widetilde{\left[(X^h - B_g^h)\circ\rho_n\right]}(t) - \widetilde{\left[X^h\circ\rho_n - \widetilde{X^h\circ\rho_n}\right]}(t) = \sum_{k=1}^{r_n(t)} E_{k-1}^n\left(\Delta_k^n B_g^h - E_{k-1}^n \Delta_k^n B_g^h\right)^2$$

$$- 2\sum_{k=1}^{r_n(t)} E_{k-1}^n\left(\Delta_k^n X^h - E_{k-1}^n \Delta_k^n X^h\right)\left(\Delta_k^n B_g^h - E_{k-1}^n \Delta_k^n B_g^h\right) .$$

Since $B_g^h \in B_{loc}(T,D)$ the first term converges to 0 in probability. Now, let us note that second sum is of the form $\widetilde{[M^n, N^n]}(t)$, where M^n , N^n are two local martingales given by the formulas $N^n \overset{df}{=} B_g^h\circ\rho_n - \widetilde{B_g^h\circ\rho_n}$, $M^n \overset{df}{=} X^h\circ\rho_n - \widetilde{X^h\circ\rho_n}$. By the Kunita -Watanabe inequality

$$\mathrm{Var}\,[M^n,N^n](q) \leq \{[M^n](q)[N^n](q)\}^{\frac{1}{2}} \qquad , q \in \mathbb{R}^+ .$$

Since by the arguments used previously $[N^n](q) \xrightarrow[\mathcal{P}]{} 0$ and $[M^n] \xrightarrow[\mathcal{P}]{} [M_g^h]$ in $D(\mathbb{R})$ where $\sup_t [M_g^h](t) < c$ it follows by Corollary 3 that (73) and (ii) are satisfied. ■

Let $\{\tau_k\}_{k\in\mathbb{N}}$ be a localizing sequence $\tau_k \uparrow +\infty$ for which $\sup_{t\leq\tau_k}|X^h(t)| \leq k$, $k \in \mathbb{N}$. By Proposition 2

$$(74) \qquad X^{\tau_k,h}\circ\rho_n \xrightarrow[\mathcal{P}]{} \widetilde{X^{\tau_k,h}} = B^{h,\tau_k} \qquad , k\in\mathbb{N} .$$

Therefore by (i) we have

$$\widetilde{(X^{\tau_k}\circ\rho_n)^h} \xrightarrow[\mathcal{P}]{} B^{h,\tau_k} \qquad , k\in\mathbb{N} .$$

Hence there exists a sufficiently slowly increasing sequence $\{k_n\}$ $k_n \uparrow +\infty$ such that

$$\widetilde{(X^{\tau_{k_n}}\circ\rho_n)^h} \xrightarrow[\mathcal{P}]{} B^h .$$

Finally by Corollary 3 the condition (37) is fulfilled. By exactly the same arguments the conditions (38),(39) are satisfied,too . To obtain the converse implication we use Proposition 3. ■

Proof of Corollary 1. First let us note that if a predictable $\mathcal{F}$ stopping time σ is of the form (18) then the condition (T) follows by Lemma 6 . Next let σ be of the form (19). Then without loss of generality we may assume that $\sigma \leq q$ for some constant $q > 0$. Let us put $\varepsilon_n \stackrel{df}{=} \max_{k\leq r_n(q)} (t_{n,k+1} - t_{nk})$, $n \in \mathbb{N}$. Since for $\varepsilon_n \leq c$ $\rho_n(\tau + c)$ is an $\mathcal{F}\circ\rho_n$ stopping time the convergence $\varepsilon_n \downarrow 0$ implies the condition (T) . ■

5.2 Proof of Theorem 2.

We start with the proof of property (iii) . Let us assume that $X \in S_g(T,D)$. Therefore by Proposition 1 the condition (37) is fulfilled. Let $\{\tau_k\}_{k\in\mathbb{N}}$ be a localizing sequence for which $\sup_{t\leq\tau_k}|B_g^h(t)| \leq k$, $k \in \mathbb{N}$. By (71) $B_g^{h,\tau_k} \in B(T,D)$. Now, let us consider the process $X - B_g^h$. Repeating the arguments from Jacod [8] we can prove that $X - B_g^h$ is a semimartingale with the triple of predictable characteristics (B^h, σ^2, ν^h).

By Proposition 3 and Proposition 4 the processes X, B_g^h satisfy the condition (T). As a consequence the semimartingale $X - B_g^h$ fulfills the condition (T), too. Hence Theorem 1 implies that $X - B_g^h \in S_g(T,D)$.

Let us suppose that X is a semimartingale T tangent to PII and the process B belongs to $B_{loc}(T,D)$. We show that $X + B \in S_g(T,D)$. Let $\{\sigma^k\}_{k\in\mathbb{N}}$ be a sequence of $\mathcal{F}$ stopping times such that :

$$\sigma^0 = 0 \quad , \quad \sigma^k = \inf\left[t > \sigma^{k-1} \,, \quad \max(|\Delta X(t)|, |\Delta B(t)|) > 4^{-1}\right].$$

We will consider new processes defined as follows :

$$X_1(\cdot) = \sum_{\sigma^k \leq \cdot} \Delta X(\sigma^k) \quad , \quad X_2 = X - X_1 \quad , \quad B_1(\cdot) = \sum_{\sigma^k \leq \cdot} \Delta B(\sigma^k) \, , \; B_2 = B - B_1 \, .$$

Let us observe that we have the following equality

$$(75) \qquad \begin{aligned} (X + B)^h &= (X_2 + B_2)^h + (X_1 + B_1)^h \\ &= X_2 + B_2 + (X_1 + B_1)^h \, . \end{aligned}$$

Since the processes X_1^h, B_1^h, $(X_1 + B_1)^h$ have locally integrable variation and satisfy the condition (T) by Proposition 2 and Proposition 5 (i) : $\widetilde{(X_1 \circ \rho_n)^h} \xrightarrow[\mathcal{P}]{} X_1^h$, $\widetilde{(B_1 \circ \rho_n)^h} \xrightarrow[\mathcal{P}]{} B_1^h$, $\widetilde{((X_1 + B_1)\circ\rho_n)^h} \xrightarrow[\mathcal{P}]{} (X_1 + B_1)^h$. It is easy to see that : $\widetilde{(X_2 \circ \rho_n)^h} \xrightarrow[\mathcal{P}]{} X_2$ and $\widetilde{(B_2 \circ \rho_n)^h} \xrightarrow[\mathcal{P}]{} B_2$. Therefore by (75) and Proposition 5 (i)

$$\widetilde{((X + B)\circ\rho_n)^h} \xrightarrow[\mathcal{P}]{} \widetilde{X_2} + B_2 + \widetilde{(X_1 + B_1)^h}$$

and the condition (37) is fulfilled. The remaining conditions (38) and (39) are also corollaries from Proposition 2 , 3 and 5 (ii) , (iii) . Hence the proof of (iii) and (ii) is complete.

The property (i) is an easy consequence of (ii) , Proposition 4 and the simple remark that the set of semimartingales T tangent to PII forms a vector space. Let us also observe that the property (iv) is clear by Proposition 2 and (10) . ∎

<u>Proof of Corollary 2.</u> Let us suppose that X is a process with conditionally independent increments given σ algebra G. By the arguments from Jacod [8] there exists a system of G measurable characteristics $(B_g^h, \sigma_g^2, \nu_g)$ satisfying the properties (22) - (24) for which $X - B_g^h$ is a semimartingale. Since $G \subset \mathcal{F}(0)$

and the predictable stopping times $\{\sigma^k\}_{k\in\mathbb{N}}$ exhausting the predictable jumps of X are G measurable so for all $k,n \in \mathbb{N}$ $\rho_n(\sigma^k)$ is $\mathcal{F}_{\rho_n}$ stopping time. Therefore by Theorem 1 $X - B_g^h \in S_g(T,D)$. Similarly by Theorem 2 (iv) $B_g^h \in B_{loc}(T,D)$. Using Theorem 2 (i) the proof is complete. ∎

5.3 Proof of Theorem 3.

Let X be a process T tangent to PII with random measure μ_g^X. First we define the family of characteristic functions of Φ_g^X. We take

$$\Phi_g^X(\theta,t) \overset{df}{=} \int_{\mathbb{R}} \exp i\theta x \; \mu_g^X(t,dx) \qquad \theta\in\mathbb{R},\ t\in\mathbb{R}^+.$$

<u>Proposition 6. Let</u> $X \in S_g(T,D)$. <u>Then for each $\theta\in\mathbb{R}$ Φ_g^X is a predictable process such that the process</u> Y_θ <u>defined by formula :</u>

$$Y_\theta(t) \overset{df}{=} \exp i\theta X(t) / \Phi_g^X(\theta,t) \qquad t\in\mathbb{R}^+.$$

<u>is a local martingale on the stochastic interval</u> $[\![0, R_\theta[\![$ <u>where</u> $R_\theta = \inf[t : |\Phi_g^X(\theta,t)| = 0]$.

<u>Proof.</u> Let $Z = X - B_g^h$. Then

$$Y_\theta(t) = \left(\exp i\theta Z(t) \;/\; \Phi_g^X(\theta,t)\right) \exp\left(-i\theta B_g^h(t)\right)$$

and a simple computation based on Theorem 2 (iii) shows that

$$\Phi_g^X(\theta,t)\exp(-i\theta B_g^h(t)) = \Phi_g^Z(\theta,t) \quad .$$

Since the local martingale property for $\{\exp i\theta Z(t) / \Phi_g^Z(\theta,t)\}_{t\in\mathbb{R}^+}$ is well known the proof is finished. ∎

<u>Acknowledgements.</u> I would like to thank Professor Jean Jacod for careful reading of the manuscript which enabled to avoid several mistakes and misprints.

Institute of Mathematics
Nicholas Copernicus University
ul. Chopina 12/18
87-100 Toruń , Poland

References.

1. Aldous, D.J.: A concept of weak convergence for stochastic processes viewed in the Strasbourg manner. Preprint, Statist.Laboratory Univ.Cambridge 1979

2. Billingsley,P.: Weak Convergence of Probability Measures. New York : Wiley 1968

3. Dellacherie,C, Meyer,P.A. : Probabilities and Potential. North.-Holland 1978

4. Dellacherie,C,Doleans-Dade,C : Un contre-example au probleme des Laplaciens approches. Lecture Notes in Math. 191 , 128-140 , Springer-Verlag 1970

5. Grigelionis,B. : On the martingale characterisation of stochastic processes with independent increments. Lietuvos Mat. Rinkynys XVII, 1, 75-86, 1977

6. Grigelionis,B,Mikulevicius,R : On weak convergence of semimartingales. Lietuvos Mat. Rinkynys XXI, 3, 9-24, 1981

7. Jacod,J. : Calcul stochastique et problemes de martingales. Lecture Notes in Math. 714 , 1979

8. Jacod,J. : Processus a accroissements independants : une condition necessaire et suffisant de convergence. Z.Wahr.Verw. Gebiete 63, 109-136, 1983

9. Jacod,J. : Une generalization des semimartingales : les processus admettant un processus a accroissements independants tangent . Lecture Notes in Math. 1059 , 91-118, 1984

10.Jacod,J.,Kłopotowski,A.,Memin,J. : Theoreme de la limite centrale et convergence fonctionnelle vers un processus a accroissements independants, la methode des martingales. Ann. IHP B XVIII , 1-45, 1982

11.Jakubowski,A.,Słomiński,L. : Extended convergence to continuous in probability processes with independent increments. Probab. Th. Rel. Fields 72, 55-82, 1986

12.Kubilius,K. : On necessary and sufficient conditions for the convergence to quasicontinuous semimartingale. Preprint , 1985

13.Lenglart,E. : Relation de domination entre deux processes. Ann. IHP B XIII , 171-179, 1977

14.Lindvall,T. : Weak convergence of probability measures and random functions in the function space $D[0,\infty)$. J.Appl. Probab. 10, 109-121, 1973

15.Meyer,P.: Integrales Stochastiques. Lecture Notes in Math. 39 , 72-94, 1967

16.Rebolledo,R. : Central limit theorems for local martingales. Z.Wahr.Verw. Gebiete 51, 262-286, 1982

17.Słomiński,L. : Necessary and sufficient conditions for extended convergence of semimartingales. Probab. and Math. Statistics 7, Fasc.1, 77-93, 1986

PROCESSUS ADMETTANT UN PROCESSUS A ACCROISSEMENTS INDEPENDANTS TANGENT : CAS GENERAL

J. JACOD et H. SADI

1 - INTRODUCTION

Dans [4] nous avons introduit la notion de processus admettant un PAI (processus à accroissements indépendants) tangent, qui ne s'applique malheureusement qu'aux processus quasi-continus à gauche. Slominski [6] a proposé une généralisation simple, mais qui n'englobe pas toutes les semimartingales. Ci-dessous nous proposons une généralisation plus compliquée, ayant toutefois l'avantage de contenir toutes les semimartingales.

Commençons par rappeler la notion introduite dans [4], sans revenir sur les motivations. On considère une suite $\mathcal{T}=(\tau^n)_{n\geq 1}$ de subdivisions $\tau^n=\{0=t_0^n<\dots<t_i^n<\dots\}$ de $\mathbb{R}_+$, dont le pas tend vers 0 et telles que $\lim_i \uparrow t_i^n=\infty$. Soit $(\Omega,\mathcal{F},\mathbb{F}=(\mathcal{F}_t)_{t\geq 0},P)$ un espace probabilisé filtré. A tout processus càdlàg adapté quasi-continu à gauche X on associe:

(1.1) $\rho_i^{X,n}(\omega,dx)$ = une version régulière de la loi conditionnelle $\mathcal{L}(X_{t_i^n}-X_{t_{i-1}^n}\,|\,\mathcal{F}_{t_{i-1}^n})$ (pour $i\geq 1$);

(1.2) $\zeta^{X,n}(\omega,dy)$ = l'unique probabilité sur l'espace de Skorokhod $\mathbb{D}=\mathbb{D}([0,\infty];\mathbb{R})$ faisant du processus canonique Y un PAI tel que

i) Y est p.s. constant sur les intervalles $[t_i^n,t_{i+1}^n[$,

ii) pour tout $i\geq 1$, la loi du saut $\Delta Y_{t_i^n}$ est $\rho_i^{X,n}(\omega,.)$

(rappelons que, par convention, un PAI est p.s. nul en 0).

On peut considérer $\zeta^{X,n}$ comme une v.a. à valeurs dans l'espace $\mathcal{P}(\mathbb{D})$ des probabilités sur $\mathbb{D}$. Muni de la topologie étroite ($\mathbb{D}$ étant lui-même muni de la topologie de Skorokhod), $\mathcal{P}(\mathbb{D})$ est un espace métrisable. On peut donc poser la

(1-3) DEFINITION: On dit que le processus quasi-continu à gauche X admet un PAI tangent le long de τ si la suite $(\zeta^{X,n})_{n\geq 1}$ converge en probabilité vers une limite, notée ζ^X. On note $\mathcal{A}_g(\tau)$ l'ensemble de ces processus X.

Si $X\in\mathcal{A}_g(\tau)$, pour P-presque tout ω la loi $\zeta^X(\omega,dy)$ fait évidemment du processus canonique Y un PAI (dont on peut montrer qu'il n'a pas de discontinuité fixe), dont on note $B^X(\omega)$, $C^X(\omega)$, $\nu^X(\omega)$ les caractéristiques (voir e.g. [3]); rappelons que la première caractéristique est associée à une fonction de troncation $h: \mathbb{R}\to\mathbb{R}$ qu'on a fixée une fois pour toutes, et choisie continue (on a $h(x)=x$ pour $|x|$ petit, et $h(x)=0$ pour $|x|$ grand).

Dans [4] on a montré que $\mathcal{A}_g(\tau)$ est un espace vectoriel, et

(1-4) Tout PAI sans discontinuité fixe appartient à $\mathcal{A}_g(\tau)$.

(1-5) Toute semimartingale quasi-continue à gauche X appartient à $\mathcal{A}_g(\tau)$; dans ce cas, (B^X,C^X,ν^X) sont aussi les caractéristiques de X en tant que semimartingale.

Par ailleurs, Kwapien et Woyczinski [5] ont donné un intéressant critère d'appartenance à $\mathcal{A}_g(\tau)$:

(1-6) Pour que le processus adapté quasi-continu à gauche X appartienne à $\mathcal{A}_g(\tau)$, il faut et il suffit que la suite de processus

$$B_t^{X,n} = \sum_{i:t_i^n\leq t} E[h(X_{t_i^n}-X_{t_{i-1}^n})|\mathcal{F}_{t_{i-1}^n}]$$

(où h est toujours notre fonction de troncation) converge uniformément sur tout intervalle fini, en probabilité; la limite est alors automatiquement B^X.

L'espace $\mathcal{A}_g(\mathcal{T})$ dépend de manière essentielle de la suite de subdivisions $\mathcal{T}$, ce qui malheureusement enlève bien de l'intérêt à cette notion: Kwapien et Woyczynski [5] esquissent un exemple de ce fait (à ce propos, la remarque (1.16-1) de [4] selon laquelle, lorsque $X\in\mathcal{A}_g(\mathcal{T})\cap\mathcal{A}_g(\mathcal{T}')$, les caractéristiques de X relativement à $\mathcal{T}$ et à $\mathcal{T}'$ sont nécessairement les mêmes est pour le moins aventureuse, et sans doute fausse).

Dans [4], aussi bien que dans la partie des résultats de Kwapien et Woyczinski qui concerne les PAI tangents, la quasi-continuité à gauche joue un rôle essentiel.

En suivant Slominski [6], et sans changer (1-1) ni (1-2), on peut tout simplement songer à supprimer dans (1-3) l'hypothèse de quasi-continuité à gauche. On obtient alors une classe $\hat{\mathcal{A}}_g(\mathcal{T})$ de processus telle que

(1-7) Tout PAI appartient à $\hat{\mathcal{A}}_g(\mathcal{T})$; recopions ici la démonstration de Slominski, qui remplace avantageusement la longue preuve de (1-4) dans [4]. Notons X^n le processus qui vaut $X_{t_i^n}$ sur l'intervalle $[t_i^n,t_{i+1}^n[$; il est clair que $X^n_{\cdot}(\omega)\to X_{\cdot}(\omega)$ pour la topologie de Skorokhod, tandis que $\zeta^{X,n}(\omega,.)$ ne dépend pas de ω et égale simplement la loi de X^n; par suite $\zeta^{X,n}$ converge vers la loi de X.

Slominski donne aussi une caractérisation des semimartingales qui appartiennent à $\hat{\mathcal{A}}_g(\mathcal{T})$. Il en découle facilement qu'il existe des semimartingales n'appartenant à $\hat{\mathcal{A}}_g(\mathcal{T})$ pour aucune suite $\mathcal{T}$ de subdivisions de $\mathbb{R}_+$.

Ci-dessous nous proposons d'étendre la définition (1-3) dans une autre direction, en admettant des subdivisions τ^n constituées de temps d'arrêt prévisibles. On verra alors que toute semimartingale admet un PAI tangent le long d'une famille de subdivisions, dépendant éventuellement de la semimartingale. Là encore, le résultat est loin d'être satisfaisant, mais il semble difficile d'obtenir une extension qui englobe simultanément toutes les semimartingales.

La méthode que nous employons est celle de [4], dont les résultats sont des corollaires de ce qui suit; vu les difficultés techniques, il a semblé préférable de reprendre toutes les démonstrations. Signalons que Kwapien et Woyczinski [5] proposent une méthode largement différente, et plus simple, que celle de [4], mais nous avons été incapables de l'étendre au cas qui nous occupe ici.

2 - LES RESULTATS PRINCIPAUX

§a - Notations.

L'espace probabilisé filtré $(\Omega,\mathcal{F},\mathbb{F},P)$ est fixé, ainsi que la fonction de troncation continue h. A tout processes càdlàg X on associe le processus

(2-1) $$X(h) = X - X_0 - \sum_{s\leq .}[\Delta X_s - h(\Delta X_s)],$$

donc $\Delta X(h)=h(\Delta X)$.

A toute classe $\mathcal{C}$ de processus on associe de la manière usuelle la classe localisée $\mathcal{C}_{loc}$: $X\in\mathcal{C}_{loc}$ si et seulement s'il existe une suite (S_n) de temps d'arrêt croissant p.s. vers $+\infty$, telle que $X^{S_n}\in\mathcal{C}$ pour tout n (X^S désigne le processus arrêté en S).

(2-2) Une classe $\mathcal{C}$ est dite locale si elle est stable par arrêt (i.e. $X\in\mathcal{C}$ et T temps d'arrêt $\Rightarrow$ $X^T\in\mathcal{C}$), et si $\mathcal{C}_{loc}=\mathcal{C}$.

On considère une suite $\mathcal{T}=(\tau^n)_{n\geq 1}$ de subdivisions de $\mathbb{R}_+$, du type suivant:

(2-3) i) pour chaque n, $\tau^n=\{0=T_0^n<T_1^n<\ldots<T_i^n<\ldots\}$ où les T_i^n sont des temps prévisibles bornés, et $\lim_{(i)}\uparrow T_i^n=\infty$;

ii) si $D^n=\bigcup_{i\geq 0}[\![T_i^n]\!]$, on a $D^n\subset D^{n+1}$; on écrit $D=\bigcup_n D^n$;

iii) $\alpha_n:=\sup_{\omega,i}\ \{T_i^n(\omega)-T_{i-1}^n(\omega)\}\to 0$ quand $n\uparrow\infty$.

(2-4) $\mathcal{M}(\mathcal{T})$ désigne l'ensemble des processus càdlàg adaptés tels que D (voir (ii) ci-dessus) contienne le support prévisible de l'ensemble $\{\Delta X\neq 0\}$; en d'autres termes, le processus càdlàg adapté X appartient à $\mathcal{M}(\mathcal{T})$ si et seulement si on a $\Delta X_S=0$ p.s. sur $\{S<\infty\}$, pour tout temps prévisible S tel que $[\![S]\!]\cap D=\emptyset$ ($[\![S]\!]$ désigne le graphe de S).

A tout processus càdlàg adapté X on associe pour $i\geq 1$:

(2-5) $\rho_i^{X,n}(\omega,dx)$ = une version régulière de la loi conditionnelle

$$\mathcal{L}(X_{(T_i^n)-}-X_{T_{i-1}^n}\mid\mathcal{F}_{(T_{i-1}^n)-});$$

$\bar{\rho}_i^{X,n}(\omega,dx)$ = une version régulière de la loi conditionnelle

$$\mathcal{L}(\Delta X_{T_i^n}\mid\mathcal{F}_{(T_i^n)-});$$

$\tilde{\rho}_i^{X,n}(\omega,dx)=\rho_i^{X,n}(\omega,.)*\bar{\rho}_i^{X,n}(\omega,.)(dx)$ (produit de convolution).

(2-6) $\zeta^{X,n}(\omega,dy)$ = l'unique probabilité sur l'espace de Skorokhod $\mathbb{D}$ faisant du processus canonique Y un PAI tel que:

i) Y est p.s. constant sur chaque intervalle $[T_i^n(\omega),T_{i+1}^n(\omega)[$,

ii) pour tout $i\geq 1$, la loi du saut $\Delta Y_{T_i^n(\omega)}$ est $\tilde{\rho}_i^{X,n}(\omega,.)$.

On peut maintenant définir la notion principale de cet article.

(2-7) **DEFINITION**: On dit que le processus X appartenant à $\mathcal{M}(\mathcal{T})$ admet un PAI tangent le long de $\mathcal{T}$ si la suite $(\zeta^{X,n})_{n\geq 1}$ converge en probabilité vers une limite, notée ζ^X; on note $\tilde{\mathcal{A}}_g(\mathcal{T})$ l'ensemble de ces processus.

(2-8) REMARQUES: 1) Pour tout processus càdlàg adapté X le support prévisible de $\{\Delta X \neq 0\}$ est un ensemble mince (i.e., à coupes dénombrables). On peut donc toujours construire des suites $\mathcal{T}$ vérifiant (2-3) et telles que $X \in \mathcal{M}(\mathcal{T})$.

2) Un processus càdlàg adapté quasi-continu à gauche appartient à $\mathcal{M}(\mathcal{T})$ quelle que soit la famille $\mathcal{T}$.

3) Supposons les temps T_i^n déterministes; la famille $\mathcal{T}$ est alors du même type que dans la partie 1 (avec, en plus, l'hypothèse que les subdivisions sont de plus en plus fines). Si X est un processus quasi-continu à gauche, on a $X_{(T_i^n)-} = X_{T_i^n}$ p.s., donc les définitions (2-5) et (1-1) de $\rho_i^{X,n}$ coïncident, et $\bar{\rho}_i^{X,n} = \varepsilon_0$, et $\tilde{\rho}_i^{X,n} = \rho_i^{X,n}$, donc les définitions (2-6) et (1-2) de $\zeta^{X,n}$ coïncident également. Par suite $\mathcal{A}_g(\mathcal{T}) \subset \tilde{\mathcal{A}}_g(\mathcal{T})$ (inclusion évidemment stricte).$\square$

(2-9) DEFINITION: Si $X \in \tilde{\mathcal{A}}_g(\mathcal{T})$, on note $B^X(\omega)$, $C^X(\omega)$, $\nu^X(\omega)$ les caractéristiques du PAI de loi $\zeta^X(\omega,.)$ (on écrit $B^X(h)(\omega)$ si on veut mettre en évidence l'influence de la fonction de troncation); (B^X, C^X, ν^X) s'appelle le <u>triplet des $\mathcal{T}$-caractéristiques de</u> X.

Introduisons enfin une dernière classe de processus:

(2-10) DEFINITION: On note $\tilde{\mathcal{B}}(\mathcal{T})$ la classe des processus X qui sont bornés, prévisibles, nuls en 0, dans $\mathcal{M}(\mathcal{T})$, et tels que pour tout $t \geq 0$,

$$(2\text{-}11) \quad \sup_{s \leq t} \left| \sum_{i \geq 1, T_i^n \leq s} \left[\Delta X_{T_i^n} + E\left(X_{(T_i^n)-} - X_{T_{i-1}^n} \mid \mathcal{F}_{T_{i-1}^n}\right)\right] - X_s \right| \xrightarrow{P} 0.$$

(2-12) REMARQUE: Supposons les T_i^n déterministes. $\tilde{\mathcal{B}}(\mathcal{T})$ contient alors la classe $\mathcal{B}(\mathcal{T})$ introduite dans [4], qui est constituée des processus du type précédent, qui sont en plus <u>continus</u>; en fait, dans [4] nous avions imposé une condition supplémentaire, dont Slominski [6] a montré l'inutilité! □

§b - Résultats.

(2-13) THEOREME: $\tilde{\mathcal{J}}_g(\mathcal{T})$ est un espace vectoriel et une classe locale. De plus toute semimartingale de $\mathcal{H}(\mathcal{T})$ appartient à $\tilde{\mathcal{J}}_g(\mathcal{T})$; dans ce cas, (B^X,C^X,ν^X) sont les caractéristiques de X en tant que semimartingale.

(2-14) THEOREME: $\tilde{\mathcal{B}}_{loc}(\mathcal{T})$ est un espace vectoriel et une classe locale, contenue dans $\tilde{\mathcal{J}}_g(\mathcal{T})$. De plus,

a) toute martingale locale appartenant à $\tilde{\mathcal{B}}_{loc}(\mathcal{T})$ est nulle;

b) $\tilde{\mathcal{B}}_{loc}(\mathcal{T})$ contient tous les processus prévisibles à variation finie nuls en 0 et appartenant à $\mathcal{H}(\mathcal{T})$.

(2-13) suggère que les $\mathcal{T}$-caractéristiques (B^X,C^X,ν^X) de $X\in\tilde{\mathcal{J}}_g(\mathcal{T})$ admettent la même caractérisation que les caractéristiques d'une semimartingale. En effet, on a le:

(2-15) THEOREME: Soit $X\in\tilde{\mathcal{J}}_g(\mathcal{T})$.

i) B^X est l'unique processus de $\tilde{\mathcal{B}}_{loc}(\mathcal{T})$ tel que

(2-16) $$M(h) = X(h) - B^X$$

soit une martingale locale;

ii) si $M(h)^c$ est la partie martingale continue de $M(h)$, on a

(2-17) $$C^X = \langle M(h)^c, M(h)^c\rangle;$$

iv) ν^X est la mesure de Lévy de X, i.e. la projection prévisible duale de la mesure aléatoire μ^X associée aux sauts de X, et définie par

(2-18) $$\mu^X(\omega;dt\times dx) = \sum_{s>0,\Delta X_s(\omega)\neq 0} \varepsilon_{(s,\Delta X_s(\omega))}(dt\times dx).$$

Terminons enfin cette série de résultats par des critères d'appartenance à $\tilde{\mathcal{J}}_g(\mathcal{T})$.

(2-19) THEOREME: Soit X un processus.

a) Pour que $X\in\tilde{\mathcal{J}}_g(\mathcal{T})$ il faut et il suffit que $X=X'+X''$, avec $X'\in\tilde{\mathcal{B}}_{loc}(\mathcal{T})$ et X'' une semimartingale de $\mathcal{M}(\mathcal{T})$. Dans ce cas, $X-B^X$ est une semimartingale appartenant à $\mathcal{M}(\mathcal{T})$.

b) Pour que $X\in\tilde{\mathcal{J}}_g(\mathcal{T})$ il faut et il suffit que $X\in\mathcal{M}(\mathcal{T})$ et que les processus

(2-20) $$B_t^{X,n} = \sum_{i\geq 1,T_i^n\leq t} \int \tilde{\rho}_i^{X,n}(dx)h(x)$$

convergent uniformément sur tout intervalle fini, en probabilité, vers un processus B; dans ce cas, on a $B^X=B$.

Si les T_i^n sont déterministes et X quasi-continu à gauche, $B^{X,n}$ est comme en (1-6), donc (b) étend le critère de Kwapien et Woyczinski.

Il nous reste à examiner le cas des PAI. On peut trouver des PAI (et même des processus continus déterministes) X pour lesquels il existe une suite $\mathcal{T}$ de subdivisions (aléatoires, bien-sûr) telle que X n'appartienne pas à $\tilde{\mathcal{J}}_g(\mathcal{T})$. Cependant:

(2-21) THEOREME: Si X est un PAI, il existe une famille de subdivisions $\mathcal{T}$ vérifiant (2-3), telle que $X\in\tilde{\mathcal{J}}_g(\mathcal{T})$. Dans ce cas (B^X,C^X,ν^X) sont les caractéristiques de X en tant que PAI; en particulier elles sont déterministes, et $\zeta^X(\omega,.)$ ne dépend pas de ω et égale la loi de X.

Preuve. On choisit pour $\mathcal{T}$ n'importe quelle famille vérifiant (2-3), constituée de T_i^n déterministes, et telle que $X\in\mathcal{M}(\mathcal{T})$: c'est possible, car le support prévisible de $\{\Delta X\neq 0\}$ est simplement l'ensemble des temps de discontinuités fixes de X. La preuve est alors exactement la même que pour (1-7), une fois remarqué que $\tilde{\rho}_i^{X,n}(\omega,.)$ est la loi de $X_{T_i^n} - X_{T_{i-1}^n}$ pour $i\geq 1$. □

(2-22) REMARQUE: On vérifie aussi que si X est un "processus" déterministe, il existe $\mathcal{T}$ (avec des T_i^n déterministes) avec $X-X_0\in\tilde{\mathcal{B}}_{loc}(\mathcal{T})$.

En fait, soit $\mathcal{T}$ une famille quelconque et $X\in\mathcal{M}(\mathcal{T})$ un PAI de première caractéristique B. On a alors $X\in\tilde{\mathcal{J}}_g(\mathcal{T}) \Leftrightarrow B\in\tilde{\mathcal{B}}_{loc}(\mathcal{T})$. □

3 - LA MESURE DE LEVY

Dans toute la suite, la famille $\mathcal{T}$ de subdivisions est fixée; on écrit donc $\mathcal{M}$, $\tilde{\mathcal{J}}_g$, $\tilde{\mathcal{B}}$, $\tilde{\mathcal{B}}_{loc}$. Dans cette partie, X désigne un processus càdlàg adapté, et ν^X est sa mesure de Lévy (cela n'entrainera pas de confusion de notations avec la partie 2). Pour $i\geq 1$ on écrit:

(3-1)
$$\begin{cases} \Delta_i^n X = X_{(T_i^n)-} - X_{T_{i-1}^n} \\ E_i^n(.) = E(.|\mathcal{F}_{T_{i-1}^n}) \end{cases}$$

Pour les notations de théorie des processus, on renvoie à [1] ou [2]. Pour toute mesure aléatoire μ sur $\mathbb{R}_+$ on écrit

$$f*\mu(\omega)_t = \int_{[0,t]\times\mathbb{R}} f(x)\mu(\omega;ds\times dx).$$

Dans la suite on mentionnera la fonction de troncation h dans les caractéristiques qui en dépendent. Rappelons que si Z est une semimartingale, de première caractéristique B(h), le processus M(h)= Z(h)-B(h) (cf. (2-1)) est une martingale locale, la seconde caractéristique est $C=\langle M(h)^c,M(h)^c\rangle$ (indépendante de h), et la seconde caractéristique modifiée est $\tilde{C}(h)=\langle M(h),M(h)\rangle$.

On note C^+ l'ensemble des fonctions $f: \mathbb{R}\rightarrow\mathbb{R}_+$ bornées, continues, nulles sur un voisinage de 0. Soit $\mathcal{L}_a$ l'ensemble des $f: \mathbb{R} \to \mathbb{R}$ telles que $|f(x)| \le a$ et $|f(x)-f(y)| \le a|x-y|$.

On note $B^{X,n}(h)(\omega)$, $C^{X,n}(\omega)$, $\nu^{X,n}(\omega)$ les caractéristiques et $\tilde{C}^{X,n}(h)(\omega)$ la seconde caractéristique modifiée du PAI de loi $\zeta^{X,n}(\omega)$. On sait que:

$$(3\text{-}2)\qquad \begin{cases} f*\nu_t^{X,n} = \sum_{i\ge 1,\ T_i^n\le t} \int \tilde{\rho}_i^{X,n}(dx)f(x) , \\ B^{X,n}(h) = h*\nu^{X,n} , \qquad C^{X,n} = 0 , \\ \tilde{C}^{X,n}(h) = h^2*\nu^{X,n} - \sum_{s\le .} [\Delta B^{X,n}(h)_s]^2 . \end{cases}$$

Nous nous proposons de montrer le:

(3-3) THEOREME: <u>Soit</u> $X\in\mathcal{M}$. <u>On a alors</u>

$$[U\text{-}\delta]\qquad f*\nu^{X,n} \xrightarrow{P-u} f*\nu^X \qquad \forall f\in C^+,$$

<u>où</u> $\xrightarrow{P-u}$ <u>signifie "convergence en probabilité, uniforme sur tout intervalle fini"</u>.

Commençons par plusieurs lemmes.

(3-4) LEMME: <u>Soit</u> A <u>un processus adapté à variation finie, tel que</u> $E[Var(A)_t]<\infty$ <u>pour tout</u> $t<\infty$ (Var(A) désigne le processus variation), <u>et que</u> $\{\Delta A\neq 0\}\subset D$. <u>Alors</u>

$$A^n := \sum_{i\ge 1, T_i^n\le .} E_i^n(\Delta_i^n A) \xrightarrow{P-u} A^c ,$$

<u>où</u> A^c <u>est la partie continue de</u> A.

<u>Preuve</u>. Par linéarité, il suffit de considérer deux cas:

a) A est croissant et purement discontinu: on a alors (pour α_n, voir (2-3)):

$$E(A_t^n) \le E[\sum_{i\ge 1, T_{i-1}^n\le t} \Delta_i^n A] \le E[\int_0^{t+\alpha_n} 1_{(D^n)^c}(s)dA_s]$$
$$\to E[\int_0^t 1_{D^c}(s)dA_s) = 0$$

d'après Lebesgue et $\{\Delta A\neq 0\}\subset D$. Donc $A^n \xrightarrow{P-u} 0$.

b) A est croissant et continu: soit $T=T_{i_0}^{n_0}$. Pour $n\geq n_0$ on a $\{T_i^n\leq T\} = \{T_{i-1}^n<T\}$ (car $D^{n_0}\subset D^n$) et $\Delta_i^n A = A_{T_i^n} - A_{T_{i-1}^n}$ car A est continu. Donc

$$A_T^n = \sum_{i\geq 1, T_{i-1}^n<T} E(A_{T_i^n}-A_{T_{i-1}^n} | \mathcal{F}_{T_{i-1}^n}) .$$

Par les laplaciens approchés [1] on a $A_T^n \xrightarrow{L^1} A_T$. Quitte à prendre une sous-suite, on peut supposer que $A_T^n(\omega) \to A_T(\omega)$ pour tout $T=T_{i_0}^{n_0}$ (n_0, i_0 quelconques), pour tout $\omega\notin N$ avec $P(N)=0$. Comme l'ensemble $\{T_i^n(\omega): n,i\in\mathbb{N}^*\}$ est dense dans $\mathbb{R}_+$, A^n et A sont croissants, et A est continu, on en déduit classiquement que $A^n(\omega) \to A(\omega)$ uniformément sur les compacts, pour $\omega\notin N$. Donc $A^n \xrightarrow{P-u} A$. □

Pour tout temps d'arrêt T on pose

(3-5) $$\gamma_{i,T}^{X,n} = 1_{\{T_{i-1}^n<T\leq T_i^n\}} \times \inf(1, \mathrm{Max}(\sup_{T_{i-1}^n<s<T} |X_s-X_{T_{i-1}^n}|, \sup_{T<s\leq T_i^n} |X_s-X_T|))$$

(3-6) LEMME: <u>Pour tout</u> $t>0$, <u>on a</u> $\sum_{i\geq 1} 1_{\{T_i^n\leq t\}} E_i^n(\gamma_{i,T}^{X,n}) \xrightarrow{L^1} 0$.

<u>Preuve</u>. Soit $\varepsilon>0$, $R_0=0,\ldots,R_{p+1}=\inf(t>R_p: |\Delta X_t|>\varepsilon/2)$, $X'_t = X_t-\sum_{s\leq t} \Delta X_s 1_{\{|\Delta X_s|>\varepsilon/2\}}$, et pour $\eta>0$:

$$S_\eta = \inf(t: \sup_{(s-\eta)^+\leq r\leq s} |X'_r-X'_s|>\varepsilon).$$

R_p et S_η sont des temps d'arrêt, $\lim_{(p)}\uparrow R_p=\infty$, et comme $|\Delta X'|\leq\varepsilon/2$ on a $\lim_{\eta\downarrow 0} \uparrow S_\eta=\infty$. Il existe donc $q\in\mathbb{N}^*$, $\eta>0$ tels que

(3-7) $$P(R_q\wedge S_\eta \leq t+1) \leq \varepsilon .$$

Pour n assez grand on a $\alpha_n\leq\eta\wedge 1$, donc sur $\{R_q\wedge S_\eta\geq T_i^n\}$,

$$\gamma_{i,T}^{X,n} \leq \begin{cases} \varepsilon & \text{si } R_p\notin]T_{i-1}^n,T[\cup]T,T_i^n] \ \forall p\leq q \text{ et } T_{i-1}^n<T\leq T_i^n \\ \\ 1_{\{T_{i-1}^n<T\leq T_i^n\}} & \text{sinon.} \end{cases}$$

Comme $\{R_q\wedge S_\eta\leq T_i^n,\ T_{i-1}^n\leq t\}\subset\{R_q\wedge S_\eta\leq t+1\}$ il vient

$$E[\sum_{i\geq 1,T_i^n\leq t} E_i^n(\gamma_{i,T}^{X,n})] \leq E[\sum_{i\geq 1,T_{i-1}^n\leq t} \gamma_{i,T}^{X,n}]$$

$$\leq E[\sum_{i\geq 1,T_{i-1}^n\leq t} 1_{\{T_{i-1}^n<T\leq T_i^n\}}\{\varepsilon + 1_{\{R_q\wedge S_\eta\leq t+1\}} + \sum_{p=1}^q 1_{\{T_{i-1}^n<R_p<T\}} + \sum_{p=1}^q 1_{\{T<R_p\leq T_i^n\}}\}]$$

$$\leq \varepsilon + P(R_q\wedge S_\eta\leq t+1) + \sum_{p=1}^q \{P(R_p<T<R_p+\alpha_n) + P(T<R_p<T+\alpha_n)\}.$$

Comme $\alpha_n\to 0$, pour n assez grand on a $P(R_p<T<R_p+\alpha_n)\leq\varepsilon/q$ et $P(T<R_p<T+\alpha_n)\leq\varepsilon/q$ pour tout $p\leq q$. Donc par (3-7),

$$E[\sum_{i\geq 1,T_i^n\leq t} E_i^n(\gamma_{i,T}^{X,n})] \leq 4\varepsilon. \ \square$$

Pour toute mesure ρ on introduit la notation $\rho(f)=\int\rho(dx)f(x)$, et

$$\text{(3-8)}\quad \begin{cases} a_t^X(\omega) = \nu^X(\omega;\{t\}\times\mathbb{R}), \\ \nu^{X,c}(\omega;dt\times dx) = \nu^X(\omega;dt\times dx)1_{\{a_t^X(\omega)=0\}}, \quad \nu^{X,d} = \nu - \nu^{X,c}. \end{cases}$$

(3-9) LEMME: <u>Soit</u> $X\in\mathcal{X}$, $a>0$, $f\in\mathcal{L}_1$ <u>avec</u> $f(x)=0$ <u>pour</u> $|x|\leq a$, <u>et supposons que</u> $\sum_{s\leq t} 1_{\{|\Delta X_s|>a/2\}}\leq K_t<\infty$ <u>identiquement pour tout</u> $t<\infty$. <u>Alors</u>

$$\sum_{i\geq 1,T_i^n\leq .} \rho_i^{X,n}(f) \xrightarrow{P-u} f*\nu^{X,c}.$$

<u>Preuve</u>. Le processus $A=f*\nu^X$ vérifie $\{\Delta A\neq 0\}\subset D$, et $A^c=f*\nu^{X,c}$, et

$$E[Var(A)_t] \leq E[|f|*\nu_t^X] \leq E[\sum_{s\leq t} 1_{\{|\Delta X_s|>a\}}] \leq K_t.$$

Etant donné (3-4) il suffit donc de montrer que

$$\text{(3-11)}\qquad \sum_{i\geq 1,T_i^n\leq t} |\beta_i^n| \xrightarrow{P} 0,$$

où $\beta_i^n = \rho_i^{X,n}(f) - E_i^n[\Delta_i^n(f*\nu^X)]$. Comme T_i^n est prévisible, on a $E_i^n[\Delta_i^n(f*\nu^X)] = E_i^n[\Delta_i^n(f*\mu^X)]$, donc

$$\beta_i^n = E_i^n(\theta_i^n), \quad \text{avec} \quad \theta_i^n = f(\Delta_i^n X) - \sum_{T_{i-1}^n<s<T_i^n} f(\Delta X_s).$$

Soit $\varepsilon\in]0,a/4]$ et R_p, S_η, X' comme dans la preuve de (3-5). On choisit q et η de sorte qu'on ait (3-7). D'après l'hypothèse de majoration par K_t et le fait que $f\in\mathcal{L}_1$ et $f(x)=0$ pour $|x|\leq a$, il vient sur $\{T_{i-1}^n\leq t\}$:

$$|\theta_i^n| \leq \begin{cases} 0 & \text{si } S_\eta\geq T_i^n \text{ et }]T_{i-1}^n,T_i^n[\text{ contient au plus un } R_p, \text{ auquel cas } |\Delta X_{R_p}|\leq\frac{a}{2}\,; \\ 2\varepsilon & \text{sur } G_i^{np}=\{S_\eta\geq T_{i-1}^n,\ R_{p-1}\leq T_{i-1}^n<R_p<T_i^n\leq R_{p+1},\ |\Delta X_{R_p}|>\frac{a}{2}\}\,; \\ 1+K_t & \text{si } S_\eta<T_i^n, \text{ ou si }]T_{i-1}^n,T_i^n[\text{ contient au moins deux } R_p. \end{cases}$$

Soit $R=\inf_{p\leq q}(R_p-R_{p-1})$. On a $P(R\leq\alpha_n)\leq\frac{\varepsilon}{q-1}$ pour n assez grand, et donc

$$E[1_{\{R_q\wedge S_\eta>t\}}\sum_{i\geq1,T_i^n\leq t}|\beta_i^n|] \leq E[\sum_{i\geq1,T_{i-1}^n\leq t,T_{i-1}^n<R_q\wedge S_\eta}|\beta_i^n|]$$

$$\leq E[\sum_{i\geq1,T_{i-1}^n\leq t,T_{i-1}^n<R_q\wedge S_\eta}|\theta_i^n|]$$

$$\leq E[\sum_{i\geq1,T_{i-1}^n\leq t}\{(1+K_t)(1_{\{T_{i-1}^n<R_q\wedge S_\eta<T_i^n\}}+\sum_{p=1}^q 1_{\{T_{i-1}^n<R_p<R_{p+1}<T_i^n\}})$$
$$+2\varepsilon\sum_{p=1}^q 1_{G_i^{np}}\}]$$

$$\leq (1+K_t)[P(R_q\wedge S_\eta\leq t+1)+(q-1)P(R\leq\alpha_n)]$$
$$+2\varepsilon\, E[\sum_{p=1}^q 1_{\{T_{i-1}^n<R_p<T_i^n\}}1_{\{T_{i-1}^n\leq t\}}1_{\{|\Delta X_{R_p}|>a/2\}}]$$

$$\leq 2\varepsilon(1+K_t)+2\varepsilon\, E[\sum_{s\leq t+1}1_{\{|\Delta X_s|>a/2\}}] \leq 2\varepsilon(1+2K_t)$$

(grâce à (3-7)). En utilisant encore (3-7), on obtient pour n assez grand:

$$P(\sum_{i\geq1,T_i^n\leq t}|\beta_i^n|>\varepsilon') \leq \varepsilon+\frac{2\varepsilon}{\varepsilon'}(1+2K_{t+1})$$

pour tout $\varepsilon'>0$. Comme $\varepsilon\in]0,a/4]$ est arbitraire, on a (3-11). □

(3-12) LEMME: <u>Soit</u> $X\in\mathcal{H}$.

a) Si $f\in C^+$ on a $\sum_{i\geq 1,T_i^n\leq .}\rho_i^{X,n}(f)\xrightarrow{P-u} f*\nu^{X,c}$.

b) Pour tout $t>0$ on a $\sup_{i\geq 1,T_i^n\leq t}\rho_i^{X,n}(|x|\wedge 1)\xrightarrow{P} 0$.

Preuve. a) Si T est un temps d'arrêt, on a:

$$\Delta_i^n X^T = \begin{cases} 0 & \text{si } T\leq T_{i-1}^n \\ \Delta_i^n X & \text{si } T\geq T_i^n \\ \Delta_i^n X + (X_T - X_{(T_i^n)-}) & \text{si } T_{i-1}^n<T<T_i^n , \end{cases}$$

et donc en particulier (voir (3-5)):

$$(3\text{-}13) \qquad 2\wedge|\Delta_i^n X^T - \Delta_i^n X| \leq 2\gamma_{i,T}^{X,n} \quad \text{sur} \quad \{T>T_{i-1}^n\}.$$

Si $f\in \mathcal{L}_1$ on a $|f(x)-f(y)|\leq 2\wedge|x-y|$, donc

$$|\rho_i^{X^T,n}(f)-\rho_i^{X,n}(f)| = |E_i^n(f(\Delta_i^n X^T)-f(\Delta_i^n X))| \leq 2E_i^n(\gamma_{i,T}^{X,n}) \quad \text{sur } \{T>T_{i-1}^n\},$$

et donc, dès que $\alpha_n\leq 1$,

$$E[\sum_{i\geq 1,T_i^n\leq t} |\rho_i^{X^T,n}(f) - \rho_i^{X,n}(f)|\, 1_{\{t+1<T\}}]$$

$$(3\text{-}14) \quad \leq 2E[\sum_{i\geq 1,T_i^n\leq t,T_{i-1}^n<T} E_i^n(\gamma_{i,T}^{X,n})] \leq 2E[\sum_{i\geq 1,T_{i-1}^n\leq t} E_i^n(\gamma_{i,T}^{X,n})] \to 0,$$

par (3-6).

Pour obtenir le résultat, il suffit de considérer le cas où $f\in C^+\cap\mathcal{L}_1$. Soit $a>0$ tel que $f(x)=0$ pour $|x|\leq a$, et $R_p = \inf(t: \sum_{s\leq t} 1_{\{|\Delta X_s|>a/2\}}\geq p)$. On a $\lim_p\uparrow R_p=\infty$, donc si $\varepsilon>0$ il existe p avec

$$(3\text{-}15) \qquad P(R_p\leq t+1) \leq \varepsilon ,$$

et (3-14) appliqué à $T=R_p$ entraine pour n assez grand:

$$P[\sum_{i\geq 1,T_i^n\leq t} |\rho_i^{X^{R_p},n}(f) - \rho_i^{X,n}(f)| > \varepsilon]$$

$$\leq \frac{1}{\varepsilon} E[\sum_{i\geq 1,T_i^n\leq t} |\rho_i^{X^{R_p},n}(f)-\rho_i^{X,n}(f)|1_{\{R_p>t+1\}}] + P(R_p\leq t+1)$$

$$(3\text{-}16) \qquad \leq 2\varepsilon.$$

Mais les processus X^{R_p} vérifient les hypothèses de (3-9), donc

$$(3\text{-}17)\qquad \sum_{i\geq 1,T_i^n\leq .} \rho_i^{X^{R_p},n}(f) \quad \xrightarrow{P-u} \quad f*\nu^{X^{R_p},c} = (f*\nu^{X,c})^{R_p}.$$

Comme $(f*\nu^{X,c})_t^{R_p} = f*\nu_t^{X,c}$ si $t\leq R_p$, on déduit le résultat de (3-15), (3-16) et (3-17).

b) Si $\varepsilon>0$ il existe $f_\varepsilon\in C^+$ avec $0\leq f_\varepsilon\leq 1$ et $f_\varepsilon(x)=1$ pour $|x|\geq\varepsilon$. Alors (a) implique

$$\delta_t^{n,\varepsilon} \;:=\; \sup_{i\geq 1,T_i^n\leq t} \rho_i^{X,n}(f_\varepsilon) \;\xrightarrow{P}\; \sup_{s\leq t} \Delta(f_\varepsilon*\nu^{X,c}) \;=\; 0,$$

tandis que

$$\sup_{i\geq 1,T_i^n\leq t} \rho_i^{X,n}(|x|\wedge 1) \;\leq\; \varepsilon + \delta_t^{n,\varepsilon}.$$

Comme $\varepsilon>0$ est arbitraire, on a le résultat. □

Terminons ces préliminaires par une remarque. Pour tout temps prévisible fini T on a $\nu^X(\{T\}\times A) = P(\Delta X_T\in A\setminus\{0\}|\mathcal{F}_{T-})$. En comparant à (2-5), on obtient donc

$$(3\text{-}18)\qquad \bar\rho_i^{X,n}(dx) \;=\; \nu^X(\{T_i^n\}\times dx) + (1-a^X_{T_i^n})\varepsilon_0(dx).$$

<u>Preuve de (3-3)</u>. Soit $X\in\mathcal{M}$. Il suffit de montrer [U-δ] pour $f\in C^+\cap\mathcal{L}_1$. D'après (3-18), et comme $f(0)=0$,

$$\sum_{i\geq 1,T_i^n\leq t} \bar\rho_i^{X,n}(f) \;=\; (f1_{D^n})*\nu_t^X.$$

De plus $X\in\mathcal{M}$ implique que $\{a^X>0\}\subset D$, donc $1_D\cdot\nu^X=\nu^{X,d}$. D'après le théorème de Lebesgue,

$$\sum_{i\geq 1,T_i^n\leq .} \bar\rho_i^{X,n}(f) \;\xrightarrow{P-u}\; f*\nu^{X,d}.$$

Etant donnés (3-2), (3-12-a) et (2-5), il suffit donc de montrer que

$$(3\text{-}19)\qquad \sum_{i\geq 1,T_i^n\leq t} \int \bar\rho_i^{X,n}(dx)\,|E_i[f(x+\Delta_i X)-f(\Delta_i X)-f(x)]| \;\xrightarrow{P}\; 0$$

pour $t>0$, $f\in C^+\cap \mathcal{L}_1$.

Soit $a>0$ tel que $f(x)=0$ pour $|x|\leq a$. Soit $\varepsilon\in]0,a/2]$. On a $|f(x+\Delta_i^n X)-f(\Delta_i^n X)-f(x)| \leq 2(1\wedge|\Delta_i^n X|)$, donc

$$\begin{aligned}\alpha_t^{n,\varepsilon} &:= \sum_{i\geq 1, T_i^n\leq t} \int_{|x|>\varepsilon} \bar{\rho}_i^{X,n}(dx)\,|E_i^n[f(x+\Delta_i^n X)-f(\Delta_i^n X)-f(x)]| \\ &\leq 2\sum_{i\geq 1, T_i^n\leq t} \bar{\rho}_i^{X,n}(|x|>\varepsilon)\ \rho_i^{X,n}(|x|\wedge 1) \\ &\leq 2(1_{\{|x|>\varepsilon\}}*\nu_t^X)\ \sup_{i\geq 1, T_i^n\leq t} \rho_i^{X,n}(|x|\wedge 1)\end{aligned}$$

d'après (3-18). On déduit alors de (3-12-b) que

$$(3\text{-}20)\qquad \alpha_t^{n,\varepsilon} \xrightarrow{P} 0, \qquad \forall\varepsilon>0,\ \forall t>0.$$

Par ailleurs, comme $\varepsilon\leq a/2$ on a

$$|x|\leq\varepsilon \Rightarrow |f(x+\Delta_i^n X)-f(\Delta_i^n X)-f(x)| \leq \begin{cases}\varepsilon & \text{si } |\Delta_i^n X|>a/2\\ 0 & \text{sinon.}\end{cases}$$

Donc

$$\begin{aligned}\beta_t^{n,\varepsilon} &:= \sum_{i\geq 1, T_i^n\leq t} \int_{|x|\leq\varepsilon} \bar{\rho}_i^{X,n}(dx)\,|E_i^n[f(x+\Delta_i^n X)-f(\Delta_i^n X)-f(x)]| \\ &\leq \varepsilon \sum_{i\geq 1, T_i^n\leq t} \rho_i^{X,n}(|x|>a/2).\end{aligned}$$

Soit $g\in C^+$ avec $0\leq g\leq 1$, $g(x)=1$ pour $|x|\geq a/2$. D'après (3-12),

$$\sum_{i\geq 1, T_i^n\leq t} \rho_i^{X,n}(|x|>a/2) \leq \sum_{i\geq 1, T_i^n\leq t} \rho_i^{X,n}(g) \xrightarrow{P} g*\nu_t^{X,c} < \infty,$$

et donc

$$(3\text{-}21)\qquad P[\beta_t^{n,\varepsilon} > \varepsilon(1+g*\nu_t^{X,c})] \to 0.$$

Comme le premier membre de (3-19) égale $\alpha_t^{n,\varepsilon}+\beta_t^{n,\varepsilon}$, [U-$\delta$] découle immédiatement de (3-20) et (3-21). □

4 - CARACTERISATION DE $\tilde{\mathscr{S}}_g$ ET DE $\tilde{\mathscr{B}}_{loc}$

§a - Caractérisation de $\tilde{\mathscr{S}}_g$.

Dans ce qui suit, ν^X désigne toujours la mesure de Lévy du processus càdlàg adapté X. On introduit la classe $\mathscr{S}_0$ des processus càdlàg adaptés X tels que (avec la notation (2-1))

(4-1) $$X(h) = B + M$$

avec B prévisible nul en 0, et M martigale locale. Bien-sûr, la décomposition (4-1) n'est en général pas unique. Comme $X(h)-X(h')= (h-h')*(\mu^X-\nu^X) + (h-h')*\nu^X$, on voit que cette classe ne dépend pas de la fonction de troncation h. Voici quelques propriétés utiles:

(4-2) LEMME: a) $\mathscr{S}_0$ est un espace vectoriel et une classe locale, qui contient les semimartingales.

b) Soit $X\in\mathscr{S}_0$, avec la décomposition (4-1). Les processus de saut ΔB et ΔM sont bornés, et

(4-3) $$\Delta B_t = \nu^X(\{t\}\times h)$$

(4-4) $$A_t := [h(x)-\Delta B]^2*\nu_t^X + \sum_{s\leq t}(1-a_s^X)(\Delta B_s)^2 < \infty$$

pour tout t (a^X est défini en (3-8)) et on a

(4-5) $$\langle M,M\rangle = \langle M^c,M^c\rangle + A.$$

Preuve. a) Soit $X,Y\in\mathscr{S}_0$ et $Z=X+Y$. On a $Z(h)=X(h)+Y(h)+G$, avec

$$G = \sum_{s\leq .}[h(\Delta X_s+\Delta Y_s) - h(\Delta X_s) - h(\Delta Y_s)]$$

et G est clairement à variation intégrable; donc G=G'+G" avec G' prévisible à variation finie et G" martingale locale, donc $Z\in\mathscr{S}_0$.Le reste est évident.

b) En prenant la projection prévisible des sauts dans (4-1) on obtient ${}^{p}(\Delta X(h)) = {}^{p}(h(\Delta X)) = \Delta B$, d'où (4-3) et $|\Delta B| \leq K$, si $K=\sup|h|$. On a aussi $|\Delta M| \leq |h(\Delta X)|+|\Delta B| \leq 2K$. De plus

$$[M,M] = \langle M^c,M^c\rangle + (h(x)-\Delta B)^2 * \mu^X + \sum_{s\leq .} (\Delta B_s)^2 \, 1_{\{\Delta X_s=0\}},$$

dont on déduit aisément (4-5) et donc (4-4).□

(4-6) PROPOSITION: Soit $X\in\mathcal{M}$. Pour que $X\in\tilde{\mathcal{J}}_g$ il faut et il suffit qu'il existe un processus càdlàg $B^X(h)$ et un processus croissant continu C^X tels que $B=B^X(h)$ vérifie (4-3) et (4-4) et que, si $\tilde{C}^X(h)=C^X+A$ (où A est donné par (4-4)) on ait

$[U-\beta]$ $\quad B^{X,n}(h) \xrightarrow{P-u} B^X(h)$,

$[U-\gamma]$ $\quad \tilde{C}^{X,n}(h) \xrightarrow{P-u} \tilde{C}^X(h)$,

(voir (3-2) pour $B^{X,n}(h)$ et $\tilde{C}^{X,n}(h)$).

Dans ce cas, $B^X(h)$, C^X, $\tilde{C}^X(h)$ sont prévisibles, et $(B^X(h),C^X,\nu^X)$ est le triplet des $\mathcal{T}$-caractéristiques de X.

Il est bien connu que, sous $[U-\delta]$ (automatiquement vérifié d'après (3-3) ici), les conditions $[U-\beta]$ et $[U-\gamma]$ ne dépendent pas de la fonction de troncation h, pourvu qu'elle soit continue. Dans ce cas, C^X ne dépend pas de h, et on a

(4-7) $$B^X(h') - B^X(h) = (h'-h)*\nu^X.$$

Preuve. D'après [3], $\zeta^{X,n}(\omega,.)$ converge étroitement si et seulement s'il existe une mesure $\nu(\omega,.)$, une fonction càdlàg $B_{.}(\omega)$ et une fonction croissante continue $C_{.}(\omega)$ vérifiant

$$(4\text{-}8)\quad \begin{cases} \nu(\{0\}\times\mathbb{R}) = \nu(\mathbb{R}_+\times\{0\}) = 0, \\ \nu([0,t]\times\{|x|>\varepsilon\}) < \infty, \qquad a_t := \nu(\{t\}\times\mathbb{R}) \le 1, \\ \Delta B_t = \nu(\{t\}\times h), \\ \tilde{C}_t := C_t + (h(x)-\Delta B)^2 * \nu_t + \sum_{s\le t} (1-a_s)(\Delta B_s)^2 < \infty; \end{cases}$$

$$(4\text{-}9)\quad \sum_{s\le t} \left|\int \nu(\{s\}\times dx) h(x-\Delta B_s) + (1-a_s) h(-\Delta B_s)\right| < \infty;$$

et tels que (en omettant d'écrire la fonction de troncation h):

$$(4\text{-}10)\quad \begin{cases} B^{X,n}(\omega) \xrightarrow{Sk} B(\omega) \\ \tilde{C}^{X,n}(\omega) \xrightarrow{Sk} \tilde{C}(\omega) \\ f*\nu^{X,n}(\omega) \xrightarrow{Sk} f*\nu(\omega) \qquad \forall f\in \mathcal{C}_0^+, \end{cases}$$

où $\xrightarrow{Sk}$ désigne la convergence au sens de Skorokhod et où $\mathcal{C}_0^+$ est une famille dénombrable de fonctions de $\mathcal{C}^+$, déterminante pour la convergence étroite. Dans ce cas, $(B(\omega),C(\omega),\nu(\omega))$ sont les caractéristiques du PAI de loi $\zeta^X(\omega,.)$, limite des $\zeta^{X,n}(\omega,.)$. Enfin si dans (4-10) on a $f*\nu^{X,n}(\omega) \to f*\nu(\omega)$ localement uniformément pour toute $f\in\mathcal{C}_0^+$, alors les convergences $B^{X,n}(\omega) \to B(\omega)$ et $\tilde{C}^{X,n}(\omega) \to \tilde{C}(\omega)$ au sens de Skorokhod et au sens local uniforme coïncident, car les sauts de $B^{X,n}$ et de $\tilde{C}^{X,n}$ (resp. B et $\tilde{C}$) sont aussi des sauts de $f*\nu^{X,n}$ (resp. $f*\nu$) pour f bien choisie dans $\mathcal{C}_0^+$.

Par ailleurs on peut remarquer que (4-8) entraine (4-9) (nous aurions dû le noter dans [3]!). En effet si $h(x)=x$ pour $|x|\le\alpha$ et si $K=\sup|h|$, on a

$$\sum_{s\le t} \left|\int \nu(\{s\}\times dx) h(x-\Delta B_s) + (1-a_s) h(-\Delta B_s)\right|$$

$$= \sum_{s\le t} \left|\int \nu(\{s\}\times dx)[h(x-\Delta B_s) - h(x)] + \Delta B_s + (1-a_s) h(-\Delta B_s)\right|$$

$$= \sum_{s\le t,\, |\Delta B_s|>\alpha/2} \left|\int \nu(\{s\}\times dx)[h(x-\Delta B_s)-h(x)] + \Delta B_s + (1-a_s) h(-\Delta B_s)\right|$$

$$+ \sum_{s\le t,\, |\Delta B_s|\le\alpha/2} \left|\int \nu(\{s\}\times dx)[h(x-\Delta B_s) - h(x) + \Delta B_s]\right.$$

$\leq \; 4K \sum_{s\leq t} 1_{\{|\Delta B_s|>\alpha/2\}} + 3K\nu([0,t]\times\{|x|>\alpha/2\}) \; < \; \infty.$

On peut alors appliquer (3-3). Quitte à prendre une sous-suite on a $f*\nu^{X,n}(\omega) \to f*\nu^{X}(\omega)$ localement uniformément pour toute $f\in C_0^+$ et tout $\omega\notin N$, avec $P(N)=0$. Donc $\zeta^{X,n}(\omega,.)$ converge si et seulement s'il existe B et C vérifiant (4-8), ou de manière équivalente (4-3) et (4-4), tels que $B^{X,n}(\omega) \to B(\omega)$ et $\tilde{C}^{X,n}(\omega) \to \tilde{C}(\omega)$ localement uniformément. On en déduit l'équivalence cherchée et la dernière assertion de la proposition.

Enfin comme $B^{X,n}$ et $\tilde{C}^{X,n}$ sont prévisibles par construction, [U-β] et [U-γ] entrainent la prévisibilité de B^X et $\tilde{C}^X$, et donc de C^X.□

§b - Localisation de $\tilde{\mathcal{S}}_g$.

Dans le but de prouver le critère (2-19-b) on introduit aussi la classe $\tilde{\mathcal{S}}'_g$ des processus $X\in\mathcal{M}$ vérifiant [U-β] pour un processus $B^X(h)$. On montrera ultérieurement que $\tilde{\mathcal{S}}'_g=\tilde{\mathcal{S}}_g$.

(4-11) PROPOSITION: Les classes $\tilde{\mathcal{S}}_g$ et $\tilde{\mathcal{S}}'_g$ sont locales. De plus si $X\in\tilde{\mathcal{S}}'_g$ (resp. $\tilde{\mathcal{S}}_g$) et si T est un temps d'arrêt, on a $B^{X^T}(h)=[B^X(h)]^T$ (resp. $\tilde{C}^{X^T}(h)=[\tilde{C}^X(h)]^T$ et $C^{X^T}=(C^X)^T$).

Preuve. a) Commençons par un résultat auxiliaire. Soit $f\in\mathcal{L}_a$ avec $f(0)=0$ et T un temps d'arrêt et $X\in\mathcal{M}$. Soit

$$\alpha_i^n(X,f,T,t) \; = \; \alpha_i^n \; := \; 1_{\{T_i^n\leq t\}} \; [\tilde{\rho}_i^{X^T,n}(f) - \tilde{\rho}_i^{X,n}(f)1_{\{T_i^n\leq T\}}]$$

$$= 1_{\{T_i^n\leq t\wedge T\}} \; [\bar{\rho}_i^{X,n}*(\rho_i^{X^T,n} - \rho_i^{X,n})](f) + 1_{\{T<T_i^n\leq t\}} \; \rho_i^{X^T,n}(f)$$

(en effet, $\bar{\rho}_i^{X^T,n} = \bar{\rho}_i^{X,n}$ si $T_i^n\leq T$, et $\bar{\rho}_i^{X^T,n} = \varepsilon_0$ sinon). On a

$$|f(x+\Delta_i^n X) - f(x+\Delta_i^n X^T)| \; \leq \; a(2\wedge|\Delta_i^n X - \Delta_i^n X^T|),$$

donc (3-13) entraine que sur $\{T_{i-1}^n<T\}$,

$$|[\bar{\rho}_i^{X,n}*(\rho_i^{X^T,n} - \rho_i^{X,n})](f)| \; \leq \; 2aE_i^n(\gamma_{i,T}^{X,n}).$$

Si $T\le T^n_{i-1}$ on a $\Delta^n_i X^T=0$, donc $\rho^{X^T,n}_i=\varepsilon_0$, et par suite

$$\sum_{i\ge1}|\alpha^n_i| \le 2a\sum_{i\ge1,T^n_i\le t} E^n_i(\gamma^{X,n}_{i,T}) + \sup_{i\ge1,T^n_i\le t}\rho^{X^T,n}_i(|f|).$$

Comme $|f(x)|\le a(|x|\wedge1)$, (3-6) et (3-12-b) entrainent

$$\sum_{i\ge1}|\alpha^n_i(X,f,T.t)| \xrightarrow{P} 0. \tag{4-12}$$

b) Le choix de la fonction h étant arbitraire, on peut supposer que $h\in\mathcal{L}_1$. D'après (3-2) on a (en omettant h):

$$B^{X^T,n}_t-(B^{X,n})^T_t = \sum_{i\ge1}\alpha^n_i(X,h,T,t). \tag{4-13}$$

Si X vérifie [U-β] on a $B^{X,n}\xrightarrow{P-u}B^X$ et il découle de (4-12) et (4-13) que $B^{X^T,n}\xrightarrow{P-u}(B^X)^T$, donc X^T vérifie [U-β] avec $B^{X^T}=(B^X)^T$.

Inversement supposons que les temps d'arrêt T_p croissent vers $+\infty$, et que $X(p):=X^{T_p}\in\tilde{\mathcal{S}}'_g$ pour chaque p. D'après ce qui précède on a $(B^{X(p+1)})^{T_p}=B^{X(p)}$, donc il existe un processus B^X tel que $B^{X(p)}=(B^X)^{T_p}$ pour tout p. De plus $B^{X(p),n}\xrightarrow{P-u}(B^X)^{T_p}$, donc (4-13) et (4-12) entrainent $(B^{X,n})^{T_p}\xrightarrow{P-u}(B^X)^{T_p}$ et comme $T_p\uparrow\infty$ on en déduit $B^{X,n}\xrightarrow{P-u}B^X$ et $X\in\tilde{\mathcal{S}}'_g$.

c) D'après (3-2) encore, pour tout temps d'arrêt T on a

$$\begin{aligned}\tilde{C}^{X^T,n}_t-(\tilde{C}^{X,n})^T_t &= \sum_{i\ge1}\alpha^n_i(X,h^2,T,t)\\ &\quad+\sum_{i\ge1,T^n_i\le t}[1_{\{T^n_i\le T\}}\tilde{\rho}^{X,n}_i(h)^2-\tilde{\rho}^{X^T,n}_i(h)^2]\\ &= \sum_{i\ge1}\alpha^n_i(X,h^2,T,t)-\sum_{i\ge1}1_{\{T<T^n_i\le t\}}\rho^{X^T,n}_i(h)^2\\ &\quad+\sum_{i\ge1,T^n_i\le t\wedge T}[\tilde{\rho}^{X,n}_i(h)-\tilde{\rho}^{X^T,n}_i(h)][\tilde{\rho}^{X,n}_i(h)+\tilde{\rho}^{X^T,n}_i(h)]\end{aligned}$$

(car $\bar{\rho}^{X^T,n}_i=\varepsilon_0$ si $T<T^n_i$). Comme $h\in\mathcal{L}_1$ on a donc pour $s\le t$:

$$\begin{aligned}|\tilde{C}^{X^T,n}_s-(\tilde{C}^{X,n})^T_s| &\le \sum_{i\ge1}\{|\alpha^n_i(X,h^2,T,t)|+2|\alpha^n_i(X,h,T,t)|\}\\ &\quad+\sup_{i\ge1,T^n_i\le t}\rho^{X^T,n}_i(|x|\wedge1)^2,\end{aligned}$$

en utilisant encore le fait que $\rho_i^{X^T,n} = \varepsilon_0$ si $T \le T_{i-1}^n$. D'après (4-12) (car $h^2 \in \mathcal{L}_2$) et (3-12-b), il vient

$$\text{(4-14)} \qquad \sup_{s\le t} |\tilde{C}_s^{X^T,n} - (\tilde{C}^{X,n})_s^T| \xrightarrow{P} 0.$$

On démontre alors exactement comme en (b) que la propriété [U-γ] est locale, et que si X satisfait [U-γ] alors $\tilde{C}^{X^T} = (\tilde{C}^X)^T$. Enfin (4-2) et (4-4) sont aussi des propriétés locales, donc la classe $\tilde{\mathcal{J}}_g$ est locale, et si $X \in \tilde{\mathcal{J}}_g$ et si T est un temps d'arrêt on déduit $C^{X^T} = (C^X)^T$ de $\tilde{C}^{X^T} = (\tilde{C}^X)^T$ et de $\nu^{X^T} = (\nu^X)^T$. □

§c - La classe $\tilde{\mathcal{B}}_{loc}$.

Commençons par une propriété de martingale qui sera utilisée plusieurs fois. Posons

$$\text{(4-15)} \quad \begin{cases} \bar{\mathcal{F}}_t^n = \text{la tribu telle que } \bar{\mathcal{F}}_t^n \cap \{T_i^n \le t < T_{i+1}^n\} = \mathcal{F}_{T_i^n} \cap \{T_i^n \le t < T_{i+1}^n\} \\ \qquad \text{pour tout } i \ge 0, \\ \bar{X}_t^n = X_{T_i^n} \quad \text{si} \quad T_i^n \le t < T_{i+1}^n. \end{cases}$$

$\bar{\mathbb{F}}^n = (\bar{\mathcal{F}}_t^n)_{t\ge 0}$ est clairement une filtration continue à droite.

(4-16) LEMME: Soit X un processus borné par K, et h une fonction de troncation telle que $h(x)=x$ pour $|x| \le 4K$. Alors

$$\text{(4-17)} \quad \begin{cases} M_t^n = \bar{X}_t^n - B_t^{X,n}(h) \\ N_t^n = (M_t^n)^2 - \tilde{C}_t^{X,n}(h) \end{cases}$$

sont des $\bar{\mathbb{F}}^n$-martingales.

Preuve. Il suffit clairement de montrer que

$$E_i^n(M_{T_i^n}^n - M_{T_{i-1}^n}^n) = E_i^n(N_{T_i^n}^n - N_{T_{i-1}^n}^n) = 0$$

pour tout $i \ge 1$. Remarquer que $\bar{\rho}_i^{X,n}$ et $\rho_i^{X,n}$ ne chargent que l'intervalle [-2K,2K], donc d'après les propriétés de h,

$$\tilde{\rho}_i^{X,n}(h) = \int \bar{\rho}_i^{X,n}(dx)\rho_i^{X,n}(dy)h(x+y) = \bar{\rho}_i^{X,n}(h) + \rho_i^{X,n}(h)$$

$$\text{(4-18)}\quad \tilde{\rho}_i^{X,n}(h^2) = \int \bar{\rho}_i^{X,n}(dx)\rho_i^{X,n}(dy)h^2(x+y)$$

$$= \bar{\rho}_i^{X,n}(h^2) + \rho_i^{X,n}(h^2) + 2\bar{\rho}_i^{X,n}(h)\rho_i^{X,n}(h).$$

D'après les définitions de $\bar{\rho}_i^{X,n}$ et de $\rho_i^{X,n}$ et (3-2) et (4-18),

$$E_i^n(M^n_{T_i^n} - M^n_{T_{i-1}^n}) = E_i^n[\Delta_i^n X + \Delta X_{T_i^n} - \bar{\rho}_i^{X,n}(h) - \rho_i^{X,n}(h)]$$

$$= E_i^n(\Delta_i^n X) - \rho_i^{X,n}(h) + E_i^n[E(\Delta X_{T_i^n}|\mathcal{F}_{(T_i^n)-})-\bar{\rho}_i^{X,n}(h)] = 0$$

(rappelons encore que $\Delta_i^n X=h(\Delta_i^n X)$ sous nos hypothèses). De même,

$$E_i^n(N^n_{T_i^n} - N^n_{T_{i-1}^n}) = E_i^n[\{\Delta_i^n X + \Delta X_{T_i^n} - \bar{\rho}_i^{X,n}(h) - \rho_i^{X,n}(h)\}^2$$

$$- \bar{\rho}_i^{X,n}(h^2) - \rho_i^{X,n}(h^2) - 2\bar{\rho}_i^{X,n}(h)\rho_i^{X,n}(h) + \{\bar{\rho}_i^{X,n}(h) + \rho_i^{X,n}(h)\}^2]$$

$$= E_i^n[\{\Delta_i^n X - \rho_i^{X,n}(h)\}^2 + \{\Delta_i^n X - \bar{\rho}_i^{X,n}(h)\}^2 - \bar{\rho}_i^{X,n}(h^2) - \rho_i^{X,n}(h^2)$$

$$+ \bar{\rho}_i^{X,n}(h)^2 + \rho_i^{X,n}(h)^2 + 2\{\Delta_i^n X - \rho_i^{X,n}(h)\}\{\Delta X_{T_i^n} - \bar{\rho}_i^{X,n}(h)\}]$$

$$= E_i^n[(\Delta_i^n X)^2 + 2\rho_i^{X,n}(h)^2 - 2\Delta_i^n X\, \rho_i^{X,n}(h) - \rho_i^{X,n}(h^2)]$$

$$+ E_i^n[E\{(\Delta X_{T_i^n})^2 + 2\bar{\rho}_i^{X,n}(h)^2 - 2\Delta X_{T_i^n}\bar{\rho}_i^{X,n}(h) - \bar{\rho}_i^{X,n}(h^2)|\mathcal{F}_{(T_i^n)-}\}]$$

$$+ 2E_i^n[\{\Delta_i^n X - \rho_i^{X,n}(h)\}\, E\{\Delta X_{T_i^n} - \bar{\rho}_i^{X,n}(h)|\mathcal{F}_{(T_i^n)-}\}] = 0. \quad \square$$

(4-19) PROPOSITION: La classe $\tilde{\mathcal{B}}_{loc}$ est locale.

Preuve. Comme la classe localisée d'une classe stable par arrêt est, classiquement [2], une classe locale, il suffit de montrer que $\tilde{\mathcal{B}}$ est stable par arrêt.

Soit donc $X\in\tilde{\mathcal{B}}$, borné par K. On choisit h de sorte que $h(x)=x$ pour $|x|\leq 4K$; on a donc (4-18), et [U-β] avec $B^X(h)=X$ est la même chose que (2-11). D'après (4-11) on a donc $X^T\in\tilde{\mathcal{B}}$ pour tout temps d'arrêt T. $\square$

(4-20) PROPOSITION: <u>On a</u> $X\in\tilde{\mathcal{B}}_{loc}$ <u>si et seulement si</u> $X\in\tilde{\mathcal{I}}_g$ <u>avec</u> $B^X(h)=X(h)$ <u>et</u> $\nu^X = \mu^X$; <u>dans ce cas, on a aussi</u> $C^X = \tilde{C}^X(h) = 0$.

<u>Preuve</u>. La prévisibilité de X équivaut à $\nu^X=\mu^X$. En vertu de (4-11) et de (4-19), il suffit de considérer des processus X bornés, disons par K, et on choisit h de sorte que $h(x)=x$ pour $|x|\leq 4K$. En particulier on a $X(h)=X$.

a) Supposons que $X\in\tilde{\mathcal{I}}_g$ avec $B^X(h)=X(h)=X$ et $\nu^X=\mu^X$, donc X est prévisible. D'après la preuve de (4-19), [U-β] avec $B^X(h)=X$ entraine (2-11), donc $X\in\tilde{\mathcal{B}}$.

b) Supposons que $X\in\tilde{\mathcal{B}}$. On a déjà vu que $\nu^X=\mu^X$ et qu'on a [U-β] avec $B^X(h)=X=X(h)$. Soit aussi $T_n = \inf(t: |B^{X,n}(h)_t|\geq 2K)$, de sorte que $|B^{X,n}(h)_{t\wedge T_n}| \leq 6K$ et, avec les notations (4-17), $|M^n_{t\wedge T_n}| \leq 7K$. Par ailleurs [U-$\beta$] et $B^X(h)=X$ entrainent $T_n \xrightarrow{P} \infty$. Donc $B^{X,n}(h)_{t\wedge T_n} \xrightarrow{P} B^X(h)_t = X_t$ pour tout t. Comme $X\in\mathcal{M}$, il existe un ensemble négligeable N_t tel que si $(\omega,t)\notin D$ et $\omega\notin N_t$ on ait $\Delta X_t(\omega)=0$, alors que $\overline{X}^n_t(\omega)=X_t(\omega)$ pour tout n assez grand si $(\omega,t)\in D$. Par suite $\overline{X}^n_t \to X_t$ p.s., et donc

$$M^n_{t\wedge T_n} \xrightarrow{P} B^X(h)_t - X_t = 0.$$

Comme $|M^n_{t\wedge T_n}| \leq 7K$, cette convergence a lieu aussi dans L^2. Donc

$$E[\tilde{C}^{X,n}(h)_{t\wedge T_n}] = E[(M^n_{t\wedge T_n})^2 - N^n_{t\wedge T_n}] = E[(M^n_{t\wedge T_n})^2] \to 0$$

(utiliser (4-16)). Grâce encore à $T_n \xrightarrow{P} \infty$ on en déduit que $\tilde{C}^{X,n}(h)_t \xrightarrow{P} 0$. Comme $\tilde{C}^{X,n}(h)$ est croissant, on a donc [U-γ] avec $\tilde{C}^X(h)=0$. Il est alors évident qu'on a (4-3) et (4-4) avec $C^X=0$, et $X\in\tilde{\mathcal{I}}_g$ par (4-6). □

(4-21) LEMME: <u>$\tilde{\mathcal{B}}_{loc}$ est un espace vectoriel et une classe stable; la seule martingale locale appartenant à $\tilde{\mathcal{B}}_{loc}$ est la martingale nulle.</u>

<u>Preuve</u>. Il est évident sur la définition que $\tilde{\mathcal{B}}$ est un espace vectoriel, et on a vu que $\tilde{\mathcal{B}}_{loc}$ est une classe locale. Il en découle faci-

lement que $\tilde{\mathcal{B}}_{loc}$ est aussi un espace vectoriel.

Pour la seconde partie, il suffit par localisation de considérer une martingale X appartenant à $\tilde{\mathcal{B}}$. Comme X est une martigale prévisible et que T_i^n est prévisible, on a $\Delta X_{T_i^n}=0$, et par suite $E_i^n(\Delta_i^n X)=0$ également. En comparant à (2-11), on obtient X=0. □

(4-22) LEMME: $\tilde{\mathcal{B}}_{loc}$ contient les processus prévisibles à variation finie nuls en 0 et appartenant à $\mathcal{M}$.

Preuve. Soit $X\in\mathcal{M}$ un processus prévisible à variation finie, nul en 0. Comme $X\in\mathcal{M}$ on a $\{\Delta X\neq 0\}\subset D$. Par localisation, on peut supposer que $\mathrm{Var}(X)_\infty \leq K < \infty$. Alors (3-4) entraine

$$\sum_{i\geq 1,T_i^n\leq .} E_i^n(\Delta_i^n X) \xrightarrow{P-u} X^c$$

et

$$\sum_{i\geq 1,T_i^n\leq .} E(\Delta X_{T_i^n}|\mathcal{F}_{(T_i^n)-}) = \int_0^. 1_{D^n}(s)dX_s \xrightarrow{P-u} \int_0^. 1_D(s)dX_s = X^d$$

(car $\{\Delta X\neq 0\}\subset D$). On a donc (2-11), et $X\in\tilde{\mathcal{B}}$. □

5 - ELIMINATION DES GRANDS SAUTS

§a - La classe $\tilde{\mathcal{J}}_0$.

Nous avons introduit la classe $\mathcal{J}_0$ au §4-a. Notons $\tilde{\mathcal{J}}_0$ la classe des $X\in\mathcal{J}_0\cap\mathcal{M}$ tels que le processus B dans (4-1) appartienne à $\tilde{\mathcal{B}}_{loc}$.

Soit alors $X\in\tilde{\mathcal{J}}_0$ et h' une autre fonction de troncation. On a $X(h)=B+M$ avec $B\in\tilde{\mathcal{B}}_{loc}$ et M martingale locale. De plus

$$\begin{aligned} X(h') &= X(h) + (h'-h)*\mu^X \\ &= B + M + (h'-h)*\nu^X + (h'-h)*(\mu^X-\nu^X). \end{aligned}$$

Donc $X(h')=B'+M'$, avec $B'=B+(h'-h)*\nu^X$ et $M'=M+\tilde{M}$ et $\tilde{M}=(h'-h)*(\mu^X-\nu^X)$.

D'après (4-22), $(h'-h)*\nu^X \in \tilde{\mathscr{B}}_{loc}$, donc $B' \in \tilde{\mathscr{B}}_{loc}$ d'après (4-21). De plus M' est une martingale locale. On voit donc que la classe $\tilde{\mathscr{I}}_0$ ne dépend pas de la fonction de troncation h.

Si $X \in \tilde{\mathscr{I}}_0$, le processus B de (4-1) est unique en vertu de (4-21), et on le note $F^X(h)$. D'après ce qui précède,

(5-1) $$F^X(h') = F^X(h) + (h'-h)*\nu^X.$$

On note G^X le processus $\langle M^c, M^c\rangle$ (où $M = X(h) - F^X(h)$). Avec les notations précédentes on a $M'^c = M^c$, car $\tilde{M}^c = 0$ ($\tilde{M}$ est à variation finie), donc G^X ne dépend pas de la fontion h.

(5-2) PROPOSITION: a) <u>On a $X \in \tilde{\mathscr{I}}_0$ si et seulement si $X(h) \in \tilde{\mathscr{I}}_0$, et alors</u>

(5-3) $$G^{X(h)} = G^X,$$

(5-4) $$F^{X(h)}(h) = F^X(h) + (h\circ h-h)*\nu^X.$$

b) <u>$\tilde{\mathscr{I}}_0$ est une classe locale et un espace vectoriel.</u>

<u>Preuve</u>. a) Par construction,

$$[X(h)](h) - X(h) = (h\circ h-h)*\nu^X + (h\circ h-h)*(\mu^X-\nu^X),$$

et $(h\circ h-h)*\nu^X \in \tilde{\mathscr{B}}_{loc}$ par (4-22), et $(h\circ h-h)*(\mu^X-\nu^X)$ est une martingale locale purement discontinue. On déduit alors le résultat de (4-21).

b) Comme $\tilde{\mathscr{B}}_{loc}$ est locale, la première assertion est évidente. On montre que $X+Y \in \tilde{\mathscr{I}}_0$ si $X, Y \in \tilde{\mathscr{I}}_0$ exactement comme en (4-3), en utilisant (4-21), (4-22), et le fait que $G' \in \tilde{\mathscr{B}}_{loc}$. □

(5-5) PROPOSITION: <u>Si</u> X <u>est une semimartingale de</u> $\mathscr{M}$, <u>on a</u> $X \in \tilde{\mathscr{I}}_0$ <u>et</u> $(F^X(h), G^X, \nu^X)$ <u>sont les caractéristiques de</u> X.

<u>Preuve</u>. C'est simplement la caractérisation "de type martingale" des caractéritiques de X, plus (4-22). □

§b – La classe $\tilde{\mathscr{J}}_g$.

(5-6) LEMME: Soit $Z=U1_{[\![T,\infty[\![}$, avec T temps d'arrêt et U v.a. $\mathcal{F}_T$-mesurable, et supposons que $Z\in\mathcal{M}$. Alors $Z\in\tilde{\mathscr{J}}_g$ avec $B^Z(h)=h*\nu^Z$, $C^Z=0$. De plus la suite $\{Var(B^{Z,n})_\infty\}_{n\geq 1}$ est bornée dans L^1.

Preuve. a) Soit f bornée, avec $|f|\leq a$ et $f(0)=0$. Si $T\neq T_i^n$ on a $\Delta Z_{T_i^n}=0$, donc $\bar{\rho}_i^{Z,n}=\varepsilon_0$. De plus $\Delta_i^n Z = U1_{\{T_{i-1}^n<T\leq T_i^n\}}$. Donc

$$E[Var(f*\nu^{Z,n})_\infty] \leq E[\sum_{i\geq 1} \tilde{\rho}_i^{Z,n}(|f|)]$$

$$\leq E[\sum_{i\geq 1, T_i^n=T} \tilde{\rho}_i^{Z,n}(|f|) + \sum_{i\geq 1, T_i^n\neq T} E_i^n(|f(U)|1_{\{T_{i-1}^n<T<T_i^n\}})]$$

(5-7) $$\leq aE[\sum_{i\geq 1, T_i^n=T} 1 + \sum_{i\geq 1} E_i^n(1_{\{T_{i-i}^n<T<T_i^n\}})] \leq a.$$

En particulier, avec $f=h$ on obtient $E[Var(B^{Z,n})_\infty] \leq a$.

b) Soit $g_\varepsilon\in C^+$ avec $0\leq g_\varepsilon\leq 1$, $g_\varepsilon(x)=1$ pour $|x|\geq\varepsilon$. Comme Z vérifie [U-δ], on a

(5-8) $$(g_\varepsilon h)*\nu^{Z,n} \xrightarrow{P-u} (g_\varepsilon h)*\nu^Z.$$

De plus $|(1-g_\varepsilon)h| \leq \varepsilon$ pour ε assez petit, donc (5-7) entraine

(5-9) $$E[\sup_s |(1-g_\varepsilon)h*\nu_s^{Z,n}|] \leq \varepsilon,$$

tandis que $|h|*\nu_\infty^Z<\infty$ (car $E(1*\nu_\infty^Z) = E(1*\mu_\infty^Z) = P(T<\infty)$), et donc $g_\varepsilon h*\nu^Z \to h*\nu^Z$ uniformément quand $\varepsilon\downarrow 0$. On déduit alors de (5-8) et (5-9) que

$$B^{Z,n} = h*\nu^{Z,n} \xrightarrow{P-u} h*\nu^Z;$$

en particulier, on a [U-β] avec $B^Z(h)=h*\nu^Z$.

c) Le même raisonnement montre que $h^2*\nu^{Z,n} \xrightarrow{P-u} h^2*\nu^Z$. Soit aussi $V_\varepsilon = \{t: |\Delta B_t^Z|>\varepsilon\}$ (où $B^Z=B^Z(h)$). Pour tout temps d'arrêt borné S tel que $[\![S]\!]\subset V_\varepsilon$ on a $\Delta B_S^{Z,n} \xrightarrow{P} \Delta B^Z$, et [U-β] entraine aussi

$$\sup_{s\leq t} |\Delta B_s^{Z,n}|\, 1_{V_\varepsilon^c}(s) \xrightarrow{P} \sup_{s\leq t} |\Delta B_s^Z|\, 1_{V_\varepsilon^c}(s) \leq \varepsilon$$

$$\sum_{s\leq t,\, s\notin V_\varepsilon} (\Delta B_s^{Z,n})^2 \quad\leq\quad \{\sup_{s\leq t} |\Delta B_s^{Z,n}|\ 1_{V_\varepsilon^c}(s)\}\ \mathrm{Var}(B^{Z,n})_t.$$

D'après (a) il est alors immédiat que

$$\sum_{s\leq .} (\Delta B_s^{Z,n})^2 \xrightarrow{P-u} \sum_{s\leq .} (\Delta B_s^{Z})^2,$$

et donc

$$\tilde C^{Z,n} = h^2 * \nu^{Z,n} - \sum_{s\leq .} (\Delta B_s^{Z,n})^2 \xrightarrow{P-u} \tilde C^{Z} := h^2 * \nu^{Z} - \sum_{s\leq .} (\Delta B_s^{Z})^2.$$

Autrement dit on a [U-δ], et (4-3) et (4-4) sont immédiats et donnent $C^Z=0$, d'où le résultat. □

(5-10) LEMME: Soit $X,Z\in\mathcal{M}$ et $Y=X+Z$ (donc $Y\in\mathcal{M}$). Supposons que $Z = \sum_{p\geq 1} U_p\ 1_{[\![T_p,\infty[\![}$ avec T_p croissant vers $+\infty$. On a alors $X\in\tilde{\mathcal{J}}'_g$ (resp. $\tilde{\mathcal{J}}_g$) si et seulement si $Y\in\tilde{\mathcal{J}}'_g$ (resp. $\tilde{\mathcal{J}}_g$) (voir §4-b pour $\tilde{\mathcal{J}}'_g$).

De plus, dans ce cas, si $\{\Delta X\neq 0\}\cap\{\Delta Z\neq 0\} = \emptyset$ on a $\nu^Y = \nu^X+\nu^Z$, $B^Y(h) = B^X(h)+B^Z(h)$ (resp, et aussi $C^Y=C^X$).

Preuve. a) D'après le résultat de localisation (4-11) il suffit de considérer le cas où $Z=U1_{[\![T,\infty[\![}$ n'a qu'un seul saut.

Soit $Z' = \Delta X_T\ 1_{[\![T,\infty[\![}$, $Z'' = Z+Z' = (U+\Delta X_T)1_{[\![T,\infty[\![}$ et $X'=X-Z'$. On a alors $X=X'+Z'$, $Y=X'+Z''$, $\{\Delta X'\neq 0\}\cap\{\Delta Z'\neq 0\}=\emptyset$, $\{\Delta X'\neq 0\}\cap\{\Delta Z''\neq 0\}=\emptyset$. Il suffit donc de montrer le résultat lorsque $\{\Delta X\neq 0\}\cap\{\Delta Z\neq 0\}=\emptyset$. Quitte à modifier T, cela revient à supposer que $\Delta X_T=0$ sur $\{T<\infty\}$.

Notons que dans ce cas $\mu^Y=\mu^X+\mu^Z$, donc $\nu^Y=\nu^X+\nu^Z$ est vrai.

b) Soit $f\in\mathcal{L}_a$ avec $f(0)=0$, et

$$\alpha_i^n(f) = \tilde\rho_i^{Y,n}(f) - \tilde\rho_i^{X,n}(f) - \tilde\rho_i^{Z,n}(f). \tag{5-11}$$

On va montrer un lemme auxiliaire:

(5-12) LEMME: Sous les hypothèses précédentes, on a:

$$\sum_{i\geq 1,\, T_i^n\leq t} |\alpha_i^n(f)| \xrightarrow{P} 0.$$

<u>Preuve</u>. Etant donnés (3-18) et $\nu^Y=\nu^X+\nu^Z$, on a

(5-13) $$\bar{\rho}_i^{Y,n} = \bar{\rho}_i^{X,n} + \bar{\rho}_i^{Z,n} - \varepsilon_0 .$$

Soit $H(n,i)=\{T_{i-1}^n<T<T_i^n\}$ et $U_i^n=U1_{H(n,i)}$. On a $\Delta_i^nY = \Delta_i^nX+U_i^n$, donc grâce à (2-5) il découle de (5-11) et (5-13):

$$\alpha_i^n(f) = \bar{\rho}_i^{X,n}*(\rho_i^{Y,n}-\rho_i^{X,n})(f) + \bar{\rho}_i^{Z,n}*(\rho_i^{Y,n}-\rho_i^{Z,n})(f) - \rho_i^{Y,n}(f)$$

$$= \int\bar{\rho}_i^{X,n}(dx)E_i^n[f(x+\Delta_i^nX+U_i^n) - f(x+\Delta_i^nX)] - E_i^n[f(\Delta_i^nX+U_i^n)]$$

$$+ \int\bar{\rho}_i^{Z,n}(dx)E_i^n[f(x+\Delta_i^nX+U_i^n) - f(x+U_i^n)]$$

$$= \int\bar{\rho}_i^{X,n}(dx)E_i^n[\{f(x+\Delta_i^n+U_i^n) - f(x+\Delta_i^nX) - f(\Delta_i^nX+U_i^n)\}1_{H(n,i)}]$$

$$+ \int\bar{\rho}_i^{Z,n}(dx)E_i^n[f(x+\Delta_i^nX+U_i^n) - f(x+U_i^n) - f(\Delta_i^nX)1_{H(n,i)^c}]$$

Comme $f\in\mathcal{L}_a$ et $f(0)=0$, on a:

$$|f(x+\Delta_i^nX+U_i^n) - f(x+\Delta_i^nX) - f(\Delta_i^nX+U_i^n)| \le 3a(1\wedge|x| + 1\wedge|\Delta_i^nX|),$$

$$|f(x+\Delta_i^nX+U_i^n) - f(x+U_i^n) - f(\Delta_i^nX)1_{H(n,i)^c}| \le \begin{cases} 2a(1\wedge|\Delta_i^nX|) & \text{sur } H(n,i) \\ 3a(1\wedge|x|\wedge|\Delta_i^nX|) & \text{sur } H(n,i)^c \end{cases}$$

Par ailleurs $\Delta X_T=0$ sur $\{T<\infty\}$ par hypothèse, donc sur cet ensemble on a $\Delta_i^nX = X_{(T_i^n)-} - X_T + X_{T-} - X_{T_{i-1}^n}$. En comparant à (3-5), ce qui précède entraine alors

(5-14) $$|\alpha_i^n(f)| \le 10a\ E_i^n(\gamma_{i,T}^{X,n}) + 3a\ \bar{\rho}_i^{X,n}(|x|\wedge 1)$$
$$+ 3a\ \mathrm{Max}(\bar{\rho}_i^{Z,n}(|x|\wedge 1),\ \rho_i^{X,n}(|x|\wedge 1)).$$

Remarquons que si $Z'=1_{[\![T,\infty[\![}$, on a $Z'\in\mathcal{M}$ et $\rho_i^{Z',n}(|x|\wedge 1)=\rho_i^{Z',n}(\{1\})= E_i^n(1_{H(n,i)})$, donc d'après (3-12-b):

(5-15) $$\sup_{i\ge 1,T_i^n\le t} E_i^n(1_{H(n,i)}) \xrightarrow{P} 0.$$

Ensuite, on a

$$E_i^n[\sum_{i\geq 1, T_i^n\leq t} E_i^n(1_{H(n,i)})] \leq \sum_{i\geq 1} E[1_{\{T_{i-1}^n\leq t\}} E_i^n(1_{H(n,i)})]$$

$$(5\text{-}16) \qquad = \sum_{i\geq 1} P(T_{i-1}^n<T<T_i^n) \leq 1.$$

De plus, si $p(t,\varepsilon)$ est le nombre (aléatoire fini) de points $s\leq t$ tels que $\nu^X(\{s\}\times(|x|\wedge 1)) \geq \varepsilon$ (où $\varepsilon>0$), (3-18) montre que $T_i^n\leq t$ et $\bar\rho_i^{X,n}(|x|\wedge 1)\geq\varepsilon$ pour au plus $p(t,\varepsilon)$ valeurs de i. Donc

$$\sum_{i\geq 1, T_i^n\leq t} \bar\rho_i^{X,n}(|x|\wedge 1)\, E_i^n(1_{H(n,i)}) \leq \varepsilon \sum_{i\geq 1, T_i^n\leq t} E_i^n(1_{H(n,i)}) + p(t,\varepsilon) \sup_{i\geq 1, T_i^n\leq t} E_i^n(1_{H(n,i)}),$$

et comme $\varepsilon>0$ est arbitraire, on déduit de (5-15) et (5-16) que

$$(5\text{-}17) \qquad \sum_{i\geq 1, T_i^n\leq t} \bar\rho_i^{X,n}(|x|\wedge 1)\, E_i^n(1_{H(n,i)}) \xrightarrow{P} 0.$$

D'autre part le processus croissant $A=(|x|\wedge 1)*\nu^{Z,d}$ est à valeurs finies, car Z est à variation finie. Si $A^\varepsilon = \sum_{s\leq .} \Delta A_s\, 1_{\{\Delta A_s<\varepsilon\}}$, (3-18) entraine que

$$\sum_{i\geq 1, T_i^n\leq t} \mathrm{Max}(\bar\rho_i^{Z,n}(|x|\wedge 1), \rho_i^{X,n}(|x|\wedge 1)) \leq A_t^\varepsilon + \frac{A_t}{\varepsilon}(\sup_{i\geq 1, T_i^n\leq t} \rho_i^{X,n}(|x|\wedge 1)).$$

D'après (3-12-b) et le fait que $A_t^\varepsilon\downarrow 0$ quand $\varepsilon\downarrow 0$, on obtient donc:

$$(5\text{-}18) \qquad \sum_{i\geq 1, T_i^n\leq t} \mathrm{Max}(\bar\rho_i^{Z,n}(|x|\wedge 1), \rho_i^{X,n}(|x|\wedge 1)) \xrightarrow{P} 0.$$

Etant donné (5-14), le résultat découle alors de (3-6), (5-17) et (5-18). □

<u>Fin de la preuve de (5-10)</u>. c) On peut supposer que $h\in\mathcal{L}_1$. Par (3-2),

$$(5\text{-}19) \qquad B^{Y,n}(h) - B^{X,n}(h) - B^{Z,n}(h) = \sum_{i\geq 1, T_i^n\leq .} \alpha_i^n(h).$$

Donc X vérifie [U-β] si et seulement si Y vérifie [U-β], d'après le lemme précédent, et alors $B^Y(h) = B^X(h)+B^Z(h)$.

d) D'après (5-19) et (3-2),

$$\tilde{C}^{Y,n}(h)_t - \tilde{C}^{X,n}(h)_t - \tilde{C}^{Z,n}(h)_t + 2\sum_{i\geq 1, T_i^n\leq t} \Delta B^{X,n}(h)_{T_i^n}\,\Delta B^{Z,n}(h)_{T_i^n}$$
$$= \sum_{i\geq 1, T_i^n\leq t} [\alpha_i^n(h^2) - \alpha_i^n(h)^2 - 2\alpha_i^n(h)(\Delta B^{X,n}(h)_{T_i^n} + \Delta B^{Z,n}(h)_{T_i^n})].$$

Comme $h\in\mathcal{L}_1$ et donc $h^2\in\mathcal{L}_2$ et $|\Delta B^{X,n}(h)|\leq 1$, $|\Delta B^{Z,n}(h)|\leq 1$, (5-12) implique (en négligeant de mentionner h!):

(5-20) $$\sup_{s\leq t} |\tilde{C}_s^{Y,n} - \tilde{C}_s^{X,n} - \tilde{C}_s^{Z,n} + 2\sum_{r\leq s} \Delta B_r^{X,n}\,\Delta B_r^{Z,n}| \xrightarrow{P} 0.$$

Supposons que X et Y vérifient [U-β]. On sait par (5-6) que Z vérifie [U-β] et [U-γ] et que $\{Var(B^{Z,n})_\infty\}_{n\geq 1}$ est borné dans L^1. Donc la même démonstration qu'à la fin de celle de (5-6) (avec $V_\varepsilon=\{t:\ |\Delta B_t^X|>\varepsilon\}$) montre que

(5-21) $$\sum_{r\leq .} \Delta B_r^{X,n}\,\Delta B_r^{Z,n} \xrightarrow{P-u} \sum_{r\leq .} \Delta B_r^X\,\Delta B_r^Z = \int_0^{\cdot} \Delta B_s^X\, dB_s^Z.$$

Comme $\tilde{C}^{Z,n} \xrightarrow{P-u} \tilde{C}^Z$, (5-20) et (5-21) montrent que X vérifie [U-γ] si et seulement si Y vérifie [U-γ], et alors

(5-22) $$\tilde{C}^Y = \tilde{C}^X + \tilde{C}^Z - 2\int_0^{\cdot} \Delta B_s^X\, dB_s^Z.$$

Enfin un calcul élémentaire, basé sur le fait que $\nu^Y=\nu^X+\nu^Z$, montre que ν^X et $B^X(h)$ vérifient (4-3) et (4-4) si et seulement si ν^Y et $B^Y(h)$ vérifient (4-3) et (4-4), et dans ce cas (5-22) entraine que $C^Y=C^X+C^Z=C^X$ (car $C^Z=0$ par (5-6)).

Grâce à (4-6), le résultat découle alors de (c) et (d). □

(5-23) COROLLAIRE: <u>Soit $X\in\mathcal{M}$. On a $X\in\tilde{\mathcal{J}}'_g$ (resp. $\tilde{\mathcal{J}}_g$) si et seulement si $X(h)\in\tilde{\mathcal{J}}'_g$ (resp. $\tilde{\mathcal{J}}_g$), et alors</u>

(5-24) $$B^{X(h)}(h) = B^X(h) + (h\circ h - h)*\nu^X$$

<u>(resp. et de plus</u>

(5-25) $$C^{X(h)} = C^X \;).$$

Preuve. Soit $a>0$ tel que $h(x)=x$ pour $|x|\leq a$. Soit $T_0=0,\ldots,$ $T_{p+1} = \inf(t>T_p : |\Delta X_t|>a)$. On a $\lim_p \uparrow T_p = \infty$. Soit aussi

$$U = \sum_{p\geq 1} \Delta X_{T_p} 1_{[\![T_p,\infty[\![} ,$$

$$V = \sum_{p\geq 1} h(\Delta X_{T_p}) 1_{[\![T_p,\infty[\![} = \sum_{p\geq 1} \Delta X(h)_{T_p} 1_{[\![T_p,\infty[\![} ,$$

et $Y=X-U$. On a alors $X=Y+U$ et $X(h)=Y+V$, et $\{\Delta Y\neq 0\}\cap\{\Delta U\neq 0\} = \emptyset$, et $\{\Delta Y\neq 0\}\cap\{\Delta V\neq 0\} = \emptyset$. Enfin $Y,U,V\in\mathcal{M}$. L'équivalence cherchée découle alors de (5-10), ainsi que (5-25) dans le cas où $X\in\tilde{\mathcal{J}}_g$. De plus

$$B^{X(h)}(h) = B^Y(h) + B^V(h) = B^X(h) + B^V(h) - B^U(h).$$

Enfin (5-6) implique $B^V(h)=h*\nu^V$, $B^U(h)=h*\nu^U$. Mais un calcul simple montre que $h*\mu^V-h*\mu^U = (h\circ h-h)*\mu^X$, et par suite on a (5-24). □

6 - DEMONSTRATION DES THEOREMES

Notre premier objectif est de montrer que les trois classes $\tilde{\mathcal{J}}_g$, $\tilde{\mathcal{J}}'_g$ et $\tilde{\mathcal{J}}_0$ coïncident. Commençons par étudier les processus bornés.

(6-1) LEMME: Soit $X\in\tilde{\mathcal{J}}'_g$ avec $|X|\leq K$, et h une fonction de troncation continue telle que $h(x)=x$ pour $|x|\leq 4K$. Alors $X\in\tilde{\mathcal{J}}_0$ et $F^X(h)=B^X(h)$.

Preuve. La preuve ressemble à celle de (4-20). En vertu de (4-11) et (5-2) on peut localiser, et donc supposer que $|B^X(h)|\leq K'$ pour une constante K'.

Soit $T_n = \inf(t: |B^{X,n}(h)_t|\geq 2K')$ et $a=\sup|h|$. Alors $|B^{X,n}(h)_{t\wedge T_n}| \leq 2K'+a$ et avec les notations (4-15) la $\mathbb{F}^n$-martingale $(M^n_{t\wedge T_n})_{t\geq 0}$ est bornée par une constante b, uniformément en ω,n,t (remarquer que T_n est un $\mathbb{F}^n$-temps d'arrêt).

On déduit de $B^{X,n}(h) \xrightarrow{P-u} B^{X}(h)$ que $T_n \xrightarrow{P} \infty$, donc $B^{X,n}(h)_{t\wedge T_n} \xrightarrow{P} B^X(h)_t$ pour tout t. Exactement comme dans la preuve de (4-20), on a $\overline{X}^n_t \to X_t$ p.s., et à cause de la bornitude on déduit:

(6-2) $$M^n_{t\wedge T_n} \xrightarrow{L^1} M_t \;:=\; X_t - B^X(h)_t .$$

Soit alors s<t et $H\in\overline{\mathcal{F}}^{n_0}_s$ pour un $n_0\in\mathbb{N}^*$, donc aussi $H\in\overline{\mathcal{F}}^n_s$ pour tout $n\geq n_0$. D'après (4-16) et (6-2) il vient

$$E[1_H(M_t - M_s)] \;=\; \lim_n E[1_H(M^n_{t\wedge T_n} - M^n_{s\wedge T_n})] \;=\; 0.$$

Donc $E[1_H(M_t-M_s)] = 0$ pour tout $H\in\bigvee_n\overline{\mathcal{F}}^n_s$. Mais $\mathcal{F}_{s-} \subset \bigvee_n\overline{\mathcal{F}}^n_s \subset \mathcal{F}_s$, donc par un argument classique M est une $\mathbb{F}$-martingale.

Comme $X=X(h)$, il reste à prouver que $B:=B^X(h)$ appartient à $\tilde{\mathcal{B}}$. D'abord, si T est un temps prévisible fini tel que $[\![T]\!]\cap D = \emptyset$, on a $\Delta X_T=0$ p.s. (car $X\in\mathcal{M}$), donc $\Delta M_T=-\Delta B_T$ p.s. et comme B est prévisible et M est une martingale ce n'est possible que si $\Delta B_T=0$ p.s.: donc $B\in\mathcal{M}$. De plus, d'après la prévisibilité de T^n_i et $|X|\leq K$,

$$\tilde{\rho}^{X,n}_i(h) \;=\; E^n_i(\Delta^n_i X) + E(\Delta X_{T^n_i}|\mathcal{F}_{(T^n_i)-}) \;=\; E^n_i(\Delta^n_i B) + \Delta B_{T^n_i}.$$

Donc [U-β] pour X entraine que B vérifie (2-11), d'où le résultat.□

(6-3) LEMME: <u>Sous les hypothèses de (6-1), si de plus</u> $X\in\mathcal{J}_g$, <u>on a</u> $C^X=G^X$.

<u>Preuve</u>. On reprend la démonstration précédente: on peut supposer de plus que $\tilde{C}^X(h)\leq K'$; on prend $T_n=\inf(t: |B^{X,n}(h)_t|\geq 2K'$ ou $\tilde{C}^{X,n}(h)_t\geq 2K')$, donc $\tilde{C}^{X,n}(h)_{t\wedge T_n}\leq 2K'+a^2$. Donc les martingales $(N^n_{t\wedge T_n})_{t\geq 0}$ sont aussi uniformément bornées. [U-β] et [U-γ] entrainent $T_n \xrightarrow{P} \infty$, donc on a aussi $\tilde{C}^{X,n}(h)_{t\wedge T_n} \xrightarrow{P} \tilde{C}^X(h)_t$, et on a donc en plus de (6-2):

(6-4) $$N^n_{t\wedge T_n} \xrightarrow{L^1} N_t \;:=\; (M_t)^2 - \tilde{C}^X(h)_t .$$

On montre alors comme ci-dessus que N est une martingale, ce qui entraine $\tilde{C}^X(h)=\langle M,M\rangle$; donc d'après (4-6), $\tilde{C}^X(h)=C^X+A$ où A est donné par (4-4), avec $B=B^X(h)=F^X(h)$. Par ailleurs (4-2) entraine aussi $\langle M,M\rangle=\langle M^c,M^c\rangle+A$, donc $G^X=\langle M^c,M^c\rangle=C^X$. □

(6-5) LEMME: <u>Si</u> $X\in\tilde{\mathcal{S}}_0$ <u>vérifie</u> $|X|\le K$, <u>on a</u> $X\in\tilde{\mathcal{S}}_g$.

<u>Preuve</u>. a) Soit h telle que $h(x)=x$ pour $|x|\le 4K$. On a $X(h)=X=F+M$, avec $F\in\tilde{\mathcal{B}}_{loc}$ et M martingale locale. Quitte à localiser (cf. (4-11) et (5-2)), on peut supposer que $F\in\tilde{\mathcal{B}}$ et que $\tilde{G}:=\langle M,M\rangle$ est borné. En particulier, M est une martingale. Donc, d'après (4-18) et comme les T_i^n sont prévisibles, on a (en omettant de mentionner h)

$$\begin{aligned} B_t^{X,n} &= \sum_{i\ge 1,T_i^n\le t} [E(\Delta X_{T_i^n}|\mathcal{F}_{(T_i^n)-}) + E_i^n(\Delta_i^n X)] \\ &= \sum_{i\ge 1,T_i^n\le t} [\Delta F_{T_i^n} + E_i^n(\Delta_i^n F)]. \end{aligned}$$

(2-11) appliqué à F montre alors que X vérifie $[U-\beta]$ avec $B^X=F$.

b) Appliquons encore (4-18):

$$(6\text{-}6)\quad \tilde{\rho}_i^{X,n}(h^2) - \tilde{\rho}_i^{X,n}(h)^2 = \bar{\rho}_i^{X,n}(h^2) + \rho_i^{X,n}(h^2) + 2\,\bar{\rho}_i^{X,n}(h)\,\rho_i^{X,n}(h) - \bar{\rho}_i^{X,n}(h)^2 - \rho_i^{X,n}(h)^2 - 2\,\bar{\rho}_i^{X,n}(h)\,\rho_i^{X,n}(h)$$

$$\begin{aligned} (6\text{-}7)\quad \bar{\rho}_i^{X,n}(h^2) - \bar{\rho}_i^{X,n}(h)^2 &= E[\{\Delta F_{T_i^n} + \Delta M_{T_i^n}\}^2|\mathcal{F}_{(T_i^n)-}] - (\Delta F_{T_i^n})^2 \\ &= E[(\Delta M_{T_i^n})^2|\mathcal{F}_{(T_i^n)-}) = \Delta\tilde{G}_{T_i^n} \end{aligned}$$

$$\begin{aligned} (6\text{-}8)\quad \rho_i^{X,n}(h^2) - \rho_i^{X,n}(h)^2 &= E_i^n[(\Delta_i^n F + \Delta_i^n M)^2] - E_i^n(\Delta_i^n F)^2 \\ &= E_i^n[(\Delta_i^n M)^2] + 2\,E_i^n(\Delta_i^n F\,\Delta_i^n M) + E_i^n[(\Delta_i^n F)^2] - E_i^n(\Delta_i^n F)^2 \\ &= E_i^n(\Delta_i^n\tilde{G}) + 2\,E_i^n(\Delta_i^n F\,\Delta_i^n M) + E_i^n[(\Delta_i^n F)^2] - E_i^n(\Delta_i^n F)^2. \end{aligned}$$

Soit $K'=\sup|F|$ et h' une fonction de troncation telle que $h'(x)=x$ si $|x|\le 4K'$. Comme F est prévisible, $\bar{\rho}_i^{F,n} = \varepsilon_{\Delta F_{T_i^n}}$, donc (4-18) entraine

$$\tilde{\rho}_i^{F,n}(h'^2) - \tilde{\rho}_i^{F,n}(h')^2 = \rho_i^{F,n}(h'^2) - \rho_i^{F,n}(h')^2$$

$$= E_i^n[(\Delta_i^n F)^2] - E_i^n(\Delta_i^n F)^2.$$

Par ailleurs d'après (4-20) $\tilde{C}^{F,n} \xrightarrow{P-u} 0$, donc

(6-9) $$\sum_{i\geq 1, T_i^n\leq t} \{E_i^n[(\Delta_i^n F)^2] - E_i^n(\Delta_i^n F)^2\} \xrightarrow{P} 0.$$

En second lieu, $\tilde{G}\in\tilde{\mathcal{B}}$ par (4-22) et la bornitude de $\tilde{G}$. Donc

(6-10) $$\sum_{i\geq 1, T_i^n\leq t} [\Delta\tilde{G}_{T_i^n} + E_i^n(\Delta_i^n\tilde{G})] \xrightarrow{P} \tilde{G}.$$

Enfin, en utilisant encore $E_i^n(\Delta_i^n M)=0$ et Hölder:

$$\begin{aligned} |E_i^n(\Delta_i^n F\ \Delta_i^n M)| &= |E_i^n[\{\Delta_i^n F - E_i^n(\Delta_i^n F)\}\ \Delta_i^n M]| \\ &\leq \{E_i^n[(\Delta_i^n F)^2] - E_i^n(\Delta_i^n F)^2\}^{1/2}\ \{E_i^n[(\Delta_i^n M)^2]\}^{1/2} \\ &= \{E_i^n[(\Delta_i^n F)^2] - E_i^n(\Delta_i^n F)^2\}^{1/2}\ \{E_i^n(\Delta_i^n\tilde{G})\}^{1/2}, \end{aligned}$$

d'où

$$\begin{aligned} &\sum_{i\geq 1, T_i^n\leq t} |E_i^n(\Delta_i^n F\ \Delta_i^n M)| \\ &\quad\leq \{\sum_{i\geq 1, T_i^n\leq t} |E_i^n[(\Delta_i^n F)^2] - E_i^n(\Delta_i^n F)^2\}^{1/2}\ \{\sum_{i\geq 1, T_i^n\leq t} E_i^n(\Delta_i^n\tilde{G})\}^{1/2}. \end{aligned}$$

On déduit alors de (6-9) et (6-10) que

(6-11) $$\sum_{i\geq 1, T_i^n\leq t} |E_i^n(\Delta_i^n F\ \Delta_i^n M)| \xrightarrow{P} 0.$$

D'après (3-2), et (6-6), (6-7), (6-8), il vient

$$\begin{aligned} \tilde{C}_t^{X,n} = &\sum_{i\geq 1, T_i^n\leq t} [\Delta\tilde{G}_{T_i^n} + E_i^n(\Delta_i^n\tilde{G})] + 2\sum_{i\geq 1, T_i^n\leq t} E_i^n(\Delta_i^n F\ \Delta_i^n M) \\ &+ \sum_{i\geq 1, T_i^n\leq t} [E_i^n((\Delta_i^n F)^2) - E_i^n(\Delta_i^n F)^2]. \end{aligned}$$

Donc (6-9), (6-10) et (6-11) entrainent $\tilde{C}^{X,n} \xrightarrow{P-u} \tilde{G}$. Autrement dit, X vérifie [U-γ] avec $\tilde{C}^X(h)=\tilde{G}$. Il suffit alors d'appliquer (4-2) et (4-6) pour obtenir que $X\in\tilde{\mathcal{J}}_g$. □

(6-12) COROLLAIRE: <u>On a</u> $\tilde{\mathcal{J}}_g = \tilde{\mathcal{J}}'_g = \tilde{\mathcal{J}}_0$, <u>et si</u> X <u>appartient à ces ensem-</u>

bles on a $B^X(h)=F^X(h)$ et $C^X=G^X$.

Preuve. Il suffit d'appliquer les deux lemmes précédents, et (5-2) et (5-23). □

Preuve de (2-13). Etant donné (6-12), les premières assertions proviennent de (5-2-b), et la fin de (5-5). □

Preuve de (2-14). C'est (4-21) et (4-22). □

Preuve de (2-15). Etant donné (6-12), cela provient des définitions de $F^X(h)$ et de G^X, ainsi que de (3-3). □

Preuve de (2-19). La partie (b) provient de $\tilde{\mathcal{J}}'_g = \tilde{\mathcal{J}}_g$. La condition nécessaire et la dernière assertion de (a) proviennent de $\tilde{\mathcal{J}}_g = \tilde{\mathcal{J}}_0$. La condition suffisante de (a) provient de (2-13). □

BIBLIOGRAPHIE

[1] C. DELLACHERIE, P.A. MEYER: Probabilités et potentiel I (1976), II (1982), Hermann: Paris.

[2] J. JACOD: Calcul stochastique et problèmes de martingales. Lect. Notes in Math. 714, Springer Verlag (1979).

[3] J. JACOD: Processus à accroissements indépendants: une condition nécessaire et suffisante de convergence en loi. Z. für Wahr. 63 (1983), 109-136.

[4] J. JACOD: Une généralisation des semimartingales: les processus admettant un processus à accroissements indépendants tangent. Sém. Proba. XVIII, Lect. Notes in Math. 1059, 91-118, Springer Verlag (1984).

[5] S. KWAPIEN, W.A. WOYCZYNSKI: Semimartingale integrals via decoupling inequalities and tangent processes. Preprint (1986).

[6] L. SLOMINSKI: Approximation of predictable characteristics of processes with filtrations. Dans ce volume.

SUR LA METHODE DE PICARD (EDO et EDS)

Denis FEYEL[(*)]

On sait que la solution d'une équation différentielle ordinaire lipschitzienne est à croissance au plus exponentielle. Cela conduit à remplacer la norme uniforme par une norme équivalente pour laquelle on pourra appliquer le théorème du point fixe de Banach. Une méthode analogue permet de traiter le cas des équations différentielles stochastiques.

Considérons l'équation différentielle ordinaire :

$$dx_t = F(t,x_t)dt \ ; \quad x_o = \chi$$

où F est borélienne sur $[o,a] \times B$, B est un espace de Banach (norme $|.|$), et F vérifie la condition de Lipschitz uniforme :

$$|F(t,x) - F(t,y)| \leq K\,|x-y| \quad \text{, pour } x \text{ et } y \in B$$

et $\int_o^a |F(t,o)|\,dt < \infty$

Si x est une fonction sur $[o,a]$ à valeurs dans B, posons

$$\|x\| = \mathrm{Sup}_{o\leq t\leq a} |\exp(-ct)x_t|$$

PROPOSITION. L'application $x \to \tilde{x}$ *définie par*

$$\tilde{x}_t = \chi + \int_o^t F(s,x_s)\,ds$$

est contractante pour $c > K$.

Démonstration. On a pour tout $t \in [o,a]$:

$$\exp(-ct)\ |\tilde{y}_t - \tilde{x}_t| \leq K \int_o^t \exp(-c(t-s))\ \exp(-cs)\ |y_s - x_s|\ ds \leq K/c\ \|y-x\|$$

puis

$$\|\tilde{y} - \tilde{x}\| \leq K/c\ \|y-x\|$$

(*) UNIVERSITE PARIS VI - Equipe d'Analyse - Tour 56 - 4, place Jussieu - 4ème Etage
75252 PARIS CEDEX 05

Remarques. 1) En posant $x(t,t_o,\chi) = \chi + \int_o^t F(s,x(s,t_o,\chi))\,ds$, on trouve la même majoration, de sorte que la suite de Picard converge uniformément par rapport à $(t,t_o,\chi) \in \Delta xB$, avec $\Delta = \{(t,t_o)/o \leq t_o \leq t \leq a\}$.

2) En désignant par x^n une suite de Picard, on trouve l'inégalité : $|x_t - x_t^o| \leq A \exp(ct) \, \| x^1 - x^o \|$

pour $t \leq a$, où A est une constante ne dépendant que de K/c , de sorte que si $F(t,0)$ est à croissance au plus exponentielle, alors x_t elle-même est à croissance au plus exponentielle.

CAS DES EQUATIONS DIFFERENTIELLES STOCHASTIQUES

Considérons l' EDS :

$$dX_t = F(t,X_t)dW_t + G(t,X_t)dt \ ; \quad X_o = \chi$$

où W_t est un mouvement brownien à valeurs dans un espace euclidien B de dimension finie m et de norme $|.|$, par rapport à un système $(\Omega,\underline{F}_t,P)$ vérifiant les conditions habituelles.

Disons pour simplifier qu'un processus est *euclidien* si :

- il est à valeurs dans B ,
- il est prévisible,
- il est de carré intégrable.

On supposera que $\chi \in L^2(\underline{F}_o,B)$, et que F et G ont les propriétés suivantes :

a) pour tout $t \in [o,a]$, $F(t,.)$ et $G(t,.)$ sont des applications définies sur $L^2(\underline{F}_t,B)$ à valeurs respectivement dans $L^2(\underline{F}_t, \text{End } B)$ et $L^2(\underline{F}_t,B)$. (Rappelons que End B est euclidien pour la norme de la trace).

b) on a : $N_2(F(t,\lambda) - F(t,\mu)) \leq K\, N_2(\lambda-\mu)$,

$$N_2(G(t,\lambda) - G(t,\mu)) \leq K\, N_2(\lambda-\mu)$$

pour tout $(\lambda,\mu) \in L^2(\underline{F}_t,B)$.

c) pour tout processus euclidien Y_t , $F(t,Y_t)$ et $G(t,Y_t)$ ont des modifications en processus prévisibles.

d) $$E \int_0^a (|F(t,o)|^2 + |G(t,o)|^2)dt < \infty .$$

On introduit la norme suivante pour un processus prévisible X_t :

$$\| X \| = \mathrm{Sup}_{t\leq a} \exp(-ct)\ N_2 (X_t^*)$$

avec $X_t^* = \mathrm{Sup}_{s\leq t} |X_s|$

<u>*THEOREME*</u>. *L'application* $X \to X^\sim$ *définie par*

$$X_t^\sim = \chi + \int_0^t F(s,X_s)dW_s + G(s,X_s)ds$$

est contractante pour $c > \mathrm{Sup}(2K, 8K^2)$.

Démontrons d'abord le :

<u>*LEMME*</u>. *Soient* H_t *et* V_t *définis par :*

$$H_t = \int_0^t f_s\, dW_s \ , \ V_t = \int_0^t g_s\, ds$$

où f_t *(resp.* g_t*) sont des processus prévisibles à valeurs dans End B (resp. B) . On a les majorations :*

$$\| H \| \leq (2/c)^{1/2} \| f \| , \quad \| V \| \leq 1/c \| g \|$$

<u>Démonstration</u>. On écrit :

$$E(|H_t|^2) = E \int_0^t |f_s|^2 ds$$

$$\exp(-2ct)E(|H_t|^2) \leq \int_0^t \exp(-2c(t-s))E(\exp(-2cs)\ |f_s|^2\ ds$$

$$\exp(-2ct)E(|H_t|^2) \leq 1/2c\ (1-\exp(-2ct))\ \| f \|^2$$

En utilisant l'inégalité de Doob et en prenant le $\mathrm{Sup}_{t\leq a}$, on obtient la première inégalité.

On a maintenant

$$|V_t^*|^2 \leq 2 \int_0^t |V_s|\ |g_s|\ ds \leq \lambda \int_0^t |V_s|^2\ ds + 1/\lambda \int_0^t |g_s|^2\ ds$$

pour tout $\lambda > 0$, ce qui est une manière d'écrire l'inégalité de Cauchy-Schwarz. On en déduit :

$$E(\exp(-2ct)\ |V_t^*|^2) \leq \lambda/2c\ \| V \|^2 + 1/2\lambda c\ \| g \|^2$$

En prenant le Inf_λ puis le $\mathrm{Sup}_{t\leq a}$, on obtient la deuxième inégalité.

Démonstration du théorème. Si X et Y sont deux processus euclidiens, on a par le lemme :

$$\| X^\sim - Y^\sim \| \leq K/c' \; \| X-Y \|$$

avec $c' = c/(1 + (2c)^{1/2})$

donc l'application est contractante pour $c > \mathrm{Sup}(2K, 8K^2)$.

COROLLAIRES.

1) On retrouve évidemment le fait que la suite de Picard définie par $X_t^o = \chi$ *converge uniformément sur* $[o,a]$ *pour presque toute trajectoire.*

2) Supposons que les processus $F(t,o)$ *et* $G(t,o)$ *soient uniformément bornés par une constante* M *. Le lemme entraine la majoration indépendante de* a *:*

$$\| X^1 - X^o \| \leq M/c'$$

Pour $c' > K$ *, et si* X *est le point fixe, on a donc :*

$$\| X - X^o \| \leq K/c'-K)\; M/c' = KM/c'(c'-K) < M(c'-K)$$

Il s'ensuit que pour tout $t \in [o,+\infty[$ *, on a :*

$$N_2(X_t - \chi) \leq M\, exp(ct)/(c'-K)$$

Si l'on fait tendre t *vers* 0 *, il est loisible de prendre par exemple* $c=1/t$*, ce qui donne*

$$N_2(X_t - \chi) \leq 4\; Me\; t^{1/2}/(1-4Kt^{1/2})$$

On trouve évidemment que X_t *tend vers* χ *quand* t *tend vers* 0 *, mais ce qui est intéressant, c'est que la majoration est uniforme par rapport à* χ *.*

oooooooooo

MAJORATIONS DANS L^p . On suppose $p > 2$.

L'espace B est toujours euclidien, mais on remplace L^2 par L^p notamment dans les hypothèses a), b), c), d) .

On introduit la norme suivante, pour un processus prévisible :

$$\| X \| = \mathrm{Sup}_{t\leq a} \exp(-ct)\; N_p(X_t)$$

THEOREME. L'application $X \to X^\sim$ *définie comme plus haut est contractante pour* $c > Sup(2K, 4A_p K^2)$ *, où* $A_p^2 = p/2\;(p/p-1))^p$ *.*

Il faut modifier le lemme.

LEMME. *On a* $\| H \| \leq A_p/c^{1/2} \| f \|$,

et toujours $\| V \| \leq 1/c \| g \|$.

Démonstration. D'après la formule d'Ito :

$$|H_t|^p = \text{martingale} + p(p-1)/2 \int_0^t |f_s|^2 |H_s|^{p-2} ds$$

On applique l'inégalité de Hölder :

$$|H_t|^p \leq \text{martingale} + p(p-1)/2 [\beta\lambda^\alpha \int_0^t |f_s|^p ds + \alpha\lambda^{-\beta} \int_0^t |H_s|^p ds]$$

pour tout $\lambda \in \mathbb{R}^+$, $\alpha = (p-2)/p, \beta = p/2$.

On en déduit successivement :

$$\exp(-pct)E(|H_t|^p) \leq p(p-1)/2pc \ [\ \beta\lambda^\alpha \| f \|^p + \alpha\lambda^{-\beta} \| H \|^p]$$

$$\exp(-pct)E(H_t^{*p}) \leq p(p-1)/2pc \ (p/(p-1))^p \ [\beta\lambda^\alpha \| f \|^p + \alpha\lambda^{-\beta} \| H \|^p]$$

d'après l'inégalité de Doob. En prenant le Inf_λ et le $\text{Sup}_{t\leq a}$, on obtient :

$$\| H \|^2 \leq A_p^2/c \| f \|^2$$

On a maintenant

$$|V_t^*|^p \leq p \int_0^t |g_s|^2 |V_s|^{p-1} ds \leq p \ [\beta\lambda^\alpha \int_0^t |g_s|^p ds + \alpha\lambda^{-\beta} \int_0^t |V_s|^p ds]$$

pour tout $\lambda \in \mathbb{R}^+$, $\alpha = (p-1)/p$, $\beta = p$.

D'où comme ci-dessus :

$$\exp(-pct)E(V_t^{*p}) \leq p \ [\beta\lambda^\alpha \| g \|^p + \alpha\lambda^{-\beta} \| V \|^p]$$

et en prenant le Inf_λ et le $\text{Sup}_{t\leq a}$:

$$\| V \| \leq 1/p \| g \|$$

Démonstration du théorème. Si X et Y sont deux processus p-euclidiens, on a par le lemme :

$$\| X^\sim - Y^\sim \| \leq K/c' \| X-Y \|$$

avec cette fois : $c' = c/(1 + A_p c^{1/2})$

donc l'application est contractante pour $c > \text{Sup}(2K, 4A_p^2 K^2)$.

EQUATIONS DIFFERENTIELLES STOCHASTIQUES MULTIVOQUES UNIDIMENSIONNELLES

par D.Lépingle et C.Marois

Dans [2], P.Krée introduit la notion d'équation différentielle stochastique multivoque associée à un opérateur maximal monotone, il montre un théorème global d'unicité, puis un théorème d'existence lorsque la composante brownienne et la composante multivoque agissent dans des directions séparées. Un cas très fréquent d'opérateur maximal monotone multivoque est constitué par la sous-dérivée d'une fonction convexe; quand cette fonction vaut 0 dans un fermé convexe, $+\infty$ au-dehors, il s'agit simplement d'un problème de réflexion au bord d'un domaine convexe, et les équations stochastiques correspondantes ont déjà été étudiées notamment par H.Tanaka [5] et J.L.Menaldi [4]. Comme ce dernier, nous utiliserons une méthode de pénalisation pour donner un théorème d'existence et d'unicité dans le cas unidimensionnel avec un opérateur maximal monotone multivoque quelconque, dont on sait que dans ce cas il provient nécessairement de la sous-dérivée d'une fonction convexe. Cela nous permettra de traiter aussi bien de problèmes avec réflexion que de problèmes où la dérive est la somme d'une fonction linéaire et d'une fonction décroissante quelconques.

1. ENONCE DU PROBLEME ET DU RESULTAT.

Soit h une fonction convexe, semi-continue inférieurement, définie sur $\mathbb{R}$ et à valeurs dans $]-\infty,+\infty]$. Nous dirons qu'elle est propre si

$$\text{Dom } h = \{ x \in \mathbb{R} : h(x) < +\infty \}$$

a un intérieur non vide. On lui associe l'opérateur multivoque ∂h par la définition suivante:

$$(x,y) \in Gr(\partial h) \iff \forall z \in \mathbb{R},\ h(z) \geqslant h(x) + y(z-x) \quad .$$

On a alors

$$\text{Dom } \partial h \subset \text{Dom } h \subset \overline{\text{Dom } h} = \overline{\text{Dom } \partial h} \quad ,$$

d'où de chaque côté de l'axe réel quatre types de situations:

- cas I : pas de bord, Dom ∂h s'étend jusqu'à l'infini;
- cas II : le bord $d \in$ Dom ∂h ;
- cas III : le bord $d \notin$ Dom ∂h , mais $d \in$ Dom h ;
- cas IV : le bord $d \notin$ Dom h .

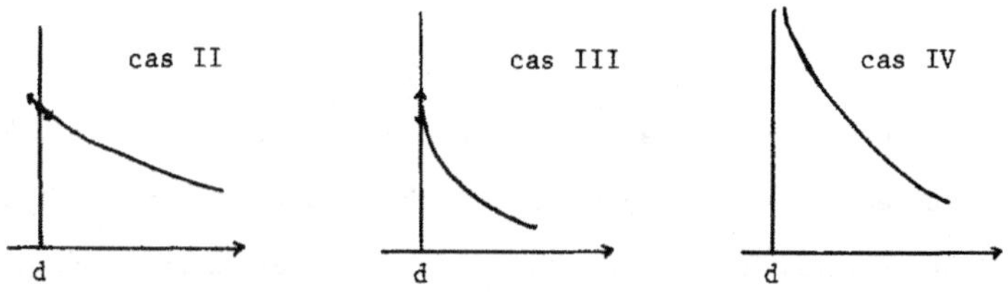

Dans tout ce qui suit, on travaillera sur un espace probabilisé filtré fixé $(\Omega,(\mathcal{F}_t),P)$, la filtration étant continue à droite et $\mathcal{F}_0$ contenant tous les ensembles négligeables des $\mathcal{F}_t$.

Nous pouvons énoncer maintenant le résultat à obtenir.

THEOREME. On se donne

- un mouvement brownien réel W défini sur l'espace probabilisé donné;
- une fonction h convexe, propre, semi-continue inférieurement;
- deux applications lipschitziennes σ et g de $\mathbb{R}$ dans lui-même, de coefficient de Lipschitz a;
- une variable aléatoire η $\mathcal{F}_0$-mesurable, à valeurs dans $\overline{\text{Dom } h}$.

Il existe alors un unique couple de processus continus adaptés (Y_t,K_t) tels que

- Y_t ait ses valeurs dans $\overline{\text{Dom } h}$ avec $Y_0=\eta$;
- K_t soit à variation localement finie avec $K_0=0$;
- $dY_t = \sigma(Y_t)dW_t + g(Y_t)dt - dK_t$;
- pour tout couple (α_t,β_t) de processus optionnels tels que $(\alpha_t,\beta_t) \in Gr(\partial h)$, la mesure $(Y_t-\alpha_t)(dK_t-\beta_t dt)$ soit p.s. positive sur R_+ .

On dira que ce couple (Y,K) est solution du problème (h,σ,g,η).

2. DEMONSTRATION DE L'UNICITE.

Soient (Y^1,K^1) et (Y^2,K^2) deux couples solutions du problème (h,σ,g,η) sur le même espace probabilisé, et avec le même mouvement brownien W. Montrons d'abord que $(Y_t^1-Y_t^2)(dK_t^1-dK_t^2)$ est p.s. une mesure positive sur $\mathbb{R}_+$. Pour $\varepsilon>0$ arbitraire, posons

$$\alpha_t = \frac{Y_t^1+Y_t^2}{2}\, 1_{\{Y_t^1>Y_t^2+\varepsilon\}} + b\, 1_{\{Y_t^1\leqslant Y_t^2+\varepsilon\}} ,$$

où $b\in \mathrm{Dom}\,\partial h$, et soit β_t un processus optionnel tel que $(\alpha_t,\beta_t)\in \mathrm{Gr}(\partial h)$. Si l'on note k_- et k_+ respectivement les dérivées à gauche et à droite de h, définies sur $\mathrm{Dom}\,h$, et finies sur son intérieur, on pourra prendre par exemple pour processus

$$\beta_t = k_+\left(\frac{Y_t^1+Y_t^2}{2}\right) 1_{\{Y_t^1>Y_t^2+\varepsilon\}} + c\, 1_{\{Y_t^1\leqslant Y_t^2+\varepsilon\}} ,$$

où $(b,c)\in \mathrm{Gr}(\partial h)$. Alors,

$$1_{\{Y_t^1>Y_t^2+\varepsilon\}}(Y_t^1-\alpha_t)(dK_t^1-\beta_t dt) \geqslant 0$$

$$1_{\{Y_t^1>Y_t^2+\varepsilon\}}(Y_t^2-\alpha_t)(dK_t^2-\beta_t dt) \geqslant 0 ,$$

puis

$$1_{\{Y_t^1>Y_t^2+\varepsilon\}}(Y_t^1-Y_t^2)(dK_t^1-\beta_t dt) \geqslant 0$$

$$1_{\{Y_t^1>Y_t^2+\varepsilon\}}(Y_t^2-Y_t^1)(dK_t^2-\beta_t dt) \geqslant 0 ,$$

d'où

$$1_{\{Y_t^1>Y_t^2+\varepsilon\}}(Y_t^1-Y_t^2)(dK_t^1-dK_t^2) \geqslant 0 .$$

Comme ε est arbitraire, on a donc $(Y_t^1-Y_t^2)(dK_t^1-dK_t^2)\geqslant 0$ sur $\{Y_t^1>Y_t^2\}$, puis par symétrie sur $\{Y_t^2>Y_t^1\}$, et de manière évidente sur $\{Y_t^1=Y_t^2\}$.

Posons

$$T_p = \inf\{t>0:\ |Y_t^1|+|Y_t^2|\geqslant p\} \quad \text{pour } p\in \mathbb{N}^*$$

$$Z_t = Y_t^1 - Y_t^2 .$$

Alors,

$$\frac{1}{2}(Z_{t\wedge T_p})^2 = \int_0^{t\wedge T_p}(\sigma(Y_s^1)-\sigma(Y_s^2))(Y_s^1-Y_s^2)dW_s + \int_0^{t\wedge T_p}(g(Y_s^1)-g(Y_s^2))(Y_s^1-Y_s^2)ds$$
$$+\frac{1}{2}\int_0^{t\wedge T_p}(\sigma(Y_s^1)-\sigma(Y_s^2))^2 ds - \int_0^{t\wedge T_p}(Y_s^1-Y_s^2)(dK_s^1-dK_s^2)$$
$$\leqslant (a+\frac{a^2}{2})\int_0^{t\wedge T_p}(Y_s^1-Y_s^2)^2 ds + M_{t\wedge T_p} \quad ,$$

où M est la martingale locale

$$M_t = \int_0^t (\sigma(Y_s^1)-\sigma(Y_s^2))(Y_s^1-Y_s^2)dW_s \quad ,$$

qui vérifie $E(M_{t\wedge T_p})=0$. D'où

$$\frac{1}{2}E\left[(Z_{t\wedge T_p})^2\right] \leqslant (a+\frac{a^2}{2})\int_0^t E\left[(Z_{s\wedge T_p})^2\right]ds \quad ,$$

puis par Gronwall $E\left[(Z_{t\wedge T_p})^2\right]=0$, et donc Z=0.

3. PROPRIETES DES FONCTIONS CONVEXES DECROISSANTES.

LEMME. Soit h une fonction convexe, propre, semi-continue inférieurement et décroissante. Il existe alors une suite $(k_n, n\geqslant 1)$ de fonctions numériques sur $\mathbb{R}$, négatives, croissantes, lipschitziennes de rapport n, vérifiant $k_{n+1}(x)\leqslant k_n(x)$ pour tout x réel, telles que

- pour $x\in \mathrm{Dom}\,\partial h$, $\lim_{n\to\infty} k_n(x) = k_+(x)$;
- pour $x\notin \mathrm{Dom}\,\partial h$, $\lim_{n\to\infty} k_n(x) = -\infty$.

DEMONSTRATION. Pour $n\geqslant 1$, on définit l'opérateur k_n de $\mathbb{R}$ dans $\mathbb{R}$ par son graphe

$$\{(x+\frac{1}{n}y,y) \text{ où } (x,y)\in Gr(\partial h)\} \quad .$$

Pour tout u réel, la droite d'équation $u=x+\frac{1}{n}y$ coupe $Gr(\partial h)$ en un point et un seul, ce qui prouve que k_n est une application numérique sur $\mathbb{R}$. Si deux couples (x,y) et (x',y') sont dans $Gr(\partial h)$, on a $(x-x')(y-y')\geqslant 0$, donc

$$(y-y')^2 \leqslant n^2\left[(x-x')+\frac{1}{n}(y-y')\right]^2 \quad ,$$

ce qui montre que k_n est lipschitzienne de rapport n.

Comme $(x,y) \in Gr(\partial h)$ et que h est décroissante, on a $y \leq 0$ et k_n est négative.

Puisque

$$\left[(x+\frac{1}{n}y)-(x'+\frac{1}{n}y')\right](y-y') = (x-x')(y-y')+\frac{1}{n}(y-y')^2 \geq 0 \quad ,$$

la fonction k_n est croissante.

Si, toujours pour (x,y) et (x',y') dans $Gr(\partial h)$, on a $x+\frac{1}{n}y=x'+\frac{1}{n+1}y'$, alors

$$0 \leq (x-x')(y-y') = \frac{1}{n(n+1)}(ny'-ny-y)(y-y')$$

$$= -\frac{1}{n+1}(y-y')^2 - \frac{y(y-y')}{n(n+1)}$$

et ainsi $y' \leq y$, donc pour tout u réel, $k_{n+1}(u) \leq k_n(u)$.

Soit $(u,v) \in Gr(\partial h)$. Si $u=x+\frac{1}{n}y$ avec $(x,y) \in Gr(\partial h)$, de $(u-x)(v-y) \geq 0$ on tire $y(v-y) \geq 0$, d'où $v \leq y$, ce qui montre que $k_n(u) \geq v$, et en particulier pour tout $u \in Dom(\partial h)$, $k_n(u) \geq k_+(u)$. Si maintenant $u'<u$, alors de $(u'-\frac{1}{n}k_n(u'),k_n(u')) \in Gr(\partial h)$ on déduit

$$(u-u'+\frac{1}{n}k_n(u'))(v-k_n(u')) \geq 0 \quad .$$

Si $\lim_{n\to\infty} k_n(u') > -\infty$, alors $\lim_{n\to\infty}(u-u')(v-k_n(u')) \geq 0$, d'où $\lim_{n\to\infty} k_n(u') \leq v$, ce qui prouve $\lim_{n\to\infty} k_n(u') \leq k_-(u) \leq k_+(u)$. La continuité à droite de k_+ permet de conclure que $\lim_{n\to\infty} k_n(u') = k_+(u')$ si $u' \in Dom\ \partial h$, ou $-\infty$ si $u' \notin Dom\ \partial h$.

4. EXISTENCE. CAS DECROISSANT.

On se propose dans ce paragraphe de montrer l'existence d'une solution lorsque les hypothèses du théorème sont vérifiées et que de plus h est décroissante. Soit alors $(k_n, n \geq 1)$ la suite de fonctions du lemme. On considère les équations différentielles stochastiques

$$\begin{cases} dY_t^n = \sigma(Y_t^n)dW_t + g(Y_t^n)dt - k_n(Y_t^n)dt \\ Y_0^n = \eta \quad . \end{cases}$$

Le caractère lipschitzien de σ, g et k_n montre l'existence pour tout $n \geq 1$ d'une solution unique Y^n. Comparons maintenant Y^n et Y^{n+1} au moyen de la méthode employée par Le Gall [3]. Grâce à la formule de densité des temps d'occupation,

$$\int_{\mathbb{R}} \frac{da}{a^2} L_t^a(Y^n-Y^{n+1}) = \int_0^t \frac{(\sigma(Y_s^n)-\sigma(Y_s^{n+1}))^2}{(Y_s^n-Y_s^{n+1})^2} ds \leqslant a^2 t < \infty ,$$

et la continuité en zéro du temps local montre que $L_t^0(Y^n-Y^{n+1})=0$. Si $x^+=\max(x,0)$, la formule de Tanaka montre que

$$\begin{aligned}(Y_s^n-Y_s^{n+1})^+ &= \int_0^s 1_{\{Y_u^n>Y_u^{n+1}\}}\left[(g(Y_u^n)-k_n(Y_u^n))-(g(Y_u^{n+1})-k_{n+1}(Y_u^{n+1}))\right]du \\ &\quad + \int_0^s 1_{\{Y_u^n>Y_u^{n+1}\}}\left[\sigma(Y_u^n)-\sigma(Y_u^{n+1})\right]dW_u \\ &\leqslant \int_0^s 1_{\{Y_u^n>Y_u^{n+1}\}}\left[(g(Y_u^n)-k_n(Y_u^n))-(g(Y_u^{n+1})-k_n(Y_u^{n+1}))\right]du \\ &\quad + \int_0^s 1_{\{Y_u^n>Y_u^{n+1}\}}\left[\sigma(Y_u^n)-\sigma(Y_u^{n+1})\right]dW_u ,\end{aligned}$$

d'où

$$\begin{aligned}E\left[(\sup_{s\leqslant t}(Y_s^n-Y_s^{n+1})^+)^2\right] &\leqslant 2E\left[(\sup_{s\leqslant t}\int_0^s 1_{\{Y_u^n>Y_u^{n+1}\}}\left[(g(Y_u^n)-g(Y_u^{n+1}))-(k_n(Y_u^n)-k_n(Y_u^{n+1}))\right]du)^2\right] \\ &\quad + 8\, E\left[\int_0^t 1_{\{Y_u^n>Y_u^{n+1}\}}\left[\sigma(Y_u^n)-\sigma(Y_u^{n+1})\right]^2 du\right] \\ &\leqslant (2(a+n)^2t+8a^2)E\left[\int_0^t ((Y_s^n-Y_s^{n+1})^+)^2 ds\right] .\end{aligned}$$

Ainsi, p.s., on a $Y_t^n \leqslant Y_t^{n+1}$ pour tout t et tout $n\geqslant 1$.

Choisissons maintenant un couple (b,c) arbitraire dans $Gr(\partial h)$ et considérons l'équation suivante relative aux processus Z et L

- $Z_0 = \max(\eta,b)$
- Z_t est continu adapté à valeurs dans $[b,+\infty[$
- L_t est continu adapté nul en zéro et décroissant
- $dZ_t = \sigma(Z_t)dW_t + g(Z_t)dt - c\,dt - dL_t$
- la mesure $(Z_t-b)dL_t$ est nulle.

D'après [1], le couple (Z,-L) est exactement la solution unique du problème de réflexion en b avec les coefficients $\sigma(x)$ et $b(x)=g(x)-c$. Comparons maintenant Y^n et Z. Pour chaque n, le temps local en zéro de Y^n-Z est nul, pour les mêmes raisons que ci-dessus. Egalement,

$$E\Big[\big(\sup_{s\leq t}(Y_s^n-Z_s)^+\big)^2\Big] \leq 2\, E\Big[\Big(\sup_{s\leq t}\int_0^s 1_{\{Y_u^n>Z_u\}}\big[(g(Y_u^n)-k_n(Y_u^n))-(g(Z_u)-c)\big]du\Big)^2\Big]$$
$$+\, 8\, E\Big[\int_0^t 1_{\{Y_u^n>Z_u\}}\big[\sigma(Y_u^n)-\sigma(Z_u)\big]^2du\Big] \quad .$$

Sur $\{Y_u^n>Z_u\}$, on a $Y_u^n>b$, donc $k_n(Y_u^n)\geq c$, et ainsi

$$E\Big[\big(\sup_{s\leq t}(Y_s^n-Z_s)^+\big)^2\Big] \leq 2\, E\Big[\Big(\int_0^t 1_{\{Y_s^n>Z_s\}}(g(Y_s^n)-g(Z_s))ds\Big)^2\Big]$$
$$+\, 8a^2\, E\Big[\int_0^t 1_{\{Y_s^n>Z_s\}}(Y_s^n-Z_s)^2ds\Big]$$
$$\leq 2a^2(t+4)\int_0^t E\big[(Y_s^n-Z_s)^{+2}\big]ds \quad .$$

Donc p.s. $Y_t^n\leq Z_t$ pour tout n et pour tout t .

Posons maintenant

$$Y_t = \underline{\lim}_{n\to\infty}\, Y_t^n$$
$$K_t = -\,Y_t + \eta + \int_0^t \sigma(Y_s)dW_s + \int_0^t g(Y_s)ds \quad .$$

On a bien p.s. $-\infty<Y_t^1\leq Y_t\leq Z_t<+\infty$. Il faut montrer que (Y,K) est solution du problème.

Continuité à gauche.

Le processus Y_t est prévisible, presque toutes ses trajectoires sont des fonctions semi-continues inférieurement, et il en va de même pour $-K_t$. Comme $\int_0^t \sigma(Y_s^n)dW_s$ tend vers $\int_0^t \sigma(Y_s)dW_s$ uniformément en probabilité sur les compacts de $\mathbb{R}_+$, il existe un ensemble négligeable et une sous-suite $(n_p,p\geq 1)$ tels qu'en dehors de cet ensemble il y ait convergence de $\int_s^t k_{n_p}(Y_u^{n_p})du$ vers K_t-K_s pour $0\leq s<t<\infty$. Donc, p.s., K est un processus décroissant, continu à gauche puisque semi-continu supérieurement.

L'extérieur.

Montrons que p.s. Y_t reste dans $\overline{\mathrm{Dom}\,\partial h}$. Soit d la frontière de Dom ∂h, supposée non vide, et supposons qu'il existe $t>0$ et $b<d$ tels que $Y_t(\omega)<b$. Il existerait alors $s\in\,]0,t[$ tel que $Y_u^n(\omega)\leq b$ pour $s\leq u\leq t$ et pour tout n, et on aurait

$$K_t(\omega)-K_s(\omega) = \lim_{p\to\infty}\int_s^t k_{n_p}(Y_u^{n_p})du \leq (t-s)\lim_{p\to\infty} k_{n_p}(b) = -\,\infty \quad ,$$

ce qui est impossible.

L'intérieur.

Lorsque $Y_t(\omega)$ appartient à l'intérieur de Dom ∂h, pour tout $\varepsilon>0$ tel que $Y_t(\omega)-\varepsilon$ soit encore dans cet intérieur, il existe $\delta>0$ et un entier q tels que

$$Y_u^{n_p}(\omega) \geqslant Y_t(\omega) - \varepsilon \quad \text{pour } t\leqslant u\leqslant t+\delta \quad \text{et} \quad p\geqslant q \ .$$

Ainsi, pour $0<\gamma\leqslant\delta$,

$$K_{t+\gamma}(\omega) - K_t(\omega) \geqslant \lim_{p\to\infty} \int_t^{t+\gamma} k_{n_p}(Y_t(\omega)-\varepsilon)\,du = \gamma\, k_+(Y_t(\omega)-\varepsilon) \geqslant \gamma k_-(Y_t(\omega)) \ ,$$

ce qui prouve la continuité à droite de K_t et Y_t . Si $[s, t]$ est un intervalle tel que $Y_u(\omega)$ reste dans un intervalle $[a,b]$ inclus dans l'intérieur de Dom ∂h pour tout u dans $[s,t]$, on a de même

$$(t-s)\, k_-(a) \leqslant K_t(\omega) - K_s(\omega) \leqslant (t-s)\, k_+(b) \ ,$$

et cela montre que sur tout intervalle où $Y(\omega)$ ne rencontre pas la frontière de Dom ∂h, la trajectoire $K(\omega)$ est absolument continue par rapport à la mesure de Lebesgue, avec une densité comprise entre $k_-(Y(\omega))$ et $k_+(Y(\omega))$.

Le bord.

Montrons maintenant que lorsque $Y_t(\omega)=d$, il n'y a pas non plus de sauts à droite. Pour $e>d$, on pose

$$T = \inf\{t\geqslant 0:\ Y_{t_+} - Y_t > e-d\}$$

et supposons $P(T<\infty)>0$. Sur $\{T<\infty\}$, $Y_T=d$, $Y_T^n\leqslant d$, et si

$$T_n = \inf\{t>T:\ Y_t^n>e\} \ ,$$

on a $\lim_{n\to\infty} T_n = T$. Sur l'espace filtré $\left(\{T<\infty\}, \mathcal{F}_{t+T}\cap\{T<\infty\}, \dfrac{P(\,.\cap\{T<\infty\})}{P(T<\infty)}\right)$, le processus $W'_t=W_{t+T}-W_T$ est encore un mouvement brownien et les processus $Y'^n_t=Y^n_{t+T}$ sont solutions de

$$\begin{cases} dY'^n_t = \sigma(Y'^n_t)\,dW'_t + g(Y'^n_t)\,dt - k_n(Y'^n_t)\,dt \\ Y'^n_0 = Y^n_T \ . \end{cases}$$

Pour $d<f<e$, soit X^n la solution de

$$\begin{cases} dX_t^n = \sigma(X_t^n)dW'_t + g(X_t^n)dt - k_n(X_t^n)dt \\ X_0^n = f \end{cases}$$

et un théorème de comparaison élémentaire montre que p.s. sur $\{T<\infty\}$, $X_t^n \geq Y_t'^n$. Si l'on pose $X_t = \underline{\lim}_{n\to\infty} X_t^n$, comme $X_0=f$ est dans l'intérieur de Dom ∂h, on vient de voir que X est continu à droite pour t=0, et ainsi, pour

$$S_n = \inf\{t>0 : X_t^n > e\} ,$$

on a $\lim_{n\to\infty} S_n > 0$ p.s. sur $\{T<\infty\}$. Comme $T_n \geq T+S_n$, on ne peut avoir $\lim T_n = T$ p.s. sur $\{T<\infty\}$, d'où la continuité à droite de Y_t sur le bord.

Etudions d'un peu plus près ce qui se passe lorsque Y_t rencontre le bord.

Si $d \notin$ Dom ∂h (cas III et cas IV), alors $k_n(d) \to -\infty$ et

$$K_t = \lim_{p\to\infty} \int_0^t k_{n_p}(Y_s^{n_p})ds \leq \lim_{p\to\infty} \int_0^t 1_{\{Y_s=d\}} k_{n_p}(d)ds ,$$

d'où $\int_0^t 1_{\{Y_s=d\}} ds = 0$.

Si $d \in$ Dom ∂h (cas II), alors $k_n(d) \to k_+(d) > -\infty$. Choisissant pour fonction $j(x)=1$ pour $x=d$ et $j(x)=0$ pour $x \neq d$, on montre grâce à la formule

$$\int_{\mathbb{R}} j(a)L_t^a(Y)da = \int_0^t j(Y_s)\sigma^2(Y_s)ds$$

que $\sigma^2(d)\int_0^t 1_{\{Y_s=d\}}ds=0$, donc à nouveau $\int_0^t 1_{\{Y_s=d\}}ds=0$ si $\sigma(d)\neq 0$. Si $\sigma(d)=0$, la même formule avec $j(x)=\frac{1}{(x-d)^2}$ pour $x>d$ et 0 pour $x\leq d$ montre par continuité du temps local en d que $L_t^d(Y)=0$, d'où

$$Y_t = \eta + \int_0^t 1_{\{Y_s>d\}}\sigma(Y_s)dW_s + \int_0^t 1_{\{Y_s>d\}}g(Y_s)ds - \int_0^t 1_{\{Y_s>d\}}dK_s ,$$

ce qui montre que

$$\int_0^t 1_{\{Y_s=d\}}dK_s = g(d)\int_0^t 1_{\{Y_s=d\}}ds .$$

Or, pour tout $e>d$ tel que l'on ait $Y(\omega)\leq e$ dans un intervalle $[u,v]$, on a

$$K_v(\omega) - K_u(\omega) \leq (v-u)\, k_+(e),$$

et par conséquent pour tout $s\geq 0$ tel que $Y_s(\omega)=d$, on a

$$\lim_{r\to 0} \sup\left\{\frac{K_v(\omega)-K_u(\omega)}{v-u} ;\ |v-u|<r,\ 0\leq u\leq s<v\right\} \leq k_+(d) .$$

On vient de voir que si $\{s:s\leq t, Y_s(\omega)=d\}$ est de mesure de Lebesgue non nulle, la densité de K sur cet ensemble doit valoir p.p. g(d) ; cela nécessite donc $g(d)\leq k_+(d)$, autrement dit $(d,g(d))\in Gr(\partial h)$.

Conclusion.

Il reste à montrer que pour tous processus optionnels α_t et β_t tels que $(\alpha_t,\beta_t)\in Gr(\partial h)$, la mesure $(Y_t-\alpha_t)(dK_t-\beta_t dt)$ est positive. C'est clair par monotonie de ∂h sur l'ensemble des (s,ω) tels que $Y_s(\omega)$ soit dans l'intérieur de Dom ∂h, car alors K_s a une densité comprise entre $k_-(Y_s)$ et $k_+(Y_s)$. Enfin, si la mesure $1_{\{Y_s=d\}}ds$ n'est pas nulle, on a nécessairement $(d,g(d))\in Gr(\partial h)$ et

$$1_{\{Y_s=d\}}(Y_s-\alpha_s)(dK_s-\beta_s ds) = 1_{\{Y_s=d\}}(d-\alpha_s)(g(d)-\beta_s)ds \geq 0 \quad ,$$

tandis que si cette mesure est nulle,

$$1_{\{Y_s=d\}}(Y_s-\alpha_s)(dK_s-\beta_s ds) = 1_{\{Y_s=d\}}(d-\alpha_s)dK_s \geq 0.$$

5. EXISTENCE. CAS GENERAL.

Passons au cas général d'une fonction h convexe, propre, semi-continue inférieurement, et choisissons b et c dans l'intérieur de Dom ∂h, avec $b<c$. Posons

$$\begin{aligned} h^1(x) &= h(x) && \text{pour } x\leq c \\ &= h(c) + (x-c)k_-(c) && \text{pour } x>c \\ h^2(x) &= h(x) && \text{pour } x\geq b \\ &= h(b) + (x-b)k_+(b) && \text{pour } x<b \quad . \end{aligned}$$

Les fonctions

$$h'^1(x) = h^1(x) - (x-c)k_-(c)$$

$$h'^2(x) = h^2(-x) + (x+b)k_+(b)$$

sont convexes, propres, semi-continues inférieurement et décroissantes. On obtient aisément une solution (Y^1,K^1) au problème (h^1,σ,g,η^1) en considérant d'après le paragraphe précédent la solution (Y'^1,K'^1) du problème $(h'^1,\sigma,g-k_-(c),\eta^1)$ et en posant

$$Y^1_t = Y'^1_t$$

$$K^1_t = K'^1_t + k_-(c)t$$

(on a choisi η^1 arbitrairement $\mathcal{F}_0$-mesurable à valeurs dans $\overline{\text{Dom}\ \partial h^1}$). Pour le problème (h^2,σ,g,η^2), on considère d'abord la solution (Y'^2,K'^2) du problème $(h'^2,\sigma',g',-\eta^2)$, où

$$\sigma'(x) = -\sigma(-x)$$

$$g'(x) = -g(-x) + k_+(b) ,$$

et l'on trouve la solution cherchée en posant

$$Y^2_t = -Y'^2_t$$

$$K^2_t = -K'^2_t + k_+(b)t.$$

Notons alors $(Y^{1,1},K^{1,1})$ la solution du problème (h^1,σ,g,η) et posons

$$S_1 = \inf\{t>0 : Y^{1,1}_t = c\} \quad .$$

Sur $(\{S_1<\infty\},\mathcal{F}_{t+S_1}\cap\{S_1<\infty\},\dfrac{P(.\cap\{S_1<\infty\})}{P(S_1<\infty)})$ muni du brownien $W'_t=W_{t+S_1}-W_{S_1}$, on pose $(Y^{1,2},K^{1,2})$ la solution du problème (h^2,σ,g,c), puis

$$S_2 = \inf\{t>S_1 : Y^{1,2}_{t-S_1} = b\} \quad ;$$

de même, sur $\{S_2<\infty\}$, on pose $(Y^{1,3},K^{1,3})$ la solution du problème (h^1,σ,g,b), et ainsi de suite.

Egalement notons $(Y^{2,1},K^{2,1})$ la solution du problème (h^2,σ,g,η) et posons

$$T_1 = \inf\{t>0 : Y^{2,1}_t = b\}$$

puis

$$T_2 = \inf\{t>T_1 : Y^{2,2}_{t-T_1} = c\}$$

et ainsi de suite. Il est facile de vérifier que les deux suites $(S_p,p\geq 1)$ et $(T_p,p\geq 1)$ tendent vers l'infini p.s. On trouvera la solution du problème (h,σ,g,η) en posant

$$Y_t = 1_{\{\eta\leq b\}}(Y_t^{1,1} 1_{\{t\leq S_1\}} + \sum_{p=1}^{\infty} Y_{t-S_p}^{1,p+1} 1_{\{S_p<t\leq S_{p+1}\}})$$

$$+ 1_{\{\eta>b\}}(Y_t^{2,1} 1_{\{t\leq T_1\}} + \sum_{p=1}^{\infty} Y_{t-T_p}^{2,p+1} 1_{\{T_p<t\leq T_{p+1}\}})$$

$$K_t = 1_{\{\eta\leq b\}}(K_{t\wedge S_1}^{1,1} + \sum_{p=1}^{\infty} K_{(t\wedge S_{p+1})-S_p}^{1,p+1} 1_{\{S_p\leq t\}})$$

$$+ 1_{\{\eta>b\}}(K_{t\wedge T_1}^{2,1} + \sum_{p=1}^{\infty} K_{(t\wedge T_{p+1})-T_p}^{2,p+1} 1_{\{T_p\leq t\}}) \quad .$$

6. QUELQUES PRECISIONS.

La démonstration d'existence nous a permis de décrire le comportement de la solution (Y,K). Nous allons donner quelques détails supplémentaires.

Soit b dans l'intérieur de Dom h. Lorsque Y_t vaut b, K admet en t une densité par rapport à la mesure de Lebesgue sur $\mathbb{R}_+$. Si l'ensemble $\{t: Y_t=b\}$ a une mesure de Lebesgue non nulle, K a sur cet ensemble la densité $g(b)$, et de fait Y reste en b dès qu'il a atteint ce point. Sinon, $k_+(Y_t)$ et $k_-(Y_t)$ sont égaux p.p. sur $\mathbb{R}_+$, donc égaux à la densité de K_t, du moins tant que Y_t reste à l'intérieur de Dom h.

Soit maintenant d un point de la frontière de Dom h (cas II, III ou IV). De la même façon, si $\sigma(d)=0$ et $(d,g(d))$ est dans le graphe de ∂h (nous sommes nécessairement dans le cas II), Y s'arrête dès qu'il a atteint le point d.
Sinon, la mesure de Lebesgue de l'ensemble $\{t: Y_t=d\}$ est nulle et la formule de Tanaka appliquée au cas où d est frontière à gauche donne

$$Y_t = \eta + \int_0^t 1_{\{Y_s>d\}}\sigma(Y_s)dW_s + \int_0^t 1_{\{Y_s>d\}}g(Y_s)ds - \int_0^t 1_{\{Y_s>d\}}dK_s + \frac{1}{2}L_t^d \quad ,$$

ce qui montre que

$$\int_0^t 1_{\{Y_s=d\}}dK_s = -\frac{1}{2}L_t^d \qquad (+\frac{1}{2}L_t^{d-} \text{ si } d \text{ est frontière à droite }) \quad .$$

Si d n'est pas dans Dom h (cas IV), on peut voir que $L_t^d=0$ (respectivement $L_t^{d-}=0$). En effet, en se plaçant pour simplifier dans le cas où h est décroissante, on a

$$K_t = \lim_{p\to\infty} \int_0^t k_{n_p}(Y_s^{n_p})\, ds \leqslant \int_0^t k_+(Y_s)\, ds \quad ;$$

si $L_t^d>0$, on aurait

$$\int_0^t \sigma^2(Y_s)\, k_+(Y_s)\, ds = \int_d^\infty k_+(a)\, L_t^a\, da = -\infty \quad ,$$

et comme $\sigma^2(Y_s)$ est borné sur $[0,t]$, cela entraînerait $K_t=-\infty$. De plus, lorsque $\sigma(d)\neq 0$ et $\int_{d+} \exp \frac{2h(z)}{\sigma^2(d)}\, dz = +\infty$ (même condition avec d- si d est frontière à droite), alors p.s. le processus Y n'arrive jamais en d. En effet, supposons encore h décroissante, et soient b et c tels que d<b<c et $\sigma(x)\neq 0$ pour $d\leqslant x\leqslant c$; soit enfin Y^n l'approximation de Y de condition initiale $Y_0^n=b$; si l'on pose

$$T_n = \inf \{t>0 : Y_t^n = d \text{ ou } c\},$$

alors

$$P(Y_{T_n}^n = d) = \frac{\displaystyle\int_b^c \exp \left[-2\int_b^z \frac{g(u)-k_n(u)}{\sigma^2(u)}\, du\right] dz}{\displaystyle\int_d^c \exp \left[-2\int_b^z \frac{g(u)-k_n(u)}{\sigma^2(u)}\, du\right] dz}$$

et cette expression tend vers 0 quand $n\to\infty$ si $\int_{d+} \exp \frac{2h(z)}{\sigma^2(d)}\, dz = +\infty$.

Pour conclure, notons que Y est une diffusion de générateur infinitésimal A défini par

$$\begin{cases} \mathcal{D}(A) = \{f \in C_b^2(\overline{\text{Dom } \partial h}) \ : \ \frac{df}{dx} = 0 \text{ à la frontière de Dom } \partial h\} \\ Af(x) = \frac{1}{2}\, \sigma^2(x) \frac{d^2 f}{dx^2}(x) + (g(x)-h'(x))\frac{df}{dx}(x) \quad , \end{cases}$$

où h' est toute fonction sur l'intérieur de Dom ∂h telle que $(x,h'(x)) \in Gr(\partial h)$ avec la seule condition: lorsque $\sigma(x)=0$ et qu'en même temps $(x,g(x)) \in Gr(\partial h)$, alors on doit choisir $h'(x)=g(x)$.

REFERENCES.

[1] EL KAROUI (N.), CHALEYAT-MAUREL (M.). Un problème de réflexion et ses applications au temps local et aux équations différentielles stochastiques sur ℝ. Cas continu. Astérisque 52-53,1978,117-144.

[2] KREE (P.). Diffusion equations for multivalued stochastic differential equations. Journal of Funct. Analysis, 49,1982,73-90.

[3] LE GALL (J.F.). Applications du temps local aux équations différentielles stochastiques unidimensionnelles. Lect.Notes in Math. 986. Séminaire de Probabilités XVII,1983,15-31.

[4] MENALDI (J.L.) Stochastic variational inequality for reflected diffusion. Indiana Univ.Math.Journal 32,1983,733-744.

[5] TANAKA (H.). Stochastic differential equations with reflecting boundary condition in convex regions. Hiroshima Math.J. 9,1979,163-177.

Dépt. de Math. et Info.
Université d'Orléans
B.P. 6759
45067 ORLEANS Cédex 2

CONVERGENCE DES APPROXIMATIONS DE McSHANE D'UNE DIFFUSION SUR UNE VARIETE COMPACTE

Monique PONTIER
Département Mathématiques & Informatique
Université d'Orléans
B.P. 6759
45067 ORLEANS Cédex 2

Jacques SZPIRGLAS
Institut National des Télécommunications
9, rue Charles Fourier
91011 EVRY CEDEX

On montre dans ce papier que les approximations au sens de McSHANE d'une diffusion à valeurs dans une variété riemannienne compacte convergent vers celle-ci en moyenne quadratique et uniformément en probabilité sur un intervalle de temps compact. On donne de plus l'ordre de grandeur de cette convergence, à savoir le pas de la discrétisation.

La motivation initiale de ce travail s'est trouvée dans l'étude du filtrage de processus observés sur une variété [12],[13] et plus particulièrement celle du filtrage approché, tel celui traité dans le cas vectoriel par de nombreux auteurs (par exemple [5] ou [9]).

Les deux références principales sont J.M. BISMUT [1] et K.D. ELWORTHY [4]. Curieusement, le caractère quadratique et l'ordre de grandeur de la convergence des approximations géodésiques de diffusions sur les variétés n'y figurent pas. Les raisons en sont sans doute multiples. Ces deux auteurs étaient avant tout intéressés par la convergence des flots, c'est-à-dire des solutions des équations différentielles associées aux conditions initiales. La méthode de BISMUT consiste à montrer que la famille des lois des approximations est tendue, et ne peut donc conduire à l'évaluation des ordres de grandeur de convergence. En revanche, la méthode d'ELWORTHY développée sur $\mathbb{R}^n$ conduit à la convergence quadratique et donne la vitesse de convergence à condition d'expliciter, à chaque étape du calcul, les bornes en fonction du pas de discrétisation.

Soit donc M une variété riemannienne compacte de classe C^3, de dimension n, et d la distance déduite de la structure riemannienne. On considère sur M (m+1) champs de vecteurs de classe C^2 : $X_o, X_1, \ldots X_m$. Soit $(\Omega, \underline{\underline{A}}, \underline{\underline{F}}_t, \mathbb{P})$ un espace de probabilité filtré satisfaisant aux conditions usuelles [3] sur lequel est défini un mouvement Brownien standard W à valeurs dans $\mathbb{R}^m$. On considère alors les solutions, uniques au sens de l'unicité trajectorielle [7], des équations suivantes :

(1) $$dx_t = X_o(x_t)dt + X_j(x_t) \circ dW_t^j \; ; \; x(o) = x_o \; ;$$

(2) $$dx_t^h = (X_o(x_t^h) + X_j(x_t^h)\dot{W}_t^j)dt \; ; \; x^h(o) = x_o$$

où $j = 1\ldots n$, $t \in [0,T]$; h est le pas de discrétisation d'une partition de l'intervalle fini $[0,T]$: $t_o = 0, t_k = k\,h$, $t_N = T$, et $h.\dot{W}_t^j = (W_{t_{k+1}}^j - W_{t_k}^j) = \Delta W_k^j$ sur $I_k = [t_k, t_{k+1}[$. On note que l'entier N est de l'ordre T/h.
Pour simplifier l'écriture, on pose par convention $W_t^o = t$ et $\dot{W}_t^o = 1$.
Les équations (1) et (2) deviennent :

(3) $$dx_t = X_j(x_t) \circ dW_t^j \; , \; x(o) = x_o \; , \; j = 0\ldots.m$$

(4) $$dx_t^h = X_j(x_t^h)\,\dot{W}_t^j\,dt \; , \; x^h(o) = x_o \; , \; j = 0\ldots.m$$

L'équation (2) et (4) est une équation différentielle ordinaire : c'est l'approximation de Mc SHANE ([10] chap. VI.3).

Le résultat de ce papier est le suivant :

Théorème 1 : Soit M une variété riemannienne compacte de classe C^3, d la distance induite, X_i, $i = 0,\ldots,m$, (m+1) champs de vecteurs sur M de classe C^2 et W un mouvement Brownien standard de $\mathbb{R}^m$. Alors les solutions des équations (1) et (2) vérifient :

(5) $$\sup_{0\leq t\leq T} E(d^2(x_t,x_t^h)) = O(h)$$

$$\forall\delta>0,\; \mathbb{P}\{\sup_{0\leq t\leq T} d(x_t\,,\,x_t^h)>\delta\} = O(h)$$

(On note que, par définition, O(h) est tel que O(h)/h est borné quand h tend vers zéro).

La démonstration repose sur deux lemmes : le premier établit un résultat analogue à (5), mais sur $\mathbb{R}^p$, dans lequel est plongée la variété M grâce au théorème de WHITNEY [6] ; le second permet de comparer la distance d sur M à la distance euclidienne sur $\mathbb{R}^p$.

Le théorème de Whitney donne l'existence d'un plongement de classe C^3, f, de M dans $\mathbb{R}^p$ ($p \leq 2n+1$) ; en particulier, f et sa différentielle $(f_*)_x$ pour tout x sont injectives. Le plongement f permet de transporter sur $\mathbb{R}^p$ les équations (1) et (2) de la façon suivante : $f_*(X_i)$ définit a priori un champ de vecteurs sur f(M), compact de $\mathbb{R}^p$. D'après ([8] 1.p. 273), on peut étendre $f_*(X_i)$ en un champ Y_i, défini sur tout $\mathbb{R}^p$, de classe C^2 et à support compact. Les équations suivantes sont bien définies et admettent des solutions, uniques au sens de l'unicité trajectorielle :

(6) $$dY_t = Y_j(y_t) \circ dW_t^j \ , \ y_o = f(x_o) \ , \ j = 0\ldots m, \ t \in [0,T];$$

(7) $$dy_t^h = Y_j(y_t^h)\dot{W}_t^j \, dt, \ y_o^h = f(x_o) \ , \ j = 0\ldots m, \ t \in [0,T].$$

La variété M est compacte, donc les solutions de (1) et (2) n'explosent pas (voir par exemple [2a])et d'après [1] ou [4] :

(8) $$y_t = f(x_t) \text{ et } y_t^h = f(x_t^h) \ , \ t \in [0,T].$$

On montre pour les solutions de (6) et (7) sur $\mathbb{R}^p$ l'équivalent de la première partie de (5) :

Lemme 2. Soit sur $\mathbb{R}^p$ des champs $(Y_j, \ j = 0\ldots m)$ de classe C^2 à support compact et W un mouvement brownien standard sur $\mathbb{R}^m$. Alors les solutions des équations (6) et (7) vérifient :

(9) $$\sup_{0 \leq t \leq T} E \, \|y_t - y_t^h\|^2 = O(h)$$

Démonstration : C'est celle de ([4] p. 102 et sq) où l'on explicite les majorations de tous les termes. On pose :

(10) $$N(t) = \sup_{0 \leq s \leq t} E \, \|y_s - y_s^h\|^2$$

On montre :

(11) $$N(t) \leq O(h) + K \int_0^t N(s)ds,$$

et le lemme de Gronwall permet de conclure.

Pour simplifier, on appelle u le processus y^h et on note pour tout k :

(12) $$y_k = y(t_k) \text{ et } u_k = y^h(t_k)$$

De manière générale, pour tout processus z on note $\bar{z}$ le processus étagé défini par :

(13) $$\bar{z}_s = z(t_k) \text{ si } s \in I_k.$$

Il est connu que si z est une diffusion à coefficients bornés son approximation étagée $\bar{z}$ vérifie :

(14) $$\int_0^T E \, \| z_s - \bar{z}_s \|^2 \, ds \quad \text{et} \quad \sup_{0 \leq s \leq T} E \, \| z_s - \bar{z}_s \|^2 = O(h)$$

Dans un premier temps, on évalue la différence $(y_i - u_i)$. La formule de Taylor avec reste intégral permet d'exprimer :

(15) $$u_{i+1} - u_i = u'(t_i).h + \int_0^1 (1 - s) \, u''(t_i + sh)h^2 \, ds$$

De (7) on tire :

(16) $$u'(t_i).h = Y_j(u_i)\Delta W_i^j$$

(17) $$u''(t_i + sh) = Y_j(Y_\ell)(u(t_i + sh))\Delta W_i^j\, \Delta W_i^\ell/h^2 \ , \ s \in [\,0,1\,[\ ,$$

d'où il vient :

(18) $$u_{i+1} - u_i = Y_j(u_i)\Delta W_i^j + \int_0^1 (1 - s)Y_j(Y_\ell)(u(t_i + sh))\Delta W_i^j \Delta W_i^\ell \, ds.$$

Par sommation sur i de O à k - 1, on obtient :

(19) $$u_k - f(x_o) = A_k + \sum_{i=O,k-1} Y_j(u_i)\Delta W_i^j + \frac{1}{2} Y_j(Y_\ell)(u_i)\Delta W_i^j \Delta W_i^\ell$$

avec

(20) $$A_k = \sum_{i=O,k-1} \Delta W_i^j \Delta W_i^\ell \int_o^1 (1-s)(Y_j(Y_\ell)(u(t_i + sh)) - Y_j(Y_\ell)(u_i))ds$$

L'équation (6) exprimée sous forme d'intégrale de Itô donne :

(21) $$y_k - f(x_o) = \int_o^{t_k} Y_j(y_s)dW_s^j + \frac{1}{2}\,\delta^{j\ell}\, Y_j(Y_\ell)(y_s)\, ds$$

avec $\delta^{j\ell} = 1$ si $j = \ell \neq 0$; O sinon.

Par différence de (19) et (21), on obtient :

(22) $$u_k - y_k = A_k + S_k + J_k + T_k$$

avec :

(23) $$S_k = \int_o^{t_k} ((Y_j(\bar{y}_s) - Y_j(y_s))dW_s^j + \frac{1}{2}\,\delta^{j\ell}(Y_j(Y_\ell)(\bar{y}_s) - Y_j(Y_\ell)(y_s))ds)$$

(24) $$T_k = \sum_{i=O,k-1} \frac{1}{2} Y_j(Y_\ell)(u_i)(\Delta W_i^j \Delta W_i^\ell - \delta^{j\ell}h)$$

(25) $$J_k = \int_o^{t_k} ((Y_j(\bar{u}_s) - Y_j(\bar{y}_s))dW_s^j + \frac{1}{2}\,\delta^{j\ell}(Y_j(Y_\ell)(\bar{u}_s) - Y_j(Y_\ell)(\bar{y}_s))ds)$$

On remarque que l'expression T_k peut s'écrire sous forme d'intégrales de Itô

(26) $$T_k = \frac{1}{2}\int_o^{t_k} Y_j(Y_\ell)(\bar{u}_s)(\Delta_s W^\ell dW_s^j + \Delta_s W^j dW_s^\ell)$$

où les processus $\Delta_s W^j$ sont définis sur I_i par $W_s^j - W_{t_i}^j$.

On majore chacun des termes en utilisant au mieux le caractère borné et lipschitzien des Y et Y(Y) et l'inégalité de Doob pour les termes martingales.

1. Majoration de A_k. On obtient en utilisant (20) et (7) :

(27) $$\|A_k\| \leq K \sum_{i=0,k-1} |\Delta W_i^j| \, |\Delta W_i^\ell| \, \|u(t_i + sh)-u_i\| \leq K \sum_{i=0,k-1} \|\Delta W_i\|^3 .$$

D'où l'on tire

(28) $$\sup_k \|A_k\|^2 \leq K N \sum_{i=0,N-1} \|\Delta W_i\|^6$$

et par conséquent :

(29) $$E(\sup_k \|A_k\|^2) = O(h)$$

car $N \leq T/h + 1$, et $E\|\Delta W_i\|^6 = O(h^3)$.

2. Majoration de S_k. Par l'inégalité de Doob d'une part et la propriété de Lipschitz des Y et Y(Y) on obtient :

(30) $$E(\sup_k \|S_k\|^2) \leq K \int_0^T E\|y_s - \bar{y}_s\|^2 \, ds$$

qui est un O(h) d'après (14).

3. Majoration de T_k. Elle se fait toujours par l'inégalité de Doob

(31) $$E(\sup_k \|T_k\|^2) \leq K \int_0^T E\|\Delta_s W\|^2 \, ds$$

Or, sur tout intervalle I_i, $E\|\Delta_s W\|^2 = m(s-t_i)$ dont l'intégrale sur $[0,T]$ est encore un O(h).

4. Majoration de J_k. Comme pour S_k il vient :

(32) $$E(\sup_{i \leq k} \|J_i\|^2) \leq K \int_0^t E\|\bar{u}_s - \bar{y}_s\|^2 \, ds \qquad t \in I_k$$

Il est clair que pour tout s, $E\|\bar{u}_s - \bar{y}_s\|^2$ est majoré par N(s).

Donc, si l'on rassemble les quatre majorations, il vient :

(33) $$E(\sup_{i \leq k} \|u_i - y_i\|^2) \leq O(h) + K \int_0^t N(s) \, ds$$

On traite maintenant la différence $y_s - u_s$:

(34) $$\|y_s - u_s\|^2 \leq 3(\|y_s - \bar{y}_s\|^2 + \|\bar{y}_s - \bar{u}_s\|^2 + \|\bar{u}_s - u_s\|^2)$$

Donc, si t est dans l'intervalle I_k, on obtient :

(35) $$N(t) \leq 3(\sup_{s \leq t} E\|y_s - \bar{y}_s\|^2) + E(\sup_{i \leq k} \|y_i - u_i\|^2) + \sup_{s \leq t} E\|\bar{u}_s - u_s\|^2)$$

Le troisième terme de cette majoration s'exprime à l'aide de l'équation de définition (7), si $s \in I_i$:

(36) $$\| u_s - \bar{u}_s \|^2 \leq a \| \Delta W_i \|^2$$

dont l'espérance est ah pour tout i. Le premier terme est un O(h) par (14) et avec (33) il vient :

(37) $$N(t) \leq O(h) + K \int_0^t N(s)ds$$

ce qui conclut la démonstration par le lemme de GRONWALL.

On obtiendra en corollaire l'analogue de la deuxième partie de (5) sur $\mathbb{R}^D$ à l'aide du lemme classique suivant :

<u>Lemme 3</u>. <u>Soit</u> z <u>une diffusion vectorielle solution de</u>

$$dz_t = \sigma(z_t)dW_t + b(z_t)dt,\ t \in [0,T],\ z_o = z.$$

<u>On suppose que</u> σ <u>et</u> b <u>sont bornés et que</u> σ <u>est lipschitzien</u> :

(38) $$\forall \delta > o \quad \mathbb{P}\{ \sup_{o \leq t \leq T} \| z_t - \bar{z}_t \| > \delta \} = O(h).$$

<u>Démonstration</u> : On explicite $z_t - \bar{z}_t$ quand $t \in I_k$:

(39) $$z_t - \bar{z}_t = \int_{kh}^t (\sigma(z_s) - \sigma(\bar{z}_s))dW_s + \sigma(z_{kh})(W_t - W_{kh}) + \int_{kh}^t b(z_s)ds$$

On utilise le caractère borné de σ et b pour obtenir :

(40) $$\| z_t - \bar{z}_t \|^2 \leq 3 \left\| \int_{kh}^t (\sigma(z_s) - \sigma(\bar{z}_s))dW_s \right\|^2 + K \| W_t - W_{kh} \|^2 + K'h^2$$

L'espérance du sup du premier terme du second membre de (40), noté B(t,k), est majoré par la somme en k :

(41) $$E(\sup_k \sup_{t \in I_k} B(t,k)) \leq \sum_{k=O,N} E(\sup_{t \in I_k} \left\| \int_{kh}^t (\sigma(z_s) - \sigma(\bar{z}_s))dW_s \right\|^2)$$

On applique l'inégalité de Doob à chaque terme, puis on utilise le caractère lipschitzien de σ , et on somme en k :

(42) $$E(\sup_k \sup_{t \in I_k} B(t,k)) \leq K \int_o^T E \| z_s - \bar{z}_s \|^2 ds$$

qui est un O(h) d'après (14).

Le deuxième terme n'est majoré qu'en probabilité :

(43) $$\mathbb{P}\{ \sup_{k, t \in I_k} \| W_t - W_{kh} \| > c \} \leq \sum_{k=O,N} \mathbb{P}\{ \sup_{t \in I_k} \| W_t - W_{kh} \| > c \}$$

Or, pour tout k, chacun de ces sup suit la loi de la fonction maximale $\|W_h^*\|$. La probabilité de l'évènement$\{\|W_h^*\| > c\}$ est majorée dans [2 b] en dimension 1, d'où l'on déduit facilement en dimension d :

(44) $$P\{\|W_h^*\| > c\} \leq 4\,d \int_{c/\sqrt{d}}^{\infty} \frac{1}{\sqrt{2\pi h}} \exp(-u^2/2h)\,du$$

Dans l'intégrale majorante, on fait le changement de variables $u^2 = c^2 h/s$:

(45) $$P\{\|W_h^*\| > c\} \leq \sqrt{\frac{2}{\pi}}\, d\, c \int_0^{dh} s^{-3/2} \exp(-c^2/2s)\,ds$$

L'étude de l'intégrande montre qu'elle est croissante jusqu'en $s = 3/c^2$ qui dépasse dh dès que h est assez petit :

(46) $$P\{\|W_h^*\| > c\} \leq \sqrt{\frac{2}{\pi}}\, dc\,(dh)^{-1/2} \exp(-c^2/2dh)$$

En particulier, la somme (43) des N + 1 termes ($N \leq T/h + 1$) égaux à $P\{\|W_h^*\| > c\}$ est un O(h) :

(47) $$P\{\sup_{0 \leq t \leq T} \|W_t - \bar{W}_t\| > c\} \leq O(h),$$

ce qui montre le lemme avec (40) et (42).

<u>Corollaire du lemme 2</u> : <u>Sous les hypothèses du lemme 2, on a</u> :

(48) $$\forall \delta > 0,\ P\{\sup_{0 \leq t \leq T} \|y_t - y_t^h\| > \delta\} = O(h).$$

<u>Démonstration</u>. Dans la majoration (34) on peut appliquer l'inégalité de Bienaymé Tchébichev, puis (33), (10) et (9) :

(49) $$P\{\sup_{i \leq N} \|y_i - u_i\| > \delta/3\} = O(h)$$

On applique le lemme 3 au premier terme : y est bien une diffusion à coefficients bornés et lipschitziens :

(50) $$P\{\sup_{0 \leq t \leq T} \|y_t - \bar{y}_t\| > \delta/3\} = O(h).$$

On reprend (36) pour traiter le troisième terme qui est majoré par $\sup_k \|W_{(k+1)/h} - W_{kh}\|$, donc aussi par $\sup_t \|W_t - \bar{W}_t\|$ et (47) permet d'obtenir :

(51) $$P\{\sup_{0 \leq t \leq T} \|u_t - \bar{u}_t\| > \delta/3\} = O(h).$$

Les résultats du lemme 2 et de son corollaire pourront se transposer à la variété M grâce au lemme 4 qui établit que, sur f(M), la distance euclidienne et la distance induite par d sont équivalentes :

Lemme 4. Soit M une variété riemannienne compacte de classe C^3, d la distance déduite de la structure riemannienne ; f un plongement de classe C^3 de M dans R^P. Alors il existe deux constantes C_1 et C_2 strictement positives telles que :

(52) $$\forall x,\ y \in M,\ C_1 d(x,y) \leq \| f(x) - f(y) \| \leq C_2\ d(x,y)$$

Démonstration. Les inégalités (52) sont trivialement vérifiées quand x = y. On ne considèrera donc dans la suite que des couples (x,y) avec $x \neq y$. Soit par ailleurs a le "rayon d'injectivité" de la variété M que l'on peut grossièrement définir comme le plus grand réel tel que, pour tout x, $\exp_x^{-1}$ restreint à la boule B(x,a) est un difféomorphisme dans T_xM. On peut montrer (voir par exemple [8] 2 p. 96 et sq) que si M est compacte alors a est strictement positif.

Soit alors x fixé dans M ; le couple $(B(x,a), \exp_x^{-1})$ constitue une carte au voisinage de x ; on note $\tilde{f}$ la lecture de f et $\tilde{y}$ les coordonnées locales de y dans cette carte.

(53) $$\tilde{f} = f \circ \exp_x^{-1} \text{ et } \tilde{y} = \exp_x^{-1} y\ ,\ y \in B(x,a).$$

On déduit du fait que f est de classe C^3 à support compact que $\tilde{f}$ admet des dérivées secondes bornées. On lui applique la formule de Taylor-Mac Laurin.

(54) $$\| \tilde{f}(\tilde{y}) - \tilde{f}(0) - \tilde{y}.D\tilde{f}(0) \| \leq K \|\tilde{y}\|^2$$

Soit encore en utilisant (53) :

(55) $$\| \tilde{y}.D\tilde{f}(0) \| - K \|\tilde{y}\|^2 \leq \| f(y) - f(x) \| \leq \| \tilde{y}.D\tilde{f}(0) \| + K \|\tilde{y}\|^2$$

Par définition de l'exponentielle et de la distance d sur M, la norme de $\tilde{y}$ dans T_xM est exactement d(x,y) ; puisque $x \neq y$ on peut poser :

(56) $$G(x,y) = \|f(y) - f(x)\| \ / \ d(x,y)$$

et on obtient l'encadrement :

(57) $$\| \frac{\tilde{y}}{\|\tilde{y}\|} .D\tilde{f}(0) \| - K \|\tilde{y}\| \leq G(x,y) \leq \| \frac{\tilde{y}}{\|\tilde{y}\|} .D\tilde{f}(0) \| + K \|\tilde{y}\|$$

Le vecteur $\tilde{y} \ / \ \| \tilde{y} \|$ est un vecteur de norme 1 dans T_xM ; cette sphère unité de T_xM peut être engendrée par l'ensemble des u(e) où e est un vecteur unitaire fixe de $\mathbb{R}^n$ et u un repère orthonormé quelconque de T_xM. Par ailleurs, la différentielle $D\tilde{f}(0)$ est l'expression en coordonnées locales de la différentielle de f en x, $(f_*)_x$:

(58) $$\frac{\tilde{y}}{\|\tilde{y}\|}\,.\tilde{Df}(0) = (f_*)_x(u(e))$$

On définit ainsi une application sur O(M), fibré des repères orthonormés de M, à valeurs dans $\mathbb{R}^p$:

(59) $$(x,u) \to (f_*)_x(u(e))$$

Cette application est continue sur O(M), qui est compact comme M ; de plus, f étant un plongement, f_* est injective en tout point et $\|(f_*)_x(u(e))\|$ est encadré par des constantes strictement positives. Il existe donc ε dans $]0,a[$, K_1 et K_2 strictement positives, tels que :

(60) $$\forall x \text{ et } y \in M,\ x \neq y,\ d(x,y) < \varepsilon \Rightarrow K_1 \leq G(x,y) \leq K_2$$

Le nombre ε étant maintenant fixé, on considère le sous-ensemble compact de M x M :

(61) $$F = \{(x,y) \in M \times M \ /\ d(x,y) \geq \varepsilon\}$$

La fonction G est évidemment continue et strictement positive sur F ; il existe donc deux constantes K_1' et K_2' strictement positives telles que :

(62) $$\forall x \text{ et } y \in M,\ d(x,y) \geq \varepsilon \Rightarrow K_1' \leq G(x,y) \leq K_2'$$

Les encadrements (60) et (62) montrent le lemme.

La démonstration du théorème 1 est alors simple :

Démonstration du théorème 1. Le lemme 4 montre

(63) $$\forall t \in [0,T] \qquad d(x_t,x_t^h) \leq c \ \|f(x_t) - f(x_t)\|$$

Le lemme 2 montre alors :

(64) $$\sup_{0 \leq t \leq T} E \ \|f(x_t) - f(x_t^h)\|^2 = \sup_{0 \leq t \leq T} E \ \|y_t - y_t^h\|^2 = O(h),$$

et son corollaire : $\forall\ \delta > 0$

(65) $$\mathbb{P}\{\sup_{0 \leq t \leq T} \|f(x_t) - f(x_t^h\| > \delta\} = \mathbb{P}\{\sup_{0 \leq t \leq T} \|y_t - y_t^h\| > \delta\} = O(h)$$

ce qui, avec (63), montre les deux résultats du théorème.

On note en conclusion que ces approximations x^h de Mc Shane sont des polygones géodésiques dans le cas où les champs de vecteurs $(X_j, j = 0...m)$ vérifient la condition pour tout i,j,k :

$$\frac{\partial X_j^i}{\partial x_k} + \Gamma_{k\ell}^i \ X_j^\ell = 0$$

En particulier, l'approximation géodésique du brownien ([1] , [11]) vérifie ces hypothèses et donc admet les propriétés (5) sur une variété riemannienne compacte.

Que les Professeurs Elworthy et Baxendale soient ici remerciés des utiles suggestions qu'ils ont bien voulu nous faire.

REFERENCES

[1] J.M. BISMUT, "Mécanique aléatoire", L.N. in Math n° 866, Springer-Verlag, 1981.

[2 a] R.W.R. DARLING, "On the convergence of Gangolli Processes to Brownian Motion on a Manifolds", Stochastics 12, 277-301, 1984.

[2 b] R.W.R. DARLING, "Convergence of Martingales on Manifolds", Ann. I.H.P. 21, n° 3, 157-175, 1985.

[3] C. DELLACHERIE, P.A. MEYER, "Probabilités et potentiels", Hermann, Paris, 1975.

[4] K.D. ELWORTHY, "Stochastic Differential Equations on Manifolds", Cambridge University Press 1982.

[5] G.B. DIMASI, M. PRATELLI, W.J. RUNGGALDIER, "An Approximation for the Non Linear Filtering Problem with Error Bound", Stochastics 14, 247-271, 1985.

[6] M.W. HIRSCH, "Differential Topology", Graduate texts in Mathematics n° 33, Springer-Verlag, 1976.

[7] N. IKEDA, S. WATANABE, "Stochastic Differential Equations on Manifolds", North Holland, 1981.

[8] S. KOBAYASHI, K. NOMIZU, "Fundations of Differential Geometry", vol. 1-2, Interscience, 1969.

[9] H. KOREZLIOGLU, G. MAZZIOTTO, "Modélisation et filtrage approché de systèmes stochastiques non linéaires", Note Technique CNET, 1983.

[10] E.J. Mc SHANE, "Stochastic Calculus and Stochastic Models", Academic Press, New-York, 1974.

[11] P. MALLIAVIN, "Formule de la moyenne, calcul de perturbation et théorèmes d'annulation pour les formes harmoniques", Journal of Functional Analysis 17, 274-291, 1974.

[12] M. PONTIER, J. SZPIRGLAS, "Filtrage non linéaire avec observations sur une variété", Stochastics 15, 121-148, 1985.

[13] M. PONTIER, J. SZPIRGLAS, "Filtering with observation on a Riemannian Symetric space", 3rd Bad Honnef Conference, L.N. in Control and I. Sc. N° 78, 316-329, 1985.

TOPOLOGIE FAIBLE ET META-STABILITE (*)

Rolando Rebolledo
Facultad de Matematicas
Universidad Católica de Chile
Casilla 6177. Santiago
CHILI

Cette note propose une méthode d'analyse des limites méta-stables de systèmes stochastiques de particules. Elle a été motivée par les travaux de CASSANDRO, GALVES, OLIVIERI, VARES qui ont été les premiers à étudier la méta-stabilité d'un point de vue "trajectoriel". L'auteur veut en particulier remercier Antonio GALVES, Maria-Eulália VARES et Errico PRESUTTI pour le temps qu'ils ont passé à lui expliquer "l'alpha bet" de la méta-stabilité.

§1. UN EXEMPLE DE COMPORTEMENT META-STABLE: UNE FAMILLE DE SYSTEMES DYNAMIQUES ALEATOIREMENT PERTURBES.

Nous reprenons ici la famille de systèmes dynamiques considérée par GALVES, OLIVIERI, VARES (1984).

On considère les équations différentielles stochastiques

$$(1.1)\quad \begin{cases} dX_\varepsilon^x(t) = b(X_\varepsilon^x(t))dt + \varepsilon dW(t) \\ X_\varepsilon^x(0) = x \end{cases}$$

où $x \in \mathbb{R}^d$, $\varepsilon > 0$; b est une fonction Lipschitzienne qui est le gradient d'un potentiel possédant "deux puits"dans $\mathbb{R}^d$, c'est-à - dire $b(x) = -\nabla a(x)$ où a est de classe C^2 , $a(x) \to \infty$ si $|x| \to \infty$, possédant des points critiques hyperboliques (c.f. figure 1) .

(*) Cette recherche a été réalisée avec le concours de DIUC,FONDECYT, et du Projet UNESCO-PNUD pour le développement des Mathématiques au Chili. Le titre correspond à une conférence invitée au "5°Convegno su Calcolo Stocastico e Sistemi Dinamici Stocastici" (Pisa , 22-24 Sept. 1986).

On suppose en outre qu'il existe K > 0 tel que $|b(x)| \leq K(1+|x|)$ sur $\mathbb{R}^d$.

W représente ici un mouvement Brownien sur $\mathbb{R}^d$

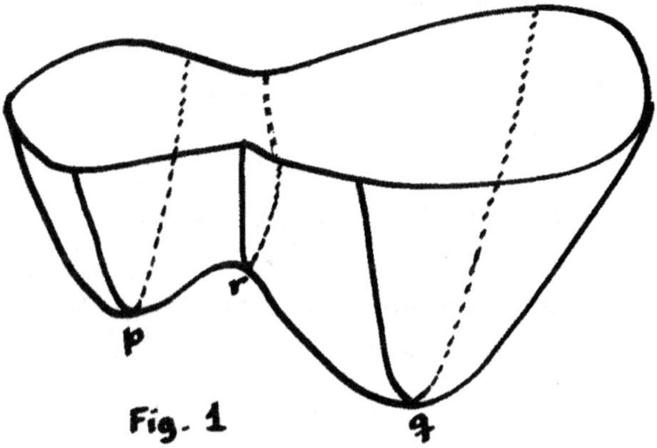

Fig. 1

Le système déterministe (ε=0) a été largement étudié : il existe une décomposition de l' espace $\mathbb{R}^d$: $\mathbb{R}^d = D_p \cup W_r^s \cup D_q$, où Dp (resp. Dq) est le domaine d'altraction du minimum p (resp. q) et W_r^s est la variété stable de r. Le fait d'ajouter la perturbation aléatoire $\varepsilon W(t)$ a pour effet que la particule en mouvement peut échapper au domaine d' un minimum pour tomber dans le domaine de l'autre minimum. Cela intervient pour un temps large si ε est suffisamment petit , c'est-`à - dire, la trajectoire semble trouver un "état stable" , pendant une longue durée, puis elle évolue vers un autre état d'équilibre.

C'est ainsi que , si le point de départ x appartient à Dp (noter que a(p) > a(q)) , X_ε^x est d'abord attiré vers p , à cause de l'action de b , mais quand X_ε^x est près de p , l'action du bruit est plus importante que celle du champ b à cause de la condition $|b(x)| \leq K(1+|x|)$. Cela rend possible que la trajectoire X_ε^x s'éloigne de p. Mais elle est à nouveau attirée par p , puis elle s'éloigne ; l'évolution continue ainsi dans Dp jusqu'au moment où - par l'action du bruit - la particule échappe à ce domaine pour tomber dans Dq . Dans Dq nous avons le même tableau : attraction vers q; puis éloignement rendu possible par le bruit; éventuel passage au domaine Dp après un temps très long. Ce dernier passage devient "plus difficile" à cause de l'inégalité $a(p) > a(q)$; pour ε petit, le temps de sortie de Dq sera très grand , d'autre part, la mesure invariante du système ,

$$\mu_\varepsilon(dx) = \left(\int_{\mathbb{R}^d} \exp\left(-\frac{2a(y)}{\varepsilon^2}\right)dy\right)^{-1} \exp(-\varepsilon^{-2}\, 2a(x))\,dx$$

tend à se concentrer sur des petits voisinages de q.

L'évolution du système suggère alors l'emploi de "moyennes temporelles" rénormalisées pour étudier le comportement limite de X_ε^x - C'est la méthode utilisée par GALVES - OLIVIERI - VARES : ils introduisent une famille $(\mu^\varepsilon_t)_{t\geq 0}$ de mesures aléatoires comme suit.

$$\mu_t^\varepsilon(f) := \frac{1}{\beta_\varepsilon}\int_{\alpha_\varepsilon t}^{\alpha_\varepsilon t+\beta_\varepsilon} f(X_\varepsilon^p(s))\,ds$$

$$= \frac{1}{\beta_\varepsilon}\int_{\alpha_\varepsilon t}^{\alpha_\varepsilon t+\beta_\varepsilon} \delta_{X_\varepsilon^p(s)}(f)\,ds$$

où f est une fonction réelle, continue et bornée sur $\mathbb{R}^d$; α_ε , β_ε sont des constantes de rénormalisation prises sur $\mathbb{R}_+ \setminus \{0\}$ croissant vers l'infini d'une façon "convenable".

Dans le travail cité, les auteurs prouvent qu'il existe un temps d'arrêt T , exponentiellement distribué , tel que si $t < T$, μ_t^ε converge en loi vers la mesure de Dirac δ_p . C'est une sorte de "convergence en loi conditionnelle" . Ils prouvent de même que si $t \geq T$,

μ_t^ε converge en loi vers la mesure δ_q. On est donc tenté de dire que $(\mu^\varepsilon_t)_{t\geq 0}$ "converge" vers le processus $(\mu_t)_{t\geq 0}$ défini par

$$\mu_t = \begin{cases} \delta p & \text{si} \quad t < T \\ \delta q & \text{si} \quad t \geq T \end{cases} \qquad (t \in \mathbb{R}_+)$$

Mais il faut prendre beaucoup de précautions et choisir la bonne topologie dans ce cas. En effet , la famille de processus (μ^ε) possède des trajectoires dans $C(\mathbb{R}_+ , \Pi(\mathbb{R}^d))$, l'espace de fonctions continues à valeurs probabilités sur $\mathbb{R}^d$, définies sur $\mathbb{R}_+$. Cet espace est inclus dans l'espace de Skorokhod $D(\mathbb{R}_+ , \Pi(\mathbb{R}^d))$. Le processus μ a ses trajectoires dans ce dernier espace évidemment. Or, étant donné que la topologie de $D(\mathbb{R}_+ , \Pi(\mathbb{R}^d))$ restreinte à $C(\mathbb{R}_+ , \Pi(\mathbb{R}^d))$ coïncide avec celle de ce dernier espace et que celui-ci est fermé dans D, il ne peut y avoir de convergence en loi de μ^ε vers μ prenant comme base la topologie de Skorokhod.

Il faut donc affaiblir la topologie de $D(\mathbb{R}_+ , \Pi(\mathbb{R}^d))$. Cela est possible grâce à la notion de pseudo-trajectoire d'un processus à valeurs mesures. On trouvera alors que le processus μ est la limite en pseudo-loi de la famille $(\mu^\varepsilon)_{\varepsilon>0}$.

§2. PSEUDO-TRAJECTOIRES ET CONVERGENCE FAIBLE.

Fixons tout d'abord quelques notations. Nous considérons un espace localement compact à base dénombrable E muni de sa tribu borélienne $\mathcal{E}$, et nous désignons par $\Pi(E)$ l'espace de toutes les mesures de probabilité, définies sur $(E,\mathcal{E})$, muni de la convergence étroite.

Notre but est d'analyser des processus à valeurs dans $\Pi(E)$, c'est pourquoi nous introduisons l'espace $D(\mathbb{R}_+ , \Pi(E))$ des fonctions càdlàg de $\mathbb{R}_+$ dans $\Pi(E)$ mais-contrairement à l'habitude - nous ne le munissons pas de la topologie de Skorokhod mais d'une topologie plus faible. Voici comment on la construit (c.f. DELLACHERIE-MEYER (1975), MEYER-ZHENG(1984)). Soit $\lambda(dt) = e^{-t}dt$ la mesure exponentielle de paramètre 1 sur $\mathbb{R}_+$. Etant donné une fonction mesurable $x:\mathbb{R}_+ \to \Pi(E)$, nous lui associons la mesure de probabilité $\hat{x}$ sur $(\mathbb{R}_+ x\ \Pi(E), \mathcal{B}(\mathbb{R}_+) \otimes \mathcal{B}(\Pi(E)))$ qui est l'image de λ par l'application $t \to (t,x(t))$ de $\mathbb{R}_+$ dans $\mathbb{R}_+ x\ \Pi(E)$. De sorte que $\langle\hat{x} , f \otimes g\rangle = \int_0^\infty f(t)\ g(x(t))\ e^{-t}\ dt$, pour toutes $f:\mathbb{R}_+ \to \mathbb{R}_+$, $g:\Pi(E) \to \mathbb{R}_+$ mesurable. $\hat{x}$ est la <u>pseudo-trajectoire</u> de x ; nous designons par Ψ l'espace des pseudo-trajectoires qui est contenu dans celui des mesures de probabilité sur $\mathbb{R}_+ x\ \Pi(E)$ dont la projection sur $\mathbb{R}_+$ est la mesure λ, espace que nous notons par Λ . L'espace $\hat{D}(\mathbb{R}_+ , \Pi(E))$, qui est l'image de $D(\mathbb{R}_+ , \Pi(E))$ par $\hat{}$, satisfait aux inclusions

$$\hat{D} \subset \Psi \subset \Lambda \subset \Pi(\mathbb{R}_+ \ x\ \Pi(E))$$

Par la suite nous identifierons D avec $\hat{D}$; comme MEYER et ZHENG le font remarquer , $\Pi(\mathbb{R}_+ x\ \Pi(E))$, Λ , Ψ sont des espaces polonais pour la convergence étroite , ce qui n'est pas le cas pour D, mais ce dernier est au moins un espace Lusinien.

Par ailleurs , la topologie de la convergence étroite est équivalente à celle de la convergence en mesure par rapport à λ, sur l'espace Ψ. Nous munissons D de la topologie induite respective. Il est clair que celle-ci est bien plus faible que celle de Skorokhod.

Nous allons maintenant caractériser l'espace $D(\mathbb{R}_+ , \Pi(E))$ en généralisant une proposition dûe à MEYER-ZHENG (1984).

1. DEFINITION

Soit $\mu \in \Pi(\mathbb{R}_+ \times \Pi(E))$; nous considérons deux ouverts $U,V \subset \Pi(E)$ et $t \in \mathbb{R}_+$. Soit $PF[0,t]$ l'ensemble des partitions finies de l'intervalle $[0,t]$; considérons $\tau \in PF[0,t]$ de la forme

$$\tau : 0 = t_0 < t_1 < \ldots < t_n = t$$

Nous définissons un entier $N_\tau^{U,V}(\mu)$ dans $\overline{\mathbb{N}}$ de la façon suivante : $N_\tau^{U,V}(\mu) \geq k$ si et seulement si existent des éléments t_i^U , t_j^V dans τ de la forme

$$0 \leq t_1^U < t_1^V < t_2^U < t_2^V < \ldots < t_k^U < t_k^V < t$$

telles que μ charge les ensembles

$$]t_\ell^U , t_{\ell+1}^U[\times U, \;]t_\ell^V , t_{\ell+1}^V[\times V, \; \ell = 1, \ldots, k.$$

$N_\tau^{U,V}$ est une fonction semi-continue inférieurement (s.c.i) et il en est de même pour

$$p_t^{U,V}(\mu) := \sup_{\tau \in PF[0,t]} N_\tau^{U,V}(\mu) \qquad (1.1)$$

que nous conviendrons d'appeller " le nombre de passages de U dans V de la mesure μ durant $[0,t]$ ".

Cette définition étend celle du " nombre de passages en montant " à travers un intervalle $[u,v]$ de $\mathbb{R}$ (prendre $U =]-\infty,u[$, $V =]v,\infty[$) telle qu'elle est donnée dans MEYER-ZHENG (1984).

Finalement , nous écrivons $r_N \mu$ la mesure sur $(\Pi(E), \mathcal{B}(\Pi(E)))$ définie par $r_N\mu(B) := \mu([0,N] \times B)$, pour tout $B \in \mathcal{B}(\Pi(E))$; $N \in \mathbb{N}$.

2. THEOREME.

Une mesure $\mu \in \Pi(\mathbb{R}_+ \times \Pi(E))$ *appartient à* $D(\mathbb{R}_+, \Pi(E))$ *si et seulement si* $\mu \in \Lambda$ *et satisfait aux conditions :*

(2.1) *Pour tout* $N \in \mathbb{N}$, *la mesure* $r_N\, \mu$ *est à support compact ;*

(2.2) *Pour tout couple* (U,V) *d'ouverts disjoints de* $\Pi(E)$, *tout* $N \in \mathbb{N}$, *on a*

$$p_N^{U,V}(\mu) < \infty$$

DEMONSTRATION

Nous adaptons la démonstration faite par MEYER-ZHENG(1984) de la caractérisation de l'espace $D(\mathbb{R}_+, \mathbb{R})$.

Les conditions sont clairement nécessaires. Nous allons prouver la suffisance.

Soit $\mu \in \Lambda$. On montre d'abord que μ appartient à Ψ . Pour cela on desintègre μ comme $\int_0^\infty \delta_s \otimes \rho_s\, \lambda(ds)$. Si le support de ρ_s n'est pas réduit à un point pour λ - presque tout $s \in \mathbb{R}_+$, alors il existe un ensemble $T \subset \mathbb{R}_+$, mesurable , $\lambda(T) > 0$, et existent U,V ouverts de $\Pi(E)$ tels que pour tout $s \in T$, ρ_s charge à la fois U et V. Il s'en suit qu'il y a au moins un $N \in \mathbb{N}$, tel que pour tout $k \in \mathbb{N}$, $p_N^{U,V}(\mu) \geq k$ ce qui contredit (2.2). D'où le support de ρ_s est réduit à un point et par conséquent $\mu \in \Psi$. Il existe donc une fonction Borelienne $x: \mathbb{R}_+ \to \Pi(E)$ telle que $\mu = \hat{x}$.

L'hypothèse (2.1) entraîne que pour tout $N \in \mathbb{N}$, il existe un ensemble $T_N \subset [0,N]$ tel que $\{X(s): s \in T_N\}$ est compact dans $\Pi(E)$ et $\lambda([0,N] \setminus T_N) = 0$.

Introduisons maintenant la topologie essentielle droite sur $\mathbb{R}_+$: un voisinage essentiel droit (v.e.d) de $t \in \mathbb{R}_+$ est un ensemble contenant $\{t\}$ et un ensemble $]t,t+\varepsilon[\setminus R$ où ε est >0 et R est un borélien λ-négligeable.

De cette manière, x possède sur $t \in \mathbb{R}_+$ une limite essentielle à droite (au sens de la topologie étroite sur $\Pi(E)$) si et seulements si la limite existe pour la topologie essentielle droite de $\mathbb{R}_+$.

Or, si x ne possède pas de limite essentielle à droite sur $t \in \mathbb{R}_+$, il en est de même pour les fonctions réelles $s \to x(s,\phi)$, où ϕ parcourt l'espace des fonctions continues bornées de E dans $\mathbb{R}$ et $x(s,\phi)$ denote l'intégrale de ϕ par rapport à la mesure $x(s)$.

Par conséquent, pour toute fonction ϕ: $E \to \mathbb{R}$ continue et bornée, il existe un couple $(u(\phi), v(\phi))$ de nombres réels tels que

$$(2.3)\quad \lim_{\varepsilon\downarrow 0}\ \operatorname{ess\,inf}_{t<s<t+\varepsilon}\ x(s,\phi) < u(\phi) < v(\phi) < \lim_{\varepsilon\downarrow 0}\ \operatorname{ess\,sup}_{t<s<t+\varepsilon}\ x(s,\phi)$$

Soit maintenant $(\phi_n)_{n\in\mathbb{N}}$ une suite dense dans l'espace $C_b(E)$ des fonctions continues bornées muni de la topologie uniforme. Pour toute partie I finie de $\mathbb{N}$ considérons les ouverts

$$U(I) := \{\nu \in \Pi(E): \nu(\phi_i) < u(\phi_i);\ i\in I\}$$

$$V(I) := \{\nu \in \Pi(E): \nu(\phi_i) > v(\phi_i);\ i\in I\}$$

dans $\Pi(E)$.

Alors de (2.3) on déduit que pour tout $N \geq t$, et toute partie I finie de $\mathbb{N}$,

$$p_N^{U(I),V(I)}(\hat{x}) = \infty$$

ce qui contredit l'hypothèse (2.2).

Par conséquent, x possède des limites essentielles à droite. De manière analogue on prouve qu'elle possède également des limites essentielles à gauche.

Définissons maintenant

$$\overline{x}^{+}(t,\phi) := \limsup_{s\downarrow t, s>t} \text{ess } x(s,\phi)$$

$$\underline{x}^{+}(t,\phi) := \liminf_{s\downarrow t, s>t} \text{ess}$$

pour toute $\phi \in C_b(E)$, $t \in \mathbb{R}_+$.

Pour tout t fixé , $\overline{x}^{+}(t,\cdot)$ sont des formes linéaires positives sur $C_b(E)$. Par ailleurs, par l'argument développé précédemment, $\overline{x}^{+}(\cdot,\phi) = \underline{x}^{+}(\cdot,\phi)$ pour toute $\phi \in C_b(E)$.

En appliquant alors le théorème $\overline{\text{IV}}$.38 de DELLACHERIE-MEYER (1975), il existe une fonction $y \in D(\mathbb{R}_+, \Pi(E))$ telle que $y(t)=x(t)$ pour λ-presque tout point $t \in \mathbb{R}_+$.

Par conséquent $\mu = \hat{x} = \hat{y}$ et le Théorème est démontré.

□

Le Théorème 2 est la clé pour l'étude de la convergence en loi de processus à valeurs mesures, selon la topologie des pseudo - trajectoires sur $D(\mathbb{R}_+, \Pi(E))$. En premier lieu, il nous permet d'obtenir un critère suffisant de compacité sur ce dernier espace :

3. COROLLAIRE.

Soit un ensemble $M \subset \mathcal{D}(\mathbb{R}_+, \Pi(E))$ satisfaisant aux deux conditions suivantes :

(3.1) Pour tout $N \in \mathbb{N}$, il existe un compact K_N de $\Pi(E)$ contenant les supports de toutes les mesures $r_N\mu$, $(\mu \in M)$;

(3.2) *sup* $\{ p_N^{U,V}(\mu)\ ;\ \mu \in M \} < \infty$ *pour tout couple* (U,V) *d'ouverts disjoints de* $\Pi(E)$ *et tout* $N \in \mathbb{N}$.

Alors l'ensemble M *est relativement compact dans* $D(\mathbb{R}_+ , \Pi(E))$ *pour la topologie des pseudo-trajectoires.*

DEMONSTRATION.

L' hypothèse (3.1) entraîne en particulier que M est tendue , donc relativement étroitement compacte dans $\Pi(\mathbb{R}_+ \times \Pi(E))$, par ailleurs si μ_∞ est un point d'adhérence de M , alors pour tout $N \in \mathbb{N}$

$$\mu_\infty([0,N] \times K_N) \geq \overline{\lim_\alpha}\ \mu_\alpha([0,N] \times K_N) = 1$$

où $(\mu_\alpha)_\alpha \subset M$ converge vers μ_∞ .

Donc μ_∞ vérifie (2.1) .

De même, $p_N^{U,V}(\mu_\infty) < \infty$ pour tout couple d'ouverts disjoints d'après (3.2) et la semi-continuite inférieure de $p_N^{U,V}$

Par conséquent $\mu_\infty \in D(\mathbb{R}_+ , \Pi(E))$ selon Théorème 2.

□

4. DEFINITION.

Etant donné une suite de probabilités $(P_n)_{n\in\overline{\mathbb{N}}}$ sur $D = D(\mathbb{R}_+ ,\Pi(E))$, muni de la tribu $\mathcal{D}$ qui est la trace de la tribu borélienne sur ψ , nous indiquerons $P_n \xrightarrow[n]{e} P_\infty$ la convergence étroite selon la topologie des pseudo - trajectoires sur D.

Aussi la suite $(P_n)_n$ est <u>^ - tendue</u> si elle est tendue pour la topologie des pseudo - trajectoires. Cela entraîne (mais n'est pas équivalent!) que la suite est ^ - relativement étroitement compacte.

Finalement , désignons par $S[\mu]$ le support d'une mesure. Nous avons alors un critere de compacité ^ - étroite.

5. PROPOSITION

Soit $\mathfrak{P}$ une famille de probabilités sur $D(\mathbb{R}_+, \Pi(E))$. Pour qu'elle soit ^ - tendue (et par conséquent relativement ^ - étroitement compacte) il suffit qu'elle vérifie les deux hypothèses suivantes:

(5.1) *Pour tout $\varepsilon > 0$ et tout $N \in \mathbb{N}$ il existe K_N^ε compact de $\Pi(E)$ tel que*

$$\sup_{P \in \mathfrak{P}} P(\{w \in D : S[r_N w] \cap K_N^{\varepsilon c} = \phi\}) < \varepsilon$$

(5.2) *Pour tout $\varepsilon > 0$, tout $N \in \mathbb{N}$, tout couple (U,V) d'ouverts disjoints de $\Pi(E)$, il existe $k_\varepsilon \in \mathbb{N}$ tel que*

$$\sup_{P \in \mathfrak{P}} P(\{w \in D: P_N^{U,V}(w) > k_\varepsilon\}) < \varepsilon .$$

La démonstration de cette Proposition est immédiate : c'est une conséquence facile du Corollaire 3.

§3. PROCESSUS DE SAUT A VALEURS MESURES

Nous gardons les notations du paragraphe précédent et nous intéressons maintenant à la convergence en loi selon la ^ - topologie, ou convergence en pseudo - loi , d'une suite de processus (μ^n) à trajectoires dans $D(\mathbb{R}_+ , \Pi(E))$ vers un processus μ^∞.

Convenons de quelques nouvelles notations. Le processus canonique dans $D(\mathbb{R}_+ \Pi(E))$ sera noté $(\mu_t)_{t \geq 0}$; nous ne ferons aucune différence entre trajectoire et pseudo - trajectoire les écrivant de la même façon.

Soit $(\mu^n)n$ une suite de processus à valeurs mesures définis sur des espaces probabilisés $(\Omega_n, F_n, \mathbb{P}_n)$ éventuellement différents mais à trajectoires dans $D(\mathbb{R}_+, \Pi(E))$; nous noterons P_n la loi de $\mu^n (n \in \mathbb{N})$. Nous dirons que $(\mu^n)_n$ est ^ - tendue si (P_n) l'est.

Dans l'étude de la convergence en loi usuelle, certaines familles de fonctions, telle que les projections fini-dimensionnelles, jouent un rôle très important pour l'identification de la limite une fois que l'on a prouvé la tension. Ce sont des famille déterminantes ou séparantes de fonctions continues au sens que deux probabilites assignant des valeurs égales à chaque élément de la famille coïncident partout.

Considérons un espace localement compact à base dénombrable F muni de sa tribu borélienne $\mathcal{B}(F)$, et soit Cyl $(\Pi(F))$ la famille de toutes les fonctions continues bornées $g: \Pi(F) \to \mathbb{R}$ pour lesquelles il existe un entier m , une fonction $G \in C_b(\mathbb{R}^m)$, des fonctions $\phi_1, \ldots, \phi_m$ dans $C_b(F)$ telles que $g(\nu) = G(\langle \nu, \phi_1 \rangle, \ldots, \langle \nu, \phi_m \rangle)$ pour toute $\nu \in \Pi(F)$.

La famille Cyl$(\Pi(F))$ est une "bonne" classe déterminante.

1. LEMME

Soient P,Q deux probabilités sur $(\Pi(F), \mathcal{B}(\Pi(F)))$ *telles que*

$$\int g\, dP = \int g\, dQ, \quad \text{pour toute } g \in Cyl\,(\Pi(F)). \quad \text{Alors } P = Q.$$

DEMONSTRATION

La preuve est classique. Considérons d' abord le cas F compact. Alors $\Pi(F)$ est également compact et puisque Cyl$(\Pi(F))$ est une algèbre qui sépare les points de $\Pi(F)$ et contient la fonction $\mathbb{1}$, elle est dense dans $C_b(\Pi(F)) = C(\Pi(F))$, par le Théorème de Stone-Weierstrass , d'où le résultat.

Si F est seulement localement compact à base dénombrable , il en est de même pour $\Pi(F)$ et le résultat découle du cas précédent par "localisation": on obtient d'abord que P et Q coïncident sur tout sous-compact de $\Pi(F)$ puis on recolle en utilisant un recouvrement compact de $\Pi(F)$.

□

2. COROLLAIRE.

La suite de processus $(\mu^n)_{n\in\mathbb{N}}$ converge en pseudo - loi vers μ^∞ dès qu'elle vérifie les deux hypothèses suivantes :

(2.1) *Les suites $(\langle\mu^n, f_1\otimes g_1\rangle,\ldots,\langle\mu^n, f_m\otimes g_m\rangle)_{n\in\mathbb{N}}$ convergent en loi vers $(\langle\mu^\infty,f_1\otimes g_1\rangle,\ldots,\langle\mu^\infty, f_m\otimes g_m\rangle)$ dans $\mathbb{R}^m$, pour toutes les collections finies $f_1,\ldots,f_m\in C_b(\mathbb{R}_+)$, $g_1,\ldots,g_m\in Cyl(\Pi(E))$.*

(2.2) *Pour tout $N\in\mathbb{N}$, tout couple (U,V) d'ouverts disjoints de $\Pi(E)$, la suite de variables aléatoires à valeurs entières $(p_N^{U,V}(\mu^n))_{n\in\mathbb{N}}$ est tendue.*

DEMONSTRATION

Pour tout $N\in\mathbb{N}$ soit K_N un compact de $\Pi(E)$ contenant P_∞-p.s. le support de $r_N\,\mu$, où μ est le processus canonique et P_∞ la loi de μ^∞. Pour toute $f:\mathbb{R}_+\to\mathbb{R}$, continue, à support contenu dans $]N,\infty[$, et toute $g\in Cyl(\Pi(E))$ à support dans K_N^C, la condition (2.1) entraîne en particulier que $\langle\mu^n, f\otimes g\rangle$ converge en loi (et en probabilité) vers 0 . Par conséquent la suite $(P_n)_n$ des lois satisfait la première hypothèse du critère de ^ - compacité étroite. Mais en outre , (2.2) assure la deuxième hypothèse de ce critère. Par conséquent , $(P_n)_n$ est relativement ^ - étroitement compacte.

Si P est un point limite quelconque, étant donné la continuité des applications $\mu \to (<\mu, f_1 \otimes g_1>, \ldots, <\mu, f_m \otimes g_m>)$ de l'hypothèse (2.1) , la loi sous P pour ces vecteurs coincide avec la loi sous P_∞ . Le lemme 1 entraîne donc l'égalite de P et de P_∞

□

3. Nous allons maintenant étudier le cas particulier des processus limites de sauts ayant deux états possibles $\nu_0, \nu_1 \in \Pi(E)$.

Pour ce faire, introduisons l'ensemble $J(\nu_0, \nu_1)$ de toutes les lois P sur D pour lesquelles le processus canonique μ admet une modification qui s'écrit:

(3.1) $\mu_t = \nu_0 I_{\{t < T\}} + \nu_1 I_{\{t \geq T\}}$, P-p-s, $(t \in \mathbb{R}+)$, où T est une variable aleatoire définie sur D.

Remarquons que , sous $P \in J(\nu_0, \nu_1)$, et tout $N \in \mathbb{N}$,

$$(3.2)\quad \begin{cases} p_N^{U,V}(\mu) = 0 & \text{si } (\nu_0,\nu_1) \notin U\text{x}V \text{ , P-p-s.} \\ \\ p_N^{U,V}(\mu) \leq 1 & \text{si } (\nu_0,\nu_1) \in U\text{x}V \text{ , P-p-s.} \end{cases}$$

pour tout couple (U,V) d'ouverts disjoints de $\Pi(E)$.

Réciproquement, si P est une probabilité sur D telle que les relations (3.2) soient satisfaites,alors $P \in J(\nu_0,\nu_1)$. En effet, si μ_t n'a pas la forme (3.1) sous P , alors étant donnés deux ouverts disjoints U,V tels que $(\nu_0,\nu_1) \notin U\text{x}V$, le processus peut éventuellement les "visiter" , c' est - à dire, il existe un ensemble $I \subset \mathbb{R}_+$ tel que $\lambda(I) > 0$ et pour tout $N \in \mathbb{N}$ pris de façon à ce que $I \cap [0,N] \neq \phi$ on a $P(p_N^{U,V}(\mu) > 0) > 0$ contredisant (3.2). D'autre part, le fait que le nombre de passages d'un voisinage de ν_0 à un voisinage de ν_1 soit inférieur ou égal à 1 , nous dit qu'il y a une seule transition de l'état ν_0 à l'état ν_1, μ_t doit donc s'écrire sous la forme (3.1).

Le résultat suivant est donc bien naturel :

4. PROPOSITION

Supposons que la suite (μ^n) *vérifie les hypothèses suivantes:*

(4.1) $\limsup \mathbb{P}_n (r_N \mu^n (\{\nu_0,\nu_1\}^c) \geq \varepsilon) = 0$

pour tout $N \in \mathbb{N}$, *tout* $\varepsilon > 0$.

(4.2) *Pour tout* $N \in \mathbb{N}$ *et tout couple* (U,V) *d'ouverts disjoints de* $\Pi(E)$:

(a) $\liminf_n P_n (p_N^{U,V}(\mu^n) > 0) = 0$ *si* $(\nu_0,\nu_1) \notin U\times V$

(b) $\limsup_n P_n (p_N^{U,V}(\mu^n) \leq 1) = 1$ *si* $(\nu_0,\nu_1) \in U\times V$

Alors la suite (μ^n) *est* ^ - *tendue et toute loi limite, au sens de la topologie* ^ - *étroite, appartient à* $J(\nu_0,\nu_1)$.

DEMONSTRATION

l'hypothèse (4.1) entraîne en particulier §2.(5.1) puisque $K = \{\nu_0,\nu_1\}$ est compact dans $\Pi(E)$. On a alors la ^ - compacité étroite de (P_n) , il faut encore vérifier que les points limites se concentrent sur D et qu'ils appartiennent à $J(\nu_0,\nu_1)$.

Or, si P est un tel point limite, la semi-continuité inférieure de $P_N^{U,V}$ entraîne que

$$P(p_N^{U,V}(\mu) \leq 1) \geq \limsup P_{n'}(p_N^{U,V}(\mu) \leq 1) = 1$$

si $(\nu_0,\nu_1) \in U \times V$

$$P(p_V^{U,V}(\mu) > 0) \leq \liminf P_{n'}(p_N^{U,V}(\mu) > 0) = 0$$

si $(\nu_0,\nu_1) \notin U\times V$, où $N \in \mathbb{N}$ et $(P_{n'})$ est une sous-suite qui converge vers P.

Par conséquent, sous P, $p_N^{U,V}(\mu)$ est fini d'où P se concentre sur D, et en outre, les relations (3.2) sont satisfaites. Par conséquent $P \in J(\nu_0,\nu_1)$.
□

5. Plaçons-nous maintenant sur l'espace canonique D et étudions la situation suivante. On se donne deux suites de variables aléatoires positives (T_n) , (S_n) telles que :

(5.1) $T_n < S_n \quad (n\in\mathbb{N})$;

(5.2) $P_n(S_n - T_n > \varepsilon) \underset{n}{\to} 0$, pour tout $\varepsilon>0$.

(5.3) $(L_{P_n}(T_n))_{n\in\mathbb{N}}$ converge étroitement sur $\mathbb{R}$ vers une probabilité q, où $L_{P_n}(T_n)$ est la loi de T_n sous $P_n (n\in\mathbb{N})$.

(D'après (5.2) on aura alors $L_{P_n}(S_n) \overset{e}{\to} q$)

(5.4) $P_n(\sup_{t<T_n} |\mu_t(\phi) - \nu_0(\phi)| > \varepsilon) \underset{n}{\to} 0$

$P_n(S_n<t\ |\mu_t(\phi) - \nu_1(\phi)| > \varepsilon) \underset{n}{\to} 0$

pour tout $\varepsilon > 0$, toute $\phi \in C_b(E)$.

6. COROLLAIRE

Sous les conditions (5.1) à (5.4), la suite $(P_n)_n$ converge ^-étroitement vers une probabilité $P\in J(\nu_0,\nu_1)$ et le processus canonique μ

admet une décomposition de la forme (3.1), où la loi sous P de la variable T (donnant le temps de trasition) est égale à q.

DEMONSTRATION .

Si l'on désigne par $\rho(\mu,\nu)$ la distance de Prokhorov-Lévy pour l'espace $\Pi(E)$, il est aisé de voir que les hypothèses (5.4) entraînent

$$(6.1) \qquad P_n(\sup_{t\in[0,N]} \rho(\mu_t, \{\nu_0,\nu_1\}) > \varepsilon) \underset{n}{\to} 0$$

pour tout $\varepsilon > 0$, $N \in \mathbb{N}$, où $\rho(\mu_t,\{\nu_0,\nu_1\}) = \inf\{\rho(\mu_t,\nu_1),\rho(\mu_t,\nu_0)\}$ est la distance de μ_t à l'ensemble $\{\nu_0,\nu_1\}$.

De (6.1) il en découle la ^ - tension des lois $(P_n)_n$ par la Proposition 4.

Soit P un point limite quelconque ; comme $P \in J(\nu_0,\nu_1)$, il existe T variable aléatoire positive sur D de façon à ce que

$$(6.2) \qquad \mu_t = \nu_0 I_{\{t < T\}} + \nu_1 I_{\{t \geq T\}}$$

L'hypothèse (5.4) entraîne alors :

$$P_n(T_n > T + \delta) \leq P_n(\mu_{T_n - \delta} = \nu_1) \text{ tend vers } 0$$

$$P_n(S_n < T - \delta) \leq P_n(\mu_{S_n} + \delta = \nu_0) \text{ tend vers } 0$$

Pour tout $\delta > 0$. Les hypothèses (5.1),(5.2) et (5.3) nous permettent alors de conclure que (T_n) et (S_n) convergent en loi vers T. par conséquent la loi de T sous P est q. Cela montre également que P est l'unique point limite de la suite (P_n). En effet , puisque tout point limite P'appartient à $J(\nu_0,\nu_1)$ et qu'alors μ s'écrit selon (6.2) où ν_0 et ν_1 sont déterministes, P' est complètement déterminé par la loi de T. Donc $P_n \overset{\hat{e}}{\underset{n}{\to}} P$.

□

Ce corollaire répond partiellement aux besoins de la méta-stabilité telle qu'elle est étudiée par CASSANDRO, GALVES, OLIVIERI, VARES. Pour mieux faire dans ce sens, ajoutons une hypothèse supplémentaire aux variables T_n, S_n du numéro 5:

7. COROLLAIRE

Si la suite de lois (P_n) *satisfait les conditions* (5.1) *à* (5.4) *et en outre l'hypothèse de mélange*

(7.1) *Il existe une suite* (R_n) *de variables aléatoires sur* D *telle que* $T_n < R_n < S_n$ $(n \in \mathbb{N})$ *et* (a) $P_n(R_n > t+s) - P_n(R_n > t)\, P_n(R_n > s) \underset{n}{\to} 0$ *pour tous* $s, t \in \mathbb{R}_+$, *et*

(b) $P_n(R_n > 1) \underset{n}{\to} e^{-1}$

Alors la suite (P_n) *converge* $\hat{\ }$*- étroitement vers* $P \in J(\nu_0, \nu_1)$ *et le processus canonique* μ *devient un Processus Markovien de Sauts à états dans* $\{\nu_0, \nu_1\}$ *sous la loi* P .

Ce résultat est une conséquence facile du Corollaire précédent . La loi q que nous y avons introduit est, dans le cas présent, une exponentielle de paramètre 1 à cause de l'hypothèse (7.1).

REMARQUE FINALE

Nous avons adopté systématiquement l'identification de D avec $\hat{D}$ et avons obtenu des résultats concernant les pseudo-lois (ou lois des pseudo-trajectoires). De ce fait, lorque l'on veut retourner aux "lois temporelles" des processus, on doit appliquer IV. T45 de DELLACHERIE-MEYER (1975): pour deux processus ayant la même pseudo - loi il existe une partie borélienne T de $\mathbb{R}_+$, de complémentaire λ - négligeable, telle que les respectifs processus indexés par T aient la même loi temporelle.

REFERENCES

CASSANDRO, M.- GALVES, A.- OLIVIERI, E.- VARES, M.E (1984) Metastable behavior of stochastic dynamics : a pathwise approach. J. of Stat. Physics, 35, 603-634

DELLACHERIE, C. - MEYER, P.A. (1975) Probabilités et Potentiel. Hermann, Paris. Vol. I.

GALVES, A.- OLIVIERI, E .- VARES, M.E. (1984) Metastability for a class of dynamical systems subject to Small random perturbations. Preprint submitted to Ann. Probability.

MEYER, P.A .- ZHENG , W.A. (1984) Tightness criteria for laws of semimartingales. Ann. I.H.P. 20 , 353 - 372.

UNE MESURE D'INFORMATION CARACTERISANT LA LOI DE POISSON

Iain M. Johnstone
Department of Statistics
Stanford University
Palo Alto, U.S.A.

et

Brenda MacGibbon
Département de mathématiques
et d'informatique
Université de Sherbrooke
Sherbrooke (Québec)
Canada J1K 2R1

Résumé

On définit une mesure d'information analogue à l'information de Fisher pour les mesures de probabilité dont le support est l'ensemble des entiers non-négatifs. Cette information possède des propriétés similaires à l'information de Fisher et donne deux caractérisations différentes de la loi de Poisson. Ceci conduit à une caractérisation des suites de mesures de probabilité ayant comme points d'accumulation des lois de Poisson.

0. Introduction

L'idée d'utiliser des mesures d'information pour démontrer des théorèmes limites en probabilité semble due à Linnik. Dans [9] il donne une démonstration du théorème de la limite centrale dans le cas où la condition de Lindeberg est satisfaite, en utilisant la fonction d'information suivante:

$$I(X) = -\left(\int_{-\infty}^{+\infty} p(x)\log p(x)dx + \frac{1}{2}\log \int_{-\infty}^{+\infty} x^2 p(x)dx\right)$$

où le premier terme est l'entropie de Shannon d'une loi continue ([16], ch. III, section 19). Cette fonction a aussi été utilisée par McKean dans [12]. En utilisant des mesures d'information, Renyi [14] a démontré l'ergodicité des chaînes de Markov homogènes dans le cas fini et D.G. Kendall [7] a donné la démonstration dans le cas dénombrable. Indépendamment, L.D. Brown [3] a donné une démonstration du théorème de la limite centrale classique basée sur l'information de Fisher des suites de sommes normalisées. Cette démonstration utilise une simple propriété des fonctions propres des polynômes d'Hermite. Barron [1] a généralisé les résultats de Brown pour démontrer un théorème de la limite centrale pour les densités en établissant la convergence monotone au sens de l'entropie relative. Ici nous définissons une notion analogue à l'information de Fisher pour les mesures de probabilité dont le support est l'ensemble des entiers non-négatifs. Nous utilisons une propriété des fonctions propres des polynômes de Poisson-Charlier pour fournir une démonstration unifiée des "lois des petits nombres".

Une partie de ce travail a été complété lorsque les auteurs étaient membres du MSRI à Berkeley. Les auteurs sont reconnaissants aux NSF et CRSNG.

L'information de Fisher d'une variable aléatoire Z de fonction de densité f absolument continue, est définie par $\mathbb{E}[(f'(z)/f(z))^2]$. On considère ici la classe P_0 des lois dont le support est $\mathbb{N}$ (l'ensemble des entiers non-négatifs). On définit une mesure d'information discrète I analogue à l'information de Fisher pour l'ensemble X_0 des variables aléatoire X dont la loi de X est élément de P_0. On montre que I a des propriétés similaires à celles de l'information de Fisher et que I peut être utilisée pour donner deux caractérisations différentes de la loi de Poisson:

1) $\forall X \in X_0$, $I(X) \geq (\mathrm{var}(X))^{-1}$ avec égalité si et seulement si X a une loi de Poisson.

2) $\forall X, Y \in X_0$ (X et Y indépendantes), $\frac{I(X)+I(Y)}{4} - I(X*Y) \geq 0$, où $X*Y$ est la convolution de X et Y. De plus, $\frac{I(X)}{2} = I(X*X)$ si et seulement si X a une loi de Poisson.

Cette deuxième propriété nous permet de donner une condition nécessaire et suffisante pour qu'une suite de lois ait une loi de Poisson comme limite.

1. Mesure d'information

Définition 1.1: Pour chaque $P \in P_0$ *soit:*

$$I(P) = \sum_{x=0}^{\infty} \frac{(p_x - p_{x-1})^2}{p_x} \quad \text{où} \quad p_x = P(x) \quad \text{et} \quad p_{-1} = 0 .$$

Par analogie, si $X \in X_0$ et a comme loi P, alors I(X) est défінit comme étant égal à I(P). Notons que I(P) peut être infinie; par exemple pour $p_x = c\exp(-2^x)$ où c est la constante de normalisation.

Lemme 1.2: Si $X \in X_0$, *alors* $I(X) \geq (\mathrm{var}(X))^{-1}$ *avec égalité si et seulement si X a une loi de Poisson.*

Démonstration: Si $\mathbb{E}(X) = \infty$, l'inégalité est vraie. Soit $\lambda = \sum x p_x$, $0 < \lambda < \infty$. Il vient en vertu de l'inégalité de Cauchy-Schwarz

$$1 = [\sum_x (p_x - p_{x-1})(x-\lambda)]^2 \leq I(X) \sum_x (x-\lambda)^2 \, p_x , \tag{1}$$

avec égalité si et seulement si:

$$p_x - p_{x-1} = c(1-\frac{x}{\lambda})\, p_x , \quad x \geq 0 .$$

Puisque $p_0 > 0$ il s'en suit que $c = 1$, et on a égalité (dans X_0) si et seulement si P est une loi de Poisson de paramètre λ.

Les propriétés suivantes de I sont entièrement semblables à celles de l'information de Fisher (*cf.* Huber [6], §4.4).

Lemme 1.3: *Soit* $\mathcal{B} = \{\phi : \mathbb{N} \to \mathbb{R},\ \phi \text{ bornée}\}$. *Si* $P \in \mathcal{P}_0$ *alors*

$$I(P) = \sup_{\phi \in \mathcal{B}} \left[\frac{[\sum_x (\phi_{x+1} - \phi_x) p_x]}{\sum_x \phi_x^2 p_x} \right]^2 .$$

Démonstration: Introduisons l'opérateur $T_P(\phi)$ suivant:

$$T_P(\phi) = \sum_x \phi_x (p_x - p_{x-1}) = \sum_x (\phi_x - \phi_{x+1}) p_x ,$$

lequel est bien défini sur $\mathcal{B}$. En écrivant $\|\phi\|_P^2 = \sum_x \phi_x^2 p_x$, il est clair que $T_P^2(\phi) \le I(P) \|\phi\|_P^2$ pour tout $\phi \in \mathcal{B}$.

Cependant, pour la suite $\phi_n(x) = \frac{p_x - p_{x-1}}{p_x} I\{0 \le x \le n\}$, où I représente la fonction indicatrice, nous avons $\|\phi_n\|_P^2 = \sum_{x=0}^{n} \frac{(p_x - p_{x-1})^2}{p_x}$,

$$T_P^2(\phi_n) = \left[\sum_{x=0}^{n} \frac{(p_x - p_{x-1})^2}{p_x} \right]^2 ,$$

donc $T_P^2(\phi_n) \|\phi_n\|_P^{-2} \to I(P)$ quand $n \to \infty$. Cette preuve montre aussi que lorsque $I(P) < \infty$, cette quantité est alors égale au carré de la norme de T_P dans l'espace dual de $L^2(\mathbb{N}, P)$.

Corollaire 1.4: *$I(P)$ est semi-continue inférieurement sur $\mathcal{P}_0$; c'est-à-dire que $P_n \xrightarrow{\mathcal{D}} P \in \mathcal{P}_0$ implique que $I(P) \le \liminf I(P_n)$.*

Lemme 1.5: *$I(P)$ est convexe sur $\mathcal{P}_0$.*

Démonstration: Puisque $I(P)$ est un supremum, il suffit de vérifier que la fonction $t \to \frac{T_{P_t}^2(\phi)}{\|\phi\|_{P_t}^2}$ est convexe, où $P_t = (1-t)P_0 + t P_1$ pour $P_0, P_1 \in \mathcal{P}_0$, $t \in [0,1]$. Puisque les deux fonction $t \to T_{P_t}(\phi)$ et $t \to \|\phi\|_{P_t}^2$ sont linéaires en t alors la convexité suit (*cf.* Huber [6], lemme 4.4).

Remarque 1.6: I(P) n'a pas la même interprétation asymptotique que celle de l'information de Fisher dans les problèmes qui concernent les paramètres de position, mais dans le cas des lois exponentielles discrètes, elle joue le même rôle que la borne inférieure de Cramer-Rao. En effet, soit $P_\theta(x) = \theta^x t_x \phi(\theta)$, la fonction de densité d'une famille exponentielle discrète sur N. Grâce au théorème de Rao-Blackwell, $d_0(x) = \frac{t_{x-1}}{t_x}$ est l'estimateur non-biaisé de θ à variance minimale.

Or,

$$\mathrm{var}(d_0) = \sum_x \left(\frac{\theta t_x - t_{x-1}}{\theta t_x}\right)^2 \theta^2 P_\theta(x) = \theta^2 \mathbb{E}_\theta \left(1 - \frac{P_\theta(x-1)}{P_\theta(x)}\right)^2 = \theta^2 I(P_\theta)$$

Donc, si $T(x)$ est un estimateur non-biaisé de θ, on a $\mathrm{var}_\theta(T) \geq \theta^2 I(P_\theta)$.

Remarque 1.7: Un principe d'incertitude.

L'équation (1) du lemme 1.2 peut s'écrire: $I(X)\sum(x-\lambda)^2 p_x \geq 1$. Nous savons (voir Dynkin et Jushkewitsch [5]) que si nous définissons la matrice tridiagonale $Q = \{q_{xy}\}_{x,y \in N}$ par:

$$q_{x,x+1} = 1,\ q_{x,x-1} = \frac{p_{x-1}}{p_x},\ q_{xx} = -1 - \frac{p_{x-1}}{p_x} \quad \text{et} \quad q_{xy} = 0 \ \text{sinon pour } x > 0$$

et par:

$$q_{xx} = -1,\ q_{x,x+1} = +1 \quad \text{et} \quad q_{xy} = 0 \ \text{sinon pour} \quad x = 0$$

alors: 1) Q est le générateur infinitésimal d'un processus irréductible de naissance et de mort défini sur $\mathbb{N}$, noté X_t, et

2) $P(x) = p_x$ $x \in \mathbb{N}$ représente la distribution stationnaire associée à ce processus.

Avec les modifications adéquates permettant d'envisager d'éventuelles "explosions" comme il est indiqué dans Dynkin et Jushkewitsch [5] ou Johnstone [8] ces taux correspondent à un processus markovien continu sur $\mathbb{N} \cup \{\infty\}$.

Si nous désignons par $V(x) = \lim_{o} E \frac{(X_t | X_o = x) - x}{t}$, c'est-à-dire, la vitesse moyenne de ce processus en x, un calcul élémentaire montre que $V(x) = \frac{p_x - p_{x-1}}{p_x}$, qui est la fonction "score". L'équation (1) du lemme 1.2 peut maintenant s'écrire:

$$E([X - E(X)]^2) \cdot E([V(x) - E(V(x))]^2) \geq 1$$

où l'espérance est calculée par rapport à la mesure de probabilité $P(x)$. Ce résultat établit que le produit de l'incertitude associée à la position par l'incertitude associée à la vitesse (telle que mesurée par les divergences ci-dessus) est toujours plus grande ou égale à un. Ce produit n'est égal à un que si et seulement si $P(x)$ est une loi de Poisson.

2. Deuxième caractérisation de la loi de Poisson

Lemme 2.1: *Soit X, Y deux variables aléatoires indépendantes dans X_0 telles que $I(X) < \infty$ et $I(Y) < \infty$. Alors $I(X*Y) \le \min\{I(X), I(Y)\}$.*

Démonstration: Soit $Z = X*Y$ et supposons que $I(X) \le I(Y)$. Posons:

$$\tau_x^X = \frac{p_x^X - p_{x-1}^X}{p_x^X} \quad \text{où} \quad p_x^X = P(X = x) .$$

Nous avons:

$$\tau_s^Z = \frac{p_s^Z - p_{s-1}^Z}{p_s^Z} \quad \text{où} \quad p_s^Z = \sum_{t=0}^{s} p_t^Y p_{s-t}^X . \quad \text{Ainsi,}$$

$$\tau_s^Z = \sum_{t=0}^{s} \frac{p_t^Y p_{s-t}^X \tau_{s-t}^X}{p_s^Z} = \mathbb{E}[\tau^X \mid X+Y = s] \tag{2}$$

Donc $I(Z) = \mathbb{E}[(\tau^Z)^2] = \mathbb{E}[\mathbb{E}^2[\tau^X \mid X+Y]] \le \mathbb{E}[(\tau^X)^2] = I(X)$.

Proposition 2.2: *Soit X et Y deux variables aléatoires indépendantes dans X_0 tel que $I(X) < \infty$ et $I(Y) < \infty$. On a alors:*

1) $\dfrac{I(X) + I(Y)}{4} - I(X*Y) \ge 0$, *et*

2) $\dfrac{I(X)}{2} - I(X*X) = 0$ *si et seulement si X suit une loi de Poisson.*

Démonstration: Soit $Z = X*Y$. Une version symétrique de (2) est donnée par

$\tau_s^Z = \frac{1}{2} E[\tau^Y + \tau^X \mid X+Y = s]$. Nous avons:

$$\begin{aligned}
\frac{I(X) + I(Y)}{4} - I(X*Y) &= \frac{1}{4} \{\mathbb{E}(\tau^X)^2 + \mathbb{E}(\tau^Y)^2 - \mathbb{E}(\mathbb{E}^2(\tau^X + \tau^Y \mid X+Y)\} \\
&= \frac{1}{4} \{\mathbb{E}(\tau^X + \tau^Y)^2 - \mathbb{E}(\mathbb{E}^2(\tau^X + \tau^Y \mid X+Y)\} \qquad (3) \\
&= \frac{1}{4} \mathbb{E}(\mathrm{Var}(\tau^X + \tau^Y \mid X+Y)) \ge 0
\end{aligned}$$

Supposons que les lois de X et Y soient les mêmes; ($L(X) = L(Y)$). Alors on a égalité en (3) si et seulement si $\tau_x^X + \tau_{t-s}^Y = c_t$, $\forall\, t \ge 0$, $0 \le x \le t$, c'est-à-dire si et seulement si:

$$\frac{p_{x-1}}{p_x} + \frac{p_{t-x-1}}{p_{t-x}} = c_t .$$

Pour $x = 0$, $c_t = \frac{p_{t-1}}{p_t}$ et alors $c_x + c_y = c_{x+y}$ $\forall\, x, y \in \mathbb{N}$. Puisque $c_0 = 0$, ceci implique que $c_t = t/\lambda$ pour $\lambda > 0$ et ainsi X suit une loi de Poisson de paramètre λ. On écrit $X \sim P_\lambda$.

Corollaire 2.3:

$$\frac{I(X) + I(Y)}{4} - I(X*Y) = \frac{1}{4} E\, E\{\{\tau^X + \tau^Y - E(\tau^X + \tau^Y \mid X+Y)\}^2 \mid X+Y\}$$

$$= \frac{1}{4} E(\tau^X + \tau^Y - 2\tau^{X+Y})^2 .$$

3. Lemme de projection et polynômes de Poisson-Charlier

En vue de la démonstration du théorème 4.4 on donne ici une borne inférieure à $\mathbb{E}[(v(X) + v(Y) - w(X+Y))^2]$; où X et Y sont des variables aléatoires indépendantes de loi P_a (Poisson de paramètre a).

Lemme 3.1: Soient X et Y des variables aléatoires indépendantes de loi de Poisson P_a et $v, w : \mathbb{N} \to \mathbb{R}$ des fonctions mesurables arbitraires telles que $\mathbb{E}[v^2(X)] < \infty$. Alors

$$\mathbb{E}[(v(X) + v(Y) - w(X+Y))^2] \geq \inf_{\alpha,\beta} \mathbb{E}[(v(X) - \alpha X - \beta)^2] \tag{4}$$

Démonstration: En choisissant $w(X+Y) = \mathbb{E}[v(X) + v(Y) \mid X+Y]$ on minimise le terme de gauche de (4). Le terme de droite est égal à

$$\mathbb{E}[(v(X) - \mathbb{E}[v(X)] - \alpha_v(X-\mathbb{E}[X]))^2], \text{ où } \alpha_v = \frac{\mathrm{cov}(X,v(X))}{\mathrm{var}(X)} .$$

Posant: $\bar{v}(X) = v(X) - \mathbb{E}[v(X)] - \alpha_v(X - \mathbb{E}[X])$, (4) devient

$$\mathbb{E}[\{\bar{v}(X) + \bar{v}(Y) - \mathbb{E}[\bar{v}(X) + \bar{v}(Y) \mid X + Y]\}^2]$$

ou, de façon équivalente,

$$\mathbb{E}[(\mathbb{E}[\bar{v}(X) \mid X+Y])^2] \leq \frac{1}{4}\, \mathbb{E}[\bar{v}^2(X)] . \tag{5}$$

Pour prouver (5) il est commode (mais probablement pas nécessaire) d'employer les polynômes de Poisson-Charlier (*cf.* [15]). Soit $\{p_{n,a}\}$ une suite orthonormale complète pour $L^2(P_a)$, où P_a représente une mesure de Poisson de paramètre a sur $\mathbb{N}$.

On définit les polynôme $P_{n,a}$ par la fonction génératrice suivante

$$\rho_a(t,X) = e^{-t}(1+t/a)^X = \sum_0^\infty \frac{t^n P_{n,a}(X)}{n!} \tag{6}$$

Alors Parthasarathy [13, p. 221] montre que: $p_{n,a} = \frac{a^{n/2}P_{n,a}}{n!}$ forme une suite orthonormale.

On peut montrer que l'application $T: L^2(P_a) \to L^2(P_{2a})$ définie par $v(X) \to \mathbb{E}[v(X) \mid X+Y]$ envoie $p_{n,a}$ sur $2^{-n/2}p_{n,2a}$. Utilisant la fonction génératrice de (6) nous avons:

$$E[\rho_a(t,X) \mid X+Y=z] = e^{-t} \sum_{k=0}^{z} \binom{z}{k} (1 + \tfrac{t}{a})^k \, 2^{-z}$$

$$= e^{-t}(1+1+\tfrac{t}{a})^z 2^{-z} = \rho_{2a}(t,z) .$$

Et de cette même relation on tire:

$$\mathbb{E}[P_{n,a}(X) | X+Y] = P_{n,2a}(X+Y).$$

Pour compléter la preuve, notons que dans (5) $\bar{v}$ appartient au sous-espace fermé M engendré par $\{p_{n,a}, n \geq 2\}$ puisque $p_{0,a} = 1$, $p_{1,a} = \frac{X}{a} - 1$. De plus (3) est vérifié dans M puisque:

$$\mathbb{E}[\mathbb{E}^2[p_{n,a}(X) \mid X+Y]] = \mathbb{E}[(2^{-n/2}p_{n,2a}(X+Y))^2] = 2^{-n} \, \mathbb{E}[p_{n,a}^2(X)] .$$

4. Caractérisation des suites ayant comme points d'accumulation des lois de Poisson.

La section 3 nous permet de donner une condition nécessaire et suffisante en terme de $I(Q_n)$ et $I(Q_n * Q_n)$ pour qu'une suite $\{Q_n\}$ de mesures de probabilité à support dans $\mathbb{N}$ (mais pas nécessairement égal à $\mathbb{N}$) ait comme limite une loi de Poisson de paramètre λ, où λ est tel que $var(Q_n) \to \lambda$.

Il est clair que $Q_n \xrightarrow{\mathcal{D}} P_\lambda$ n'implique pas nécessairement que $var(Q_n) \to \lambda$. En effet, il suffit de considérer la suite $Q_n = P_\lambda + a_n \delta_{\{n\}} - a_{n-1}\delta_{\{n-1\}}$ avec a_n convenablement choisi. Pour éviter de telles situations on va se restreindre à la classe suivante de suites de mesures de probabilité:

Définition 4.1: *$\{Q_n\}_{n=1}^{\infty}$ est une suite de mesures de probabilité du type B_2 si le support de Q_n est inclu dans $\mathbb{N}$ pour tout n et s'il existe une fonction $f: \mathbb{N} \to \mathbb{R}$ telle que $Q_n(x) \leq f(x)$ pour tout n et $\sum_{x=0}^{\infty} x^2 f(x) < \infty$.*

Définition 4.2: *Si $var(P) < \infty$, on dit que $Q_n \xrightarrow{\mathcal{D}_2} P$ si $Q_n \xrightarrow{\mathcal{D}} P$ et $var(Q_n) \to var(P)$.*

Remarque 4.3: Ce type de $\mathcal{D}_2$-convergence a été à l'origine définie par Bickel et Freedman [2]. Ce type de convergence est mètrisable, par exemple, en utilisant la métrique d_2 de Mallows. La d_2-distance entre P et Q (telles que $\sum x^2 p(x)$ et $\sum x^2 q(x)$ soient finies) est définie comme la borne inférieure de $E[(X-Y)^2]$ sur toutes les distributions conjointes de paires de variables aléatoires X et Y dont les distributions marginales sont données par P et Q fixées à l'avance.

Cette métrique fut introduite par Mallows [11] et Tanaka [17] et reliée à la métrique de Vassershtein introudite par Dobrushin [4]. Pour des détails supplémentaires sur la métrique d_2 voir Bickel et Freedman [2].

Théorème 4.4: Soit $\{Q_n\}$ une suite de mesures de probabilité du type B_2 à support dans $\mathbb{N}$ telle que $\liminf Q_n(\{0\}) = q_0 > 0$. Alors l'ensemble des points d'accumulation (pour la $\mathcal{D}_2$-convergence) de $\{Q_n\}$ est contenu dans $\{P_\lambda,\ \lambda \in [0,\infty)\}$ si et seulement si pour tout $\delta > 0$ suffisamment petit on a

$$I(Q_{n*\delta}) - 2I(Q_{n*\delta} * Q_{n*\delta}) \to 0 \tag{7}$$

où $Q_{n*\delta} = Q_n * P_\delta$.

Remarque 4.5: La condition concernant q_0 a été introduite pour exclure les situations dans lesquelles la condition (6) est vérifiée mais Q_n converge vers une loi de Poisson tronquée, par exemple $Q(x) = P_\lambda\{X=x \mid X \geq 1\}$. (De tels exemples peuvent facilement être construits).

Démonstration du théorème: Supposons d'abord que l'ensemble (non vide) des points limites (pour la $\mathcal{D}_2$-convergnece) de $\{Q_n\}$ est composé de lois de Poisson. On va établir (7) en montrant que pour toute sous-suite $\{n'\}$, il existe une sous-suite $\{n''\}$ pour laquelle (7) est vérifiée. Ainsi, en utilisant le fait que $\{Q_n\}$ est tendue (en vertu de la définition 4.1) on peut se restreindre au cas où $Q_n \xrightarrow{\mathcal{D}_2} P_\lambda$. De simples calculs montrent que:

$$\tau_{n*\delta}(x) = \frac{Q_{n*\delta}(x) - Q_{n*\delta}(x-1)}{Q_{n*\delta}(x)} \to 1 - \frac{x}{\lambda+\delta}$$

point par point en x lorsque $n \to \infty$. Pour transformer ceci en l'affirmation $I(Q_{n*\delta}) \to \frac{1}{\lambda+\delta}$, il est suffisant de constater, à partir de (2) dans la section 2, que $\tau^2_{n*\delta}(x) \leq 2(1+x^2/\delta^2)$, $Q_{n*\delta} \xrightarrow{\mathcal{D}_2} P_{\lambda+\delta}$ et d'appliquer l'extension de Young du théorème de convergence dominée (Loève [10], pp. 164-165). Un argument similaire montre que $I(Q_{n*\delta} * Q_{n*\delta}) \to \frac{1}{2(\lambda+\delta)}$, et ceci implique (7).

Pour l'implication inverse notons d'abord que pour n grand nous avons:

$Q_{n*\delta}(x) \geq \frac{q_0}{2} P_\delta(x)$. Du corollaire 2.3 et du lemme 3.1 il suit que:

$$I(Q_{n*\delta}) - 2\, I(Q_{n*\delta} * Q_{n*\delta}) \geq \frac{q_0^2}{8} \inf\{\sum_x [\tau_{n*\delta}(x) + \alpha x + \beta]^2 P_\delta(x) : (\alpha,\beta) \in \mathbb{R}^2\}$$

La condition (7) implique qu'il existe α_n, β_n tels que:

$$\tau_{n*\delta}(x) + \alpha_n x + \beta_n \to 0,\ \forall\, x \in \mathbb{N},\ \text{quand}\ n \to \infty. \tag{8}$$

Maintenant, supposons qu'il existe une sous-suite $\{n'\}$ telle que $Q_{n'} \xrightarrow{\mathcal{D}_2} P$; ainsi:

$\tau_{n'*\delta}(x) \to \tau_{*\delta}(x) = 1 - \frac{P_{*\delta}(x-1)}{P_{*\delta}(x)}$, où $P_{*\delta}(\cdot)$ est définie ci-dessous. En prenant $x = 0$ dans l'équation (8) on voit que $\lim \beta_{n'}$ existe et est égale à 1; et en prenant $x = 1$ dans la même équation que $\lim \alpha_{n'}$ existe et est égale à α.

Ainsi $\frac{P_{*\delta}(x-1)}{P_{*\delta}(x)} = \alpha x$, et alors $P_{*\delta}(x) = \frac{e^{-1/\alpha}\, \alpha^{-x}}{x!}$. Donc P est une loi de Poisson de paramètre $(\alpha^{-1} - \delta)$.

Bien que chacun des résultats suivants peut être démontré de façon élémentaire on peut à l'aide du théorème 4.3 fournir une démonstration unifiée des "lois des petits nombres".

Corollaire 4.6:

a) Soit $Q_n = Bin(n,p_n)$ une suite de lois binomiales telle que: $np_n \to \lambda$ (p_n étant la probabilité d'un succès).

b) Soit $Q_n = BN(n,p_n)$ une suite de lois binomiales-négatives telle que: $np_n \to \lambda$. (p_n étant la probabilité d'un échec).

c) Soit $Q_n = PB(n,p_1,\ldots,p_n)$ une suite de lois Poisson-binomiales ($Q_n = Bin(1,p_1) * Bin(1,p_2) * \ldots * Bin(1,p_n)$) telle que: $\alpha = max\{p_i : 1 \leq i \leq n\} \to 0$ et $\sum_{i=1}^{n} p_i \to \lambda$. Dans ces trois cas on a $Q_n \xrightarrow{\mathcal{D}_2} P_\lambda$.

Démonstration: Dans chacun de ces trois cas, $\{Q_n\}$ est une suite de mesures de probabilité du type $\mathcal{B}_2$ puisque $Q_n(X)$ est dominé par $\frac{(\lambda+\varepsilon)^x}{x!}$ pour n suffisamment grand.

Soit $X \sim Bin(n,p_n)$ dans le cas a); $X \sim BN(n,p_n)$ dans le cas b); $X \sim PB(n,p_1,\ldots,p_n)$ dans le cas c) et $Y \sim P_\delta$. En vertu de (2) de la section 2 nous avons:

$$\tau_{n*\delta} = \mathbb{E}[\tau^Y \mid X+Y = s] = \mathbb{E}[1 - \frac{s-X}{\delta} \mid X+Y = s]. \tag{9}$$

Dans le cas (a) soit:

$Y_i(i=1,\ldots,n)$ une suite de variables aléatoires indépendantes et équidistribuées suivant une loi de Poisson de paramètre δ/n et soit X_i une suite de variables aléatoires indépendantes et équidistribuées suivant une loi de Bernouilli de paramètre p_n=probabilité de succès. Soit A l'événement $\bigcap_{i=1}^{n}\{X_i+Y_i\leq 1\}$.

Nous avons de façon évidente:

$$\begin{aligned} E[X|X+Y=s] &= E[X|X+Y=s \text{ et } A] + O(\tfrac{1}{n}) \\ &= s\,E[X_i|X_i+Y_i=1] \\ &= \frac{s\,p_n}{p_n+(1-p_n)\delta/n} + o_n(1)\,. \end{aligned}$$

Le cas (b) se traite de manière similaire en considérant une suite X_i de variables aléatoires indépendantes et équidistribuées suivant une loi géométrique de paramètre p_n=probabilité d'échec.

Dans le cas (c) soit $X_i \sim \mathrm{Bin}(1,p_i)$ $i=1,2,\ldots,n$, les X_i étant indépendantes et équidistribuées, et soit Y_i une suite de variables aléatoires indépendantes suivant des lois de Poisson de paramètre $\delta_i^* = p_i/p_+$, $i = 1\ldots n$ où $p_+ = \sum_i p_i$, et soit $A = \bigcap_{i=1}^{n}\{X_i+Y_i\leq 1\}$.

$$\begin{aligned} \text{Alors,}\quad E(X \mid X+Y=s) &= \sum_{i=1}^{n} P(X_i=1 \mid \textstyle\sum(X_i+Y_i)=s \text{ et } A) + o_n(1) \\ &= \sum_{i=1}^{n} P(X_i=1 \mid X_i+Y_i=1)P(X_i+Y_i=1 \mid \textstyle\sum(X_i+Y_i)=s \text{ et } A) + o_n(1) \\ &= \sum_{i=1}^{n} \frac{p_i}{p_i+(1-p_i)\delta_i}\, s\, q_i, \quad \text{où} \quad q_i = \frac{p_i+\delta p_i/p_+}{p_++\delta} \\ &= \frac{s\,p_+}{p_++\delta} + o_n(1). \end{aligned}$$

Par conséquent, dans les trois cas nous avons

$$\tau^2_{n*\delta}(x) = \left[1 - \frac{x}{\lambda+\delta}\right]^2 + o_n(1). \tag{10}$$

Des arguments similaires montrent que:

$$\tau^2_{n*\delta*n*\delta}(x) = \left[1 - \frac{x}{2(\lambda+\delta)}\right]^2 + o_n(1). \tag{11}$$

Puisque que Q_n est une suite de probabilités du type B_2 alors en vertu des équations (10) et (11) nous avons $I(Q_{n*\delta}) - 2I(Q_{n*\delta}*Q_{n*\delta}) \to 0$, $\forall\, \delta < \delta'$ et ainsi, en vertu du théorème 4.4, nous avons dans les trois cas, $Q_n \xrightarrow{\mathcal{D}_2} P_\lambda$.

Références

[1] Barron, A.R., Entropy and the central limit theorem, Annals of Probability 14, (1986), 336-342.

[2] Bickel, P.J. et Freedman, D.A., Some asymptotic theory for the bootstrap, Ann. Statist. 9 (1981), 1196-1217.

[3] Brown, L.D., A proof of the central limit theorem motivated by the Cramer-Rao Inequality, Statistics and Probability: Essays in Honor of C.R. Rao, Kallianpur, G. Krishnaian, P.R., Ghosh, J.K., eds. North-Holland (1982), 141-148.

[4] Dobrushin, R.L., Describing a system of random variables by conditional distributions, Theory Probab. Appl. 15 (1970) 458-486.

[5] Dynkin E.B. et Yushekvich, A.A., Markov Processes; Theorems and Problems, Plenum Press, New York (1969).

[6] Huber, P.J., Robust Statistics, John Wiley and Sons (1981).

[7] Kendall, D.G., Information theory and the limit theorem for Markov chains and processes with a countable infinity of states, Ann. Inst. Statist. Math. 15, (1964), 137-143.

[8] Johnstone, I., Admissibility, difference equations and recurrence in estimating a Poisson mean, Ann. Statist. 12, (1984), 1173-1198.

[9] Linnik, Y.V., An information-theoretic proof of the central limit theorem with the Lindeberg condition, Theory Probab. Applic. 4 (1959), 288-299.

[10] Loève, M.M., Probability Theory, 3rd ed., Van Nostrand, Princeton (1963).

[11] Mallows, C.L., A note on asymptotic joint normality, Ann. Math. Statist. 43, (1972), 508-515.

[12] McKean, H.P. Jr., Speed of approach to equilibrium for Kac's caricature of a Maxwellian gas, Arch. Rational Mech. Anal. 21 (1967), 343-367.

[13] Parthasarathy, K.R., Introduction to Probability and Measure, Springer, New York, (1977).

[14] Rényi, A., On measures of entropy and information, Proc. Fourth Berkeley Symposium on Mathematical Statistics and Probability, University of California Press Berkeley, 1 (1961), 541-561.

[15] Schmidt, E., Über die Charlier-Jordansche Entwicklung einer willkürlichen funktion nach der Poissonschen funktion und ihren Ableitungen, Ztschr. f. angew. Math. und Mech. 13 (1933), 139-142.

[16] Shannon C.E. et Weaver, W., The Mathematical Theory of Communications, Univ. of Illinois Press, Urbana (1949).

[17] Tanaka H., An inequality for a functional of probability distribution and its application to Kac's one-dimensional model of a Maxwellian gas, Z. Warsch. verw. Gebiete 27 (1973), 47-52.

Slepian's Inequality and Commuting Semigroups

RICHARD M. DUDLEY AND DANIEL W. STROOCK

Department of Mathematics, M.I.T.

All of the results in this note are based on the following rather straightforward observation.

THEOREM. *Let $(X, \|\cdot\|_X)$ be a Banach space on which $\{P_t^{(1)} : t > 0\}$ and $\{P_t^{(2)} : t > 0\}$ are strongly continuous semigroups of bounded operators which commute in the sense that*

$$P_s^{(1)} \circ P_t^{(2)} = P_t^{(2)} \circ P_s^{(1)} \quad \text{for all } s, t \in (0, \infty). \tag{1}$$

Let A_1 and A_2 denote the generators of $\{P_t^{(1)} : t > 0\}$ and $\{P_t^{(2)} : t > 0\}$, respectively. Then, $(t_1, t_2) \in [0,\infty)^2 \longmapsto P_{t_1}^{(1)} \circ P_{t_2}^{(2)}$ is strongly continuous. Moreover, $\mathcal{D} \equiv \mathrm{Dom}(A_1) \cap \mathrm{Dom}(A_2)$ is dense in X; and for all $T > 0$ and $f \in \mathcal{D}$:

$$P_T^{(2)} f - P_T^{(1)} f = \int_0^T P_t^{(2)} \circ P_{T-t}^{(1)} \circ (A_2 - A_1) f \, dt. \tag{2}$$

In particular, if $C \subseteq X$ is a closed convex cone which is invariant under both $\{P_t^{(1)} : t > 0\}$ and $\{P_t^{(2)} : t > 0\}$, then $P_T^{(2)} f - P_T^{(1)} f \in C$ for all $T > 0$ if $A_2 f - A_1 f \in C$.

PROOF: For the relevent standard facts about semigroups, the reader might want to consult [**D.&S.**, pp. 566 & 620-624].

The last assertion is clearly a consequence of the preceding ones. In addition, once we have proved the continuity property of $(t_1, t_2) \mapsto P_{t_1}^{(1)} \circ P_{t_2}^{(2)}$, it will be clear that

$$\begin{aligned}
&\lim_{h \to 0} \frac{1}{h} \left[P_{t+h}^{(2)} \circ P_{T-t-h}^{(1)} f - P_t^{(2)} \circ P_{T-t}^{(1)} f \right] \\
&\quad = \lim_{h \to 0} \frac{1}{h} \int_0^h \left[P_{T-t-h}^{(1)} \circ P_{t+s}^{(2)} \circ A_2 f - P_t^{(2)} \circ P_{T-t-s}^{(1)} \circ A_1 f \right] ds \\
&\quad = P_t^{(2)} \circ P_{T-t}^{(1)} \circ (A_2 - A_1) f
\end{aligned}$$

for all $f \in \mathcal{D}$ and $0 < t < T$. Thus, everything reduces to proving the continuity property and checking the density of $\mathcal{D}$. But, by essentially the same argument as the one just given, it is clear that $(t_1, t_2) \mapsto P_{t_1}^{(1)} \circ P_{t_2}^{(2)} f$ is norm-continuous for each $f \in \mathcal{D}$. Hence, we will be done once we check that $\mathcal{D}$ is dense in X. To this end, choose $\lambda > 0$ so that the resolvent operator $\mathcal{R}_\lambda^{(2)}$ corresponding to $\{P_t^{(2)} : t > 0\}$ is bounded, and note that $\mathcal{R}_\lambda^{(2)} \mathrm{Dom}(A_1) \subseteq \mathcal{D}$. Hence, since $\mathrm{Dom}(A_1)$ is dense in X, the closure $\overline{\mathcal{D}}$ of $\mathcal{D}$ contains $\mathcal{R}_\lambda^{(2)} X = \mathrm{Dom}(A_2)$. But $\mathrm{Dom}(A_2)$ is also dense in X, and so $\overline{\mathcal{D}} = X$. ∎

During the period when this reserach was carried out, the first author was partially supported by N.S.F. grant DMS-8506638 and the second by N.S.F. grant DMS-8-415211 and ARO grant DAAG29-84-K-0005.

APPLICATION I.

Our first application is to a variant of an inequality originally derived by D. Slepian [S] and recently studied by J.-P. Kahane [K] and Y. Gordon [G]. Indeed, it is Gordon's paper which is the origin of the present one.

Let a_0 and a_1 be strictly positive definite symmetric $N \times N$-matrices and b_0 and b_1 be elements of $\mathbf{R}^N$. Given $t \in [0,1]$, set $a_t = ta_1 + (1-t)a_0$ and $b_t = tb_1 + (1-t)b_0$ and use Γ_t to denote the Gaussian measure on $\mathbf{R}^N$ with mean b_t and covaraince a_t. Finally, suppose that $f : \mathbf{R}^N \to \mathbf{R}^1$ is a Borel measurable function which satisfies the integrability condition

(3)
$$\int_{\mathbf{R}^N} e^{\alpha|x|}|f(x)|\,\Gamma_0(dx) + \int_{\mathbf{R}^N} e^{\alpha|x|}|f(x)|\,\Gamma_1(dx) + \int_0^T \left(\int_{\mathbf{R}^N} e^{\alpha|x|}|f(x)|\,\Gamma_t(dx)\right) dt < \infty$$

for some $\alpha > 0$. If

(4)
$$\frac{1}{2}\sum_{i,j=1}^{N}\left(a_1^{ij} - a_0^{ij}\right)\frac{\partial^2 f}{\partial x^i \partial x^j} + \sum_{i=1}^{N}\left(b_1^i - b_0^i\right)\frac{\partial f}{\partial x^i} \ge 0,$$

in the sense of distributions, then

(5)
$$\int_{\mathbf{R}^N} f(x)\,\Gamma_1(dx) \ge \int_{\mathbf{R}^N} f(x)\,\Gamma_0(dx).$$

To prove (5), we first check that it suffices to deal with the case when, in addition to (3) and (4), $f \in C^\infty(\mathbf{R}^N)$. Indeed, assume the result in this case and choose $\rho \in C_0^\infty(B(0,1))^+$ so that $\int_{\mathbf{R}^N} \rho(x)\,dx = 1$. For $\epsilon > 0$, set $f_\epsilon = \rho_\epsilon * f$, where $\rho_\epsilon(\cdot) = \epsilon^{-N}\rho(\cdot/\epsilon)$. Then, not only is $f_\epsilon \in C^\infty(\mathbf{R}^N)$ but also f_ϵ satisfies (4) and (3) holds for some choice of $\alpha > 0$ as soon as ϵ is sufficiently small. Therefore, by our assumption, (5) holds with f_ϵ in place of f for small ϵ. At the same time, it is not hard to check, from our integrability conditions, that $f_\epsilon \to f$ in both $L^1(\Gamma_0)$ and $L^1(\Gamma_1)$. Indeed, all that one needs to note is that there is a $K \in [1,\infty)$ and a $\delta \in (0,1)$ such that

$$\sup_{0<\epsilon\le\delta} \|\rho_\epsilon * f\|_{L^1(\Gamma_0)} \vee \|\rho_\epsilon * f\|_{L^1(\Gamma_1)} \le K \int_{\mathbf{R}^N} e^{\alpha|x|}|f(x)|\,(\Gamma_0 + \Gamma_1)(dx)$$

for all $f \in L^1_{loc}(\mathbf{R}^N)$ and that if f satisfies (3) then for each $\sigma > 0$ there is a $g \in C_0(\mathbf{R}^N)$ such that

$$\int_{\mathbf{R}^N} e^{\alpha|x|}|f(x) - g(x)|\,(\Gamma_0 + \Gamma_1)(dx) < \sigma/2K.$$

With these facts at hand, one sees that if f satisfies (3), then

$$\varlimsup_{\epsilon\searrow 0} \|\rho_\epsilon * f - f\|_{L^1(\Gamma_k)} \le \varlimsup_{\epsilon\searrow 0}\left[\|\rho_\epsilon * f - \rho * g\|_{L^1(\Gamma_k)} + \|f - g\|_{L^1(\Gamma_k)}\right] < \sigma$$

for $k \in \{0,1\}$ and every $\sigma > 0$.

Hence, we may and will restrict our attention to smooth f's. To handle this case, for $k \in \{0,1\}$ set

$$L_k = \frac{1}{2}\sum_{i,j=1}^{N} a_k^{ij}\frac{\partial^2}{\partial x^i \partial x^j} + \sum_{i=1}^{N} b_k^i \frac{\partial}{\partial x^i},$$

and define $\gamma_t^{(k)}$ to be the Gauss kernel with mean tb_k and covariance ta_k. Then, since $\gamma_t \equiv \gamma_t^{(1)} * \gamma_{(1-t)}^{(0)}$ is the kernel of Γ_t, an application of (2) yields

$$\int_{\mathbf{R}^N} \phi(x)\,\Gamma_1(dx) - \int_{\mathbf{R}^N} \phi(x)\,\Gamma_0(dx) = \int_0^1 \left(\int_{\mathbf{R}^N} (L_1\phi - L_0\phi)\,\Gamma_t(dx)\right) dt \tag{6}$$

for all $\phi \in C_0^\infty(\mathbf{R}^N)$. Now suppose that $f \in C^\infty(\mathbf{R}^N)$ satisfies (3) and (4), and choose $\eta \in C_0^\infty(\mathbf{R}^N)$ so that $0 \le \eta \le 1$ and $\eta \equiv 1$ on $\overline{B(0,1)}$; and, given $R \ge 1$, define $\phi_R = \eta_R f$ where $\eta_R(\cdot) \equiv \eta(\cdot/R)$. Then

$$\begin{aligned}
&\int_{\mathbf{R}^N} (L_1\phi_R - L_0\phi_R)(x)\,\Gamma_t(dx) \\
&\ge \int_{\mathbf{R}^N} (\nabla\eta_R, (a_1 - a_0)\nabla f)_{\mathbf{R}^N}\,\Gamma_t(dx) + \int_{\mathbf{R}^N} [f(L_1 - L_0)\eta_R](x)\,\Gamma_t(dx) \\
&= -\int_{\mathbf{R}^N} [f(\nabla\eta_R, (a_1 - a_0)\nabla(\log(\gamma_t)))_{\mathbf{R}^N}](x)\,\Gamma_t(dx) \\
&\qquad - \int_{\mathbf{R}^N} [f(L_1 - L_0)\eta_R](x)\,\Gamma_t(dx),
\end{aligned}$$

and so (3) guarantees that

$$\lim_{R\nearrow\infty} \int_0^1 \left(\int_{\mathbf{R}^N} (L_1\phi_R - L_0\phi_R)(x)\,\Gamma_t(dx)\right) dt \ge 0.$$

At the same time, it is clear that

$$\int_{\mathbf{R}^N} \phi_R(x)\,\Gamma_k(dx) \longrightarrow \int_{\mathbf{R}^N} f(x)\,\Gamma_k(dx)$$

for $k \in \{0,1\}$ as $R \nearrow \infty$. Thus, after applying (6) to ϕ_R and then letting $R \nearrow \infty$, we arrive at (5).

The preceding result can be extended as follows to cover cases in which the matrices a_0 and a_1 may be degenerate. Namely, assume that $f : \mathbf{R}^N \to \mathbf{R}^1$ is a bounded Borel measurable function which satisfies (4). Then, by the above, for each $\epsilon > 0$:

$$\int_{\mathbf{R}^N} \gamma_\epsilon^\circ * f(x)\,\Gamma_1(dx) \ge \int_{\mathbf{R}^N} \gamma_\epsilon^\circ * f(x)\,\Gamma_0(dx),$$

where γ_ϵ° denotes the Gauss kernel with mean 0 and covariance ϵI. Hence, if $\overline{f}$ and $\underline{f}$ denote, respectively, the upper and lower semi-continuous regularizations of f, then:

$$\int_{\mathbf{R}^N} \overline{f}(x)\,\Gamma_1(dx) \ge \int_{\mathbf{R}^N} \underline{f}(x)\,\Gamma_0(dx). \tag{7}$$

As an essentially immediate consequence of (7), we recover Slepian's inequality. Namely, assume that

$$\begin{aligned}
a_0^{ii} &= a_1^{ii}, \quad 1 \le i \le N, \\
a_0^{ij} &\le a_1^{ij}, \quad 1 \le i < j \le N, \\
b_0^i &\ge b_1^i, \quad 1 \le i \le N.
\end{aligned} \tag{8}$$

Slepian's inequality says that, when (8) holds:

$$\Gamma_0\big((-\infty,t_1]\times\cdots\times(-\infty,t_N]\big)\le\Gamma_1\big((-\infty,t_1]\times\cdots\times(-\infty,t_N]\big) \tag{9}$$

for all $t_1,\ldots,t_N\in\mathbf{R}^1$. To see how (9) results from our considerations, we follow Kahane and set

$$f(x)=\prod_{i=1}^{N}\chi_{(-\infty,t_i]}(x^i).$$

Then, for each $1\le i\le N$,

$$\frac{\partial f}{\partial x^i}(x)=-\delta(x^i-t_i)\prod_{\nu\ne i}\chi_{(-\infty,t_\nu]}(x^\nu);$$

and for $i\ne j$,

$$\frac{\partial^2 f}{\partial x^i\partial x^j}(x)=\delta(x^i-t_i)\delta(x^j-x^i)\prod_{\nu\notin\{i,j\}}\chi_{(-\infty,t_\nu]}(x^\nu).$$

In particular, these calculations combined with (8) make it clear that f satisfies (4). Hence, (7) holds and says that

$$\Gamma_0\big((-\infty,t_1)\times\cdots\times(-\infty,t_N)\big)\le\Gamma_1\big((-\infty,t_1]\times\cdots\times(-\infty,t_N]\big).$$

Since this is true for all $t_1,\ldots,t_N\in\mathbf{R}^1$, Slepian's inequality follows.

APPLICATION II.

Given a smooth function $(x_{(1)},x_{(2)})\in\mathbf{R}^N\times\mathbf{R}^N\longmapsto u(x_{(1)},x_{(2)})$, let $\Delta_1 u$ and $\Delta_2 u$ denote, respectively, the Laplacian of u with respect to the variables $x_{(1)}$ and $x_{(2)}$. Next suppose that u satisfies the *ultra-hyperbolic* equation

$$\Delta_1 u=\Delta_2 u. \tag{10}$$

Using some ideas of Darboux about solving the wave equation in terms of spherical means, L. Asgeirsson (cf. [**A**] or [**C.&H.**,pp. 744-748]) showed that u satisfies the *generalized mean-value property*

$$\int_{\mathbf{S}^{N-1}}u(x_{(1)}+r\omega,x_{(2)})\,d\omega=\int_{\mathbf{S}^{N-1}}u(x_{(1)},x_{(2)}+r\omega)\,d\omega \tag{11}$$

for $(x_{(1)},x_{(2)})\in\mathbf{R}^N\times\mathbf{R}^N$ and $r>0$. Although Asgeirsson does not mention it, (11) is really just an application of the classical mean-value property. To see this, first note that, by translation invariance, it suffices to check (11) when $x_{(1)}=x_{(2)}=0$. Next, set $w(x)=u(x,0)-u(0,x)$ for $x\in\mathbf{R}^N$. Then clearly w is harmonic and $w(0)=0$. Hence, the mean-value property for w over the sphere of radius r centered at 0 yields (11).

We next relate Asgeirsson's result to the ideas discussed here. To begin with, we note that, at least when u has sub-Gaussian growth, (11) can be seen as a consequence of (2). Namely, let $\{P_t^{(1)}:t>0\}$ and $\{P_t^{(2)}:t>0\}$ be the semigroups corresponding to heat flow in the variables $x_{(1)}$ and $x_{(2)}$, respectively. Clearly (1) holds, and so, by (2) and (10), we obtain:

$$\int_{\mathbf{R}^N}u(y_{(1)},x_{(2)})\gamma_t^\circ(y_{(1)}-x_{(1)})\,dy_{(1)}=\int_{\mathbf{R}^N}u(x_{(1)},y_{(2)})\gamma_t^\circ(y_{(2)}-x_{(2)})\,dy_{(2)}$$

(recall that γ_t° is the $N(0,tI)$–Gauss kernel) for all $t > 0$. After switching to polar coordinates around $x_{(1)}$ and $x_{(2)}$, respectively, this becomes

$$\int_0^\infty r^{N-1}e^{-r^2/2t}\left(\int_{\mathbf{S}^{N-1}} u(x_{(1)}+r\omega, x_{(2)})\,d\omega\right)dr$$
$$= \int_0^\infty r^{N-1}e^{-r^2/2t}\left(\int_{\mathbf{S}^{N-1}} u(x_{(1)}, x_{(2)}+r\omega)\,d\omega\right)dr, \quad t>0,$$

from which (11) follows by the uniqueness of the Laplace transform.

Obviously, the preceding is a poor approach to Asgeirsson's result, which, as Asgeirsson knew and our first derivation makes clear, is essentially local in nature. Nonetheless, the preceding does suggest the following variation on Asgeirsson's theme. Let N_1 and $N_2 \in Z^+$ be given and let G_1 and G_2 be bounded open connected regions in $\mathbf{R}^{N_1}$ and $\mathbf{R}^{N_2}$ which have smooth boundaries. Suppose that u is a smooth function in a neighborhood of $\overline{G}_1 \times \overline{G}_2$ and assume that u satisfies the conditions

$$\text{(12)}\qquad \begin{aligned} &\Delta_1 u(x_{(1)},x_{(2)}) \le \Delta_2 u(x_{(1)},x_{(2)}), && (x_{(1)},x_{(2)}) \in G_1\times G_2\\ &\left(\nabla_1 u(x_{(1)},x_{(2)}), \eta_1(x_{(1)})\right)_{\mathbf{R}^{N_1}} \le 0, && (x_{(1)},x_{(2)}) \in \partial G_1\times G_2\\ &\left(\nabla_2 u(x_{(1)},x_{(2)}), \eta_2(x_{(2)})\right)_{\mathbf{R}^{N_2}} \ge 0, && (x_{(1)},x_{(2)}) \in G_1\times \partial G_2, \end{aligned}$$

where Δ_k, and ∇_k refer to the Laplacian and gradient operations with respect to the variables $x_{(k)} \in \mathbf{R}^{N_k}$ while $\eta_k(x_{(k)})$ denotes the inward pointing normal to ∂G_k at $x_{(k)}$. Next, denote by $\{P_t^{(k)} : t > 0\}$ the semigroup corresponding to reflecting Brownian motion in G_k. Then (2) and (12) lead to

$$P_T^{(1)}u(x_{(1)},x_{(2)}) \le P_T^{(2)}u(x_{(1)},x_{(2)}), \quad (T,x_{(1)},x_{(2)}) \in (0,\infty)\times G_1\times G_2.$$

Since $\{P_t^{(k)} : t > 0\}$ is ergodic and has normalized Lebesgue measure on G_k as its invariant measure, we conclude that (12) implies

$$\text{(13)}\quad \frac{1}{|G_1|}\int_{G_1} u(y_{(1)},x_{(2)})\,dy_{(1)} \le \frac{1}{|G_2|}\int_{G_2} u(x_{(1)},y_{(2)})\,dy_{(2)}, \quad (x_{(1)},x_{(2)}) \in G_1\times G_2.$$

Obviously, (13) is just one of many examples of this sort.

References

[A] L. Aggreisson, *Über eine Mittelwertseigenschaft von Lösungen homogener lenearer partieller Differentialgleichungen 2. Ordnung mit Konstanten Koeffizienten*, Math. Ann. #113 (1937), 321-346.

[D.&S.] N. Dunford and J.T. Schwartz, "Linear Operators, Part I," Interscience (John Wiley & Sons), New York.

[C.&H.] R. Courant and D. Hilbert, "Methods of Mathematical Physics, vol. II," Interscience (John Wiley & Sons), New York, 1962.

[G] Y. Gordon, *Elliptically contoured distributions*, (preprint).

[K] J.-P. Kahane, *Une inegálité du type de Slepian et Gordon sur les processus gaussiens*, Israel J. Math. #55, (1986), 109–110.

[S] D. Slepian, *The one-sided barrier problem for Gaussian noise*, Bell System Tech. J. #41 (1962), 463–501.

Corrections à l'article de K.R. Parthasarathy : some additional remarks on Fock space stochastic calculus. Sém. Prob. XX.

Page 331, ligne -4. La phrase est inachevée. Ajouter: we have (3).
332, ligne -12. Au lieu de square integral, lire integrable
332, ligne -2. Au lieu de On other words, lire In other words.

Le secrétariat du séminaire à Strasbourg présente ses excuses à l'auteur.